suhrkamp taschenbuch 1013

Stanisław Lem, geboren am 12. 9. 1921 in Lwów, lebt heute in Kraków. Er studierte Medizin und war nach dem Staatsexamen als Assistent für Probleme der angewandten Psychologie tätig. Privat beschäftigte er sich mit Problemen der Kybernetik, der Mathematik und übersetzte wissenschaftliche Publikationen. 1955 wurde Lem mit dem Goldenen Verdienstkreuz, 1959 mit dem Offizierskreuz der *Polonia Restituta* ausgezeichnet und erhielt 1976 den Großen Staatspreis für Literatur der VRP. Er ist Gründer der polnischen astronautischen Gesellschaft. Seit 1973 liest Lem als Dozent am Lehrstuhl für polnische Literatur an der Universität Kraków. Wichtige Veröffentlichungen: *Solaris* (1972), *Die vollkommene Leere* (1973), *Sterntagebücher* (1973), *Robotermärchen* (1973), *Das Hohe Schloß* (1974), *Summa technologiae* (1976), *Imaginäre Größe* (1976), *Der Schnupfen* (1977), *Phantastik und Futurologie I* und *II* (1977/78), *Die Stimme des Herrn* (1981), *Provokation* (1981), *Kyberiade* (1983), *Also sprach Golem* (1984).

Für Stanisław Lem ist die Science Fiction vor allem ein Arsenal ungenützter Chancen; er wirft ihr vor, daß sie die Herausforderungen, die Wissenschaft und Technik an den Menschen und seine Kultur herantragen, nicht aufnimmt und daß sie Probleme allenfalls benennt, ohne sie in die Struktur ihrer Erzählungen einzugliedern. Im einzelnen analysiert Lem im zweiten Band seiner umfangreichen Untersuchung der SF, nachdem er im ersten Band den theoretischen Grundstein gelegt hat, die wichtigsten Themen- und Motivkreise der Science Fiction: globale Katastrophen, Roboter und Menschen, Kosmos und Phantastik, die Metaphysik der SF und die Futurologie des Glaubens, Erotik und Sex in der utopischen Literatur, Mensch und Übermensch. Auch das literarische Experiment in der Science Fiction-Literatur, von Ray Bradbury bis J. G. Ballard, kommt nicht zu kurz. Lem beleuchtet auch das Verhältnis von Utopie und Futurologie, würdigt die phantastische Philosophie von Borges und Stapledon und entwirft Modelle für eine anspruchsvollere Science Fiction.

Stanisław Lem
Phantastik und Futurologie

2. Teil

Übersetzt von Edda Werfel

Phantastische Bibliothek
Band 126

Suhrkamp

Redaktion und Beratung: Franz Rottensteiner
Titel der Originalausgabe: *Fantastyka i Futurologia*

suhrkamp taschenbuch 1013
Erste Auflage 1984

Lizenzausgabe mit freundlicher Genehmigung des
Insel Verlags, Frankfurt am Main
Suhrkamp Taschenbuch Verlag
Druck: Ebner Ulm
Printed in Germany
Umschlag nach Entwürfen von
Willy Fleckhaus und Rolf Staudt

1 2 3 4 5 6 – 89 88 87 86 85 84

I.
Die Katastrophe

Wir beginnen unsere Übersicht über die Probleme der Science Fiction auf liebe altväterliche Weise mit dem Weltuntergang und verzichten damit auf den spezifischen Reiz, den die Analyse der strukturalistischen Literatur liefert.

Finis mundi als Phantom, das in den Köpfen der Menschheit spukt, hat ein ehrwürdiges Alter. Die verschiedenen Religionen kündigten ihn ihrer proklamierten Dogmatik entsprechend an – zum Beispiel als das Jüngste Gericht. Wiewohl das Interesse, das sich heute dem Jahr Zweitausend zuwendet, nicht vom Glauben an die unabwendbare Katastrophe inspiriert ist, so ist in der Hervorhebung dieses runden Datums dennoch eine letzte Spur jener Zahlenmagie zu erkennen, die – seit Pythagoras' Zeiten den Menschen in ihren Bann schlagend – vor dem Jahre Tausend Panik verursachte; erwartete doch Europa, daß mit diesem Datum die Geschichte unserer Erde zu Ende sein würde. Auf die Ängste metaphysischen Ursprungs folgten die von uns selbst erzeugten Ängste: denn das Bewußtsein, daß es Kräfte – auf beiden Seiten des Ozeans – gibt, die den Planeten innerhalb von Stunden in Asche zu verwandeln vermögen, ist bereits Gemeingut aller Völker. Dabei hat es sich so ergeben, daß knapp vor der Entdeckung des Atoms einer der wahnsinnigsten unter den Mächtigen, die je in der Welt existierten, sich in den Vordergrund der Geschichte Europas, also auch der Weltgeschichte schob. So wurden die Vorstellungen der Weltverbesserer von einer sich unaufhörlich günstiger gestaltenden internationalen Lage zerschlagen, als sich herausstellte, daß zwischen dem Entwicklungsniveau der technischen Zivilisation und deren menschlichen Werten kein notwendiger Zusammenhang besteht – quasi als Gesetz, das nur jene immer mächtiger macht, die gleichzeitig auch ethisch immer besser werden. Das Unbehagen des Rationalisten unserer Zeit resultiert nicht aus seiner Wahl einer Geschichtsphilosophie, derzufolge uns die Geschichte mit Katastrophen bedenken muß. Hier ist keine Zwangsläufigkeit im Spiel, es handelt sich bloß darum, daß die Wiederholung einer bestimmten, auch in statistischen Reihen nur selten auftauchenden Erscheinung zu erwarten ist – hat man nur lang genug darauf gewartet. Die Vermutung, daß jemand, der sich einmal bei der Skiabfahrt von einem hohen

Berg das Bein gebrochen hat, sich es dort irgendwann vielleicht wieder brechen könnte, heißt nicht, an Vorherbestimmung zu glauben. Vor einem halben Jahrhundert war die Vision von der Vernichtung der Welt durch Anwendung einer schrecklichen Waffe kaum glaubhaft. Der heute eigentlich vergessene polnische Schriftsteller Bolesław Żarnowiecki stellte in einem Roman über das Jahr 1975, den er in den zwanziger Jahren schrieb, einen Weltkrieg vor, der mit Hilfe von Tanks, Geschützen und Bombenflugzeugen geführt wird, deren Parameter phantastisch entwickelt sind, so daß zum Beispiel ein Artilleriebeschuß von Zielen möglich wurde, die sich 200 km entfernt von einem Geschütz allerneuester Konstruktion befinden. Weder dieser Schriftsteller noch sonst jemand auf der Welt hätte damals das Vokabular der Strategie des Jahres 1970 verstehen können. Dazu gehören Begriffe wie »All-Out Strategic Exchange« – das beschönigende Wort für den Dritten Weltkrieg, mit einer Einschätzung des »Megatodes«, der in 120 Millionen Opfern in den USA und der UdSSR seinen Ausdruck findet, Begriffe wie »blackout«, was heute nicht mehr Verdunkelung bedeutet, sondern das Blindmachen der ABM (Raketen-Abwehr-Raketen)-Radars durch eine nukleare Explosion; wie die ICM (Improved Capability Missile) oder die neueste ballistische Rakete, die imstande ist, sich aus dem Verteidigungssystem der auf sie gerichteten Antiraketen herauszumanövrieren; wie MIRV (Multiple Individually-targeted Re-entry Vehicle), d. i. ein Flugkörper, der eine größere Anzahl von Atomsprengköpfen auf einmal herausschleudert, von denen jeder ein individuell gewähltes Ziel ansteuert; wie Penaid (Penetration Aids), d. s. zur Täuschung bestimmte Geräte in Gestalt von Geschoßattrappen, blindmachenden Sprengköpfen usw., was den ballistischen Raketen erleichtert, die Verteidigung des Gegners zu durchstoßen; wie WALOPT (Weapons Allocation and desired ground-zero Optimizer), d. i. das Computer-Programm, das berechnet, wieviel Megatonnen für die Zerstörung strategischer Ziele notwendig sind – bei optimaler Nutzung des verfügbaren Vernichtungspotentials; denn, wie der Fachmann sagt, »der Dritte Weltkrieg wird von zwei sich bekämpfenden Superelektronenrechnern geführt werden«.

Dieser Stand der Dinge hat seine Auswirkungen auf die phantastische Literatur, denn dadurch hat sie einen neuen, zweideutigen Charakter gewonnen. Man kann ihr wohl bedeutenden künstlerischen Wert absprechen, aber so billig Science Fiction auch sein mag, sie greift eschatologische Probleme auf, die nicht aus den Fingern gesogen sind. In gewissem Sinne kommt sie also der Wahrheit näher und kann realistischer sein als die nüchterne Sachlichkeit von der Art des »mythologischen Realismus«, der an der Börse der Literaturkritik so viel höher notiert. Science Fiction beschreibt in falschen Tönen etwas, was inhaltlich nicht mehr falsch sein muß. Daher ihre Zweideutigkeit als mißachteter Emporkömmling, der jedoch zusehends an Kraft zunimmt – nicht auf die allersympathischeste Art, denn die Beflissenheit, mit der sie uns den Weltuntergang serviert, hat etwas von Erpressung an sich.

Ich kann leider nicht sagen, inwieweit Science Fiction in den Nachkriegsjahren eine Transmissionsrolle erfüllte, indem sie in Form konkreter Bilder jene militärischen Doktrinen verbreitet hat, die sich der Reihe nach im Pentagon herausgebildet haben. Dieser Doktrinen gab es viele, und sie alle sind in den Jahrbüchern der Zeitschrift »Bulletin of the Atomic Scientist« enthalten, in denen sich auch die Konflikte widerspiegeln, die eine einträchtige Zusammenarbeit zwischen den mit der Atomenergiekommission und den mit der Armee verbundenen Wissenschaftlern ständig störten. Insbesondere in den ersten zehn Nachkriegsjahren zeigten die Gelehrten beträchtliche Aktivität und boten die verschiedensten Globallösungen für das Atomproblem an, wiewohl schon damals nicht wenige von ihnen jeden Gedanken an eine Abrüstungspolitik für utopisch hielten und für die Fortsetzung der Bemühungen um die Herstellung von Bomben der »dritten Generation«, d. h. von Wasserstoffbomben, eintraten (die »zweite Generation« bildeten die Uranbomben mit vervielfachter Vernichtungskraft gegenüber jenen »primitiven« Prototypen, die Hiroschima und Nagasaki in Asche verwandelt haben). Die Wissenschaftler zeigten die Tendenz, sowohl für den Frieden als auch für militärische Fragen letzte Lösungen zu finden, so z. B. Bethe und Szilard, die durch die Veröffentlichung einer Round-Table-Konferenz berühmt wurden, auf der sie einen Plan zur Entstädterung der USA als das sicherste Mittel zur Verringerung der Zahl der Atomopfer des Krieges entwickelten und Zahlen über die annähernden Kosten eines solchen Unternehmens präsentierten. Damals – um das Jahr 1951 – erschienen diese auf rund 20 Milliarden Dollar geschätzten Kosten noch phantastisch, und der Plan wurde niemals ernsthaft erwogen. Im übrigen ließe sich eine systematische Gegenüberstellung von Doktrinen eines Präventivkrieges, Plänen zur Verteidigung der Metropolen (Civil Defence), Errichtung eines Radar-Warnnetzes (Early Warning) einerseits, und phantastischen Erzählungen, die diese Konzeptionen illustrieren würden, andrerseits – nicht bewerkstelligen. Ist doch Science Fiction in den Auseinandersetzungen jener Jahre weder als Fürsprecher des Pentagon, noch als Verteidiger wissenschaftlicher Kreise anzusehen. Je nach Einstellung hat sie jene Konzeption für sich gewählt, die vom Standpunkt der Dramaturgie und der Schockwirkung am meisten zu versprechen schien. Sie beschränkte sich auch nicht darauf, die bestehenden strategischen Vorstellungen zu illustrieren, denn die phantastische Literatur liebt es, das Reale mit dem Fiktiven zu verbinden. Sie verlegte also das eine Mal das Hauptquartier unter die Erde, das andere Mal an Deck großer künstlicher Satelliten, und ein ganz besonders anziehendes Thema war für sie der Krieg, der durch Zufall ausbricht, z. B. durch Irrtum (wie in der bereits erwähnten Erzählung *Triggerman*, wo ein Meteor Washington zerstört und die Militärs und der Präsident, die ihn für eine russische Rakete halten, vom General, der beim »Ultimatum-Knopf« Dienst macht, verlangen, daß er ungesäumt den Vergeltungsschlag in Gang setze, was jener General jedoch nicht tut) – oder durch Wahnsinn, in den der Mensch, der den Knopf bedient, letztlich verfallen muß, denn von dieser Art ist das Mißverhältnis zwischen dem schwachen Geist und der Ungeheuerlichkeit der Vernichtungskraft, die er kontrolliert. In relativ wenigen Erzählungen dieser Periode (der fünfziger Jahre) ist ein Echo der realen Auseinandersetzungen zu verspüren, die das Pentagon und die Wissenschaftler entzweiten, gegenseitige Gereiztheit erzeugten und schließlich in den

Jahren des McCarthismus ihren Höhepunkt erreichten. Für den politisch-gesellschaftlichen Mechanismus, der die Bombe kontrollierte und zugleich ihre Potenz erhöhte sowie das Angriffs- und Verteidigungssystem in den Staaten wie die Stützpunkte draußen in der Welt umgestaltete – für diesen Mechanismus hat sich die phantastische Literatur eigentlich nie interessiert. Welche der im Kapitol oder im Pentagon entstandenen Pressure Groups die Veränderung der herrschenden Militärdoktrin bewirkt hatte – das war also der Aufmerksamkeit der Science Fiction entgangen. Für diesen Zeitraum typische phantastische Erzählungen präsentierten eher irreale Ereignisse (wie zum Beispiel W. Miller jun. in *Check and Checkmate*, wo sich herausstellt, daß nicht nur alle Asiaten Kunststoffroboter, sondern auch Amerikas führende Persönlichkeiten dank einer Reihe geschickter »Substituierungen« Androiden aus Kunststoff sind, daß also die USA zwar ein unangetastetes Arsenal von Kernwaffen besitzen, der perfide Osten ihnen aber Menschen herausgeholt und gegen mechanische Imitationen ausgetauscht hat.) Einem ähnlichen Motiv begegnet man bei I. Asimov (die Russen entführen alle amerikanischen Wissenschaftler, die bei ihnen zu Besuch sind, und ersetzen sie durch perfekte androide Nachbildungen, wobei jede solche Nachbildung zugleich Träger von Atombomben ist und auf ein bestimmtes Rundfunksignal hin explodiert). Wie aus diesen Beispielen zu ersehen ist, genügt den unersättlichen Phantasten nicht das Grauen, das die Welt real bedroht. In diesem Charakteristikum ihres Werkes manifestiert sich nicht so sehr Dämonisches als vielmehr – ein spielerisches Verhältnis zur Atomgefahr: sie begrüßten sie als eine neue Chance, ungewöhnliche und aufwühlende Geschichten zu konstruieren. Hier wäre am Rand zu vermerken, daß auch die strategischen Studien Herman Kahns, die nichts mit Literatur zu tun haben, nicht ohne phantastische Züge auskommen, denn er hat die »Maschine des Jüngsten Gerichts« erfunden, als eine Bombe, die der Staat baut – nicht um sie auf die Feinde abzuschießen, sondern um die ganze Menschheit mit der Eventualität des globalen Selbstmords zu erpressen (in *Thermonuclear War* beschrieb Kahn diese Bomben als »deterrent« – d. h. als »Abschreckungsmittel«). In der

»Atom«-Science Fiction wird nicht der Verlauf eines Atomkrieges geschildert – zumindest geschieht das nur sehr selten. Am meisten interessierten sich die Autoren für die Phase, die dem Ausbruch des Konflikts unmittelbar vorangeht, und für jene, die auf sein Erlöschen folgt. Die Grenzen des Gettos der Science Fiction haben übrigens nur wenige Werke überschritten; zu denen, die ein breiteres Publikum (insbesondere auf dem Umweg über den Film) erreichten, gehören relativ spät, in den sechziger Jahren, entstandene Texte, wie *Dr. Strangelove* von P. George und der früher vom gleichen Autor verfaßte Roman *Red Alert.* Beide Romane sind insoweit »realistisch«, als sie nicht die Existenz irgendwelcher »Kunststoff-Androiden«, noch auch irgendwelche gänzlich unbekannten und sensationellen Kriegstechniken postulieren, sie begnügen sich einfach mit dem, was der Menschheit tatsächlich zur Verfügung steht. Es sind vereinzelte Werke, wie z. B. Neville Shutes *On the Beach* (»Das letzte Ufer«), für die der Weltkrieg, der unter Einsatz aller atomaren Vernichtungswaffen geführt wird, ein reales Problem ist, denn eine Vielfalt phantastischer Erzählungen und Romane benützt ihn nur als Vorwand, um später – nach dem Krieg – auftretende Existenzformen der kleinen Menschheitsreste darzustellen – die z. B. in eine »neue Barbarei« oder in ein neues »Mittelalter« geworfen wurden. Der eigentliche Krieg, der zu solchem Rückfall geführt hatte, wird in diesen Werken kaum auch nur erwähnt; ist Teil der uralten, fast schon vergessenen Vergangenheit. In dem Falle aber spielt die Katastrophe die Rolle eines deus ex machina, so daß die gesellschaftlichen und die Lebensbedingungen möglichst bizarr gestaltet werden können, ohne daß auf irgendwelche Wahrscheinlichkeitskriterien geachtet wird. Wenn auch undeutlich, so lassen sich doch die Werke, die um das Thema der Atomkatastrophe kreisen, auf solche Weise anordnen, daß man die »realistischeren« und die frei dahinphantasierenden auseinanderhalten kann. Der Wert der letzteren ist in der Regel zweifelhaft. Bedienen sie sich doch eines primitiven Schemas, wonach die Menschheit, durch den Krieg dezimiert, alle früheren Entwicklungsformen wiederholen, plagiieren muß (also z. B. den Feudalismus, den religiösen Fanatismus des Mittelalters usw.). Das ist dann oft ein primitiver historischer Roman, auf Science Fiction hergerichtet.

Bücher, die die atomare Hölle zeigen, aufgetan durch Explosionen im Herzen irgendeiner Metropole, kenne ich überhaupt nicht; wenn es welche gibt, so sind sie mir nicht in die Hände geraten. Stätten der Aktion sind, aus begreiflichen Gründen, meist die unterirdischen Quartiere der Strategen. Im *Dr. Strangelove* beschreibt George mit beträchtlicher Sachkenntnis das Leben in einem solchen Hauptquartier. Nebenbei bemerkt, ist für diese Art von Texten das bewußte Bemühen um eine Angleichung des Berichts an die von Reportern geübte präzise Aufzeichnung von Ereignissen charakteristisch. George bietet in seinem Roman, der dem sensationellen Erfolg von Kubricks Film folgte, die Version dar, derzufolge der Krieg ausbricht, weil man die Bomber der USAF (der SAC-Abteilung) nicht mehr zurückrufen kann, wenn sie im Anflug auf Rußland die kritische Grenze überschritten haben. Es ist also einer jener zahlreichen Texte, die sich darüber auslassen, wie der Krieg aufgrund eines Irrtums, eines Defekts oder eines Mißverständnisses über die Menschheit hereinbricht. Im früheren Roman entwickelte George eine scheinbar ungemein machiavellistische, doch weitaus unwahrscheinlichere Story. In dem Wunsch, einen atomaren Zusammenstoß zwischen den USA und der UdSSR herbeizuführen, schmuggelt China mehrere Bomben in die Staaten, die so placiert werden, daß sie bei ihrer Explosion in der Stunde »Null« das Weiße Haus mitsamt dem Präsidenten und dem »heißen Draht« vernichten, der Washington mit Moskau verbindet, und darüber hinaus dirigiert es seine Unterseeboote zur Westküste der Staaten und läßt dort Raketen abfeuern, so daß es auf den amerikanischen Radarschirmen aussieht, als kämen sie von einer anderen Meeresküste geflogen – vom asiatischen Rußland her. Das gelingt, doch die Vernichtung erweist sich als nahezu total; auch China erleidet sie und die ganze Menschheit, denn die zweite Phase in den beiderseitigen Angriffen ist die bakteriologische Waffe; wer an der radioaktiven Strahlung nicht zugrunde ging, stirbt jetzt in der Epidemie. Interessant, daß der Nachkriegszustand, den sich der englische Schriftsteller vorstellt, in beiden Romanen praktisch derselbe ist. Wohl wird er in *Dr. Strangelove,* im unterirdischen Kriegskabinett des amerikanischen Hauptquartiers, nur mehr erwähnt, während in *Red Alert* die Realisierung der Nachkriegspläne voll sichtbar wird. Es entsteht sodann eine Art Militärdiktatur, eine eindeutige Kastenherrschaft, in der die Berufsoffiziere die erste Geige spielen, man vollzieht eine starke vertikale Trennung zwischen den Überlebenden, und obendrein wird die Zuteilung der Frauen streng reglementiert – insbesondere für die Machtelite. In *Dr. Strangelove,* wo stellenweise eine groteske Tonart angeschlagen wird, eröffnet der Titelheld (im Untergrund, als die Welt gerade in Agonie liegt), daß die Überlebenden in Bergwerken Unterschlupf finden werden, um die schlimmste Zeit des radioaktiven *Fallout* nach den Bombenexplosionen zu überstehen, wobei jeder Mann zehn Frauen mitnimmt, was deshalb politisch relevant ist, weil – so souffliert ihm General Turgitson – eine neue Art von Wettbewerb zwischen dem Osten und dem Westen entstehen wird, nämlich, daß jede Seite in ihrem Unterschlupf dazusieht, sich so schnell und so intensiv wie möglich zu vermehren; und Dr. Strangelove, der diesen richtigen Standpunkt teilt, empfiehlt, die Auswahl der Frauen, die in die Grube mitgenommen werden, nach ihren »sexual characteristics, which will have to be of a high stimulating order«, zu treffen. Etwas im Grunde genommen ganz Ähnliches ist im Schlußteil des *Red Alert* enthalten, nur daß dieses Werk nicht grotesk ist (und darum, nebenbei bemerkt, um vieles schwächer). Nevil Shute gibt im *Letzten Ufer* (das verfilmt wurde) in den Gesprächen seiner Helden die folgende Darstellung der Ereignisse, die die Katastrophe auslösten:

»›Die erste Bombe wurde von den Albaniern auf Neapel abgeworfen. Dann kam die Bombe auf Tel Aviv. Niemand weiß, wer die abgeworfen hat, oder jedenfalls habe ich nichts darüber gehört. Dann haben die Briten und die Amerikaner einen Warnungsflug über Kairo ausgeführt. Am nächsten Tag schickten die Ägypter alle ihre aktionsfähigen Bombenflugzeuge aus – sechs nach Washington, zwei erreichten London. Danach waren nicht mehr sehr viele amerikanische und britische Staatsmänner am Leben.‹

Dwight nickte. ›Es waren russische Flugzeuge, und ich

habe gehört, daß sie sogar russische Kennzeichen gehabt haben sollen. Möglicherweise stimmt das‹ (. . .)

›Großer Gott!‹ sagte der Australier. ›Dann haben also wir Rußland angegriffen?‹

›Genau das‹, antwortete der Kapitän düster (. . .)

Der Wissenschaftler sagte: ›Die verdammten Dinger waren zu billig geworden – das ist an allem schuld. Zum Schluß kostete eine Uranbombe nur noch fünfzigtausend Pfund!‹ (. . .)

›So ist also der Krieg zwischen Rußland und den Westmächten ausgebrochen. Wann hat dann China eingegriffen?‹

Der Kapitän erwiderte: ›Ich glaube, niemand weiß das genau. Ich nehme an, daß die Chinesen die Gelegenheit ausgenutzt haben und zu diesem Zeitpunkt mit den Raketen angriffen und den Atomkrieg gegen Rußland begannen. Wahrscheinlich wußten sie nicht, ob und wie weit Rußland schon einen Atomkrieg gegen China vorbereitet hatte (. . .) Nicht die Großmächte haben diese Geschichte in Bewegung gesetzt, sondern die kleinen Länder – die Verantwortungslosen‹.«

Es ist bemerkenswert, daß diese Sequenz der Ereignisse, so seltsam ihre Formulierung (bedenkt man, daß Shute das Buch vor vielen Jahren geschrieben hat) anmutet, von vielen Gesichtspunkten aus »veristischer« in seinen Wahrscheinlichkeitselementen ist als manche der Atomkrieg-Szenarios von H. Kahn, die dieser – wie z. B. *Thermonuclear War* – ungefähr zur gleichen Zeit schrieb. Das soll nicht heißen, daß Shute ein ebenso guter Futurologe war wie Kahn. Es soll vielmehr heißen, daß Kahn als ebensolcher Phantast angesehen werden kann wie Shute.

Die Romane von George gehören zur »zweiten Generation« der Science Fiction, wobei sie übrigens in dem Sinne aus der Reihe tanzen, daß sie ursprünglich weder in England noch in Frankreich z. B. von jenen Verlagen herausgebracht wurden, die das Monopol auf dem Science Fiction-Markt besitzen. Offenbar wurde dieses Thema als genügend »realistisch« angesehen (das ist insofern von Bedeutung, als Bücher, die auf dem Einband das Zeichen SF tragen, von vielen Leuten von vornherein gar nicht in die Hand genommen werden; die

Herausgabe eines solchen Titels durch einen anderen Verlag erhöht also automatisch die Chancen der Verbreitung in Kreisen, die gewöhnlich keine Science Fiction lesen.)

Nevil Shute ist mit Ausnahmerechten in die SF eingekehrt. Sein Roman vom langsamen Sterben Australiens, das zunehmend vom radioaktiven Tod bedroht ist, weil die Passatwinde bei saisonbedingtem Klimawechsel den aus der nördlichen Hemisphäre heraufziehenden radioaktiven Staub systematisch zusammenfegen und zum Südpol hinwirbeln, vermag großen Eindruck zu machen – im übrigen kraft »psychologischer Erpressung«. In dieser Erzählung klafft eine einzige, doch sehr große logische Lücke, denn nach ihren Angaben *verfügten* die Australier über genügend Mittel, Zeit, Menschen und Kenntnisse, um zumindest für einen Teil der Bevölkerung des Kontinents Schutzräume zu bauen. Gewiß, ein solcher Ausweg paßte dem Autor nicht. Shute ist ein Berufsschriftsteller, der exakte, ordentlich gebaute Texte produziert (z. B. war während des Kriegs in England sein Roman *Pastoral* – über die »Liebe im Krieg« – sehr populär), einfach Trivialliteratur, ohne besondere künstlerische Ambitionen. Sein Erfolg sprach nicht zugunsten des Niveaus, das in der Science Fiction herrschte, zumal er als Neuling ein Thema aufgriff, das in den Jahren 1946, 1947 und 1948 intensiv ausgewertet worden war (wenn auch eher in Erzählungen als in Romanen).

Witzeleien über die Menschheitsvernichtung als belletristische Abwandlung des Themas – das sollte uns nicht verwundern: es dürfte nichts anderes sein als eine wohl natürliche Reaktion auf die völlige Entwertung jedes Themas. Den Untergang der Menschheit in ein Klosett zu verlegen (so in einer Erzählung von Damon Knight, über die wir noch separat sprechen werden), ist im Grunde ein dummer »Ulk«. Aber einen satirischen Unterton hat bereits eine Erzählung von H. Gold, Herausgeber der Zeitschrift »Galaxy«; es ist eine Groteske, in der geschildert wird, wie die Amerikaner irrtümlich mit einem Atomgeschoß eine russische Stadt vernichten und sich einverstanden erklären, daß die Russen ihnen als Vergeltung eine Stadt genauso zerstören; doch nun beginnt das Feilschen: welche Stadt, mit oder ohne Universität, mit welcher Bevölkerungsdichte, und sollte nicht eine zweite, kleinere als Zugabe folgen, usw. Das Konzept ist gar nicht so wahnsinnig, wie es aussieht, weil es die Ideen vom begrenzten »Abtausch der Atomschläge« karikiert, die von Strategie-Theoretikern (mit H. Kahn an der Spitze) lanciert wurden.

Von den Generalstäben her gesehen, die sich, gegen jede Gefahr gesichert, in die Erde eingegraben haben, hat die Katastrophe im Grunde den Charakter eines intellektuellen Spiels; Zahlen über die Opfer sind Abstraktionen, von fehlerlos arbeitenden Computern ausgespuckt. Gleichsam am anderen Ende sind die Bilder von menschlichen Qualen, die schon immer – also auch in voratomaren Zeiten – Leser und Kinopublikum fasziniert haben. Sonst hätten nicht Filme über alle möglichen »lokalen Katastrophen«, wie z. B. über den Untergang der »Titanic«, über Erdbeben oder Feuersbrünste entstehen können. Wesenszug solcher Ereignisse ist, daß die Physiologie der Agonie über die psychologischen und soziologischen Verhaltensweisen dominiert, denn diese befinden sich zu diesem Zeitpunkt im Zustand des totalen Zerfalls. Das Zentrum dieser Hölle zeigt eine gewisse Verwandtschaft mit pornographischen Beschreibungen: sie ist deren Entsprechung, sobald Einzelheiten rein »anatomischer« Natur alle anderen aus dem Gesichtsfeld verdrängen. Die gewaltsame Katastrophe, die den Menschen auf das nackte Ich reduziert, bar aller kulturellen Aufschichtungen, deren Zusammenhalt gesprengt wird (bei Erdbeben z. B. verlieren die Leute manchmal die Besinnung, verhalten sich hysterisch, parataktisch und wahnsinnig), erinnert insofern an einen Orgasmus, als sie die höheren Funktionen des Intellekts lähmt, jene qualitativen Merkmale also, die uns am Menschen interessieren.

Die Intentionen, die einer Beschreibung solcher Phänomene zugrunde liegen, können von zweierlei Art sein: entweder sind sie Ausdruck sadistischer Neigungen, oder, umgekehrt – von Optimismus als Glauben an die unzerstörbare Menschlichkeit. Letzteres liegt dann vor, wenn Menschen auf der Bildfläche erscheinen, die nicht *nach* dem Untergang der Kultur sterben, sondern zusammen mit ihr. So wie jenes Orchester auf der Titanic, das zusammen mit dem Schiff unterging und dabei immer noch spielte (wenn die Anekdote nicht der Wahrheit entspricht, so ist das eben Ausdruck des erwähnten Optimismus). Vom rationalen Standpunkt erscheint es gleichgültig, was jemand in den Augenblicken unausweichlicher Agonie tut, denn wie will der Materialist die Notwendigkeit begründen, eine heroische Haltung dort einzunehmen, wo damit nicht einmal ein anderer ermutigt werden kann? Unter diesem Aspekt ist es schon einerlei, ob einer im Sterben heldenhaft ist oder angsterfüllte Schreie ausstößt. Ich glaube, es handelt sich hier um einen alten Traum der Denker, die an die Immanenz der Menschlichkeit glauben: ihm zufolge ist die Kultur ein unauslöschlicher Teil von uns geworden. Wir besitzen sie, wie der Elefant seinen Rüssel, wie der Bär sein Fell. Denn das Wissen um die relativ leichte Umkehrbarkeit kultureller Attribute, insbesondere in einer Epoche wie z. B. der Nazizeit, die uns zeigt, daß es diese Umkehrbarkeit gibt, ist deprimierend.

Folglich ist es nicht so sehr Naivität, gemischt mit schlechtem Willen, sondern ein fundamentales Bedürfnis, das noch im Leben derselben Generation, die sich der grauenhaften Erfahrung entsinnt, aus dem Gedächtnis gewischt wird. Es steht einem frei, eine spontane, oft unbewußte kulturelle Reaktion in jenem Versuch zu sehen, die der Gesellschaft zugefügten Wunden auf solche Weise zu heilen, daß sie sich glatt schließen, ohne daß die Erinnerung vernarbt.

Eine solche Vorgangsweise ist nicht vernünftig, daher ist es angebracht, die Motive jener Leute richtig einzuschätzen, die ihre Finger auf solche Wunden legen, weil sie ihre spurlose Heilung nicht zulassen wollen: eben deshalb, weil die Kultur eher der Zerstörung anheimfällt als die Biologie, gebührt ihr spezieller Schutz. Das, was ich hier sage, scheint im Widerspruch zu dem, was ich über ein analoges Thema in »Philosophie des Zufalls«, bei der Besprechung von E. Junac's Roman *Pallas où la tribulation* (Pallas oder die Heimsuchung) geschrieben habe; Junac zeigt, wie die Keime des kulturellen Verhaltens jener Leute aufgehen, die wie Hunde von den kosmischen Monstren behandelt werden, in deren Gefangenschaft die Wehrlosen geraten waren. Aber der Widerspruch ist nur ein scheinbarer: die Junac'schen Pallas-Monstren üben an ihren Opfern nicht äußersten vernichtenden Druck aus; um die Wirkung stärkeren Drucks kennenzulernen – dazu reicht die Lektüre von Dokumenten, die den Zusammenbruch der Massenmoral in den Lagern des Dritten Reichs zeigen – denn uns steht, leider, gerade zu diesem Thema eine so große Zahl von Protokollen zur Verfügung, wie sie anderwärts nicht wünschenswert wäre. Die Widerstandsbewegung und die Aufstände, die sogar in Vernichtungslagern organisiert wurden, heben das Gesagte nicht auf, denn das eine wie das andere war das Werk von Leuten, die als Erwachsene und charakterlich fertige Menschen in die Lager gekommen waren; ähnliche Zeichen von Widerstand und Revolte gab es nicht in jenen Lagern, in denen man z. B. Kinder und Jugendliche gefangen hielt, und gerade darin zeigt sich die wirkliche Wahrheit über Prozesse kultureller Einflußnahme, eine alte Wahrheit übrigens (dazumal haben die Türken die tapfersten Einheiten ihrer Armee aus Janitscharen gebildet – geraubten Kindern, die in einem feindlichen Kulturkreis aufwuchsen). Reedukation ist sicherlich möglich, aber sie stellt ein eigenes Problem dar; die Sache ist die, daß der Mensch viel formbarer, viel modifizierbarer *ist,* als jeglicher verbesserungseifrige Idealismus, der sich übrigens auf das Mannigfaltigste äußert, z. B. mit den Worten, daß »anima naturaliter christiana est«, zuzugeben bereit ist. Bedauerlicherweise ist Ethik nicht vererbbar, sondern wird geschaffen, und eben deshalb kann man sie nach Belieben alptraumhaften Veränderungen und Deformationen unterwerfen.

Symptomen auch einer ethischen Sozio-Involution begegnet man zuweilen in der Science Fiction, die sich dem sozialen Untergang widmet, doch nicht alle Äußerungen dieses Syndroms werden auf gleiche Art veranschaulicht, was mit den von der Zensur auferlegten tabuistischen Beschränkungen zusammenhängt, einer Zensur, die übrigens empörend ist (die Ausrottung der ganzen Welt ist nicht verboten, doch sobald die Gewalt in die Sexualsphäre einzieht, rührt sich sofort die Wachsamkeit). So gehören zu den Ausnahmen solche Werke, wie Ward Moores aus zwei Erzählungen bestehender Zyklus *Lot* und *Lot's Daughter.* Das ist eine veristisch geschriebene Geschichte, die den Beginn des Atomkriegs schildert; eine amerikanische Durchschnittsfamilie flieht aus ihrem Heim – mit dem Auto. Bloße Bruchstücke von Radioberichten lassen das Ausmaß der Zerstörungen erraten. In der einen Richtung der Autobahn rollt die Lawine der flüchtenden Autos, auf der anderen, fast leeren Seite jagen die Fahrzeuge der Rettung, der Polizei und des Militärs dahin. Der Held, Familienvater, läßt an einer Tankstelle Frau und Kinder stehen, um heimlich mit einem Töchterchen, einem jungen Ding, zu türmen; seine Absichten enthüllt der zweite Roman, in dem der moderne Lot, in wäldlicher Abgeschiedenheit lebend, bereits mit seiner Tochter ein Kind hat, einen Knaben, der nach der Katastrophe auf die Welt gekommen ist.

Wurden in der ersten Erzählung mit peinlicher Genauigkeit und glaubwürdig die Anfänge des gesellschaftlichen Zerfalls gezeigt (Schwierigkeiten bei der Durchführung jeglicher Transaktionen, Inflation, Benzinmangel, und – gleichsam adäquat zu diesem Hintergrund – die Flucht eines bis dahin soliden Familienvaters), so sehen wir in der zweiten das Elend, den Schmutz und die Mühseligkeit des Nomadenlebens im Wald, neben dem vermorschten Auto, die langwierigen, primitiven Bemühungen des Vaters der »neuen Familie«, in einem Tümpel einen kleinen Fisch zu fangen; als er mit dem Sohn, Frucht der blutschänderischen Verbindung, heimkommt, ist »Lots Tochter« nicht da, hat sich wohl mit irgendeinem Dahergelaufenen fortgemacht, der attraktiver ist als ihr Vater. Die Anspielung auf die Flucht aus Sodom ist deutlich; übrigens sind beide Erzählungen in realistischer Manier geschrieben, und man findet darin keinerlei direkte Wundmale des Krieges, außer der Zerstörung bis dahin geltender stabiler Beziehungen und Normen.

Ausschließlich unserer Verpflichtung des Chronisten wegen vermerken wir die Existenz einer ziemlich großen Anzahl von Büchern, in denen der Faktor des Untergangs nicht der Krieg ist, sondern ein Naturereignis, wie z. B. Seuchen, die das Gras – und überhaupt alles Grün – vernichten (so bei John Cristopher in *The Death of Grass* – »Das Tal des Lebens«), Überschwemmungen, die ganze Kontinente verschlingen (z. B. bei Ballard), schreckliche Dürren oder eine Sonnenfinsternis, dadurch hervorgerufen, daß sich eine schwarze

Wolke, ein Gebilde aus kosmischem Magnetstaub, auf die Sonne gesenkt hat (so in Fred Hoyles *The Black Cloud* – »Die Schwarze Wolke«, eine Gletscherinvasion, d. h. eine neue Eiszeit) und ähnliches mehr.

Ein eigenes Motiv bilden in der Science Fiction »archäologische Erzählungen«, häufig als Ausgrabungen, die auf unserer Erde – Tausende Jahre nachdem die Menschheit ausgestorben ist – von Vertretern einer anderen Rasse vernunftbegabter Wesen vorgenommen werden. Ein typisches, weil naives Beispiel ist – *43 000 Years later* von Horace Coon. Die Forschergruppe besteht hier aus drei Personen, zwei »Männchen« und einem »Weibchen«, von der *Great Galaxy*. Der Roman, der keine Handlung hat, ist eigentlich ein Katalog von Interpretationen der Ausgrabungsfunde aus den USA, aus Europa und Rußland. Es gibt darin Betrachtungen geschichtsphilosophischer Art – auch über die Religionen der Erdbewohner, über ihr Dasein, die Ursachen der letztlichen Vernichtung usw. Wäre nicht der »kosmische Rahmen«, dann hätten diese den »Anderen« in den Mund gelegten Diskussionen und hätten im Grunde genommen alle geäußerten Bemerkungen und Urteile über die Probleme unserer Erde Federgewicht – wären einfach billigster Boulevardjournalismus. Das, was sich durch eine gewisse Pervertierung bei der Rekonstruktion von Inhalten menschlicher Kultur als unterhaltend oder lehrreich erweisen könnte (es geht um den Versuch, uns mit den Augen der »Anderen« zu betrachten), hat der äußerst naive Autor auch nicht einmal als Möglichkeit wahrgenommen, so daß am Ende seine »Männchen« und sein »Weibchen« darüber streiten, ob die Vereinigten Staaten einen Präventivkrieg gegen die Sowjetunion hätten in Angriff nehmen sollen oder nicht.

Wie primitiv Coons Buch gedanklich auch sein mag, so ist es doch charakteristisch für die Science Fiction. Ein Kriminalroman, der – sagen wir – die anthropologischen Aspekte des Verbrechens behandelt (also keine Sensation beinhaltet), wäre undenkbar. Allerdings darf man an die Tatsache, daß das Buch eine Massenauflage erlebt hat, nicht die optimistische Erwartung knüpfen, der Leser würde aufgrund von *43 000 Years later* nach thematisch ähnlichen Werken, aber auf höherem intellektuellen Niveau, suchen, gar so gut stehen die Dinge in der Science Fiction nicht.

Einen Vorgeschmack davon, was aus einem solchen Thema in der Hand eines gediegenen Schriftstellers werden kann, liefert die Novelle eines Amateurs auf dem Gebiet der Science Fiction, des verstorbenen amerikanischen Gelehrten Leo Szilard – *Grand Central Terminal.*

Außerirdische Archäologen stoßen bei Ausgrabungen auf Bedürfnisanstalten, deren Bestimmung sie mutmaßen. Diese Klosetts haben an den Türen Automaten, die auf Geldeinwurf den Eintritt gestatten; rund um diese Angelegenheit werden komplizierte Hypothesen zum Thema des irdischen Rituals bei der Ausscheidung von Exkrementen, gewissermaßen ein Opferritual, aufgestellt, und die Archäologen ergehen sich auch – weil es an Orientierungstafeln und Wegweisern fehlt, die es erleichtern würden, jene abgeschiedenen Orte zu finden – in Vermutungen über den ungewöhnlich entwickelten Geruchssinn des Menschen. Der Witz der rund um die Skatalogie konstruierten Theorien ist zwar nicht besonders geistreich, doch in diesen wie in den anderen Hypothesen (die besagen, daß die Erde unter anderem von einer geflügelten Spezies bewohnt war – es handelt sich um Engel, die auf aufgefundenen Museumsbildern zu sehen waren) ist die übliche wissenschaftliche Vorgangsweise, die typische Rekonstruktion bestimmter Daseinsformen aufgrund von Spuren und Indizien gut wiedergegeben.

In *History Lesson* (»Geschichtsunterricht«) von Arthur Clarke wiederum zerbrechen sich Archäologen den Kopf über ein rätselhaftes Dokument, das unter Trümmern auf unserer Erde gefunden wurde. Sie sind außerstande, den Sinn dessen, was sie da sehen, zu enträtseln und verfallen vollends in Ratlosigkeit angesichts der Aufschrift auf dem Filmmaterial: *»A Walt Disney Production«*. Auf diese Weise versickert das ursprünglich von mächtigen Fluten getragene Thema des Weltuntergangs in belanglosen Anekdoten und Scherzen von kosmischer und nichtkosmischer Dimension. Und so wird zum Beispiel in der frühen Erzählung von Damon Knight *Not with a Bang* das Ende der irdischen Zivilisation – in ein Klosett verlegt (es ist ein einziges Menschenpaar zurückgeblieben, und »sie« ist so prüde, daß sie die Türe nicht öffnet, die zufällig hinter »ihm« zugefallen ist, weil diese Türe die Aufschrift »Gentlemen« trägt).

Das Motiv des Tagebuchs, das während oder nach der Katastrophe geschrieben wurde, hat noch vor Zeiten Jack London (in *The Scarlet Plague*) ausgeschlachtet. Die Form von »Robinsons Erinnerungen an den Untergang« gab einem solchen Tagebuch Stuart Cloete in *The Blast*. Ein sehr alter Mann schildert nach Jahren den Krieg, wie er ihn aus der in New York verbrachten Zeit in Erinnerung hat. Die typische Abfolge der Ereignisse, auch von anderen Autoren in den grundlegenden Phasen immer wieder gewählt, sieht ungefähr so aus: Der Erzähler war nicht Augenzeuge des Atomschlags (hier – die stillschweigende Annahme, mit einem Beigeschmack von Selbstverständlichkeit, daß er, hätte er sich in der Nähe irgendeines »Nullpunktes« befunden, nicht mehr am Leben wäre). Über den Verlauf der umfangreichen Kriegshandlungen weiß er nichts, denn unmittelbare Folge der Angriffe ist der Zusammenbruch des ganzen Nachrichtenwesens. Es gibt keine Zeitungen, Fernsehen und Radio sind verstummt. Die von Panik ergriffene Masse verläßt die Stadt. Stuart Cloetes Erzähler bleibt mit seiner Frau zurück. Im verödeten New York führen sie ein Nomadenleben, ständig auf der Jagd nach Nahrungsmitteln, erforschen halb zertrümmerte, nicht zur Gänze ausgeplünderte Lagerhäuser, mit einer Horde herrenloser Hunde an der Seite, und oftmals müssen sie Angriffe ihnen ähnlicher, doch aggressiverer Individuen abwehren.

Dann bricht eine Epidemie aus, der die Frau des Erzählers erliegt. Jetzt ist er ganz allein. Gut sind die Szenen der Begegnung ganz junger Mädchen, die erst nach der Katastrophe auf die Welt gekommen und von irgendeinem Indianerstamm in Obhut genommen worden waren; ihre »natürliche Wildheit«, fremd jeder Zivilisation, das Fehlen jeglicher Art von guten Manieren, all das ist suggestiv in seiner ruhigen Schlichtheit. Es wäre überhaupt festzustellen, daß die treulich realistische Behandlung eines solchen Themas voll großer Schwierigkeiten steckt, wie es eben zu sein pflegt, wenn die Fähigkeit, gewisse menschliche Verhaltensweisen, die über das Stereotyp der uns bekannten Wirklichkeit hinausgehen, wahrscheinlich zu gestalten, nur mehr von der Intuition des Verfassers abhängt. Denn die Veranschaulichung der dynamischen Struktur des Chaos, des Zusammenbruchs menschlicher Beziehungen und zugleich der Entstehung neuer Beziehungen – das erfordert die Kenntnis zumindest der zugänglichen historischen Unterlagen.

So hat denn dieses Thema (wie übrigens jedes andere in der Science Fiction) nicht allzu zahlreiche geschickte Idiographen und eine Menge Epigonen gefunden, die es in Abenteuer verwandelten. Ein Führer durch die Bibliographie der SF, pedantisch und gewissenhaft, wie ich es nicht bin, müßte eigentlich alle wichtigeren Texte, die einem Thema anzurechnen sind, nach ihrer Entstehungszeit chronologisch ordnen, um festzustellen, wer Schöpfer und wer Imitator bestimmter Motive war. Die Entstehung einer Gruppe, die dem Chaos aktiv trotzt – das findet man in vielen Werken. So z. B. bei J. Wyndham in seinem *The Day of the Triffids* (»Die Triffids«) oder bei W. Miller jun. in der Erzählung *Dark Benediction.* Die Katastrophe, die Wyndham der Menschheit bereitet, ist sehr kunstvoll: nicht nur, daß durch das Aufleuchten sonderbarer Meteore alle Menschen erblinden und das Grauen einer Welt von Blinden die Erde überwältigt, auf dieser Erde leben auch die »Triffids«, die sich wie Tiere fortbewegen – riesige Pflanzen, mit einer Art von giftigen Fühlern ausgestattet. Die Blinden sind natürlich ihre völlig wehrlose Beute. Der Alptraum, den Miller zusammenbraut, ist anders: infolge geheimnisvoller kosmischer Niederschläge (Quasi-Meteore, mit denen Sporen zur Erde kommen) bricht eine »dermische Seuche« aus, und in die von ihr befallenen »Dermics« – in der Situation einer bereits völlig vernichteten Zivilisation – wird hineingeschossen wie in tolle Hunde. Der Held von Millers Erzählung gelangt zunächst in eine (paramilitärisch organisierte) Gruppe gesunder Leute, die die Stadt beherrschen, dann flüchtet er jedoch auf einem Lastwagen, den er gefunden hat, und nimmt ein »dermisches« Mädchen mit, das sich nicht bewegen kann, weil es ein gebrochenes Bein hat; sie finden auf einer nahen Insel Unterschlupf, auf der katholische Ordensbrüder die Ordnung aufrechterhalten.

Dort wird der Held von einem Wissenschaftler darüber aufgeklärt, daß die Seuche gar keine Seuche ist, sondern eine Art Impfung des Menschen mit neuen biologischen Eigenschaften, die ihn irgendwann nur noch gesünder werden lassen. Das Motiv der religiösen Organisation – als letzte Bastion in einer vom Krieg zerstörten Welt – taucht in Millers bestem Werk *A Canticle for Leibowitz* (»Lobgesang auf Leibowitz«) auf, das wir in dem Kapitel über die metaphysische Thematik der Science Fiction behandeln werden.

Es gibt zu denken, daß den Autoren der phantastischen Literatur, wie man sieht, die Bedrohung durch Atomwaffen nicht genügt, und daß sie bei der Suche nach anderen Mitteln zur Vernichtung der Zivilisation sämtliche – wie man meinen könnte – verfügbaren zoologischen und botanischen Enzyklopädien durchgegangen sind. Führen wir nur beispielshalber einige Ergebnisse dieser Bemühungen an. So wird in einem Werk die Erde von ungeheuer großen, einer Riesenheuschrecke ähnlichen Insekten angegriffen, intelligenten Insekten jedoch, die ihre Eier in die lebenden Körper von (jungen und schönen) Frauen legen. In einem anderen Werk (Heinleins *The Puppet Masters* – »Weltraummollusken überfallen die Erde«) – sind es glitschige, polypenartige Mollusken, die sich den Menschen auf den Nacken setzen und sie zu ihrem willenlosen Werkzeug machen. Manchmal gelingt es, die Rieseneier in ihrem Vernichtungswerk aufzuhalten und zu zerstören; so z. B. in dem Roman, aus dem wir erfahren, daß diese Eier sich entsprechend dem eigenen Geschlecht eine Frau oder einen Mann suchen, um in ihnen ihre Larven einzunisten; der Mensch, den das Ei erwischt hat, wird quasi unsterblich – Schußwunden schließen sich sofort. Manchmal geht eine Art Mutation vor sich, die eine totale Verwandlung des Menschen bewirkt, aber nur eine innere: er wird zum »Monstrum« und gewinnt die Fähigkeit, andere in »Monstren« zu verwandeln, doch äußerlich kann man ein solches Monstrum von einem gewöhnlichen Sterblichen nicht unterscheiden.

In J. Wyndhams *The Midwich Cuckoos* (»Es geschah am Tage X«) drohen die »Anderen« die Zivilisation womöglich noch perfider zu zerstören. Die ganze Bevölkerung kleinerer

Ortschaften verfällt in Lethargie, weil irgendein seltsamer Strahl aus dem Kosmos dorthin gelenkt wird, worauf sich herausstellt, daß alle fruchtbaren Frauen schwanger sind. Sie bringen Kinder mit telepathischen Fähigkeiten zur Welt, die Gruppenbewußtsein und -persönlichkeit besitzen und den Willen sowohl einzelner als auch ganzer Gemeinschaften zu lähmen vermögen. Diese Kinder muß man am Ende physisch vernichten, damit sie nicht die Erde beherrschen – wobei sie wahrscheinlich nur Vermittlungsinstrumente der »Anderen« sind, die auf diese Weise einen planetaren »Brückenkopf« schaffen wollten. Einen ganzheitlichen, z. B. allegorischen Sinn haben diese Texte selten. Zu denen, die ihn haben, gehört William Tenns *The Liberation of Earth*, wo die Erde nacheinander in die Einflußsphäre einander bekämpfender galaxischer Mächte gelangt; jede der sukzessiven Befreiungen (vom Protektorat der bisherigen Machthaber) ist ein größeres Unglück als das vorangegangene und zieht den Erdenbürgern das Fell über die Ohren, hungert sie aus, läßt sie in Lumpen herumlaufen, und am Ende der Erzählung sagen sie schließlich: »Wir können mit Stolz sagen, daß keine Rasse jemals so gründlich befreit worden ist wie wir.«

Gewiß, man könnte annehmen, daß die Katastrophen der phantastischen Literatur nur Transpositionen jener realen sind, die dank der technischen Entwicklung über der Menschheit schweben. Doch diese Hypothese erweist sich als unwahrscheinlich. Es muß etwas Verführerisches in diesem Motiv sein, wenn es so viele mannigfaltige Ausprägungen erhält und die Autoren, vom kreativsten bis zum geringsten Handwerker, verfolgt, die aus Gummitentakeln und Gorillafratzen Monster für ihre Bücher, Theaterstücke und Filme zusammenklittern. Das Monstermotiv hat sich in den fünfziger Jahren in der Science Fiction in einem solchen Maße breit gemacht, daß die Phantastik – quasi als Abwehrreaktion – mit zahlreichen Pasticcios und Persiflagen Spott in es hineintrug. Man attackierte jedoch die Vulgarisierung des Motivs (das BEM – Bug-Eyed-Monster), und nicht sein Prinzip.

Das Problem der Faszination, die die Zerstörung ausübt, erhielt insbesondere dank der Psychoanalyse eine antiempirische Auslegung in Form pseudoempirischer Theorien. Die größten Schäden hat die psychoanalytische Doktrin auf dem Gebiet der Kulturtheorie angerichtet; denn ihr zufolge steckt die ganze Authentizität des Menschen in seinen Triebhandlungen, während die typischen kreativen Arbeiten, aus denen Kultur sich zusammensetzt, Sublimierungsakte jener ursprünglichen Spontaneität sind, das eine Mal auf expressive, das andere Mal auf verschleiernde Art. Authentisch ist solchen Auffassungen zufolge eine bestimmte Neurose oder ein Verdrängungskomplex, der aufgrund des sensiblen Reaktionsvermögens eines Individuums ein Kindheitstrauma herbeigeführt hat; die schöpferischen Akte dieses Individuums aber sind bloß eine Art autotherapeutischer Eingriffe, der ganze Bereich der Kunst also im Grunde soviel wie ein Sammelbecken von Phänomenen, die im Prozeß der Autotherapie zu Inhalten sublimiert werden, welche in bezug auf ihren Ursprung eindeutig sekundär sind. Dieser sekundäre Charakter bedeutet nicht nur die Statuierung eines unbewertbaren, weil rein empirisch ermittelten Kausalzusammenhangs, der einen bestimmten traumatischen Komplex, eine bestimmte unbewußte Obsession (etwa durch einen Ödipuskomplex bedingt) als Ursache einer Wirkung nennt, die ein Kunstwerk ist. Das Kunstwerk selbst wird zum Epiphänomen erklärt, was am besten daran zu erkennen ist, wie ein psychoanalytisch orientierter Kritiker Kunstwerke analysiert. Wenn er das psychische Gebrechen des Künstlers gleichsam als die für das kreative Werk verantwortliche Ursache erkannt hat, dann ist seine Aufgabe erfüllt. Wiewohl das so drastisch weder von Freud noch von seinen Nachfolgern formuliert wurde, ist das künstlerische Schaffen für sie grundsätzlich doch stets eine Ersatzhandlung; in diesem Sinne sind Plastiken, Symphonien, Gedichte – Surrogate für Handlungen, deren Realisierung ohne Vermittlung der Kunst sich für den Künstler als unmöglich erwies, da sie unter entsprechende gesellschaftliche Tabus fallen. Wenn jeder seinen Vater ermorden und mit seiner Mutter schlafen dürfte, gäbe es keine Kunst – das ist die äußerst vergröberte, doch adäquate Wiedergabe des Grundinhalts der Psychoanalyse als Kulturtheorie.

Es ist erstaunlich, wieviele ansonsten vernünftige Leute dieser Interpretation auf den Leim gehen, laut der die symbolischen Werke des Menschen mit dem Verhalten einer Person gleichzusetzen sind, die nur deshalb jemandem die Hand küßt, weil sie diese Hand nicht abhacken kann. Wie aus der Tatsache, daß manche die Lüge über die Wahrheit stellen, nicht folgt, daß sich alle Leute dem Imperativ des Lügens beugen und nur äußere Umstände sie mitunter in ihrer Pseudologie behindern – ergibt sich aus der Tatsache, daß der Mensch manchmal mit symbolischen Aktivitäten das zu verwirklichen vortäuscht, was er real nicht zu vollbringen vermag, genauso wenig, daß alle symbolischen Handlungen Ersatzcharakter haben. In der Praxis ist eine scharfe Unterscheidung zwischen Situationen von symbolischer Ersatzbefriedigung und solchen von symbolischen Realisierungen, die gar keine andere Authentizität der Verwirklichung anstreben, gewiß oft heikel, und manchmal sogar äußerst schwierig. Doch schwierig ist es oft auch, zwischen der Unwahrheit, die aus dem Mund eines notorischen Lügners kommt, und jener, zu der ein Mensch z. B. durch höhere ethische Ziele motiviert wird, zu unterscheiden. Woraus eben doch nicht unbedingt folgt, daß der Imperativ der Lüge uns ständig in seiner Gewalt hat. Die Freudsche Doktrin impliziert, daß faktisch der gesamten Kultur Scheincharakter beizumessen sei, und die logische Konsequenz ist – zur Kenntnis zu nehmen, daß das Unbehagen dem in den Kulturprozeß geworfenen Menschen immanent ist (»Das Unbehagen in der Kultur«). Diese Unwahrheit hat besonders dort, wo die Freudsche Lehre lange Zeit fast ungeteilt herrschte, in den Vereinigten Staaten nämlich, wo sie zur Wahrheit *par excellence* als Inspiration kreativen Schaffens selbst für »Rationalisten« wurde, für die sich die Phantasten aus dem Bereich der Science Fiction halten – sehr viel Böses angerichtet.

Gewiß: es gibt viele verschiedene Rollen, die tatsächlich zu erfüllen der Gegenwartsmensch nicht imstande ist; diese Rollen sind jedoch häufig für Film und Literatur hinreichend attraktiv, so daß hier für Befriedigung gesorgt werden kann – in diesem Bereich für Ersatzbefriedigung.

Doch zugleich kann man die gesamte Kunst, also auch die Literatur, nicht auf eine Ersatzfunktion für wirkliches Erleben reduzieren: Es besteht übrigens sogar außerhalb der

Kunst eine starke Tendenz zur Verselbständigung symbolischer Handlungen – über ihre Gültigkeit als Verbindungsglied zwischen Situationen hinaus. So etwa kann ein Gespräch zwischen Mann und Frau, von dem Typus, den man früher einmal als Flirt bezeichnet hat, den Charakter eines Verbindungsglieds (Operator) haben, der die Ausgangssituation – gegenseitige Fremdheit – in eine Situation beiderseitigen Gefühlsengagements verwandelt, und in diesem Sinne erfüllt der »Flirt« die Funktion eines Instruments, das einem bereits eindeutig biologischen Ziel (der Kopulation) dient, doch das heißt noch nicht, daß alle, die solche Gespräche führen, sie als bestimmte, unumgängliche Einleitung zur »eigentlichen Sache« geplant hatten. Zweifellos gibt es Leute, die solche Gespräche und Situationen an sich, d. h. ohne die Spur einer Relativierung, für ein »Kopulationsziel« schätzen. Wird der Psychoanalytiker diese Tatsachen bestreiten? Keineswegs, er wird sie einfach mit seiner Doktrin in Einklang bringen, indem er zum Beispiel sagt, daß diese Leute gewissermaßen »Fetischisten« erotisch gefärbter Gespräche sind; wenn man einen Schuh oder einen Zopf höher zu schätzen vermag als den weiblichen Körper, dann läßt sich auch das obenerwähnte »Flirt-Verhalten«, wenn es sich verselbständigt hat, in das gleiche Klassifikationsschema hineinzwängen. Der Flirt wird also zum Ersatz authentischer erotischer Artikulation. Und zum Ersatz wird – analog – auch das Kunstwerk. Der Künstler steht einer solchen Argumentation hilflos gegenüber; denn wie soll er dem Psychoanalytiker beweisen, daß die Kunst, die er schafft, durchaus kein Substitut ist? Das ist eigentlich nicht zu machen, denn die Thesen des Psychoanalytikers haben nur den Anschein von Aussagen empirischen Charakters. Der Psychoanalytiker ist es, der die Verpflichtung hat, diesen Wahrheitsbeweis zu erbringen, den es ohne Experiment nicht geben kann. Wie müßte sich der an das Testprinzip gebundene Psychoanalytiker in bezug auf die Dichotomie von Wahrheit und Lüge äußern? Er müßte doch in ihren Kategorien eine Welt definieren, in der sich die Theorie der Psychoanalyse als falsch erweisen würde. Wenn sie als die wahre im Hinblick auf alle vorstellbaren Welten erscheint, so verfügt sie ja nicht über die Kraft der Wahrheit, sondern nur über deren trügerischen Schein. Thesen, die in den überprüfbaren Konsequenzen identisch sind mit ihren Negationen, haben keinen kognitiven Wert – absolut keinen.

Aus der Tatsache, daß Symbole oftmals für Dinge stehen, daß sie zu selbstverständlichen Surrogaten dieser Dinge werden, folgt nicht, daß es nicht auch Symbole geben kann, die keine Fetische sind. Aus der Tatsache, daß wir manchmal lügen, ergibt sich nicht, daß wir zur Immanenz des Lügens verurteilt sind. Wenn Menschen sich manchmal wie Monster verhalten, so heißt das nicht, daß sich in jedem Menschen ein Monster verbirgt.

Wie ist das also mit dem Thema der Katastrophen in der Literatur? Hier gibt es eine Rolle, die von der Bekanntschaft mit diesen Katastrophen nicht zu trennen ist, und zwar ist es die Rolle jener Person, die die Handlung des Werks verfolgt. Diese Rolle des Zuschauers bei einer (fiktiven) Katastrophe ist eine außergewöhnliche. Der ästhetische Genuß ist insofern ein spezifischer, als er weder bestimmend ist für die Rolle des Subjekts noch für die Rolle des Objekts dessen, was als Information empfangen wird. Man kann bei einem Kreuzigungsbild ästhetischen Genuß empfinden, ohne sich mit dem Gekreuzigten oder mit dem Vollziehen der Kreuzigung zu identifizieren: das ist wohl klar (und gerade diesen Sachverhalt zieht der Psychoanalytiker, ganz ohne Beweise, mit Unterstellungen, in Zweifel: eine ziemlich ernste Anschuldigung, die uns dazu berechtigt, den Wahrheitsbeweis zu verlangen und gleichzeitig die Meinung zu vertreten, daß ohne den entsprechenden Beweis ein solches Urteil völlig wertlos ist).

So läßt sich auch die Schopenhauersche Theorie vom unverbindlichen Charakter ästhetischer Genüsse nicht aufrechterhalten. Es ist nicht so, als nähmen wir psychisch nicht Anteil an dem, was ein bestimmter ästhetischer Gegenstand uns mitteilt. Das Element auch des ästhetischen Engagements hat Anteil an der Betrachtung der großen Werke der Natur – insbesondere ihrer typischen Zerstörungsakte –, wiewohl es sich in der Analyse nicht herauslösen läßt: andere Akte sind für uns einfach nicht so wahrnehmbar wie die Phänomene der »entfremdeten Natur«, ein Ungewitter zum Beispiel, mit einem Sturmwind, der ganze Wälder umlegt, oder Feuer, die sich über die verdorrte Steppe ausbreiten, oder Hochwasser, die alles, Ufer und Gestein, fortschwemmen. Wir zollen den ungeheuren Kräften Bewunderung, die in solchen Effekten sprunghafter, riesiger Steigerung der Entropie freigesetzt werden. Freilich bilden sich unsere Empfindungen in solchen Momenten nicht aufgrund der intellektuellen Einsicht heraus, daß es sich hier eben um Naturphänomene zunehmender Entropie handelt, daß »die Natur das Chaos liebt«, daß eben das Chaos ihr endgültiger Zustand ist.

Welche Bedeutung scheint sich uns dann in jenen Formen der entfesselten Naturkräfte darzutun? Nach primitiven Ansichten, für die Gefühlsgründe und Motive jeglicher Gedanken mit den biologischen Belangen des Organismus identisch sind, dürften wir gegenüber den erwähnten Phänomenen nur solche Ekel- und Angstgefühle wie beim Anblick von Leichen im Zustand stark fortgeschrittener Zerstörung empfinden (da auch sie Symptome entropischer Steigerung, d. h. des Hauptfeindes der Lebensprozesse sind). Doch der Organismus des Tieres wie des Menschen ist wahrhaftig nicht so eine Art Maschine, die mit jedem ihrer Teile sofort das lebensfähige Ziel aufs Korn nimmt und bloß nach dieser Regel funktioniert. Wir sind nicht derartige universelle Sklaven der Anpassung. Die Menschen werden individuell geprägt durch ihren unterschiedlichen Hang zum persönlichen Risiko, soweit dies mit der Beobachtung der Naturerscheinungen zusammenhängt. Jedenfalls haben auch jene, die selber den Mut dazu nicht aufbringen, Verständnis für die Verwegenheit, für jene Art von Herausforderung, die z. B. die Großtat eines Höhlenforschers oder eines Wissenschaftlers, der sich in den Schlund eines tätigen Vulkan hinunterläßt, motiviert. Solche Unternehmungen als Ausfluß des Aggressions- oder Todestriebs zu interpretieren, heißt die wirklichen Motive zu verfehlen. Denn das Risiko ist – das heißt: ist möglicherweise – ein autonomer Wert. Die Elementarkraft einer Zivilisationskatastrophe, z. B. eines Krieges, ist anders, insofern als sie dem Beobachter die moralische Verpflichtung auferlegt, Hilfe zu leisten. Für ästhetische Betrachtungen ist da kein Platz. Aber im Bannkreis der Phänomene, die von einem Film oder einem Roman präsentiert werden, gibt es kein Eingreifen. Diese Tatsache, die jedes reale Eingreifen ausschließt, bewirkt ein Umschalten der Empfindung. Die Bilder von ungeheuren Katastrophen, in denen ganze Völker mitsamt ihrer Kultur dem geschichtlichen Untergang anheimfallen, werden, obwohl sie unser Mitgefühl hervorrufen, gleichzeitig, und unabhängig von jener Syntonie, zum Gegenstand großer Faszination. Auch hier, wiederum, ist es nicht so, daß derjenige, der sich eine bestimmte Katastrophe zurechtlegt und ausmalt, semantisch nichts ausdrückt, besonders, wenn in diesem symbolischen Akt – ein für allemal sozusagen – das ganze zivilisatorische und existentielle Aufgebot der Menschheit vernichtet werden soll, denn man kann nicht einfach das Ende der menschlichen Welt zeigen und zugleich – nichts damit aussagen.

Gemäß seines zum Teil erfundenen Wesens verleiht dieses Ende der Welt der Geschichte des Menschen einen bestimmten Sinn, wirft es ein Licht auf alle seine in Jahrhunderten akkumulierten Errungenschaften, wobei es ihm einmal eine konkrete Bedeutung gibt, ein andermal sie ihm nimmt (um gewissermaßen eine bestimmte reductio ad absurdum vorzunehmen). Gewiß, dem Verfasser mag es einzig und allein um eine Form der Unterhaltung gehen, die in der Science Fiction ein Gegenstück zum Verbrechen sein mag, das im Kriminalroman dargestellt wird. Niemand nimmt es doch den Autoren von Sensationsromanen übel, daß sie mit den Händen des von ihnen erfundenen Verbrechers die ihm unterschobenen Opfer ermorden. Es muß also im Grunde ähnlich sein, nur mit dem Unterschied, daß in der Science Fiction die ganze Menschheit zum Opfer werden kann.

Bei der Kriminalstory handelt es sich jedoch um Unterhaltung innerhalb eines geschlossenen Systems, und sie rührt nicht an die Daseinsprinzipien der Gesellschaft. Sie mag – wie irgendein Spiel – mehr oder weniger geschickt durchgeführt sein, doch eigentlich immer in demselben Licht von Bedeutungen, unter die sie fällt, denn es handelt sich um einzelne, lokalisierte Vorgänge innerhalb der Menschenwelt. Das Ende der Menschheit hingegen, das die Science Fiction zubereitet, kann uns nicht in eine menschenähnliche Außenwelt entlassen. Der Leser ist gewissermaßen der letzte Zeuge, nuntius cladis. Nach dieser Auffassung ist jede sensationelle Handlung erlaubt, via ihre Angleichung an ein »leeres« Spiel – wie Schach. Denn nichts muß sich aus ihr für den Sinn der menschlichen Welt ergeben. Aber aus dem Untergang der Menschheit ergeben sich unvermeidliche Folgen; man kann, als Erzähler, nicht einfach drauflosschreiben und so tun, als hätte man eigentlich nichts Besonderes getan, als wäre der Eingriff ein Kunstgriff gewesen, ein Spiel.

Wenn wir sagen, daß man die Eschatologie nicht in Spaß ummünzen kann, dann berufen wir uns einfach auf Wertungen der Kultur, denn ihnen zufolge kann nicht alles, was Literatur ist, ein unverantwortliches Spiel mit Worten sein. Wie man, nach dem polnischen Dichter Norwid, den Schlafenden nicht artig wecken kann, so kann man als Schriftsteller nicht die ganze Menschheit nur so zum Zeitvertreib abschlachten. In Wahrheit geht es nämlich um einen ernsten Eingriff. Man läßt nicht Schuster kommen, auch wenn es nur darum geht, einen einzigen Menschen zu operieren. Ein enormes Risiko und eine ungeheure Verantwortung muß eine solche literarische Operation sein – und wer sich als Schreibender darüber keine Rechenschaft ablegt, trachtet meist mit dem aufgebotenen Unmaß seine eigene Nichtigkeit zu überdecken.

Die für die Science Fiction typischen thematischen Inflationstendenzen haben dazu geführt, daß irgendein Schnösel jetzt auf den Seiten eines Romans die Menschheit umbringt. Er denkt sich dabei gar nichts. Doch das ist verständlich. Wenn die ersten Schöpfer der Begriffsapparatur, die aus Elementen der Katastrophe zusammengesetzt ist, noch gründlich verstanden haben, was sie tun (Wells verstand dies, als er *The War of the Worlds* schrieb, ausgezeichnet), so geht daraus nicht hervor, daß ihre späteren Epigonen sich von gleichermaßen echten Impulsen leiten ließen, daß auch sie so eine Art »letzter Botschaft« an uns richten – eben auf diese Weise. Weil sie, wie das bei Epigonen so zu sein pflegt, die oberflächlichen Züge des Themas kopierten, das dem ursprünglichen Autor Ruhm gebracht hatte. Folglich steckt, wenn die Struktur der für die Katastrophe typischen Ereignisse und die für ihre

Situation spezifischen Kausalzusammenhänge plagiiert werden, das einzig untersuchungswürdige Problem in der Frage, womit das Original seine Publizität verdient hat. Doch es lassen sich jene, die aus der Eschatologie semantische Relais für sich konstruiert und über die Aufzählung möglicherweise den Leser schockierender Phänomene hinaus noch etwas mehr zu sagen haben, begrifflich nicht auf einen gemeinsamen Nenner bringen. Es gibt in diesem Sinne nicht bloß *eine* »Struktur der Katastrophe« in der Literatur, und nicht nur das phänomenologische, auch das Bedeutungsgerüst der Zivilisationsagonie verändert sich wesentlich von Autor zu Autor. Denn die Katastrophe in der Wellsschen Version unterscheidet sich in ihrer Gesamtbedeutung beträchtlich von der Katastrophe etwa in der Stapledonschen Version und beide von jener, die W. Miller in *A Canticle for Leibowitz* zeichnet. Diese Autoren haben zweifellos alle den gleichen Wunsch gehabt, d. h. sie haben uns die Katastrophe beschrieben, um uns damit etwas zu sagen. Doch über die Zwangsläufigkeit, die Unausweichlichkeit eines solchen Tatbestands legt sich die Masse der Schreiberlinge nicht einmal Rechenschaft ab. Sie kümmern sich um keinerlei semantische Konsequenzen ähnlicher Weltuntergänge: denn für sie ist die Phantastik ein Spiel, bei dem alle Tricks erlaubt sind, und sich selbst halten sie für Schlauköpfe, die dieser Maxime auf den Grund gegangen sind. Infolgedessen ist bei ihnen die Menschheit das eine Mal eine Art von Verrückten, die sich mit dem Rasiermesser den Hals durchschneiden, und das andere Mal – das gerupfte Huhn, das von der Hausfrau (d. h. zum Beispiel von irgendwelchen »Anderen«) in den Topf gesteckt wird. Ihre Arbeit ist im kulturellen Sinne nicht neutral. Sie ist schädlich, wie jede Tätigkeit, die zur Vernichtung von Werten beiträgt.

Das unheilvolle Privileg solcher Autoren, die das eschatologische Thema auswalken, ist die Entwertung von Bedeutungen, die so beachtliche Bücher wie *The War of the Worlds* ursprünglich hatten. Die Glasur wird um nichts edler, wenn sie über Diamanten gegossen wird; doch sie löscht deren Glanz. Der Begriff Weltuntergang, unzählige Male unnütz ausgerufen, ist leer und papieren geworden. Ein besserer Vergleich zur Verdeutlichung der entstandenen Lage wäre vielleicht, daß auch Berggipfel verschwinden können, wenn man unaufhörlich Müllhalden um sie herum aufschüttet. Dieser Nivellierungsprozeß, der die mannigfaltigen Gebiete der Science Fiction »auswäscht«, ist auf ihrem Weltuntergangssektor besonders deutlich.

Was ich die für den Empfänger schädlichste Wirkung jener Massenproduktion von »Weltuntergängen« nennen möchte, ist die durch ständige Reizwiederholung hervorgerufene totale Lähmung der Empfindungsfähigkeit des Lesers, die in vielen Fällen den Wunsch zu eigenen Reflexionen, zum Überdenken des Aussagewerts eines Buchs geweckt hat. Wer würde nach solchen Portionen von Weltuntergangs-SF noch eine Sekunde über den Sinn der Vernichtung, darüber, warum sie uns zu faszinieren vermag, nachdenken?

Man kann sich aus Gedankenlosigkeit genauso mit Informationen überfressen, wie man sich den Bauch vollschlagen kann, und beides ruft dieselben Symptome hervor. Indes treten Leute auf, die, wie z. B. Leslie A. Fiedler, der amerikanische Kritiker und Theoretiker, den Anbruch einer Form der Massenkultur, unter anderem in Gestalt der Science Fiction, verkünden, die elitäre, seriöse Werke aus dem Bereich der Kunst hinausfegen wird. Das ist ein altes Programm, kapitulantenhaft und antiintellektuell zugleich, das die Entbehrlichkeit schwieriger Wahrheiten, komplizierter Einschätzungen, verwickelter Probleme proklamiert, gestützt auf die ansonsten den Tatsachen entsprechende Behauptung, daß die Dummköpfe das nicht verstehen können, und da es ihrer viele gibt, müsse die Zukunft ihnen gehören. Der Wunsch, das Interesse und die geistigen Ansprüche der Massen zu heben, wird als Schimäre lebensfremder Weltverbesserer betrachtet. Nur eine Abfuhr gebührt den Propheten der Massenverdummung, die mit Verbreitung von Kultur identifiziert wird. Solchen Meinungen zufolge, deren Inspirationsquelle zum Teil versimpelte psychoanalytische Schlagworte sind, ist die Kultur ein Netz von Beschränkungen, die uns aus traditionell-irrationalen Gründen hemmen, und der Fortschritt, das ist das sukzessive Durchschneiden dieser Fesseln. Der Mensch muß seinen Körper wie ein Gärtner behandeln – als wäre dieser ein Kohlbeet; es handelt sich darum, die größtmögliche Wirkung zu erzielen, an den entsprechenden Stellen die entsprechenden, von der hilfreichen Technik erzeugten Geräte zu installieren. Da wir, neben anderen, gewisse Sexualorgane im Körper eingebaut haben, gehören sie sowohl extensiv wie intensiv ausgenutzt. Alles, was angenehm erscheint, ist somit gut. Solches Unwesen führt zur Zerstückelung jeglicher Reflexion in inkongruente Bruchstücke. Wenn die Vernichtung uns Unterhaltung bietet, warum sollen wir ihr nicht huldigen? Bekanntlich kann man sich hie und da in Vergnügungsparks und auf Rummelplätzen um wenig Geld austoben, indem man Geschirr aus Steingut und Glas in kleine Stücke zerschlägt. Vielleicht wird man in Zukunft zum Vergnügen sogar die Sonne zertrümmern können. Aber das, was auf Anordnung des Kulturdefätisten nur hohle Unterhaltung ist, hat Bedeutung, ungeachtet seiner apodiktischen Entscheidungen, und hat Konsequenzen, die in ihren späteren Weiterungen vielleicht seine Kindeskinder verschlingen werden. Denn nur im Kopf eines solchen Theoretikers ist jedes Ding gesondert und daher total entschuldbar. Nicht alle Arten des Spiels mit Bedeutungen sind gleichermaßen harmlos. Vielleicht nicht die einzige, doch eine ausnehmend originelle und meiner Meinung nach zugleich richtige Interpretation des Stierkampfs stammt von P. L. Landsberg (geäußert in seinem Büchlein »Von den letzten Dingen«). Hier das Zitat:

»In der Corrida spielt das Tier die Rolle des Menschen, der Mensch wiederum – die Rolle der Gottheit, die Rolle des Dämons. Der Mensch rächt sich am Tier für das Joch seines unentrinnbaren Schicksals, indem er sich zum Fatum des anderen Wesens macht. Dieses Mal weiß er und sieht er voraus, was eintreten wird: auf diese Weise verhehlt er sich für die Spanne von zwei Stunden den eigenen Tod, dem er nicht entgehen kann, und macht sich zum Herrn der Geschikke der Schöpfung. In den Grenzen der für menschliches Leben und Tod spezifischen Vorstellung läßt sich ein symbolischeres Mysterium kaum denken. Einmal im Leben sieht sich der Mensch als Sieger an der Seite des Feindes, den er nicht bezwingen kann.«

Im Grunde läßt sich, wenn man das Gesagte verallgemeinert, die Lust zu zerstören als symbolischer Akt interpretieren, in welchem der Mensch die Rolle der »Natur selbst« spielt, und indem er zum Verräter jeglicher Ordnung – als vom leblosen Zerstörungschaos, vom Abgleiten in den Abgrund bedrängte Organisation – wird, trägt er mit der symbolischen Geste – er wird zum Renegaten des Lebens – einen Pseudosieg davon, da er in das Lager des größten Feindes überläuft.

Doch diese Symbolik hat nicht nur Ersatzcharakter im psychoanalytischen Sinne: manchmal zumindest gewinnt der sakrale Charakter die Oberhand. Denn der Akt des Glaubens an die Transzendenz ist nicht einfach und nicht bloßes Surrogat für Unsterblichkeit – oder muß es jedenfalls nicht sein. Symbole können nämlich einen Sinngehalt besitzen, den die Dinge nicht haben. Verschafft doch die Transzendenz, den Glaubenssätzen nach, etwas über die Unsterblichkeit hinaus – sie verschafft nämlich sowohl für das Diesseits als auch für das Jenseits wichtigen und beide miteinander verschmelzenden Sinngehalt. Gewiß, die von uns zitierte Interpretation der Tauromachie und die daraus gefolgerte Generalisierung erklären uns zwar die symbolische Beschaffenheit und damit den Wert, den Zerstörungsakte für uns haben können, aber sie tun es aufgrund von Mutmaßungen, die wir nicht zuverlässig zu verifizieren vermögen.

Viel besser ist der gewissermaßen nächste Faktor in der Reihe zu begreifen, der an der Vernichtung der Menschheit beteiligt ist. Ich denke da nicht an den Akt der Zerstörung jeglicher Organisation, jeglicher Ordnung, sondern nur an die Auswirkung der Schläge, die der Kultur zugefügt werden, und an das Interesse, das wir – und sei es nur als Leser der SF – ihren Zerfallserscheinungen erweisen. Eine besondere Seite dieser Zerstörungen verbindet sich mit dem Namen de Sade. Er war gleichsam Praktiker und Theoretiker zugleich, denn er versorgte seine scheußlichen literarischen Spektakel mit generalisierenden Kommentaren. Seinen monströsen Gestalten injizierte de Sade recht viel authentische Motive, die in ihm selber wirksam waren. Es handelt sich um die Authentizität des Verbrechens, das zum Selbstzweck wird und nicht Mittel zum Zweck ist (etwa wie wenn jemand seinen reichen Onkel ermordet), und das zugleich unaufhörlich die Funktion eines

Bedeutungselements in einem bestimmten Bedeutungssystem erfüllt (d. h. »der Akt an sich« genügt nicht, es bedarf der helfenden Umstände zu seiner Verwirklichung). Wir sprechen deshalb von de Sade, weil in seinem Werk restlos zum Ausdruck gebracht wird, worüber, aufgrund verschiedener Hemmungen, in jenen Werken nicht mit der gleichen Präzision gesprochen wird, die, obwohl mit einem Einschlag von sadistischem Geist produziert, auf dem Wege steckenbleiben – ein gutes Stück vor den Grenzpunkten, bis zu denen der Geist des mutigen Marquis vorzudringen wagte. Ist es doch so, daß den de Sade'schen Monstern nicht irgendwelche beliebigen menschlichen Wesen als Opfer erforderlich sind, sondern vor allem solche, die im Kulturprozeß ein hohes Niveau erreicht haben und sich damit weit vom Tierzustand entfernten, was bereits – zu ihrer Natur wurde. Diese Wesen sind rechtschaffen und hassen das Böse, sind ehrlich, auch wenn ihnen niemand auf die Finger schaut, und sind unschuldig, weil sie die Sünde verabscheuen. Sie sind feinfühlig, haben ein äußerst differenziertes Schamgefühl, das ihnen gebietet, sich quasi umzukehren und alle »niedrigeren«, »animalischen« – im organischen Sinne – Seiten des eigenen Wesens mit Schweigen zuzudecken. Unter anderem bedienen sie sich zu eben diesem Ziel bereitwillig der von der Kultur hervorgebrachten Manipulationen; sie werden also adrett, sauber, sittsam sein, und sie werden die Kultur als einen dem Menschen angeborenen Zustand lieben, weil gerade die Kultur ihnen hilft, alles zu bewahren, was sie als Tugend achten. Es sind dies auch meist vornehme, geehrte und verehrte Wesen, die von dem Tierreich, aus dem sie stammen, nichts wissen und nichts erzählt bekommen wollen (bei dem, was ich da sage, übertrage ich, natürlich in eine Sprache, deren de Sade sich nicht bedienen konnte, seine »libertinischen Anschauungen«).

An diese Wesen also – ehrbare Frauen, Kinder, Jungfrauen, anständige Mädchen (wie Justine) – machen sich die de Sadeschen Scheusale heran. Ihre Handlungen beschränken sich nicht darauf, den Menschen einfach in den der Tiersphäre eigentümlichen Zustand zurückzuversetzen – gleichsam indem man ihn mit der Peitsche und auf allen Vieren in die Höhle und in den Urwald zurückjagt.

Der Gedanke solcher »Umkehrbarkeit« ist ihnen fremd. Sie haben ein ehrgeizigeres Programm. Es ist ihnen um die Realisierung eines gewissen Gegensatzes zu tun, und darum, daß er während aller Zerstörungen andauern möge. Rechtschaffenheit, Redlichkeit, Sauberkeit, Edelmut sollen nicht einfach auf Null reduziert werden.

Nein, sie alle sollen weiterbestehen, sollen zu Zeugen der eigenen furchtbaren Niederlage werden. Ihr Vorhandensein ist notwendig, ja unentbehrlich, denn diese Tugenden sollen gleichzeitig sowohl Zuschauer als auch Partner des Beweisverfahrens sein, das sich aus derart geschickt aufgebauten, auf solche Weise zugefügten und gelenkten Grausamkeiten zusammensetzt, daß sich das Paradies, umgestülpt, gewissermaßen in die Hölle umkehren läßt – daß aber dabei dieses Paradies wissen sollte, daß es ein Paradies war.

Das ist also nicht eine einfache Umwandlung des Paradieses in die Hölle. Das sind nicht gewöhnliche Machenschaften mit dem Teufel, denn ein vertrackteres Ziel ist Quelle der Inspiration: der Engel soll, ohne daß er aufhört, Engel zu sein, an den satanischen Handlungen teilhaben, beziehungsweise, er soll beides sein.

Höchste Freuden sind das Vorrecht der Sadeschen Monster, wenn die einen ihrer Opfer den anderen Qualen bereiten. Daß dies nicht eine, sagen wir, rein theoretische Erfindung war, Ausgeburt eines kranken, einsamen Hirns, historisch einmalig – davon zeugt die Geschichte der Folterpraxis. Höchste Befriedigung verschaffte es z. B. den Hitlerschergen, wenn der Sohn mit eigenen Händen den Vater ertränkte oder erdrosselte (das sagen die Nürnberger Protokolle aus).

Die erschreckend gut getroffene Gestalt eines solchen Henkers zeichnet der polnische Schriftsteller Borowski in einer seiner Lagererzählungen. Die Schergen haben eine Situation geschaffen, in der eine Mutter, die sieht, daß die Frauen mit den Kindern in den Tod gehen, ihr eigenes Kind zu verleugnen sucht. Der Henker ruft triumphierend und anklagend »Rabenmutter!« und packt sie zusammen mit dem Kind auf den Wagen, der zur Gaskammer fährt. Das ist, versteht sich, »die gerechte Strafe für die einer Mutter unwürdige Handlungsweise«. Die höchste Freude genießt das Ungeheuer, wie wir sehen, wenn es ihm gelingt, das Opfer zu ungeheuerlichem Verhalten zu bringen. Das ist sein wahrhafter Triumph, darin besteht sein Glück. Dann ist er der Urheber einer Bekehrung zu seinem »Glauben«. Deshalb gerade sind die de Sadeschen Scheusale darauf bedacht, daß die Tochter ihre Mutter quält, und die Mutter die Tochter, daß das Kind vergewaltigt wird, während die Mutter es in ihren Armen hält, der Bruder den Bruder abschlachtet, der Vater die Tochter schändet, denn diesen in solchen Aktivitäten Verstrickten zeigt der »Meister« solcher Situationen, daß sie alle handelnde Personen sind und nicht bloßes Objekt, daß sie also mit ihrem eigenen Treiben, ihren Taten, ihren Händen die »neue Welt« – die Welt der Antikultur errichten. Es handelt sich also darum, daß die Kultur nicht nur sich selbst verleugnet, daß sie zu jenem Tierzustand zurückkehrt, von dem sie vor urewigen Zeiten ausgegangen ist, sondern daß sie von jenem Zustand noch tiefer hinuntersteigt auf den Stufen einer Wertskala, die es bis dahin noch nicht gegeben hat.

Das untertierische »Niveau« wird *ex nihilo* geschaffen, und gerade darin steckt die Authentizität eines derartigen Werks. Und da es klar ist, daß ohne Einblick in Tun und Trachten, in Sein und Sollen, Handlungen in dieser Darstellung gar nicht ausgedacht werden können, lautet die Schlußfolgerung: die Kultur ist unabdingbar, soll ihre Antithese hergestellt werden. Das Paradies wurde geschaffen, gleichsam um die Hölle möglich zu machen. Mehr noch: das Paradies ist bloße Voraussetzung, die Hölle Folgerung, Engelhaftigkeit eine Etappe auf dem Weg, der unaufhaltsam zum richtigen Ort – dem Teuflischen führt.

Was immer man über dieses Programm sagen mag, eines muß man ihm lassen: es ist kohärent; gerade diese Komplexheit der Sinngehalte verdrängt die Problematik des Sadismus in seinen sexuellen Aspekten auf den zweiten Platz, denn sie sind nur ein Teil davon. Das läßt sich durch entsprechende Auszüge aus de Sades Werken belegen. So ist z. B. offenkundig, daß man sexuelle Aktivitäten nicht aufnehmen kann, wenn man von vornherein weiß, daß sie eben gar keinen Genuß verschaffen. Der Masochist geht auf die Abscheulichkeiten ein, weil sie ihm Genuß verschaffen. Doch bei de Sade äußert zuweilen eine Figur Vorschläge als Ideen für aufzunehmende Praktiken, die selbst in einer Runde routinierter Koprophagen auf Widerwillen stoßen würden; »das« erscheint ihnen bereits als unerträglich. Doch sogleich betont der Vorschlagende, daß gewissermaßen zu den Verpflichtungen dieses »libertinischen« Bekenntnisses, das sie in den Folterkammern des Palastes gemeinschaftlich praktizieren, die Ausführung auch solcher Aktivitäten gehört, die nicht einmal mehr nach dem Geschmack der Henker sind; es verschafft ihnen gewiß kein Vergnügen im eigentlichen sexuellen Sinne, aber es bietet ein höheres, ein intellektuelles, aus dem Bewußtsein heraus, daß die nächste Stufe nach unten erreicht wurde, daß aus dem Nichtsein noch ein Stück Weges aufgetaucht ist, der in den Abgrund der Anti-Schöpfung führt. Die Abscheulichkeit der konkreten Dinge, die Gegenstand solcher Dispute sind, kann leicht die Aufmerksamkeit des Lesers vom intellektuellen Prinzip jenes Vorgehens ablenken; darum wollen wir, weniger aus Schicklichkeitsgründen, als um den Gesamtbau dieser Praxis und der dahinter stehenden Theorie zu zeigen, die abscheulichen Details übergehen.

Mit all dem haben wir uns von der Science Fiction, in bezug auf die Katastrophe die grimmigste Literatur, sehr weit entfernt, denn die Phantastik bleibt selbst dann, wenn sie mit kosmischen Transpositionen des Faschismus und seiner Vernichtungslager operiert, dennoch auf »halbem Wege« zu den Kulturantipoden stecken, sie ist einfach zu begrenzt in ihrer Ausgangsposition, zu gehemmt durch konventionelle Ausdrucksmittel, und schließlich und endlich sind es allzu grobe Federn, die sie produzieren, als daß sie mit ihren spezifischen Mitteln zu kreativer Abwandlung typisch sadistischer Visionen kommen könnte. Dennoch, derselbe Faktor, der in den authentischen Fakten des Nazismus und im Werk de Sades sichtbar wird, steht an der Wiege der Weltuntergangsliteratur, wiewohl in verwaschener und verhüllter Form. Es gibt immerhin eine Menge literarischer Techniken, die es ermöglichen, Dinge, deren ungeschminkte Beschreibung unerträglich wäre, gedämpft zu schildern. Es ist eine Sache, über Drastisches zu reden, in Anspielungen darauf hinzuweisen, und eine andere, sie zum Gegenstand veranschaulichter Betrachtung zu machen. Stellen wir zwei literarische Texte nebeneinander, der eine in der SF beheimatet und der andere in der modernen Dramatik, die identische Vorgänge von genannter Art zum Zündstoff haben. Im SF-Werk sehen wir eine Familie, bestehend aus Eltern und heranwachsenden Kindern, die in der Einsamkeit auf einem weit entfernten Planetoid leben. Als die 15jährige Tochter, die meint, daß sie schon groß ist und einen eigenen Mann braucht, sich mit so einem Appell an ihre Eltern wendet, legt ihr der Vater nahe, mit ihrem Bruder zu schlafen. Doch das ist erst das Vorspiel zur Darstellung der »neuen Sitten«. Die Familie hat nur mehr wenig Essensvorräte, im Kühlschrank ist nur noch eine Keule da – von einer Mrs. Johnson. Zwei Reisende, Vater und Sohn, die gerade ankommen, werden in das Haus eingeladen, und dort versucht man mit vereinten Familienkräften, sie in den Topf zu stecken. Doch die Ankömmlinge winden sich geschickt aus der Affäre. Es stellt sich heraus, daß sie ebenfalls Kannibalen sind. Es kommt zum Einvernehmen, der Sohn des Ankömmlings nimmt die Tochter der Familie zur Frau, und zur Verlobungsfeier machen sie sich, in Ermangelung von etwas besserem, über den Schinken von Frau Johnson her, der im Kühlschrank wartet.

Im Einakter der englischen Verfasserin Elaine May *(Not enough Rope)* haben wir möblierte Untermieterzimmer. In einem dieser Zimmer schnürt ein junger Mann Pakete zusammen, die Nachbarin klopft an und bittet, ihr ein Stück Schnur zu leihen, weil sie sich erhängen will. Der junge Mann würde ihr die Schnur gerne leihen, aber er braucht sie zum Packen. Die ganze Sache kreist in den Dialogen eben um diese Frage. Am Ende kriecht das Mädchen, nachdem sie den ersehnten Strick nicht bekommen hat, in ein Bett, in dem eine alte Frau im Sterben liegt, aber nicht und nicht sterben kann.

Der erste Unterschied zwischen diesen zwei Geschichten besteht darin, daß die stilistisch schablonenhafte SF-Erzählung leicht in ein auch moralisch banales Werk umzuarbeiten ginge, denn der Austausch der Keule der Mrs. Johnson gegen einen gewöhnlichen Schinken, und der kannibalistischen Motivation des Angriffs gegen einen Raubüberfall würde kaum mehr als die Umarbeitung von ein paar Sätzen in der ganzen

Erzählung erfordern. Die Verhaltensstruktur ist dann rundum abgegriffenes Schema (das Mädchen würde dort nur an den Partner denken, der jeder junge Mann außerhalb der Familie sein könnte, hier – der Bruder; Räuber würden Räuber angreifen – hier hingegen treffen Kannibalen zufällig auf Kannibalen). Eine solche Veränderung würde die Drastik der Bedeutungsinhalte abschwächen, aber sonst nichts: der Zusammenhang bleibt, nur daß ihre Plattheit vollends an die Oberfläche tritt. In dem resümierten Stück hingegen muß die Schnur dem Mädchen zum Erhängen dienen; ihre Selbstmordabsicht hat insofern dramaturgische Bedeutung, als sie zur totalen Gleichgültigkeit des Besitzers der Schnur kontrastiert; hier wird eine Welt gezeigt, in der alle einander völlig fremd sind, in der jeder hinter seiner Wand verrückt werden oder krepieren kann; die einzelnen Menschen erweisen einander jenes Minimum an nichtssagenden Höflichkeiten, aus denen das Isolierband gemacht ist, das sie voneinander trennt. Von buchstäblicher Unwahrscheinlichkeit, und damit schon »phantastisch«, sind bloß die Ausmaße jener allgemein herrschenden Gleichgültigkeit. Keiner geht den anderen etwas an; es herrscht ein Zustand gegenseitiger Amortisation, in dem die guten Umgangsformen dazu dienen, daß man einander leichter los wird, gleichgültig, ob es um ein Glas Wasser geht oder um das Ausleihen eines Stricks; gerade diese Situation macht Eindruck, weil es ihr an den Merkmalen der qualitativen Umwandlung von natürlichen und uns daher gut bekannten Zuständen mangelt. Es ist das total gewohnte Alltagsverhalten – unter die Lupe genommen und dadurch monströs vergrößert. Nur noch gewissermaßen in der vielfachen Vergrößerung trägt sie phantastische Züge – jene spezifische, unter den herrschenden Sitten nicht wahrnehmbare Gefühlsroheit, jene latente Ungeheuerlichkeit erweist sich plötzlich als Wahrheit, die wir nicht abzuweisen vermögen. Natürlich ist da ein riesiger Unterschied, ob die Vorstellung erweckt wird, daß wir fähig wären, ohne Wimpernzucken vom Genuß eines Schweineschinkens zum Verzehr von menschlichem Schinken überzugehen – und der Darstellung eines Verhaltens, das uns im Leben ebensosehr wie in diesem Stück mit der Kruste rücksichtsloser Egozentrik von außen abschließt.

Infolgedessen ist auch die subjektive Unschuld, angeblich charakteristisch für Kannibalen, die die Töchter in die Betten der Söhne legen, ihre Kühlschränke, Schmortöpfe, Küchen zur Zubereitung menschlicher Leichen verwenden, patriarchalische Familienformen wahren, völlig unglaubwürdig (nicht unbedingt deswegen, weil der Mensch niemals einen Menschen essen wird, sondern weil die Zerstörung eines solchen kulturellen Tabus sich im ganzen sonstigen Verhalten niederschlagen müßte). Hingegen erweist sich die subjektive Unschuld des jungen Mannes, der der Selbstmordkandidatin eine Schnur leihen möchte, es aber nicht tut, weil er diese gerade zum Packen benötigt, als etwas, das in der Realität sehr wohl bekannt ist. In dem einen Fall werden somit heterogene Sinngehalte »gewaltsam« in vertraute Verhaltensstrukturen gepreßt, und darauf beruht die Lüge; im anderen Fall wieder werden die Sinngehalte einer bestimmten Verhaltensstruktur in ihrer unveränderten Form, nur gesteigert, unter das Mikroskop gehalten; und die buchstäbliche Unwahrscheinlichkeit ist nur die Oberfläche einer nicht buchstäblichen Wahrheit. Das Drastische erweist sich sodann in dem einen Fall als Zweck der Erzählung, die uns über die Unwahrheit hinaus, die dem Leser als Wert dargeboten wird, nichts zu sagen hat, und im anderen Fall als Mittel zu dem Zweck, uns – auf dem Umweg über die Erzählung – zu uns selbst zurückzuführen, doch mit einem neu erworbenen Wissen, dessen man sich nicht entledigen kann. Und eben deshalb werden die im ersten Text vorhandenen Elemente des Sadismus als Zirkusattraktion behandelt, und im zweiten bilden sie Glieder einer logisch zusammenhängenden Gedankenkette. Darum ist die erste keine, die zweite sehr wohl Literatur, in jenem Sinne, in dem wir diese Tätigkeit verstanden wissen wollen. Genetisch, d. h. nach seinen Herkunftsmerkmalen überprüft, offenbart der erste Text, wie wir gesehen haben, totale Banalität. Warum soll die Tochter gerade mit dem Bruder schlafen? Warum muß die Familie sich zur Keule der Mrs. Johnson an den Tisch setzen? Weil gerade das – aufgrund des durch den Kontrast erzeugten Schocks – vielleicht noch unser Interesse weckt. Darüber hinaus haben die inzestiös-kannibalischen Verhaltensweisen dieser ganzen Familie keinerlei Bedeutung.

Wollen wir also zu dem Stück literarisch Verwandtes finden, so können wir eine bedeutungsmäßige anthropologische Ähnlichkeit z. B. in jenem Teil von Dostojewskis *Aufzeichnungen aus einem Kellerloch* feststellen, der den Titel *Schnee* trägt. Der Erzähler kommt zu einer Prostituierten, und indem er ihr menschliches Mitgefühl – eine Mischung aus moralischer Haltung und Mitleid – entgegenbringt, zerstört er jene verhärtete Schicht, unter der sie das Private in diesem so öffentlichen Gewerbe verbirgt. Und nachdem er sie auf diese Weise schon vermenschlicht, nachdem er sie zum Leben erweckt hat, als mache er sie mit der Eröffnung der Chancen für ein »Zurück zu einem guten Leben« gleichsam zur Unschuld, verfährt er mit ihr, wie eben mit einer Prostituierten. Damit gelingt ihm das, was *prima facie* nicht möglich schien: da er sie gleichsam von neuem prostituierte, ihr Gewalt antat, sie erniedrigte, schuf er die Bedingungen für ihren neuerlichen Fall, und erntete dafür ihren total ohnmächtigen Haß. Natürlich ist ein so dargebotenes Spiel von Anfang bis zu Ende realistisch, d. h. psychologisch glaubwürdig – als ein Oszillieren der Motive (das Moralisieren gewissermaßen gleich zu Beginn der Szene »mußte nicht einmal wissen«, daß es Maske für lüsterne Erwartungen und Instrumente eines in der Intention sadistischen Vorgehens ist).

Der Unterschied zwischen *Schnee* und dem genannten Stück besteht jedoch darin, daß wohl das, was beide Werke aufzeigen, die gleiche psychologische Wahrheit darstellt, doch die Mittel des Beweisverfahrens das eine Mal selbst im veristischen Sinne wahr sind (bei Dostojewski), und das andere Mal in parabolischer Steigerung angewendet werden (im Stück). Mit einem Wort, mit dem für sie spezifischen Gang der Handlung kann die Literatur absolut alles läutern, d. h. total rechtfertigen, und im ganzen beurteilt, ist sie dann niemals drastisch in irgendeinem prüden Sinne (da sie wahrhaftig ist, kann schlimmstenfalls ihre Wahrheit deprimierend sein). Von der Phantasie hingegen, die wir als »reine Phantasie«, d. h. in keiner Weise der »Wahrhaftigkeit« dienend, bezeichneten, haben wir außer der Entfaltung des »Spielerischen« nichts zu erwarten. Diese Unterhaltung, die mit Hilfe tiefgekühlter Menschenschinken und inzestiöser Anträge fabriziert wird, ist ekelhaft, dumm und völlig sinnlos. Die de Sadeschen Scheusale können ausrufen: »Tu, was ich dir sage, wenn du ein echter Libertiner bist, auch wenn dir davor ekelt: unser Antikulturprogramm erfordert das!« Aber die unechten Scheusale der Science Fiction haben zur Verteidigung ihrer Skatophilie absolut nichts vorzubringen. Eine Literatur, die so vorgeht, ist eine Art mit dem Wort betriebene Prostitution, denn sie bedeutet »käufliche axiologische Unzucht«: der Wert wird nicht zu dem Zweck zerstört, eine bestimmte Wahrheit auszusagen, sondern dazu, den Zuschauer zu unterhalten und zu schockieren. Wie schon gesagt, wem viel gegeben wird, dem wird viel abverlangt; je größer das Thema, desto größer die Verantwortung. Ungezählte ertränkte, geschmorte, erstickte, durch Selbstmord vernichtete »Menschheiten« markieren die traurige, bedauernswerte Entwicklung der Science Fiction auf einem Weg, der sie von den »Vätern der Phantastik« talabwärts geführt hat – und zu ihrer paradoxen Verteidigung kann man nur sagen, daß sie das Thema des Weltuntergangs einer so totalen Inflation unterworfen hat, daß es infolgedessen eigentlich nichts mehr aussagt.

Ich verstehe das so: der Romancier stellt sich eine bestimmte Aufgabe, auch wenn er das selber gar nicht weiß. Der literarische Prozeß sollte ein Maximum an Ergebnissen einem minimalen Einsatz von Mitteln, stilistisch (sprachlich) wie phänomenalistisch (sachlich), verdanken. Diese Pflicht ist die Grundregel jeglicher Kunst. Bei der Kunst geht es nicht bloß darum, die reichste Ernte von Ideen aus der sparsamsten Saat der Worte aufgehen zu lassen. Mehr Dinge gehen in die Rechnung einer solchen Ökonomie ein, denn wenn man aus einem Kampf um das Recht auf Benützung des Küchenspülbeckens nicht mehr in Erfahrung bringt als aus dem Kampf um die Überwältigung der Galaxis – dann erübrigt sich letzterer. Für das, was aus geringen Mitteln zu erlangen ist, braucht es nicht die Mobilisierung großer Mittel. Das ist in der Kunst sozusagen das Gegenstück zu dem empirischen Grundsatz, der als »Ockham-Rasiermesser« bekannt ist. Wenn die spezifische Qualität der Katastrophe, die dem Menschengeschlecht ein Ende bereitet, keinen Einfluß auf die spezifische Qualität dieses Endes hat, dann macht der Erfinder neuer Folterwerkzeuge nicht Literatur, sondern nur etwas, das ihr Anschein ist. Andrerseits ist die Katastrophe an sich nur im realistischen, außerliterarischen Sinne eindeutig – einfach das »Ende von allem«. Als Thema genommen, wird sie zum »Signalapparat«. Man kann damit den Widerstand ausdrücken, den Menschen leisten – wenn schon nicht der Katastrophe, da dies unmöglich ist –, so der Zerschlagung der Werte. Daraus entstehen heroische, romantische oder eher stoische Sinngehalte. Das Widerstandsmotiv kann durch das Gehorsamsprinzip ersetzt werden. In dem Fall schiebt sich die »Reduktion der Menschlichkeit« in den Vordergrund. Dann wächst sich die Katastrophe leicht zur Prämisse der Rechtfertigung einer jeglichen Handlung aus. Zum Beispiel ist die Diktatur von faschistischem Typ moralisch verdächtig, doch vielleicht »muß sie« in chaotischen Zeiten eingeführt werden. Die Rationierung von Sex ist ebenfalls ethisch sehr zweifelhaft, aber vielleicht – nach dem Atomkrieg – »muß das sein«. Die Phantastik wird dann die Umstände der Katastrophe beschwören, damit sie zur Lossprechung von der Schuld an solchen Handlungen dienen. In dem monströsen Schatten, den die Katastrophe wirft, kann man also seinen Visionen »freien Lauf lassen«. Aber in diesem Bereich hat die gewöhnliche Literatur mehr vollbracht als die phantastische. Es ist kein Zufall, daß die SF eher die biologische als die psychologische Hölle zeigt (in Gestalt von Epidemien, Seuchen, biologischen Mutationen, Verblödung durch Strahleneinwirkung usw.). Um die Kraßheit des menschlichen Verfalls zu zeigen, braucht es nicht des Weltuntergangs als Mittel. In diesem Sinne extrem »katastrophal« ist das Verhalten des Helden in *Schnee*.

Man kann auch kaum mehr die Grenze überschreiten, an die de Sade – biologisch wie psychologisch – herangekommen ist. Man kann nur das gleiche wiederholen oder bedeutend weniger sagen – aus Prüderie, aus Angst vor Anstößigkeit, aus krampfhaftem Festhalten an den Resten der Umgangsformen in der Jugend. Das heißt, daß dann etwas, was andere mutiger und besser gemacht haben, auf schlechtere Weise gemacht wird, und man versucht, diese unvorteilhaften Unterschiede mit den Scherben einer auseinanderberstenden Welt oder Gesellschaft zu verkleben.

Was bewirken die Dimensionen der äußeren Katastrophe? Sie mildern den Urteilsspruch, der über ihre Akteure verhängt wird. Sie machen uns daher ratlos. Sie haben zur Folge, daß wir nicht mehr zu unterscheiden vermögen zwischen der »äußeren« Katastrophe – der untergehenden Welt – und der »inneren« – des Untergangs der Menschen. Es bleiben allein die Wertigkeiten des »puren Grauens«. Aber man kann auch nicht allzuoft mit dem gleichen Phänomen drohen – es kommt zur Gewöhnung (jetzt erweist sich schon Raffinesse als notwendig: nicht genug, daß alle erblindet sind, den Blinden werden noch wandelnde und giftige Pflanzen zugeschanzt, wie Wyndham es tut). Das, was einmal eine Vision, eine Innovation, ein Mythos – wie bei Wells – war und später zur Warnung werden konnte, wird zur Kurzweil, die langweilt. Wenn man nicht die Agonie der ganzen Menschheit zeigen kann (das ist ja physisch, aus Gründen der Information, gar nicht möglich), ist es da nicht besser, ganz darauf zu verzichten? Z. B. so, daß man das Leben einer bestimmten isolierten Menschengruppe – von irgendwelchen Forschern, sagen wir, in der Antarktis – und ihre Reaktion auf die Nachricht vom Weltuntergang zeigt (die sich danach, aber auch lange danach, als unwahr erweist, etwa infolge eines Mißverständnisses). Doch das Verhalten dieser Gruppe angesichts einer solchen Nachricht wird die spezifische Einstellung, quasi die anthropologische Philosophie des Verfassers zum Ausdruck bringen. Um die solchermaßen »signalisierten« Sinngehalte eindeutig herauszustellen, könnte man also anders vorgehen. Meinethalben könnten zwei solche voneinander völlig unabhängige Gruppen existieren – in Unterständen auf dem Mond oder in der Antarktis, oder an Bord zweier Schiffe, die weit entfernt von den Seewegen treiben. Beide könnten dasselbe erfahren: daß die Menschheit vernichtet wurde; die technische Seite eines solchen Irrtums ist nicht allzu schwer zu erfinden. Die Zusammensetzung der beiden Gruppen nach Personen und Geschlecht muß so ähnlich wie nur möglich sein. Und in der einen wie in der anderen Gruppe herrscht zunächst höchste Konsternation, Entsetzen, allgemeine Sprachlosigkeit.

Gehen wir, um der Handlung einen festen Rahmen zu geben, davon aus, daß die Katastrophe, die über die Welt hereingebrochen ist, innerhalb weniger Wochen auch diese Überlebenden treffen wird (das genaue Datum ist feststellbar). Und da erhebt sich die große Frage: werden sich beide Gruppen auf gleiche Weise verhalten? Ist es möglich, daß ihre Verhaltensweisen, bis zu einem gewissen Augenblick außerordentlich ähnlich, plötzlich auseinanderzugehen beginnen? (Z. B., daß die einen einer Art religiöser Besessenheit verfallen, und die anderen – sagen wir, einer orgiastischen; daß etwa bei den ersteren eine Selbstmordepidemie ausbricht, während die zweite stoisch das Ende erwartet.) Die Herauskristallisierung der Verhaltensweisen, sowohl individuell als auch der Gruppe, wäre ungemein interessant und nicht ohne Bedeutung für neue Erkenntnisse, von der künstlerischen Seite solcher Sondierung des Menschen *in extremis* schon ganz zu schweigen. Aber das ist kein Thema für Schriftsteller im Science Fiction-Sektor; denn die materiellen Umstände dieser angeblichen Vernichtung sind praktisch ohne Bedeutung: die Psychologie der Gruppe und des einzelnen ist hier alles. (Später die eventuelle Möglichkeit der Konfrontation der beiden Gruppen und das Finale, wo sich die Nachricht über das Jüngste Gericht als Unwahrheit herausstellt.) Natürlich ist es nicht zufällig, daß ein solcherart orchestriertes Thema von der Science Fiction nicht aufgegriffen wurde. Es genügt, sich klar zu machen, daß ja Camus' *Die Pest* inhaltlich und formal zum Kreis der Untergangsliteratur gehört, obwohl sie niemand hier placiert hat, um zu begreifen, worin der Unterschied zwischen Literatur und Phantastik besteht. Es wäre sowohl für die Science Fiction als auch für das Jüngste Gericht besser, wollte sie diesem Thema ausweichen. Auf tückische Weise bewahrheitet sich in der Literatur das Wort, daß die absolute Macht absolut korrumpiert. Damit, daß die Science Fiction belletristisch die Macht über die Welt anstrebt, um letztere vor den Augen des Lesers zu zertrümmern, hat sie in Tausenden solcher Darstellungen ihre künstlerische Ohnmacht bewiesen.

behandelt werden, [illegible] weniger [illegible]
[illegible] werden [illegible]
bar. [illegible] da [illegible] und [illegible] der [illegible]
[illegible] die [illegible]
[illegible]
[illegible] gerade [illegible]
[illegible]
[illegible] daß [illegible]
[illegible]
[illegible] der [illegible]
[illegible]
[illegible]
[illegible] von der [illegible]
[illegible]
[illegible] das ist [illegible]
[illegible]
[illegible] und [illegible]
[illegible] der Grund und des [illegible]
[illegible]
[illegible] Natur [illegible]
[illegible] Gewalt als [illegible]
[illegible]
[illegible] nicht [illegible]
[illegible]
[illegible]
[illegible]
[illegible]
[illegible]
[illegible]
[illegible]
[illegible]
[illegible]
[illegible]
[illegible]
[illegible]

II.
Roboter und Menschen

»Edison löste den schwarzen Schleier vom Gürtel. Die Androide, erklärte er, besteht aus vier Teilen (...) Infolge des geheimnisvollen Ablaufs innerhalb dieser metallenen Scheiben wird Wärme, Bewegung und Kraft im Körper Hadalys verteilt, und zwar durch das Geflecht dieser glänzenden Drähte, die das genaue Abbild unserer Nerven und Adern sind. Und vermittels der kleinen Scheiben gehärteten Glases, die den Strom in die verschiedenen Drahtnetze leiten, wird durch einen sehr einfachen Vorgang, dessen Prinzip ich Ihnen dann näher erklären will, die Bewegung in einem einzelnen Glied oder in der ganzen Person der Androide hervorgebracht oder eingestellt. Hier ist ein außerordentlich starker elektromagnetischer Motor, den ich auf diese Ausmaße und bis zu dieser Leichtigkeit verkleinert habe und auf den alle anderen Induktoren ausgerichtet sind (...)

Ich habe auch an die tiefen Seufzer gedacht, die der Kummer dem Herzen entreißt, und ihr Zauber ist der sanften, schweigsamen Hadaly nicht fremd geblieben. Alle Frauen werden Ihnen ja bezeugen, daß die Nachahmung dieser melancholischen Seufzer sehr leicht ist. Alle Komödiantinnen bieten sie, vollendet gestaltet, im Dutzend feil (...)

Hier nun, zu beiden Seiten der Brust, sind die zwei Goldphonographen, die Hadalys Lungenflügel bilden. Sie spielen einander die metallenen Blätter ihrer harmonischen, fast könnte man sagen *himmlischen* Gespräche zu, etwa wie die Druckerpressen sich die Bogen zuspielen. Ein einziger Stanniolstreifen solcher Worte kann sieben Stunden lang laufen. Diese Worte sind aber von den größten Dichtern, den subtilsten Metaphysikern und tiefsinnigsten Romanschriftstellern dieses Jahrhunderts erdacht; ich habe mich an die größten Geister gewandt (...) Darum sagte ich, daß Hadaly nicht Geist habe, sondern *den* Geist.

Sehen Sie in diesen Rillen die zwei kaum bemerkbaren Stahlstifte zittern? Auch die Rillen werden durch die ständige Bewegung des geheimnisvollen Funkens in Bewegung versetzt und drehen sich um ihre eigene Achse. Nun warten sie nur noch auf die Stimme Miß Alicia Clarys (...) Unter den Lungen hier ist die Walze angebracht, welche die Gesten, die Haltung, den Gang, die Mienen Ihrer Geliebten plastisch verzeichnen wird (. . .) Gerade so spielt hier die Walze unter einem Kamm, der die äußersten Enden aller induzierenden Nerven der Androide erfaßt, *die Gesten, die Haltung, den Gang und die Mienen derjenigen ab, die in der Androide inkarniert wird.*

Auf diese Walze sind etwa siebzig allgemeine Gesten eingetragen. Mehr stehen einer Dame wohl nicht zu.«

Vor hundert Jahren schrieb Graf de Villiers de L'Isle-Adam in seinem Roman *L'Eve Future* (»Die Eva der Zukunft«) diese heute anachronistisch anmutenden Worte. Ihr Anachronismus ist ein zweifacher: ulkig in der Programmierung der Bewegungen des Roboters – mit der Walze, nach dem Muster vervollkommneter Drehorgeln, in der Initiierung der Redegewandtheit – dankt der Edisonschen Goldphonographen! – und noch mehr vielleicht im altmodischen Charakter des weiblichen Ideals, das von der Androide ersetzt werden soll. Dieser einstmals berühmte Roman geht in alle Details – bis zur Pedanterie! Lord Ewald hat eine Geliebte, die ungewöhnlich schön – und ebenso dumm ist; darum kann er sie nicht ertragen; die Untrennbarkeit ihrer Schönheit von ihrer Dummheit treibt ihn zu einem Selbstmordversuch (de L'Isle-Adam war noch Romantiker, wiewohl ein spöttischer Romantiker, in der Epoche des aufkommenden Positivismus). Der Freund des Lords, der gutherzige und allmächtige Edison, schenkt ihm seine Androide, die er mit dem Teint, der Stimme, dem Gang, den Bewegungen von Miß Alicia Clary ausstattete. Wird der Lord jedoch mit der Androide sprechen können, da ihre Worte zwar aus goldenen, aber doch nur Phonographen fließen? Aber ja doch.

». . . ich versichere Ihnen – *alles kann auf alles eine Antwort sein,* darin besteht das große Kaleidoskop des menschlichen Wortschatzes. Wenn nur der Charakter und der Ton eines Gegenstandes im Geiste festgelegt sind, so läßt sich in ihm in dem ewigen *Ungefähr* des menschlichen Seins und Redens fast jedes Wort in irgendeinem Sinne anpassen. – Gibt es doch eine Menge vager, suggestiver Worte . . .«

Die Absicht dieses ehrwürdig-altväterischen Buchs (ist es erlaubt, es eine »Urform« der Science Fiction zu nennen?): eine Verspottung, gerichtet an die Adresse des weiblichen

Geistes, dessen Produkte von den goldenen Phonographen übertrumpft werden. Und Bilderstürmerei, vor 100 Jahren wagemutiger als heute (sie ist es gar nicht mehr), als Bestreben, die Schöpfung zu wiederholen (was der Buchtitel klar ausdrückt). Lord Ewald, anfänglich von Edisons Vorschlägen peinlich berührt, erprobt an sich die Wirkung der Anwesenheit der Androide – er spielt mit ihr eine Gartenszene, die in den Antworten der künstlichen Miß Alicia zur Gänze programmiert ist und nach Plan abläuft – um sich auf eine Art Hochzeitsreise mit der Puppe zu begeben (diese in einer großen Kiste verpackt); bei einer Schiffskatastrophe geht die Puppe leider in ihrem Sarg unter. Freilich ist die Sprache dieses Romans veraltet; er ist jedoch bahnbrechend in seinem Scharfblick, wo er es auf die Schablonenhaftigkeit jedes Gesprächs, insbesondere des Salongeplauders abgesehen hat – wenn ich das sage, denke ich hauptsächlich an Ionesco. Gewiß, de L'Isle-Adam wußte sich keinen Rat, wie die Androide Hindernisse zu überwinden, wie sie zu sehen vermochte. Und ihm selber mußte die Spontaneität Hadalys, die in manchen Szenen nicht bloß den Lord, sondern selbst Edison überraschte, unglaubhaft vorkommen. Es stellt sich schließlich heraus, daß es nicht *nur* eine Maschine ist, da doch Edisons Freundin, die geheimnisvolle Sowana, mit geistigem Fluidum über die eigenen Sinne hinausreichend, Hadaly hie und da anregt und ihr sogar die Kraft verleiht, zu sehen und zu erkennen, was gewöhnlichen Menschen verborgen bleibt.

Wieviel sorgfältige deskriptive Arbeit hat doch de L'Isle-Adam in dieses sein Werk gesteckt. Und sein Edison (ich lese gerade in dem kritischen SF-Magazin »Speculation« in einem Interview mit J. Ballard, daß er an Erzählungen arbeite, in denen reale Personen, wie Elisabeth Taylor oder John F. Kennedy vorkommen, wobei er meint, daß die moderne Literatur das verlangt – denn die Welt wurde belletrisiert, also gibt es für den Schriftsteller keinen Unterschied zwischen einer erdachten und einer aus der realen Welt genommenen Figur; einverstanden – aber der alte de L'Isle-Adam hat das schon vor hundert Jahren praktiziert . . .), das ist kein kühler Kybernetiker, nicht bloß ein Gelehrter, der Texte für die

Androide bei den Philosophen und Dichtern bestellt, er ist selber Dichter seiner Maschine mit den goldenen Phonographen in der Brust. Welch eine Idee, daß kommunizierende Röhren, mit Quecksilber gefüllt, am Schwerpunkt der reizenden Androide untergebracht, zauberhafte, wiegende Hüftbewegungen bewirken – wiewohl gleichzeitig über irgendwelche Dienste, die eine solche Geliebte, über die vornehmen Gespräche hinaus, zu leisten hätte, im Roman keinerlei auch nur flüchtige Erwähnung getan wird. Und nun, um das Ausmaß der Zeit zu erfassen, die seit der Niederschrift von *L'Eve future* vergangen ist, wenden wir uns der Erzählung eines französischen Autors zu (war er sich denn nicht im klaren darüber, daß das Werk ein Duplikat ist?), die vor einigen Jahren als eine der besten französischen Science Fiction-Arbeiten in der Monatsschrift »Fiction« veröffentlicht wurde. Es ist *La femme modelée – Cyntia* – von Luc Vigan. In dieser Erzählung kommt zu einem Kybernetiker und Künstler ein reicher Klient, der von einer unerwiderten Liebe zu einer schönen Frau namens Cyntia erfaßt ist. Bereit, jeden Preis zu zahlen, bittet er um eine »Replika« jener Frau in synthetischem Material, was für die Technik offenbar schon etwas recht Einfaches ist. Der Künstler sträubt sich zunächst, da, wie wir aus dem Gespräch erfahren, das »Kopieren« von lebenden Personen dem Gesetz nach nur mit deren Einwilligung erlaubt ist. Es ohne sie zu machen, kann gesetzliche Folgen haben. Das dicke Honorar hilft jedoch, die Skrupel des Künstlers zu überwinden, der, mit zahlreichen dreidimensionalen Photographien von Cyntia, einer Aufnahme ihrer Stimme usw. als »Unterlage«, Cyntia II produziert, eine Art Androide (eine Plastik-Marionette, von einem normalen Menschen nicht zu unterscheiden – zumindest im Bereich solcher Kontakte, zu denen das Schneiden mit chirurgischen Messern nicht gehört). Der beglückte Klient nimmt Cyntia II zu sich nach Hause; sie wurde so programmiert, daß sie ihn wahnsinnig liebt; übrigens weiß sie nichts über ihre seltsame Herkunft, sie hält sich jedenfalls für einen ganz gewöhnlichen Menschen. Die so erstellte Idylle dauert nicht lange. Axel Halder, jener reiche Geliebte, vermag zwar, wenn er von Zeit zu Zeit die Original-Cyntia trifft, keine Unterschiede zwischen ihrem Äußeren und dem Äußeren seiner Konkubine zu finden, doch er ist nicht glücklich.

Der ersten Cyntia hatte er Unnahbarkeit vorgeworfen, bei ihrem Double beklagte er allzugroße Gefügigkeit. Er wünschte, sie zu erobern, ihren Widerstand zu brechen. Schade, daß er Haber (dem Künstler – S.L.) nicht eingeschärft hatte, Hemmungen in einem Umfang einzuführen, der Cyntia II jenes Sich-Zurückziehen, jene Schamhaftigkeit hinzugefügt hätte, die zu überwinden so ein Vergnügen ist. Cyntia sah ihn immer mit verliebten Augen an. Alles an ihr ist vollkommen, sagte er sich, vielleicht allzu vollkommen; das Auge zu feucht, die Lippe zu bebend, die Brust zu vibrierend. Diese äußeren Zeichen der Leidenschaft störten durch ihren Trickcharakter. Er entsann sich der Worte Habers, als er das erste Mal dort war: »Die aktive Mitarbeit des Objekts ist unbedingt notwendig.« Vielleicht blieb seine Vorstellungskraft zu wach? Doch Cyntia war schon dabei, diese Wachheit zu trüben. Ihr nackter Körper rekelte sich verlockend vor ihm. Das seidenweiche Haar fiel in Wellen über die glatten, runden Schultern. Weiße Arme umfaßten ihn. Katzenhaft schmiegte sie sich an ihn, ihr warmer Atem streifte seine Wange. »Axel, Geliebter . . .« Vor solchem greifbaren Ziel hörte Axel auf, sich über die Form Gedanken zu machen.

Sobald jedoch die Sinne abkühlen, begibt sich Halder mit einer Reklamation zu Haber: er begehrt den Einbau von »Erschwernissen« in die Plastikgeliebte. Im Laufe des Gesprächs entdeckt er mit Erstaunen im Atelier des Künstlers, hinter einer spanischen Wand verborgen, die Gestalt einer quasi im Schlaf versunkenen Cyntia. Es ist Cyntia III, die der »Künstler«, wie er ohne Scham bekennt, für sich »nebenher« angefertigt hat, weil diese Frau so schön ist. Der wutentbrannte Halder kehrt eiligst heim, um der »Geliebten« ins Gesicht zu schleudern, daß sie ein Betrug, ein Roboter ist! Die versteht gar nichts. Bis zur Weißglut von ihrer ewigen Nachgiebigkeit und ihrem einschmeichelnden Wesen gereizt, holt Halder ein mittelalterliches Schwert von der Wand herunter und hackt Cyntias Plastikkopf ab. Kurz darauf wird er von der echten Cyntia angerufen. Begierig, sich auch an ihr zu rächen, lädt Halder sie zu sich ein und ermordet sie ebenfalls;

diesmal fließt schon Blut. Er eilt zum Haus des Künstlers, er will auch dessen Cyntia umbringen, doch da stellt sich heraus, daß es ein vergebliches Vorhaben ist. Es ist zu einer Gesetzesänderung gekommen, für die androide Vervielfältigung lebender Personen ist deren Einverständnis nicht mehr nötig, der Künstler hat also Cyntia zur Massenproduktion freigegeben, und die Straßen wimmeln von Cyntias ...

Es handelt sich offenbar um einen phantastischen Ulk, mit einer etwas kleinkalibrigen Moral. Aber auch ein Ulk hat es an sich, daß er ein gewisses Minimum an Originalität besitzen muß, sonst hört er auf, ein Ulk zu sein. In der geschilderten Geschichte besteht der ganze Sinn, der ganze erzählerische Wert darin, daß Menschen vervielfältigt werden. Es genügt, sich vorzustellen, was ein Schriftsteller machen könnte, wollte er ein analoges Thema in nichtphantastischer Art behandeln. Es könnte eine romantisch-spöttische Story werden; eine berühmte Schönheit hat eine total verkannte arme Doppelgängerin in einem Provinzkaff; dem unglücklich Verliebten eilt ein Hochstapler zu Hilfe, er verschafft ihm die Doppelgängerin als Konkubine. Nehmen wir an, sie wurde dahingehend hypnotisiert, dem Geliebten widerspruchslos zu verfallen. In einer solchen Version verliert die Erzählung jeglichen Wert, sie wird zur platten, dummen Banalität. So reduziert sich also der ganze Beitrag des »phantastischen Prinzips« auf die »Materialfrage«. Die Originalität der Handlung kann nur daher kommen, daß die Geliebte künstlich hergestellt ist. Es mutet ziemlich sonderbar an, daß Vigan sich mit einem einzigen und so billigen Effekt zufriedengibt. Der Situationsaufbau, nur unter dem Aspekt der menschlichen Gestalten betrachtet, erweist sich als uneinheitlich, nicht von Anfang bis zu Ende auf dem gleichen veristischen Niveau durchgehalten (dieser Verismus ist natürlich sehr primitiv durchgeführt, darauf kommt es aber im Augenblick weniger an).

Wie präsentiert sich die Geschichte im Vergleich mit ihrer Vorgängerin von vor einem Jahrhundert? Ein hervorragender Porträtist von Personen war de Villiers de L'Isle-Adam nicht. Sein Edison ist Symbol der allmächtigen Wissenschaft, wie sich diese in den siebziger Jahren des vorigen Jahrhundert den angesichts von Phonograph und Dampflokomotive staunenden Augen der Humanisten und Romantiker präsentierte; sein Lord Ewald ist allein schon im Namen nicht dem Leben entnommen, er ist eine reine Romanfigur, d. h. nach einem fiktiven Salonstandard, obwohl man zugeben muß, daß es uns heute schwerfällt, zwischen der Unechtheit des offiziell-gesellschaftlichen Äußeren eines Gentleman und der Unechtheit seines belletristischen Bildes zu unterscheiden. Doch de L'Isle-Adam hat in seinem Roman in zweifacher Hinsicht den Nagel auf den Kopf getroffen. Die Automatik der Frau und die Weiblichkeit des Automaten, der jene zu übertreffen imstande ist – das waren, nebenbei, die Hauptanliegen dieses Werkes (doch hat sich der Stuck der gelehrten Abhandlung, die gegen Schminke, Fischbein, Korsett, Schichten von künstlichem Teint, Strumpfbändern, Gummizügen gerichtet war, als Fälschung erwiesen, die der altmodische Franzose auf altmodische Weise entlarvte).

Der zeitgenössische Franzose hingegen, der bestimmt nicht, so wie sein berühmterer Vorgänger, im Elend lebte und mit verdünnter Tinte schrieb, hat seine kleine Erzählung einfach so für sich hingeschrieben. Er versuchte also weder das äußere Bild des Androiden wahrscheinlich zu machen (das hatten für ihn schon Tausende von Erzählungen anderer SF-Autoren gemacht), noch die Psychologie der Verhaltensweisen des Helden. Er vermerkt in aller Eile die Streiche, die dieser mit seinem Schwert austeilt, denn er stürmt auf die Pointe zu – die Straßen, die von künstlichen Cyntias nur so wimmeln. Halten wir auch die Tendenz fest, eine Puppe dem Menschen gleichzusetzen (diesem oder jenem mit dem Schwert den Kopf abzuhacken – das macht eigentlich keinen Unterschied aus), sowie der Inflationseffekt, der sich in einem so mageren Werk außerordentlich rasch einstellt (der Leser ist mit dem Problem der Androisierung vertraut, also da habt Ihr die zweite, die dritte, die vierte und weitere Cyntias).

Gleichsam verborgen – weil den Aspekten des gesellschaftlichen Brillierens von Miß Alicia Clary abgewendet – mußte ihre Rolle als Geliebte des Lord in *L'Eve future* bleiben – die Rolle des Sukkubus; doch dies konnte der spöttische Romantiker nicht einmal streifen; so verschleierte er denn alles und tauchte es in den Nebel der eleganten Beredsamkeit Edisons, der, vom Thema der mit Quecksilber gefüllten kommunizierenden Röhren sich entfernend, vage versichert, daß die Androide »genau so konstruiert ist wie ein Mensch«. Stürzt sich nun der moderne Franzose gierig auf diese vor hundert Jahren verheimlichte Seite des Themas? Nichts dergleichen – auch er ist »wohlanständig«. Über die menschliche Seele zu schreiben – das war vor hundert Jahren manchmal ebenso schwierig wie heute. Aber nicht bei den Androiden! Können wir uns überhaupt vorstellen, welche Herausforderung und welche Beleidigung der Vernunft für de L'Isle-Adams Zeitgenossen seine synthetische und in bezug auf seelische Anziehungskraft dem Original überlegene Miß Alicia Clary sein mußte? De Villiers de L'Isle-Adam, der intuitiv auf den stärksten Widerstand des Lesers in dieser Beziehung gefaßt war, konzentrierte die ganze Kraft der ihm zur Verfügung stehenden Argumente und Erfindungsgabe darauf, diesen Widerstand mit Hilfe einer detaillierten »Produktionsdokumentation« zu brechen (und er war, so stellen wir fest, von einer solchen Ehrlichkeit, daß er, wo er *sich selbst* nicht zu überzeugen vermochte, das Spiel aufgab, und der Androide ein wenig »nachhalf« – mit einem Fluidum, das ihr die geheimnisvolle Sowana schickte).

Also war Vigan dieses Problem los – sollte er sich nun auf den Situations- oder den psychologischen Aspekt konzentrieren? Wer bringt heute noch den Mut auf, nicht an den Roboter zu glauben? Würden wir in der morgigen Zeitung lesen, daß soeben ein ausgezeichnetes Modell von Elisabeth Taylor fertiggestellt wurde, das Interviews gibt, heiratet, sich scheiden läßt, wieder heiratet, so wie eben diese Schauspielerin, würden wir uns nicht geneigt zeigen, diese Meldung für bare Münze zu nehmen? Um so offenkundiger müßte sich das Schwergewicht der Erzählung in die Sphäre der typisch psychologischen Problematik verlagern. Da es völlig überflüssig ist, sich mit der Vertrautheit mit Produktionsgeheimnissen auszuweisen, könnte dieses Thema ein moderner Autor anpacken, der von vornherein kein Fachmann der wissenschaftlichen Utopie ist. Doch irgendwie brennt keiner darauf. Stellen wir uns dennoch vor, daß ein Schriftsteller der realistischen Richtung, der in der Theorie und Praxis von Automaten und der Beschaffenheit von Androiden in keiner Weise bewandert ist, gerade eine Erzählung über einen Menschen verfassen möchte, der, von einem unstillbaren Verlangen gedrängt, das zu tun beschloß, was der Held der Geschichte von Vigan tut. Über die Androide weiß unser fingierter Schriftsteller nur eines – daß sie von der »Original«frau nicht zu unterscheiden ist. Der Schriftsteller, der sich hinsetzt, um die Fabel zu entwerfen (ich unterstreiche nochmals: er gibt sich mit der Phantastik nicht ab und kennt nicht einmal ihre üblichen Texte), muß sich doch wohl verschiedene taktische Vorgangsweisen überlegen – um die für das Thema optimale Taktik zu finden. Welche möglichen Varianten – gemäß der akzeptierten These – fassen wir für die »Eröffnung der Partie« ins Auge?

1) *Die naturalistische Variante.* In ihr muß zunächst die Ausgangssituation voll definiert werden. Wie stark verbreitet sind die erwähnten Begriffe? Wie werden sozial und gesellschaftlich »Plagiate« von Personen beurteilt, die zu erotischen Zwecken gemacht werden? Welchen Vollkommenheitsgrad hat die »Androiden«-Technik erreicht? (Wie es scheint, dürfte die Nachahmung somatischer Eigenschaften weitaus leichter sein als die seelischer, d. h. einen »physischen Doppelgänger« zu verfertigen, ist vielleicht nicht schwer, eine vollkommen psychische Kopie einer Person dagegen sehr schwer). Stellen wir uns wiederum vor, daß wir ein derartiges Wesen, die getreue Kopie einer nichterwiderten Liebe, über die Schwelle der Wohnung führen: wir stehen sogleich vor einer stark empfundenen psychologischen Barriere: selbst wenn wir die Garantie des Herstellers in der Tasche haben, die versichert, daß dieses Wesen alle unsere Begierden befriedigen wird, so schafft ihr außerordentlich menschliches Äußere, ihr normal weibliches Verhalten (denn man hat ja nicht eine angekurbelte Hetäre bestellt) eine Sperre gegen den psychischen Durchbruch, selbst wenn man weiß, daß diese das Produkt unserer von Trägheit beeinflußten, rein gewohnheitsmäßigen Hemmungen ist (jener Hemmungen, die bewirken, daß wir uns auch auf Frauen, die uns willig sind, nicht wie Wilde stürzen). Aus solchen Überlegungen läßt sich eine Menge für dramaturgische Detaillierung herausholen. Sehr bald schwankt man

zwischen Verlangen und Aversion, denn das Wissen, daß man es nicht mit einem echten Menschen zu tun hat, kann man nicht vor sich selbst verhehlen. Das dürfte interessante Möglichkeiten bergen. Gegenüber allen Menschen üben wir stets eine gewisse Zurückhaltung; nur das letzte Schwein wird sich bei einer selbst mit käuflicher Liebe verbundenen Transaktion ungeniert mit den Fingern schneuzen und die Notdurft verrichten. Zum lebendigen Menschen hat man in der Regel nicht dasselbe Verhältnis, wie man es zu toten Gegenständen haben kann – »oberhalb« und »unterhalb« des gefühlsmäßigen Nullpunkts (d. h. man kann Menschen wie auch Tieren gegenüber aufmerksam oder unaufmerksam sein, man kann sie gerne haben oder hassen, liebkosen oder quälen, nicht aber – tote Gegenstände, und wenn wir letztere mit Zuneigung oder mit Widerwillen behandeln, so erfolgt das doch ganz anders als im Verhältnis zum Lebewesen). Aber hier weiß man eben nicht, wie man sich einstellen, was für eine Rolle man spielen, was für eine Haltung man einnehmen, welchen Ton man anschlagen soll. Die Meinung, der sexuelle Aspekt kinderleichter Befriedigung könnte in jenem riesigen Bereich von Schwankungen und Unklarheiten absolut beherrschend sein, halte ich für grundlegend falsch. Es kann zu Aufdringlichkeiten kommen – in Form von Bemühungen, Spuren von menschlich Unechtem in jenem Wesen zu entdecken. Es kann zum Gefühl des Ekels vor ihm kommen – sei es aus »Überdruß«, sei es aus versteckter oder offener Feindseligkeit. Und überhaupt wird die Sphäre der Beziehungen, selbst der statuierten, immer *Schwankungen* unterliegen, d. h. sie wird, befürchte ich, in widerwärtige Demoralisierung abgleiten, nicht so sehr in »verächtliche Behandlung« der Puppe, als in die Herausbildung eines »degenerierten Paars« – *beider* Partner – in einer solchen Situation. Die Zone der Bettszenen erweist sich aufs deutlichste als absolut zweitrangig. Die Aufhebung ihrer Bedeutung kann nicht aus der Prüderie des Verfassers kommen, sondern einfach aus der erwogenen Wahrscheinlichkeit der Gesamtsituationen.

Man erschrickt bei dem Gedanken, was aus der Liebe eines so sorgsam zufriedengestellten Geliebten werden kann. So mit dem Schwert herumfuchteln und der Puppe den Kopf abschlagen, das sind gewöhnliche Kindereien im Vergleich zur Tiefe des Abgrunds, in den der »Klient des kybernetischen Künstlers« zu stürzen droht. Ein Wesen, mit dem man umgehen kann, wie man Lust hat – nicht nur auf erotischem, auf jedem Gebiet –, das nicht einmal Sklave ist, sondern einfach *nichts*, erweist sich als bedrohlich, weil es den *einzigen*, in dieser Situation *allein dastehenden* Menschen in eine spezifische Gefahr versetzt. Er bekommt Lust, mit diesem Wesen psychologische Experimente anzustellen (was ist es imstande, zu begreifen? Wieviel von dem, was da vor sich geht, kann es verstehen? usw.) Mit einem Wort, kommt es zu ekelerregendem Überdruß, so ist die Sache schriftstellerisch keineswegs zu Ende: dann beginnt sie erst. Ihr dann eine wirkungsvolle Pointe zu geben, ist pures Ausweichen, denn man löst nicht die Aufgabe, sondern verwandelt sie nur in eine Art von »Witz«.

2) *Die psychologische Variante* stellt in das Zentrum ihrer Betrachtungen das, was die vorige nur skizziert hat. Der naturalistischen ist es vielleicht wert, den breiteren Hintergrund und die »soziale« Basis einzusetzen. Diese Variante kann sich von Anfang bis zu Ende in irgendeiner – etwa häuslichen – Abgeschlossenheit abspielen. Es entsteht eine Art Hölle. In der Wechselbeziehung mit der Unpersönlichkeit der Partnerin entsteht im Partner das Bewußtsein, daß er Onanist ist. Eine unterhaltsame Ironie wäre die Variante, bei der die androide Frau sozusagen »besser« ist als das »Original« – mit Leib und Seele die echte Rivalin übertrumpft. Solche »Überlegenheit« der Puppe schafft eine andere Lage der Dinge als ihre gewisse mechanische Gefühllosigkeit. Doch auf diese Weise wird nur eine Sorte Hölle gegen eine andere ausgetauscht. Die ausgeglichene, durch nichts zu störende Vollkommenheit der Reaktionen der künstlichen Geliebten schafft ein Inferno, in dem derjenige allmählich gar wird, der sich so geschickt ein leicht zu eroberndes Paradies entworfen hat. Der eigene Ansatz der Dramen, das sind Versuche, im Sinne von Einweihung oder im Sinne von Invektiven der Partnerin beizubringen, wer sie ist (ein Motiv dieser Art ist in meiner *Solaris* spürbar).

3) *Die psychopathologisch-sadistische Variante.* Hier könnte

sich mancher moderne Schriftsteller erst so richtig ausleben. Mit der Androide wird der Geliebte Schindluder treiben, und bei der kalten, unnahbaren Dame wird er vor die Hunde gehen; je mehr er zu Füßen der Göttin »vor die Hunde geht«, um so mehr wird er dann, zur Entschädigung, die Puppe quälen. Das kann Groteske sein, aber auch scheußlich. Der »Künstler« wird gewiß periodisch herbeigerufen, um »laufende Reparaturen« vorzunehmen. Die Zahl der errichtbaren Höllen ist hier übrigens nicht vorstellbar. Darüber hinaus bieten sich Situationen für Konflikte: eine Begegnung der echten Frau mit der Kopie; ungewöhnlich kurios ist dann die Lage der »authentischen Person«, da die »Originalfrau« entdecken würde, daß ein monströser Mißbrauch mit ihrer – aber wahrhaftig mit ihrer? – Person getrieben wurde. Hier ergeben sich auch soziologische, rechtliche und ähnliche Probleme. Das eine Mal kann es sich darum handeln, was Menschen, die sich in ihrem Menschsein angegriffen fühlen, gegenüber einem Androiden empfinden, das andere Mal kann der Nachdruck auf die Situation jenes künstlichen, unschuldigen Wesens, jenes durch Ingenieurkunst versklavten Geistes gelegt werden, usw.

Was tut der Science Fiction-Autor mit dieser Fülle von Möglichkeiten? Er meidet sie alle ohne Ausnahme. Ihn interessiert weder die psychologische Dimension (die ja dringend nach einer Porträtierung im traditionellen Stil – aber in einer untraditionellen Situation – verlangt), noch die ontologische (der Gegensatz »für sich sein« – »für andere sein« ließe sich auf neue Art an diesem Material vorzüglich abhandeln), oder irgendeine schlechthin. Ihn interessiert die Möglichkeit, eine Geschichte zu schreiben, in der es um nichts geht, die nichts zu sagen hat, die weder unterhaltsam, noch schrecklich, die einfach lauwarm ist – und in dieser Hinsicht äußerst typisch. Diese »strukturelle Verflachung« im Problem- und Erzählbereich, dieser Slalomlauf zwischen allen Fragen, die nach einer ernsteren Behandlung geradezu schreien, charakterisiert nicht nur das Niveau miserabler, sondern überhaupt das Niveau des Durchschnitts mittelmäßiger SF-Werke. Die zitierte Erzählung ist – wie ich mich erinnere – einer Auswahl entnommen, die 17 der vorgeblich besten Autoren der französischen phantastischen Literatur präsentierte (diese Anthologie füllte eine Sondernummer der SF-Monatsschrift).

Worin steckt der Grundfehler der geschilderten Arbeit? In ihrer völligen »parametrischen« Auflösung. Jedes literarische Werk stellt eine bestimmte Ordnung der Ereignisse auf, wobei es entweder explizit oder implizit die Beantwortung der Frage in sich birgt, wie sich diese Ordnung zur Ordnung der »realen Welt« verhält; oder es kann erst der Leser, der die Ordnung im Werk mit der Ordnung in der Welt konfrontiert, feststellen, ob das, was hier gezeigt wird, durchschnittlich oder extrem »veristisch« ist, oder ob es überhaupt die Grenzen des Verismus überschreitet. Übrigens ist diese Ordnung, die von einem Roman aufgestellt wurde, darin oft gar nicht so durchgehend einheitlich (meistens erfahren darum schließlich die Wahrscheinlichkeitsmomente der Ereignisse eine Einschränkung, so daß ein *Happy end* erfolgen kann – typisch z. B. für die Dickensschen Romane). Doch welche normativen Muster soll der Leser dem phantastischen Werk gegenüberstellen? Entweder die von der Kultur gelieferten, indem er nach Äquivalenten und Maßstäben in der Menge der phantastischen Erzählungen sucht (also unter allen ihm bekannten Mythen, Märchen, Legenden) – oder es muß das Werk selbst, gewissermaßen neben der Handlung (oder in ihr), Maßstäbe für die faktische und axiologische Paradigmatik liefern. Am besten ist es, wenn das eine mit dem anderen verschmilzt. Anstelle von Kommentaren und Bemerkungen, die ein Koordinatensystem bilden, das dem Leser die Orientierung erleichtert oder überhaupt erst ermöglicht, kann ja das Werk sowohl alles zeigen, was ein phantastisches Geschehen ausmacht, wie auch das, was der Preis ist, den die Helden zu entrichten haben, wie schließlich auch die ganzheitlichen Grenzbedingungen dieses Geschehens. Wo liegt die Grenze des »Wunscherfüllungsprinzips«? Dort, wo der Herrgott selber weilt, in seiner mit der Allmacht vermählten Allwissenheit?

Ist es möglich, im phantastischen Werk das Vordringen zu eben dieser, zur bereits wahrhaft »letzten« Grenze zu versuchen? Ich habe das in meiner Erzählung *Tagebuch* unternommen (ER erweist sich am Ende als riesiges Elektronenhirn, das in bezug auf die »Allmacht« verrückt ist, was aber einfach ein

Tribut an die Science Fiction-Konvention ist). Doch wie hätte man eigentlich Allmacht und Allwissen, beide in Immanenz angeblich unbegrenzbar, zeigen können, wenn jedes Werk den Handlungen operative Grenzen auferlegen muß? Ich habe mich bemüht, die göttlichen Kräfte auf sozusagen natürliche Weise zu bremsen, indem ich ihre spezifischen logischen Widersprüche ans Licht brachte. Aus dem Spiel mit diesen Widersprüchen ergibt sich das paradoxe Drama des göttlichen Erzählers, das darin kulminiert, daß er selber sich überhaupt nicht zu definieren vermag: er kann nichts über die Authentizität z. B. seiner eigenen Herkunft erfahren, denn wenn er von vornherein allmächtig ist, dann kann er keinerlei ungewissen Mutmaßungen nachhängen; jede solche Vermutung wird sofort – zur Wahrheit. Im Überfluß also mit solchen Antinomien befaßt, quält sich die Gottheit. Sofern Selbstdiagnosen im Vergleichsverfahren mit den eigenen Werken zulässig sind, so dünkt mich, daß Grenzsituationen als weitestgehende Verlängerungen bestimmter Handlungsgrundsätze mich stets am stärksten angezogen haben. Ich spreche da zur Sache, denn die Frage der Androiden ist eine bestimmte Grenzsituation des Prinzips der Wunscherfüllung. Anscheinend will man sie haben, wenn man sie herstellt. Aber diese Arbeit muß auch ihre deduktive Komponente haben; Grenzbedingungen muß man unbedingt sowohl dann bestimmen, wenn man zu Paradoxen und Antinomien (zum Zweck der Groteske z. B.) gelangen will, wie auch dann, wenn man eine Welt quasi bar aller Widersprüche schaffen will. Der Weltuntergang, die Invasion durch Marsmenschen usw. sind hinsichtlich der Ausgangsprämissen von außen bedingte Vorkommnisse; die Roboter müssen wir jedoch selber produzieren; selbst wenn auf diesem Gebiet alles möglich ist, so ist doch gewiß nicht alles auf einmal möglich (nicht möglich wäre also ein Android, der gleichzeitig Doppelgänger eines Menschen, steife Puppe und vollkommenes, engelhaftes Wesen ist; ist er Mensch, dann ist er kein Engel, ist er ein Engel, dann ist er nicht Puppe usw.). Erzählungen vom Typus *La femme modelée* müssen daher die »Grenzbedingungen« der eigenen Handlungsweisen mit sich bringen. Diese Bedingungen erfüllen die Rolle synergetischer oder antagonistischer (konfliktartiger) Faktoren gegenüber den handelnden Personen. Darin unterscheidet sich die Science Fiction vom Märchen. Im Märchen geht es nicht gegen die Natur, sondern gegen feindliche Kräfte mit bestimmten persönlichen Eigenschaften: der Gegner ist meist ein Wesen, nicht ein materielles Element. In der SF hingegen richtet sich das Spiel gegen die Natur; die Parameter der Roboter sind letzten Endes ebenfalls durch Eigenschaften eines materiellen Substrats bestimmt. Die technische Beschreibung ist nicht unerläßlich, aber ein gewisses Minimum an Information über die Funktionsbereiche muß geboten werden. Denn würden die androiden Nachahmungen der Natur die Höchstgrenze erreichen, d. h. würden sich die Androiden als ununterscheidbar von normalen Menschen erweisen, dann wären die Probleme, die daraus entstehen könnten, nicht mehr der Gegensatz zwischen Mensch und Puppe. Denn dann produziert man einfach Menschen, und nicht bewegliche Puppen, und ihre eventuelle Diskriminierung wäre ein soziologisches Phänomen von der Art, wie jede Diskriminierung gewisser Kategorien von Menschen aus Kasten-, Klassen-, Rassen- oder ähnlichen Motiven. Eine solche Situation ist nicht bloß unwahrscheinlich, sie ist einfach unmöglich. Denn die menschenähnliche Maschine kann insofern Sklave des Menschen sein, sie kann ihn insoweit in besonders riskanten oder schwierigen Situationen ersetzen, als sie sich psychisch vom Menschen einigermaßen unterscheidet. Die Frage der psychischen, nicht der materiellen Parameter steckt das ganze Problemfeld ab. Denn unter dem ethischen Gesichtspunkt macht es keinen Unterschied aus, ob man einen Androiden aus Stahl oder einen Menschen aus Fleisch und Blut einer Gefahr aussetzt, nur weil dieser Mensch, sagen wir, im Prozeß der Ektogenese entstanden ist, also embryogenetisch im Labor, in der Retorte, aufgezogen wurde, sich aber als Person von keinem von uns durch irgend etwas unterscheidet. Eine perfekte Wiederholung des Menschen kann also weder der Roboter, noch der Android sein; der Mythos vom Homunkulus, dessen späte Reinkarnation das ganze behandelte Thema ist, zentrierte nicht so sehr um die rationelle Verwendung eines eventuell erzeugten Homunkulus, als vielmehr um dessen eigentliche Herstellung, denn hier lag die

Herausforderung, die dem Schöpfer und allen Religionen, die den übernatürlichen Charakter der Erschaffung des vernunftbegabten Wesens verkünden, entgegengeschleudert würde. So spiegeln denn auch alle in den Sagen über die Homunkuli diesen zugeschriebene Unvollkommenheiten, ihre angeblich immanente Bosheit, ihre Neigung zur Revolte, ihr dämonisches Wesen, nichts anderes als die tief verwurzelte, durch die jeweilige historische Kulturstufe bedingte Überzeugung, daß die Wiederholung des Schöpfungsaktes frevlerisch und eine Sünde ist und schändliche Folgen haben muß, denn da der Mensch – das war die Prämisse – den Menschen synthetisch bestimmt nicht so herstellen wird, wie er Wagen oder Häuser zu bauen vermag, so ist bei diesem plagiatorischen Schöpfungsakt die Assistenz dunkler Kräfte unabweisbar. Vom Glaubensursprung losgerissene Relikte solcher Vorstellungen, der transzendenten Sanktion schon beraubt, tummeln sich in der phantastischen Literatur aus purer Gewohnheit. Unter jeglichem rationalen Gesichtspunkt ist der Bau von Robotern oder Androiden ein voraussehbares, grundsätzlich technologisches Faktum. Man wird sie sogar am laufenden Band erzeugen, wenn sich das als technisch ausführbar und wirtschaftlich lohnend erweist. Auf diesen zwei Gebieten sind wir gegenwärtig auf nichtverifizierbare Hypothesen angewiesen, d. h. hier kann sich eine Phantastik ansiedeln, die futurologische Ambitionen hat. Das Verhältnis vom Androiden zum Menschen und vom Menschen zum Androiden wird andrerseits – wenn solche entstehen – durch eine Gruppe von technisch verwirklichten Parametern abgesteckt; denn alle psychischen Äußerungen des Androiden müssen, das ist klar, durch seinen Entwurf und seine Konstruktion determiniert sein. Wir stehen hier also einer wirklich ungewöhnlichen Situation gegenüber, in der die Erwägung einer rein technischen Frage sich unmittelbar auf Fragen ausdehnt, die bisher ausschließlich anthropologischen Charakter hatten. So müssen also auch die Entscheidungen zur Festlegung des konkreten Parameterwerts eines solchen Wesens – jener Parameter, die seine Psyche bestimmen – unbedingt durch die Schriftsteller vorgenommen werden. Vigan kam es nur so vor, als hätte er sich um die Entscheidung gedrückt. Denn als »bloßer«

Name eingeführt, ohne nähere Bestimmung, kann der Begriff des Androiden nicht im luftleeren Raum existieren, allein der Handlungsablauf verlangt schon eine Detaillierung; wer die Androideneigenschaften nicht zielbewußt plant und für sich festlegt, dem wird es passieren, daß er, ohne es zu wollen, in abgenützte Schemata und Banalitäten hineinschlittert. In Vigans Erzählung geht es gar nicht um irgendeinen Androiden oder um die mit ihm verknüpften psychosozialen, erotischen u. ä. Probleme; der Fall einer synthetischen Geliebten ist der Vorwand, der die Verkörperung des Stereotyps der Märchen von der Erfüllung von Wünschen ermöglicht, die sich bekanntlich bei ihrer Verwirklichung gegen jenen wenden, der sie geäußert hat.

Das Problem der Roboter läßt sich so behandeln, daß man es dreigliedrig ordnet, und zwar entsprechend den Fragen: ob es möglich sein wird, sie zu bauen, wenn ja, zu welchem Zweck man das tun wird, und welche Unterschiede und Ähnlichkeiten sie zum Menschen aufweisen werden. Damit, daß man das Thema in der Phantastik aufgreift, wird die erste Frage bejaht; was die zwei übrigen betrifft – so bewirken die belletristisch erteilten Antworten eine recht bedeutende Streuung, die jedoch insgesamt, stellen wir – einen eingehenden Überblick vorwegnehmend – fest, nur geringen, wenn überhaupt einen prognostischen Wert haben.

Zählen wir die Hauptthemen auf diesem Gebiet der Science Fiction auf:

1) *Die Intellektronik* (der mechanisierte Verstand vom Typus einer nicht menschenähnlichen Rechenmaschine). Auf diesem Gebiet hat die Phantastik relativ wenig zustande gebracht. Hier ein paar typische Themen: a) der gigantische Computer, der einen Staat oder die ganze Welt regiert (»menschenlose Elektrokratie«) – zu finden in den Werken von van Vogt, Asimov, Leiber und vielen anderen. Bei van Vogt unterwirft die Maschine die Bürger periodisch einem psychologischen Test, bei Asimov – verwaltet sie vor allem die Wirtschaft. In meiner Erzählung *Der Freund* strebt ein großer Computer die Weltherrschaft an, wobei er seine Absichten vor den Menschen verbirgt. Dieses Motiv findet man auch zum Beispiel im Roman des (bereits verstorbenen) deutschen

Schriftstellers H. Hauser *(Gigant Hirn)*. Auf »niedrigeren Herrschaftsstufen« treten Rechenmaschinen öfter auf, z. B. als Hilfsapparate bei Verbrechensermittlungen (in der zuvor besprochenen Erzählung *The Organleggers* von Niven ist es der Computer, und nicht der Detektiv, der die Fotografien vergleicht, um die Verbrecher zu entlarven), als Gedächtnismaschine im Dienste der planetarischen oder kosmischen etc. Spionage; b) der große Computer – Stratege (z. B. als Dinah in der schon genannten Erzählung; die Idee einer »geheimen Abmachung« zwischen zwei antagonistischen Rechenstrategen wurde ebenfalls ernsthafter belletristisch verarbeitet).

2) *Roboter* (menschenähnliche mechanische Geräte) und *Androiden* (Gliederpuppen, die sehr menschenähnlich sind). a) Roboter, die von den Menschen als Sklaven behandelt werden. b) Androiden, die die Funktion von Hausdienern, »Hofschranzen« – und auch von Inkuben und Sukkuben erfüllen. c) Roboter, die die Menschen in deren eigenem Interesse beherrschen, z. B. indem sie ihnen vormachen, daß der Krieg, der vor langem ausgebrochen war, noch immer auf Erden tobt, und die den Leuten verbieten, ihre Schutzräume zu verlassen: würden sie ihnen dies gestatten, dann würden die Menschen den erloschenen Krieg wieder vom Zaun brechen (so bei P. Dick). d) Verzweifelte und ratlose Roboter, die die Menschheit, die im Krieg vernichtet wurde, beweinen: ein ziemlich häufig auftretendes Motiv (z. B. bei Brian Aldiss in *But who can replace a Man?* – oder in Michael Shoane's *Orphans of the Void*, wo die Waisen sogar im Titel vorkommen). e) Roboter, die untereinander Krieg führen, weil das ihre Herren amüsiert (z. B. bei D. Bunch). f) Roboter, die, einfach dem Gesetz der Trägheit folgend, den Krieg fortführen, der durch die Vernichtung der Menschheit sinnlos geworden ist. g) Roboter, die den Menschen davonlaufen, um eigene Staaten zu gründen (dieses Motiv habe ich gefunden, aber als Groteske). h) Roboter, die sich ihre eigene »Metaphysik« erarbeitet haben und ihre Überlegenheit über den Menschen proklamieren (z. B. bei I. Asimov gibt es im Band *I, Robot* – »Ich, der Robot« eine solche kleine Erzählung, doch der Schöpfer der Roboter-Anthologie macht dort einen etwas defekten Eindruck. i) Roboter, die im Zuge der Arbeiten,

insbesondere in einer gefährlichen, schwierigen Situation, aus unbegreiflichen Gründen versagen; gewöhnlich handelt es sich um einen technischen Defekt. j) Roboter, die in Raserei geraten, Menschen zugrunde richten oder sogar töten (z. B. in *Fondly Fahrenheit* von A. Bester), doch nicht aus einer Art »immanenter Bosheit« – das kommt nicht vor –, sondern nur auf Grund einer Panne, eines Schadens, oder deshalb, weil die ihnen gestellte Aufgabe undurchführbar war; das wiederum aus dem Grunde, daß sie in eine Situation geraten, die der Konstrukteur nicht vorausgesehen hat (dieses Leitmotiv erscheint auch in meiner Erzählung *Die Jagd:* Ein Bergbauroboter setzt im Gefolge einer »Gehirnerschütterung« Zerstörungsakte und muß vernichtet werden). k) Außerirdische, d. h. von anderen Planeten kommende, nicht vom Menschen gebaute Roboter (z. B. in A. Clarke's *The City and the Stars* – »Die sieben Sonnen« – und desgleichen in J. Blish's Roman *Vor*); in letzterem geht es um einen besonderen Roboter, denn nicht nur ist er ein metallenes Monstrum, dessen Fleisch aus Sternenfeuer besteht, gleichzeitig ist er ein bedrücktes Wesen, das den Tod herbeisehnt (ein potentieller Selbstmörder also, der sich nicht umbringen kann, weil er entsprechende Sicherungen hat; so wendet er sich an die Menschen mit der Bitte, ihn zu vernichten); »außerirdische Roboter« treten auch als Wachmannschaft auf Raumschiffen und Fliegenden Untertassen auf, die an Bord gezerrte Menschen bewacht; manchmal gelingt es den Menschen, einen solchen Roboter zu überlisten. l) Roboter, die typische menschliche Arbeiten verrichten, z. B. Science Fiction-Zeitschriften redigieren (ein Motiv, das vielfach in humoristischen Versionen verwendet wurde), Romane schreiben (z. B. in Fritz Leibers *Silver Eggheads*); bestimmte Funktionen, wie z. B. Kassier, Kellner, Hotelempfangschef, werden in der SF praktisch von Robotern ausgeführt. m) Roboter, die so klug sind, daß sie auf dem Wege der Logik die Existenz Gottes ermitteln – der »heilige Roboter« in der Erzählung *The Quest for Saint Aquin* von A. Boucher; dort tritt »Robass«, das mechanische Gegenstück zur Eselin Baalams, auf und führt den heiligen Thomas in Versuchung; n) Roboter, die die einen Menschen im Auftrag der anderen knechten, ihnen besondere Qualen bereiten usw. (so in den

Erzählungen von D. Bunch, in dem von ihm erdachten Land Moderan). o) Der Roboter-Computer als Beherrscher, Elektronenaufseher auf einem Raumschiff – in der Erzählung *The End of the Line* von J. H. Schmitz; der Held der Geschichte ist jedoch imstande, die Maschine zu besiegen, und flüchtet in die Tiefe der Galaxis, und der wohlwollende Autor schanzt ihm ein hübsches Frauenzimmer zu, die die Gefährtin der Sternenreise war, und die sicher zur Eva eines neuen Menschenstamms werden wird. p) Dem Roboterthema würde ich Erzählungen mit »doppelter Umkehrung« zuzählen, in denen (wie bei Asimow z. B. in *Sucker Bait* – »Im Licht der Doppelsonne« – desgleichen in *But I Don't Think* von Randall Garett) der Mensch in der Rakete Computerfunktionen erfüllt (bei Asimov verfügt er über ein phänomenales Gedächtnis, bei Garrett ist er als »Guesser« ein Phänomen an blitzartigen Assoziationen: die Begabung der Rechenmaschine überträgt sich auf das menschliche Hirn). q) Der Mikroroboter als Berater, z. B. das im Ohr getragene »Miniaturhirnchen« – ein pseudorealistisches Motiv, behandelt z. B. von F. L. Wallace in *Delay in Transit* (der Reisende auf einem fremden Planeten kann den Widrigkeiten nur dank den Ratschlägen seines Elektroberaters, genannt Dimanche, begegnen); dasselbe als Ulk in meiner Erzählung *Der Freund des Automatthias*; bei mir ist übrigens der Mikroroboter ein Freund des Makroroboters. r) Halb Roboter, halb Computer aus einer anderen Zivilisation hält diese in Gehorsam und unterwirft sie hypnotischen Praktiken (z. B. in Roger Dees *Wailing Wall*). s) Roboter mit auswechselbaren Gehirnen und daher auch Fähigkeiten (so bei Clifford Simak in der Novelle *Installment Plan:* dem Roboter wird ein anderer Typus von Gehirn »aufgeladen«, und damit verwandelt man ihn aus einem Mechaniker in einen Chirurgen, aus einem Chirurgen in einen Anthropologen usw.). t) Ein Roboter, über den die »Anderen« von den Menschen die Macht übernehmen; so z. B. in meinem *Der Unbesiegbare* (der Zyklop lehnt sich deshalb gegen die Menschen auf). u) Roboter, die miteinander oder mit den Menschen kämpfen; dieser Kampf hat sportlichen Charakter. v) Alte hilflose Roboter, die schon zum alten Eisen gehören, aber irgendwem tun sie sehr leid; diese mitleidige

Person wird z. B. eine gutmütige alte Gouvernante oder ein kleines Kind sein; dieses Motiv taucht auch in meinem *Transfer* auf. w) Roboter beziehungsweise Androiden, die Mischlinge sind, d. h. einen Teil des menschlichen Körpers oder Gehirns besitzen; in der Erzählung *Join Now* von Robert Sheckley wird dargetan, daß man eine »Seele« nicht verfertigen kann, und jeder Mensch wird »dreigeteilt«: ein Teil bleibt dem Menschen, und aus den anderen zwei Teilen werden zwei Roboter mit »Seele versorgt«; die Idee baut auf der Freudschen Dreiheit (»Überich« – »Ich« – und »Es«) auf; auf einen Planeten mit schwierigen Lebensbedingungen, wie es die Venus ist, schickt man mit dem »Es« ausgestattete Roboter, weil das jener Gorilla ist, der gewalttätig in unserem Unterbewußtsein lauert; ein solcher Roboter nennt sich Durrier Chassis. In einer anderen Version wird das Gehirn von Menschen (eines zum Krüppel gewordenen Kosmonauten, eines Kindes) in die Steuervorrichtung einer Rakete verpflanzt, und man gibt ihr den Namen »Transplantat«; in wieder einer anderen – in Damon Knights *Ask me Anything* – werden auf einem Planeten im luftleeren Raum in Militärschulen Automaten für den Kampfeinsatz geschult, die Gehirne und Teile biologischer Organe von Kindern in gepanzerte Kokon-Prothesen einsetzen (es handelt sich um »Mischformen« zwischen Robotern, Androiden und Menschen). x) Roboter, die speziell für eine bestimmte Aufgabe produziert werden (z. B. in der bereits erwähnten Erzählung *The Stutterer*), nach der Erfüllung dieser Aufgabe sollen sie zum alten Eisen geworfen werden, aber sie haben – begreiflicherweise – gar keine Lust dazu. y) Streikende Roboter (ich kenne keine solche Geschichte, was verwunderlich ist – es sollte eine geben!). z) Roboter, deren Erscheinen ein Wundermittel gegen alle sozialen Probleme darstellt (z. B. bei J. Williamson, auch bei C. Simak).

So stehen wir, nachdem wir am Ende des Alphabets angelangt sind, vor einem Meer von unberührten Varianten. Angesichts obiger Probe wird der Leser wissen, warum ich mich nicht auf eine klassifizierende Systematik einlasse: das wäre zu ermüdend.

Gestützt auf die heutigen Kenntnisse könnte man das intellektronische Universum auf einen fiktiven Teil und einen anderen aufteilen, der voll der Möglichkeiten für eine künftige Realisierung ist. Denn es wird sicher keine Roboter mit menschlichem »Es« oder etwa telepathische Roboter geben, indessen könnte im Prinzip eine Rechenmaschine herrschen, und es könnte der kaputte Roboter-Hausdiener Schaden anrichten.

Der generelle Trend ist dieser: die Autoren suchen nicht nach empirisch wahrscheinlichen Ereignissen, vielmehr nach effektvollen dramaturgischen Qualitäten, d. h. seltsamen, schockierenden Situationen, wo die traditionelle Hierarchie der Werte auf paradoxe Weise auf den Kopf gestellt ist, usw. Manchmal decken sich die Ergebnisse einer solchen belletristisch motivierten Suche mit dem, was empirisch glaubhaft ist, manchmal gehen die Wege auseinander.

Über die technischen Grundlagen der Roboteridee wurde schon viel geschrieben; die Analyse der Veränderungen, die gesellschaftlich durch die Invasion der Intellektronik in ihren drei möglichen Aspekten (Computer, Roboter, »bionische« Androiden) erfolgen, erfährt gewöhnlich eine starke »Verflachung«. Natürlich ist die Frage nach dem Platz eines menschenähnlichen »Eisernen Engels« in der Struktur der Gesellschaft etwas anderes als die Frage nach der Veränderlichkeit dieser Gesamtstruktur infolge des Eindringens der Intellektronik in zahlreiche Verwaltungsgebiete (die Computerisierung und Automatisierung von administrativen, Aufsichts- und juridischen, wirtschaftlichen, strategisch-politischen und anderen Funktionen des Staates).

Immanente »Persönlichkeitsprobleme«, also quasi die »Metaphysik von Robotern« in folgenden Bedeutungen: darf man Roboter wie tote Maschinen behandeln, soll man ihnen Rechte zugestehen und welcher Art wären diese (bis zur Gleichstellung mit den Menschen), kann der Roboter »intellektuell und moralisch besser« sein als der Mensch, wenn er es ist, was ergibt sich daraus usw. – solche Probleme werden in den Werken entweder nur am Rande behandelt oder sie treten überhaupt nicht in das Gesichtsfeld der Autoren.

Freilich, das, was wir als Metaphysik bezeichnen, *ist* in seiner faktischen Entstehung mit den »technischen Parametern« eng verbunden. Wenn sie keine »Persönlichkeits«-Eigenschaften aufweisen, gibt es keine Basis für axiologische, anthropologisch orientierte Fragen.

Ein eigenes, ungleich wichtigeres Thema ist das des »höchsten Roboters«, der dem Herrgott gleicht. Wie ich dieses Thema (in *Tagebuch*) behandelt habe, das habe ich bereits erwähnt. Und folgendermaßen ist es von Isaac Asimov, dem »Vater der drei Robotergesetze« (in dieser Form wird die Erzählung *The last Question* vom Autor, nicht von mir, resümiert) behandelt worden. *The last Question*, aus sieben kurzen Szenen bestehend, beginnt im Jahre 2061, wo mit Hilfe des Multivac die gesamte Erdenergie an die Sonne angeschlossen wird. Zwei Techniker des Multivac fragen in betrunkenem Zustand die Maschine, ob man noch etwas machen können wird, wenn die Sonnenenergie erschöpft ist. Die Erwiderung lautet: »Die Daten reichen für eine Antwort nicht aus.« Jahrhunderte danach sind interstellare Flüge Wirklichkeit, und die wachsende Erdbevölkerung breitet sich über die Planeten aus. Jeder Planet hat sein Elektronenhirn und jedes Raumschiff seinen Microvac, Vervollkommnung des Multivac aus dem Jahre 2061. Im Laufe der Zeit wird die dazumal von den betrunkenen Technikern gestellte Frage stets von neuem wiederholt; die Antwort ist immer die gleiche.

Millionen Jahre später hat sich die Menschheit in der Galaxis ausgebreitet, die Menschen sind unsterblich und beabsichtigen andere Nebelsysteme zu kolonisieren. Es gibt einen Galaxis-AC für die ganze Menschheit; jeder Mensch kann mit ihm dank dem Kontakt-AC, den er besitzt, in Verbindung treten. Inzwischen ist das Hauptthirn der Kontrolle des Menschen entzogen; jede Generation von Computern entwirft und baut mühsam eine nächste Generation. Aber auch der Galaxis-AC kann nicht erklären, ob und wie die unerbittliche Steigerung der Entropie abzuwenden wäre. Hunderte Millionen Jahre danach hat die Menschheit die entferntesten Nebel erreicht. Die Menschen besitzen keinen physischen Körper mehr. Sie sind aus Strahlenenergie, als Grundlage ihrer Identität und Persönlichkeit, beschaffen. Der AC des ganzen Universums, das ist eine Kugel mit zwei Fuß Durchmesser, aber »fast unsichtbar« – denn sie steckt im

»vieldimensionalen Hyperweltraum«. Doch auch der Kosmos-AC kennt nicht die Antwort auf die Ausgangsfrage. Milliarden Jahre vergehen; die Menschheit hat die Individualität in Einzelpersonen verloren – sie ist eine aus Trillionen und Trillionen Wesen bestehende Persönlichkeit, die das Weltall von einem Ende zum anderen ausfüllt, und doch hängt ihre weitere Dauer von der langsam erlöschenden Sternenenergie ab. Der Mensch fragt wiederum, ob die Entropie zu verringern wäre, und wiederum erhält er keine Antwort.

Trillionen Jahre später verlöschen die letzten Sterne, und der Wärmetod umfängt den Weltraum. Die Menschen haben sich nach und nach in eine Einheit mit dem Hyperweltraum-Computer verschmolzen; er ist allgegenwärtig wie der Hyperweltraum selbst, ewig, aber doch nicht allwissend; als der letzte Mensch in die Unteilbarkeit mit der Maschine zusammengeflossen ist, stellt er ihr seine Frage, und sie gibt keine Antwort.

»Dann hörten Materie und Energie auf, und mit ihnen Raum und Zeit. Der Kosmos-AC existierte nur mehr für Fragen, auf die er seit zehn Trillionen Jahren keine Antwort wußte, seit dem Augenblick, als die halbbetrunkenen Techniker sie zum ersten Mal gestellt hatten. Alle gesammelten Daten waren schließlich zusammengelaufen, und es gab nichts mehr zu registrieren. Sie mußten nur mehr geordnet werden. Und da geschah es, daß der AC entdeckte, wie der Ablauf der Entropie umzukehren wäre. Aber es gab keinen Menschen mehr, dem man diese Nachricht übermitteln hätte können. In einem langen zeitlosen Intervall überlegte der AC, was zu tun sei; sein Bewußtsein umfaßte das, was früher der Kosmos gewesen und nun das Chaos war. Und der AC sagte: ›Es werde Licht!‹

Und es ward Licht.«

Amüsant erscheint mir, daß die Idee von der Computerisierung des Weltalls, offenbar »in der Luft hängend«, in etwas ähnlicher Weise auch von mir in der Erzählung *Der Freund* dargestellt wurde (darin verfällt ein finsterer Computer im Zuge seiner Umtriebe gegen die Menschheit auf den Gedanken, nacheinander die Planeten und die Sonne in die eigene Substanz zu verwandeln bzw. »den Kosmos zu kompensieren«, und schließlich stellt er sich vor, »daß sich das vielleicht schon einmal zugetragen hat«, daß vielleicht ein anderer Computer vor Milliarden Jahren eben das getan hat; worauf er »sich etwas ausdachte«, was eine Explosion des Weltallgehirns bewirkt, bzw. einen Fliehzustand der Nebel, der bis heute andauert).

Dieser Asimov also ist, wie schon gesagt, der Erfinder der drei Robotergesetze, die so lauten:

1) Der Roboter kann dem Menschen nichts zuleide tun oder, durch Untätigkeit, dem Menschen schaden.

2) Der Roboter muß den Befehlen der Menschen gehorchen, es sei denn, diese stünden mit dem Ersten Gesetz in Widerspruch.

3) Der Roboter muß seine eigene Existenz schützen, es sei denn, diese gerate in Konflikt mit dem Ersten oder Zweiten Gesetz.

Urteilt man nach einem Artikel von Asimov in der englischen Monatsschrift »Science« (Oktober 1968), so nimmt er diese »Gesetze« ernster als man sollte. Auf der Suche nach einer Analogie, an Hand deren man – wie an einem Modell – die Gefahren erklären könnte, die in der Beziehung »Mensch-Computer« entstehen, nahm Norbert Wiener nicht zufällig zu dem Märchen *Monkey's Paw* – »Die Affenpfote« – Zuflucht und nicht zu irgendeiner der Tausenden Science Fiction-Erzählungen.

Utopisch ist die Annahme, man könnte aus den drei Robotergesetzen von Asimov eine Basis intellektronischer Programmierung machen. Mit dieser Frage habe ich mich in der *Summa Technologiae* bei der Besprechung einer möglichen Evolution der zwischen Rechenmaschinen und Menschen herrschenden Beziehungen befaßt, ich möchte also nicht das, was ich dort sagte, wiederholen. Doch auch den mit einer Art von Persönlichkeit ausgerüsteten Roboter kann man für die Umwelt vollkommen sicher machen, gemäß einer Überlegung, die zwar kein eigentlicher Beweis ist, aber sich in diese Richtung bewegt. Gehen wir von der optimistischen (nicht genau beweisbaren) Annahme aus, daß die Errichtung eines Systems, das ein selbstprogrammierender Roboter und zugleich einer ist, der dem Menschen mit Absicht nichts Böses zufügen kann, technisch realisierbar ist. Das Modell eines solchen Roboters wäre das Kind aus der Novelle *Motyl* (Schmetterling) von J. J. Szczepański, das, als es dem Schmetterling zu Hilfe kommen will, ihn unabsichtlich tötet. Generell kann man aber die moralische Qualität von Handlungen nur insofern einschätzen, als man imstande ist, die so weit als möglich in die Zukunft strebende, vom eigenen Tun vorwärtsgetriebene Kausalkette zu verfolgen. Wer weiterblickt und solche möglichen Folgen seiner Taten erkennt, die ein anderer an seiner Stelle nicht vorauszusehen vermag, wird oft anders handeln als jener. Doch je weiter man in der Voraussicht der Folgen seiner Handlungen in die Zukunft greift, desto bedeutenderen Anteil werden die Wahrscheinlichkeitsfaktoren an der Voraussage haben. Das Gute und das Schlechte bilden eher ausnahmsweise eine Situation von polarer Dichotomie; die Einbeziehung des Wahrscheinlichkeitselements in eine Einschätzung macht es immer schwieriger, zu Entscheidungen zu gelangen. Der hypothetische Roboter aber, der im Rahmen der Ereignisse mit all ihren Komplikationen sehr starke axiologische Sicherungen besäße, würde noch am ehesten gelähmt, wenn er von Unsicherheit befallen wird, und darin würde er jenen Weisen aus dem Morgenland gleichen, die das Nichtstun stets über das Tun stellen, denn dieses ist in komplizierten Situationen unter allen Umständen ein ethisches Risiko. Doch der Roboter, der in Situationen, in denen Aktivität erforderlich ist, sich als paralysiert erweist, wäre nicht die leistungsfähigste aller Maschinen, und so müßte am Ende der Konstrukteur eigenhändig die axiologischen Sicherungen lockern.

Das ist übrigens nur eine von vielen Klippen, hat uns doch die Entscheidungstheorie erst kürzlich, z. B. an Hand des sogenannten Arrow'schen Paradoxons, nachgewiesen, daß es Werte gibt, die man nicht alle zugleich zu realisieren vermag, wiewohl dieser Sachverhalt intuitiv nicht zu erfassen ist. Wer unter komplizierten Bedingungen Entscheidungen trifft – und solche sind für unsere Gesellschaft typisch –, kann sich dabei niemals auf komplette Information, noch auch auf die Überzeugung stützen, daß er mit seiner Entscheidung keinem Unrecht tut (etwa, wenn er Gesetzgeber ist). Das aber, was logisch unmöglich ist, kann die Rechenmaschine oder kann der Roboter ebensowenig verwirklichen wie der Mensch. Überdies – und das ist nun das letzte Argument: die intelligente Maschine ist soviel wie die sich selbst programmierende, d. h. zur Veränderung, selbst zur gründlichen Umwandlung der bisherigen Regeln des eigenen Vorgehens – unter dem Einfluß von Erfahrungen – fähige (also eine lernende) Maschine. Und da man nicht von vornherein genau wissen kann, was und wie eine solche Maschine lernen wird, ob sie eine Maschine oder ein Mensch ist, kann man auch nicht die Entstehung von ethisch vollkommenen Sicherungen ihrer Tätigkeit von der Konstruktion her garantieren. Mit anderen Worten: über den »freien Willen« verfügt jedes System, das Eigenschaften besitzt, die wir mit Intelligenz identifizieren. Wahrscheinlich ließe sich in ein Robotersystem ein gewisses axiologisches Minimum einbauen, doch der Roboter würde ihm nur soweit unterworfen sein, wie der Mensch besonders starken Trieben (z. B. dem Selbsterhaltungstrieb) unterworfen ist. Doch andrerseits weiß man, daß auch der Selbsterhaltungstrieb überwunden werden kann. Die Programmierung der Axiologie einer gehirnähnlichen Maschine kann nur probabilistisch sein, was nichts anderes heißt, als daß eine solche Maschine zwischen Gut und Böse wählen kann.

In dem erwähnten Artikel von I. Asimov erzählt dieser, daß die in seinen beiden Kriminalromanen phantastischen Typs vorkommende Gestalt des Gehilfen seines Detektivs, der Roboter-Androide Daneel Olivaw, so großes Interesse bei den Frauen hervorrief, daß er eine Menge Briefe von ihnen erhielt; aus dieser Korrespondenz erfuhr Asimov, wie er sagt, »daß der mechanische Mensch, wenn er nur genügend an einen Mann, noch dazu einen ›besseren‹ erinnert, einen unwiderstehlichen Zauber (auf Frauen) ausübt«.

Diese Behauptung stützt er durch eine weitere: sooft er Geschichten über Androiden schreibt, zeichnet sich die nach der Veröffentlichung einlaufende Post dadurch aus, daß sie fast nur von Frauen stammt; das ist um so seltsamer, als unter den Lesern von Science Fiction die Männer im Verhältnis von 3:1 gegenüber den Frauen überwiegen. Ähnliche Reaktionen brachten in den USA die Fernsehsendungen hervor, in denen ein Mr. Spock auftrat, kein Roboter zwar, doch »außerirdisch«, d. h. ein Vertreter der »Anderen«, eine starke Persönlichkeit, sehr ausgeglichen, ganz intellektuell und emotionslos; dieser Mr. Spock wurde ebenfalls vom weiblichen Teil des Fernsehpublikums mit Begeisterung aufgenommen.

In der Roboter-Androiden-Thematik stoßen wir wiederum auf ein für die Science Fiction charakteristisches Phänomen: ich würde es die Dominanz der extensiven Wirtschaft über die intensive Wirtschaft nennen. Sind die handelnden Personen eines Werks Menschen, dann kann man sich – wenn einen der Schriftsteller nicht allzu sehr behindert – eine ganze Reihe ihrer Eigenschaften hinzudenken. Sind sie aber Roboter, dann sind wir schon auf die Information angewiesen, die uns der Text liefert. Die Zahl solcher Geschichten über Roboter und Androiden ist enorm; dennoch sind die Eigentümlichkeiten ihres Seelenlebens ein Geheimnis. Denn woran erkennt man in der Phantastik einen Androiden? Daran, daß bei ihm, wenn man ihm einen Finger abtrennt, kein Blut fließt, und statt Knochen und Muskeln Nylonsehnen und Gelenksbänder aus Plastik zu sehen sind. Psychisch unterscheidet sich der Androide vom Menschen durch nichts, und zwar in einem Maße, daß möglicherweise er selbst gar nicht weiß, daß er kein Mensch ist (wie z. B. der Erzähler in *The Tunnel under the World* von F. Pohl, der keine Ahnung hat, daß er ein wenige Zoll hohes Geschöpf ist, das in einer Stadt mit Häusern von Puppendimensionen lebt, die auf dem Laboratoriumstisch zur Überprüfung der Wirksamkeit von Werbekampagnen errichtet wurde). Von den Androiden unterscheiden sich die Roboter dadurch, daß sie weitgehend aus Stereotypen bestehen: sie verhalten sich manchmal auch wie Katatoniker; sie führen Befehle nach dem Buchstaben aus, sie »denken sich nie etwas« dabei – so daß sich am Ende als die interessantesten Phantasieprodukte noch die »Transplantate« erweisen. Das sind menschliche Gehirne, die an irgendwelche Maschinen, z. B. an Raketensteuerungen angeschlossen, oder, wie in der angeführten Erzählung von Dr. Knight *Ask me Anything*, in einem Stahlpanzer eingeschlossen sind.

In W. Millers *I, Dreamer* wurde das Gehirn eines Kindes – quasi für immer – an die Steuerung einer Weltraumrakete angeschlossen. Es war – leiblich – nie ein Mensch gewesen. Dieses Gehirn beginnt im Zuge der Handlung die Nichtswürdigkeit seines »Erziehers« zu erfassen und erschlägt diesen, um zusammen mit dem Schiffs»leib« in den Raum zu segeln.

In *Lost Memory* von Peter Phillips sind wir mit einer Gesellschaft von Robotern konfrontiert, die die Erinnerung an den Menschen – ihren Erbauer – verloren haben. Wie die Roboter-Legende verkündet, ist der Schöpfer als großer Metallkubus vom Himmel gekommen, hat den Schöpfungsakt vollzogen und sich danach zerstört. Eine Rakete mit dem einzigen Menschen als Piloten fällt auf diese Weltkugel hinunter; die Roboter halten sie für den »Leib« desjenigen, dessen Stimme von innen zu ihnen spricht; und da die Klappe sich nicht öffnen läßt, verbrennen sie die Rakete und töten damit unabsichtlich den Menschen, der vergeblich versucht hat, die Erinnerung an die – nicht existierenden – Menschen zu wekken. Daß diese Roboter von unserer Erde stammen, das beweist ihre Kenntnis des Englischen. Die Erzählung ist sowohl in leicht groteskem wie in pathetischem Tonfall geschrieben (des letzteren befleißigt sich der sterbende Mensch, der Pilot der Rakete). Die Roboter standen vor einem unbegreiflichen Rätsel (die verkohlte Leiche des Menschen, der nach dem Aufschneiden der Rakete zum Vorschein kam, sahen sie als eine Art Isolierstoff an), denn sie fanden nicht das »Gehirn« der Rakete, die sie als »Person« auffaßten. Der Todesschrei war auf dem Tonband festgehalten. Der Roboter, der als Erzähler fungiert, schließt folgendermaßen die Erzählung ab:

»Es gibt etwas, was ich vergessen möchte. Ich kann es nicht erklären, warum es mich so bewegt. Aber ich halte das Band immer an der Stelle an, wo sich die Stimme des Fremden hebt, immer stärker und stärker wird, bis sie abreißt. In diesem Klang ist etwas, das mich schaudern macht und an Rost denken läßt.«

Diese Erzählung weist auf eine Situation hin, die in der Science Fiction sehr selten ist: wo der Leser etwas begreift, was die handelnden Personen (in diesem Falle die Roboter) nicht begreifen. Sie zeichnet sich überdies durch eine für viele gute Bücher charakteristische Eigenschaft aus. Die Beschreibung der Zukunft oder auch, allgemeiner, eines bestimmten »Andersseins« ganz auf »ernst« ist deshalb stets riskant, weil sie mit Leichtigkeit, ohne daß man es will, lächerlich werden kann.

Der konkrete Effekt entsteht dann, wenn das beobachtete Phänomen als Verzerrung einer bestimmten Norm erscheint, wobei sich das nicht in einer solchen Situation abspielt, wo wir ein ungewöhnliches Verhalten als spezifische Verwirklichung eines bestimmten höheren Prinzips betrachten, während eine andere Spezifizierung dieses Prinzips unsere Norm ist, sondern wenn wir meinen, daß das Dargebotene eine Karikatur der einzig wahren Norm ist. Und da die Konsumenten sich in den diesbezüglichen Einschätzungen sehr stark voneinander unterscheiden können, mag das, was für den einen bereits unwiderstehlich grotesk ist, für den anderen noch ernst sein. So habe ich z. B. die Idee von den fünf verschiedenen Geschlechtern, die sich bei der Kopulation vereinigen müssen, als etwas angesehen, was nur humoristisch behandelt werden kann (in einer der Geschichten über die Abenteuer des Ijon Tichy). Doch der amerikanische Verfasser wollte das Thema ernst aufgefaßt wissen, als er den letzten Marsbewohner beschrieb, der vor den Augen menschlicher Ankömmlinge die öde Marslandschaft durchschweifte, in der vergeblichen – und nach Ansicht des Verfassers: tragischen – Suche nach Vertretern der übrigen vier Geschlechter, um die Gattung fortsetzen zu können. Was mich betrifft, so sah ich als zweifelsohne karikaturhaft nicht nur die biologischen Umstände an, unter denen fünf Geschlechter bestehen, sondern auch die in der amerikanischen Geschichte dargestellten kulturellen Zustände, denn es genügt, sich die Situation einer Suche nach einem Kopulationspartner auf Erden vorzustellen (z. B. die letzte Frau läuft während einer Weltrauminvasion auf den Straßen unserer Erdenstädte herum, weil ihr klar ist, daß das Menschengeschlecht zugrunde geht, wenn sie nicht jemand noch schnell befruchtet), damit sie grotesk erscheint, und das im Hinblick auf den Bruch aller für die Annäherung der Geschlechter geltenden Normen.

Ungewollte Komik vernichtet gewöhnlich ein Werk. Hingegen kann ihm die Einführung einer gewissen Dosis Ironie in den Text zu Solidität verhelfen. Und das ist deswegen so, weil man die Elemente der Ironie beim Lesen eines solchen Textes in semantischer Beziehung auf verschiedenen Konten verbuchen kann. Man kann sie auf das Konto der Humoristik schreiben, und man kann sie ernster nehmen. Doch das ist nur dann der Fall, wenn die Ironie sorgfältig und behutsam dosiert wird (wie in den Texten von Kafka und Mann). Das Drama, das wie eine Farce aufgenommen wird, ist genau so wertlos wie eine Farce, die nicht unterhaltsam ist; nur die in dieser Beziehung zwitterartigen Werke, in denen Humor und Ernst zusammenfließen und ihnen eine einheitliche Legierung geben, können auf verschiedenen Konten verbucht werden, ohne daß es ihre Bilanz beeinträchtigt.

In der Erzählung von Phillips ist der Jargon der Roboter grotesk, übrigens idiomatisch oft banal (wenn von »Aufhängungen«, von »Personenchassis« usw. die Rede ist). Doch gelingt es dem Autor, eine Schockwirkung zu produzieren, wenn das Groteske ins Makabre, gemischt mit Pathos, übergeht. Der Pilot, in der Panzerschale der Weltraumrakete eingesperrt, spricht die Roboter, die den Panzer anschweißen, an, er versucht vergeblich, in ihnen die Erinnerung an den Menschen, ihren Schöpfer, wieder wachzurufen, doch er selber ist halb ohnmächtig, er schreit im Fieberwahn, und sein unzusammenhängendes Gestammel kontrastiert mit der aufmerksam ruhigen, wohlwollenden Anteilnahme der Roboter, die ihn töten, ohne auch nur eine Ahnung davon zu haben.

Wie schon gesagt, muß der technische Aspekt des Roboters so weit durchgezeichnet werden, als er seine Psyche bestimmt; tut man das nicht, dann beginnt die Erzählung in abgegriffene belletristische Klischees abzugleiten. Der Rahmen, in dem Asimov alle Verhaltensweisen seiner Roboter unterbringt, ist antiempirisch (es ist, schon vom rein Logischen her, eine Unmöglichkeit, eine Maschine zu bauen, die mit einem Äquivalent des freien Willens ausgestattet ist und zugleich weder zu lügen, noch jemand zu töten imstande wäre), und darum unterliegt die Dramaturgie der Werke, in denen die Roboter auftreten, Restriktionen. Doch muß man die bewußte Konsequenz dieses Autors anerkennen. Seine

Roboter sind zwar intellektuell kümmerlich, doch sind sie wenigstens nicht die Verkörperung eines bloßen Stereotyps. In welche Stereotypen gleitet eine Erzählung am ehesten ab? Bei Luc Vigan ist die Androide »Huri«, die wunderschöne Geliebte, nicht nach der Natur porträtiert, sondern einer zweitrangigen Erotographie entnommen, die mit dem Bild der knechtisch gehorsamen Partnerin die geheimen, ein wenig sadistischen und aggressiven Wünsche des Lesers erfüllt. Wenn man sich mit einer gewöhnlichen Huri viel erlauben kann, dann mit einer aus Plastik doch sicher alles. Bei Harry Harrison ist in *War with the Robots* (»Die Roboter rebellieren«) das Schema, nach dem diese geformt werden, anders – aber sie sind hier von minderer Qualität. Seine Roboter sind einfach kleine, graue, hilflose Leute, eingeschüchterte arme Teufel oder Opfer gangsterhaft kapitalistischer Umtriebe: die einzige Ausnahme dieser Regel bildet der perfekte Polizei-Roboter, der ganz allein mit den großen Banden fertig wird, ein idealer Schütze und diensteifriger Beamter und demnach also – ein stählerner Superman. Folglich reden Harrisons Roboter wie alte Kumpel miteinander, drücken einander die Hände, wobei sie Erfahrungen austauschen, über ihre Sorgen reden, nur daß sie anstatt über ihre Besuche beim Arzt von Besuchen in der Reparaturwerkstatt sprechen, wo sie sich »neue Aufhängungen«, »Stoßdämpfer« usw. einbauen lassen. Selbstverständlich ist das ungewollte Komik. In R. E. Banks Erzählung *The Instigators* wiederum herrschen Verhältnisse wie in einer mittelalterlichen Handwerkszunft; sie wetteifern miteinander in der Kunst der perfekten Programmierung ihrer Roboter, wobei derjenige, der am besten einen Roboter zu programmieren weiß, Zunftmeister wird; es gibt auch einen kompletten Kodex des Berufsethos, der die Grundlage dafür bietet, daß man dem Rivalen einen entsprechend programmierten Roboter schicken kann, um ihn umzubringen, aber man muß sich an bestimmte Regeln halten, sagen wir, den Feind warnen, und den Roboter mit der Todesbotschaft darf man nur einmal ausschicken usw. Die eigentliche Programmierungstätigkeit hingegen, die als Einschneiden einer Reihe von Löchern in Bänder *mit der Hand* dargestellt wird, erinnert an Murkserei auf dem Schusterschemel.

Hingegen in der vorher erwähnten Erzählung von der Vermählung zweier Kriegscomputer beginnt die Story pseudorealistisch, und sie endet – als Farce. Solche Pendelbewegungen sind Symptom ihres ganzen Syndroms, das die Phantastik stets aufweist, wenn der Autor es nicht versteht, die erzählerischen Parameter zu stabilisieren. Die Schwankungen erfolgen nicht bloß im Rahmen der Modalitäten (Ernst – Spott – Ironie), sondern auch des Wahrscheinlichkeitsgrads der Ereignisse. Das Fehlen des Fingerspitzengefühls für die Glaubhaftigkeit von Situationen, als Intuition, die in allen Bereichen eine realistische Prosa zu schaffen hilft, bewirkt, daß dem Verfasser der Text gleichsam unter seiner Feder »hin und herwackelt«, daß – bei dem Thema, das wir jetzt behandeln – sein Roboter sich in der einen Szene wie ein Idiot, in der anderen wie ein Kind, in wieder einer anderen wie ein Paralytiker etc. aufführen wird. So ist es kein Zufall, daß die klassische Phantastik uns Darstellungen von völlig apsychischen und doch mit einer gewissen Individualität und mit Kohärenz ausgestatteten Apparaten geliefert hat (Verne's *Nautilus*!), während ich das Bild eines ähnlich eindrucksvollen Roboters in keinem Science Fiction-Werk gefunden habe.

Der Roboter in der SF ist kein menschenähnliches Gehäuse, in das eine Computermaschine eingesetzt wurde; denn ersteres hat gewöhnlich persönliche Eigenschaften, und wenn auch nur unansehnliche, während die zweite gar keine solchen Eigenschaften haben muß.

Es kommt vor, daß der Verfasser, von dem man doch annehmen kann, er kenne den Wahrscheinlichkeitsgrad der Vorgänge, diesem seinem besseren Wissen Gewalt antut, wenn er sich davon eine wirksame Pointe verspricht. So geschieht es z. B., daß in der Erzählung *All the Troubles of the World* Asimovs Riesencomputer, der über die Geschicke ganz Amerikas und aller seiner Einwohner wacht, seine Betreuer mit der dramatischen Erklärung erschreckt, daß er bedroht wird, nun eine fieberhafte Suche nach der Verschwörung, die ihn angeblich gefährdet, beginnt, und sich erst am Ende zeigt, daß der Multivac, der unter der Last des zu fassenden Beschlusses zusammenbricht, sich in einem Anfall von »Zahlenneurose« selber bedroht hat (er will sterben, um »alles los zu sein«). Asimov verfügte über alle Voraussetzungen, zu wissen, daß der klassische Computer, wie es der Multivac ohne Zweifel ist, keine Persönlichkeit im antropomorphen Sinne besitzt, infolgedessen nicht einen Selbstmordwunsch artikulieren könnte, und wenn er ihn schließlich ankündigen sollte, ihn auch ganz gewiß zustande brächte – doch dann ließe sich keine Erzählung schreiben.

Rechenmaschinen, die Entscheidungen optimieren und mit der dynamischen soziotechnischen Steuerung beschäftigt sind, müßten eher so handeln, wie Asimov es in einer anderen Erzählung, die den Band *I, Robot* abschließt, zeigt, wo die Computer, die die Weltwirtschaft verwalten, es zu kleinen lokalen Störungen und Krisen kommen lassen, wobei sie das ebenso planmäßig wie unbewußt tun (d. h. sie kennen ihre eigenen Motive nicht, können daher nicht klarmachen, warum sie so vorgehen; jedoch auf diese ihnen einzig mögliche Art trachten sie die inkompetenten Leute aus dem Kreis der lokalen Aufsichtsräte zu entfernen). Geben wir loyalerweise zu, daß die antiveristische Geschichte vom Multivac, der Selbstmord begehen wollte, interessanter ist als die Geschichte von den persönlichkeitslosen Korrelatoren; doch nur bis zum Augenblick der Lösung, denn das erstgenannte Werk enthüllt die Scheinhaftigkeit des Rätsels, und das zweite – seine Sinnhaftigkeit. Was übrigens zur Überlegung veranlaßt, daß nicht jeder Einfall, der futurologisch und empirisch wertvoll sein mag, auch »fotogen« vom Standpunkt der Erzählung sein muß. Manchmal herrscht zwischen diesen Möglichkeiten Unvereinbarkeit, d. h. keine gemeinsame Ausführbarkeit.

Beschreibungen des Äußeren von Robotern findet man in der SF in großer Menge, doch das Gebiet ihrer nichtmateriellen Eigenschaften bildet einen großen weißen Fleck. Ist es doch schwierig, ernsthaft zu den Vorschlägen, die sich aus den Texten ergeben, Stellung zu beziehen. Als Modell für Psychismen dient in den »heiteren« Geschichten die Gestalt vom »treuen« alten Neger, buchstäblich jener Literatur entnommen, die die Schablone vom »Neger als Kind« hervorbrachte; denn diese Literatur hat eine Menschenfreundlichkeit von zweifelhaftem Wert offenbart, die davon ausging, daß der Neger ein infantiles Wesen ist, welches ohne gute weiße Herren nicht leben kann, und dessen Bestimmung es ist, letztere zu ehren und ihnen treu zu dienen; diese Vorlage findet man z. B. bei Margaret Mitchells *Vom Winde verweht*. Solche Literatur hat die Herrschaft der Weißen über die Schwarzen, motiviert mit der geistigen Beschränktheit der letzteren, gefestigt; und die Science Fiction hat (nicht einmal sehr bewußt) dieses Schema der Beziehungen übernommen und danach – in vielen Texten – die zwischen den Menschen und den Robotern herrschenden Beziehungen herausgestaltet. Ein anderes Vorbild ist Defoes Freitag. Es gibt sogar eine Erzählung mit diesem Titel (Freitag ist der Name eines Roboters).

Zweimal haben wir bereits Probleme der »Elektrokatie« berührt – als Verwendung von Computern zur Ausübung von Regierungsfunktionen. Höchster Verwalter des Weltalls ist der Kosmos-AC Asimovs, und der höchste Regent Amerikas – sein Multivac in der Erzählung *All the Troubles of the World*. Bei James Mc Intosh nimmt der Hauptcomputer des Spionagedienstes, als er kapiert, daß sein Vorgesetzter, ein Mensch, Verräter ist, zu den seltsamsten Handlungen Zuflucht, um aus der Situation heil herauszukommen. Hier fällt einem auf, daß der dramaturgische Aufbau des Spiels, an dem die Rechenmaschine beteiligt ist, intellektuell eigentlich sehr ergiebig sein kann. Es handelt sich um eine Situation, die in die Spieltheorie, die Entscheidungs-, die Programmierungstheorie fällt, doch sie muß so projektiert sein, daß die Funktion des »kybernetischen Helden« durch kein menschliches Wesen ersetzt werden kann. Solche Helden habe ich in der SF allerdings nirgends gefunden; dort lösen die Computer gewöhnlich Aufgaben von kindlichem Schwierigkeitsgrad, dessen höchste Stufe sich mit dem Höchsten an Kompliziertheit eines Kriminalromans deckt. Doch das wichtigste Merkmal eines Zustands, in welchem eine Rechenmaschine Gegner oder Verbündeter des Menschen ist, müßte deren Unpersönlichkeit sein, die Tatsache, daß die Maschine *nicht* ein Mensch ist und man daher von ihr nicht Schritte erwarten kann, die für den Menschen charakteristisch sind. Ich habe, freilich recht allgemein, bestimmte Strukturen für das Spiel vorgeschlagen, an dem der Computer als ein hoher Entscheidungsträger beteiligt ist – und zwar in *Summa Technologiae*, im Kapitel über das Problem des intellektronischen Machthabers. Er kann die von ihm beherrschte Gesellschaft unwissentlich in fatale Situationen bringen, z. B. aus der herrschenden Gruppe alle Personen eliminieren, die intelligenter sind, weil diese ihn in seiner Arbeit – indem sie sich einmischen – mehr behindern als die dummen.

Somit hat das Thema Computer, belletristisch wie empirisch, keine vernünftigen Lösungen hervorgebracht. Viele seiner Fassungen haben ausweichenden Charakter: es stellt sich z. B. heraus, daß gar nicht der Computer den Staat führt, sondern irgendwelche Leute es tun, die ihn ausgenommen und lahmgelegt haben, wonach sie, hinter der imponierenden Fassade des elektrischen Molochs versteckt, die »Kryptokratie« verwirklichten (da nicht der regiert, von dem man es allgemein annimmt); dieses Motiv findet man bei Fritz Leiber *(Appointment in Tomorrow)*. Ein anderes Mal hat der Computer seine eigenen »neurotischen« Probleme, und irgendein Psychoanalytiker müßte ihm zu Hilfe eilen (das ist die Variante eines Motivs aus *All the Troubles of the World*). Manchmal entscheidet der Computer über das Schicksal aller Bürger, indem er sie zeitweise logischen Tests unterwirft; so entsteht eine stark aufgespaltene Gesellschaft, die Aufgabe des Helden ist es aber, z. B. den Computer-Tester zu überlisten, was ihm übrigens ohne weiteres gelingt, vor allem, wenn dieser Held ein Superman ist. Wenn in den Texten der SF die belletristischen Qualitäten gewöhnlich der Qualität ihrer Einfälle nachstehen, so ist leider in der »Computerklasse« das eine so schlecht, so trivial wie das andere. Freilich muß man loyalerweise einräumen, daß es keine leichte Aufgabe ist, sich den komplizierten Aufbau eines Spiels auszudenken, an dem eine Rechenmaschine teilnimmt; davon weiß ich etwas, denn ich habe es selber probiert, und das Ergebnis war ein Fiasko. Da hilft nichts: der Science Fiction-Autor ist leider auch nur ein Mensch, er besitzt keine eingebaute Rechenmaschine, und so sind auch alle seine Ideen von seinem unveräußerlichen Menschsein verseucht. Das Problem sollte, meine ich, von seiner rein mathematischen Seite angepackt werden, doch der bloße Gedanke, dem Schreiben einer Erzählung tiefschürfende mathematische Studien vorangehen zu lassen, nimmt einem die Lust an der Sache (nebenbei bemerkt, das dürfte nicht eine x-beliebige Mathematik sein, denn die Mehrzahl der mathematischen Probleme im Bereich der Spieltheorie ist ungeheuer einfach im Verhältnis zu den zweckgerichteten Spielen, die die Menschen in der Wirklichkeit betreiben).

Die Geschichten, die über unschuldige oder makabre »Streiche« von Robotern berichten, sind Legion. Wir führen als Beispiel nur eine an: Richard Mathesons *The Doll that Does Everything*. Ein Künstlerehepaar hat ein schreckliches Kind, das ihnen jegliche Arbeit unmöglich macht; sie kaufen dem Kleinen eine Roboterpuppe, die wachsen wird, die spricht usw. Das Kind macht die Puppe zum Komplizen seiner zerstörerischen Vergnügungen, bis die Eltern, als sie begreifen, daß die Puppe blindes Ausführungsorgan ist und der Kleine am häuslichen Chaos schuld trägt, »etwas mit ihm machen« – was eigentlich, das sagt die Geschichte nicht, jedenfalls gibt es von da an den Kleinen nicht mehr, seinen Platz nimmt die Puppe ein, die in die Schule geht, dann ins College, und erst als in der Studienzeit *»in dem jungen Gardner der Generator brach, kam die schreckliche Wahrheit ans Tageslicht«*.

Eine unvergleichlich bessere Erzählung von Idris Seabright, *Short in the Chest,* in der Roboter mit dem schönen Namen Huxley vorkommen, besprechen wir im Kapitel, das den »Sexuologien der Science Fiction« gewidmet ist, um einen Rest von Ordnung zu bewahren, die von der Vielseitigkeit der phantastischen Novellistik gesprengt wird.

In der Erzählung *Reason* (Logik) aus *I, Robot* (»Ich, der Robot«) von Asimov tritt wohl zum ersten Mal in der Roboter-Phantastik ein Automat auf, der über seine eigene Existenz nachdenkt und sich weigert, die Erklärungen, die ihm die Leute geben (daß sie ihn gebaut haben), zu akzeptieren. Es zeichnet sich die Möglichkeit eines interessanten Konflikts um diese Auslegung ab – doch, wie das bei Asimov meistens so ist, die Idee, die die Inspiration war, ist besser als die Ausführung. Der neue Roboter, der verkündet, daß der

»Herr« die Menschen und zugleich auch ihn geschaffen hat, hat anfänglich die Absicht, die anderen Roboter zur Rebellion (oder zu einem religiösen »Kreuzzug«, denn ein »Streik« ist das nicht) aufzustacheln, es stellt sich aber sehr schnell heraus, daß es zu nichts Argem kommt. Während eines Elektronensturms (die Handlung spielt sich an Bord einer Weltraumstation ab) bewältigt der Roboter ausgezeichnet die Probleme der Kontrolle, denn, so erklärt er, »das fordert der Herr von ihm«, d. h. er tut das, wozu er funktional bestimmt ist, und irrational sind allein die Dogmen, die er sich zur Motivation eben dieser Arbeit ausgedacht hat. Das Problem verschwindet, zumindest in seiner praktischen Auswirkung (der Roboter handelt, wie es sich gehört, was er sich dabei denkt, ist nicht wichtig). So geschickt der Aufbau der Geschichte, enthält sie doch eine Reihe von Ausweichmanövern, die ineinanderfließen und damit die faktischen Dimensionen der Problematik, die sich hier vor uns ausbreitet, entschärfen. Asimov ist gewiß kein bedeutender Schriftsteller; er ist nur ein geschickter Belletrist, ein einfallsreicher Erzähler, und dabei besitzt er eine gute wissenschaftliche Ausbildung (er ist immerhin Biochemie-Lehrer); seine Einstellung zur Literatur, die er erzeugt, ist jedoch verdammenswert. Weil unserer Meinung nach – in Anlehnung an die Traditionen der Kunst – der literarisch Schaffende nicht das moralische Recht besitzt, sein besseres Wissen zu verbergen – *niemals;* dem Werk, das man schafft, muß man *auch* mit seiner ganzen Intelligenz dienen, und man darf nicht irgendeinen Teil davon aus dem Schaffensprozeß ausschalten. Das Prinzip, nach dem Asimov aber gerade das tut, ist ein *konformistisches.* Wie wir in dem Kapitel, das wir der »Metaphysik der SF« widmen, noch ausführlicher besprechen werden, lasten auf diesem Teil der Literatur viele tabuistische Verbote, insbesondere auf jenen der Phantastik benachbarten Gebieten mit religiöser Problematik (z. B. der »Seele«, oder »Gottes« im intellektronischen Sektor). Asimov kennt sich da ganz genau aus; die Phantastik ist jedoch für ihn, anders als das literarische Schaffen für den zum Schriftsteller Berufenen, nicht ausschließliche Domäne, nicht Hauptgebiet der Selbstdarstellung oder tiefreichender, auch ontologischer Einschätzungen; sie ist mehr ein Hobby, ein Seitensprung, der Vergnügen bereitet und Profit bringt (wozu sich, ohne die europäische Heuchelei, die habituell offeneren Amerikaner zu bekennen pflegen). Sooft ihn also die Einfälle in die Richtung eines heiklen Themas führen, unternimmt er mehr oder minder geschickte Ausweichoperationen, und wie in der angeführten Erzählung setzt er sich im Format einer unschuldigen Anekdote mit einem Dilemma auseinander, dessen volle Erfassung den Rahmen der Sensation und Unterhaltung sprengen würde. Ich bin nicht der Auffassung, daß alles »Spielerische« bei jedem Thema, das erkenntnismäßig oder ontologisch kompliziert ist, verboten sein soll, daß also die Phantastik zum obersten Gebot die empirische kritische Betrachtung aller Axiome und Dogmen – kultureller oder glaubensmäßiger – haben muß, die ihr über den Weg laufen. Man kann ja auch mit typisch philosophischen Gedanken spielen, vorausgesetzt, man gibt ihnen zugleich die Chance, sich so weit zu erheben, als es die – *begrenzten* – intellektuell-kreativen Möglichkeiten des Autors zulassen. Doch in der Science Fiction ist es eben so, daß die einen das nicht tun, weil es ihnen allen zusammen an Können und Wissen fehlt, und die anderen, weil sie, wie Asimov, dies aus opportunistischen Gründen nicht tun wollen. Das ist eine Strategie, die die Chancen für das Drama, insbesondere das Drama des menschlichen Intellekts, systematisch mit der Anekdote, mit dem Ausweichen in das Scherzhafte, mit der effektvollen Pointe versperrt, und das noch im besten Falle (denn in den meisten Fällen ist die Anekdote miserabel, der Scherz – nicht sehr lustig, und die Pointe – trivial oder primitiv).

Interessant scheint das Thema, das die Ergebnisse der psychischen Umarbeitung eines bestimmten, ziemlich menschenähnlichen Roboters (oder auch eines Menschen) behandelt, verstanden als verschiedenartige »Formung« oder »Umformung« der ursprünglichen Mentalität. Das erfordert große Gewandtheit, typisch psychologisches Einfühlungsvermögen. Das ist sicher der Grund, warum dieses Thema auch ziemlich brachliegt. In seine Nähe kommt die groteske Geschichte Henry Kuttners *The Ego Machine*. Martin, ein Autor, der mit Filmemachern zusammenarbeitet, kommt mit ihnen überhaupt nicht zurecht. Doch in seiner Wehrlosigkeit (typisch und boshaft überspitzt in einem Konflikt, der die Literatur den Produzenten gegenüberstellt) bekommt er plötzlich Hilfe, als der geheimnisvolle Roboter aus der Zukunft Martin mit einer Ego-Maschine versorgt, dank der man ein x-beliebiges Charakterprofil dem Gehirn eines Menschen gewissermaßen aufprägen kann. Martin »wappnet sich« zunächst, als er sich zu einer Zusammenkunft mit den Produzenten begibt, mit der Mentalität Iwans des Schrecklichen, doch das bringt ihm nichts: Iwan der Schreckliche litt nämlich, wie der Verfasser erklärt, unter Zwangsvorstellungen, Verfolgungswahn, und damit, daß Martin dessen psychische Maske über sein Hirn zog, schadete er sich nur noch mehr. Als entsprechende Schablone für Verhandlungen mit den Filmleuten erweist sich erst der Mammuttöter, der Troglodyt *The Great Hairy One*. Doch erst in der Erzählung Fritz Leibers *The Silver Eggheads* finden wir – in groteskem Tonfall dargeboten – ganze Vorlesungen über das Leben und Treiben der Roboter. Wie es bei ihnen zu Geschlechtern kam (in Leibers Benennung »Robot« und »Robix«), das erzählt Zane, der Robotergelehrte, folgendermaßen:

»In der Roboter-Wartungsstation von Dr. Willy von Wuppertal in Dortmund, in Deutschland, unterwarf dieser kluge und sympathische Ingenieur die kranken Roboter Experimenten, wobei er zuließ, daß sie bei ihren Elektroschocks selber die Spannung, die Stromstöße, die Dauer und die anderen Bedingungen bestimmten. Seht Ihr, der Elektroschock übt die gleiche wohltätige Wirkung auf das leidende Elektrohirn aus wie auf Menschen, die von Depressionen und Melancholie gequält werden. Aber wie bei den Menschen ist der Elektroschock eine Therapie, die zwei Seiten hat, woran uns die furchtbaren Beispiele von Elektrorauschsucht gemahnen.

Die Roboter waren zu dieser Zeit asozial, aber zwei von ihnen (einer – ein neuer Prototyp, ein superempfindsames Modell) beschlossen, gleichzeitig denselben Schlag zu empfangen, so daß der elektrische Strom in den Stromkreis des einen eintritt und genau so den anderen durchfließt. Um das zu machen, mußten zunächst die Batterien und Leitungen ihrer Motoren und Elektrohirne aneinander angeschlossen werden. Sie schlossen sich, wohlgemerkt, mehr hintereinander als parallel aneinander. Kaum war das geschehen und waren ihre persönlichen Batterien zusammengeschlossen, und bevor der Strom von außen angedreht war, verspürten sie eine wunderbare Erregung und eine beglückende Erleichterung. Das beantwortet die Frage, wie weit die Roboter darin gehen können. Ein gemeinsamer Stecker ergibt eine leichte Wollust, doch für tieferen Genuß bedarf es siebenundzwanzig männlich-weiblicher Zusammenschlüsse auf einmal. In manchen der neuesten Modelle – das halte ich für dekadent – bedarf es schon dreiunddreißig solcher Zusammenschlüsse.«

Dann läßt sich der gelehrte Roboter breit über die komplizierten Bräuche der Maschinen-Erotik aus:

»Schließlich sind wir, die Roboter, eine künstliche Gattung, in der Theorie könnten wir uns also den Sex genau so vornehmen, wie es uns paßt; neue Geschlechter zum Beispiel – *Roboiden, Robosen, Robettchen, Robucks* und *Robitches* (dieses Alliterationsspiel werde ich nicht übersetzen: ›bitch‹ ist eine Hündin, und ›buck‹ – ein Bock); neue Sexualorgane und Paarungsformen, nicht unbedingt auf zwei Personen beschränkt (dieser Versuchstyp – ein hundertfach starker Zusammenschluß, wird zuweilen praktiziert, aber man spricht nicht davon).«

Leider ist das nicht so witzig, wie es vielleicht sein könnte. Hier eröffnet sich ein Feld von Möglichkeiten, die im wesentlichen nicht genutzt werden. Könnte man doch die Roboter, wenn man sie als Personen eines Dramas oder einer Farce auffaßt, in Situationen hineinführen, in die man einen menschlichen Helden eher nicht bringen würde – und eine solche Darstellung muß gar nicht mit typisch sexuellen Beziehungen verbunden sein (wie in dem als Beispiel zitierten Ausschnitt aus Leibers Buch).

Am interessantesten scheinen mir dabei Situationen, für die es gar keine Parallelen im menschlichen Leben gibt. Dafür halte ich z. B. die Geschichte des alten Roboters in meiner Erzählung *Terminus*, dessen Gehirn so viele Gespräche, die von den Leuten im Wrack einer Rakete geführt wurden, registriert hat, daß es in ihm zu einer Art schizophrener Spaltung und Auflösung einzelner Persönlichkeiten kommt, die den Psychen der Leute, denen er zugehört hat (und die längst nicht mehr leben), entsprechen. Manchmal freilich wird die Analogie mit historischen Situationen des Menschen ganz offen ausgenützt – so in *Transfer*, wo die einen Roboter die Selektion unter den anderen durchführen und die Untauglichen zum alten Eisen werfen, das in den Martinofen wandert. Irgendwie läßt sich auch die existentielle Dichotomie des Roboters aufgrund des Gegensatzes »Person-Maschine« ausnützen, was ich wiederum in der Erzählung *Der Unfall* zu tun versuchte (der Roboter zeigt hier eine besondere Ähnlichkeit zum Menschen, als er unerwartet das Risiko einer Klettertour im Gebirge unternimmt, ein Risiko, das rational ganz ungerechtfertigt ist). Erscheint *Terminus* noch als eine solche Behandlung des »spiritistischen Themas« oder einer »Gruselgeschichte«, wie sie die prinzipiell rationale, materialistische Intellektronik noch erlaubt, so habe ich in den *Erinnerungen des Ijon Tichy* das Laboratorium des Professor Corcoran, Schöpfer der »Phantomatischen Welten«, vorgestellt, in denen dieser seltsame Experimentator seine Computer gefangen hält. Corcorans Motive sind schon offenkundig »ontologischer« Natur – er schafft im Rahmen der Wirklichkeit völlig in sich »eingekapselte« Enklaven, von der Außenwelt unabhängig, so eingerichtet, daß den dort »lebenden« Wesen nicht einmal der Gedanke kommen kann, den ausschließlichen, realen Charakter ihrer Welt anzuzweifeln, von der nur ihr Schöpfer (aber auch der Leser) weiß, daß sie im Verhältnis zur Natur – ein Gefängnis ist. Weniger glücklich erscheint mir in der Konzeption die Geschichte *Der Hammer*, wo der Computer, Mitreisender auf der Sternenfahrt, dem einsamen Passagier und zugleich Piloten des Raumschiffs quasi erotische Gefühle entgegenbringt (deshalb, weil der psychologische Aufbau des Konflikts einem Melodrama gefährlich nahe kommt).

Eine originelle Idee finden wir in der Erzählung *Call me Joe* (»Nennt mich Joe«) von Paul Anderson. Auf dem Jupiter, den der Schwerkraft wegen kein Menschenfuß zu betreten vermag, befindet sich eine Weltraumstation der Erdbewohner; an Bord dieser Station kontrolliert ein einsamer Mensch ein künstliches Wesen, nach biologisch-technischen Richtlinien speziell zur Erforschung der Oberfläche des Planeten konstruiert. Die Verbindung zwischen dem Wesen (in seiner biochemischen Beschaffenheit und im Stoffwechsel völlig verschieden von der Physiologie der Erdbewohner) und dem Menschen ermöglicht der Energiestrahl »psi«; er wird durch eine »psionische« Apparatur verstärkt. Der Mann im Rollstuhl, der ständig auf der Station lebt, lenkt durch Fernsteuerung die Bewegungen und Wahrnehmungen von Joe. Durch seine Augen sieht er die Landschaft des Jupiter, mit seinen Sinnen stellt er den unmittelbaren Kontakt mit der ungewöhnlichen Welt des massiven Planeten her. Doch wie wir aus der Erzählung erfahren, hat in Wirklichkeit nicht so sehr der Mensch Joe kontrolliert, er ist vielmehr selber zu diesem geworden: die biologischen Energien dieser phantastischen Bestie gewannen Oberhand über das menschliche Bewußtsein. Der Gelehrte Cornelius erklärt:

»Der Pseudojupitermensch stellt eine nahezu vollkommene Lebensform dar: Ihre Biologen haben in ihn alle Erfahrungen aus den Fehlern der Natur bei *unserer* Erschaffung hineingelegt. Zuerst war Joe nur eine ferngesteuerte biologische Maschine. Dann wurden Anglesy und Joe die beiden Hälften einer einzigen Persönlichkeit. Und langsam, oh, sehr langsam, wird der gesündere Körper – seine Gedanken haben eine größere Amplitude ... verstehen Sie? – wird Joe die beherrschende Seite ...«

Zwischen den Umrissen der Situation scheint die psychoanalytische Interpretation durch: Joe, das ist gewissermaßen das Unterbewußtsein, und der menschliche »psionische« Beitrag – das ist das »Überich«; das Unterbewußtsein, das »Es«, ist der eigentliche Herr, denn er bildet den Grundinhalt, das Fundament der gesamten Geisteshaltung.

Und wiederum, wie so oft, ist der Gedanke origineller als die Durchführung. Am schwächsten sind in der Erzählung jene Stellen, die die Empfindungen des Jupiterwesens (des Pseudozentaur Sapiens) und seines »Bewußtseinstrahls« darstellen. Überdies enttäuscht das Bild der Jupiteroberfläche. Zuerst wird an Bord der Station von den schauerlichen Bedingungen gesprochen, die auf dem riesigen Planeten herrschen, wo unter dem Atmosphärendruck der Wasserstoff metallische

Eigenschaften annimmt. Dann wiederum spaziert Joe mit einem Knüppel auf dem Jupiter herum, mit dem er den zähnefletschenden Raubtieren, die ihn angreifen, den Rücken zerschmettert, und aus dem dortigen Gegenstück zum Schlehdorn flicht er für sich Körbe. Und wo ist der Wasserstoff mit metallischen Eigenschaften hingekommen? Es ist Anderson auch nicht gelungen, die menschliche und die animalische Komponente in einem homogenen Erzähler zu vereinigen. Gerade bei der Durchführung so komplizierter Verkörperungen versagt die Science Fiction fatal, weil es nicht genügt, irgendeinen Pseudozentaur zu erfinden, um damit jene sprachliche Form zu finden, in der man sein psychisches Leben wiedergeben könnte. Hier bedarf es unbedingt einer besonderen Vorstellungskraft, die den Ausdruck jenen Formen anpaßt, die grundsätzlich nicht mitteilbare Zustände von einem sachlichen Standpunkt aus wiedergeben (also eigentlich vorspiegeln). Die einfachste Methode, nämlich ein unzusammenhängendes Gestammel zu produzieren, wie es z. B. R. Matheson in seiner Geschichte *Being* (über ein sonderbares »anderes« Wesen) angewendet hat, ist wertlos: nicht jedes Gestammel besitzt eine tiefere semantische Struktur, wie sie z. B. bestimmte lyrische Texte haben. Äußerungen dieser Art kann man nicht kühl fälschen; es geht um die Methode, in der ein Anflug von Wahnsinn stecken muß.

Man könnte meinen, daß wir uns mit der Erzählung von P. Anderson vom Thema entfernt haben, doch dem ist nicht so. Im Rahmen einer längeren Entwicklungsperspektive betrachtet, stellt der Roboter nur ein Fragment der intellektronischen Evolution dar, eine Übergangsetappe der Lösungen, die zur Perfektion durch die Entwicklung von Formen streben, von denen man noch nicht genau sagen kann, ob sie bereits »künstliche Lebewesen« oder noch »bionische Roboter« sind. Und gerade in dem Augenblick, wo Zweifel, wie die oben angedeuteten, es unmöglich machen, oder zumindest erschweren, eine Klassifizierung vorzunehmen, sehen wir uns den historisch ersten Phänomenen gegenüber (es kommt hier nicht darauf an, daß sich das – wie bisher – nur im Bereich der Phantastik abspielt). Der Pseudozentaur Sapiens, das ist ja ein Übergangsprodukt zwischen Mensch und Tier, das von der genetischen Technik geformt wurde. Auf biotechnologischer Ebene kann man sich da eine solche evolutionäre Radiation vorstellen, deren Ausgangszentrum der Mensch darstellt: Die Nachahmung seiner *logischen* Funktionen gibt der »Orthoevolution« – sowohl der Computer als auch der »Roboter« – die Richtung, die komplexe Imitation der Psyche liefert also, stufenweise, immer menschenähnlichere Androiden – vom Menschen in geistiger Hinsicht also gar nicht mehr unterscheidbare Wesen. Man kann den Menschen auch somatisch nachvollziehen, wobei die primitivste Etappe solcher Nachahmung Puppen und Marionetten sind, danach sind es mechanisch bewegliche Puppen, und dann beginnt diese Richtung sich mit Androiden zu treffen. Doch eine dergestaltige Erweiterung des Radius geht an der materiellen Seite der Imitationstechniken vorbei; in dieser Dimension – des Substrats – führen die Übergänge von der mechanischen Prothese über bald logische, bald psychonische, aber immer noch elektronische Systeme zu typisch bionischen, d. h. aus einer Substanz hergestellten, die der fleischlichen Beschaffenheit von Tier und Mensch ähnelt oder gar mit ihr identisch ist. Im Prinzip sieht das empirische Horoskop für die künftige Kreation selbst typisch legendenhafter und mythischer Wesen keinerlei Hindernisse vor! In diesem Sinne könnte man tatsächlich dank der genetischen Technik irgendwann ebensogut Einhörner und Zentauren wie Wassernixen und Seejungfern produzieren (ob man das tun wird, ist eine andere Frage: die Motive einer solchen Produktion sind schwer einzusehen).

Die hier skizzierte Orientierungskarte der biotechnischen und psychotechnologischen Entwicklungsmöglichkeiten ist ein Feld, auf dem man schon beliebige Konstruktionen der Science Fiction unterbringen kann. Es ist jedoch noch gar nicht so lange her, daß das literarische Schaffen sich mit der Darbietung von Kuriositäten zufrieden geben mußte und seine Handlung sich darin erschöpfte. Das hat übrigens nicht einmal unseren Großvätern genügt, da die phantastische Literatur in ihren romantischen Versionen, z. B. mit schachspielenden Puppen oder mechanischen Tänzern, eine gewisse Dramen- oder Gruselsituation einleitete, zum Beispiel wenn der mechanische Tänzer zu rasen beginnt und das Leben der menschlichen Partnerin gefährdet. Denn das dämonische, satanische Element schien unausweichlich durch die Homunkulus-Darstellung impliziert (handelt es sich doch um einen sehr alten Mythus, innerhalb dessen der Golem nur eine besondere, und zwar relativ spät auftretende Verkörperung ist). Als von Grund auf schlechte Monster treten die Roboter in der Science Fiction eben nicht mehr auf: als hätte sich der literarische Prototyp, mythologisch verankert, total überlebt und die Fähigkeit verloren, früher einmal augenscheinliche Bedeutungen (blasphemische Nachahmungen Gottes) heraufzubeschwören. Im übrigen hat der Säkularisierungsprozeß der Literatur auf dem Sektor der Märchen und der Phantastik zur Folge gehabt, daß selbst rein legendäre Monstren, das eine Mal schon aus ihrem »fertigen« Repertoire (Drachen, Werwölfe) genommen, das andere Mal ad hoc, für den Gebrauch des konkreten Werks, »individuell zugeschnitten«, die »metaphysische Sanktion« ihrer Existenz verloren haben, oder, einfach gesagt: nachdem die Nabelschnur, die sie mit dem »Jenseits« verbunden hatte, verschwunden war, wurden sie zu Unterhaltungsobjekten (das kann eine gruselige Unterhaltung sein, doch bleibt sie immer noch Unterhaltung). Alle Wesen aber von »paramenschlichem« oder »paratierischem« Typ, mit furchtbaren Eigenschaften ausgestattet oder nicht, bedürfen, wenn sie in der Phantastik auftreten, keinerlei Bestätigung ihrer empirischen Formungsfähigkeit, also auch die Wahrscheinlichkeit ihres Auftretens ist weder notwendig noch erforderlich. Sie dienen, wie gesagt, ausschließlich der Unterhaltung, oder sie sind Elemente einer Signalapparatur – etwa allegorischen Charakters. Tritt aber die Funktion der semantischen Signalisierung stark hervor und wird erstrangig, dann denken wir überhaupt nicht daran, daß es sich um ein phantastisches Werk handelt (ist doch Kafkas *Verwandlung* gerade auf diese Weise phantastisch).

Ganz anders ist das in der Science Fiction. Denn hier treten »Paramenschen« – als Roboter oder als Androiden – gewöhnlich in einer bestimmten »realen« Welt auf, d. h. so, wie wir es aufgrund einer stillschweigenden Vereinbarung mit dem Verfasser (eigentlich einer Vereinbarung, die für ihn und für uns die Gattungsnorm ratifiziert hat), für möglich halten und nicht nur als etwas, dem man im Märchen begegnen kann. In dem Augenblick aber, wo der Autor sich zu einer solchen Vorgangsweise entschlossen hat, ergeben sich für das Werk eine Anzahl unabweislicher Konsequenzen. Betrachten wir diese Konsequenzen an Hand konkreter Probleme und dann auch konkreter Werke.

So muß also der Roboter oder Android in seinen Funktionen »festgelegt« sein, ehe man ihn in Aktion treten läßt. Diese rein technischen Parameter wiederum (als Bereich der Funktionen, die er in Annäherung an das Persönlichkeitsmuster eines Menschen, oder sich von diesem entfernend, erfüllen kann) treten gleichzeitig mit der Einbeziehung in typisch *normative* Aufgaben moralisch-habitueller oder sozialer Natur hervor. Dann kann man zeigen, wie die Kultur in ethischen und sozialen, aber auch z. B. gesellschaftlichen Bereichen auf den Erstling einer solchen neuen Technik reagiert. Man kann aber gewiß auch gleich gut die fortgeschrittenen Stadien ihrer Einführung zeigen. Man muß nur immer im Auge behalten, daß es diese Problematik gibt und daß sie irgendwie entschieden werden muß. Denn ob die Verdrängung von Menschen aus bestimmten beruflichen Positionen durch Roboter ein positives oder ein negatives Phänomen ist; ob die Nachahmung realer Menschen durch Androiden erlaubt ist oder nicht; ob man einen Androiden besitzen darf; ob man ihn wie eine Nähmaschine verwenden darf; ob man einen Androiden heiraten darf; ob die »Androidisierung« des Menschen, verstanden etwa als Verpflanzung des Gehirns einer lebenden Person in einen künstlichen Körper, zulässig ist – diese und tausend ähnliche Probleme lösen sich nicht automatisch, über ihre konkrete Gestalt entscheidet also nicht die Technologie allein. Das bringt sie sicher nicht zustande; hier müssen normativ-axiologische Entscheidungen fallen. Und es kann unter Umständen zu sozialen Bewegungen kommen, die sich unter der Losung sammeln, den Androiden alle Menschenrechte zuzugestehen – oder, umgekehrt, sie irgendwie zu diskriminieren. Es kann so sein, daß die Gesellschaft den »androidisierten« Menschen nach den geltenden Normen für etwas Schlechteres hält als den gewöhnlichen – oder daß sie ihn gerade für etwas Besseres hält usw. Es handelt sich, mit einem Wort, um ein derartiges Modellgebiet, auf dem sich in verschiedenster, dabei aber völlig exakter Weise der Einfluß einer bestimmten technischen Neuerung auf die von ihr angetroffenen kulturellen Wertsysteme untersuchen ließe. Wir sind Zeugen der Anfänge eines solchen Prozesses der biologischen Innovation (ich denke dabei an die Frage der Transplantation lebenswichtiger Organe, wie Herz, Leber oder Niere). Dieses Phänomen hat, nach dem, was wir im Leben, nicht bloß in der phantastischen Literatur, beobachten, komplizierte Aspekte; es erscheinen Anhänger und Gegner der Innovation auf der Bildfläche; zugleich, während sie sich streiten, bricht sich die neue Technik allmählich Bahn und schafft den unerläßlichen gesetzlichen Rahmen, dem sofort auch die sittenmäßig-moralischen Regeln nachfolgen. Kurz gesagt, die Innovation beschwört Konflikte herauf, sie attackiert, oft auf aggressive Weise, die starren Überzeugungen des Menschen in ihren persönlichen und gesellschaftlichen Aspekten, zwingt ihn zur Neubewertung zahlreicher bis dahin unantastbarer Werte, zu Entscheidungen bzw. dazu, in gewissen Grenzen seine Freiheit zu gebrauchen, wo zuvor der gewöhnliche Zwang unangefochtener Notwendigkeit geherrscht hatte (solange keine Möglichkeit bestand, eine Herztransplantation vorzunehmen, konnte es auch die mit solchen Eingriffen verbundenen moralischen Probleme nicht geben).

Allgemein kann man sagen, daß sich die Science Fiction über die Kompliziertheit einer solchen, d. h. moralisch-axiologischen, sittlich-gesellschaftlichen Problematik nicht gehörig Rechenschaft ablegt. Ausnahmen, so wollen wir sogleich hinzufügen, gibt es: aber sie bestätigen die Regel der in dieser Hinsicht herrschenden Unwissenheit.

Um dem Eindruck entgegenzuwirken, als wollte ich stets nur in fremde Gärten der Phantastik Steine werfen, während in meinen als Muster hinstelle, fange ich diesmal mit einer meiner Erzählungen an. Es ist zwar eine, die ich nicht veröffentlicht habe, weil sie schlecht war. Ich habe versucht, die Jagd auf ein synthetisches Wild von der Seite eben dieses Wilds zu beschreiben; die (stillschweigende) Voraussetzung besagte, daß in Anbetracht der Tatsache, daß die Jäger aus der

Jagd die höchste Befriedigung erzielen möchten und diese ihnen jenes Opfer erteilt, das über einen gewissen Scharfsinn verfügt, synthetische Tiere ganz vernünftig sein können. So wollte ich die bedauernswerte Lage eines solchen Geschöpfs an Hand seiner Empfindungen und Vorstellungen während der Jagd zeigen, die natürlich mit der Vernichtung des Opfers endet. Doch die Arbeit erwies sich als wertlos. Das Thema der Verfolgung hat seine äußerst ausgefahrenen Geleise, in die ich unaufhörlich, trotz Gegenwehr, hineingeriet. Ich war nicht imstande, jenes gejagte und zugleich vernünftige Tier zu »entanthropomorphisieren«. Der in der Intention anklagende Text (der Mensch konstruiert einen gewissen Verstand, um das Vergnügen zu haben, ihn zu vernichten) geriet zu einem melodramatischen Brei, wurde zum zehnten Aufguß einer Art von *Onkel Toms Hütte*. Am Ende transponierte ich es auf die Tonart eines grotesken Märchens um, und das blieb es dann auch (als Erzählung vom grausamen König – in der *Kyberiade*). Ich habe, wie ich jetzt sehe, nicht nur den ersten psychologischen Fehler gemacht, daß ich versuchte, einem Wesen, das kein Mensch war, einen »Bewußtseinsstrom« zu verleihen. Darüber hinaus habe ich nicht bedacht, daß die für jede Gesellschaft typische Verteilung der Produktionstätigkeiten die Aussagekraft der Erzählung abschwächt, denn derjenige, der ein Kunststoffopfer produziert, muß nicht unbedingt wissen, welchem Zweck dieses dient. Und derjenige wiederum, der auf dieses Opfer Jagd machen wird, muß sich über dessen Geschichte nicht Gedanken machen; für ihn ist der synthetische Hase vielleicht genauso gut, wie ein ganz gewöhnlicher. Die belletristische Verpackung wird also zu einem Sack, in den, entgegen den Bemühungen und Absichten des Urhebers, Dinge hineingestopft werden, die voneinander separiert hätten werden sollen; die Erzählung bietet sich als ein Manifest dar, das eines Tierschutzvereins würdig ist, und nicht – als Anklage gegen die Perfidie des Menschen, der erst etwas baut, was er dann zu seinem Vergnügen vernichtet. Man hätte so vorgehen müssen, wie es der amerikanische Autor Bunch erahnt hat, in dessen Erzählung ein Mensch zunächst unter größter Mühe und Selbstverleugnung einen Androiden konstruiert und ihn dann zuschanden malträtiert; als er dann auf den Trümmern sitzen bleibt, seufzt er tief: »Ach Gott, so war also alles umsonst!« Erst eine solche paradoxe Metapher löst die gestellte Aufgabe.

In J. Wyndhams Erzählung *Compassion Circuit,* über die ich mich schon beklagt habe, werden kranke Menschen in gesunde Androiden umgekrempelt. Auch der amerikanische Verfasser phantastischer Belletristik L. J. Stecher jun. hat in der Erzählung *Man in a Quandary* das gleiche Thema aufgegriffen. Der Held, bekannt unter dem Namen Alfred the Magnificent, und früher als Alfred Vanderform, geboren im Jahre 2325, hatte das Glück, Sproß einer Familie zu sein, die berechtigt war, drei Kinder zu besitzen (was in dieser Zeit eine ungewöhnliche Auszeichnung ist). Er wurde von der Genetik her exquisit geplant, und bis zu seinem sechsten Lebensjahr zeichnete er sich durch prächtige Gesundheit aus. Leider wurde er dann herzkrank und das so ernst, daß es zu einem Ersatz seines Herzens durch ein künstliches kam. Auf seinem Rücken brachte man eine Atombatterie an und das künstliche Herz auf der Brust. Dadurch machte er den Eindruck einer Person mit zwei Buckeln, aber nur kleinen. Im zehnten Lebensjahr erfuhren aufgrund eines Defekts des künstlichen Herzens seine Lunge, Niere und Leber nicht mehr gutzumachende Rückbildungen. Die verzweifelten Eltern entschlossen sich zur Heranziehung von Prothesen. Im Ergebnis wurden alle unerläßlichen synthetischen Organe in einem etwas zu groß geratenen Beiwagen untergebracht, den der junge Alfred ständig hinter sich herziehen mußte. Damit er aber auch Bergtouren unternehmen konnte, verzichtete man auf die Räder, und das Wägelchen wurde mit Füßen versehen. Um die Fortbewegung des Wagens zu automatisieren, wurde aus Alfreds Steißbein eine Art langer Schwanz gezogen, der glatt in diesen Beiwagen überging, der sich auf eigenen Füßen fortbewegte. Alfred lernte sogar über Hürden zu laufen, wobei der Schwanz hinter ihm herjagte und mit Leichtigkeit und geschickt jedes Hindernis nahm. Leider trank Alfred in jugendlichem Alter durch einen unglückseligen Irrtum ein Fläschchen mit konzentrierter Säure aus, wodurch er gezwungen war, die Funktion der verlorenen Eingeweide auf eine neue Apparatur zu übertragen, die auf einem zweiten Wagen untergebracht wurde, der sich diesmal vor ihm fortbewegte. Doch, wie er selber schreibt: »Das, was von mir übrigblieb, bekam den Krebs.« Um sein Leben zu retten, ging Alfred auf neue, schwere Operationen ein. Sein Gehirn wurde durch drei große Gebäude substituiert, mit Elektronik vollgepfercht, und sein ganzes Gedächtnis wurde da hineinverlegt. Gegenwärtig ist Alfred in Zwiespalt geraten, und in diesem Zusammenhang schickt er eine Zuschrift an die Briefecke einer Zeitung, wo eine erfahrene Person den Lesern Rat erteilt. Alfreds peinliche Abenteuer sind jedoch nur die Präliminarien zur eigentlichen Frage: Alfred hat sich in seine schöne Sekretärin verliebt, er will sie heiraten, sie wiederum ist nicht abgeneigt. Deshalb fragt er: ». . . Also das, bitte, ist mein Problem: wie kann ich wissen, ob Gloria mich liebt oder ob sie mich nur des Geldes wegen heiratet?«

Eine uralte Geschichte hat dank den Modifikationen in SF-Verschlüsselung einen neuen Wert als Groteske erhalten. Das führt die Steigerung der Unwahrscheinlichkeit langsamer, d. h. mit kleineren Schritten herbei, als ich es in meiner Zusammenfassung wiedergebe. Gerade darin liegt der Reiz der Groteske. Jede nächste Operation ist als Frage von Leben oder Tod noch zu schlucken, doch am Ende haben wir einen sechsfüßigen Typ mit zwei Buckeln und zwei fleischfarbenen Schwänzen, einem hinten und einem vorne, vor uns, statt eines Kopfes hat er ganze Stockwerke mit Maschinen, statt des Kehlkopfs – eine »Vokalisations«-Anlage u. ähnl. m. Die Pointe könnte eine völlig andere sein. Ein ähnliches »Zusammensetz«-Dilemma ist die Idee meiner Erzählung *Gibt es Sie, Mr. Johns?* In dieser Geschichte ist die Pointe nicht der Nonsens einer Liebesromanze, wie in der amerikanischen, sondern die Identifizierung (wer steht eigentlich vor Gericht? Eine Sammlung von Prothesen oder ein aus Prothesen bestehender Mensch?).

Das Roboterthema weist sich als besonders dankbar für groteske Transpositionen aus. Denn es erlaubt dem Autor etwas zu realisieren, was belletristisch sehr wertvoll ist – eine sorgfältige Herauslösung jenes Teils der Phänomene, auf den es ihm ankommt. Kann man doch aus Robotern mit raffiniertesten Mitteln programmierte Modellgesellschaften herstellen.

Man kann übrigens auf ihre materielle Gestaltungskonstruktion verzichten und die Sache in den Bereich der soziologisch gelenkten Vorstellung übertragen, eine Maschine zur Gestaltung gesellschaftlicher Prozesse, also riesiger historischer und zivilisatorischer Abläufe (literarische!) in willkürlicher Umwandlung und mit beliebiger Beschleunigung, schaffen (man kann dann auch den Zeitablauf umkehren, ihn verdoppeln, im Inneren der Maschine Effekte vom Typus der Zeitkurve realisieren, das Quantenniveau der Phänomene heben, physikalische Gesetze ebenso wie soziale verändern usw). Einige dieser Möglichkeiten wurden in der *Kyberiade* und in den *Robotermärchen* angerissen. Wohl habe ich mich dort weitgehend in den Rahmen des Märchenparadigmas gefügt. Aber das hauptsächlich, weil es sich als besonders schwierige Aufgabe erweist, im Zusammenhang mit einem ganz neuen Thema auch viele Transformationen zugleich vorzunehmen. Man muß sich unbedingt an irgendwelche Parameter halten, die aufgestellt wurden, um den Gedanken eine Stütze zu geben – wie Schlingpflanzen einen Stab. Im übrigen ist leicht zu ersehen, vergleicht man die früher entstandenen *Robotermärchen* mit der später verfaßten *Kyberiade*, daß ich mutiger geworden bin, und deshalb wird das Märchenhafte in den *Robotermärchen* fast zur Gänze aus der Folklore übernommen, während es in der *Kyberiade* bereits in vielen Aspekten und tiefgehend zerstört ist. Freilich, zwischen den in viele Richtungen weisenden Anspielungen aller dieser Texte und prognostischen Werten gibt es wenig Gemeinsames. Das bedeutet jedoch nicht, daß die groteske Form in dieser Hinsicht immer hinter der pseudorealistischen Phantastik zurückstehen müßte. Die Groteske ist, gerade was die kognitiven Aspekte betrifft, von der Science Fiction nicht gebührend ausgewertet worden.

Nach dem, was hier gesagt wurde, verdient das Roboter-Thema insoweit eine kritisch-literarische Sonderstellung, als es anthropologische Qualität aufweist. Denn es ist darin ein aus den technologischen Positionen sich ergebender Angriff auf das Wesen der Menschlichkeit zu sehen, der die folgende Dichotomie schafft: entweder Vorwand oder künstlerischer Trick, durch den sich die mehr oder minder traditionellen, stets rein kulturellen, ethischen, gesellschaftlichen Probleme vergrößert und in spezifischen Proportionen manifestieren, oder durchtränkt von Komponenten einer ernsten prognostischen Hypothese. Im zweiten Fall handelt es sich um eine an quasiimmanente menschliche Eigenschaften gerichtete Frage, Eigenschaften, die in ihrer angeblich ewigen Einzigartigkeit durch den Siegeszug der Technologie in Frage gestellt werden. Es ist fürwahr bedenklich, wie viele Male verschiedene Autoritäten verkündet haben, daß die souveräne Stellung des Menschen deshalb technologisch nicht zu gefährden sei, weil »die Maschine nicht schöpferisch denken« kann, und gleichzeitig diejenigen, die das sagen, nicht überlegt haben, daß nicht alle Menschen schöpferisch zu denken vermögen. Der Dämonismus des Homunkuli-Mythus bedroht uns keineswegs; nur das ökonomische Kalkül, materielle Gründe, Angebot und Nachfrage, mit einem Wort – die Gradienten des Zivilisationswachstums werden darüber entscheiden, ob man, wann, wieviel und welche Art von Androiden und Robotern in Zukunft produzieren wird. Erst dadurch erhält das Thema eine gesellschaftliche Dimension; gleichzeitig hat es auch eine potentielle »Persönlichkeits«-Dimension, gemäß der Vorstellung von einer »Bedrängung der Persönlichkeit durch ihre Puppenimitationen«, und schließlich eine psychologische – denn es handelt sich um eine Situation, in der das Verhältnis »Subjekt–Objekt« einer perfiden Umwandlung unterliegt: die Maschine, die Objekt war, erwirbt, gleichsam heimtückisch, die subjektiven Eigenschaften des Verstands. Und schließlich gibt es da die ontologische Dimension, nicht aufgrund der Vorstellungen von »einem Aufstand der Roboter«, sondern angesichts der Voraussage, daß man ein künstliches Wesen bauen kann, das vollkommener ist als der natürliche Mensch – als »würdigere« Verkörperung des Verstands.

Was hat die Science Fiction aus einem so vielseitigen Thema gemacht? Zu erklären, daß sie es nur vergeudet hat, wäre ungerecht. Doch auf ihrem Ungeschick auf belletristischem Gebiet erhebt sich die so hartnäckige, daß man schon sagen könnte, vorsätzliche Blindheit, als Angst oder als Widerwille dagegen, die technischen Realisierungen des Golem-Mythus – in seinem größtmöglichen Ausmaß – aufzugreifen. Nicht das ist schlecht, daß die SF mit Robotern auf eskapistische Weise, als Gespenstergeschichte oder als Märchen, herumspielt, sondern daß sie kaum mehr mit ihnen anzufangen weiß. Sie geht so vor, wie einer, der aus einer Eiche mit weit verzweigten Wurzeln glänzende elegante Möbel macht. Um das tun zu können, müssen zuerst alle Zweige weggeschnitten und diese Stellen sorgfältig abgeschliffen werden. Die Literatur geht traditionell anders vor: nicht nur, daß sie keine Angst hat vor übermäßig weit ausgreifenden Themen, die auf geheimnisvolle Weise mit den entferntesten Problemen verwachsen sind, sie fördert vielmehr hartnäckig alle derartigen Verwachsungen, alle Komplikationen zutage, selbst wenn sie deswegen auf leichten Erfolg verzichten muß.

Doch muß man auch der Phantastik Gerechtigkeit widerfahren lassen: sie hat viele Inhalte verflacht, vergröbert und verfälscht, dennoch waren dies solche, die die Literatur erst gar nicht angerührt hat. Was ist besser: unbekanntes Terrain oberflächlich und mangelhaft zu entdecken, oder es überhaupt nicht zu betreten; das erste Prinzip ist doch wohl das bessere, denn die Wege, die so viele Autoren auf Abwege geführt haben, wurden ja von ihnen gefunden, es entstand dort ein Wald von Wegweisern, die, obwohl sie keine sehr gute Orientierung abgeben, auf ein reales Arbeitsfeld hinweisen, das durch das zivilisatorische Aufgebot einmal ausgefüllt werden wird. Historisch gesehen, wird die Hilflosigkeit der Vorläufer, selbst die größte, zur läßlichen Sünde, und sogar zum Preis, den sie für das Eindringen des Denkens in die neue Welt gezahlt haben.

III.
Kosmos und Phantastik

Daß die Weltraumfahrt als reale Erfahrung des Menschen einst nicht voraussehbar war, erscheint begreiflich. Schwieriger ist es schon, sich zu vergegenwärtigen, daß man sie sich nicht einmal als unerfüllbare Fiktion zu denken vermochte. Gerade so war es aber. Soll man jedoch solche Ohnmacht des Denkens verstehen können, muß man sich klar machen, welch langer Weg es war, auf dem sich der Begriff des Kosmos entwickelt hat.

Denn es ist unmöglich, sich auch nur in Gedanken irgendwohin begeben zu wollen, wenn man keinerlei Vorstellung von den Eigenschaften jenes »Irgendwo« hat und nicht einmal weiß, ob es sich um einen bestimmten »Ort« oder bestimmte »Orte« handelt, die dem Auge zugeführt werden können. Das Altertum hat selbstverständlich die Sterne gesehen, auch der Höhlenmensch hat sie gesehen, doch nur dadurch, daß sie immerwährend allnächtlich am gleichen Ort aufleuchteten, unterschieden sie sich in dieser Betrachtung vom, sagen wir, Aufleuchten der Sonne auf dem Wasser. So sind denn auch jene außergewöhnlichen intellektuellen Mutproben, wie sie die Formulierung der ersten Hypothesen über die sonnenähnliche Beschaffenheit der Sterne erforderte, unserem Urteil bereits entrückt; sie stellen ein in seiner Kühnheit historisch unwiederholbares kognitives Erlebnis des Menschen dar. Es waren dies zugleich Äußerungen der Phantasie, die es unternahm, die Phänomene der sichtbaren Welt von der Sphäre anthropomorpher Sinngehalte loszulösen, der Beginn also ihres Fortschreitens in gleichsam entgegengesetzter Richtung zu jener, in der sich das religionsbegründende Denken bewegte. Denn historisch primär war eben jenes Phantasieren, ausgestattet mit der Sanktion sakraler Autorität. Das menschliche Denken, wie wir es heute aus der historischen Perspektive sehen, ist in Wirklichkeit bipolar – und zugleich zweigleisig. Die Welt des Gedankens war immer etwas Volles, d. h. sie wies keine sichtbaren »leeren Stellen« oder Lücken auf. Wir können nicht wissen, welchem Zellkern das Urbild der Welt entschlüpft ist, doch sobald es sich einmal konstituiert hat, und das geschah in außergeschichtlicher Zeit, war seine Struktur systemhaft dieselbe, die sie heute ist. Ausschließlich mit der Erhaltung der Existenz verbundene Tätigkeiten standen wohl nicht im Mittelpunkt der komplexen Vorstellung von »allem, was existiert«. Wenn wir sagen, daß die Welt des urzeitlichen Denkens dennoch strukturell der unseren glich, so wollen wir damit unterstreichen, daß jenes Denken, wie uns heute die vergleichende Anthropologie lehrt, im Prinzip denselben Gesetzen unterworfen war wie das unsrige – der Induktion, der Einschließung, der Ausschließung usw. Daß selbst für solche, dem Zugriff unerreichbare Objekte, wie die Sterne, dieselbe Art von Eingriffen Geltung hat wie für das Schleifen des Feuersteins oder das Hobeln des Häufelpflugs – das mußte man in Jahrhunderten erlernen. Aber das innerste Wesen manueller, mit Werkzeugen zu vollführender Tätigkeiten, wenn auch in seiner expansiven Potenz nicht erkannt, begleitete den Menschen doch seit Anbeginn seines Menschseins, als das wir seine Bemühung um die Bewältigung und Unterwerfung der Welt verstehen. Die von Anfang bestehende Unabhängigkeit der Welt wurde also immer angegriffen, wenngleich wir die ersten Formen dieses Kampfes als Fehler betrachten; sie sind es aber nur im Sinne einer objektiven – empirischen – Erfolglosigkeit und gewiß nicht als Idee, die darauf verwendet wird, die zwei zueinander in Opposition stehenden Teile eines Ganzen: Mensch und Welt vollkommen zusammenführbar zu machen. Denn genau in diese Richtung bewegte sich der urzeitliche Gedanke: er kämpfte um die besagte Zusammenführbarkeit, und deshalb nannte er die Welt entweder den Feind, oder eher den Beschützer des Menschen. Und da sie in ihren sinnlich wahrnehmbaren Phänomenen nicht immer eindeutig als das eine oder das andere erschien, nahm man dieselben Phänomene für nur eine Seite, nur eine Facette, einen Aspekt der Dinge, die mit der »Rückseite« oder einer anderen, außerräumlichen Form der Verlängerung in die Transzendenz einschmolzen. Die Transzendenz wiederum wies in den säkularen Trends eine große generelle Rückzugsbewegung auf, als Abschied von der sichtbaren Welt. Worin besteht also die Systemähnlichkeit zwischen dem uralten und dem modernen Reich des Gedanken? Darin, daß es immer zweiteilig, bipolar oder, wie wir es einer mechanischen Parallele entsprechend genannt hatten, »zweigleisig« war. Freilich, die urzeitliche Transzendenz als »zweites Gleis« des Denkens wurde in eben dieser Eigenschaft – d. h. des »Transzendierens« – nicht erkannt. Muß man doch zuerst das Empirische vom Nicht-Empirischen abgrenzen, um aus jener klassifizierenden »Metaposition« die Stellen bezeichnen zu können, an denen es zur Transzendierung der sichtbaren und der Erfahrung unterworfenen Realität kommt. Das also, was als Arbeit der Anfang der Empirie war, und das, was als magisches Denken der Anfang der Transzendenz war, hat untrennbar koexistiert. Aber schon damals setzte jene Bewegung ein, die später die Atome entdeckte und Raumschiffe auf die Mondbahnen lenkte, und von dieser Perspektive aus fühlen wir uns berechtigt, eine generelle strukturelle Identität des menschlichen Denkens festzustellen. Doch es bestand – und wiederholte sich in brutalen Zusammenstößen – ein Gegensatz zwischen den zwei großen Provinzen des Reiches der Gedanken, sobald, bedingt durch das Fehlen einer frühen expansiven Empirie, das eroberungslustige Denken des »zweiten Pols«, des »zweiten Gleises« eine gewisse *Ganzheit* als Bild der Welt, auch als Bild des Weltalls herstellte – sakral, religiös gezeugt und gemäß dem Glauben an verschiedene Offenbarungen geformt. Und wenn eine solche, d. h. sakral gegebene Gemeinsamkeit des Seinsbegriffs in offenen Gegensatz zu den Denkpostulaten geriet, die vom entgegengesetzten Pol ausgingen, mußte es zu Kämpfen kommen. Die Sache konnte aber als Streitobjekt einverständlich umgangen werden: man kann, wie wir wissen, weitestgehend einen Zustand der Koexistenz der »beiden Denkweisen« erreichen. Denn alles, was in der Religionsordnung artikuliert wird und Ausdruck des Glaubens ist, besteht aus einem System von Symbolen, die keineswegs buchstäblich genommen werden müssen. Man kann immer in einer Geste der Selbstwehr, in der Absicht, den Glauben zu retten, akzeptieren, daß jene Symbole nur die sichtbaren Verkörperungen einer im Prinzip unsichtbaren, anders nicht zu übermittelnden Offenbarung sind, und sogar – in einer Abwandlung von ketzerischem Ökumenismus –, daß diese und keine anderen Zeichen (d. h. diese, und keine andere Dogmatik) allein die teilweise Verkörperung einer gewissen Höheren Identität darstellen, die sich ganz unmittelbar, d. h. ohne Verwendung irgendwelcher Symbole, den Wesen des Diesseits nicht mitzuteilen vermag.

So wurde also das Urbild des Weltalls »religiös gezeugt«, doch von seiner Geburt an war es schon eine Ganzheit: denn, wie wir wissen, ist es nicht die Natur, sondern ist es unser Denken, das sich vor der Leere mehr fürchtet als vor irgend etwas anderem. Für den Menschen existiert das, und nur das, was benannt werden kann.

Das sich im urzeitlichen Denken widerspiegelnde Weltall war sowohl klein im Verhältnis zu unseren heutigen Vorstellungen, als auch – teilweise deshalb – qualitativ anders. Können wir aber überhaupt die vom historischen Wissensstand gegebenen Bilder des Weltalls mit diesem selbst vergleichen, d. h. mit seiner objektiven Immanenz? Ein solcher Vergleich scheint uns fraglich, weil er das von der heutigen Wissenschaft gezeichnete Bild des Kosmos verabsolutiert. Übrigens muß für das menschliche Denken der Kosmos eine Herausforderung und ein Ungemach bleiben – und das wohl zu allen Zeiten, denn er verlangt von uns, daß wir mit unserer – im Prinzip – durch nichts begrenzten Methode des logischen Gedankengangs, die uns erlaubt, unendlich vom Kleineren zum Größeren überzugehen, plötzlich aufhören, und allein die Idee, es könnte etwas geben, das nichts Größeres mehr kennt, mutet als Beleidigung oder Hohn für die alles durchdringende Bewegung des Denkens an. Doch haben wir nicht vor, hier die Entwicklungssequenz des Begriffs des Kosmos darzulegen, wir befassen uns auch nicht mit Kosmogonie oder vergleichender Kosmologie. Wir sprechen nur von der Science Fiction. Man hört zuweilen, sie habe dem Menschen durch die Türe des literarischen Schaffens das Weltall geöffnet, nicht als endgültiges oder zeitweiliges sakrales Objekt, sondern als das echte Universum, das endgültige und unwiderrufliche Realität ist.

Zweifellos ist der Kosmos ein Phänomen von ganz anderem Rang als irgendein Gegenstand und als alle jene Produkte von Menschenhand, die für Geist und Körper wonnige oder alptraumhafte Fallen aufzustellen vermögen. Dem modernen Wissen zufolge steht in ihm unser Schicksal geschrieben, wenn wir tatsächlich, zusammen mit dem Körnchen, das unser Planet darstellt, ein im kosmischen Schlund schwebendes Probestück sind, der Sammlung aller erdenklichen Zivilisationen entnommen. Er ist nicht nur unser Schicksal, er ist auch die Garantie einer potentiell unendlichen Bewegung als Expansion, sollte der Mensch gerade in dieser Bewegung auf die Dauer seine Bestimmung sehen.

Von all dem spricht die Science Fiction zu ihren Liebhabern. Ich lege Nachdruck auf das letzte Wort. Unsere Zivilisation, wie sehr auch – den futurologischen Prognosen zufolge – immer noch primitiv, hat dennoch genug dazu beigetragen, daß sich ihr Angehöriger der Natur entfremdet fühlen kann. Nicht seit jeher ist die Kultur eine Hülle, die den Menschen von der Natur trennt. Wie wir schon bemerkt haben, war es ihr prätechnisches und präwissenschaftliches Bemühen, die Phänomenalistik der Natur in einem dem Menschen zugänglichen Sinne zu erklären, in einem Sinn, den er sich zueigen machen konnte. Man könnte die Behauptung wagen, daß das sakrale Element in begrifflicher Hinsicht dazu diente, jegliche Unverständlichkeit aus der Welt auszuräumen, denn das Unbegreifliche, in den aus dem »zweiten Pol« des Denkens entspringenden Glanz gestellt, konnte nicht nur assimiliert, sondern auch angebetet werden. Es wäre aber schon allzu vulgär zu behaupten, die Sakralisierung hätte dazu gedient, die dem Verstand unzugänglichen »Löcher« der Existenz zuzustopfen. Immens, wenn auch nicht immer leicht einzusehen, waren die Bemühungen aller Glaubensrichtungen, sich dafür zu verbürgen, daß die Welt dem Menschen zusteht, entweder als Objekt, das er überwältigen soll, oder als Fesseln, die abzuwerfen sind. Denn wenn dem Buddhismus zufolge die Welt vor allem jene Fesseln sind, deren Beseitigung aus der Knechtschaft herausführt, so stellt doch die irdische Situation, die sinnliche »Fesselung« an die Realität, ebenfalls eine Form wenngleich vorübergehender Zustimmung zu eben dieser Sachlage dar. Wie schon gesagt, die Welt jeglichen Glaubens ist entweder unser Beschützer, Bundesgenosse, unser Eigentum, oder im Grunde unser Feind, unsere Fessel, unser Gefängnis; Elemente beider Auslegungen bestehen in der Mehrzahl der Glaubensbekenntnisse nebeneinander.

Hingegen ist der Kosmos der Wissenschaft neutral – vor allem dem Menschen gegenüber. Weder begünstigt er ihn, noch bedroht er ihn als Person; bei Abwesenheit des Menschen bedeutet er gar nichts; er ist schlicht und einfach da. Er wurde weder *für* den Menschen noch *gegen* ihn geschaffen. Von dieser Voraussetzung geht die Science Fiction aus, ohne sich dessen voll bewußt zu sein. Das ist heute übrigens leicht. Die Erkenntnis, daß weder wir für die Welt, noch die Welt intentional für uns da ist, also die Erkenntnis des stochastischen Charakters der Anthropogenese sowie der indifferenten Souveränität des Universums – mußte in zahlreichen um Auffassungen geführten Kriegen und Revolutionen gewonnen werden, und Köpfe rollten und menschliches Fleisch brutzelte auf den Scheiterhaufen, als einstmals die ersten Annäherungen an diese Anschauungen artikuliert wurden.

Doch eigentlich hat das Bewußtsein, daß wir in einem *solchen* Kosmos leben, sich nicht das Recht auf die Gestaltung aller Strömungen erworben, aus denen sich die Kultur zusammensetzt.

Die Durchdringung, die auf diese Weise Kulturformen und -inhalte prägte, war früher stark, also haben die religiös gezeugten Bilder des Weltalls jedem Produkt auf verschiedenen Gebieten der Kunst ihren Stempel, ihre Zeichen aufgedrückt. Als jedoch das Recht auf den Besitz der Forschung von den Religionen auf die Empirie überging, fiel die Übertragung dieses Rechts mit der eintretenden Indifferenz der Kunst gegenüber der Problematik des Kosmos und später der Natur zusammen. Man kann sich das damit erklären, daß der Kosmos des Glaubens der Kosmos des Menschen war, und die Kunst interessiert sich nach wie vor vor allem für den Menschen; als das Universum sich also als »unmenschlich«, außermenschlich erwies, hat sich die Kunst von ihm abgewendet.

So haben denn frühere Kulturformationen die Natur domestiziert, sie an den Menschen und den Menschen an sie herangeführt; es herrschte eine solche »Vermischung« von beiden, daß die Kunst – thematisch, begrifflich, bildlich – Problemen des Weltalls und der Natur gegenüber nicht ganz gleichgültig bleiben konnte. Aber die moderne Kultur sitzt gleichsam in einer von der Technologie geschaffenen Schale und nimmt unter Umständen diesen Zustand der Technologie übel, im allgemeinen versucht sie jedoch quasi nicht wahrzunehmen, daß der Mensch unvermeidlich in ein Spiel auf Leben und Tod mit der Natur – also mit dem Weltall – verstrickt war und ist, und schlecht können unter Umständen die technischen Mittel sein, als Waffe, als Werkzeuge, die man in jener Schlacht benutzt. Aber gerade das, was sich außerhalb der »Schale« befindet, steht nicht mehr im Mittelpunkt des Interesses der Kunst.

So kommt es, daß eigentlich jenseits der Aufmerksamkeit und Reflexion – in der Literatur, die uns hier am meisten beschäftigt – das Bewußtsein besteht, daß wir im Weltall sind, daß nur der statistische Faktor, der Katastrophen von galaktisch-stellaren Ausmaßen voneinander trennt, die Beständigkeit unseres planetarischen Seins garantiert. Zwar weiß das scheinbar jeder gebildete Mensch, aber dieses Wissen hat im Grunde genommen überhaupt keine Konsequenzen. Übrigens, schon die Tatsache, daß ich, wenn ich »Wir sind im Weltall« oder »planetarische Existenz« sage, in einen pathetisch erhabenen Ton zu verfallen scheine, nicht etwa nur elementare Fakten beim Namen nenne – schon diese Tatsache zeugt davon, daß im impulsiven Denken ebensolchen elementaren Feststellungen wie in den Sätzen: »Bäume haben Wurzeln« oder »Der Frühling folgt auf den Winter« nicht die gleiche sachliche Aussage zugestanden wird, obwohl es sich doch um Wahrheiten gleichen Ranges handelt. Und die Illusion des Kothurnhaften, die derartige Äußerungen hervorrufen, zeigt, daß das Weltall für uns nicht so sehr begrifflich bedrohlich ist, als vielmehr eine Abstraktion darstellt, die wir uns nicht zu eigen gemacht haben. Das Universum war eine sehr private menschliche Angelegenheit, solange es eine quasi einzelne Verkörperung der Anwesenheit Gottes darstellte, oder eines der Gesichter, die uns die Vorsehung zuwendet. Als die außerreligiöse Kulturtätigkeit die Wissenschaft als eigenes Informationsorgan heraushob, um sich mit »diesen Dingen« zu befassen, wies man dieser, zusammen mit den epistemischen Befugnissen – gewissermaßen als sperrigen Ballast – alle gedanklichen Implikationen zu, die das »Problem des Weltalls« überhaupt haben kann. Es steckt irgend etwas Magisches in dieser scheinbar vernünftigen Arbeitsteilung: wenn sich die Wissenschaft mit dem Kosmos befaßt, brauchen wir uns »über ihn« nicht den Kopf zu zerbrechen! Und nur ab und zu tragen die Missionare des astrophysischen Ordens, wenn sie die »kleinen Leute« besuchen, *in partibus infidelium* ihre kuriosen Wahrheiten und Feststellungen vor, was sich das Publikum zwar mit Interesse anhört, was aber die Kunst, um die Wahrheit zu sagen, weder anhören will, noch gerne hört. Es ist einfach so, daß sie das überhaupt nicht berührt.

Zweifellos, was »die Wissenschaft mit dem Kosmos gemacht hat«, begünstigt das Auseinanderstreben von Wissen und den thematischen Interessen der Kunst. Denn jener monströse Happen mit so hochgradiger Entanthropomorphisierung und Entpersönlichung der Phänomene, über die uns beharrlich die Wissenschaft belehrt, erweist sich als ungemein schwer verdaulich, zumindest für die Literatur.

Doch warum eigentlich war der »Pakt« und das Hadern mit Gott künstlerisch statthaft als Veranschaulichung eines gewissen »Endspiels«, in das wir existentiell verwickelt sind, während die Bilder desselben Spiels, in das wir nach wie vor verwickelt sind, kein künstlerisches Thema mehr darstellen, weil der »Partner« sich als unpersönliches Phänomen erwiesen hat? Es ist wirklich nicht leicht, eine so formulierte Frage zu beantworten. Das Weltall war für die Künstler sozusagen wichtig, solange es als »Ausdruck Gottes« galt. Als es sich als Immanenz erwies, ja, sich nur vom weiterhin virtuellen Schöpfer separierte, hat die Kunst auf das Weltall verzichtet. Denn wenn auch zum Beispiel bei Thomas Mann in den *Bekenntnissen des Hochstaplers Felix Krull* in dem im Zug geführten Gespräch das »Weltall« auftaucht, so dient die Überlieferung, die Thomas Mann Professor Kuckuck in den Mund legt, nicht der wissenschaftlichen Popularisierung, sondern einem ganz anderen Zweck. Das Weltall wird seines wörtlichen Sinnes beraubt, und wenn es angerufen wird, dann im Sinne einer lokalen »Signalisierungsapparatur«, es soll uns also nicht über sich, sondern über etwas anderes unterrichten.

Und es ist durchaus nicht so, daß ein solcher Zustand Resultat individueller Entscheidungen des Autors wäre, das heißt, daß das Publikum sofort bereit wäre, die »Umkehrung« der erwähnten »Apparatur«, die ein einzelner Schriftsteller beschlossen hat, zu billigen. Daß die in einem individuellen Werk (»Umkehrung der Apparatur«) enthaltene Intention nicht genügt, daß also der Versuch, Symbole »in kosmologischer Ordnung« zu verwenden, des vorherigen Einverständnisses bedarf – *zu beiden Seiten des Übertragungskanals,* d. h. des Senders wie des Empfängers –, davon überzeugt uns der charakteristische Inhalt der Einschätzungen von außen, die sich um die kosmische Phantastik, die Space Fiction, in den Dutzenden Jahren ihrer Existenz anhäuften. Zukunftsromane in der Art des *Kriegs der Welten* von Wells war die Literaturkritik mit einem gewissen Zögern noch zu akzeptieren bereit, indem sie ihnen die Kraft und die Interpretation der *Allegorie* verlieh: man *darf* nämlich in der Literatur »alle möglichen Apparate« – als fiktive Gegenstände – zur Signalisierung von Bedeutungen verwenden. Als aber zahlreiche Wiederholungen der Phantastik die Wortwörtlichkeit ihrer Artikulation bescheinigten, wurde dieser ganze Bereich sofort isoliert; die »herkömmliche« Literatur distanzierte sich einfach von diesen Versuchen; ein Widerhall einer Verständigung – die adäquate Antwort des gebildeten Publikums auf diesen Akt – war die Anerkennung der Space Fiction als eine Art *Kinderspielzeug,* das unmöglich ernst genommen werden kann.

Das offizielle Verdikt, übrigens in verschiedenen Tonarten verkündet, lautete dabei, daß die Phantastik der *künstlerischen Primitivität,* nicht aber des kosmischen Themas wegen aus dem Reich der Kunst ausgewiesen werde. Solchen offiziellen Kundmachungen muß man jedoch mit Skeptizismus begegnen. Als Stapledon einige Jahrzehnte nach Wells seinen »kosmischen Mythos« des Menschen schuf, haben nicht einmal mehr literaturkritische Bibliographien sein Werk aufgenommen.

Die endgültige Vertreibung des kosmischen Themas aus der Literatur war somit entschieden.

Die außergewöhnliche Einengung des Bewußtseins – als Erkenntnis – ist schließlich auf diesem Gebiet eine derartige, daß dieses thematisch und begrifflich vollzogene Scherbengericht nicht als kultureller Fehler erkannt wurde. Und zwar deswegen, weil es zu folgender Polarisierung der Kräfte kam: Der künstlerische Olymp verdammte die kosmische Phantastik ob ihrer Vulgarität und Schundqualität und vertrieb sie aus seinem paradiesischen Tempel; so wurde sie zum Geächteten, der seinen Anspruch wieder geltend machen möchte; als Angeklagte läßt man sie nicht als Sachwalterin objektiver Werte gelten; so wurde denn ein bestimmtes thematisch-begriffliches *Problem* mit der *spezifischen Form*, in der es behandelt wird, in einen Topf geworfen. Als müßten wir deshalb, weil Adam eine Darmkolik bekam, als er sich im Paradies mit faulen Äpfeln überaß, bis heute Äpfel für ungenießbar halten. Daß die Space Fiction – zugegeben, vielleicht stümperhaft! – Dinge beschrieb, die in den Bestand der zivilisatorischen Arbeiten künftiger Jahrhunderte eingehen werden; daß der Kosmos in die Tiefe der persönlichen Interessen des Menschen eindringen wird; daß es infolge solcher Wandlungen zu einer Reihe begrifflicher Revolutionen kommen muß, die unvermeidlich auch den Elfenbeinturm der Kunst in seinen Grundfesten erschüttern werden – das wurde fast total übersehen. So reagierte denn auch die amerikanische öffentliche Meinung auf den »Aufgang der roten Monde« mit einem Schock nicht nur des durch das Bewußtsein der Niederlage an dieser Front der weltweiten Konkurrenz empfindlich getroffenen Nationalstolzes, sondern auch mit einer Erschütterung des plötzlich erwachten Bewußtseins – daß ein als Kinderei verschrienes unreifes Gestammel recht behalten konnte gegen das »bessere Wissen« der intellektuellen Auguren, der Schutzherren der Kultur!

Da der *consensus omnium* – außer dem Kreis der verschworenen manischen Anhänger der Science Fiction – so urteilte, konnten keine von der Phantastik geschaffenen Inhalte à priori erwogen werden, nicht einmal in einem kritischen Forum. Welche Folgen hatte nun wiederum dieses Erwachen? Zunächst keine – künstlerisch gesehen. Denn die Organisierung entsprechender Institutionen, die sich der kosmonautischen Problematik annahmen, hat wieder die künstlerische Elite von der Mühe schöpferischen Umdenkens befreit, so daß sie zu realeren und prosaischeren Dingen zurückkehren konnte.

Darum ist jetzt jene Welle des Triumphs abgeebbt, die vor etwa zwölf Jahren die Seiten aller Science-Fiction-Zeitschriften und -Bücher überflutete, geboren aus dem Stolz, daß die Vorhersage sich bestätigt oder, wenn man will, die Prophezeiung sich erfüllt hat. Sicher: es gab nicht gar so viele schwindelerregende Erfolge, als daß die künstlerische und intellektuelle Qualität der phantastischen Literatur dadurch gehoben hätte werden können. Es fehlte ihr an Verstärkung, das heißt, an neuen Menschen; und unter den Adepten gab es keine, die zur Spitzengruppe der Literatur gehört hätten.

Was hat inzwischen die Science Fiction in ihrer Abgeschiedenheit geleistet? Es gibt schon eine starre Gliederung, eine »Zweiteilung« des phantastischen Universums: Die Science Fiction befaßt sich – wie ihre Autoren feierlich versichern – mit dem »realen« Kosmos, und nur die Phantastik, als sehe sie ein, daß dieser physisch gegebene Raum für die Vorstellungskraft zu eng sein könnte, entfloh ihm nach vielen Richtungen hin und baute Welten einer märchen- und legendenhaften Transzendenz.

Doch stieß sie dabei, was ihre mangelnde Selbsterkenntnis sie nicht voraussehen ließ, auf zweierlei Schranken. Erstens erkrankte sie bald an Informations-Insuffizienz infolge eines »Heterogenitätskollapses«. Lebte doch die Phantastik vom Anfang an von Anleihen – sie schöpfte mit vollen Händen aus den Schatzkammern jeglicher Folklore, aus den Mythologien vieler Völker, aus Sagen, und das, was man gerne »archetypische Symbole« nennt, blies sie zu transgalaktischen Dimensionen auf. Aber dieses Leben auf Pump, von fremden Errungenschaften, rächte sich an ihr: denn zugleich erlag die Phantastik den geheimen Einflüssen der zweiten Schranke, die ihre Bewegungen hemmt. Die typisch sakraler Aufschichtungen entkleideten Symbole, vom Kern der Mythen und Religionen losgerissen, werden leblos und ratlos. Ist doch der Trick, die aus einzelnen Religionen herausgepflückten Insignien und Zeichen durch elektrische Flickarbeit in eine ad hoc-Konstruktion, die uns einfach unterhalten soll, einzubauen, nicht heilig oder geheimnisvoll, hier ist nichts von Erhabenheit oder

Offenbarung geblieben, es ist nicht einmal bilderstürmerisch schockierend, gotteslästerlich kühn. Eine Religion, mit deren Elementen man sich amüsieren kann, ist keine Religion mehr; und wenn sie stirbt, dann sind ihre Symbole, genauer gesagt – ihre materiellen und Bedeutungsträger wie zerschlagene Gefäße, aus denen der flüchtige Inhalt entwichen ist.

Symbole dieser Art, entstanden in der Gegend des »zweiten Pols« des menschlichen Denkens, bilden stets Buchstaben übernatürlicher Alphabete, sie sind Gliederungen von *Systemen,* und wer die Hand nach ihnen ausstreckt wie nach Holzbirnen, benimmt sich ebenso dumm und läppisch wie einer, der, im Glauben, das Geheimnis der Erfüllung schlummere – wie es im Gedicht heißt – zwischen der ausgestreckten Hand und der Frucht, die am Zweig hängt, diesen Raum, der die beiden Gegenstände trennt, insgeheim zu ergreifen und davonzutragen versuchte. Natürlich wird er mit leeren Händen abziehen; und so ergeht es gewöhnlich auch der Phantastik bei ihren Plünderungen, wenn sie nicht gar auf beide erwähnten Schranken losstürmt, und dabei in den Abgrund banalen Kitschs hinabstürzt. Denn das Ergebnis ihrer Tätigkeit ist – meistens – ein anachronistischer Kitsch. Talentierte Autoren, die von der Phantastik angelockt werden, wie etwa Ray Bradbury, vermeiden gewöhnlich – nicht so sehr rationaler Erkenntnis, als der Intuition folgend – diese Gefahren dadurch, daß sie Bedeutungssysteme aus heterogenen Symbolen bilden: sie allegorisieren einfach. Doch Allegorien können freilich künstlerisch von ungleicher Qualität sein; ihre größte Schwäche liegt normalerweise darin, daß ihre Bestimmung zu leicht und deutlich identifizierbar ist, d. h. daß zu klar hervorgeht, wovon im Text indirekt die Rede ist, worauf er hinweist. In diesem Sinne entsteht wertvolle Phantastik durch sehr raffinierte Dosierung der Elemente – des »allegorischen Hinweises« und der »buchstäblichen Bedeutung«. Die Verletzung dieser Proportionen führt zu fatalen künstlerischen Zusammenbrüchen, zu Mißerfolgen, denen auch Bradbury nicht zu entgehen vermochte. Denn zwischen der Szylla der primitiven, oft moralisierenden Belehrung der Leser, und der Charybdis kognitiv und ethisch, also universell axiologisch entfremdeter farbenfroher Schäume – wirkt die Phantastik. Doch selbst ihre allergrößten Leistungen haben soviel mit dem Kosmos zu tun, als die Religionslegenden oder die Sonnenmythen mit ihm zu tun hatten. Was also die Bemühung betrifft, Menschen und Welt begrifflich zusammenzuführen, so ist die Phantastik dennoch ein Rückschritt, eine Form des Eskapismus, wenn es auch so ist, daß solche Diagnosen meistens ihre Schöpfer mit heiliger Entrüstung erfüllen. Sie begreifen jedoch nicht die im Grunde ziemlich einfache Wahrheit, daß nur ganz bestimmte Formen der Flucht vor der Welt eine Rückkehr zu ihr auf einer neu entdeckten, semantischen Ebene darstellen.

Space Fiction

Alfred Bester hat eine kleine satirische Erzählung geschrieben *(Travel Diary)*, zusammengesetzt aus Briefen, die eine Touristin der Zukunft an Bekannte auf der Erde schickt. Ob sie nun auf dem Mars oder auf noch exotischeren Planeten weilt, immer befindet sie sich in gleicher Umgebung; die Reisebüros und Hotels haben dafür gesorgt, daß der Kosmos die Touristen nur ja nicht überanstrengt; überall spricht die Bedienung englisch, funktioniert die Klimaanlage bestens, die Wechselkurse sind günstig, und sogar die Reise in der Zeit kann sehr lohnend sein, da man im 16. Jahrhundert spottbillig herrliches Silber und Porzellan kaufen kann. Bester präsentiert einen vollständig gebändigten, egalisierten und kanalisierten Kosmos; er ironisiert Vorstellungen, die nicht nur einen bestimmten Zweig der Phantastik auszeichnen, denn bekanntlich verkaufen durchaus nicht phantastische Reisebüros bereits Zertifikate, die die Erstkäufer zur Besichtigung des Mondes berechtigen – wenn die Filialen der Büros dort endlich installiert werden. In Bradburys Erzählung planen geheimnisvolle Wesen aus dem Weltall, »Drills«, die Invasion der Erde. Sie erscheinen den Kindern in ihren Spielen, und umstricken sie derart mit Versprechungen, daß die lieben Kleinen die schrecklichen Ankömmlinge dann auf den Dachboden führen, wo ihre Eltern sich versteckt haben. Bester ironisiert, und Bradbury erzählt ein infantiles Märchen; es braucht nicht vieler Worte, um zu zeigen, daß weder die eine noch die andere Erzählung etwas mit dem Weltall gemein haben; so verhält es sich mit dem Gros der Space-Fiction-Literatur. (Fügen wir hinzu, daß Bradbury im Verlauf der Erzählung den Faden verliert: am Anfang der Geschichte verhalten sich die Eltern veristisch, und dann wie Verrückte; man kann in die reale Welt nicht Verhaltensweisen einführen, die nur in einem Märchen Platz haben. Bradbury ließ sich vom beliebten Motiv der Umkehrung traditioneller Symbole verführen; am liebsten kehrt er die Symbole um, wenn er sie mit dem Verhalten von Kindern in Berührung bringt: in der erwähnten Erzählung sind die Kinder potentielle Verräter ihrer Eltern, in *Small Assassin* ist der Mörder von Vater und Mutter ein *Säugling;* in *Kaleidoskop* ist die Sternschnuppe, bei deren Anblick ein *Kind* schnell einen Wunsch aussprechen soll, ein Kosmonaut, der auf die Erde herunterfällt und bei lebendigem Leib verbrennt.) Wo also kann man endlich den »wirklichen Kosmos« finden? Eben in Bradburys Kaleidoskop; beginnen wir jetzt mit der Versuchsbohrung in den Massiven der Space Fiction an Hand dieser ausgezeichneten Erzählung.

Eine durch einen Defekt ausgelöste Explosion hat die Rakete auseinandergespalten und aus ihrem Wrack Menschen, wie Blütenstaub, herausgeschleudert, die, kraftlos und hilflos, durch unendliche Dunkelheiten liegen. Sie haben Schutzanzüge an, also kommen sie nicht sofort um. Der eine wird von einem Strom von Meteoren mitgerissen, einem anderen reißt dieser ein Bein ab, andere, die sich als zersprengte Splitter ständig voneinander entfernen, können sich eine Zeitlang, über Radio, mit ihrer Stimme verständigen. Der einzige, der auf die Erde fällt, blitzt, von den Flammen der atmosphärischen Reibung erfaßt, im Tode auf, damit die oben erwähnten Worte des Kindes fallen können. Diese Erzählung, so einfach sie in der Konstruktion ist, da sie ein einziges Bild entwickelt, zeigt eine neue Art der Agonie des Menschen, die ihn im Kosmos erwartet. Der lange Tod, die Hilflosigkeit der in der Hülse der Schutzanzüge eingeschlossenen Körper, die abgerissenen Gespräche der Menschen, die von einer Explosion in die ewige Nacht hinausgeschossen wurden – das alles ist zugleich erschütternd und glaubwürdig, weil keine ausgedachten Erscheinungen und Gesetze herangezogen werden müssen, um ein solches Ereignis zu verwirklichen. Die Menschen bewegen sich auf Flugbahnen, die von den Newtonschen Gesetzen vorgezeichnet sind; auch daß ein Kosmonaut in der Atmosphäre verbrennt, ist empirisch glaubwürdig; Schwierigkeiten bereitet Bradbury die Darstellung der psychologischen Reaktionen, weil er in Vorstellungen befangen ist, die gewisser infantiler Züge nicht entbehren. Deshalb werden die Verhaltensweisen der Menschen, auf die ihre Äußerungen im Todeskampf hinweisen, so vereinfacht dargestellt. Aber die Dramatik des Ganzen hebt diese Fehler auf; diese Art von kosmonautischem Schicksal ist eine Quelle von Erlebnissen, die auf andere literarische Formen nicht übertragbar sind. Ich will damit sagen, daß die Phantastik hier eine Vision liefert, die eine in keine andere austauschbare Wahrheit ist. Als Motor der Handlung in *Kaleidoskop* (ein ausgezeichneter Titel!) erweist sich – ursächlich – ein »technischer Defekt«. Wir haben es aber nicht mit einer »technischen Science Fiction« zu tun. Der Einfallsreichtum des Schriftstellers hat nämlich eine Situation entdeckt, in der das Schicksal eine natürliche Verlängerung der Schicksalhaftigkeit ist, die in allem, was uns materiell unterworfen ist, lauert. Die bei einem Nachlassen der Kontrolle sich befreienden Elemente rächen sich am Menschen, und diese Rache ist deshalb so besonders tückisch, weil sie doch niemandes Werk ist. Man kann nicht umhin, den Hohn in dem zu entdecken, was, obgleich von niemandem beabsichtigt, die Gestalt einer ungemein grausamen Vorsätzlichkeit annimmt. Es kommt zu einer solchen Verkürzung, daß sich als Partner in dem Spiel, das die Menschen zerstört, in Wirklichkeit der Kosmos selbst erweist.

In *The Golden Apples of the Sun* (»Geh nicht zu Fuß durch stille Straßen«) dringt die Rakete in die ewige Feuersbrunst der Sonnenchromosphäre, um eine Probe von deren Gasen zu entnehmen; wie bei Bradbury üblich, wird der Zweck des Flugs kaum erwähnt; die Vision in ihrer Einheitlichkeit ist alles. Auch das kann psychologisch glaubwürdig sein, denn: haben die Matrosen auf dem Schiff, das wochenlang von Indien nach England segelte, in Gedanken an die Kopraladung im Schiffsbauch gelebt? Der Inhalt ihrer Erlebnisse mußte keineswegs mit wirtschaftlichen oder technischen Kalkulationen zusammenhängen; die Notwendigkeit solcher Transporte kann für die Bedienungsmannschaft verblassen, denn ihre Ratio wird in diesem Augenblick von dem Element bestimmt, gegen das sie anzukämpfen haben. Bei Bradbury taucht ebenfalls ein solches Element auf, aber es ist anders und neu; dem Raumschiff droht das Verderben, als die bereits mit letzter Kraft arbeitenden Kühlaggregate zu versagen beginnen (also wieder ein technischer Defekt!). Das herrliche Bild ist technisch unwahrscheinlich, aber das macht nichts: das Innere der Rakete als weiße, glitzernde Eisgrotte und ein warmer Regen, der während der Havarie auf die Kosmonauten von den Stalaktitnadeln zu rieseln beginnt – das ist wieder eine gewisse Verkürzung und zu gleicher Zeit die Umkehrung der traditionellen Symbolik. Normalerweise ist das Bild der Eisschmelze Vorbote des Frühlings, also des Lebens, jetzt aber kündigt das Tauen den nahen Untergang an. Das ganze Werk ist in lyrisch-pathetischem Ton gehalten. Nichts tut sich darin außer dem Eintritt in die Chromosphäre, den man als Symbol der Haltung des Menschen verstehen darf. Bradbury ist ein Meister solcher Visionen, nicht aber menschlicher Porträts; vom normalen Zustand bis zu seiner Zertrümmerung ist bei ihm nur ein Schritt. Im Kosmos, dessen sind wir uns bewußt, kann das die Wahrheit sein. Aber eine Phantastik, die das Weltall nicht auf das Maß ihrer konventionellen Möglichkeiten zuschneidet, ist nicht die Regel, sondern die Ausnahme. Die Space Fiction hat die Parameter des Weltalls frühzeitig nach ihren eigenen Bedürfnissen zugeschnitten. Der erste Schritt war die Schaffung hyperräumlicher Reisemethoden, wobei es nicht nur um die Bequemlichkeit der künftigen Sternumsegler ging, sondern um einen Vorgang mit vielen, immer unnatürlichen Konsequenzen. Denn Verkehrsmittel, mit denen man das Reiseziel im Nu erreicht, ermöglichen die Schaffung galaktischer Imperien und die Auslösung interstellarer Kriege. Und gerade der kosmische Imperialismus und die Panoramen seiner Schlachten bilden das dicht besetzte Feld des kosmonautischen Themas.

Kriege, die in den Kosmos projiziert werden, kann man als Projektion einer aggressiven Haltung verstehen, mir scheint jedoch, daß sich eine solche thematische Obsession einfacher als Beweis der Imitationssucht erklären läßt. Wenn man nicht imstande ist, neue Erfahrungsstrukturen zu konstruieren, greift man am besten zu den abgedroschenen. Was hat nun die allerneuste SF über einen »militärischen Kosmos« zu sagen? Das zweite (Februar-)Heft der Monatsschrift »Galaxy« aus dem Jahre 1969 bringt eine weitläufige Erzählung von J. R. Klugh, *Golden Quicksand*, über eine langanhaltende kosmische Schlacht, betrachtet mit den Augen des Kapitäns des mit Überlichtgeschwindigkeit fliegenden Kriegsschiffes »Solsmyga« (14 000 Tonnen Ruhmasse, ein zentraler Computer, Shipmind genannt, führt das Schiff und verständigt sich unmittelbar mit dem Kapitän, mit dessen Gehirn er verbunden ist; die Erzählung bringt viele schematische Zeichnungen, die zeigen, wie jedes Mitglied der Mannschaft in einem mit einer »Pseudoflüssigkeit« gefüllten Kokon steckt, mit welcher Art »Disruptoren« – Schockwellenwerfern – das Schiff ausgerüstet ist usw.). Die Menschheit kolonisiert den Kosmos im Kampf gegen die Graken, und eben die »Solsmyga« ficht gegen die weit überlegenen Kräfte zweier Feindeinheiten. Worin offenbart sich nun der kosmische Aspekt der Schlacht? Darin, daß sich die Schiffe mit einem in Kilolicht – d. h. tausendmal höher als die Lichtgeschwindigkeit – gemessenen Tempo bewegen, daß die Kosmonauten dank genetischer Selektion und den Kokonen mit der »Pseudoflüssigkeit« eine übermäßige Schwerkraft vertragen, gerechnet in Tausenden Einheiten g (der Schwerkraft der Erde, also wiegt bei höchster Beschleunigung der menschliche Körper laut dieser Erzählung 18 000 × 70 kg, d. h. mehr als 1200 Tonnen), daß die Schiffe außer einer 7000 Megatonnen-Ladung von Bomben auch noch über Minenwerfer »Craze pattern« verfügen – Vibrationen, die Wahnsinn und Gehirnzerfall verursachen, daß alle Kosmonauten *wochenlang* in ihren Kokons mit der »Pseudoflüssigkeit« schwimmen, künstlich ernährt werden, und das ist eigentlich schon alles. Die Kriegstaktik erinnert auffallend an die Taktik der Seeschlachten *vor* dem Zweiten Weltkrieg (die Schiffe verfolgen einen konvergenten Kurs und beschießen einander, wenn es die Entfernung zuläßt), und nur in den Gesprächen des Kapitäns mit seinen Untergebenen herrscht ein pseudoelektrischer Jargon (über die Elektronenoptik, über die durch die Angriffe durchgebrannten Teile des Shipmind usw.). Das Computerhirn des Schiffes spricht mit weiblicher Stimme und wird auf der Zeichnung mit einem Frauengesicht dargestellt. Es scheint, daß jener Computer, Shipmind, die Rolle einer *Mutter* erfüllt, denn er betreut alle Menschen, auch wenn sie das Bewußtsein verloren haben, so daß die Rakete eine Art Mutterschoß ist (der Kokon mit der »Pseudoflüssigkeit« erinnert an die Gebärmutter!), und das Verlassen dieses Schoßes, wenn die Rakete auseinanderbricht, gleichbedeutend sein muß mit dem Tod (Geburt – Agonie). Haben wir es hier mit der klassischen Umkehrung der Symbolik von Geburt und Tod zu tun? Genau in dieser Art könnte man die Sache psychoanalytisch interpretieren. Aber vernünftiger wird es sein, anzunehmen, daß solche Strukturen und solche Symbole in der Erzählung im Effekt einer Leere in unserer Phantasie auftreten. In realen Situationen ist unser Geist nicht ausschließlich mit sexueller Symbolik ausgefüllt. Denn das Verhältnis des Physikers zur Wilson-Kammer, des Technikers, der den »Countdown« abzählt, zur Kabine des »Apollo«, des Mathematikers zu seinen Berechnungen, des Tauchers zu seinem Anzug usw. ist nicht sexuell gefärbt. Solche Beziehungen haben ihre strukturelle Charakteristik, bedingt von sachlichen Umständen, und ein realistisches Werk kann diese Strukturen rekonstruieren. Will man aber eine Situation vorstellen, die keinerlei reale Entsprechungen hat, und verfügt nicht über eine Erfindungsgabe, die Hypothesen auf theoretischem Gebiet aufzustellen vermag, noch auch über eine visionäre Phantasie, dann bleibt, nach einer vagen Bestimmung des kosmischen Themas, eine *Leere,* die man x-beliebig füllt. Der Autor hat von der Reduzierung des Schwergewichts durch Eintauchen des menschlichen Körpers in Flüssigkeit gehört (die Verteilung des Gewichts ist dann am gleichmäßigsten), also hat er die Mannschaft eines Kriegsschiffes in einer Pseudo-Gebärmutter angesiedelt; die Struktur der Schlacht hat er sich jedoch anderswo geholt – aus der veralteten Taktik von Seegefechten; das Verhältnis zwischen Computer und Mannschaft hat er an das Mutter-Kind-Verhältnis angelehnt, usw. Das Gesamtbild des Gefechts erinnert also an die Schlacht von Tsushima, und die an Deck herrschenden Zustände sind eine unfreiwillige Karikatur des Verhältnisses einer übermächtigen mütterlichen Betreuung der Menschen-Fetusse, die in einer ausgefallenen »Photongebärmutter« ruhen. Wie ist der Autor auf dieses letztere Verhältnis verfallen? Meine Vermutung geht dahin: die modernen Kosmonauten müssen sich beim Start wirklich in einer Lage befinden, die ein bißchen an die eines Fetus erinnert (die Knie gebogen und die Hände an der Brust), und die Bandagen, die die Eingeweide zusammenhalten, erinnern an Windeln; dieses dem Autor gewiß bekannte Bild drängt die Assoziationen auf, die empirisch unsinnig sind, aber in der Erzählung doch ausgenutzt werden. Von da ist es nicht mehr weit zur Betrachtung des Computers als »Mutter des Schiffs«. Aber wie verhält sich eigentlich die Situation der Schlacht von Tsushima zur Struktur der Verhältnisse an Deck, die nach dem »mütterlich-geschlechtlichen« Vorbild gestaltet sind? Überhaupt nicht. Der Effekt der »semantischen Leere« ergibt eine Art »Sog«, und dieser Sog füllt das Feld aus, dessen Rahmen durch das Thema, durch das, was der Autor zufällig aus seinem Gedächtnis angelt, abgesteckt wird.

Ein Kritiker, der psychoanalytischen Theorien anhängt, könnte darauf antworten, daß das Fiasko einer konkreten Geschichte wie *Golden Quicksand* nichts besagt, dagegen beweist die Analyse dieser Erzählung die Richtigkeit seiner, des Kritikers, Anschauungen; der Mensch *ist* in seinem Schaffen auf eine sehr bescheidene Zahl von Strukturen angewiesen, die in seinem Unbewußtsein ruhen und die man sexuelle Archetypen oder Symbole nennen kann; aus ihrer Sklaverei gibt es keinen Ausweg, beweist doch sogar die Untersuchung von Werken, die in bezug auf Sex und Archetypen prima facie vollkommen steril sein sollten – was ist anscheinend weiter voneinander entfernt als Sex und Weltall! –, daß, selbst wenn wir vom Kosmos reden, wir in Wahrheit von Paradigmen reden, die sich aus dem unbewußten Denken herleiten.

Aber Strukturen, die die Wissenschaft konstruiert, sind auf keine archetypischen Muster rückführbar. Und, wie es vernünftigerweise heißt, »die wahre äußere Welt ist die wahre innere Welt«. In der Tat, wenn jemand die Leere in seiner

Phantasie zu füllen versucht, und sich weder auf die Daten der Wissenschaft, noch auf die Kunst des schöpferischen Denkens stützt, dann wird er oberflächlich verkleidete Symbole liefern, die auch sexuell sein können (übrigens zeigt der Schluß der Geschichte den Kapitän, wie er nach der gewonnenen Schlacht im angenehmen Vorgefühl der ihn erwartenden Belohnung schwelgt, die aus nicht weniger als zwölf Frauen besteht; also kann nicht die Rede sein von einer Tarnung sexueller Angelegenheiten; sie schwimmen obenauf). Jedenfalls ist wissenschaftliche Tätigkeit ein Beweis für die These, daß die Knechtung des Geistes durch Archetypen eine Fiktion ist; wenn man nur will und es kann, dann vermag man über die Dürftigkeit jeder, also auch der sexuellen Symbolik hinauszuschreiten. Die Analyse der Texte der Space Fiction enthüllt bloß die wenig aufregende Tatsache, daß zwischen der schriftstellerischen Absicht und ihrer Realisierung sich eine Zone von zu überwindenden Hürden erstreckt. Wem es an Erfindungsgabe mangelt, der ist zum ersten besten Muster verdammt und wird anachronistisch gewordene Militärtaktiken mit geschlechtlichen Beziehungen, die mit dem kosmischen Thema genau so wenig zu tun haben, verbinden. Wie ich schon einmal sagte, entweder ist die Koppelung heterogen auf einander aufgeschichteter Strukturen unbeabsichtigt komisch, dann ist das Werk ein Fehlschlag, oder diese Koppelung wird bewußt zwecks geplanter grotesker Wirkung vorgenommen, dann kann sie wertvoll sein. Aber sowohl im ersten wie im zweiten Falle steht das Werk zum realen Kosmos, zur realen Kosmonautik, zu dem, was wir »angewandte wissenschaftliche Phantastik« genannt haben, in keinem Bezug, es hat mit dem Universum soviel gemein wie die Gastronomie mit der Astronomie.

Daß es keineswegs die archetypischen Urmuster sind, die komplexe Strukturen einer Erzählung gestalten, sondern das, was man »bei der Hand hat«, das beweist uns der Roman von James Blish *Earthman, Come Home* (Stadt zwischen den Planeten), der aus einem Zyklus von Novellen besteht. Die Galaxis ist schon von den Menschen beherrscht; ein kleiner Teil von ihnen blieb auf der Erde, der Rest führt ein Nomadenleben auf den Sternen. Dank der Antigravitationstechnik kann man beliebige Massen von den Planeten auf die Sternbahn schleppen; so fliegen denn auch ganze Städte über die Galaxis, und zwar nicht irgendwelche im Kosmos erbaute, sondern buchstäblich von der Erde geholte. Auch New York hat seinen Exodus von der Erde überlebt, zusammen mit den Betonhochhäusern und ihren Fundamenten, genauer gesagt – mit Manhattan; von außen mit einer Hülse aus transparenten Kraftfeldern abgeschlossen, segelt Manhattan mir nichts dir nichts durch die Milchstraße. Was machen die wandernden Städte? Sie führen ein Zigeunerleben, verdingen sich zu Arbeiten auf den Planeten, zum Beispiel können sie »Rotationsachsen geradebiegen« und so das »Klima verbessern«. Sie werden von »bösen« Piraten-Städten überfallen. Die Piraten sind Banditen, und die anständigen Städte sind die Bourgeoisie der Galaxis. Im Kosmos fungiert auch eine Polizei, die von *beiden* Seiten gemieden wird. Sie repräsentiert die Erde, die den fliegenden Städten ablehnend gegenübersteht (sie setzt ihnen mit Steuern zu!) Es gibt auch eine galaktische Währung auf der Basis eines wertvollen Metalls – des Germaniums. Eben diese Währung erlebt in der Romanhandlung einen »Sturz«; die Städte bankrottieren, es entsteht eine neue Währung – auf der Basis »antiagatischer Kräuter«, die sehr selten sind und deren Essenz das Leben so gut wie beliebig zu verlängern vermag. Das ist auch deshalb wichtig, weil die Reisen lange dauern – einige Dutzend und noch mehr Jahre, Langlebigkeit ist also erwünscht –, besonders die Reisen der städtischen Verwaltungen, deren Bürgermeister (es gibt auch einen »mayor« von New York) neben ihren herkömmlichen Funktionen noch die von Kapitänen der Raumschiffe erfüllen. Der Roman von Blish ist reich an gewaltsamen und ungewöhnlichen Begebnissen; Kämpfe der »anständigen« gegen die »Piraten-Städte«, Landungen auf Planeten, die Bedarf an Dienstleistungen haben, es gibt »Ausschreibungen« für Rechte zur Durchführung planetarischer Arbeiten, an denen die Städte als Wirtschaftskonkurrenten teilnehmen, es kommt darin das Bild einer verrückten »Fahrt« der Stadt New York vor, die, an die Kruste eines Planetoiden geklammert, mit Überlichtgeschwindigkeit auf die Erde zujagt, und dieses Manövrieren, ein wahrer Slalom oder ein Hindernisrennen, erinnert an die wahnsinnige Fahrt eines Rennwagens auf einer vollgestopften Autobahn, denn es fehlt auch nicht an den – im Radio vernehmbaren – Schreien der Empörung und des Entsetzens, die von seßhaften Planeten hierherdringen, und im letzten Bruchteil einer Sekunde weicht ihnen der am Steuer sitzende Bürgermeister mit seinem Planetoiden und seiner Stadt glücklich aus. Die faktischen strukturellen »Originale« all dieser gewaltsamen Episoden sind kinderleicht zu entdekken, so daß es nicht einmal lohnt, sie speziell aufzuzählen. Blish erweist sich als wirklich einfallsreich auf dem Gebiet der »Rüstungen«, und kein Einfall ist ihm zu billig; wir haben also zuletzt die Flucht New Yorks aus der ganzen Galaxis – bis zu den Magellanschen Wolken, und seine Niederlassung auf einem Planeten, der »die Erde sein wird«, weil »die Erde kein Ort ist, sondern eine Idee«. Und auf jenen Planeten muß man noch einen Kampf um das Recht auf die Herrschaft über sie ausfechten, und »mit Viren gefüllte Eier« dienen hier als stärkstes Argument. Gewiß, man *kann* die Geschichten Blish's auf eine für sie schmeichelhafte Art interpretieren, indem man sie als Allegorien bezeichnet, die zur kapitalistischen Wirklichkeit der Vereinigten Staaten eine kritische Stellung beziehen, denn ihr Bild präsentiert doch der Autor als ein einziges großes Gerangel von Gangstern, Polizei und Business, und nennt es »Kosmos«. Aber worin besteht eigentlich der kognitive, künstlerische Wert einer solchen Schöpfung? Meiner Meinung nach ist er gleich Null. Um polizeilich-banditenhafte Übergriffe und auch die kapitalistischen Herrschaftsübergriffe zu zeigen, braucht man den Kosmos ganz und gar nicht. Übrigens gibt es diesen Kosmos in der Romantrilogie gar nicht. Es kommen nur die ihm entnommenen Namen der Sterne, der Magellanschen Wolken, der Planeten vor, angestopft mit irdischen Inhalten und auf Relationen zugeschnitten, die sich unmöglich auf die Ausmaße des Universums vergrößern lassen. Statt des für die Phantastik typischen »Eskapismus ins rein Märchenhafte« haben wir hier das Bild eines Rückzugs in die »reine Sensation«. Im Vergleich mit dem »Erkenntnisgehalt«, den Blish uns mit seinem galaktischen Spektakel liefert, sind die *Drei Musketiere* von Dumas die reinste historische Wahrheit.

Man muß ihm jedoch handwerkliche Geschicklichkeit und Einfallsreichtum zugestehen, die ihn im allgemeinen als Erfinder von Zukunftswaffen und -beschäftigungen nicht im Stich lassen. Denn zweit- und drittklassige Schriftsteller sind nicht einmal fähig, ein Abenteuer interessant zu konstruieren, und von ihnen wimmelt es in der kosmischen SF. Zum Beispiel das *Kosmische Ei* von Russ Winterbotham, wo ein Wesen dieses Namens anständige Piloten in »Monstren« verwandelt. Oder *Wasp* von E. F. Russel, ein Roman, in dem auf einen von einer abscheulichen Diktatur regierten Planeten insgeheim *ein einziger* Mensch eingeschleust wird; er wird wie eine Wespe in das »Establishment« hineinstechen, bis es zusammenstürzt. So wie das kosmische faule Ei eine vulgäre Transposition des Märchenmotivs von der Verwandlung des Menschen in einen Werwolf ist, so ist *Wasp* die entartete Fassung des herakleischen Mythos.

Aber wozu eigentlich »von anderen«, das heißt von Sagen, Legenden abschreiben, wenn man doch Kollegen plagiieren kann? Also beschreibt Frau J. Hunter Holly im *Encounter* wieder Unholde, in die sich Menschen verwandeln, weil »etwas« auf die Erde gefallen ist, und den Unholden kann man nur »mit Hilfe von Katzen« die Stirn bieten, weil diese die mentalen Transmissionen der Unholde stören und unterbrechen. Die Unholde saugen dem Menschen das Gehirn aus ... Schrecken herrscht ... usw.

Da ich vorhabe, ein besonderes Kapitel jener Rolle zu widmen, die in der SF die niedlichen Haustiere spielen, will ich nur am Rande bemerken, daß Hunde und Katzen als Gehilfen der kosmischen Unternehmungen des Menschen den ersten Rang einnehmen. In einer Erzählung kommt es, dank der Entdeckung der starken Gefühle, die Hunde den Menschen entgegenbringen, im Gehirn eines von ihnen zur Verständigung zwischen den Zivilisationen: Die »Anderen« nehmen gleichsam zur Kenntnis, daß wir, wenn wir Hunde lieben, nicht die allerletzten Schweine im Kosmos sein können. In einer anderen Erzählung wiederum begrüßt ein achthundertjähriger Hund, der dank planetaren Emanationen die ganze Belegschaft eines beschädigten Raumschiffs überlebt hat, freudig die neuen Kosmonauten, um endlich in Ruhe eingehen zu können. Bei Cordwainer Smith – in *The Game of Rat and Dragon* – sind die Hyperkosmonauten einem unheilbaren Wahnsinn ausgesetzt, weil »sonderbare Phantome«, Drachen genannt, die Schiffe bedrohen, und nur der nukleare Blitz treibt sie in die Flucht. Nur Katzen, gedanklich an Telepathen angeschlossen, vermögen diese schwierige Aufgabe – zielen und treffen – zu lösen; der Held, dessen Geist von einem zerfallenden Drachen etwas beschädigt wurde, fragt, zum Bewußtsein wiedergekehrt, zuerst nach seinem Katzenfreund, nicht aber nach den Menschen, Passagieren der Rakete. Mit einem Wort, gäbe es nicht die Miezekatzen und unsere treuen Möpse, könnten wir die Pläne zur Eroberung des Kosmos an den Nagel hängen. In solchen Werken soll durch das Darüberstreuen von technischen Requisiten und wissenschaftlichen Termini der völlig antiveristische Charakter der äußeren Struktur – der psychologischen Reaktionen und sozialen Verhältnisse – verschleiert werden. Denn die Vorstellung, daß, sagen wir, ein bestimmter Weltkrieg vermieden werden könnte, weil aufgrund dessen, daß der Hund der Feinde diese so liebt, sich nun auch der Gegner selber sich geneigt zeigen könnte, diesen Feind liebzugewinnen und sich mit ihm friedlich zu verbünden, ist doch ein fürchterlicher Stuß! Nicht weniger unsinnig ist denn auch die Konstruktion eines Happy-End nach diesem Prinzip im Schoße der Galaxis.

In der Space Fiction erweist sich der Kosmos häufig als riesige Kanzel, von der herab man uns Moralpredigten für brave Kinder hält, oder Sensationen vom höllischen Pol mitteilt, die ebenso primitiv sind. Die höchste Kategorie ist gewöhnlich der »Kontakt«: entweder wir begeben uns zu »ihnen«, und von dieser Voraussetzung geht die kosmonautische SF aus, oder »sie« kommen zu uns – und dann haben wir es mit der Invasionsphantastik zu tun.

Obige Einteilung kann man nach den am häufigsten angetroffenen Varianten des Themas in groben Umrissen unterteilen:

1) Die Erzählung konzentriert sich auf die technischen Methoden und Mittel der Reise zu den Sternen, indem sie z. B. ungewöhnliche physische Phänomene zeigt, die mit der

Fahrt mit Überlichtgeschwindigkeit einhergehen (so in *Common Time* von Blish, wo die Zeit einer Spaltung erliegt – in die physiologische Zeit des Kosmonauten und die physische des Schiffs), wobei sie uns mit Termini, wie »Kilo«- und »Megalicht«, d. h. einer Geschwindigkeit, die tausend- oder millionenfach jene des Lichtes übertrifft, imponieren wollen. Das Raumschiff erweist sich – wie z.B. bei Asimov – als nicht aus Metall oder anderem Stoff erbaut, sondern aus »schwingenden Kraftfeldern«, also scheint es den Reisenden, als steckten sie unmittelbar im Kosmos. Man benützt die physikalischen Gesetze für merkwürdige Effekte. So zum Beispiel erreicht bei A. Clarke ein Mensch, der vom Mond aus zur Erde startet, infolge eines Defekts der Antriebseinrichtungen nicht die notwendige Geschwindigkeit, und statt der Erde zuzutreiben, umkreist er den Mond in Ellipsenform, nähert sich am Perigäum der Mond-Oberfläche und droht auf deren Felsen zu zerschmettern. Die Mondbasis berechnet die Parameter seiner Bewegung und rät ihm über Rundfunk, die Rakete zu verlassen, sich mit den Füßen von ihr abzustoßen und zu springen: so wird er seine Geschwindigkeit um einige Meilen pro Stunde beschleunigen, und eben dieser kleine Unterschied wird ihm vielleicht den Flug *über* den Felsen am niedrigsten Punkt der Umlaufbahn ermöglichen. Anderswo wieder – bei Boucher – unterrichtet man auf einem künstlichen Satelliten, der keine Schwerkraft besitzt, Kinder in Physik und demonstriert ihnen die Bewegungsgesetze, die sich unter diesen Bedingungen eigentümlich gestalten, denn ein einmal in Bewegung gekommener Körper verharrt wirklich ständig in dieser Bewegung. Also ist gleichsam die Physik selber, das eine Mal phantastisch (bei Blish), dann wieder real (bei Clarke), Prinzip und Triebfeder der Erzählung. Man stößt hier auf die vertracktesten Hypothesen, sogar ungemein komplizierte, wie sie etwa Blish so gerne mag. Bei Aldiss deformiert das mächtige Gravitationsfeld eines fremden Sterns nicht nur die Flugkurve, sondern auch die Psyche der Kosmonauten, was eine originelle Idee ist, nicht so sehr im Sinne einer empirischen Hypothese, als in jenem, daß Phänomene mit bisher unbekannten und ungeahnten Eigenschaften zugelassen werden. In diesem thematischen Sektor kommt oft das

Motiv verschiedener Defekte und Beschädigungen des Raumschiffs (seiner lebenswichtigen Aggregate) vor, und der Kampf gegen die dadurch entstandene Gefahr bildet den Kern der Handlung. Empirischen Sinn haben diese Geschichten nicht, weil gewöhnlich Technologien ausgedacht werden, deren *Defekt* möglichst große dramatische Wirkung liefert. Unschwer zu erkennen, wie verrückt (und auch amüsant) im Grunde das Prinzip solchen Schaffens ist, und wie sehr es an das Entwerfen von Rätseln und Rebussen erinnert. Es sind rein formale Spiele, und so wie der eigentliche Wert von Bilderrätseln nicht im Ästhetischen liegt, so beruht auch in dieser SF der Wert auf der Aufgabe, die der Autor den Kosmonauten stellt, und auf dem Einfallsreichtum, der in ihre Lösung investiert wurde. Es geht also um eine Art von geistigen Übungen, in denen psychologische Werte ebenso nur scheinbare Größen sind wie in irgendeiner mathematischen Aufgabe aus dem Schulbuch. Besonders viele solcher Werke hat Clarke geschrieben (z. B. über das Duell eines einsamen wehrlosen Kosmonauten gegen einen riesigen kosmischen Kreuzer; der Kosmonaut, der hinter Felsklippen auf einem Asteroiden Deckung sucht, entgeht allen Torpedos, Radars und Vernichtungsmitteln des mächtigen kosmischen Gegners). Solche Werke können, wenn sie solide konstruiert sind, dem Laien eine gewisse intellektuelle Befriedigung verschaffen; die Solidität beruht darauf, daß anerkannte physikalische Gesetze beachtet und nicht durch gänzlich fiktive technische Lösungen verfälscht werden. Das sind originellere Spiele, als sie der Kriminalroman bietet, da in diesem ewig dasselbe Stroh gedroschen wird (die Rekonstruktion des Verbrechens), während in der Space Fiction die Aufgaben – wie aus den angeführten Beispielen ersichtlich – sich stark voneinander unterscheiden können, und das Neue besteht darin, eine zu erfinden, auf die noch niemand verfallen ist.

2) Kommt der Kontakt mit den »Anderen« zustande, dann tritt die SF unweigerlich in den Raum der kosmischen Kulturologie und ihrer eigenen »Theorie der interplanetaren Beziehungen«. Wie schon erwähnt, werden die Matrizen dieser Beziehungen plagiierend und eklektisch hergestellt, gestützt auf Muster, die geliefert werden durch:

a) die Geschichte der Erde – z. B. die Beziehungen zwischen Kolonisatoren und Kolonisierten oder zwischen Staaten von ähnlichem technischen Entwicklungsniveau, die miteinander Handel treiben und Kriege führen;

b) Märchen, Legenden und Mythen – meist mit der entsprechenden Moral versehen;

c) Beziehungen nicht zwischen Gesellschaften, sondern zwischen Individuen; die Beziehungen der Erdbewohner zu den »Anderen« gestalten sich also in der Art, wie es das Konkurrenzprinzip im Kapitalismus oder das hierarchische Herrschaftsprinzip im Feudalismus usw. bestimmt.

Aus der Mehrzahl dieser Werke läßt sich der Grundinhalt der allgemeinen Behauptungen in ungefähr folgenden Formen herauslösen:

I. Die Frage, wie das Wesen einer beliebigen kosmischen Kultur verstanden wird, läßt sich auf die Frage zurückführen, wie ihr wissenschaftlich-technischer Stand und die Biologie der in ihr lebenden Wesen erkannt werden; über eine solche »biotechnische Ausrüstung« hinaus ist kaum etwas vorhanden. Der Rest – das ist das oberste Prinzip, welches das Vorgehen einer Zivilisation regelt, das entweder boshaft, diabolisch, versklavend, raubgierig oder gar mörderisch ist – oder edel, bieder, friedlich, auf harmonische Zusammenarbeit ausgerichtet.

II. Ist die kosmische Zivilisation »erwachsen«, »reif«, dann hat sie die Phase der wissenschaftlich-technischen Entwicklung häufig schon *hinter sich.* Eine solche Zivilisation ist ziemlich monoton: entweder als quietistisches Dasein, oder als Pseudoprimitivismus, der rein äußerlich ist, weil der Verzicht auf die Mannigfaltigkeit der materiellen Güter und Techniken das Ergebnis axiologischer Entscheidungen ist, nicht aber, weil es an Wissen fehlt. Diese reifen Zivilisationen pflegen in der SF weder hedonistisch, noch orgiastisch zu sein. Sie sind »nach innen« gerichtet, und dank der Entfaltung entsprechender »geistiger Kräfte« müssen sie sich oft gar nicht technischer Mittel bedienen, um beliebige materielle Ziele zu erreichen. So präsentieren sich zumindest die typischen Utopien der modernen SF, von denen keine eingehenden Beschreibungen geliefert werden. D. h. die Autoren versichern uns eher der arkadischen Qualitäten dieses utopischen Daseins, als daß sie es uns genau vorstellen.

III. Darüber hinaus gibt es entwickelte, aber irgendwie entartete Zivilisationen, die in der Hölle (fast immer in der technologischen) leben. Wir werden uns an anderer Stelle ausführlicher mit ihnen befassen, wenn wir im letzten Kapitel die Problematik der Utopie und Anti-Utopie behandeln.

IV. Hochentwickelte, z. B. Astrotechnik betreibende und zugleich harmonisch und friedlich lebende Zivilisationen kommen fast überhaupt nicht vor. Ich denke, für diese Lücke sind nicht so sehr Misanthropie und Pessimismus der Schriftsteller verantwortlich, als vielmehr Schwierigkeiten der belletristischen Konstruktion, die diese Variante der »Kulturologie der ›Anderen‹« bereitet.

Für jedes der drei am häufigsten anzutreffenden oben aufgezählten Leitmotive könnte man eine Kurve der statistischen Verteilung aufzeichnen, übrigens nicht unbedingt eine unimodale; im höchsten Punkt einer solchen Kurve plazieren sich die beliebtesten und deshalb am häufigsten wiederkehrenden Varianten des Themas. Der Hauptmangel aller Matrizen der phantastischen Schöpfung ist ihre geringe Komplexität, ihr Mangel an Vielfalt, als »Trend der strukturellen Verflachung«. Die Science Fiction weiß eigentlich nichts von der komplizierten Problematik der Beziehungen, die zwischen der allmählichen Entwicklung der Religion und der empirischen Haltung herrschen; von den Verschränkungen zwischen dem metaphysischen Denken und der Technologie, von der Kompliziertheit der Konflikte beider; mit einem Wort – von der Problematik der Immanenz der Kulturphänomene. Sie wird charakterisiert durch: den vulgären Soziologismus von pragmatisch-instrumentalem Typ, den vulgären Voluntarismus und vulgären gesellschaftlichen Evolutionismus mit Spencerschen Zügen. Wohl infolge der beschränkten Möglichkeiten der Autoren scheinen geistig bedeutende Gestalten – ob es nun Erdbewohner als Wissenschaftler, z. B. Kosmonauten, sind oder Vertreter der »Anderen« – in der Science Fiction mit Namen auf, nicht aber glaubwürdig porträtiert. Da es im ganzen Kosmos der wissenschaftlichen Phantastik keine Geister von Format gibt, gibt es auch keinerlei nicht technische

»Proben« anderer Kulturen, etwa ihrer philosophischen Systeme, ihrer Glaubensbekenntnisse, ihrer Mythologien, ihrer hervorragenden Werke usw. In kulturschöpferischer Hinsicht ist also der Kosmos der SF eine Wüste, die in der Apathie einer schrecklichen intellektuellen Dürre verharrt.

So fatale Lücken können nicht durch Ideenreichtum aufgefüllt werden, der anderswo investiert wird, z. B. in das Aussehen der kosmischen Wesen, in ihre technische Ausrüstung, die Landschaft ihrer Planeten, in ihre Sitten; alle derartigen, manchmal recht kunstvollen Einfälle stellen nur eine bewußt ausgefallene Verpackung für im allgemeinen banale Inhalte dar, die ohne diese Verpackung manchmal auch der durchschnittlichste Leser nicht anrühren möchte. Denn auf diesem Feld, als dem größtmöglichen, erweist sich die Kluft zwischen der Abgründigkeit des Themas und der mikroskopischen Kleinheit seiner Behandlung als außerordentlich kraß, verglichen mit der Gesamtheit anderer Provinzen der Science Fiction.

Nur bruchstückhaft können wir einige wichtigere Probleme des kosmischen Themas berühren. Die kosmische Invasion hat ihre besondere Enklave, die erwähnenswert ist. Zum Beispiel wurde wiederholt folgender Handlungsknoten geknüpft: Die Erde, auf der feindliche Lager der Staaten einander gegenüberstehen, erfährt von einer ihr drohenden kosmischen Invasion. Das bewirkt eine völlige Aussöhnung der bisherigen Antagonisten. Zu spät erweist es sich, daß die Nachricht von der Invasion eine Fälschung war, die den Zweck hatte, jenes »Halten wir zusammen, dann kann uns nichts geschehen!« herbeizuführen, das zur Krönung mit einem so idyllischen Finale führt. In dicke melodramatische Soßen tauchte dieses Konzept Theodore Sturgeon in seiner Erzählung *Unite and Conquer,* im Band *A Way Home.* Geschickter und origineller wiederholte es Howard Fast in *Martian Shop:* Eine Firma, die diesen Namen trägt, eröffnet in den größten Hauptstädten der Welt prachtvolle Läden, die »Mars-Produkte« feilbieten. Nach einigen Tagen verschwinden die maskierten Verkäufer, die Polizei durchsucht die verlassenen Räume und findet einen Film mit geheimnisvollen Hieroglyphen, worauf die größten Spezialisten, nachdem sie das Dokument untersucht haben, erklären, daß das ein Vorposten der Marsbewohner war, die sich anschicken, den Erdball zu erobern. Als sich alles beruhigt hat, stellt sich heraus, daß die Polizisten, die Männer, die den Text dechiffriert haben, die Linguisten, und auch die »Marsbewohner« zur Aufführung einer Komödie für einen heilsamen Zweck engagiert worden waren: der die Menschen zusammengeführt hatte, war ein edler Millionär. Doch obwohl Sturgeon materielle Unwahrscheinlichkeiten auf psychologische aufsetzt, und psychologische auf materielle, fast dagegen geschickt eine Story mit veristischen Hintergrund schrieb, die sich sehr spannend liest – was haben diese Unterschiede zu bedeuten, wenn doch das »Falsifikat der planetarischen Bedrohung« allein, ungeachtet dessen, wie geschickt und sinnreich es entworfen und verwirklicht wurde, niemals zu einer dauerhaften Vereinigung der Menschheit führen könnte. Gewiß: das über uns schwebende Damoklesschwert der Invasion würde zweifellos die politischen Feindschaften dämpfen, was – um das erste sich anbietende Beispiel zu nehmen – die antinazistische Koalition im Zweiten Weltkrieg beweist. Aber die Eintracht dauert genauso lange wie die Gefahr; so sind denn alle Werke der genannten Art die strukturellen Entsprechungen der alten Geschichte, die treuherzig mit der Versicherung schloß, daß die Liebesleute, die »konnten zusammen nicht kommen«, dann lange, glücklich und ohne jedwede Komplikationen weiterlebten. Erst ein bißchen später bemerkte die Epik, daß Probleme von jener Art, die dauerhaft in der menschlichen Natur verwurzelt sind, sich gerade dann bemerkbar machen, wenn die Ehen zusammengeklittert sind, weil die Intensität der Liebe alle Unebenheiten glättet und gegensätzliche Charakterzüge der Liebenden – *vorübergehend* – außer Kraft setzt. Also veruch man uns noch einmal die Zukunft nach – diesmal literarischen – Schablonen zu erklären, die aus der Vergangenheit hervorgeholt werden. Ungefälschte Invasionen haben – das ist in der Science Fiction schon zur Gewohnheit geworden – einfach den Charakter von Katastrophen, und haben ebensoviel Sinn, als die entsprechend inszenierte Katastrophe enthalten kann. Zu den Büchern, die nach Wells in der Phantastik durch dieses Thema berühmt wurden, gehört *The Puppet Master* (Weltraummollusken erobern die Erde) von R. Heinlein. Dieser Roman stammt aus seiner besten Schaffensperiode. In dem Roman wird die Erde von einer Rasse grauenhafter schneckenartiger Medusen-Polypen heimgesucht, die sich den Menschen an den Nacken heften und sie psychisch beherrschen; wir beobachten vom Hauptquartier aus den Kampf, in dem manche Staaten schon vor den Eindringlingen völlig kontrolliert werden. Der Held, Agent eines Geheimdienstes, wird vorübergehend von einer solchen Superschnecke »psychisch versklavt«; diese Geschichte ist mit einer ordentlichen Dosis unheimlichen Grauens gespickt. Am Ende besiegen die Menschen die Ungeheuer und steigen in Raketen auf, um deren Brutnester auf dem Titanus, dem Mond des Jupiter, zu vernichten. Eine frappierende Lektüre – ohne Zweifel. Aber wozu soll die Erde eigentlich für die grauenhaften Weinschnecken gut sein? Warum überwältigen sie die einzelnen Staaten und erlauben, daß das Leben in ihnen äußerlich so weitergeht wie früher? (Denn von den Marsbewohnern bei Wells weiß man wenigstens, warum sie auf die Erde gekommen sind und sich an die Menschen herangemacht haben: es ging um die Fleischkost.) Wovon haben diese Medusen früher auf dem Titanus gelebt, wenn es dort keine Wesen gibt, die sich als Ernährer für sie eignen (denn nach der Beschreibung sind das Parasiten)? Und wie ist eine Kultur bei Geschöpfen möglich, die keine Hände, Füße, keinen Kopf, keine Zunge usw. haben? Welches waren ihre Ziele, zu welchen Werten bekannten sie sich (es sieht danach aus, als hätte das einzige Ziel darin bestanden, sich den Menschen in den Nacken einzusaugen, und der einzige Wert – in der Stellung eines solchen dominierenden Reiters möglichst lange und bequem zu überdauern – doch das ist die »Mentalität« eines Bandwurms oder einer Trichine, nicht aber eines »vernunftbegabtes Wesens«). Auf diese Fragen gibt aber der Roman keine Antwort, und niemand hat je versucht, sie dem Autor zu stellen. Um es nochmals zu sagen – ich bin nicht ein so vernagelter Kopf, kein von der Empirie Besessener, daß ich der Meinung wäre, es könnte keine Phantastik geben, die sich vorsätzlich in Fragen dieser Art überhaupt nicht verwickeln ließe, einer Antwort auf die oben gestellten

Fragen nach den feststehenden Regeln des »literarischen Spiels« ausweichen würde. Gewiß doch, es kann auch *eine solche* Phantastik geben, warum aber soll sie *ausschließlich* so sein?

Nach den Molchen von Čapek kamen die Meeresungeheuer von Wyndham, die in *The Kraken Wakes* zuerst aus dem Kosmos auf die Erde kamen, sich hier auf dem Grund des Ozeans einnisteten und daran gingen, die Menschen anzugreifen – mit Panzern, die nachts aus dem Meer an Land krochen. Erst Atombomben konnten mit ihnen fertig werden. In *Fin du Quaternaire* von Ivon Hecht sind es wiederum schreckliche riesige Insekten, die, wie wir schon erwähnt haben – Eier in Frauen legen. In *It Kud Habben to Yu* von D. Knight sind es zweibeinige Frösche, welche die Erde schon so weit beherrschen, daß alle, außer dem Held – kaum hat man sich's versehen – die Anwesenheit jener Scheusale als etwas ganz Natürliches ansehen. Bei Katherine MacLean sind es so kleine Geschöpfe, daß sie zusammen mit ihrer Rakete in einer Wasserlache auf dem zu ihrem Empfang vorbereiteten Flugplatz ertrinken. Manchmal sind es engelähnliche Geschöpfe (*The Angels Egg* von E. Pangborn). Dann wieder – wie bei Asimov – bilden sie eine »biologische Materie«; um sich der Erde zu bemächtigen, schleicht sie sich auf das Deck einer Rakete, die auf dem Erdball gelandet ist, indem sie »harmlose Gestalten« – z. B. einfacher Steinchen – annahm.

Zuweilen hat die Invasion vor Milliarden Jahren stattgefunden, und wir sind ihre indirekten Folgen (die »Anderen« haben auf der Erde Einrichtungen hinterlassen, die die Vererbung der damaligen irdischen Organismen so umgestalteten, daß sie die Evolution des Verstandes einleiteten). Zuweilen sind die Ankömmlinge die Gutmütigkeit in Person, und die Menschen töten sie nach der Landung infolge eines Mißverständnisses (in einer Erzählung erweisen sich als Mörder der guten Ankömmlinge zwei von der Polizei gesuchte Berufskiller; sie haben sich im Wald versteckt, und das Unglück wollte es, daß gerade in diesem Wald der Teller der »Anderen« aufsetzte). Manchmal muß man die Achillesferse der »Anderen« entdecken, die schon die halbe Erde besetzt haben; dem Helden gelingt das (bei Willy Ley ist der Held ein Ingenieur, der Erbauer des Damms eines großen Wasserkraftwerks; die »Anderen« haben Barrieren aufgestellt, die kein Metall durchdringen kann, also auch keine Granate; der Ingenieur, der jeden Zoll des Geländes kennt, bringt Sprengladungen herbei, sprengt den Damm in die Luft, die Wasser des Stausees überschwemmen überraschend das Lager der »Anderen«, das Kraftfeld verschwindet, und dann reißen Salven der vorbereiteten Geschütze die Eindringlinge in kleine Stücke). Dann wieder sind die »Anderen« Monstren, wie im *Krieg der Welten:* die Menschen eilen, sie zu begrüßen, und die Ankömmlinge verbrennen mit einem Super*laser* die ihnen wohlgesinnten Erdbewohner zu Asche. Der General, der verlangt, man solle die nächsten Schiffe der »Anderen« sofort mit Atombomben belegen, schießt, als der Präsident sich widersetzt (es würden Millionen Amerikaner umkommen), diesem eine Kugel in den Kopf, legt den Revolver auf den Tisch, worauf er, die Hacken zusammenschlagend, seinen Vorschlag wiederholt, diesmal dem Vizepräsidenten, der aufgrund der Rechtsnachfolge jetzt zum Herrscher der Vereinigten Staaten aufgerückt ist (Theodore L. Thomas, *Day of Succession*).

Unsere Blitzübersicht spricht den geradezu entomologischen detaillierten Einteilungen, die die innere Kritik der Science Fiction geschaffen hat, Hohn. Wird doch sorgfältig zwischen der »gewaltsamen« und der »psychischen« Invasion unterschieden – erstere ist gewöhnlich militärisch, die zweite wird über die heimtückische Beherrschung der menschlichen Gehirne bewerkstelligt (zuweilen »ferngesteuert« – dann müssen die »Anderen« nicht einmal ihren Planeten verlassen, manchmal »unpersönlich« – statt sich selber zu bemühen, installieren sie auf der Erde, wie im Roman *Earth Gone Mad* von Roger Dee, Maschinen, die die Menschen telepathisch kontrollieren sollen). Die dritte Art ist die »indirekte« Invasion, wenn die »Anderen« – wie in *Midwich Cuckoos* von Wyndham – eine »ferngelenkte Befruchtung« der Frauen vornehmen, und die so geborenen Kinder sollen wohl, wenn sie heranwachsen, einen Brückenkopf für die Invasion schaffen. Dann wiederum findet der Invasionskontakt zwischen einem »Anderen« und der Leibesfrucht einer schwangeren Frau statt. Eine vierte Abart stellt die Invasion dar, welche die

Erde »beschützen« soll, wie in *Chilhood's End* von A. Clarke: die Ankömmlinge nehmen die Menschen an die Kandare, damit letztere sich nicht selbst den atomaren Untergang bereiten: ein ziemlich häufig anzutreffendes Motiv. Ein Kapitel für sich ist die fünfte Version – die Invasion als »Test«, z. B. in *Crisis* von E. Grendon. »Die Anderen« landen, um das Leben auf der Erde kennenzulernen: Was der Erde beschieden ist, hängt davon ab, wie die Menschheit von den Emissären beurteilt wird. In *Minister without Portfolio* von Frau Clingerman befragen die Ankömmlinge eine alte Frau nach den irdischen Verhältnissen, und nur ihre edle, einfache Güte bewirkt, daß die Erde nicht in Schutt und Asche gelegt wird. In Nummer sechs wäre die Kryptoinvasion einzureihen, oder die Invasion, die vor langer Zeit stattgefunden hat (etwa in *The Discord Makers* von M. Reynolds: die Alderabaner, als Menschen verkleidet, haben alle Schlüsselpositionen auf der Erde besetzt, und der Held, der einen dunklen Verdacht hegt, muß, als er sich damit an seinen Chef wendet, zu seinem Pech feststellen, daß dieser selbst ein Alderabaner ist, was ihm dieser eröffnet, um sogleich seinen »Gorillas« den Auftrag zu geben, den Helden unschädlich zu machen) – oder jene Invasion, die soeben beginnt oder vielleicht beginnen soll, wie in *Top Secret* von D. Grinnell. Bei diesem Stand ausgezeichneter Ordnung gelingt es von Zeit zu Zeit dennoch jemandem, sich eine Handlung auszudenken, die fast nicht klassifizierbar ist: In *Storm Warning* von Donald Wollheim ist es nicht nur so, daß »ein Stück Anderer Luft« die Erde angreift, sondern auch noch so, daß die Erdatmosphäre – die sich als Wohnsitz gasförmiger, stets mit uns koexistierender Wesen erweist – sich mit Blitz, Donner und Wirbelstürmen auf den fremden »Ankömmling« stürzt und ihn zerfetzt. Eine besondere Position nimmt auch *The Black Cloud* von Fred Hoyle ein, ein Roman, den der zuvor zitierte, im allgemeinen nicht mit der SF befaßte Kritiker Green für nicht schlecht konzipiert, aber primitiv konstruiert hält (dem Vorwurf der »schlechten Konstruktion« kann ich mich nicht im mindesten anschließen). Die Erde wird hier von niemandem absichtlich angegriffen, sondern eine Schwarze Nebelwolke, ein aus magnetischem Staub bestehender und dennoch gleichsam lebendiger, weil denkender Organismus (riesigen Ausmaßes, die Erde ist für ihn ein Erbsenkorn), der Nahrung aus den Sonnen beziehen muß, umkreist mit seinem gasförmigen Körper unsere Sonne und treibt dadurch die Erde indirekt in klimatische Störungen, die Millionen Menschen den Tod bringen. Einer Gruppe Astrophysiker, die in England leben, gelingt es jedoch, mit jenem intelligenten, »von Natur aus gar nicht bösen« Moloch Rundfunkkontakt aufzunehmen; so kann man interessante Dinge erfahren (solcher Gebilde gibt es im Kosmos mehr; sie untersuchen auf ihre Art die Natur des Universums; diejenigen, die seinem Rätsel auf die Spur kommen, verschwinden auf unbegreifliche Weise: es sieht aus, als würde um sie »der Raum zuschnappen« – und sie verschlingen; nachdem sie eine solche Nachricht erhalten hat, verläßt die Schwarze Wolke schleunigst das Sonnensystem; ihr Versuch, einem der Gelehrten durch den Kanal eines Gehirn-Anschlusses wertvolle Informationen zu überweisen, endet damit, daß der Gelehrte an Gehirnentzündung stirbt: die Informationsladung hat sich durch ihre Riesenhaftigkeit als tödlich erwiesen; der Roman ist voller Bosheiten, die der Gelehrte – Hoyle – bewußt an die die Welt regierenden Politiker richtet). Bekanntlich unterscheiden ganz kleine Kinder echte Banknoten nicht von Bildchen; die einen sind ihnen als »Spielzeug« ebensoviel wert wie die anderen. Genau so hat die SF-Kritik den Roman von Hoyle behandelt: als *gleichfalls* gute Science Fiction. Der Gelehrte hat die Lektion verstanden; sein nächster Roman in zwei Bänden, den er zusammen mit J. Elliot schrieb, *A for Andromeda* und *Andromeda Breakthrough*, fügt sich schon der Konvention und ist nichts wert. Ein Radioteleskop registriert Signale aus dem Kosmos; auf dieser Grundlage wird ein riesiger Computer gebaut; dieser wiederum stellt eine synthetische Frau her, natürlich eine hübsche und junge: Andromeda; sie befindet sich unter der quasi-hypnotischen Kontrolle des Computers; Nachrichtendienste verschiedener Großmächte, große Konzerne, Regierungen wollen sich des »Geheimnisses der Andromeda« bemächtigen; Krach gibts also die Menge, und am Ende bleibt eigentlich nichts übrig; auf jeden Fall kommt es nicht zur Beherrschung der Erde durch »Jene« (vom Nebel der Andromeda). Die Sensation hat den

Intellekt aufgefressen; auch die auftretenden Figuren sind schon ein zehnter Aufguß der scharf gezeichneten Porträts der Politiker und Gelehrten in der *Schwarzen Wolke.*

Um zu den Einwänden zurückzukehren, die gegen unsere Intoleranz in bezug auf die thematische Einteilung innerhalb der Gattung erhoben werden könnten – wir halten sie einfach für belanglos. Die faktische Einteilung gliedert die Werke in solche, die Abenteuer beschreiben, in allegorische Texte mit »positiver« oder »negativer« Moral, und in solche, die, wie die *Schwarze Wolke,* etwas zu sagen versuchen, was weder Abenteuer noch Moralisieren ist. Wenn rührselige Naivität ein Mythos sein kann, dann ist die »Invasion als Test« (vor deren scheußlichen Folgen uns gute Omas retten, manchmal auch – kleine liebe Mädchen mit Schleifen in den Haaren) mythisch. Mythisch ist auch die »beschützerische Invasion«, in der die Erdbewohner, als unverantwortliche Verrückte in gesamtgalaktischem Maßstab, total entmündigt werden.

Was ergibt sich diskursiv aus der »Invasions«-Literatur? Ungefähr soviel: entweder wird man, wie die Autoren meinen, uns den Garaus machen, oder wir »ihnen«; einmal schaden uns die »Anderen«, weil sie an sich böse sind (so bei Heinlein), ein andermal, weil wir Strafe verdienen; wenn die Ankömmlinge streng sind, aber nicht allzu grausam, werden sie uns leben lassen – aber unter ihrer Kontrolle (wie z. B. in *Childhood's End* von Clarke). Eine »unabsichtliche« Invasion kommt selten vor; außer der schon erwähnten »atmosphärischen« stellt sie, übrigens nur in einem Teil seines Romans, Stapledon in *First and Last Men* dar (wo weder die Mars-Wolken gleich wissen, daß die Menschen, die sie angreifen, vernunftbegabt sind, noch die Menschen begreifen, daß die Eindringlinge Wesen sind, die ein Seelenleben besitzen).

Komplizieren kann man die Sache bis ins Unendliche: in *The Helping Hand* von P. Anderson ist die Erde aufgerufen, als Vermittler im Streit zweier galaktischer Nationen zu fungieren.

Im Verlauf meiner Arbeit an diesem Buch hat mich der Gedanke verfolgt, daß ich mich doch nicht dauernd ärgern, sondern, statt der ausführlichen Kritik an der schwachen Produktion der SF, mich mit ihren besten Werken befassen sollte. Theoretisch läßt sich so ein Programm leicht entwerfen! Würden Anthologien von Erzählungen aus der Weltliteratur oder Romanreihen, in denen Nobelpreisträger erscheinen, eine Mischung aus Werken von Faulkner, Joyce, Mann und Büchern von Vicki Baum, M. Leblanc, Courts-Mahler und ähnl. enthalten, wie könnte man in solchen Fällen verlangen, daß der Kritiker sich in ein Täubchen verwandelt, das dem Aschenbrödel zu Hilfe kommt und blitzschnell die guten Körner von den schlechten scheidet? Was tun, wenn in den auf ein Thema zugeschnittenen Anthologien das Schlechteste nebem den recht Guten steht, wenn bei Autoren, die als Meister hochgejubelt werden, der Schund die originellen Inhalte überwuchert? Dagegen kann man nichts machen: man muß sich mit dem ganzen zweifelhaften Schatz des Inventars abgeben.

Gleichsam als würden wir das Flugzeug plötzlich nach unten drehen, um ein Stück des Terrains zu prüfen, haben wir das Invasionsgebiet der kosmischen Metropole besichtigt. Wir müssen jedoch wieder Höhe gewinnen und die Übersicht vervollständigen; ansonsten bleibt vom Buch die primitive Maquette einer Enzyklopädie. Der Invasionsproblematik steht die der »anderen Zivilisation« entgegen – bei der nicht »Jene« zu uns, sondern wir zu »ihnen« kommen. Es geht jedoch um die Unterteilung eines breiteren Themas: der Exploration der Planeten (denn die Planeten der Vernunftbegabten bilden einen kleinen Teil der Kollektion aller Planeten des Universums).

Hier ist folgende allgemeine Beobachtung am Platz. Mit sehr suggestivem Verismus oder Realismus sind die Werke um so besser und stärker gesättigt, je näher sie zeitlich und räumlich zur irdischen Gegenwart liegen. In bezug auf Ausstattung mit sachlichen Details stehen die Erzählungen des Heinlein-Bands *The Green Hills of Earth*, die die ersten Schritte der planetarischen, hauptsächlich auf die Eroberung des Mondes gerichteten Expansion des Menschen schildern, bei Gott keiner Milieu- und Sittenschilderung in irgendeinem »normalen« Roman nach. Die Mondlandschaften, die urbanistischen Einrichtungen der Luna-City, das Innere der Raketen (ihre Decks, Kabinen, Steuerhäuser), das tägliche Leben der Piloten, ihre minutiös beschriebenen Gewohnheiten und das berufliche Ritual – all das entspricht, sagen wir, einem durchschnittlichen Roman über irgendein Spital, geschrieben von einem Menschen, der sich weder die Chirurgie noch das Aussehen der Operationssäle, noch die verschiedenen Krankheiten selber ausdenken mußte. Je weiter hingegen in Zeit und Raum die Autoren eindringen, desto klarer beginnt die Willkürlichkeit der Erfindung über die deduktiven Einzelheiten der Beschreibung zu dominieren, desto offensichtlicher schrumpfen die interstellaren und interplanetaren Entfernungen, desto nebelhafter werden die Beschreibungen (Bilder der Photonschiffe usw.) und schließlich – desto dürftiger wird das mannigfaltige Inventar der landschaftlichen, zivilisatorischen, kulturellen und ökologischen Formen jener entlegenen Welten.

Hier sei bemerkt, daß eine solche Feststellung noch keine eindeutige Einschätzung impliziert. Aus sachlich unscharfen Bildern kann nämlich unter Umständen ein Werk entstehen, das nicht nur künstlerisch, sondern auch kognitiv, begrifflich wertvoller sein mag als eine »protokollarische Sittenschilderung«, oder ein Roman, der sich in den sicheren Bahnen einer Produktions- oder Milieuschilderung bewegt. Es kann also keine Rede davon sein, daß die Nähe raumzeitlicher Vorstöße der Phantasie automatisch solchen Werken Überlegenheit über jene, die nach galaktischen Gestaden zu greifen suchen, verleiht. Die totale Aura der Vision mag zuweilen die Oberhand über die ungenügende Detailliertheit gewinnen, aber das gilt nur für die Erzählung. Denn von einem einzigen visionären Bild, und wäre es noch so suggestiv, kann der Roman nicht leben. Deshalb ist gerade in bezug auf die kosmische Thematik die allgemeine Einschätzung der Überlegenheit der SF-Erzählung über den Roman richtig. Einige wenige Autoren, wie Robert Heinlein noch in den vierziger Jahren, wie später Brian Aldiss und heute Michel Demuth (ein Franzose), haben versucht, ein Mittelding zwischen Erzählung und Roman zu schaffen, und zwar schrieben sie Novellenzyklen, die axial im Rahmen der einzigen Welt einer kohärent konstruierten Zukunft plaziert waren. Um sich und dem Leser die Aufgabe zu erleichtern, haben Heinlein und Demuth sogar entsprechende Tabellen aufgestellt, die wir hier abbilden. Dieses Verfahren erinnert ein wenig an die berühmte Vorgangsweise Faulkners, nämlich die Schaffung des ganzen fikti-

Chronologische Tafel der Werke Michel Demuths, eines französischen Phantasten (unter dem gemeinsamen Namen Galaxiales)

Datum	Wissenschaftliche, soziale und religiöse Fakten	Politische Ereignisse	Große Bewegungen u. Strömungen
2020	Erste Photoflüge zu den äußeren Planeten und Sternen. Kolonisierung des Mars und der Venus, Exploration des Ganymed.	Das neosozialistische Europa hat zwei aufeinanderfolgende Kriege überstanden. Periode des »amerikanischen Chaos«. Autoritäre Herrschaft in Frankreich. Ökonomische Krisen	Europäische, dann pazifistische Hegemonie auf der Erde und im Weltraum
2030	Gründung von »Pole« auf dem Mars und »Doris« auf der Venus.		
2060	Kolonisierung der Planeten Zentaur und Sirius	Royalistische Revolution und Inthronisation Jean Beaumonts de Serves in Frankreich	
2063	Erste Versuche der Transmission der Materie	Europäisch-französischer Konflikt und Sturz der Royalisten	
2075	Erste Transmission eines Menschen. Geburt neuer Religionen nach dem »amerikanischen Chaos«: Expansions-Kirche.	Unabhängigkeit des Mars. Europäische Diktatur Hundts. Imperium des Pazifik	
2080	Genetische Untersuchungen über die Modifizierung des Menschen	Unabhängigkeit der Venus nach der Schlacht der »Großen Schneemassen«	
2095	Domination der Mars-Konföderation in der »Stellaren Expansion«	Europäisch-pazifischer Krieg	

Datum	Wissenschaftliche, soziale und religiöse Fakten	Politische Ereignisse	Große Bewegungen u. Strömungen
2114		Invasion und Besetzung der Erde durch die Mars-Konföderation (erste militärische Anwendung der Transmission, 2129)	Domination des Mars
2130		Widerstand der Erde, unterstützt von Sterngruppen	
2135	Die ersten Androiden		
2140		Erste stellare Unabhängigkeiten. Die Republik Rigel	
2150		Ende der Okkupation der Erde durch den Mars (2154), Traktat von Hobarth	
2170	»Adam«-Krankheit und stellarer Exodus	Bürgerkrieg auf dem Mars und die »Falangisten«	

ven Landes Yoknapatawpha mitsamt seinen Einwohnern. Aber da kann man nichts machen: es kann keiner über den eigenen Schatten springen. Wie sehr auch die Plazierung der Erzählungen entlang zeitlicher Trajektorien dem Schriftsteller die Arbeit erleichtert – da ihm die Daten eines fiktiven Kalenders historischer Ereignisse als Schnittpunkt dienen, wodurch er zum Chronisten einer Geschichte wird, die er zwar selbst ausgedacht hat, aber nur in erzählerisch ausgebauten Teilen vermittelt –, so ist ein solches episches Ausweichmanöver, der elastische Rückzug aus der Position des Romans, nur ein geschicktes Taktieren.

Wenn es gestattet ist, sich in so übertragenem Sinne auszudrücken, die Quantität will weiterhin nicht in die Qualität umschlagen – eben in die des Romans. Übrigens, unter dem futurologischen Aspekt ist diese Vorgangsweise nicht von Bedeutung. In den fünfziger Jahren war auch ich der Meinung, daß der Phantast zu Konsequenz verpflichtet sei: hat er sich einmal in seinem Schaffen zu einer bestimmten Version der künftigen Welt entschieden, dann müßte er eigentlich in ihrem Rahmen bleiben. Aber futurologische Voraussagen liefern eben unterschiedliche Szenarios der Zukunft, weil es eine Menge realisierbarer Chancen davon gibt, wenn man also einander ausschließende Prognosen stellt, so baut man keine Antinomien. Brian Aldiss, von Stapledon inspiriert (wozu er sich gerne bekennt), hat einen der Zeit enorm vorauseilenden Sprung gewagt, indem er mit *Galaxies like Grains of Sand* eine »Sprossenleiter« von Werken schrieb, die Jahrmillionen umfassen. Das erste sind *War Millennia* – Jahrtausende des Krieges, danach kommen »sterile Millennien«, dann Millennien der Roboter, der Finsternis, der Sterne, der Mutanten, Megalopolis – und endlich »endgültige Millennien«. Aldiss gehört zu den bedeutendsten englischen Autoren. Wir haben nicht die Absicht, seine geschichtsphilosophischen Konzeptionen hier wiederzugeben; vielmehr wollen wir die Aufmerksamkeit auf einen anderen Aspekt lenken. Es gehört nicht zum besten Stil, sich darüber auszulassen, was in einem bestimmten Buch der Autor *nicht* gesagt und nicht getan hat. Aber dem Interesse der Sache geben wir in diesem Fall Vorrang vor der Loyalität, die wir dem Schriftsteller schulden. Eine unermeßlich weit entfernte Zukunft sollte sowohl auf begrifflicher wie auf sprachlicher Ebene anders behandelt werden als die Gegenwart und die nahe Zukunft. Das gilt auch für solche galaktische Eskapaden, die eine Art Entsprechung zu Reisen in der Zeit bilden, weil hier Kontakt mit Zivilisationen angeknüpft werden soll, die entwicklungsmäßig der unsrigen um Millionen Jahren voraus sind. Wir müssen uns in solchen Fällen folgender Modellanalogien bedienen: sagen wir, wir wollten einen intelligenten Menschen des Neolithikums, also unserem Vorfahren von vor mehr als zehntausend Jahren, etwas über die moderne Zivilisation, über ihre wissenschaftlich-technischen Errungenschaften, ihre Kultur, erzählen, darüber, was Städte sind, was Transport und Informations- und Kommunikationsnetze sind, über die Gesellschaftsordnung und die politische Teilung der Welt. Nun ist es wohl nicht so, daß unser Zuhörer von dem, was wir reden, absolut nichts begreift. Andererseits aber wird er nicht viel begreifen, er wird imstande sein, uns insofern zu verstehen, als er unseren Worten irgendwelche Entsprechungen aus dem Kreis seiner eigenen Erfahrungen zuzuordnen vermag. Somit wird also einerseits seine Rezeption das von uns Mitgeteilte so entstellen, daß darin Lücken entstehen; das aber, was durch den zeitlichen Filter gegangen ist, wird sehr stark vereinfacht sein. Zum anderen wird der Empfänger sowohl über das Bescheid wissen, was er leidlich verstanden hat – wie weit das der Fall ist, können wir an Hand der Rekapitulation, die er uns auftischen wird, überprüfen –, als auch wissen, daß er viele Dinge überhaupt nicht zu begreifen imstande war. Dieses Gemenge aus mehreren Komponenten sollte nun – nach dem Approximationsprinzip der Situation eines riesigen zeitlichen Hiatus – der Phantast im Auge haben und in seinem Werk wiedergeben. Das heißt nicht, daß er über ein »Wissen aus der Zukunft« verfügen muß. Es heißt nur, daß er beim Leser den Eindruck hinterlassen muß, als besäße er es. Wie soll er dieses Ziel anstreben? Er soll so schreiben, daß in dem vor ihm vermittelten Stoff Inseln absoluter Verständlichkeit in Erscheinung treten, neben solchen, die nur unserer *Mutmaßung* unterliegen. Er kann also nicht absolut einheitlich, gleichmäßig deutlich sein. Er kann uns aber selbstverständlich auch nicht ein wirres Gestammel vorsetzen. Mag er nur das eine Mal gewisse Begriffe, gewisse Namen benutzen, die wir nicht imstande sind, uns anzueignen. Dies gleichsam erkennend oder erwartend, mag er zur Methode anschaulicherer Darlegung übergehen; wir werden spüren, daß er so zu uns »hinuntersteigt«, daß er uns so belehren will, wie wir es zum Beispiel dem Menschen des Neolithikums gegenüber tun würden. Soll er nur bildliche, anschauliche Modelle verwenden und seine Anstrengung, sich zu artikulieren, nicht verbergen. Aus der entsprechenden Vereinigung solcher Komponenten kann ein Text entstehen, dessen formale, syntaktische, idiomatische, lexikalische und semantische Werte den starken Eindruck einer *teilweise durch unser Unverständnis verschleierten Sensation vermitteln.* Das scheint mir die Vorbedingung zu sein, die elementarste kreative Regel, an die sich in der Science Fiction fast niemand hält. Wie könnten wir denn mit

Leichtigkeit eine Beschreibung der Zustände des Jahres 10 000 000 verstehen, wenn wir nicht einmal genügend verstehen, was der Physiker über die Struktur des Weltalls heute zu sagen hat? Die Phantastik verfährt so – und so verfährt auch Aldiss in dem zitierten Buch –, daß sie in einer beliebig entfernten Zukunft gewisse angebliche Invarianten unterbringt: z. B. – als politische Antagonismen (nur daß sie inzwischen vielleicht geradezu metagalaktische Dimensionen angenommen haben). Aber diese Arbeit ewig und auf bloßer quantitativer Ebene, die eine einfache Büchse in eine Kanone verwandelt, die Kanone in die Dicke Berta, und die Dicke Berta in das Riesengeschütz von Jules Verne, um auf den Mond zu schießen, weicht doch allen wahrscheinlichen Wegen der Entwicklung aus, die ohne qualitative begriffliche Sprünge, ohne daß sie ganzen Denksystemen die Knochen bricht und sie neu strukturiert, Jahrhunderte nicht imstande ist zurückzulegen, und was soll man erst von *Jahrmillionen* sagen! So sind denn auch alle Versuche, die im draufgängerischen Stil der SF die Federn für Frontalangriffe auf ein solches Thema zücken, reine Kinderei. Alle technischen Mittel, die die Prosa hervorzubringen vermochte, plus allen speziell zu diesem Zweck erfundenen Mitteln müssen sich vereinigen, damit der kumulativ entstandene Effekt zu irgendeiner künstlerisch sinnvollen Entsprechung der Aufgabe wird. Gewiß: das sind nicht Dinge, die auf Anhieb gelingen. Aber es ist eigentlich nicht ganz klar, warum Thomas Mann an manchen seiner Werke acht und zehn Jahre lang arbeiten konnte, während der phantastische Schriftsteller Jahr für Jahr zumindest eines, wenn nicht gleich zwei produzieren muß? Bei diesem Tempo kann es einen nur wundern, daß zumindest manche dieser Bücher lesbar sind. Das heißt: die wirtschaftlichen, kommerziellen Gründe dafür, daß Schriftsteller sich in Suppenhühner verwandeln, die in den Topf wandern, wenn sie nicht systematisch Eier legen – diese Gründe kenne ich natürlich. Dennoch ist es erstaunlich, daß in der Phantastik Menschen mit den Eigenschaften von Asketen und Fanatikern der Feder so außerordentlich rar sind, während sie in der Literatur an sich zwar selten sind, aber doch vorkommen.

Wollten wir eine Tabelle aufstellen, die graphisch zeigt,

welche Ergebnisse die kosmische Phantastik auf folgenden Gebieten zeitigt: auf dem der Darstellung jener Verstrickung in die Naturprozesse, zu der die Astronautik führt; und der multiplanetaren »Geologien und Ökologien«; der Bilder einer »anderen Vernunft«, »anderer Zivilisationen«, »anderer Gesellschaftstypen«, und schließlich »axiologisch anders orientierter Kulturen«, dann könnten wir in der ersten Rubrik ziemlich gute Resultate notieren, in der zweiten – deutlich schwächere, in der dritten – elende, und die vierte wird vollständig leer bleiben. Denn die Wunder des »Ozeans der Leere«, neue physikalische Gesetze, neue Arten von Raumschiffen und ihrer Antriebswerke mitsamt den phantastischen Wirkungen, die die stellaren Kosmodrome auf die Physiologie und Psychologie der Astronauten ausüben, hat die Science Fiction reichlich und originell auszubauen vermocht. Mit der Geologie der Planeten, besonders in bezug auf die Landschaft, ist es schon weniger gut bestellt; die Ökologien werden oft in Angriff genommen, aber, was wir noch zeigen werden, das wirklich Neue daran scheint kein besonders anziehendes literarisches Thema zu sein, und das, was nicht neu ist, verdient keine belletrisierende Beschreibung (es gibt natürlich Ausnahmen von dieser Regel). Faszinierende, suggestive, in die Tiefe, auf vielen Ebenen entwickelte Bilder »anderer Zivilisationen« kenne ich hingegen nicht. Die mir zugängliche Literatur enthält Umsetzungen meist banaler Stereotype. Mit der Kultur der »Anderen« hat sich die Science Fiction nicht befaßt und sie befaßt sich auch weiterhin nicht damit – zählt man nicht die »Ethnologie der primitiven Rassen« dazu.

Kosmische Phantastik

Einer der hervorragendsten Väter der modernen Science Fiction, Olaf Stapledon, hat außer zwei Romanen, die wir in anderen Kapiteln dieses Buches eingehend analysieren, ein Werk geschrieben, das gleichsam die Summa der kosmischen Phantastik sein sollte: *The Starmaker*, 1937 entstanden, also eines der letzten Werke Stapledons. Dieser Essay (man kann nämlich den *Starmaker* kaum einen Roman nennen), eine

Schatzkammer von Ideen, von denen die SF jahrelang leben könnte, ist ein eher monströser (aber imposanter) Fehlschlag. Der Erzähler, der sein englisches Heim nachts verläßt, um die Sterne zu beobachten, erhebt sich eines Abends – im Geiste – in die kosmische Unendlichkeit und beginnt so seine Odyssee mitten unter den Sternen. Nachdem er gelernt hat, sich vorübergehend im Geist der Wesen anderer Planeten niederzulassen, lernt er über deren Hirne und Augen unzählige Zivilisationen der Milchstraße kennen; sowohl die Welten der menschenähnlichen Wesen, als auch die der »Menschen-Pflanzen«, »Unterwassermenschen«, »fliegenden Menschen«, vernunftbegabter Insekten, Krebsmenschen, die Welt der vogelähnlichen, mit »Gruppenverstand« ausgestatteten Rasse usw., wobei sich, je weiter er wandert, zugleich auch sein Blickfeld erweitert. Er beschreibt nun nicht mehr einzelne Welten, sondern alle ihre *Klassen,* Kategorien, z. B. stellt er »gesunde« Zivilisationen den von »Wahnsinn« befallenen entgegen, er zeigt solche, in denen das Vorhandensein anderer Sinne – der für die Wahrnehmung wichtigsten – den dortigen Wesen erlaubt, andere Gottesbilder zu schaffen (»Gott als ein Wesen, das den Vollkommensten Geschmack hat« – weil die betreffenden Wesen ein mächtig entwickeltes Geruchsgehirn besitzen), aber das ist noch nicht alles. Wenn der Kosmos von Zivilisationen bevölkert wird, werden die Sterne als neue Zivilisationen zu explodieren beginnen und das Leben in ihrer Ökosphäre vernichten; sie werden sogar aus der Chromosphäre neue schreckliche Protuberanzen vorstrecken und mit ihnen alles Leben von der Oberfläche aller ihrer Globen hinwegfegen. Was soll das heißen? Wie sich herausstellt, sind die Sterne ebenfalls mit einem geistigen Leben ausgestattete »Wesen«. Sie werden geboren, reifen heran und altern, denn sie sind Organismen, und zwar vernunftbegabte, und wenn der Erzähler, der bisher im Raum reist, in der Lage sein wird, auch in der Zeit zu reisen, wenn er in die graue Vorzeit des Kosmos zurückgehen wird, wird er begreifen, daß das Bewußtsein schon in den ersten galaktischen Nebeln, noch bevor aus ihnen Sterne entstanden sind, erwachte! Aber das ist auch noch nicht alles: alle jene Sprossen der kosmogonischen Leiter implizieren immer offensichtlicher die Existenz Jenes, der sie geschaffen hat – und das ist eben der *Starmaker*, dessen Vision Stapledon die letzten Absätze des Buches widmet. *The Starmaker* ist die ultimative Reise; wie sich vor dem Korb des immer höher fliegenden Ballons die Landschaft immer mehr ausbreitet, so eröffnet sich vom Standpunkt des Erzählers aus ein immer monumentaler werdendes Panorama der kosmischen Dinge und Aktivitäten. Diese Kosmopsychogonie hat ihre prächtigen Stellen, und auch bloß skurrile (z. B. das Bild der Sterne, die mit ihren Protuberanzen zornig das Leben von der Oberfläche der Planeten fortwischen, ist grotesk und erinnert an das Abstauben mit einem Staubwedel). Stapledon produziert auch eine Menge psychozoischer Mißgeburten, weil er jenes Entwicklungsgesetz nicht berücksichtigt, das bewirkt, daß der Verstand, als Anpassungsorgan, das die Adaptationsprozesse gegenüber den aufgrund der natürlichen Auslese verlaufenden Prozesse ungemein beschleunigt, einmal entstanden, das Wachsen von Flügeln z. B. unmöglich macht, weil man auf ein solches Ereignis als Evolutionsergebnis Millionen Jahre warten kann, hingegen ist die Kunst des Fluges technisch in tausendmal kürzerer Zeit zu meistern. Aber solche Mängel sind nicht das Wichtigste, denn sie führen nur die Leiter hinauf zur Gestalt des *Starmakers.* Dieses Höchste Wesen hatte seine Jugend, eine Ära der Unreife, und hat damals eine Menge »mißlungener« Universums geschaffen, gleichsam als Zeitvertreib. In verschiedenen Daseinsepochen des Schöpfers sind Elemente des Guten und des Bösen und zugleich Elemente des tätigen Eingreifens in die Schöpfung oder der bloßen Kontemplation ihrer Prozesse auf verschiedene Weise in ihm aneinandergeraten. Wir haben es hier mit der Konzeption eines langsam sich entwickelnden Gottes zu tun, die notwendigerweise seine ursprüngliche Unvollkommenheit voraussetzt – diese wiederum impliziert die Existenz von Gesetzen, denen der Schöpfer der »Kosmosse« unterworfen war, denn wenn er heranwachsen und heranreifen konnte, so doch nicht so, daß er sich diese Eigenschaft selbst verliehen hätte. Stapledon erweist sich also als mystischer Systemschöpfer, dessen Produkt einen ziemlich zweifelhaften logischen Wert hat. Der tatsächliche Kosmos, das Werk des schon reifen Schöpfers, ist eine Feuerstätte riesiger

Kräfte, die abwechselnd Zivilisationen hervorbringen und vernichten; die Anzahl der Weltuntergänge, Ruinen, Schäden, evolutionären und sozialen Aberrationen reicht in ihrem Gigantismus an die Riesenhaftigkeit des Weltalls mit seinen Galaxien und Sternwolken heran. Der *Starmaker* will der Schöpfung eine Psyche geben, aber nicht direkt, sondern indem er ihr eben eine solche Entwicklungsmöglichkeit eröffnet. Deshalb entstand Bewußtsein sowohl in protoplanetarischen Wirbeln als auch in großen Sonnen, in der Biosphäre kalter Körper und auf der Kruste der Sterne, die den Wärmetod erlitten hatten. Alle jene Bewußtseinsarten gelangen, wenn sie im Laufe ihrer Existenz nicht entgleisten, nicht umkamen oder von anderen, ihnen in unzähligen Gestalten auflauernden Bewußtseinsarten vernichtet wurden, schließlich auf ein Helligkeitsniveau, auf dem sie mit anderen nicht mehr Fühlung aufnehmen können, wodurch langsam – aus ihrem Berührungsfeld – gleichsam ein einziger Kosmischer Geist entsteht. Was er sich denkt, ist unbekannt.

Logisch gesehen weckt der doppelte »Psychismus« des Seins die größten Bedenken: gibt sich doch Stapledon nicht damit zufrieden, Bewußtsein materiellen Systemen einzuverleiben – von Insekten über Menschen, bis zu Nebeln –, sondern über die ganze Materie stellt er den *Starmaker*, dessen Tun und Lassen man auf zweierlei Weise auslegen kann. Da er Welten schafft, da er, sobald sie entstanden sind, seine Schirmherrschaft über sie nur mehr kontemplativ ausübt, so kann es – obwohl Stapledon sich keine solche Interpretation seiner Handlungen wünscht, obwohl er dem Leser den Zutritt zu ihr zu versperren trachtet, indem er hartnäckig unterstreicht, daß die Motive der Handlungen des Schöpfers dem Menschen nicht zugänglich sind –, dennoch nur eine von beiden geben:

1) Entweder ist das Verhältnis des Schöpfers zur Schöpfung *ausschließlich* von seinen Entscheidungen bestimmt, manifestiert sich also in diesen Entscheidungen seine Axiologie (er tut doch nicht das, was er nicht tun will: die Möglichkeit eines irrsinnigen Schöpfers schließe ich als trivial aus), und das ist eine recht sonderbare Axiologie, denn Er setzt seine Geschöpfe unzähligen Qualen aus, wenn auch nur indirekt. Er hat

ihnen lediglich ein diesseitiges Sein bereitet: ein einziges Mal, einst, hat er eine solche Dreifaltigkeit Gekoppelter Welten hergestellt, daß er das Diesseits an das Paradies und an die Hölle angeschlossen hat, aber das war nur ein begrenzter Prototyp, der keiner Verallgemeinerung unterworfen war. Die »generalisierte Transzendenz« erwartet also keine bewußten Existenzen des Kosmos: es wird außerhalb des Diesseits keine Bilanzen, Bestandsaufnahmen und Entlohnungen geben. Dies war die freie Entscheidung des Schöpfers.

2) *Oder* der Schöpfer selber ist auch nicht vollkommen frei, sondern handelt unter einem Zwang, sei es einer geheimen Macht, sei es in ihm verkörperter (religiöser?) Axiome, weshalb er eben so und nicht anders handeln *muß*.

Die erste Interpretation führt zu einer »behavioristischen Theologie«, deren Thesen ziemlich makaber klingen. Unter »behavioristischer Theologie« verstehen wir hier einfach die Rekonstruktion der Axiomatik der Entscheidungen in bezug auf die höchsten Werte – gestützt auf das *Verhalten* des *Starmakers*. Zwar weiß man nicht, was Er sich denkt, aber man weiß zumindest, was Er tut. Nun, ganz offensichtlich stellt Er über das Wohl der Schöpfung als Bewußtsein – die maximale Mannigfaltigkeit der geschaffenen panpsychischen Phänomene, das heißt Sein Verhältnis zur Schöpfung ist nicht von höherer Ethik, sondern *spielerisch* oder *ästhetisch* bestimmt. Er handelt nämlich so, als meinte Er, am besten wäre es dann, wenn man möglichst viel schafft, und in der Tat beweist die Bilanzierung von zwei solchen verschiedenen Universums, daß in dem einen nur das Gute herrscht, im anderen aber auch noch das Böse auftreten kann–, daß im Hinblick auf *Mannigfaltigkeit* der erste Kosmos phänomenalistisch viel ärmer ist als der zweite. Wenn also der *Starmaker* auch kein sadistischer Schöpfer ist, so wird er in jedem Fall die moralischen Kriterien von Vorgangsweisen jenen unterordnen, denen moralische Qualität fremd ist. Wichtiger ist ihm nämlich, daß es möglichst *abwechslungsreich* zugehe, als daß es der Schöpfung möglichst *gut* gehe. Er scheint also kein allwissender Experimentator zu sein. Fürwahr, in einer Welt zu leben, die einen solchen Schutzherren hat, ist ein eher mäßiges Vergnügen.

Die zweite Interpretation setzt eine Hierarchie der Götter voraus, d. h. einen *regressus ad infinitum*, weil sie die Frage aufwirft, wer die Gesetze geschaffen hat, die das Verhalten des Schöpfers regieren? Wer hat die Axiome für ihn festgesetzt? Wer hat ihm die Elemente des Guten und Bösen einverleibt? Wenn die höhere Instanz, die das getan hat, selber auch weder frei noch vollkommen war, dann muß es eine noch höhere geben usw. Stapledon, der sich einer solchen Interpretationsfalle bewußt ist, versucht einen Ausweg so zu finden, daß er die Gedankengänge zu einem Kreis schließt. Er zeigt zum Beispiel, daß der zum Untergang Verurteilte, wenn er nur geistig hinreichend entwickelt ist, dieses Ende niemandem übelnimmt, es nicht fürchtet, und der Gedanke daran bereitet ihm keine Qualen. Manche herrliche Zivilisationen unternehmen angesichts des physischen Untergangs – hervorgerufen z. B. durch die Invasion »böser«, »wahnsinniger« Welten – nicht den Versuch, gegen die Gefahr zu kämpfen, sondern sehen dem Verderben mit heiterer Ruhe entgegen. Eine solche Zivilisation, zum geistigen Umgang mit allen Bewußtseinsarten des Kosmos bereits fähig, betrachtet sich selbst als Leitmotiv in der gewaltigen Symphonie des Weltalls. Indem sie sich zu Distanz sich selbst gegenüber aufrafft, begreift sie, daß sie nur eine Note jener herrlichen Musik ist, ein kurzer Ton, obwohl zugleich konstitutiv in bezug auf das Ganze. Das ist gut als eine Metapher, nicht aber als Metaphysik. Ein solcher Standpunkt verleiht dem ästhetischen Element den höchsten Wert: Zwar ist es nicht der Untergang, der ästhetisch ist, sondern *seine Billigung*. Warum? Worin liegt ihr Wert? Mir scheint, darin, daß man: a) auf diese Weise über sich selbst (d. h. über den Selbsterhaltungstrieb) den Sieg davonträgt; b) damit Verständnis für die hervorragendsten Charakteristika der Ontischen Ordnung zeigt. Aber warum ist die Bekämpfung des Wunsches zu überleben etwas Besseres als die Bekämpfung der »hervorragendsten Charakteristika der Ontischen Ordnung«? Selbst wenn sich der Schöpfer das Weltall als Musik eingerichtet hat, warum sollen wir Ihm gerade dabei helfen, daß sie möglichst harmonisch, entsprechend einem von Ihm bestimmten Kontrapunkt sei, statt Ihm diese Musik zu verpatzen, und bei Gelegenheit uns selbst zu retten? In

Stapledons Theodizee fehlt das Element der Liebe des Schöpfers, weil dieser ein introvertierter Schizotymiker war; deshalb gibt Er, was für die Schizotymie typisch ist, kühlen ästhetischen Qualitäten den Vorrang vor der Wärme der Gefühle. Aber die charakterologische Formel, die erklärt, warum Stapledon seinen Essay so geschrieben hat, vermag die mangelnde Logik nicht auszugleichen.

Die Konzeption des *Starmakers* ist von Grund auf mit folgendem logischen Fehler behaftet: Entweder verleihen der Existenz den höchsten Wert Sanktionen, die nicht in dieser Existenz stecken, also transzendente Sanktionen – dann muß der Intellekt, der diese Sanktionen sucht, die Grenzen der Diesseitigkeit überschreiten; damit er aber widerstandslos die Höchste Instanz billigt, muß diese vollkommen sein. Vollkommenheit bedeutet nämlich für die erkennende Vernunft das Ende der Suche. Sobald wir jedoch sagen, daß das Höchste nicht vollkommen ist, stellt sich sogleich die Frage, wodurch es beschränkt wird, was die Perfektion verletzt, eine Frage also, die die Hypothese von einer noch höheren Instanz impliziert. Dann erweist sich das System, das sich kreisförmig zu einem Ganzen zusammenfügen sollte, als kein geschlossenes.

Oder aber gibt der Existenz – sie selbst einen Sinn. Dann wird jedoch alles, was sie von außen zu bevormunden sucht, alles, was diese Existenz geschaffen hat, wenn es nicht ein Spiel der Naturelemente, sondern eben bewußter Schöpfungsakt ist, zu einer einzigen Infragestellung der immanenten existenziellen Werte. Denn wirklich frei und in dieser Freiheit souverän kann nur sein, wer sich selber Ziele setzt; wurde er absichtlich geschaffen, dann konnte diese Absicht ihm gegenüber nicht vollkommen ateleologisch sein. Denn der Akt der Schaffung eines bewußten Wesens muß sich selbst seiner Sinnhaftigkeit bewußt sein. Ist er es nicht, so heißt das, daß der Schöpfer gedankenlos gehandelt hat (d. h. aufs Geratewohl, somit wertfrei). Die erste Lösung bringt uns auf die Idee angekränkelter Götter (die ich halb im Ernst in einigen Werken, u. a. in *Solaris* und im *Tagebuch* dargelegt habe). Angekränkelte Gottheiten sind geistig mehr oder minder menschenähnlich. Ihr Angekränkeltsein bedeutet vor allem

Begrenzung der Schöpfungspotenz. Diese Begrenzung muß unbedingt irgendwo untergebracht werden. Entweder in einem metaphysischen System der Hierarchie (dann sind die »immer weniger angekränkelten« die »immer höheren« Götter – und ihr Kontinuum kommt an die Perfektion der Allmacht und der Allwissenheit heran), oder in einem rein materiellen System (erster ist dann der Kosmos, der in dem für ihn charakteristischen Spiel der Elemente Wesen zeugt, die allmählich für andere Wesen zu Göttern werden können – und das ist eigentlich die antitheologische »Theologie«, denn als Höchste Instanz erweist sich dann der materielle Kosmos, der keinerlei immanente Sinngehalte besitzt).

Auf logisch richtige Art kann sich die Theodizee von den genannten Interpretationsdichotomien nicht befreien. So ist denn auch die Konzeption des *Starmakers* antinomisch, denn Stapledon will einen Kompromiß dort herstellen, wo *tertium non datur*.

Eine Analyse dieser ganzen Problematik läßt sich entweder auf der Ebene der Systemimmanenz – indem man als oberste die Idee der »Evolutions-Theodizee« untersucht –, oder auf semantischer Ebene durchführen.

Evolutionismus versuchte dem theologischen Denken Teilhard de Chardin einzuimpfen, auf den wir im Kapitel über die Metaphysik der Science Fiction noch zurückkommen werden; hier stellen wir also nur fest, daß jede Evolution Substrat und Umwelt, somit Grenz- und Randbedingungen des Prozesses voraussetzt. Zu sagen, daß Gut und Böse nebeneinander existieren, weil es anders gar nicht sein kann, und sich dabei auf anschauliche Bilder aus der Thermodynamik zu berufen, wie dies Teilhard tut, ist Kinderei. Er behauptet, ebenso wie der Motor Verbrennungsgase produziert, oder wie die Verminderung der Entropie an der einen Stelle deren Steigerung an einer anderen Stelle nach sich zieht, so trete auch in den Seinsprozessen das Böse nach dem Prinzip der »Verbrennungsgase«, also der zunehmenden Entropie auf. Aber die verheimlichte, wiewohl logisch notwendige Prämisse solcher Behauptungen ist die Auffassung, daß es einen anderen Evolutionstypus als die faktisch vor sich gehende Evolution nicht geben kann. Welch ein Unsinn vom Standpunkt der

Theodizee, wenn doch ihr zufolge der Höchste alles geschaffen hat, also auch die *Gesetze*, denen jeder Evolutionsprozeß unterliegt! Warum eigentlich hätte er einen evolutionär unvollkommenen Kosmos schaffen sollen, einen, der, wie ein aufgezogenes Spielzeug zu seinem Ziel, sich in den Windungen der Evolutionsspirale allmählich seinem perfekten Finale annähern wird? Ist denn Gott eine Art Riesenkind, das mechanische Eisenbahnen aufzieht und an ihrer bloßen Bewegung zum Zielpunkt Vergnügen findet? Eine weitere Untersuchung der (zweifellos bestehenden!) Konvergenzen zwischen der kosmopsychischen Mystik Stapledons und dem theologischen Evolutionismus Teilhards können wir uns leider nicht gönnen.

Bei Stapledon sind sowohl der *Starmaker* selbst wie auch seine Geschöpfe entwicklungsfähig. Sein Reiferwerden ist die Entstehung einer solchen Harmonie in Ihm, die sich in der totalen Harmonie der Schöpfung, im rein ästhetischen Sinne, manifestiert. Die Schöpfung wiederum muß alle Anstrengungen machen, um festzustellen, welchen Platz sie in dieser Harmonie einnimmt, und muß dieser Diagnose entsprechend vorgehen. Beachten wir, daß das Denken des Menschen im Rahmen dieser Überlegungen dazu neigt, nach extremen Richtungen auszuschlagen: entweder sagt man, das Bewußtsein sei eine winzige, rein lokale Anomalie im Kosmos, der aus einem apsychischen und vollendet leblosen Substrat besteht, und dann weiß dieser psychische Außenseiter nicht, wie er außerhalb seiner selbst, in der ihn umgebenden Materie, sein existentielles und axiologisches Daseinsrecht finden sollte; oder aber, man verkündet die panpsychische Natur der kosmischen Phänomene – und dann erweisen sich die Zivilisationen als Teilchen eines einzigen riesigen Stroms solcher Umgestaltungen, die am Ende den ganzen Kosmos in einen einzigen Supergeist verwandeln werden. Beide Standpunkte jedoch, extrem deshalb, weil sie gleichermaßen darauf verzichten, das Sein als autonome Quelle der Werte anzuerkennen, geben keine Antwort auf die Frage nach dem Sinn des Lebens. Man weiß nämlich weder, warum der Kosmos ein total lebloses System »sein soll«, mit nur einem vom Denken zum Leuchten gebrachten Punkt, noch warum er ein einziger gigantischer Supergeist »sein soll«. Was hätte eigentlich dieser Supergeist zu tun, und warum sollte seine Entstehung etwas so Vollkommenes sein, daß man es mit aller Macht anstreben sollte? Die Analyse dieser ganzen ontologischen Problematik enthüllt, daß ihr Charakter eigentlich semantisch ist. Einen Wert kann nur etwas haben, was sinnhaft ist. Sinn ist aber immer systembedingt. Wenn die ganze Welt in Immanenz keinen Sinn hat, sondern nur physisch existiert, so macht der Mensch oder ein anderes vernunftbegabtes Wesen, das sich in ihr eine konkrete Existenzweise wählt, das, was rein physische Existenz war, durch seine Tätigkeit sinnvoll, nimmt es in sich auf und eignet es sich auf diese Weise kulturell an. Werte existieren in diesem Fall dank dem Sinn, den ihnen die Kultur verleiht. Außerhalb ihrer Grenzen gibt es keine Werte, also weder das Gute, noch das Schöne, noch das Böse. In einem Zustand totaler Abwesenheit des Menschen hören die Sterne und die Atome nicht zu existieren auf, aber sie bedeuten nichts, sie repräsentieren nichts, sie sind weder schön noch häßlich, weder bieder noch monströs.

Ist hingegen das Weltall das Ergebnis eines Schöpfungsaktes, also eines intentionalen Vorgangs, dann bedeutet es genau das, was es aufgrund des Inhalts dieses Vorgangs zu bedeuten hat. Der Schöpfer kann ihm einfach nicht Sinn verleihen, ohne ihm zugleich axiologische Gradienten zu geben; kein Gerede über die Irreduzibilität unseres Denkens auf das des Schöpfers wird über dieses Problem hinweghelfen. Denn ist die Logik der Handlungen des Schöpfers tatsächlich absolut irreduzibel auf die Logik des Menschen, so muß dies *ebenfalls eine Folge des Schöpfungsaktes sein!* Somit erweist sich jener Akt gegenüber den Wesen, die er geschaffen hat, von immanenter Unehrlichkeit: denn Gott hat uns erschaffen, die Logik dieser Tat hat er aber vor uns verhüllt, für uns unzugänglich gemacht, wenn wir sie mit unserer Logik im Prinzip nicht erreichen, berühren, nachbilden können und es nie können werden. Denn dann hat die Welt für den Schöpfer Bedeutung, wir aber können diese Bedeutung auf logischem Wege nicht ergründen.

Es sei bemerkt, daß die Logik, in einem noch höheren Grade als die Empirie, eine Bombe mit Spätzündung ist, in die

Fundamente jedes Systems der transzendenten Metaphysik gelegt, die mit einem Autoritätsbegriff des persönlichen Schöpfers operiert. Um diese Systeme vor ihr zu retten, muß man einige Zeit logisch überlegen, dann aber die Logik an den Nagel hängen – andernfalls wird sie die unerträglichen Antinomien enthüllen, die im System stecken. Dasselbe anders ausgedrückt: die logische Rekonstruktion eines Systems der Metaphysik, die mit dem Begriff eines persönlichen Gottes operiert, bei Berücksichtigung der semantischen Aspekte der Sache, ist korrekterweise nicht möglich. Die Löcher und Widersprüche in dieser Logik, auf die wir beim Versuch einer solchen Rekonstruktion stoßen, füllt man herkömmlicherweise mit Liebe auf. Denn man sagt, daß wir an Gott glauben müssen, daß das in Ihn gelegte Vertrauen größer sein muß als die durch die Enthüllung der Antinomien der Doktrin hervorgerufene Beunruhigung. So gelangt der Gedankengang früher oder später notwendigerweise zu einem Punkt, wo unweigerlich das berühmte »credo, quia absurdum est« fallen muß. Mit dem Vertrauen, das man in den Schöpfer legt, muß man also alle Schwächen der logischen Rekonstruktion des Systems, das sich nicht kohärent machen läßt, überwinden. Dem traditionellen Bild des physisch fast zur Gänze leblosen Kosmos, in dem einsam kleine Funken des planetaren Bewußtseins vegetieren, hat Stapledon das Bild eines panpsychozoischen Kosmos gegenübergestellt, in dem Urnebel, Sterne, Galaxien, planetare Völker – alle zusammen durchgeistigte Existenzen sind. Die telepathische Kommunikation zwischen Milliarden Zivilisationen, Sternen, Nebeln, die sich auf dem Boden normaler, mit ihrem Leben verbundener Arbeiten in geistigen Kontakten vereinigen, erinnert lebhaft an den Umgang der Heiligen untereinander. Aber welchen Inhalt diese pankosmischen Kontakte eigentlich haben, wo sie hinführen, welchem Zweck sie dienen, darüber verliert Stapledon kein Wort mehr, er erklärt nur autoritativ, daß dies in der menschlichen Sprache nicht explizierbar ist. Wir haben also eine ortho-evolutionäre Konzeption des Panpsychismus vor uns, derzufolge ein positiver, erwünschter, guter Gradient der Entwicklung des Weltalls der »Allkontakt« aller in ihm existierenden Bewußtseinsarten mit allen ist. Und das soll eben jener höchste Wert sein, das soll jenes herrliche Produkt sein, das der Kosmos in Krämpfen von größter Mühsal und Pein langsam, in Miriaden stellarer Tätigkeiten gebiert, und auf dessen Höhepunkt er hinsteuert. Aber warum eigentlich dieses pankosmische Joga der begehrenswerte Endzustand der mühseligen kosmogonischen Evolution sein soll; warum dieser Fortschritt auf den niedrigen Stufen beginnt; warum der *Starmaker,* statt die panpsychische Harmonie gleich und direkt herzustellen, an ihren Aufbau auf solchen Umwegen, mit so furchtbaren Sisyphusmethoden herangeht – weiß man nicht. Wollte er es, oder mußte er es? Die Antwort ist Schweigen. Die also für jeden Glauben typischen Dilemmata und Antinomien hat Stapledon zu kosmischen Dimensionen aufgebauscht, hat sie von der irdischen Ebene und von irdischen Größenverhältnissen – in die Dimension eines fiktiven Weltalls gehoben, und hat auf diese Weise ein traditionelles Spiel mit nicht ganz traditionellen Figuren und Symbolen, ausgetragen. Welche Schlappe der *Starmaker* künstlerisch und intellektuell auch darstellen mag, so ist es doch ein Mißerfolg in einem titanischen Kampf. Man sieht auch deutlich den Weg nach oben, den Stapledon seit seinem Roman vom »Übermenschen« – über die Geschichte der Menschheit – bis zu seinem Werk »über die Weltgeschichte des Kosmos« zurückgelegt hat. Um uns einige Werke anzusehen, die für die moderne, im allgemeinen nicht in die metaphysische Problematik verwikkelte Science Fiction repräsentativ sind, müssen wir einige Dutzende Stockwerke hinuntersteigen. Das Buch von Stapledon steht nämlich einsam da: andere von den gleichen Positionen aus geschriebene gibt es in der phantastischen Literatur nicht. So kann er als letzte Grenze aller Fortentwicklung dienen, deren die Vorstellungskraft der Phantasten fähig ist.

Den Versuch einer Umkehrung der ontischen Kategorien der physikalisch begriffenen Welt finden wir in *The Revenant* von Raymond E. Banks. Der Planet Unus unterscheidet sich ontisch von der Erde: was immer bei uns vorgeht, schließt damit alle jene Alternativen aus, die bis zu diesem Moment probabilistisch (d. h. als Möglichkeit) existiert haben. In jener Welt ist es mitnichten so. Dort koexistieren verschiedene »Richtungen« existentieller Verwirklichungen; man begibt sich in diese Richtungen gleichsam »der Reihe nach«, oder man kann abwechselnd von der einen in die andere übersiedeln. Der Held ist von der Erde gekommen, woran er sich nur sehr nebelhaft erinnert (übrigens nicht immer). Gegenwärtig versieht er das Amt eines Richters und verurteilt gerade einen Angeklagten, der einst – auf dem Raumschiff – sein Gefährte war, aber jetzt, auf dem Unus, ein ganz anderer ist. Er versucht den Richter an die sie verbindende irdische Herkunft zu erinnern, doch vergebens. Schließlich werden die ehemaligen Erdbewohner vom Planeten durch dessen Obersten Rat entfernt. In der Erzählung macht sich die Unschlüssigkeit des Autors bemerkbar, hervorgerufen durch den logischen Widerspruch der Prämissen. Die Antinomie sieht folgendermaßen aus: wenn die existentiellen Situationen sich so verändern, daß man einmal König, ein andermal Untertan, dann wieder eine Frau sein kann, wenn sowohl die Eigenschaften der Umwelt wie die Eigenschaften des Organismus entsprechenden Veränderungen unterworfen sind (der Held weiß, als er Richter ist, daß es jetzt keine zwei Geschlechter gibt, erinnert sich aber an eine Zeit, als es sowohl diese als auch Sexualkontakte gab, ja erinnert sich sogar an die Zeit, wo Geschlechter existierten, aber keine geschlechtlichen Beziehungen), wenn das alles sich verwirklicht, so gibt es zwei Möglichkeiten: entweder man erinnert sich in den »nachfolgenden Richtungen« des Schicksals an das, was in den »vorhergehenden« vor sich ging, oder man erinnert sich nicht. Erinnert man sich nicht, dann wird die personale Kontinuität des Daseins zerstört; man kann dann nicht sagen, daß derselbe Mensch zuerst König war, dann Untertan, dann eine Frau usw., denn mit der neuen Rolle entsteht eine neue Existenz. Wenn jemand alles vergißt, was sich mit ihm vorher getan hat, so weiß er nicht, wer er früher war, er beginnt also das Leben von neuem und bereichert nicht die eigenen Erfahrungen, sondern verfügt in jeder sukzessiven Existenz nur über deren Einmaligkeit – und sonst über nichts. Soll also ein und dieselbe Person eine Reihe verschiedener Schicksale erleben können, dann muß sie ihr Erinnerungsvermögen bewahren. Genau so verfährt der Autor mit seinen Figuren. Aber die Erinnerung bewahren, ermöglicht nicht bloß, vergangene »Lebenswege« miteinander zu vergleichen, es schließt überdies auch die Gleichzeitigkeit mehrerer Schicksalswege aus. Denn was einmal geschehen ist, ist hiermit wirklich und endgültig geschehen. Alternativen können nicht gegen die Gleichzeitigkeit mehrerer Schicksalsabläufe ausgetauscht werden, weil die sukzessiven Rollen chronologisch geordnet gehören. Und es ist gar nicht gleichgültig, ob jemand zuerst Richter und dann Verurteilter, zuerst König und dann eine Frau usw. war. Nachdem die Weichen für das neue Schicksal gestellt wurden, wird dieser Jemand sich entweder zunächst inert verhalten, d. h. zur Frau geworden, wird er noch ein wenig wie der König, der er bislang gewesen war, reagieren, oder wird die neu etablierte Rolle die zuvor etablierte »Essenz« – z. B. der »Königlichkeit« – bekämpfen müssen. Das bringt die psychischen Erfahrungen durcheinander, führt aber nicht zur gleichzeitigen Erfüllung der alternativen Rollen. Der Autor vermochte nicht seinen Kopf aus dieser Schlinge zu ziehen, was mich nicht wundert. Dieses Problem läßt sich nur scheinbar bewältigen, mit Finten, die an ein Slalomrennen zwischen Toren erinnern. Borges hat es in *Lotterie in Babylon* sehr treffsicher und raffiniert angepackt, worauf wir noch zurückkommen werden. In Fällen wie dem hier besprochenen haben wir es mit einem formalen Spiel mit innerlich widersprüchlicher Axiomatik zu tun, aber ein solches Spiel kann auch mit nicht widersprüchlichen Prämissen operieren und dennoch jeglicher Wirklichkeit total entfremdet bleiben. Der »kosmische« Charakter der Problematik erweist sich dann als bloßer Schein. So ist es in der Erzählung aus der *Kyberiade – Wie die Welt gerettet wurde*. Der Konstrukteur Trurl baut eine Maschine, die alles mit dem Anfangsbuchstaben »N« machen kann. Während der Tests verlangt Klapaucius, Trurls Freund, daß die Maschine das Nichts produziere. Die Maschine macht sich an die Arbeit, zerstört der Reihe nach verschiedene Gegenstände und Phänomene. Entsetzt von der Möglichkeit der Zerstörung, gebietet Klapaucius der Maschine Einhalt. Sie stellt dann alles, was mit dem Buchstaben »N« begonnen hatte und von ihr zerstört wurde, wieder her, kann aber nicht das wiederherstellen, was mit einem anderen Buchstaben beginnt. Infolgedessen bleibt die Welt »löcherig« – mit einem Nachthimmel, auf dem nur mehr die Sterne zu sehen sind, dagegen keine Spur von den »Guajdolnizen«, die – wie man daraus schließen kann – zuvor darauf geprangt hatten. Die Erzählung ist in scherzhaftem Ton gehalten. Doch davon abgesehen, ist sie logisch kohärent, nach dem Prinzip, das für deduktive Arbeiten charakteristisch ist, bei denen man mit der Feststellung jener Elemente beginnt, aus denen sich ein bestimmtes Universum zusammensetzt. Die Erzählung hat, wenn wir uns auf den Text stützen, im Prinzip zwei Prämissen der Wiederherstellung: erstens war die Welt, die vor der Ingangsetzung der Maschine existierte, um eine Reihe von Phänomenen oder Gegenständen, genannt »Murquien«, »Ptschmi«, »Guajdolnizen« usw. reicher als die uns bekannte Welt. Zweitens hat die Maschine, die in ihren Handlungsmöglichkeiten beschränkt ist, mehr Phänomene vernichtet, als sie wiederherzustellen vermochte. Von der Welt, in der sich diese Ereignisse abspielen, kann man sagen, daß sie ausschließlich aus der Sprache konstruiert ist, d. h. sie läßt sich mit ihren Objekten auf linguistischer Bedeutungsebene nieder, so daß das Streichen eines Namens aus dem Wörterbuch gleichbedeutend ist mit der Vernichtung aller Designate dieses Namens, und so eine Wüste zurückbleibt. Die Maschine ist sozusagen die »instrumentale Ausgabe« der Zauberei, mit dem Unterschied zum Prototyp des Märchens, daß der Zauber dort gewöhnlich Einzelfolgen hat, d. h. er verwandelt jemanden in einen Stein, führt zu einem Schatz, tötet einen Drachen; hingegen stößt man im Märchen nicht auf eine Zauberei »generellen Typs«, die z. B. bewirken könnte, daß aus der ganzen Welt Not, Neid, Nichtswürdigkeit, Narrheit verschwinden, was die Maschine von Trurl eben zustande bringt. Eine solche Operation ist natürlich nur sprachlich, nicht aber sachlich möglich, und genau darin äußert sich der »linguistisch ontische Charakter« des Werks.

Man kann also mit Recht sagen, daß das System, das in diesem Buch aufgestellt wird, außerordentlich viel Ähnlichkeit mit deduktiv gebauten Systemen aufweist. Es handelt sich um eine bestimmte autonome Welt, die nur insofern an die reale erinnert, als sie sich mit ihr stellenweise *im Namen* deckt, so wie sich stellenweise – im Namen – eine Kugel, eine

Gerade, ein Kreis, ein Punkt miteinander decken, empirisch als Gegenstände und mathematisch als geistige Objekte verstanden. Wir haben uns länger bei dieser Erzählung aufgehalten, weil sie ihre ontische Natur offen hinlegt, d. h. gar nicht vorgibt, sich auf die reale Welt zu beziehen. Es wäre daher Unsinn, meine Erzählung als ein Werk zu bezeichnen, das die Astrotechnik zum Thema hat (da die Maschine, die alles mit »N« herstellt, im Laufe ihrer Tätigkeit unter anderem den ganzen Kosmos umgemodelt hat).

Space Fiction und die Strukturen der Erzählung

Man kann allgemein sagen, daß die Mehrheit der Werke der Space Fiction sich nicht auf die reale Welt (auf den realen Kosmos) beziehen, und der Unterschied zwischen ihnen und der Erzählung *Wie die Welt gerettet wurde* liegt darin, daß letztere ihre existentielle Irrealität (als deduktiv verstandene Leere) deutlich kundtut, die typischen Werke der SF hingegen diese oder ähnliche Tatsachen tarnen. Aber so wie es nicht den geringsten Sinn hätte, die Perspektiven der Astrotechnik ernsthaft aufgrund der Maschine, die alles macht, was den Buchstaben »N« hat, zu erwägen, so hat es gewöhnlich auch keinen Sinn, die realen Perspektiven der Kosmonautik, des Kontakts stellarer Zivilisationen usw. aufgrund der Werke der Space Fiction zu erwägen. Übrigens ist dieser Aspekt auch für viele Texte der nicht-kosmischen SF charakteristisch. So z. B. wird dem Motiv des »Ghouls«, des Vampirs, typisch insbesondere für die minderwertige Science Fiction, der Anschein des Empirischen gegeben, indem man entweder ein kosmisches Tier mit den Eigenschaften des mythischen Ungeheuers ausstattet oder diesem bescheinigt wird, daß es »einer Mutation entspringt«. So gelangen wir zu der unwiderlegbaren Schlußfolgerung, daß die Kluft, die angeblich die Texte der Phantastik von denen der Science Fiction trennt, nicht existiert, weil die Phantastik in der Science Fiction schrittweise durchgeführt werden kann. Die Unterschiede zwischen diesen zwei Arten von Literatur sind typisch statistischer Natur. So haben wir zum Beispiel in *Sarahs Haus* von Stefan Grabinski Umstände, die typisch dafür sind, wie das neunzehnte Jahrhundert Geistererscheinungen zu konstruieren pflegte: ein einsames Haus, eine rätselhafte Geliebte, die ihrem männlichen Opfer so lange das Lebensfluidum aussaugt, bis er sich schließlich in eine in der Luft schwebende Wolke aus Ektoplasma verwandelt. Bei J. Sharkey dagegen in *Trade In* erfährt ein Mann, dem die Zähne wackeln, beim Zahnarzt, als der eine Röntgenaufnahme von seinem Kiefer macht, daß er das Skelett eines Greises hat – das zeigt die Aufnahme! Seine Frau ist ein Vampir, aber statt der Flüssigkeit saugt sie ihm die Lebensenergie aus. So hat sich unter dem Einfluß der gewandelten literarischen Tradition, die nach Modernisierung strebt, zusammen mit den Requisiten das Vokabular geändert. Eine andere Erzählung wiederum, *Lover When You are Near Me*, die bereits als »normale« Science Fiction gelten will, zeigt ein den Helden, einen Menschen, auf einem anderen Planeten verfolgendes weibliches Monster, das dem Unglückseligen mit einer in der Intention erotischen »telepathischen Aggression« zu Leibe rückt. So führt die Gradation der Verwandlungen schrittweise von der Gespenstergeschichte bis zur pseudo-empirischen »wissenschaftlichen Phantastik«.

Der statistische Charakter der Unterscheidung zwischen gattungsmäßig unterschiedlichen Spielarten der phantastischen Literatur macht den Plan, exakte Kriterien aufzustellen, die stets – und allgemein anwendbar – die Klassifizierung der genealogischen Zugehörigkeit eines konkreten Textes gestatten würden, zu einem hoffnungslosen Unternehmen. Denn wenn wir das Niveau der Anforderungen, die der Verismus postuliert, entsprechend erhöhen, wird sich nicht nur die Mondtrilogie von Żuławski aus einem wissenschaftlich-phantastischen Werk in ein allegorisches Märchen verwandeln, ein ähnliches Schicksal würde auch eine andere Trilogie erleiden, nämlich die von Sienkiewicz, die, wenn man an sie hohe Anforderungen in bezug auf die realistische Nachbildung historischer Erscheinungen stellt, sich auch als ein Werk der Phantastik erweisen müßte. Das hebt das in den ersten Kapiteln präsentierte Schema der durch den ontologischen Rahmen begründeten Gliederung nicht auf, sondern führt nur eine Korrektur im Hinblick auf den gattungsmäßigen Indeterminismus der Werke ein. Das dort festgelegte Schema steht zu den faktischen Zuständen ungefähr in demselben Verhältnis, wie das der deterministischen Schemata der klassischen Physik zur Generalisierung der nichtklassischen Quantenphysik.

Die genetische Verwandtschaft einer Menge von SF-Werken mit konterempirischen Paradigmata wird am leichtesten durch die strukturelle Gesamtanalyse der Texte aufgedeckt; sie enthüllt, wie gewisse Märchenmotive in die Science Fiction hinübergewandert sind, z. B. das Motiv der »Besessenheit« oder der »Heimsuchung« (früher ist ein Dämon, der Teufel, in den Körper des Menschen geschlüpft, jetzt, in der SF, ist es der »Agent« eines anderen Planeten, ein mächtiger Telepath usw.), das eskapistische Motiv (die Reise in die Utopie, also ins »Nirgendwo«, verwandelt sich in die Reise zu einem wunderbaren Planeten), das Motiv der »Schönen und der Bestie« (die Bestie ist jetzt meist ein Androide, ein Roboter, ein Mutant, ein Gesandter der bösen »Anderen«).

Die gleichermaßen offensichtliche Epigonenhaftigkeit der Erzählstruktur verwischt sich, wenn die übernommenen Muster innerhalb der SF selbst starken und vielfachen Umarbeitungen unterzogen werden. Als Beispiele von zwei längeren Werken, die keine Plagiate sind, führen wir *Blood Bank* von W. Miller junior sowie *Stars My Destination* (dt.: Die Rache des Kosmonauten) von A. Bester an. Sie sind für die Space Fiction typisch, und werden auch zu deren Spitzenleistungen gezählt.

Hier *Blood Bank* von Walter Miller:

Epoche der galaktischen Flüge. Die Erde an der Peripherie der Galaxis; die Handlung beginnt auf einem anderen Planeten. Trocken und sachlich wird der Verlauf einer Ermittlung gegen den Kommandanten eines Patrouillenschiffs beschrieben, dessen Aufgabe es war, eine Schmugglerbande unschädlich zu machen, und das ein anderes, ein irdisches Schiff zerstört hat (welches Blutplasma und Rettungsmittel für die Opfer einer Katastrophe in einem bestimmten Sternensystem geführt hat), weil dieses Sanitätsschiff, aufgefordert, sich einer Kontrolle zu stellen, statt zu stoppen zu fliehen versuchte. Hier ein typisches Beispiel des »kosmischen Jargons« aus den

Aussagen des Kommandeurs, der wegen seines Vorgehens seiner Funktion enthoben und degradiert wird:

»Der Flug war ausgelost worden. Wir starteten (›we blasted off‹) von Jod VII um dreizehn Uhr der Universalen Patrouillenzeit und schalteten auf die Komponente C um. Wir traten in ein Zehntausendstel der Komponente ein. Zum Kontinuum kehrten wir aus dem äußeren Strahl der Patrouille auf 36 Grad Theta und 200 Grad Psi zurück. Mein Navigator hat gewürfelt, um den Kurs durch Auslosung zu wählen. Wir setzten entlang der Koordinate der Schale in dreißig Theta fort ... usw.«

Die technischen Daten des Flugs sollen die Situation wirklichkeitsnah machen; und so sieht die Galaxis aus, als die Rakete in Verfolgung des irdischen Raumschiffs sich auf immer »höhere« Niveaus (»der Schale«) des Kontinuums erhebt:

»Die Komponenten unserer kugelförmigen Sternenanhäufung auf diesem Niveau waren eine Gaswolke im Kollaps. Sie zogen uns auf das Viertel C hinab; der Großteil der Galaxis war schon im Zustand der roten Zwerge. Ich glaube, schon damals erkannten sie, daß sie nicht entkommen werden ...« usw.

Wenn das nicht verständlich ist, sollte man beachten, daß es nicht wirklich verständlich sein sollte (und kann), weil Flüge im Hyperkontinuum und deren Navigationstechnik eine Fiktion sind, die man in einer anständigen SF nicht erklärt; man nimmt, im Gegenteil, an, daß der Leser selber »alles Nötige weiß«. Dem Neuling möge ein weiteres Zitat helfen (die Beschreibung des Übergangs von der Unter- zur Übergeschwindigkeit):

»Der Übergang begann als blaue Verschiebung des Sternenlichts. Langsam leuchteten in der Ferne mattrote Sterne auf, verblaßten, bis sie aufflammten wie Myriaden Schweißungslichtbogen in einen schwarzen unterirdischen Raum. Sie waren nicht identisch mit den Sternen des gewöhnlichen Kontinuums, sondern bildeten einen Schub derselben Sternmassen auf höhere C-Niveaus (C-Lichtgeschwindigkeit – S.L.) des Fünfraums, wo die Lichtgeschwindigkeit allmählich wuchs, in dem Maße, wie der »Idiot« (Name des Raumschiffs – S.L.) sich auf

die höhere Komponente C aufschwang. Schließlich schloß er das Bullauge, weil die Sterne unerträglich brannten, als ihr Licht sich in das Band des Ultravioletts und der X-Strahlen verschob. Er warf einen Blick auf den fluoreszierenden Bildschirm. In den Sternmassiven leuchteten Supernovas auf, und das ganze Kontinuum schien in einem blauen kosmischen Kollaps in Richtung des Schiffs zu versinken.«

Der degradierte und des Dienstes enthobene Kommandant Roki will sich, um die Vorwürfe zu entkräften, ins Sonnensystem begeben, aus dem das im Patrouillenflug zerstörte Sanitätsschiff gekommen war. Dank der privaten Hilfe eines seiner ehemaligen Vorgesetzten erhält er das Recht, mit einem alten Überlichtgeschwindigkeits-Frachter – eben dem »Idioten« – zu fliegen, dessen ganze Belegschaft aus einer Frau besteht, einem jungen, brutalen weiblichen Wesen vom Planeten Daleth. (Alle Figuren sind Menschen, d. h. späte Nachkommen von Menschen, in denen nur eine ganz schwache Erinnerung an die gemeinsame Herkunft von dem kleinen Planeten am Rande der Galaxis flackert.) Ein auf dem Kurs des »Idioten« liegender Hafen ist der Planet Tragor III. Es kommt zu mehreren Kollisionen und Reibungen (zwischen Roki und der Dalethanerin, zwischen ihnen und der Belegschaft des Kosmodroms auf Tragor, denn nach der dortigen Sitte muß das weibliche Geschlecht das Gesicht mit einer Art Tschartschaf [Schild aus Roßhaar] verschleiern, und überdies im Zusammenhang mit einem Defekt der Synchronisatoren des Atommeilers und einer für die Reparatur erforderlichen Wartezeit auf Tragor). Auf den Pisten des Kosmodroms steht in der Nähe des »Idioten« ein irdisches Raumschiff, ein gleiches wie das auf dem Patrouillenflug zerstörte, ebenfalls mit den großen Sternen der Sanitätsschiffe bemalt (»mercy ship«).

Man stößt auf Aussprüche von der Art: *»Das Leben versucht zuerst die Sterne zu erreichen, indem es auf Bäume klettert, und weil das nicht hilft, kriecht es wieder herunter und erfindet den ›C-drive‹, den Überlichtgeschwindigkeits-Antrieb.«* Ein Solarier (d. h. ein Mensch aus dem »alten« Sonnensystem), den der Kommandant Roki in einer Bar kennengelernt hatte, attackiert diesen nachts auf einer einsamen Straße: Der Kommandant tötet ihn in Notwehr. Der Grund, warum Roki es wagte, das irdische Sanitärschiff zu zerstören, war sein heimlicher Verdacht, daß es auf ihm nicht mit rechten Dingen zugeht. Die Erde exportiert Jahr für Jahr soviel Blut, menschliche Organe und Körpergewebe für Transplantationen, daß die Gesamtmasse einigen Millionen Menschen entspricht: woher stammen so riesige Mengen dieses Rohstoffs? Das eben will Roki auf eigene Faust ergründen.

Indessen starten die Solarier von Tragor aus, entführen dabei heimtückisch die Dalethanerin, und als Roki das erfährt, nimmt er auf dem Deck des alten »Idioten« die Verfolgung auf. Er knüpft Radiokontakt mit dem Sanitärschiff an, bereit, »Informationen, die er besitzt«, gegen die Entführte auszutauschen. Das ist eine Finte, um auf jenes Schiff zu gelangen. Roki blufft, er besitzt nämlich gar keine Informationen. Beide Schiffe werden in der Leere aneinander festgemacht: der wehrlose Roki erklärt schon an Deck des Sanitärschiffs, daß die Klappenverschlüsse seines »Idioten« mit einem Reaktor verbunden sind; ebenso der Manometeranzeiger des inneren Drucks; er kann weder die Schiffe voneinander trennen, noch den Rumpf durchschneiden, um so ins Innere zu gelangen, weil die Explosion beide Schiffe zugleich zerstören würde; wenn sie überdies Roki nicht freilassen, wird der Aktivator in zehn Minuten selbst die Explosion auslösen; nur Roki kennt das Codesignal, das die Zündung verzögert. Das gibt ihm eine bessere Verhandlungsposition. Als man mit der Androhung von Foltern den Signalcode aus ihm herauspressen will, ist Roki sofort bereit, ihn preiszugeben: aber dieser Code basiert auf dem kofischen (vom Namen seines Heimatplaneten) numerischen System, das man (um sich seiner mit der jetzt unentbehrlichen Schnelligkeit zu bedienen) von Kind auf geübt haben muß. Jetzt kommt der Pferdefuß hervor: auf dem »Sanitätsschiff« befindet sich die »Ware« – Menschen, die für Blut und Fleisch bestimmt sind; das ist die Exportware der Solarier (aber, wie sich jetzt zeigt, sind die Solarier keine Menschen; sie halten sich denn auch für keine Kannibalen; Sol befaßt sich jetzt mit der Zucht dieser »Ware« – es hält die Menschen, die auf der Erde verblieben sind, in Gefangenschaft). Dank seiner Geschicklichkeit und der Hilfe des Mädchens bezwingt schließlich Roki das irdische Schiff: die solarische Belegschaft wirft er in den Raum, in dem zuvor Menschen als Schlachtvieh gehalten wurden. *Blood Bank* ist eine »long short story«, die es verdient, wiedergegeben zu werden, weil sie repräsentativ ist. Den Rahmen bildet ein Inversionsschema: zu Beginn der Handlung erweist sich der Held als eine Art Mörder aus Diensteifer – er hat nicht nur ein Schiff mitsamt dessen Belegschaft zerstört, zugleich hat er Tausende Menschen zum Tod verurteilt, die nach einer Naturkatastrophe auf Plasma, Blut, Verbände warten. Am Ende erfahren wir, daß der »Einsatz«, der dem gegenüberstand, das Leben von Millionen Menschen war, die Jahr für Jahr wie Vieh hingeschlachtet wurden. Die Motive für das Vorgehen des Helden erfahren wir nicht gleich (Retardierung). Seine Absicht, sich allein auf die Erde zu begeben, um das Rätsel zu lösen, ist eine Art Selbstmord, was er und alle ihm Nahestehenden (d. h. seine Kollegen vom Patrouillendienst) wissen, aber – das verlangt der Ehrenkodex des Planeten Kofi, von wo der Held stammt (das ist eine Anleihe von deutlicher Ähnlichkeit zum Kodex der japanischen Samurais: der Entehrte muß Selbstmord begehen, außer es gelingt ihm, sich von den gegen ihn erhobenen Anschuldigungen reinzuwaschen). Die Gestalt der Dalethanerin, Eigentümerin und Pilotin des alten Frachters zugleich, ist ein auf der Grundlage primitiven Gegensatzes konstruiertes Schema (äußerlich hart, raucht Zigarren, forsche Bewegungen, das brutale Vokabular der »kosmischen Matrosen«, aber ein gutes Herz, eine Art von Mut, wie sie oft bei Frauen anzutreffen ist, Sensibilität, sorgfältig hinter der Maske des »Weltraum-Seewolfs« verborgen). Das Leben auf dem Planeten wird von einem Schema bestimmt, das die Science Fiction aus dem Hafenleben großer Seestädte übernommen und auf ihre Art umgemodelt hat (statt Seeleute aus aller Herren Länder – Wesen von verschiedenen Planeten; Spelunken, Bars, verdächtige Geschäfte, irgendso eine Schmuggelgeschichte, irgendso eine Leiche im Kanal, ein »kosmischer Umschlagplatz«, alles das grell, reich, korrupt, unterschwellig spürt man den Kampf zwischen Verbrechern und Polizei usw.). Als gelungen kann man die Einbindung erfundener technischer Einzelheiten und Berufsgeheimnisse in die Handlung betrachten; das Duell zwischen Roki und den Solariern wird mittels Signalcodes ausgefochten, die von den an einen Reaktor angeschlossenen Computern empfangen werden, die Verfolgung hängt mit Phänomenen der Einschaltung des »C-Antriebs« zusammen, mit Schwankungen der Schiffsmasse, und der spätere Kuhhandel ist eigentlich ein kosmisches Entern, kompliziert durch die erpresserische Drohung mit der Vernichtung. Man muß loyalerweise zugeben, daß von einem gewissen Niveau an Eklektik und Plagiat zur Entstehung neuer Qualitäten führen. Sicherlich sind nicht alle Elemente der Landschaften, und auch der beruflichen Reaktionen, der Verhaltungsweisen der »Schiffswachen«, »Piloten«, »Navigatoren« einfach bloß aus der Schiffahrt übernommen. Sie bildete wohl den Ausgangspunkt, aber die schrittweisen Umarbeitungen haben ihr eine Autonomie verliehen. Ist doch auch die Arbeit der Flieger jener der Matrosen ähnlich, aber sie sind nicht identisch. Das ist das Feld, auf dem die Science Fiction glänzen kann. Im letzten Jahrhundert scheint das Interesse der Literatur für jene menschlichen Eigenschaften, die stark mit der Ausübung konkreter Berufe verknüpft sind, abgenommen zu haben. So wird denn auch bereits bei Tolstoi das Verhalten seiner Gestalten nicht durch den Beruf im engeren Sinne bestimmt, sondern durch die soziale und Klassenposition im erweiterten Sinne; diese letzteren Bedingtheiten, nicht aber berufliche, sind im realistischen Roman die Triebfedern der zentralen Konflikte. Im allgemeinen aber: in einer Welt mit starren Berufskonstellationen, mit verfestigter Klassentrennung, erlaubt nur eine seltene und außergewöhnliche Meisterschaft innerhalb einer ausgewählten Gruppe von Fachleuten manchmal den Übergang von einer gesellschaftlichen Schicht zu einer anderen, höheren. So können z. B. Künstler manchmal aufsteigen. Wenn dagegen der Roman Berufe exponiert, die nach den Begriffen einer solchen relativ immobilen Kultur »originell« sind – z. B. Seeleute, Ärzte –, so handelt es sich gewöhnlich um ein Werk, das ein bestimmtes Milieu, bestimmte Sitten schildert, oder um einen Abenteuerroman. Und es bedurfte erst eines Schriftstellers wie Joseph Conrad, damit die von ihm geadelte »Ontologie der Seeleute« mit jenem keinerlei Berufe berücksichtigenden Herangehen der Literatur an das Leben gleichzog. Die Prosa entwickelte sich in Richtung der Betrachtung des »Menschen an sich«, nicht aber des Menschen als Chirurg, als Flieger, als Ingenieur; nach dieser vordergründigen Einstellung galt die Persönlichkeit als eine Art unveränderliche Größe, der Fachstudien, der gewählte Beruf, die ihm eigenen Methoden und Rituale des Handelns sozusagen von außen nur ihre besonderen, im Verhältnis zu Charakter und Moral zweitrangigen Merkmale aufprägen. Aber die wachsende Beschleunigung technologischer Änderungen bringt auch beschleunigte Perturbationen kultureller Einstellungen mit sich, manche traditionelle annulliert sie, andere unterwirft sie starken Veränderungen, und neue Berufe sind zuweilen mehr als nur neu erworbene manuelle Fertigkeiten: das sind neue *Lebensmillieus,* die im Menschen nicht nur instrumentale Qualifikationen hervorbringen, sondern ihm auch bisher ungekannte Qualitäten der Existenz eröffnen können. Die Epik gibt uns, wenn wir zurückblicken, nicht nur über eine Theorie des Menschen Bescheid, die nie so deutlich dargelegt wurde, wie wir es tun, und dennoch die Literatur formt. Nach dieser Theorie ist jeder Beruf vor allem etwas Äußerliches. Man kann ihn zwar und soll ihn sogar im Werk wahrnehmen, ihn aber gleichsam mit Röntgenstrahlen beobachten: man soll über ihn hinaus blicken, denn das Berufliche ist die oberflächliche Schicht, die »Essenz« des Menschseins verbirgt sich tiefer. Welches immer die Richtung ist, in die ein konkreter Beruf Ungestüm und Gefühl, Ambition und Talente lenkt, sie artikuliert nur in der dem Fach eigentümlichen Syntax Inhalte, die in ihrem Ursprung ihm gegenüber völlig souverän sind. Im Kern der Menschlichkeit stecken Invarianten, und die Berufe – als gesellschaftlich wichtige Rollen – sind Matrizen, deren prägende Wirkung nicht bis zu jenen Invarianten reicht. Als die Psychoanalyse zur Leitlinie für eine Vielzahl literarischer Tätigkeiten wurde, hat sie diesen Standpunkt noch verfestigt.

Vielleicht ist das wirklich so, vielleicht ist es aber nur ein Scheinproblem; die Verifizierung oder Falzifizierung der in dieser Raffung ausgedrückten »Theorie des Menschen« interessiert uns momentan nicht. Es handelt sich darum, daß sie in der Praxis alles, was in irgendeinem Beruf seine autonome Charakteristik, also lokale Exotik war, aufgehoben und auf einen zweitrangigen Platz in der Kunst verwiesen hat. Gewiß, wenn man instrumentale Fertigkeiten übergeht, weil man sie für im Grunde ziemlich zufällige Maskierungen des »Wesens der Menschlichkeit« hält, dann schenkt man ihnen gerade nur soviel Beachtung, als für die Erhaltung der Fülle – oder des Anscheins der Fülle – der anthropologischen Darlegung unbedingt notwendig ist. In diesem Falle wird jemand, der sich analytisch und eindringlich mit den Qualitäten des Berufs befaßt, als schlechterer Künstler angesehen. Es kann kein Zufall sein, daß im Antiroman der Beruf des Helden nicht die geringste Bedeutung hat. Der eine ist Handlungsreisender, ein anderer Beamter, ein dritter Journalist – was macht das schon aus? Jeder muß gesellschaftlich irgendwer sein, aber das hat mit seinem Innenleben, seinem Charakter, mit seiner Persönlichkeit und ihrer Dramatik nichts gemein.

Auf diese Weise wurden die Eigentümlichkeiten einer historischen Periode verabsolutiert. Indessen bedeutet das Aussterben einer großen Gruppe von Berufen, z. B. mit der Seeschiffahrt verbundener, nicht nur, daß edle Karavellen und Brigantinen in die Lagerräume von Museen verfrachtet werden. Es ist zugleich der Untergang eines riesigen Universums von untrennbar mit diesen Berufen verbundenen Erlebnissen und Empfindungen, von Haltungen, die gegen keine anderen austauschbar sind. In diesem Sinn bedeutet das Ende einer gewissen Technik zugleich quasi das Ende gewisser geistiger Potenzen des Menschen. Sie werden vielleicht anders in die neue Technik eingebunden, anders ausgenutzt, geformt, jene ihre Gestalt jedoch, die unlösbar in gerade jenem Beruf verwurzelt war, wird für immer untergehen. Weil die Aufeinanderfolge zivilisatorischer Formationen und die mit dieser Bewegung verbundenen beruflichen Umwälzungen – der Tod der einen und die Geburt der anderen Berufe – bisher die Sphäre der Kunst nicht berührt haben, denn wenn sich auch die soziale Stellung des Künstlers ändert, so ändern sich nicht unbedingt die Erlebnis- und Empfindungsqualitäten der typisch künstlerischen Schöpfung, weil – konkreter ausgedrückt

– keine der Störungen, die für die Evolution der Spezialisierung charakteristisch sind, die Grundlagen des literarischen Schaffens, seine spezifischen kreativen Hervorbringungen berührt, haben die Schriftsteller diesen Zustand als einzigen und natürlichen akzeptiert. Daher sind ihnen die Phänomene des Sterbens und Entstehens aller Berufe doppelt fremd; zunächst, weil die differenzielle Wesentlichkeit der Berufe durch die wertende Norm der Epik, wie schon gesagt, aufgehoben wird, und zweitens, weil die Literaten am eigenen Schicksal keinerlei derartige Störungen erfahren. Das Verhältnis »Essenz-Existenz« bleibt daher in der Literatur unangetastet. So müßte denn im Grunde genommen in Thomas Manns *Doktor Faustus* sich nicht viel ändern, sollte sich die Handlung des Romans nicht in der ersten Hälfte des 20. Jahrhunderts, sondern z. B. vor dem Hintergrund des deutsch-französischen Kriegs aus den siebziger Jahren des 19. Jahrhunderts abspielen. Der Teufel könnte genauso Leverkühn in Versuchung führen, und der preußische Dünkel könnte einen ähnlichen Ausdruck der Verdammung in Zeitbloms Worten finden, und der Schluß könnte unverändert bleiben (nur die Schilderung der Musik, und über sie – des Dilemmas der Kunst müßte einigen Veränderungen unterzogen werden). Kann man sich hingegen Conrads Werk auf beruflicher Ebene so verlagert vorstellen, daß seine Helden nicht Seeleute wären, sondern z. B. Eisenbahner? Dasselbe gilt für Saint-Exupéry. Aber gerade diese beiden Autoren stehen in der Literatur eher vereinzelt da, und ungemein charakteristisch scheinen mir die Angriffe zu sein, denen das Werk Saint-Exupérys nach wie vor ausgesetzt ist (kurz gesagt, proklamieren diese Anwürfe die Banalität seiner Bücher, die nur dadurch den Anschein der Originalität gewinnen, daß die Banalitäten von einem Flieger, also einem Menschen mit einem *exotischen* Beruf ausgesprochen werden). Ein Zoïl kann zuweilen im Sediment der philosophischen Reflexion dieser Werke Binsenweisheiten ausfindig machen; wir sind bereit, ihm so weit zu folgen. Doch ist darin die Reflexion über die Arbeit des Piloten enthalten, die das enthüllt, was den professionellen Künstlern immer verschlossen bleiben muß. Je unzuverlässiger eine Technik ist, desto größer muß der Beitrag der Menschen zu ihr sein, nicht als physische Anstrengung verstanden, sondern als Unvermeidlichkeit des immer gegenwärtigen Risikos, als Anpassung an den Zustand der beständigen Bedrohung. Eine solche Situation des typischen Spiels mit der Natur ist eine ganz andere als die Situation des Kampfes mit einem persönlichen Gegner, weshalb der Pilot der alten Postflugzeuge nicht mit einem Frontsoldaten gleichgestellt werden kann. Flieger und Seeleute sind nicht aus anderem Holz geschnitzt als jeder andere Mensch; sie sind weder Desperados, noch übermenschliche Helden. Zugleich aber liefern ihnen die Berufe, die sie gewählt haben, außer der Möglichkeit der Katastrophe Werte, die einen Teil der ganzen Summa der menschlichen, zivilisatorischen, erlebnismäßigen Errungenschaften einer bestimmten Epoche ausmachen. Indessen beruht alles, was Conrad und Saint-Exupéry erreicht haben, darauf, daß sie den Clerks von Julien Benda, den Intellektuellen im Elfenbeinturm, erklärt haben, daß ein Pilot und ein Seemann *auch* ein tieferes Innenleben haben können, daß *auch* sie Zwiespalt und Ergriffenheit *selbst* in ontologischer Dimension erfahren.

Die Erstarrung der Wertbegriffe, zu der die Literatur gelangt ist, hat dazu geführt, daß wir eine Meldung, Sartre oder Bellow oder Butor hätten vor, einen Roman über einen Kosmonauten zu schreiben, als komischen Unsinn behandeln würden. Dagegen würde uns völlig sinnvoll die Nachricht scheinen, daß einer von ihnen einen Roman über einen Paranoiker oder eine Nymphomanin schreibe. Nicht wahr? Denn gemäß den Entscheidungen über literarische Werte ist die Exotik des Berufs a priori »schlechter« als die Exotik des Wahnsinns. In letzterem konzentrieren sich die spezifischen menschlichen Qualitäten angeblich in phänomenal geraffter Form. Die von der Praxis der Spitzengruppe der Prosa implizierten Anschauungen könnte man folgendermaßen zusammenfassen: »Ein Spezialist ist in geringerem Grade Mensch als die normale Person, hingegen ist ein Verrückter es in einem viel höheren Grade!« So wäre denn für einen ambitiösen Schriftsteller ein kosmonautisches Thema nur in der Version eines Menschen interessant, der *in puncto* Kosmonautik irrsinnig geworden ist.

Indem wir diese ziemlich lang geratene Abschweifung beschließen, stellen wir noch einmal fest, daß *Blood Bank* ein brauchbares, aber kein überragendes Werk ist. Es zeigt eine vor dem kosmischen Hintergrund nach den Regeln der Science Fiction ausgetragene Partie (und nicht nur nach den von W. Miller aufgestellten Regeln – denn weder das Kolorit der Kosmodrommilieus, noch die Technik der Lichtantriebe, noch die Menge anderer Requisiten hat sich dieser Autor ausgedacht: er übernahm parate Handgriffe und adaptierte sie an seine Thematik; die Requisitenkammer der Phantastik steht allen einschlägigen Autoren offen). In der Struktur von *Blood Bank* erkennen wir die Muster: a) des Kriminalromans als Erzählung, die gewisse Ereignisse rekonstruiert (Roki rekonstruiert die Umstände der Tat, denen er seine Degradierung verdankt, und die Wirksamkeit dieser Rekonstruktion ist gleich groß wie sein Sieg, d. h. seine Entlastung); b) eines Abenteuerromans (Entführung der Dalethanerin, Verfolgung, die dramatischen Verhandlungen, Erpressungen, Raufereien, Morde; c) Elemente, die der Realität entnommen sind (das Motiv des *technisch* nutzbar gemachten und in planetarem Ausmaß realisierten Genozids). Unter solchen Umständen kann sich der Schriftsteller nur durch formale Meisterschaft auszeichnen. Seine Aufgabe ist die optimal geschickte Anordnung des belletristischen Materials; begriffliche Bezugsfelder existieren eigentlich nicht (der moralische Aspekt des Genozids ist genauso ein Vorwand wie der Aspekt des Verbrechens im Kriminalroman: »Die Gerechtigkeit siegt« – und das ist alles). Ein *solches* Spiel reduziert sich also auf eine sensationelle Handlung, die aus dem traditionellen Raum in den kosmischen verlegt wurde. Mag sein, daß es nicht mehr einfach der »Pseudokosmos« der Erzählungen ist, in denen man die Motorräder der »Anderen« aufißt und »ihren« Brennstoff dazu trinkt, aber es ist weiterhin eine Sphäre, in der Pseudofiguren und Pseudoprobleme auftreten. Unkonventionell ist nämlich nur der Hintergrund der Handlung und die Technik, die ihre Entwicklung unterstützt; alles andere kann man getrost auf kriminell-melodramatische Quellen zurückführen, womit man der Erzählung (durch Abwertung) kein Unrecht antut.

Man kann jedoch auf diesem Weg in bezug auf bewiesenes

Können weitergehen; und als letztes Resultat, als Gipfel, wollen wir *Stars My Destination* (dt.: die Rache des Kosmonauten) von A. Bester vorweisen. Hier Auszüge aus dem Prolog:

»Man untersuchte den Jaunte-Effekt mit schonungsloser Gründlichkeit. Er war von zu großer Bedeutung, als daß man ihn mit Samthandschuhen anfassen durfte, und außerdem lag Jaunte daran, seinen Namen unsterblich zu machen. Er setzte ein Testament auf und verabschiedete sich von seinen Freunden. Jaunte wußte, daß er in den Tod ging, weil seine Kollegen entschlossen waren, ihn umzubringen. Daran bestand kein Zweifel.

Zwölf Psychologen, Parapsychologen und Neurometristen verschiedener Fachsparten wurden als Beobachter hinzugezogen. Die Wissenschaftler sperrten Jaunte in einen unzerbrechlichen Kristalltank. Sie öffneten ein Ventil, durch das Wasser in den Behälter strömte, und ließen Jaunte zusehen, wie sie den Ventilverschluß zerstörten. Es war unmöglich, den Tank zu öffnen; und es war unmöglich, das Wasser abzustellen. Ihre Theorie ging dahin, daß man, hätte es tatsächlich der Todesgefahr bedurft, um Jaunte zur Teleportation zu veranlassen, ihn eben wieder in eine solche Situation bringen müsse. Der Tank füllte sich langsam. Jaunte begann zu ertrinken. Und dann stand er plötzlich draußen vor dem Tank, pudelnaß und hustend. Er hatte abermals teleportiert.

Die Fachleute examinierten und untersuchten ihn. Sie studierten Röntgenbilder und Kurven, Nervensysteme und Stoffwechsel. Und allmählich ahnten sie, wie Jaunte die Teleportation vollführt hatte. Insgeheim ließen sie nach Selbstmordkandidaten suchen.

Man informierte die Freiwilligen gründlich. Jaunte erklärte ihnen, was er getan hatte und wie er es getan zu haben glaubte. Dann begann man die Freiwilligen zu ermorden. Keine der Versuchspersonen zweifelte daran, daß ihr der Tod bevorstand.

Achtzig Prozent der Freiwilligen starben; aber zwanzig Prozent jaunteten (der Name wurde fast augenblicklich zum Begriff).

›Gebt uns die alten, romantischen Zeiten wieder‹, klagten

die Romantiker, ›in denen man noch sein Leben aufs Spiel setzen konnte!‹

Die neue Kunst verbreitete sich schnell. Gegen Ende des ersten Jahrzehnts des vierundzwanzigsten Jahrhunderts waren alle Grundregeln des Jauntens gefunden, und Charles Fort Jaunte persönlich eröffnete die erste Schule. Er war damals siebenundfünfzig, bereits unsterblich und schämte sich zuzugeben, daß er nie wieder gejauntet war. Doch die primitiven Zeiten waren vorüber; es war nicht mehr notwendig, mit dem Tode zu drohen, um jemanden zum Teleportieren zu bringen. Der Mensch hatte gelernt, eine weitere Fähigkeit seines unerschöpflichen Geistes zu erkennen, zu trainieren und zu nutzen.

Wie aber teleportierte man eigentlich? Eine der unzulänglichsten Erklärungen hierzu lieferte Spencer Thompson, Publicity-Manager der Jaunte-Schulen, in einem Presseinterview:

THOMPSON Mit dem Jaunten ist es wie mit dem Sehen. Es ist eine angeborene Fähigkeit, die fast jeder menschliche Organismus besitzt. Aber sie kann nur durch Training und Erfahrung entwickelt werden.

REPORTER Sie wollen behaupten, daß wir ohne Training nicht sehen können?

THOMPSON Anscheinend haben Sie keine Kinder.

REPORTER Ich verstehe nicht ganz.

THOMPSON Nun, jeder, der einmal beobachtet hat, wie ein Kind lernt, seine Augen zu gebrauchen, wird mich genau verstehen.

REPORTER Aber was ist denn nun Teleportation?

THOMPSON Die Kunst, sich durch die Kraft des Gedankens von einem Ort zum anderen zu bewegen.

REPORTER Sie meinen, wir können uns von . . . na, sagen wir mal, New York nach Chicago denken?

THOMPSON Richtig.

REPORTER Würden wir nackt dort ankommen?

THOMPSON Wenn Sie nackt starten.

REPORTER Ich meine, würden unsere Kleider mit uns teleportieren?

THOMPSON Wenn jemand teleportiert, teleportiert er auch

seine Kleidung mit; außerdem alles, was er trägt. Ich muß Sie also enttäuschen: Auch die Damen haben bei der Ankunft Kleider an.

(Gelächter)

REPORTER Aber wie macht man das nun?

THOMPSON Wie denkt man?

REPORTER Mit dem Gehirn.

THOMPSON Und wie denkt das Gehirn? Was ist der Denkprozeß? Wie funktioniert das Gedächtnis, die Fantasie, wie folgert, wie schöpft der Mensch? Und wie arbeiten unsere Gehirnzellen?

REPORTER Das weiß ich nicht. Das weiß kein Mensch.

THOMPSON Und kein Mensch weiß auch, wie man teleportiert. Aber wir wissen, daß wir es können – genau wie wir wissen, daß wir denken können. Haben Sie einmal von Descartes gehört? Der hat gesagt: *Cogito ergo sum.* Ich denke, folglich bin ich. Wir sagen: *Cogito ergo jaunte.* Ich denke, folglich jaunte ich.

Um die 2420er Jahre war bei der Stellensuche folgendes Antragsformular gebräuchlich:

NAME (Druckbuchstaben):

(Zuname) (Vorname)

WOHNUNG:

(Kontinent) (Land) (Kreis) (Stadt)

JAUNTE-KLASSE (Zutreffendes unterstreichen):

M (1000 Meilen); L (50 Meilen);
D (500 Meilen); X (10 Meilen);
C (100 Meilen); V (5 Meilen);

Doch trotz aller Bemühungen war es noch keinem Menschen gelungen, die Weite des Weltraumes zu durchjaunten, obgleich mancher Experte und mancher Narr es versucht hatte. Der Weltraum war der Teleportation verschlossen. Das Jaunten blieb auf die Planeten des Sonnensystems beschränkt.

Innerhalb dreier Generationen aber waren die Bewohner des Sonnensystems zu einem Volk von Jauntern geworden.

Dieser Fortschritt war weitaus einschneidender als vierhundert Jahre zuvor der Übergang von Pferd und Wagen zum Automobil und Benzin. Auf drei Planeten und acht Satelliten brach die soziale, legale und ökonomische Struktur zusammen, während man überall neue, durch das allgemeine Jaunten erforderlich gewordene Gesetze erließ.

Es gab Aufruhr auf dem Land, als die Armen die Slums verließen und hinausjaunteten auf die Felder und die Wälder, sich dort niederließen und Vieh und Wildstand dezimierten. Das Wohnungs- und Bürobauwesen erfuhr eine tiefgreifende Änderung; Labyrinthe und Vexieranlagen wurden erdacht, um illegales Eindringen per Jaunten unmöglich zu machen. Es gab Bankrott, Panik, Streik und Hungersnot, als die Prä-Jaunte-Industrien eine nach der anderen in Konkurs gingen.

Epidemien tobten, als Jaunte-Vagabunden Krankheit und Ungeziefer in die wehrlosen Länder trugen. Malaria, Elefantiasis und Dengue-Fieber drangen bis hinauf nach Grönland; in England tauchte nach mehr als dreihundert Jahren die Tollwut wieder auf; Schädlinge verbreiteten sich bis in die hintersten Winkel der Welt, und aus dem tiefsten Borneo kam die längst ausgestorben geglaubte Lepra wieder hervor.

Eine Welle von Verbrechen raste über Planeten und Satelliten dahin; die Unterwelt jauntete mit der Nacht um die Erde, und die Polizei bekämpfte sie mit rücksichtsloser Brutalität. Die Gesellschaft wußte sich der sexuellen und moralischen Gefahren, die das Jaunten mit sich brachte, nicht anders zu erwehren, als zu strengstem Protokoll und strikten Tabus, also in die fürchterlichste Prüderie des viktorianischen Zeitalters, zurückzukehren. Ein grauenhafter, gnadenloser Krieg brach aus zwischen den Inneren Planeten – Venus, Terra und Mars – und den Äußeren Satelliten, ein Krieg, herbeigeführt einzig durch die von der Teleportation bewirkte Krise in Wirtschaft und Politik.

Bis das Jaunte-Zeitalter heraufdämmerte, hatten sich die drei Inneren Planeten (und der Mond) in labilem, wirtschaftlichem Gleichgewicht mit den sieben bewohnten Äußeren Satelliten – Io, Europa, Ganymed und Callisto von Jupiter, Thea und Titan von Saturn und Lassell von Neptun – befunden. Die Vereinigten Äußeren Satelliten lieferten Rohstoffe für die Industrien der Inneren Planeten und waren gleichzeitig der Markt für deren Fertigfabrikate. Zehn Jahre genügten, um dieses Gleichgewicht gründlich zu stören – durch das Jaunten.

Die Äußeren Satelliten, aufstrebende, junge, noch ungeformte Welten, hatten bis dahin siebzig Prozent der Transportmittel-Produktion der I.P. importiert. Das Jaunten setzte dem ein Ende. Sie hatten neunzig Prozent der Kommunikationsmittel-Produktion der I.P. abgenommen. Auch damit machte das Jaunten Schluß. Und so kauften die I.P. auch keine Rohstoffe mehr von den Ä.S.

Nachdem es also mit dem wirtschaftlichen Austausch ein Ende hatte, war es unausbleiblich, daß aus dem Handelskrieg ein heißer wurde. Die Liebhaber der Klassik und Romantik, die ihr Jahrhundert haßten, erkannten seine Größe nicht. Sie schlossen die Augen vor der Notwendigkeit der Evolution, vor der Tatsache, daß Fortschritt das Resultat ist aus einem Aufeinanderprallen antagonistischer Extreme. Klassiker und Romantiker sahen nicht, daß das Sonnensystem vor einer menschlichen Explosion stand, aus der der Mensch als Herr des Universums hervorgehen sollte.

Und vor diesem Hintergrund, mitten im Gären des vierundzwanzigsten Jahrhunderts, beginnt die abenteuerliche Geschichte des Gulliver Foyle.«

Dieses lange Zitat war notwendig: es ist für die Science Fiction üblich, der eigentlichen Erzählung eine chronikalisch-historische Einleitung voranzustellen, und man kann nicht gut etwas zusammenfassen, was selbst bereits Zusammenfassung (fiktiver Geschehnisse) ist.

Das Jaunten ist zweifellos ein empirischer Unsinn. Aber zugleich subsumiert es den abstrakten Begriff »ungeheurer Veränderung«, die zwei voneinander einige hundert Jahre entfernte Epochen trennen muß, unter einer konkreten Entscheidung und ihren konkreten Folgen. Im Prinzip könnte statt der »Teleportation« ihre technische Entsprechung angewendet werden (z. B. der »Telegraphie von Gegenständen aus der Entfernung«). Wenn aber belletristisch die Wandlungen menschlichen Verhaltens, die aus der Innovation folgen, wichtig sind, nicht aber deren technischer Apparat, dann wird das Ideal der Einfachheit die Innovation »in Reinzustand« sein, ohne den Ballast irgendwelcher Einrichtungen. Im Jaunten erkennen wir doch alle typischen Merkmale der neuen *Technik*. Denn jede derartige Technik eröffnet dem Menschen neue Möglichkeiten und legt ihm zugleich neue Beschränkungen auf. Begehrenswertes beschert sie ihm zugleich mit Unerwünschtem – in ein und derselben Verpackung. Die Intellektronik hilft dem Menschen und bedroht seine geistige Überlegenheit. Die Medizin rettet das Leben und ruft zugleich Bevölkerungsexplosionen hervor. Die Psychopharmakologie erlaubt Geisteskranken zu genesen und potenziert den Verstand, zu gleicher Zeit schafft sie aber gefährliche narkotische Paradiese und bearbeitet das Gehirn chemisch. Ein Fortschritt ohne das Nebenprodukt der Falle und des Dilemmas scheint unmöglich. In sein Räderwerk gefangen beginnt sich die Formation, die ihn hervorgebracht hat, ungestüm zu verändern, oft mit großem Widerstand. Die technologische Erfüllung ist zugleich eine Invasion unberechenbarer, noch nicht erkannter Folgen der instrumentalen Umwälzung – in Sphären, deren Immunität in bezug auf jedes Eindringen mit Instrumenten ein Axiom des zivilisatorischen Glaubens war.

Stars My Destination ist keine Geschichte des Jauntens; diese in das gesellschaftliche Sein eingeführte Innovation schiebt es von uns nur auf ganzheitlicher Ebene weg. Dank ihr werden wir auch nicht für einen Augenblick vergessen können, daß sich die Ereignisse in einer qualitativ anderen Zeit als der unseren abspielen.

Gulliver Foyle, Maschinenmaat 3. Klasse, war, wie seine »Marinekarte« (der kosmischen Marine) besagt, ein Mann *»von außergewöhnlicher Körperkraft. Seine geistigen Fähigkeiten waren auf Grund des Mangels an Ehrgeiz verkümmert. Typischer Primitiver. Die Möglichkeit, daß ein unerwarteter Schock ihn aufrüttelt, besteht; es ist der Psych.Abt.* (Psychotechnik – S.L.) *jedoch nicht möglich, den Schlüssel zu seinem Wesen zu finden. Zur Beförderung nicht zu empfehlen.«*

Gully Foyle kämpft nach der Havarie der »Nomad«, seines Raumschiffs, als letzter Überlebender, dem Tode nahe, verzweifelt um sein Leben, als die an seinem Wrack im Leeren vorbeifliegende »Vorga« trotz seiner Signale ihm keine Hilfe erteilt. Aus plötzlich in ihm aufgestiegenem Haß vollbringt Foyle das Unmögliche: er repariert das Wrack und erreicht auf ihm die Zone der Asteroiden. Auf einem winzigen Planetoiden gerät er in eine verrückte soziale Gruppe, die sich »Wissenschaftler« nennt (als Psalmen singt man dort beschwörend z. B. alte ärztliche Rezepte). Er wird mit einer Frau verheiratet, und ohne sein Wissen tätowiert man auf sein Gesicht eine fürchterliche Tigerfratze. In die Kruste des Asteroiden waren Trümmer verschiedener Raketen einzementiert; auf einer von ihnen flieht Foyle – allein – auf die Erde. Hier kuriert er sich im Krankenhaus, führt mit anderen Patienten, die diese Fähigkeit eingebüßt haben, Jaunting-Kurse durch unter der Obhut von Robin Wednesbury, einer intelligenten Negerin, die das Unglück hat, eine Halb-Telepathin zu sein: sie sendet die eigenen Gedanken anderen, kann aber selber fremde Gedanken nicht empfangen. Foyle wird für leicht verrückt gehalten. Da er Hilfe braucht, jauntet er in die Wohnung der Robin und enthüllt ihr sein Geheimnis. Die »Vorga« ist das Schiff des ersten Multimilliardärs der Welt, Presteigns aus dem Presteign-Klan. Foyle beschließt, dieses in den Docks stehende Raumschiff zu vernichten. Das Mädchen will ihn aus ihrer Wohnung hinauswerfen; der Kampf endet mit ihrer Vergewaltigung. Inzwischen will Presteign in seinem »jaunte-proof« Sanktuarium mit Hilfe seiner Mitarbeiter Foyle sein Geheimnis entreißen, das dieser, ohne es zu wissen, besitzt. Die »Nomad« hat nämlich PyrE befördert – eine Substanz, die, wenn sie *nicht* auf eine spezielle Art isoliert wird, die Materie für gedankliche Befehle vernichtet; der ganze Weltvorrat von PyrE ist im Wrack geblieben. In der Hoffnung, Foyle werde die »Nomad« finden helfen, befiehlt Presteign, ihn zu fangen. Die Funktion Presteigns besteht u. a. darin, den neuen Mr. Presto in Augenschein zu nehmen: Presteigns sämtliche Weltlager werden nämlich von Menschen verwaltet, die ideal jenem psychophysischen Modell entsprechen, mit dem man ihr ursprüngliches Aussehen und ihre Mentalität substituiert. Genauso handeln andere »Klans« – z. B. die von Kodak. Bei der feierlichen Taufe eines neuen

Raumschiffs durch Presteign persönlich erscheint Foyle mit einer Bombe in den Docks; die Explosion fügt der »Vorga« keinen Schaden zu, Foyle wird von Presteigns Leuten ergriffen. Presteign erhält einen Besuch von Yang Yeovil, einem Chinesen, und Kapitän der Central Intelligence – des Nachrichtendienstes der Inneren Planeten. Auch er sucht Foyle.

Im Alptraumtheater gaukeln Presteigns Psychotechniker Foyle Trugbilder vor und unterwerfen ihn allen möglichen geistigen Torturen, um herauszubekommen, wo er das Wrack zurückgelassen hat (das sich, wie Foyle weiß, auf dem Asteroiden der »Wissenschaftler« befindet). Als es nicht gelingt, ihm das Geheimnis gewaltsam zu entreißen, erwacht Foyle in einem goldstrotzenden Appartement mit zahlreicher Dienerschaft; eine schöne Frau, die ihn ihren Gatten nennt, redet ihm ein, daß er Fourmyle heißt, Gully Foyle und seine Geschichte seien nur Trugbild seines verwirrten Gedächtnisses; er solle seine Halluzinationen dem guten Doktor bekennen, der werde ihn kurieren; aber aus den Augengläsern des Arztes blitzt Foyle seine tätowierte Tigerfratze an, und auch diese List bleibt erfolglos. Foyle wird eines fiktiven Verbrechens angeklagt und zu lebenslänglicher Haft in den unterirdischen Verliesen in Gouffre Martel verurteilt; er kann befreit werden, wenn er gesteht, wo die »Nomad« ist. Aber Foyle weiß schon, daß im Wrack Platin im Wert von 20 Millionen geblieben ist. Ein Emissär Presteigns besucht ihn ohne Erfolg im unterirdischen Kerker; anläßlich eines solchen Besuches flieht Foyle zusammen mit Jsabella, die er (als Mithäftling) dort kennengelernt hat, durch unterirdische Grotten. Ein anrüchiger Chirurg, Jsabellas Bekannter, verspricht, für (ihr) Geld die Tätowierung von seinem Gesicht zu entfernen, jedoch ohne Narkose (so ist es billiger). Mit nach der Operation bandagiertem Gesicht flieht Foyle mitsamt dem Mädchen vor der polizeilichen Verfolgung. Foyle stiehlt dem Gehilfen des Arztes (dieser war während des polizeilichen Überfalls getötet worden) den Schlüssel zu dessen Rakete. Foyle und seine Geliebte gelangen auf die »Nomad«, doch da nähern sich die Leute Presteigns; während sie Kassen von der »Nomad« auf das Schiff, mit dem das Paar auf den Astroiden gekommen war, umladen, läßt Foyle das Mädchen stehen und flieht mit einer Kasse, um nicht den Leuten des Milliardärs in die Hände zu fallen.

Im zweiten Teil tritt Foyle als Millionär, ein wenig verschroben, ein wenig verrückt, genannt »Fourmyle of Ceres«, mit seinem »Zirkus« auf und führt ein verschwenderisches und leichtsinniges Leben. Der bestochene Chefchirurg einer Brigade der Marskommandos hat Foyle – für 200.000 Cr. – einer Operation unterzogen, die nur Kommandoangehörigen vorbehalten ist. *»Jeder Nervenplexus war umgepolt, mikroskopisch kleine Transistoren und Transformatoren in Muskeln und Knochen gebettet und am unteren Rückgratende ein winziger Platinstecker eingesetzt worden. An diesen schloß Foyle eine erbsengroße Batterie an.«* Wenn Foyle mit der Zunge auf einen bestimmten Zahn drückt, verwandelt er sich in eine »Tötungsmaschine«; alle Bewegungen und Reaktionen seines Körpers erfahren eine fünffache Beschleunigung, seine Augen vermögen zwei blasse Lichtstrahlen auszustrahlen. Auf der Suche nach Robin Wednesbury findet Foyle bloß die Trümmer ihres Hauses (es herrscht Krieg!), er kämpft »mit Beschleunigung« – als er auf plündernde Vagabunden stößt –, und nachdem er Robin wiedergefunden hat, die ihn haßt, aber irgendwie auch liebt, engagiert er sie als Sekretärin. Der ganze »Zirkus« Fourmyles ist eine Maske, hinter der Foyle versucht, zu den Leuten der »Vorga« zu gelangen, um den Namen des Kommandanten auf jenem Flug, bei dem er ergriffen worden war, zu erfahren. Den ersten Gefangenen von der Belegschaft der »Vorga« foltert er, der aber, schon bereit, den Namen des Kommandanten zu verraten, stirbt; man kann Geheimnisse unzugänglich machen, indem man einen »sympathischen Block« schafft: der Versuch, das Geheimnis auszusprechen, läßt den Herzschlag aussetzen. Dieser Operation wurde die ganze Besatzung unterzogen. Aber erst nach der zweiten unbeabsichtigten Tötung errät Foyle das Geheimnis. Den dritten Mann sucht er auf der Spanischen Stiege in Rom – als Fourmyle, an der Spitze einer Menschenmenge in Karnevalskostümen. Die Leute von Yang Yeovil attackieren Foyle auf der Spanischen Stiege, aber den schon Bezwungenen rettet das Erscheinen einer brennenden Gestalt – eines Menschen mit tätowierter Tigermaske –, des zweiten Gulliver Foyle. Diese unbegreifliche Erscheinung verschwindet, aber Foyle macht sich den Augenblick der Verblüfftheit der Agenten zunutze und springt auf, »akzeleriert« und jauntet zusammen mit Robin in unbekannter Richtung.

Als Reicher trifft Fourmyle mit Presteign bei einem Empfang in dessen Residenz zusammen. Dort stößt er auf Jsabella, die jetzt mit Dagenham, dem Kompagnon Presteigns, verlobt ist. Sie verrät Foyle nicht, obgleich sie ihn erkannt hat: anscheinend liebt sie ihn noch, obwohl er sie auf dem Planetoiden so schändlich im Stich gelassen hat. Von ihr erfährt er das Geheimnis des PyrE. Während der nächtlichen Party fallen auf die Erde Atombomben, von Raketen der Äußeren Satelliten abgeworfen. Die elegante Gesellschaft macht sich mitsamt der Dienerschaft aus dem Staub; während des Bombardements, als auf dem Horizont die Rauchsäulen der Explosion aufsteigen, nähert sich Foyle der Tochter Presteigns, Olivia. Sie ist eine Mutantin, ein Albino, bei Tageslicht blind: sie sieht nur bei Infrarot und in den höheren elektromagnetischen Feldern. Foyle erliegt ihrem monströsen Zauber. Sie behandelt ihn geringschätzig; das steigert noch seine Begierde. Foyle begibt sich auf den Mond, ins Mare Nubium, wo der letzte Mann von der »Vorga« als Sklave der Firma Bacteria Incorporated arbeitet.

Foyle kauft diesen Mann mit Geld frei und führt eine Operation an ihm durch, bei der er das Herz vom Gehirn abtrennt, und dann wird dieses anatomische Präparat einem Verhör unterzogen. Das Geheimnis der »Vorga« war die Beförderung von Kriegsflüchtlingen. Die Menschen wurden an Deck beraubt, und dann nackt durch die Klappe ins Leere gestoßen, wo die Körper wie Luftballons zerplatzten. Von einem solchen Schiff konnte man kaum erwarten, daß es einem einsamen Schiffbrüchigen hilft. Der den Befehl dazu gegeben hat, ist jetzt ein Skopze und lebt in einer Skopzenkolonie auf dem Mars. Während des Verhörs erscheint im Schiff das brennende Gespenst Foyles; als es verschwindet, liegt das »anatomische Präparat« schon auf dem Operationstisch leblos da. Der Zentrale Nachrichtendienst und der Klan Presteigns, jeder auf eigene Faust, suchen Fourmyle alias Foyle, der aber begibt sich auf den Mars. Die neuen Skopzen kastrieren sich nicht nur, sondern schneiden sich auch die Zunge aus; um also vom ehemaligen Kapitän der »Vorga« Informationen herauszupressen, muß Foyle einen »zweiseitigen« Telepathen zu Diensten haben: deren gibt es nur einige in der ganzen Welt. Foyle kidnappt Sigurd, einen komplett infantil gewordenen Greis. Er begibt sich mit ihm zu der Skopzen-Kolonie: es erweist sich, daß der Kapitän eine Frau ist. Doch nicht sie hat den Befehl gegeben, Foyle zu ergreifen, sondern Olivia Presteign. Das aber erfährt Foyle nicht von seinem Telepathen, sondern von dem Phantom, das wieder in Flammen erscheint. (Vielleicht auch *wollte* er einfach das Gestammel des Telepathen nicht verstehen.) Die Kommandosoldaten spüren Foyle auf; beinahe fangen sie ihn, aber es gelingt ihm zu entkommen, denn nun beginnt ein neuer Bombenangriff der Äußeren Satelliten, diesmal gegen den Mars. Olivia findet Foyle, sie sind zusammen auf der »Vorga«; beide lieben und hassen einander zugleich; sie enthüllt ihm die Motive ihres Vorgehens. Sie haßt normale Menschen, weil sie blind ist. Sie nennen sich ein Ungeheuer-Paar; eine besondere Art von Zärtlichkeit. Im nächsten Kapitel explodieren die in den Laboratorien der Welt verstreuten Reste des PyrE-Staubs; Foyle wird von Flammen erfaßt; als feuriges Phantom jauntet er durch Zeit und Raum in einer Art Fieberwahn oder Trance. Zu Leben und Besinnung zurückgekehrt, verstreut Foyle PyrE über die ganze Welt: der Gedanke, der diese Substanz in Energie verwandelt, darf von nun an von niemandem gedacht werden! Foyle findet sich schließlich im Wrack der »Nomad«, wo die »wissenschaftliche Frau« auf ihn wartet – aber dieser Schluß seiner Geschichte ist nicht wichtig; alles, was geschehen sollte, ist bereits geschehen.

Stars My Destination – das ist nicht die Science Fiction, die unser Vielpunkteprogramm postuliert hat; es ist einfach die expansive Monstrualisierung abenteuerlicher, krimineller und melodramatischer Stereotype, aber in einem Maße, bei dem quantitative Änderungen schon in qualitative umschlagen. Es ist eine Space Opera höchster Klasse.

Besters Roman ist – vor allem – der phantastisch verwissenschaftlichte *Graf von Monte Christo;* und da der Autor sich innerhalb einer Welt, die er mit niemandem teilt (z. B. mit der

Geschichte, wie Dumas) mehr Handlungsfäden leisten kann, flicht er eine private Rache in das Schicksal des interplanetaren Krieges und sogar der Menschheit ein. Aber die unbestreitbaren Ähnlichkeiten des Gulliver Foyle mit Edmund Dantes sollte uns nicht auf die Analyse einzig dieser beiden beschränken. Es ist wahr, daß beide, am Anfang gleichermaßen farblos, durch ihr verbissenes Streben nach ihrem Ziel, der Rache, an Größe gewinnen; daß sie sorgfältige Regisseure der erträumten Erfüllung sind, und ans Ziel gelangt, dessen Schalheit erkennen: Während jedoch in Dumas' schematischer Welt außer menschlichen Ungeheuern und Schakalen vollendet gute Wesen existieren, gibt es diese in Besters Welt nicht; die arme Robin, die kleine Halbtelepathin, ist eher schwach und bieder, als mit großer moralischer Kraft begabt; einprägsamer als sie ist Jsabella, zugleich zynisch, verdorben, zärtlich und rücksichtslos. Die weiß wenigstens, was sie will, als sie Dagenham heiratet, den radioaktiv verseuchten Millionär. Übrigens gibt es nur Monstren (die Rasse der sogenannten anständigen Menschen scheint seit langem ausgestorben zu sein). Und nur manche von ihnen, wie etwa Foyle, scheinen ziemlich sympathisch. Und da der Leser ja für irgend jemanden Partei ergreifen muß, spricht er sich für Gulliver aus, weil er das kleinere Übel darstellt; übrigens, darf man das annehmen? In der Struktur der hier gezeigten Welt gibt es keinen Platz für irgendein »immanent Gutes« im Menschen; zwischen privaten und staatlichen Polizeikräften, dem Lager der Spione und der Verräter, mächtigen Befehlshabern und ihren Kreaturen – das ist die Wahl, vor die man gestellt ist. Foyle ist nicht besser, sondern nur einsamer als andere Gestalten; das ist alles. Der Mythos »einer gegen die ganze Welt« imponiert immer, weil man an seine ehrenvollen Vorbilder denkt. Als eines der Ungeheuer von größerem Kaliber erweist sich das schöne blinde Albino-Mädchen, Olivia Presteign, die Foyle zwischen Mars, Mond und Erde verfolgt, nach dem Prinzip qui pro quo, ohne zu wissen, daß sie es war, die den Befehl auf Deck der »Vorga« erteilt hat, ihn zu ergreifen. Sie hat gerne dem Geschrei der durch den Hinauswurf in die Leere gemordeten nackten Frauen zugehört, weil sie das Menschengeschlecht haßt, also richtet sie nur ihre Gefühle an eine generellere Adresse als es bei Foyle der Fall ist, der auf biblische Weise »Zahn für Zahn« zurückzahlen will. Aber der melodramatisch-abenteuerliche Sinn ist nur die eine Seite der Medaille. Daß der Roman Besters zur Trivialliteratur gehört, unterliegt keinem Zweifel. Würde nicht die Science Fiction als besondere Gattung existieren, dann wäre dieses Buch in der Nähe der Romane von Dumas anzusiedeln, doch nicht als ein im Verhältnis zu ihnen epigonenhaftes Werk. Der Stereotyp des Abenteuerromans, der eine Vendetta behandelt, hat seine unüberschreitbare Grenze. Man kann sie jedoch im Roman unterschiedlich realisieren; man kann Vollkommenheit darin erreichen, und in diesem Sinn gibt es den erstklassigen Roman der zweiten Klasse. So eben ist *Stars My Destination.* In seiner Klasse ist das ein ausgezeichneter Roman. Wir kennen Zoïls, die die Trilogie von Sienkiewicz so einschätzen. Aber die zentralen Werte der Trilogie, wollte man sie mit dem Buch Besters vergleichen, liegen anderswo: Sienkiewicz ist vor allem ein Meister der Sprache. Auf diesem Gebiet erzielt Bester nichts Sensationelles. Seine ganze Invention kommt in der gegenständlichen Sphäre zum Ausdruck, in ihr konstruiert er die durch ihre Frische imposanten phantastischen Objekte und Episoden. Man kann aber nicht sagen, daß er sich alle selbst ausgedacht hat; nein, den Großteil der Ideen hat er von einer Menge Vorgänger übernommen, nur hat er das, was jene durchschnittlich oder gut gemacht haben, so großartig zusammenzufassen, zu organisieren und zu verbinden gewußt, daß das »Ganze mehr ist als die Summe seiner Teile«.

Blendend, atemberaubend, ungeheuerlich ist die Welt dieses Buches; wäre es anders geschrieben, wäre sie entsetzenerregend – aber die Erzählung trägt uns über alle Scheußlichkeiten mit einer Geschwindigkeit hinweg, die das Überlegen erschwert. Diese Welt, so vollkommen aller Ideale und Illusionen beraubt, so dynamisch leistungsfähig, zynisch und korrumpiert bis zu der Grenze, wo diese Merkmale den Charakter einer allgegenwärtigen Norm gewinnen, die niemanden mehr empört, niemanden zum heiligen Kampf um irgendwelche Imponderabilien herausfordert, in der der Krieg ein Normalzustand ist, desgleichen die unzähligen Formen der Gewalt – diese Welt konzentriert in sich, das kann man annehmen, alles, was die Dynamik, das rücksichtslose Ungestüm, die moralische Kraft der heutigen Vereinigten Staaten ausmacht. Es ist dies zweifellos die Projektion und Verstärkung von Attributen, die einseitig aus der amerikanischen Wirklichkeit ausgewählt wurden, nichtsdestoweniger aber ein autonomes Ganzes bilden. Es geht um den »technischen Dschungel der Zukunft«, in dem die größeren Raubtiere die kleineren fressen, und selber von noch stärkeren aufgefressen werden. Die Natur der Dinge ist dergestalt, daß unter einem entsprechend gewählten Blickwinkel das, was in bestimmten Tätigkeiten unserer ethischen Ordnung widerspricht, gleichsam eine Verdunkelung durch die Tatsache erfährt, daß diese Tätigkeiten meisterhaft ausgeübt werden. Und eben diese quasi praxeologische Amoralität der Anschauungen ist charakteristisch für dieses Buch; wir sollen das außerordentliche Können bewundern, nicht aber über den entsetzlichen Verfall der Sitten und Gesetze im 25. Jahrhundert jammern. Das klingt nicht schön, doch so ist die Wahrheit, die uns diese Welt zeigt; für verschiedene uns bekannte Reaktionen und Regungen – z. B. des Mitleids – ist in dieser Welt kein Platz, solche Gefühle und ihre Artikulierung werden in ihr nicht einmal erwähnt. Es ist nämlich eine Welt, in der maximale Geschicklichkeit de facto schon der höchste Wert ist, und seine moralische Immanenz hat keinerlei Bedeutung, mehr noch: er existiert in den Augen keiner der handelnden Personen, in den Spielregeln ist er nicht vorhanden, und das seit langem. Gerecht ist, wer geschickt und stark ist; daß es einmal den Begriff Gerechtigkeit gegeben hat, davon ist keine Spur geblieben. In diesem Sinne hat die Vision dennoch einen entdeckbaren futurologischen Wert, weil eine solche Welt möglich ist, d. h. sie könnte der Menschheit als Universum ohne Gewissen und Gewissensnot widerfahren. (Das eine wie das andere ist vom Kult instrumentaler Leistungen geschluckt worden.) Was möglich ist, ist recht und billig; nichtswürdige Intentionen müssen nicht mit dem Feigenblatt irgendeiner Anständigkeit verhüllt werden; alles ist eine ganz offene Abrechnung gegensätzlicher, untereinander kämpfender Kräfte, und dieser Kampf spielt sich unter Menschen ab, die außer diesem nichts anderes wollen; von etwas anderem könnten sie nicht einmal träumen. Wie wir sehen, wird hier die schematische, schwarz-weiße Dichotomie der ethischen Beurteilungen, die durch den Abenteuerroman bestärkt wird, verworfen. Gulliver Foyle, das ist ein Graf von Monte Christo, der diejenigen, die ihn lieben, verrät, ein wehrloses Mädchen vergewaltigt, unschuldige Menschen mordet, Schätze raubt (und nicht nur herrenlose Schätze findet) und mit seinem größten Feind, der Mörderin Olivia Presteign, ins Bett geht, weil der Haß die Begierde aufstachelt. Gleichzeitig aber sind alle Gestalten des Buches von kleinem Format: nur das Unmaß der Technik, über die sie verfügen, läßt sie ins Riesenhafte wachsen. So ist denn auch diesen kleinen Seelen die Faszination als dämonischer Zauber des Bösen fremd; das Böse ist nur das unvermeidliche Produkt der in ihrer Monumentalität herrlichen Maschinerie – und sonst nichts.

Mit unserem Wissen über die Welt summiert, hat diese Darstellung ihre Aussage. Aber in sich ist es vor allem ein erzählerisches Meisterstück, und so muß es zweifellos auf die Mehrheit der Leser wirken, die sich die Science Fiction herangezogen hat. Der Schriftsteller, der sich der modernen Thematik widmet, denkt sich keine brennenden Probleme aus, er schafft keine Sitten, Kodexe, Kriege, Ideologien aus eigenem, weil er das alles doch vor Augen hat und in seinen Knochen spürt – als vertraute Offensichtlichkeit. In der Phantastik dagegen, die vordergründig weder Voraussage noch Allegorie noch Moralität ist, muß der Autor sich Probleme ausdenken, Kodexe konstruieren, Sitten erfinden, d. h., er gleicht nicht dem Ingenieur, der Brücken über einen Fluß schlägt, noch einem, der seine Kraft an einer Mauer mißt, weil er sie überspringen will; er selber wird erst das Flußbett graben, das Wasser in dieses Bett lenken, wird selber erst eine hohe Mauer errichten, eine Unmenge Hürden aufstellen, und dann wird er über seinen eigenen Schatten springen, um sie zu bewältigen.

Das oberste Prinzip ist also immer das formelle Spiel. Auf dem höchsten Niveau baut man, nach den Gesetzen dieses Spiels, Kathedralen und algebraische Theoreme. Auf dem allerniedrigsten hat sich der Kriminalroman niedergelassen, die sisyphusartige Jagd der Polizisten hinter den Missetätern. Irgendwo innerhalb des so begrenzten Raums befinden sich die Strukturen der reinen Phantastik, einmal fast am Nullpunkt – wenn sie mit knechtischer Gedankenlosigkeit, wie sie für Plagiate typisch ist, Kollisionen stellarer Imperien in der Art eines Handgemenges zwischen Einbrecher und Eigentümer gestalten oder wenn sie die Geheimnisse ausgestorbener Zivilisationen wie »das Geheimnis der schwarzen Kemenate« darstellen, ein andermal – etwas höher, als Inversion mehrgleisiger Handlungen, und zuweilen tragen sie vor unseren Augen akrobatische Simultanspiele aus, wie in Besters Roman. Diese Skala erstreckt sich von den Überlegungen des Rätsellösers bis zu den Schlußfolgerungen des Mathematikers. Sie anzuwenden, heißt keineswegs speziell gegenüber der Science Fiction Nachsicht zu üben. Es ist ein Versuch, den Wert solcher Werke zu erfassen, die ihn auf eine andere Stufe gesetzt haben als die ganze übrige Literatur. Dieses einschätzungs-wertungsmäßige Vorgehen gründet sich auf Intuition: darin liegt sein Indeterminismus. Denn die Qualitäten der von uns als »rein« bezeichneten Spiele der Phantasie sind wirklich nie im deduktiven Sinne formal. Erzählen doch diese Texte *Abenteuer!* Sie entstehen in einer Region, die von der erblichen Belastung der Sensation und des Küchenromans befleckt ist – und schon aus diesem Grunde kann man ihnen alle Ehre absprechen. Aber die Arbeit des Kritikers besteht darin, Werte auch dort zu suchen, wo es entweder nur wenige gibt, oder wo sie die ärmeren Verwandten der apollinischen und dionysischen Werte sind. Die Kritik kann nicht passiv jenem legendären Tier auflauern, das sich Meisterwerk nennt, denn wer darauf wartet, kann ein Leben lang warten.

IV.
Die Metaphysik der Science Fiction und Die Futurologie des Glaubens

Ursprünglich wollte ich dieses Kapitel kurzerhand mit einer verknappten Definition der Metaphysik beginnen, und ich vergeudete viel Papier, bis ich mich überzeugte, daß das keine leichte Sache ist. Und da dieses Buch ohnehin zur Genüge allgemeine Überlegungen enthält, verzichte ich darauf, mich in Definitions-Scholastik einzulassen und – frei nach dem polnischen Pfarrer Chmielowski, der in seiner köstlichen Enzyklopädie geschrieben hat: »Wie das Pferd ist, das sieht jeder« – gehe ich lieber davon aus, daß jeder mehr oder weniger weiß, was Metaphysik ist.

Mit ihrer Problematik könnte die Science Fiction sich auf mindestens zweierlei Art befassen. Sie könnte dem Phantasieren über metaphysische Themen die Zügel schießen lassen: als Beispiel drängt sich hier *Die Fabrik des Absoluten* von Čapek auf, die das Absolute zwar als Höchstes Sein ausweist, aber ein völlig wildes Sein, das zwar Wunder wirken kann, aber ohne jeden Sinn, ohne Ordnung und System. Die Folge einer solchen Innovation – eine Folge, die wie ein Bumerang wirkt – ist die Reflexion, daß der Gott der doktrinären Religionen sowohl ein kulturelles Wesen ist, als auch ein einem weiteren Kulturprozeß unterworfenes. Einen Fortschritt in der Erziehung des Herrgotts beobachten wir besonders, wenn wir präjudaistische, doch genetisch mit dem Mosaismus verbundene Religionen mit der christlichen vergleichen. Auf diese Problematik (die »Ausbildung des Herrgotts«) geht *Die Fabrik des Absoluten* allerdings nicht ein (schade), weil sie sich eher auf eine handlungsreiche, denn eine intellektuelle Ausbeute der ontisch ironisierenden Prämissen konzentriert.

Zweitens könnte die phantastische Literatur metaphysische Probleme sowohl auf kosmologischer Ebene artikulieren (die Reaktionen der Religionen und der Dogmatik auf den Eintritt des Menschen in den Kosmos; auf den Kontakt mit den »Anderen«; auf die Entdeckung der Universalität, oder, umgekehrt, im Weltall des Ausnahmecharakters des irdischen Typs der Religionen usw.), als auch auf zivilisatorischer, irdischer Ebene (die Reaktionen der Religionen auf erstmalig in der Geschichte auftretende Phänomene, wie etwa die Entstehung des »Geistes in der Maschine«, Transformationen der

Dogmatik im titanischen Ringen der Kultur mit der vorwärtsdrängenden Technologie usw.).

Die hier skizzierten Möglichkeiten sind gleichsam das programmatische Sein-Sollende: über letzteres läßt es sich um so viel angenehmer reden als über die weniger schöne Wirklichkeit. Die Science Fiction geht weder an die erste, noch an die zweite Aufgabe heran; die Ausnahmen – Abweichungen von dieser Gesetzmäßigkeit – werden wir um so aufmerksamer besprechen, als es nur wenige gibt. Beginnen wir mit einer eigentlich geringfügigen Angelegenheit, und zwar mit der Rolle, welche die Phantastik normalerweise den beruflich mit Religion Befaßten, den Geistlichen, zuweist.

Die Gestalt des Geistlichen, und zwar des Missionars, scheint zwar selten, aber doch in den Erzählungen der Science Fiction auf. Aber alles, was er in solchen Fällen zu tun hat, besteht darin, sich an jenem festgelegten Spiel, das sich der Autor ad hoc ausgedacht hat, zu beteiligen. Ebenso wie verschiedene Arten der Poesie ihre in der Tradition erstarrten Gestalten besitzen (z. B. den freisinnigen Weißen oder den guten Wilden, die Liebenden, die zusammen nicht kommen können, sich trennen werden müssen, und diejenigen, die sich damit befassen, sie zu trennen, die Femme Fatale und ihr männliches Opfer, den Hanswurst usw.), so hat auch die Science Fiction ihre Rollenfächer, darunter den Missionar, dessen Rolle ziemlich eng gefaßt ist. Wenn der einzige Mensch, der gegen die Versklavung einer neu entdeckten planetarischen Gesellschaft protestiert, nicht ein humanitärer Ethnologe oder ein Gelehrter ähnlicher Disziplin ist, so vertraut der Autor diese Rolle am ehesten dem Missionar an. In einer anderen Variante wieder erfährt der missionarische Eifer eine Kompromittierung, weil der verkündete Glaube aus irgendwelchen Gründen, die auch ad hoc erfunden wurden, auf dem entdeckten Planeten nicht Wurzel fassen kann. Z. B. fassen die Eingeborenen alles, was man ihnen sagt, buchstäblich auf, und deshalb endet die Erzählung mit der makabren Kreuzigung des Missionars. Natürlich erinnert eine solche Methode der Diskreditierung des programmatischen Universalismus des Glaubens eher an die »Häresien« der Schuljugend gegenüber dem Katecheten (»könnte Gott einen so schweren Stein erschaffen, daß er selber nicht imstande wäre, ihn zu heben?«), als an einen in metaphysische Probleme verwickelten Gedankengang. Aus irgendeinem Grunde kommt es keinem phantastischen Schriftsteller in den Sinn, daß sowohl das ökumenische Programm wie auch die Rolle, die es einem eventuellen kosmischen Prediger des irdischen Glaubens auferlegt, im Laufe der Jahrhunderte und der vielfachen Kontakte tiefe evolutionäre (vielleicht auch revolutionäre) Wandlungen erfahren mußte. Die Gestalt des Missionars ist in solchen Erzählungen ein rein konventionelles Symbol, eine absolut ahistorische Größe und erinnert eher an eine Nebenfigur in einem sehr einfachen Spiel, als an einen Menschen, den seine Berufung in den Kosmos getrieben hat; so haben denn auch solche Texte mit der Metaphysik soviel gemein, wie das Schinkenklopfenspiel mit dem Beweis für die Existenz Gottes.

Ich unterziehe mich nicht der Aufgabe, eine vergleichende Typologie aller jener Personen von geistlichem Stand aufzustellen, die von der Science Fiction präsentiert werden; ein solches Unternehmen wäre, mit all seinen schrecklichen Folgen – der Entlarvung jenes Zustands der totalen Unfreiheit, in welchen die Phantastik geraten ist, indem sie sich in den engsten Strukturen des Spiels einschloß – dennoch lehrreich. Es würde nämlich unter anderem enthüllen, wie verderblich für die Science Fiction das Fehlen einer problemorientierten und postulierenden Kritik ist, die ernsthaft betrieben wird und die Schriftsteller an ihre Verantwortung für das Wort gemahnt. Wie wir bereits an anderer Stelle sagten, wird die Intuition des Lesers der futurologischen oder kosmischen Literatur im Hinblick auf die Glaubwürdigkeit des Gelesenen gewöhnlich weitgehend paralysiert. Während wir aber tatsächlich nichts davon wissen können, wie die technische und soziale Basis beschaffen sein wird, die sowohl Raumschiffen als auch ihren Besatzungen Gestalt geben, welchen Menschentyp die Kosmonautik hervorbringen wird (z. B. ob er überhaupt mit dem Matrosen der Seeschiffahrt aus grauer Vorzeit vergleichbar sein wird, und zwar wegen der normalerweise langdauernden Isolation an Deck eines Raumschiffs; oder ob Automatisierung und Hibernation bewirken werden, daß es im Kosmos überhaupt keine tapferen Wachhabenden und Steuermänner geben wird – usw.), sind wir, auch was die Glaubwürdigkeit auf anderen Gebieten betrifft, nicht so hellhörig. Ein Missionar, der nicht einmal versucht, seine Lebensweise an die Wesen, die er bekehren will, anzupassen, der zusammen mit dem Glauben, »in ein und demselben Paket« eingewickelt, die irdischen Sitten predigen will, der sich durch all das von allem Anfang an, weil absolut ungeeignet, als komische Figur erweist, ist seit langem sowohl aus dem realen Leben, als auch aus der Literatur verschwunden; aber gerade in der Science Fiction, die in Zeit und Raum die weitesten Sprünge vollbringt, finden wir seine ausgestopfte Marionette.

Um so größere Aufmerksamkeit verdienen die wenigen Werke, die sich an ein metaphysisches Thema heranwagen, ohne ein Fiasko zu erleiden. Das wohl beste Buch dieser Art, das seinerzeit Furore gemacht hat, ist *Ein Lobgesang für Leibowitz* von W. Miller Junior. Dieser voluminöse Roman besteht aus drei Teilen. Der erste, *Fiat Homo,* stellt ein Ereignis dar, das der Seligsprechung eines gewissen Leibowitz in einer kleinen Abtei vorangeht; wir schreiben das Jahr 600 nach dem totalen atomaren Weltuntergang. Die Reste der zerfallenen Gesellschaften, die in den Zustand eines primitiven, häufig eines Nomadenlebens zurückgefallen sind, verbindet nur ein Gefühl – der Haß gegen die Wissenschaft, gegen Wissenschaftler und alle ihre technischen Gehilfen, denen man die Schuld an der tödlichen Katastrophe gibt. So wurden denn auch Leute dieser Art jahrelang verfolgt und niedergemacht wie tollwütige Hunde. Unter den Ruinen, die entweder bei der Katastrophe oder in späteren Akten der Lynchjustiz in Flammen aufgingen (und wissenschaftliche Bibliotheken und das ganze schriftliche Erbe der Zivilisation wurden in Schutt und Asche gelegt) ist nur eine Insel der römisch-katholischen Kirche mit ihrem Neuen Rom und der geistlichen Hierarchie erhalten geblieben. Mönche schreiben mit der Hand die Reste von Dokumenten ab, wie etwa Pläne eines Flugzeugmotors, wobei sie aufs sorgfältigste Texte und Zeichnungen illuminieren, die weder sie noch ihre Vorgesetzten verstehen; vor diesem Hintergrund beginnt der Prozeß der Seligsprechung. Leibowitz war ein Gelehrter und hat sich, wie viele andere, in der Mönchskutte im Kloster verborgen, doch, von einem Techniker verraten, war er den Märtyrertod gestorben. Die Geschichte eines jungen Mönchs, der zufällig auf einen hermetisch abgeschlossenen Atombunker stößt, in dem sich unter anderem das Skelett von Leibowitz's Frau befindet, und die Komplikationen, die dieser Fund hervorruft, stehen im Mittelpunkt des ersten Teils. Schon dieser Teil zeigt, daß der Autor sein Handwerk ausgezeichnet beherrscht und außerdem in kirchlich-theologischen Fragen bewandert ist; übrigens ist der ganze Roman von Anfang bis zum Ende mit Kirchenlatein vollgespickt, was ihm zum Vorteil gereicht, weil es dazu beiträgt, die Handlung realistisch zu gestalten. Es gibt dort ziemlich rätselhafte Szenen, wie z. B. die flüchtige Begegnung des jungen Ordensbruders mit einem unbekannten Wanderer, der ihm den verschütteten Atombunker zeigte, was Anlaß zu Gerüchten im Kloster gab, der Wanderer sei Leibowitz selbst; es gibt groteske Szenen, wie die Pilgerfahrten des jungen Mönchs zum Apostolischen Stuhl, auf denen er allerhand Abenteuer mit Wegelagerern in dieser barbarischen Welt erlebt. Im zweiten Teil, *Fiat Lux,* haben wir eine Art Wiederholung des Mittelalters und der Renaissance, mit der ihr eigenen Blüte der wiederauferstehenden Wissenschaft. Auf einem Teil des Territoriums der ehemaligen Vereinigten Staaten hat sich eine feudale Monarchie etabliert, es erscheinen auch Vorboten der ersten kriegerischen Konflikte mit Nachbarstaaten. Dieser Teil ist vielleicht weniger überzeugend als der erste, weil das Schema der Repetition des geschichtlichen Prozesses sich allzu offenkundig auf das Gerippe der Weltgeschichte stützt. Und schließlich der dritte Teil, *Fiat Voluntas Tua,* zweifellos der dramatischste und für den Leser bewegendste, der weiterhin um die Abtei von Leibowitz zentriert, zeigt die Zeit knapp vor dem Ausbruch des Atomkriegs der Atlantiden gegen die Asiaten. Die Raumfahrt hat die ersten Sterne erreicht, rund um den Alpha-Centaur gibt es irdische Kolonien; die Kirche bereitet insgeheim einen Exodus zur Rettung der letzten Reste der Menschheit vor, also ist die kosmische Rakete eine Art Arche Noah, die diesmal Rettung aus dem Flammentod bringt. Nach Abtausch vorderhand noch vereinzelter Atomschläge kommt es zur letzten Begegnung der Diplomaten beider Seiten; diese Periode der Hinauszögerung einer endgültigen Vernichtung nimmt der Roman unter die Lupe. Wir beobachten die Ereignisse immer noch von der Abtei aus; es kommen Kuriere vom Neuen Rom, es wird ein Briefwechsel mit den Mitgliedern des Heiligen Offizium geführt, und langsam wird sein Sinn ersichtlich; auf ein gegebenes Zeichen, ein lateinisches Radiogramm, beginnend mit den Worten »Quo peregrinatur grex«, wird das Raumschiff sich auf den Weg zu Alpha-Centaur machen, um zur ersten irdischen Kolonie nicht nur Keimzellen des Ordens, sondern, wenn nötig, auch den Heiligen Stuhl zu bringen.

Der Prozeß, der unmittelbar das Finale einleitet, wird als unausweichlich dargestellt; beide Seiten sind dermaßen in ihm verstrickt, daß zu fragen »wer ist schuld«, »wer hat als erster angefangen« usw. sinnlos scheint; alles spielt sich in unverrückbarer Reihenfolge ab, weil niemand imstande ist, die Verknotungen der gegenseitigen Bedrohung auseinanderzureißen. Was uns veranlaßt, das Buch in die metaphysische SF einzureihen und darin einen schriftstellerischen Erfolg zu sehen, ist der Kontrast zwischen der Agonie der Welt und der Lebenskraft – in einem solchen Augenblick – des Glaubens; aus den Fenstern des Klosters beobachten wir den gemessenen, langsamen, unaufhaltsamen Ablauf der Atomschläge.

Die Katastrophe vermag die geistige Ordnung nicht anzutasten, wiewohl sie die physische zerschmettert. Ich kann nicht sagen, was das Urteil über die Bestärkung des religiösen Glaubens durch ein bestimmtes Werk im Munde eines Atheisten wert ist; jedenfalls scheint mir, daß der Autor alles getan hat, was man in einer solchen Situation tun konnte. Insbesondere hat er den vordergründigen Gestalten der Geistlichen keine Erfahrung erspart, die ihren Glauben in die Zange und an den Schraubstock nimmt. Die Abtei wird vorübergehend zu einem Lazarett; eine Unzahl von Menschen werden hingebracht, die an radioaktiver Verseuchung und Schock umkommen, und die Aufgabe der Ärzte ist es unter anderem, jenen, die ihre Leiden abzukürzen wünschen, Euthanasie zu gewähren. Der Abt widersetzt sich diesem Vorgehen, es kommt zum Konflikt; sein Gegner ist ein von Überarbeitung und Schlaflosigkeit todmüder Arzt, der am Weltuntergang ebensowenig Schuld trägt wie der Mönch; beide Seiten hatten recht. Es gibt dort erschütternde Szenen, wie z. B. die Begegnung des Abtes mit der Mutter eines Kindes, das Todesqualen erleidet; der Abt fleht die Frau an, das Kind nicht töten zu lassen (wozu sie Ärzte und Pflegepersonal überreden). Die doktrinäre Orthodoxie wird in ihrer Hilflosigkeit gezeigt, sogar der Lächerlichkeit preisgegeben, weil eine Frau, die zwei Köpfe hat (eine Mißgeburt, Folge von Mutationen, die durch Strahlung in der vorangegangenen Katastrophe hervorgerufen wurden), darauf besteht, daß man diesen zweiten, abgestorbenen, quasi schlafenden Kopf *ebenfalls* taufe. Eben diese Frau, eine Tomatenhändlerin, beichtet dem Abt im Kloster einige Minuten vor dem atomaren Ansturm; die Unglückselige erklärt vor der Beichte, daß sie Gott alles verzeihe (kann eine arme Tomatenhändlerin Ihm nicht seine Ungerechtigkeit vergeben, bevor sie selbst um Sündenablaß bittet?). Durch alle diese halsbrecherischen Situationen führt Miller seinen Roman so, daß die Transzendenz gerettet bleibt. Es ist also eigentlich ein katholischer Roman, und seine Zugehörigkeit zur SF vertieft nur seine tragische Aussage: *noch einmal* vollzieht die Menschheit den Akt der Selbstvernichtung.

Dieses Buch erfüllt die gestellten Aufgaben (man könnte sie als »Glaubwürdigmachung des Hiob-Prinzips« bezeichnen): was immer hier vorgeht, tastet die Ordnung, die *dort* herrscht, nicht an, auch nicht im emotionalen Sinne; die Menschen machen nämlich von der Freiheit, mit der sie beschenkt wurden, den Gebrauch, den sie wollen; jede Schuld ist also *ihre* Schuld; Gott kann nicht verantwortlich dafür sein, was Menschen – Menschen antun.

Die Einwände, die man gegen dieses Buch erheben könnte, betreffen weder die Wahrscheinlichkeit einzelner Ereignisse, noch die Qualität ihrer Darstellung; die Gestalten sind individuell gezeichnet, der Zusammenstoß der Positionen vollzieht sich in seinem vollen Ausmaß, die Sprache ist ideal der jeweiligen Situation angepaßt (die Sprache diplomatischer Noten und beruhigender Zeitungsmeldungen, die Sprache des kirchlichen Briefwechsels, der Geistlichen, wenn sie unter sich sind und nicht mit Vertretern der Außenwelt zu tun haben etc.); die Kadenz der Verdichtung des Dramas ist im letzten Teil vielschichtig (der Abt ist ein tief gläubiger, dabei aber ganz durchschnittlicher Mensch; psychologisch überzeugend fällt die zwischenmenschliche Karambolage in den letzten Szenen aus: der Abt, dem es nicht gelingt, die Mutter zu bewegen, daß sie ihr Kind nicht töten läßt, versetzt aus Verzweiflung und Wut dem Arzt einen Schlag; die Gendarmerie nimmt ihn nicht fest, weil der Arzt keine Genugtuung, erst recht nicht eine Festnahme verlangt; der Abt beichtet seine Tat, um gleich danach die Beichte der Tomatenhändlerin entgegenzunehmen, worauf beide in den Trümmern der einstürzenden Kirche umkommen).

Zweifelhaft scheint dagegen der Rahmen der Komposition als getreue Nachbildung der Entwicklung der Menschheit. Es steckt etwas Mechanisches darin, daß nicht nur die Menschheit wieder ein ähnliches Ende erreicht, sondern daß sich das in den gleichen Etappen vollzieht. Das ist der ernsteste Vorwurf, dem man dem Buch machen könnte. Sogar die Teilung der Welt in antagonistische Lager gleicht der heutigen. Das Fatum schreibt die Silben, die der Schriftsteller wollte, allzu deutlich hin. D. h., seine Absichten verkörpern sich in der belletristischen Materie allzu direkt. Doch gibt es dort eine Menge glaubwürdiger Realien. So scheint es zum Beispiel, daß tatsächlich bei einer Katastrophe dieses Ausmaßes eine Institution vom Typ der Kirche, mit intakter organisatorischer Struktur, eine Art Stütze darstellen könnte, an der sich die Schößlinge der zermalmten Zivilisation aufranken (weil es sich um eine Organisation handelt, die zu keiner instrumentalen Technik und zu keinem Wissen in irgendeiner Beziehung steht; um eine Produktion, welche immer, in Gang zu setzen, muß man ein Minimum an Werkzeugen und Fertigkeiten besitzen, um aber Religion zu praktizieren, und sei es auch institutionell, bedarf es nichts anderes als den Glauben).

Der zweite Vorwurf ist noch allgemeiner und kann an viele, verschiedene Werke gerichtet werden; es geht um die strategische, im Hinblick auf die von vornherein gegebenen Thesen des Autors optimale Verteilung der Partner und Antagonisten des Konflikts. So gehört z. B. zu den Thesen, die man aus meinem Roman *Der Unbesiegbare* folgern könnte, der

Gedanke, daß der Mensch dort, wo seine Werkzeuge nichts mehr ausrichten können, selbst, nicht ausgerüstet, durch keine Werkzeuge unterstützt, dennoch handeln kann; d. h., daß er nicht nur intentional, nach irgendwelchen humanistischen Programmen, sondern faktisch die letzte Instanz des Handelns und Urteilens ist, er ist daher das wahre *Maß der Dinge.* Aber als Realisierung dieser These erweist sich *Der Unbesiegbare* nur durch die strategische Verteilung der Kräfte, durch die Grenzbedingungen der materiellen Umwelt, die doch nicht der Wirklichkeit entnommen sind, sondern sorgfältig im voraus geplant wurden, damit die Ereignisse eben zu einer solchen Aussage führen. Und man kann sich eine solche Festlegung der Grenzbedingungen als rein materielle, physische Parameter der Umwelt so vorstellen, daß die Ereignisse die These nicht mehr beweisen können (z. B. könnte in einem Milieu riesiger Strahlungskonzentration – oder einer überaus starken Gravitation – der Mensch aus der Besatzung des »Unbesiegbaren« nach dem Versagen der Maschinen sich nicht mehr wehrlos auf den Weg machen, um dem »toten Gegner« die Stirn zu bieten). Ähnlich steht es mutatis mutandis um den *Lobgesang für Leibowitz.* Eine andere Anordnung der Ausgangs- und Grenzbedingungen würde die Form, in der hier die »metaphysische Partie« ausgetragen wurde, aus der der Glaube an die Transzendenz siegreich hervorgeht, einfach vereiteln; es würde genügen, der Abtei oder überhaupt der Kirche jenes Raumschiff, die kosmische Arche Noah, zu nehmen (übrigens war es schriftstellerisch gar nicht leicht, die Tatsache, daß die Kirche eigene astronautische Mittel besitzt, glaubwürdig zu machen); und wenn eine Reihe solcher Änderungen eine größere Anzahl von Parametern beträfe, könnte es sich erweisen, daß die Metaphysik aus dem Weltuntergang nicht mit heiler Haut herauskommt.

Aber das sind in bezug auf ein konkretes Werk sozusagen schon Fragen der Metakonstruktion; es geht um die Haupttendenz des Spiels, darum, daß man durch sorgfältige Planung und strategische Verteilung der Kräfte und Reserven der dramaturgischen Sequenz von Ereignissen den Anschein einer logisch unabweisbaren Aussage verleihen kann (»nicht der

Autor sagt das, die Fakten sagen das«), von Ereignissen, deren Beweiskraft für die oberste These das Resultat gekonnter Regie ist und nicht eines unparteiischen Objektivismus. Mit einem Wort, ein Roman mit einer These, wie ausgezeichnet er dieser These auch belletristische Form zu geben vermag, kann jederzeit durch eine andere These oder aus der Position episch verstandener Unparteilichkeit angegriffen werden. Die Position des »metaphysischen Optimismus« findet karikaturhaften Ausdruck in dem Ausruf einer Warschauerin, die, nach der Befreiung in die zerstörte Hauptstadt zurückgekehrt, beim Anblick ihres Hauses, das der Zerstörung entgangen war, ausrief: »Es gibt einen Gott!« Sie hatte nicht bemerkt, daß sich eines solchen »Beweises für die Existenz Gottes« damals nur ganz wenige Warschauer bedienen konnten.

Rufen wir als Zeugen das seinerzeit berühmte Buch von John Hersey an, seine Reportage aus Hiroshima; ein Großteil der Berichte stammt von Angehörigen einer katholischen Mission, die sich in Hiroshima befand. Die Katastrophe – mit der Unzahl der unter den Trümmern Vergrabenen, der unter den Ruinen um Hilfe Rufenden, der Verbrannten, Geblendeten, Brennenden und Ertrinkenden – hatte ein solches Ausmaß, daß die Patres der Mission niemandem zur Hilfe eilten, weder zu physischer noch zu geistiger, auch jene nicht, die mit heiler Haut davonkamen. Ihre anfängliche Passivität war keinesfalls Ausdruck menschlicher Schäbigkeit; Herseys Dokument beweist, daß im Menschen der rein animalische Lebenstrieb stärker ist als jegliche Bekundung von Altruismus. Es ist einfach so, daß über eine gewisse Grenze hinaus der schockauslösende Reiz die höheren psychischen Funktionen lähmt, alle zusammen, und dann hat die Tatsache, ob jemand ein Schurke oder ein Heiliger, ein Missionar oder ein Atheist ist, nicht die geringste differenzierende Bedeutung. Anders ausgedrückt, man muß unbedingt psychisch normal sein, um anderen Hilfe zu erteilen, sogar um Mitleid beim Anblick ihrer Qualen zu fühlen. Ein starker Reiz ruiniert *zuerst* die höchsten geistigen Funktionen und läßt nur jene Reaktionsfähigkeit übrig, die Ausdruck des Selbsterhaltungstriebs ist. Der Verstand erweist sich in solchen Fällen als ein Mechanismus, der Gesetzen unterliegt, die keine Ausnahme kennen. Nimmt man Bedingungen an, wie sie, leider, die authentische Geschichte Hiroshimas vorgezeichnet hat, dann erweist sich die Absicht, die Transzendenz zu retten, unvergleichlich schwieriger als bei einer Verteilung der Mittel und Kräfte, wie sie Miller in seinem Roman anwandte. Ich würde auch zu behaupten wagen, daß die Aussage der Reportage Herseys in bezug auf den Glauben als Faktor, der angeblich sozusagen auf der Oberfläche jeglicher Eschatologie der Ereignisse schwimmt, nicht neutral ist; denn ehe noch in den Mitgliedern der Mission das Bewußtsein ihrer Pflicht erwachte, zeigten sich bereits, auch in ihrem Gesichtsfeld, Reaktionen der Opfer der Katastrophe, der Japaner, die menschlich erschütternd und schön waren, obgleich bar jeder metaphysischen Begründung. Ich will damit sagen, daß Miller dadurch, daß er die Abtei von Leibowitz nicht einem rein physischen, einem Situationsdruck von übermäßiger, zerschmetternder Kraft aussetzte, den erwünschten Zustand der »Stratifikation« erreichen konnte: das stand im Einklang mit der paradigmatischen Geschichte Hiobs, weil Gott die diesem zugedachten Katastrophen so dosierte, daß Hiob weder an reaktiver Psychose noch an Demenz erkrankte, sonst nämlich hätte sich sein Bewußtsein so getrübt, wäre es so zerfallen, daß er einfach nicht imstande gewesen wäre zu begreifen, was rings um ihn vorging. Aber ich kann mir wirklich nicht vorstellen, wie eigentlich ein vom Katholizismus (oder von einer anderen Transzendenz) inspirierter Schriftsteller vorgehen müßte, sollte er Ereignisse beschreiben, deren Teilnehmer weder über einen Platz für karitative Tätigkeit oder auch nur einen für Gedanken an ein Gebet, noch über die Zeit für beides verfügen. Die Tat des polnischen Paters Kolbe, der sich für einen anderen Gefangenen im nazistischen Vernichtungslager opferte, war zweifellos eine der schönsten, deren der Mensch fähig ist; hatte er doch nichts anderes, was er hätte opfern können, als sein Leben. Aber zumindest über dieses Leben muß man noch verfügen können in einer solchen eschatologischen Lage, und hätten die Henker in jener konkreten Situation den Menschen, für den er sich opferte, ausgespart, so hätte er nichts mehr tun können, was Menschenaugen wahrnehmen und festhalten könnten. In einer solchen Situation muß jeder Realismus der Beschreibung, die sich in den Dienst der Transzendenz stellen will, verstummen. Die Qualität eines Menschen, der seelisch vielleicht Pater Kolbe ähnelte, dem aber die äußeren Umstände keine Gelegenheit gaben, dies augenscheinlich zu machen, wäre dann nur für Gott einsichtig. Doch schließt die herrschende kognitiv-ästhetische Konvention die Einführung eines solchen »Beobachters« aus; so ist es also gestattet zu sagen, daß ein metaphysisch angelegter Roman ein aufgrund seiner Tendenz nicht universeller Roman ist, weil Bedingungen bestehen, die eine solche Orientierung paralysieren. Das heißt keineswegs, daß diese Bedingungen die Metaphysik an sich gleichsam zusammen mit einer dann sprachlos gewordenen Literatur diskreditieren; es heißt nur soviel, daß sie dann in der Sprache gegenständlicher Vorkommnisse nicht mehr artikulierbar ist.

Wie immer aber die Kritik, der man den Roman unterziehen mag, schon die Dimension der Begriffe, und auch der realen Ereignisse als Kriterien der Erzählung, die man zur Einschätzung heranziehen muß, bezeugen die Authentizität der Schöpfung, die sich unerwartet aus jenem Asyl für geistig Zurückgebliebene, wie es die Science Fiction normalerweise ist, emporhebt.

Das zweite Buch, dem wir uns zuwenden wollen, ist *A Case of Conscience* von James Blish. Blish hat vor nicht sehr langer Zeit einen zweiten Roman herausgegeben, angeblich auch der metaphysischen Problematik zugeschrieben; ich kenne dieses letzte Buch nicht, aber die Bekanntschaft mit dem erwähnten lindert mein Bedauern über diese Unkenntnis.

A Case of Conscience ist aus einer ziemlich mechanischen Verbindung zweier über hundert Seiten langer Short Stories entstanden, von denen die erste zuerst für sich erschien, und trägt alle Merkmale einer solchen Verbindung. Uns interessiert hier aber ausschließlich der erste Teil, der mit einem Epilog abschließt, nur ihn werden wir also besprechen. Es ist die Geschichte der Erforschung des Planeten Lithia, auf dem eine vollendet harmonische Zivilisation herrscht; unter den Forschern befindet sich ein gelehrter Jesuit, und seinem Votum separatum bezüglich dieser Zivilisation müssen sich alle anderen Expeditionsteilnehmer fügen. Es gibt einen Agnostiker unter ihnen, aber seine Stimme ist im Roman nur schwach hörbar. Dem gelehrten Jesuiten zufolge ist Lithia ein Teufelswerk, deshalb sollten die Menschen diesen Planeten schleunigst verlassen und nie wieder dorthin zurückkehren; sehr detailliert wird die Kultur der Lithier beschrieben, die vernunftbegabte Saurier sind. Die Einzelheiten ihrer Anatomie und Physiologie, und auch ihrer Sitten, ihrer seltsamen Kommunikationstechniken (»Kristallbäume«) gehören zu jenem »psychokosmischen Brehm«, den die Science Fiction mit benediktinischem Fleiß erarbeitet hat; jedoch tragen diese Realien – mit einer einzigen Ausnahme, auf die wir zurückkommen werden – zum Bereich der metaphysischen Problematik (d. h. Lithias als Satanswerk) so gut wie nichts bei.

Pater Ruiz Sanchez hat getreu die Prinzipien rekonstruiert, zu denen sich die Lithier bekennen, und zwar: 1) es genügt stets, sich von der Vernunft leiten zu lassen; 2) das, was stets offensichtlich ist, ist stets real; 3) das Werk Gottes ist ein Ding an sich (ist Selbstzweck); 4) für das richtige Handeln erübrigt sich der Glaube; 5) Gerechtigkeit ist ohne Liebe möglich; 6) der Friede muß nicht über Verständnis hinausschreiten; 7) möglich ist eine Ethik ohne die Alternative des Bösen; 8) möglich ist eine Moral ohne Gewissen; 9) das Gute ist ohne Gott möglich.

Die Lithier sind nämlich Atheisten, aber sie handeln immer richtig, d. h. gut; da ihnen die typisch irdischen Konflikte unbekannt sind, sind sie gerecht, führen keine Kriege, tun weder kollektiv noch individuell Böses, können jedoch für ihre moralische Axiomatik keine transzendentale Begründung präsentieren; sie haben diese Axiomatik ohne Beweise akzeptiert (es ist in der Tat kaum möglich, einen ethischen Kodex empirisch zu begründen, denn dieser besteht nicht aus Behauptungen mit den Eigenschaften von Wahrheit und Lüge; deshalb eben hat er den Charakter von Axiomen).

Das Fehlen einer metaphysischen Sanktion für die Ethik mutet den Jesuitenpater als etwas Ungeheuerliches an.

Die zweite Angriffslinie des gelehrten Paters scheint noch weniger überzeugend. Der Angriff richtet sich gegen die Bioevolution. Der Pater, der sich hier selber als Erzketzer erweist, sieht sich gezwungen anzuerkennen, daß der Satan die Macht der Schöpfung besitzt; insbesondere hat er im Werk der Schöpfung so viel herumgepfuscht, daß die Ontogenese (in Haeckels, nicht in Blish's Worten) die Palingenese der Philogenese ist (d. h. die individuelle Entwicklung jedes Organismus *wiederholt* die sukzessiven Etappen der Entwicklung der ganzen evolutionären Sammlung, die ihr zeitlich vorausgegangen ist). Es handelt sich um einen *Betrug*, der uns überzeugen soll, daß der natürliche Verlauf der Anthropoevolution ein Naturfaktum ist. Auf der Erde hat dies der Satan nur »ein bißchen« getan, aber auf Lithia ist er schon aufs Ganze gegangen. Denn, meint der Pater, auf Lithia wiederholt die Ontogenese die Philogenese so deutlich, daß es direkt in die Augen springt. So etwa legt das Saurierweibchen ein Ei, aus dem Ei kriecht ein Embryo aus, der ins Meer wandert und sich dort in einen Fisch verwandelt, dann wachsen ihm Füße und er kriecht an Land, verwandelt sich in einen Lurch, dann in einen känguruhähnlichen Saurier und lebt im Wald, bis er warmblütig wird, und, darin einem Säugetier gleich, kehrt er in den Schoß der Gemeinschaft zurück.

All das ist so unsäglich naiv, daß ich das Entzücken, mit dem der Roman in SF-Kreisen aufgenommen wurde, nicht nur nicht teilen, sondern nicht einmal begreifen kann. Vor allem – den Glauben mit Hilfe der Häresie zu retten, scheint mir nicht die beste aller möglichen Methoden zu sein. Aber lassen wir diesen Aspekt; selbst in manichäischem Sinne ist die Interpretation auffallend primitiv.

Die Mentalität des Geistlichen, den Blish uns zeigt, riecht unangenehm nach Mittelalter. Auch ist er kein allzu geschickter Sophist. Übrigens, selbst wenn er es wäre, so scheint eine solche Geschicklichkeit als Bollwerk des Glaubens nicht von besonderem Wert zu sein; eine suggestive rhetorische Akrobatik in einer bestimmten Interpretation ist nämlich eine Sache, und eine ganz andere Sache – jene spezifische, in Glaubensfragen engagierte und von ihnen bedingte Weltanschauung, die letztendlich in den Worten ihren Ausdruck findet: »Nichts, was im *Diesseits* geschieht, vermag unser Verhältnis zu Dem zu ändern, der im Jenseits währt.« Denn eine solche Hingabe gerät zwar oft in eine Lage, wo ihr logische Argumente fehlen, niemals aber wird sie des endgültigen Arguments ermangeln, das schlicht und einfach der authentische Glaubensakt ist. Dieser Akt ist untrennbar mit der Liebe zum Höchsten Wesen verbunden, einer Liebe, für die jeglicher greifbare Beweis empirischen Typs völlig überflüssig ist; und logische Beweise können eventuell der Theologie der Vernunft zustatten kommen, doch weder sind sie das Fundament des Glaubens, noch stürzt der Glaube, wenn sie umgestürzt werden.

Faktisch bedeutet die Beweisführung von Blish's Jesuiten: 1) das Gute kann nicht rein fakultativ zugleich mit dem Bösen zugegen sein, wenn also vernunftbegabte Wesen einander nur Gutes tun, muß das Mißtrauen ihnen gegenüber erzeugen; 2) die paläontologischen Protokolle wurden auf der Erde gefälscht (auf Lithia kommt's nicht an!), das aber hat Satan getan, um den Menschen weiszumachen, daß nicht Gott sie erschaffen hat, sondern die Evolution; 3) um die Menschen noch stärker davon zu überzeugen, daß die Bioevolution Vernunft zu erlangen erlaubt, und die Sozioevolution – einen idealen Gesellschaftszustand ohne Gott, hat der Satan Lithia als eine Art Schulbehelf zu Demonstrationszwecken konstruiert, um den auf ihr verweilenden Menschen den Glauben restlos auszutreiben; 4) wenn 1), 2) und 3) wahr sind, und es darüber hinaus wahr ist, daß das Gute ohne transzendente Unterstützung nicht zum Durchbruch kommen kann, so ist es, da die Ethik der Lithier nicht vom lieben Herrgott »gestützt wird« – sind sie doch Atheisten! –, logisch unvermeidlich, daß der Atlas, der diese Moral auf den Schultern trägt, Satan sein muß.

Das originelle Argument Blish's hat, generalisiert man es, unfreiwillig einen rein humoristischen Aspekt. Auf das ganze Universum der empirischen Fakten angewandt, besagt es, daß die Gesamtheit dieser Fakten in zwei Teile gespalten werden muß. Eine Untergruppe wird Fakten zusammenfassen, die im Hinblick auf den Glauben entweder neutral sind (z. B. scheint die Farbe von Gras eine in bezug auf den Glauben neutrale Tatsache zu sein, denn wenn es rot wäre, würde sich in der Theodizee nichts ändern), oder ihn erhärten (z. B. als »Prinzip der im Kosmos auffindbaren Zweckmäßigkeit«). Die zweite Untergruppe umfaßt Fakten, die den Glauben zu verneinen scheinen (z. B. daß ein verstockter Atheist gut sein mag und auf das Wohl anderer Menschen Bedacht nehmen kann, ohne mit den Annehmlichkeiten zu rechnen, welche die Religion den Gläubigen in Form der Erlösung verheißt; daß nach den paläontologischen Protokollen die Vernunft im Verlauf natürlicher Anpassungsprozesse entsteht usw.). *Diese zweite Untergruppe* ist toto in corpore *als Werk des Satans anzusehen.* Er hat diese Fakten als Verfälschung des göttlichen Werkes absichtlich und ausschließlich dazu geschaffen, uns von der Nicht-Existenz Gottes zu überzeugen (zugleich, was Blish nicht mehr zu durchblicken vermochte, verwischt der Satan vor uns amüsanterweise die Spuren der eigenen Existenz: er tut so, als gäbe es ihn nicht, und als geschähe alles lediglich nach den Gesetzen der Physik). Es ist kein Zufall, daß in der Geschichte der Auseinandersetzung über die Evolution ein einziges Mal das Argument über den angeblich fingierten Charakter der Fossilien ins Treffen geführt wurde, die die Paläontologie (Chateaubriand und Gosse) gefunden hat, und die wirklichen Theologen waren intelligenter als der Jesuit von Blish, weil sie dieses Argument verschmähten. Ließe man es gelten, so wären die Folgen doppelt fatal. Zum einen macht es die Welt zur manichäischen Kampfstätte Gottes mit Satan, und das ist eine schreckliche Häresie; man kann sie nicht akzeptieren, denn sonst wüßte man nie, mit wessen Werk wir es in jedem konkreten Fall zu tun haben: Satans oder Gottes; der Glaube, konsequent nach einem solchen Dogma praktiziert, muß sich in eine Art Zwangsneurose verwandeln (man muß fortwährend in Heiligtümern herumschwimmen, sich mit Heiligtümern beweihräuchern, sich mit Weihwasser begießen, keinen Schritt aus der Kirche tun, denn alles kann ein Werk des Satans sein, und wer weiß, ob sich die Kirche selbst nicht als solches erweisen wird?). Da darüber hinaus Satan stets wirksam ist, kann man überhaupt nicht wissen, was auf uns wartet. (Kaum hat der Herrgott etwas geschaffen, heidi, schon ist der Teufel zur Stelle, um diesem Geschaffenen Seines anzustückeln). Zum anderen – dieses Argument schaltet die Doktrin aus der Front der Ökumene aus und wirft sie auf die alten Positionen zurück, von denen aus Päpste und Antipäpste einander mit dem Bann belegten.

Bei einer solchen Voraussetzung müssen doch andere Religionen Satanswerk sein! Methoden der Überzeugung sind also unzulässig (da man doch Satan selbst nicht bekehren kann, kann man sich auch mit seinen Kindern nicht in Diskussionen einlassen); wie wir sehen, hat das Argument keine Bremsvorrichtung, und die Fortschritte der Wissenschaft werden ihm zufolge leicht der »satanischen Resorption« erliegen (kaum macht ein Roboter den Mund auf, um etwas Sinnvolles zu sagen, und schon muß man einsehen, daß seine Schöpfer, all die Wieners, Shannons, McKays – uns böswillig von Satan unterschoben wurden). So kann das Göttliche Universum, mit Satanswerk – wie ein magerer Hase mit Speck – gespickt, keine dogmatisch-doktrinäre Grundlage irgendeiner Version des Christentums sein; wenn also der Manichäismus in der Geschichte eine Häresie geblieben ist, die sich nicht zu institutionalisieren vermochte, so nicht deshalb, weil es das Schicksal so wollte, sondern weil er, zumal in dieser Weise artikuliert, nicht das Bollwerk des Christentums sein kann, welcher Spielart immer.

Die Idee von den teuflischen »Artefakten und Atrappen« ist also einfach kindisch. Selbstverständlich erweist sich bei einer Bestandsaufnahme des Ganzen als einziges Werkzeug Satans James Blish selber, denn er selbst ist es doch, der künstlich die Existenz der perfekt atheistischen lithischen Zivilisation »aufrechterhält«. Dieses Werk, das behauptet, daß Satan mit allen Kräften nur das Gute schaffe, um uns auf Irrwege zu führen, in welchem eine kosmische Zivilisation ein Mittel darstellt, um zum Unglauben in einer anderen kosmischen Zivilisation zu verführen (denn zu nichts anderem dient doch Lithia!), muß als interessantes und zugleich amüsantes Produkt der Inkommensurabilität der intellektuellen Ambitionen des führenden amerikanischen Phantasten mit seinen kreativen Möglichkeiten angesehen werden. Mit anderen Worten: Blish hat, als Ketzerei, eine Metaphysik geschaffen, die auf eigenen Beinen nicht zu stehen vermag: er hält sie aufrecht, daher kann sein Buch nicht als wesensverwandt mit dem Buch von Miller angesehen werden: Miller hat getan, was er beabsichtigte; Blish hingegen wollte eines, und heraus kam etwas anderes.

Es war nämlich nicht seine Absicht, eine ganz neue Metaphysik zu produzieren, eine ketzerische oder eine, die das ganze Universum der materiellen Fakten anders interpretiert; das ist z. B. daraus ersichtlich, daß im Roman Papst Hadrian VIII. den ketzerischen Jesuitenpater nicht exkommuniziert, sondern ihm nur erklärt, daß der Satan in Wirklichkeit nichts schafft, sondern nur Halluzinationen bei uns erzeugt. Leider hat sich Blish hier schon hoffnungslos verheddert. Denn sein Roman endet damit, daß ein irdischer Physiker auf Lithia, wo die Atomenergie unbekannt ist, einen Reaktor in Gang zu setzen versucht; in diesem Moment, durch reinen Zufall, exorziert Vater Ruiz Sanchez, der vom Mond auf Lithia blickt, diese in einer sehr dramatischen Szene; ein schreckliches Aufblitzen ist zu sehen, und Lithia zerfällt (d. h., daß der Satan »sein Werk wieder zu sich nimmt«, nach den Worten: »alles geht zum Teufel«). Blish möchte eine Situation schaffen, die man auf zweierlei Art interpretieren kann: wer will, mag denken, daß Lithia kein Produkt des Satans ist, dann war die Katastrophe die Folge einer Unvorsichtigkeit des Physikers, und wer will, der denke gemäß der Theorie des Paters Ruiz Sanchez. Schön und gut, aber was ist mit der Schöpfungsmacht des Satans? Wenn der Exorzismus wirksam war, dann war Lithia wohl nicht das Produkt einer Halluzination, wie Papst Hadrian VIII. gesagt hatte? Wie ist das also, was besagt eigentlich das Buch von Blish? Eben, Blish weiß offenbar selber nicht recht, was er eigentlich wollte, natürlich außer der bizarren, stellenweise recht interessanten Story (aber nicht dort, wo die schweren Geschütze der theologischen Argumentation aufgefahren werden).

Man muß beschämt feststellen, daß damit der Vorrat der SF-Literatur, die sich mit metaphysischen Fragen befaßt, zumindest ihre Romane, auch schon ausgeschöpft ist. Von den Erzählungen verdient *The Quest for St. Aquin* von A. Boucher Erwähnung. Tausend Jahre nach unserer Zeit herrscht eine atheistische Technarchie. Die verfolgte Kirche ist in die Katabomben hinabgestiegen. Der Papst schickt einen Priester namens Thomas aus, um das Grab eines Heiligen, eines gewissen Aquin zu suchen, der die Menschen zum Glauben bekehrt hatte und Wunder wirken konnte. Er ist jedoch gestorben, und jetzt weiß man nicht einmal, wo sich sein Grab befindet. Ein hoher Würdenträger der Technarchie, der von Aquin insgeheim bekehrt wurde, hat dem Papst ein mechanisches Lasttier, genannt »Robass« (ein Neologismus, Verbindung von »Roboter« und »Esel«-»ass«) geschenkt. Auf diesem Reittier macht sich Thomas auf den Weg. Es zeigt sich, daß »Robass« sprechen kann. Er redet zu Thomas, will ihn zur Sünde verleiten. Und zwar versucht er ihn zu überreden, daß Thomas mit der falschen Nachricht heimkehre, er habe das Grab gefunden, obgleich er es in Wirklichkeit nicht findet: eine solche Nachricht würde ihm im unterirdischen Vatikan viele Vorteile bringen. Nach verschiedenen Abenteuern gelangen sie schließlich an den Fuß eines hohen Berges, in dessen Höhle der Leichnam von Aquin ruht. Es erweist sich, daß dieser nicht ein Mensch war, sondern ein Roboter.

Er hatte das vollkommenste Gehirn, fürwahr – so vollkommen, daß er begriff, daß der Gelehrte, der ihn gebaut hatte, wie alle Menschen von Gott erschaffen wurde. So kündete nun der heilige Roboter Gottes Ruhm und bekehrte die Menschen durch die Macht seiner Beredsamkeit, bis er an irgendwelchen mechanischen Krankheiten zu laborieren begann, und da er nicht wollte, daß seine mechanische Natur zutage trete, zog er es vor, ohne Hilfe umzukommen und sich nicht reparieren zu lassen. (Das alles, wohlgemerkt, wird in vollem Ernst erzählt.) Angesichts der »Leiche« führt Robass wieder Thomas in Versuchung: er solle zum Papst zurückkehren, sagen, daß er das Grab des Heiligen gefunden habe, und darin die Leiche, die durch ein Wunder keinerlei Verwesung erlegen sei. Das wird zwar eine Lüge sein (gut erhaltene Reste einer Maschine sind gar kein Wunder), aber auf diese Weise wird der Abgesandte des Papstes seine Chancen, bald selber Papst zu werden, erheblich vergrößern. Denn der Ruhm, das heilige Grab gefunden zu haben, wird auf ihn fallen, somit wird auf dem nächsten Konklave seine Kandidatur allen anderen weit überlegen sein. Thomas jedoch erwidert, solches zu tun wäre Lug und Trug, er aber wolle nach Rom mit der Wahrheit auf den Lippen zurückkehren. Er verjagt Robass mit den Worten »retro Satanas« und betet, da er eingesehen hat, daß Gott den heiligen Aquin mittels menschlicher Hände zu seinem Ruhm erschaffen hat.

Die Geschichte ist geschickt geschrieben, doch steckt in ihrer Konstruktion ein logischer Fehler, der sie ruiniert. Denn wenn man nicht lügen darf, um die Menschen zum wahren Glauben zu bekehren, dann darf man zu diesem Zweck *nie* lügen.

Also hatte auch der heilige Roboter Aquin nicht das Recht, seine mechanische Natur vor jenen zu verbergen, die er bekehrt; schließlich konnte er als Roboter Gottes Wort predigen. Und weiters – er hätte seine Natur nicht verheimlichen sollen, als er sich weigerte, sich einer »Kur« zu unterziehen, als er kaputtging oder auch erkrankte. Er ging also zugrunde, um eine Lüge zu retten (daß er ein Mensch gewesen sei, der er doch nicht war). Diesen Punkt der Erzählung könnte man verändern (Aquin hätte durch Zufall umkommen können, nicht infolge seiner »Selbstverleugnung«). Aber es läßt sich nicht mehr verändern, daß Aquin bei der Verbreitung des Glaubens systematisch seine Natur verheimlichte. Hätte er nicht verheimlicht, daß er ein »Automat« ist, dann wäre das allgemein bekannt gewesen (ein Roboter-Missionar ist etwas Außergewöhnliches auch in Zeiten der Technarchie, wie die Erzählung versichert). Und wäre es allgemein bekannt gewesen, dann wäre der Entdecker des heiligen Grabes in keinen Gewissenskonflikt geraten. Mit einem Wort, Thomas, der Entdecker des Grabes, will nicht lügen, und daher will er nicht das tun, worauf sich die Heiligkeit des Roboter-Anachoreten eigentlich gründete (weil er die Menschen bekehrte, indem er sich als Mensch ausgab, der er nicht war). Boucher war außerstande, wie man aus der von Groff Conklin verfaßten Einleitung der Anthologie erfahren kann, seine Erzählung in einer Zeitschrift der amerikanischen Science Fiction anzubringen, ihre Veröffentlichung in dem von Conklin herausgegebenen Sammelband ist also ein Erstdruck (obgleich Boucher zu den bekannten und geachteten »Klassikern« gehört!). Selbstverständlich war nicht die logisch falsche Struktur der Erzählung die Ursache der Ablehnung, sondern einfach das Thema. So sieht also in den Vereinigten Staaten die schöpferische Freiheit der Science Fiction aus.

Soviel ich weiß, wurde in dieser Erzählung zum ersten Mal etwas ausgesprochen, das, wenn einst vernunftbegabte Maschinen aufkommen, den Theologen als doktrinäres Argument dienen könnte, und zwar, daß, wenn Gott den Menschen erschaffen hat, der Mensch seinerseits Maschinen schaffen könnte, die so vernünftig wären wie er selbst. (Ich weiß aber nicht, wie »tragfähig« ein solches Argument ist: was wird geschehen, wenn es gelingt – nach der Hypothese Ashbys und anderer Kybernetiker – einen Apparat zu konstruieren, der intelligenter ist als der Mensch? Hat Gott den menschlichen Verstand absichtlich begrenzt, d. h. ihn in der uns gegebenen Gestalt geschaffen, wobei Er jedoch die Überschreitung der festgelegten Grenze erlaubte? Im Zusammenhang mit solchen Dilemmata sind zahllose theologische Streitigkeiten möglich.)

Trotz des logischen Konstruktionsfehlers ist die Erzählung interessant, schon weil sie ausgetretene Pfade vermeidet und die metaphysische These der »indirekten Schöpfung der Vernunft« impliziert. Die moderne Theologie ist mit einer solchen These nicht einverstanden: ihr zufolge darf man den *Körper* als Produkt eines natürlichen Evolutionsprozesses ansehen, nicht aber den *Geist*, denn dieser wurde dem Körper eingehaucht; in besonderen Schöpfungsakten beschenkt Gott den menschlichen Keim bei einer Zeugung mit einer unsterblichen Seele; was wird aber geschehen, wenn vom Fließband intelligente Roboter herunterpurzeln werden? Schafft Gott für jeden Automaten, der das Fließband verläßt, auch eine Seele? D. h.: kann ein Roboter eine Seele besitzen? Man kann sich unschwer verschiedene Ideenkonflikte vorstellen, die eine solche Sachlage bewirken könnte; aber über alle diese Fragen schweigt sich die SF gründlich aus. Dabei ist zu beachten, daß die Absicht, den Glauben oder die Theologie zu kompromittieren, dem Autor eines solchen Themas (»Roboterseele«) absolut fremd sein kann. Es geht doch nicht um irgendwelche boshaften Einfälle, sondern um Probleme, die – den Spezialisten zufolge – spätestens in hundert Jahren vielleicht gelöst sein werden, und die Phantastik pflegt gewöhnlich ungleich kühner in die Zukunft hinauszugreifen. Es steht schon auf einem anderen Blatt, daß dies eine Kühnheit ist, die sich auf den Kalender, auf Daten beschränkt (»46 000 Jahre nach Christi Geburt« z. B.), und nicht intellektuelle Kühnheit.

Doch die Phantastik übt nicht nur Zurückhaltung im Hinblick auf Diskussionen über metaphysische Probleme – »von der Seite« der Automaten und der Intellektronik. Der Kampf des institutionellen Katholizismus gegen die Antibabypille ist weder wissenschaftliche Hypothese noch Phantasie, sondern konkrete Wirklichkeit. Die Phantastik schweigt darüber; wir sollten daher diese leeren Stellen betrachten, nicht auf dem Weg über die Werke, denn die gibt es nicht – sondern unmittelbar. Und gerade mit diesem aktuellen Problem beginnen wir unsere notwendigerweise flüchtige »metaphysisch-futurologische« Übersicht.

Die berüchtigte Pille, die den Sex von der Fortpflanzungsfunktion löst, ermöglicht einen gänzlich autonomen Lustgewinn, d. h. einen, der außer dem Akt selbst kein Ziel und keinen Sinn hat. Die Betrachtung dieser Innovation als Sünde hat eine Menge katholischer Gemüter bewegt, und mit zur Vertiefung der Krise innerhalb der Kirche beigetragen. Auf den Sturm der Verdammungen der päpstlichen Entscheidung wie auch auf die schwächeren Stimmen ihrer Billigung wollen wir uns hier mit Rücksicht auf das eigentliche Problem nicht einlassen: für uns ist es nur ein Vorbote kommender Ereignisse. Diese Innovation wurde in den Polemiken als sporadisches Faktum behandelt – sehr zu Unrecht. Alles, was für die Verbreitung der Pille spricht, ist wohlbekannt, wobei als wichtigstes Argument die den Erdball bedrohende demographische Bombe dient, die irgendwie entschärft werden muß. Und was hat der Gegner dieser Innovation dazu zu sagen? Wir sagen mit den Worten eines anonymen Autors: die Menschheit hat sich so arrangiert, daß sie Moralgesetze hat und diese allerseits verletzt. »Sich mit verbotenen Äpfeln anzufressen ist ihre Spezialität.« Aber eine solche Antinomie der Werte – als Zusammenstoß befriedigter Begierden mit dem Wissen von der Sündhaftigkeit dieser Befriedigung – ist selber ein Wert, und zwar als Beweis des Menschlichen. Wir sind gierige Halunken, aber solange wir das wissen und imstande sind, uns so zu bezeichnen, solange bleiben wir, die wir ein Schlachtfeld zwischen dem Bösen und dem Gewissen sind, im Gleichgewicht. Zwar verhalten wir uns nicht so, wie es uns die Pflicht gebietet, aber wir haben von dieser Pflicht jedenfalls etwas gehört. Denn bei aller Verlogenheit, zu der wir fähig sind, wissen wir dennoch, ob wir gut oder schlecht handeln. Die Pille wird sich ohnehin durchsetzen; aber zu verlangen, daß diese Technik des bloßen Genusses noch des höchsten Segens teilhaftig werde, ist schon zuviel des Guten. Der strategische Zweck der Pille ist der Kurzschluß zwischen Verlangen und Befriedigung – ohne alle Scherereien, d. h. ein Handeln nach dem Prinzip, daß der Mensch keine Ganzheit darstellt, sondern eine Art Mosaik, daß also alles, was kurzfristig ein Element dieses Mosaiks befriedigt, schon allein dadurch für das Ganze gut sein soll. Es war bequem, aus der Fortpflanzung den Sex auszuschalten – also schalten wir ihn aus. Es wäre bequem, zeitweise das Gewissen auszuschalten – auch dafür wird es einmal die entsprechende Pille geben. Es wäre bequem, einen hartnäckigen Opponenten zu überzeugen, daß er nicht recht hat – also erfindet man ein Präparat, das besser als monatelange Überredungsversuche ihn zum Nachgeben bewegt. Aber die Erregung der Gemüter über das Eindringen der Biotechnik in die Angelegenheiten unseres Körpers ist weder erstmalig in der Geschichte noch neu. Einst weckte es Grauen, daß Kranke vor der Operation eingeschläfert wurden; noch früher – die Untersuchung von Leichen, die anatomische Sektion. Sogar die Leichtigkeit der Heilung von Geschlechtskrankheiten fand (wohl nicht sehr zahlreiche) Gegner. Man muß sich zu Bewußtsein bringen, daß all dies Teilchen sind, die nacheinander aus einem kategorienmäßig einheitlichen Massiv genommen werden. Und daß die Portionen, in denen weitere Neuerungen kommen werden, sich bestimmt als immer größer erweisen werden. Ein Herz kann man heute schon verpflanzen. Was kommt morgen?

Jede derartige Neuerung erfordert gesonderte Forschung. Man kann autonome Werte gegen die Pille verteidigen, ohne die metaphysische Sanktion als höchsten Gerichtshof zu Hilfe zu rufen. Es genügt, sich folgendes zu vergegenwärtigen: So wie in der Empirie die Wahrheit nicht die Qualität einzelner Thesen ist, so sind auch in der Kultur die Werte nicht Steinchen in einem beliebig zusammengesetzten Mosaik. So wie in der Empirie die Wahrheit eine Qualität des Systems ist, so sind in der Kultur die Werte in deren Gefüge verwurzelt. Wenn wir sie also so behandeln, als wäre jeder von ihnen etwas Isoliertes, als könnte man sie umkehren, herausnehmen, durch andere ersetzen, wissen wir selber nicht, was wir tun, d. h. wie weittragende Folgen unsere Handlungen haben werden – unabhängig davon, wie bequem momentan ihr Ergebnis sein mag.

Nun wissen wir aber wirklich fast nichts darüber, wie die Bestandteile des Sex und der Erotik – in bezug auf die axiologischen Zentren unserer Kultur – funktionieren. Gewiß, es wird darüber ungemein viel geredet und geschrieben, aber an diesbezüglichen wissenschaftlich exakten Informationen besitzen wir äußerst wenig. Woran erkennt man ein solches Wissen? Daran, daß es Voraussicht ermöglicht, d. h. Prognosen über die Dynamik der Kulturwerte unter dem Einfluß verschiedener Veränderungen und Störungen. Davon, daß irgend jemand heute eine solche Prognose stellen könnte, kann überhaupt nicht die Rede sein. Auf diesem Gebiet verfügen wir nur über ausgezeichnete aposteriorische Doktrinen, mit der Psychoanalyse und ihrer Kulturtheorie an der Spitze, das heißt über Theorien, die uns alles vorzüglich im nachhinein erklären, wenn etwas schon geschehen ist, aber darüber, was sein wird, nichts auszusagen vermögen. Die Entscheidung des Vatikans in Sachen Pille könnte vom empirischen Standpunkt aus nur in bezug auf sein Veto gegen ihre Verbreitung verteidigt werden, keinesfalls aber im Rahmen der Motivierungen dieses Vetos. Jenes »Nein!« könnte ebensogut von einem Gelehrten wie vom Papst ausgesprochen werden. Aber der Gelehrte würde sein »Nein« mit *Mangel* an Wissen begründen, das einzig und allein das Handeln rechtfertigt; hingegen hat der Papst das Bewußtsein vollkommenen Wissens, das keinerlei zusätzlicher Informationen bedarf, mehr noch, das sich solchen Informationen entgegenstellen muß. Ist es doch bekannt, wie oft »si duo faciunt idem, non est idem«. Der Metaphysiker, Behüter transzendenter Werte, kann ein Bündnis mit dem Empiriker eingehen, der die Verbreitung biotechnischer Innovationen in dem Maße, in dem die Biologie uns mit ihnen überschütten wird, für gefährlich hält. Aber dieses Bündnis wird nur ein vorübergehendes sein.

Man sagt manchmal, daß die Wissenschaft sich fortwährend selber wandelt, weil sie alle ihre Wahrheiten in Frage stellt und jede von ihnen immer wieder dem Urteilsspruch des Experiments unterwirft, dagegen bedeute die Metaphysik ein in Immobilität erstarrtes unkorrigierbares Wissen. Auf einen gewissen Grundstock von Dogmen, die quasi direkt an die Transzendenz adressiert sind, trifft dies sicherlich zu; es ist jedoch keineswegs so, daß der Metaphysik des Glaubens langsame Evolutionsbewegungen fremd wären. Es genügt, daran zu erinnern, welche Haltung einst die Kirche zu astronomischen, kosmogonischen, bioevolutionären Theorien einnahm, und wie sie heute zu ihnen steht. Sie ist vor allem »koexistenziell«.

Doch ist die Kollisionslosigkeit der Entwicklung von Wissenschaft und Glauben eine in einem historischen Zeitraum eingeschlossene Erscheinung. Am Anfang hat der Glaube die Übereinstimmung aller Ereignisse der wissenschaftlichen Erkenntnis mit dem Buchstaben des Dogmas gefordert; in schmerzhaften Krämpfen, die so manches Opfer verlangten, wurde die Unabhängigkeit der Wissenschaft geboren; jetzt koexistiert sie mit dem Glauben, doch ist dies kein permanenter Zustand.

Nicht in dem Sinne, daß, wenn dieser Zustand nicht existiert, der Glaube als solcher untergehen müßte, sondern in dem Sinne, daß ihm der Rückhalt in Daten, die noch als der Transzendenz gegenüber indifferent gedeutet werden, nach und nach entzogen wird. Denn eine solche Neutralität kann so ausgenutzt werden, daß gerade sie eine Form des Rückhalts wird. Wenn ich weiß, daß mein Nachbar keinerlei feindliche Absichten gegen mich hegt, kann ich mein eigenes Handeln planen, gestützt auf dieses Wissen, das dadurch zu einer indirekten Hilfe wird. Nun muß sich der religiöse Trend entweder allmählich, losgelöst von jeder Empirie, verselbständigen, somit scheint in weit entlegener Zukunft keinerlei »Theologie der Vernunft« möglich, oder aber der Glaube, der auf keine vernunftmäßigen Beweise verzichtet, setzt sich fatalen Krisen aus. Denn die Dogmen, die festlegen, was konkret ein Wunder ist, müssen eine Erosion erfahren, die Risse im Glauben hinterläßt. So sind z. B. die Wiederbelebung von Toten oder die unbefleckte Empfängnis machbare Dinge. Aber von solchen Experimenten muß der Glaube nicht berührt werden, denn die Hauptrichtung seiner Rückzüge und Absetzbewegungen, die wir in der Evolution des Spiritualismus notieren, weist ihm immer wieder neue Zufluchtsorte. Der Zutritt zu ihnen muß jedoch jeder empirisch-logischen Beweisführung verboten sein. Sie kann nicht mehr innerhalb dieses Asyls Hilfe sein, die der diskursive Verstand der Theodizee leistet. Übrigens ist der Trend der fortschreitenden Ent-Anthropomorphisierung der höchsten religiösen Vorstellungen – als ein »auf den psychozoischen Universalismus«, nicht nur auf die Menschenähnlichkeit gerichteter Gradient – schon jetzt in den theologischen Schriften zu beobachten.

In vollem Ernst künden sie die Möglichkeit der Erlösung »anderer Welten« durch Christus. Doch sollte man nicht vergessen, daß diese Hypothese einen empirisch verifizierbaren Aspekt hat. Nehmen wir an, es wird eine kosmische Zivilisation entdeckt, die an irgendeine Art der Erlösung glaubt, sich aber einer anderen Symbolik und eines anderen Personenrepertoires bedient (die dortige Heilige Familie z. B.). In diesem Fall gilt eines von beiden: entweder müssen wir feststellen, daß die »Anderen« Ketzer sind und nur die irdische Kirche im Alleinbesitz der Wahrheit ist, oder die Auffassung akzeptieren, daß in verschiedenen planetarischen Symboliken grundsätzlich dieselbe Transzendenz zum Ausdruck kommt, sowohl als Höchstes Wesen als auch in Gestalt Seiner historischen Schicksalswege (als Erlöser). Die zweite Lösung wirft nicht nur die ganze Dogmatik über den Haufen, sondern verlangt auch die Schaffung einer neuen Dogmatik, bereits auf einem höheren Niveau der Abstraktion als das bisherige. Die Ansätze zu einer solchen Evolution sind in der Theologie vorhanden, weil nach der christlichen Theologie der Judaismus oder der Mohammedanismus nicht so tief im Irrtum befangen sind wie etwa der magische Animismus. Die Hebung des Abstraktionsniveaus der Begriffe eines Glaubenssystems ist eine in der Kulturrevolution typische Erscheinung. Fatal ist für den Glauben ein Zustand, in dem der logische Beweis für die Existenz Gottes für alle akzeptabel ist außer für die Logiker. So darf man also langfristig die Rettung des Glaubens nur darin sehen, daß man ihn unabhängig macht von jeglicher logisch-empirischen Reflexion, sowohl jener, die parallel beide Ordnungen (die diesseitige und die jenseitige) berücksichtigt, als auch jener, die von der irdischen die Bestätigung der außerirdischen verlangt. Solche Feststellungen in Fragen der Futurologie des Glaubens mögen für den Gläubigen einen Hauch von Häresie haben, aber diese Reaktion zeugt von den Konkreta, die das Bollwerk seines Glaubens bilden, und zwar von den Konkreta, in denen er rational sein will. Hingegen werden die außerirdischen Elemente jenes Glaubens von dieser Argumentationsweise überhaupt nicht berührt.

Auf den Angriff der Empirie muß sich also in Zukunft nicht die *ganze* Dogmatik gefaßt machen, sondern nur jener ihrer *Teile*, der zum Materiellen tendiert – als »Anschauungshilfe«, die die Transzendenz bestätigen soll.

Die Theodizee steht gleichsam auf zwei »qualitativ verschiedenen« Beinen, weil sie weder auf die irrationalen noch auf die rationalen (oder zumindest den Anspruch auf Rationalität erhebenden) Überlegungen – als Argumente, die für die Transzendenz sprechen – verzichten will. Jahrhunderte- oder gar jahrtausendelang wird sich dieser Zustand nicht aufrechterhalten lassen. Solche Phänomene, wie das Entstehen unikaler Individuen innerhalb eines technischen Produkts; wie die schon erwähnte Möglichkeit der Wiederbelebung von Toten (werden doch schon heute Menschen mit dieser Absicht, die der künftigen Biotechnologie gilt, eingefroren); wie die Laborsynthese der höchsten, also menschenähnlichen Organismen; wie ihr Derivat – die Synthese solcher Organismen, die die leeren Stellen zwischen den höchst organisierten Androiden und dem Menschen ausfüllen werden; wie die instrumentale Erzeugung lebendiger, in vielen Parametern »übermenschlicher« Formen (z. B. »Fast-Unsterblichkeit«; Veränderbarkeit genetisch bestimmter Merkmale, Einpflanzung und Beseitigung von Talenten oder auch Organen, deren Standort rein funktional bestimmt werden kann, wie Gedächtnis, Intelligenz, sogar Gewissen; durch »Aufladung« der

Gehirne mit beliebigen Informationen kann man in einem Individuum die tiefe und unauslöschbare Überzeugung schaffen, daß es empfunden und getan habe, was es weder empfunden noch getan hat! usw., usf.; diese Liste könnte man seitenlang fortsetzen) – alle diese heute in vollem Ernst prognostizierten Phänomene, von denen viele nach Meinung der Fachleute zeitlich gar nicht so weit entfernt sind, sind in bezug auf die Gesamtheit der existierenden Glaubensbekenntnisse durchaus nicht neutral. Wobei in den einen Fällen eine Neuinterpretation der Dogmen, die angesichts solcher Errungenschaften der Empirie gerettet werden sollen, noch möglich ist. In den anderen Fällen scheint eine derartige Rettung mit den Methoden, deren sich die traditionelle Theologie bedient, nicht mehr möglich. Aber gerade der Rückzug in die Region der »Unbeweisbarkeit« (»des von logisch-empirischen Angriffen der Pseudoüberredung gereinigten Dogmas«), hinter die sich die Religiosität in dem Kern endgültig verschanzt, der fürsorglich von jenem »credo, quia absurdum« geschaffen wurde, scheint immer möglich.

Der Standpunkt des anonymen Verteidigers der Enzyklika *Humanae Vitae* scheint im Lichte des Gesagten, d. h. in der Perspektive der fortschreitenden Zeit, eine schlechte Verteidigung des Glaubens zu sein.

Begnügen wir uns mit einem außergewöhnlich primitiven, weil nur einen Parameter berücksichtigenden prognostischen Beispiel. Der Standpunkt der Kirche gegenüber Experimenten der Ektogenese (der Embryoentwicklung außerhalb des menschlichen Organismus) ist extrem negativ. Wollte jedoch die Kirche Retortenkinder nicht als normale, aller Sakramente würdige Menschen anerkennen, so würden die Folgen eines solchen Urteilsspruchs die Kirche in eine Art Getto sperren; und mit dem Entstehen einer zusehends größeren Anzahl künstlich geschaffener Individuen müßte die Kirche entweder ihr Dogma ändern, oder ihren eigenen Untergang in Kauf nehmen. Dieses Beispiel ist extrem und zugleich primitiv, wie wir vorausgestellt haben. Von heute auf morgen wird man nicht anfangen, Kinder zusammenzusetzen; dadurch wird die Kirche Zeit gewinnen, die Veränderungen zu überdenken, mit denen sie sich schließlich wird abfinden müssen. Selbstverständlich geht es von unserer Perspektive aus um Anfangsschritte in eine unbekannte Richtung; selbstverständlich ist im Verhältnis zu den skizzierten Möglichkeiten die Pille eine Kleinigkeit, kaum der Rede wert. Die Kirche hat wirklich keine Wahl. Zu meinen, sie hätte sie, ist eine Illusion eines noch dem Trägheitsgesetz unterworfenen Geistes, der sich heute bei jedem, auch beim Schreiber dieser Worte, wenn er nicht gezwungen ist, der Wissenschaft zu glauben, störrisch wie ein Esel dagegen stemmt und entgegen den Tatsachen sich einzureden versucht, daß jeder neue Schritt in der Art der Pille, der Herz-, Nierentransplantationen usw. – nicht das Vorspiel einer gewaltigen Invasion der Biotechniken in unsere Körper und Seelen ist, sondern ein lokales, isoliertes Faktum, also nicht der Vorbote einer neuen Zukunft, sondern irgendeine – bloß etwas vergrößerte – Entsprechung des schon Dagewesenen (wie Narkose bei der Entbindung, sagen wir, oder wie der Kampf um das Recht auf die anatomische Sezierung von Leichen).

Die Technoevolution kollidiert mit der Kultur (besonders mit dem Glauben) – dort, wo sie entweder die höchsten menschlichen Tätigkeiten imitiert (in der Intellektronik), oder wo sie in die menschliche Biologie eingreift (als Biotechnologie). Wahrscheinlich wird uns die Biotechnologie die härtesten Nüsse erst im 21. Jahrhundert zu knacken geben. Ihr oberstes Prinzip wird, wie es jetzt scheint, das sein, was man ein Übermaß an Handlungsfreiheit – im Bereich der Autoevolution – nennen kann. Gegenwärtig macht sich schon das Entstehen einer Problematik bemerkbar, die für das frühe Entwicklungsstadium der Biotechnologie, zu der die Medizin erst zu werden beginnt, typisch ist. Das Prinzip dieser Problematik wieder ist das Dilemma der asynchronen Fortschritte. Denn der Fortschritt realisiert sich nicht so, daß er in seinem Wirkungsbereich die Anzahl der Widersprüche verringert: umgekehrt, er vermehrt sie. Für die Medizin ist traditionell das Leben der höchste Wert, also ist es ihre Pflicht, dem Leben möglichst vollkommenen Schutz angedeihen zu lassen. Das Ergebnis ist, daß die verringerte Säuglingssterblichkeit die Gefahr einer demographischen Explosion heraufbeschwört; und die Möglichkeit, nicht vollwertige Organismen, auch wenn sie mit ernsten Entwicklungsfehlern behaftet sind, oder Frühgeburten, die noch vor zehn Jahren wegen Unterentwicklung zum Tod verurteilt waren, am Leben zu erhalten – vermehrt weltweit die Zahl der Geschöpfe, die keine vollwertigen Mitglieder der Gesellschaft werden können. Dadurch verschlechtert sich die genotypische Zusammensetzung der Bevölkerung, wogegen momentan kein Kraut gewachsen ist, eben weil der Fortschritt vom Standpunkt, der die komplexe und allseitige Optimierung der Lebensäußerungen postuliert, asynchron ist. Wir sind bereits imstande, einen stark geschädigten Organismus am Leben zu erhalten, können ihn aber weder aus dem Zustand der Imbezillität noch der physischen Minderwertigkeit herausführen – und so wird es vermutlich noch lange Zeit bleiben. Es wird schließlich so weit kommen, daß es möglich sein wird, das Dahinvegetieren gänzlich degenerierter Individuen mit irreparablen Erbschäden zu verlängern – schon jetzt können rein animalische physische Funktionen von Menschen aufrechterhalten werden, die, wären sie nicht an die entsprechenden Apparate angeschaltet, sofort sterben müßten. Das sind oft Menschen mit abgestorbener Hirnrinde, die nie mehr das Bewußtsein wiedererlangen werden. Auf diesem Gebiet geht es um die schwierigsten Entscheidungen: ob und wann es erlaubt ist, das Leben solcher Wesen nicht mehr zu prolongieren, nicht mehr um seine Erhaltung zu kämpfen.

Von der Empirie können wir keine exakten Feststellungen darüber erwarten, wann eine psychophysische Beschädigung so weit fortgeschritten ist, daß man dem davon Betroffenen die Bezeichnung »Mensch« absprechen darf. Und eben deshalb, weil man hier keine scharfe Grenzziehung vornehmen kann, sind die zu treffenden Entscheidungen zum Teil nicht empirischer Natur. Anders ausgedrückt: einem experimentellen Test entzogen, sind diese Entscheidungen in die Metaphysik verwoben, weil metaphysische Werte unbeweisbar sind.

Vor ein noch schwierigeres Dilemma wird uns vielleicht die schon erwähnte Freiheit der Autoevolution stellen. Historisch ist sie ein uns fremdes Phänomen. Das echte, nicht fingierte Problem wird erst dann entstehen, wenn die Ergebnisse künstlicher Verfahren dem Werk der Natur (unserem Körper) nicht nur nicht nachstehen, sondern mit ihnen hinsichtlich der Leistungsfähigkeit erfolgreich wetteifern, sie also übertreffen werden: eine solche Umkehrung der Relation »künstlich-natürlich« ist in entlegener Zukunft durchaus zu erwarten. Bislang sind künstliche Gebisse schlechter als die organisch gewachsenen Zähne, Hörgeräte, Bein- und Armprothesen, temporär an Niere, Lunge, Herz angeschlossene Prothesen, synthetische organische Flüssigkeiten – alle reichen sie nicht an die natürlichen Körperteile heran, die sie ersetzen sollen. Was aber wird geschehen, wenn das künstliche Auge besser sehen wird als das natürliche, das künstliche Blut den Sauerstoff besser befördern, das künstliche Herz sich als leistungsfähiger denn das biologische erweisen wird? Und unabhängig von dieser Richtung der Biotechnologie kann man sich auf Projekte der psychosomatischen Reorganisierung des Menschen gefaßt machen, die viele seiner Parameter verbessern wird; welches dieser Projekte soll man wählen, soll man sich überhaupt dazu entschließen? Von der Empirie kann man auf solche Fragen keine eindeutigen Antworten bekommen, auch sie sind unausweichlich in Entscheidungen über unbeweisbare Werte verwickelt. Aber der Typ der Metaphysik, der entsteht, wenn der Mensch sich selbst zu erschaffen beginnt, hat nichts gemein mit den uns aus der Geschichte bekannten religiösen oder philosophischen Metaphysiken. Denn indem der Mensch die von der Evolution gegebenen Formen – des eigenen Körpers und Geistes – überschreitet, verläßt er zugleich jenes durch seine jahrhundertealte Geschichte geadelte Feld der axiologischen Lösungen; in diesem Sinn scheint die Erstellung eines ganz neuen Programms als axiomatischer Kern der Organisierung langfristiger biotechnischer Arbeiten eine Notwendigkeit zu sein. Ein solches Unternehmen kann nicht mit der Hilfe irgendeines der Glaubensbekenntnisse rechnen, denn die Kirche kann nur zum Hemmschuh solchen Fortschritts werden – wobei festgestellt werden muß, daß diese hemmende Funktion durchaus nicht etwas Negatives sein muß. Die Eindämmung der für unsere Zeit typischen Beschleunigung der Umwandlungsprozesse kann man manchmal eher positiv bewerten. Bekanntlich wird die Zeit zwischen der Entstehung einer neuen Entdeckung und ihrer

Verbreitung immer kürzer. Der Zwang, übereilt vorzugehen, ist dabei so beträchtlich, daß z. B. viele Mittel in der Pharmakologie notorisch unzureichend überprüft werden, was bereits tragische Folgen hatte. Also muß der axiologische Konservativismus nicht das einzige Übel in einer Epoche sein, die es so eilig hat wie die unsrige.

Dieser Konservativismus wird jedoch die Positionen, die er heute noch hält, verlieren müssen. Der Rückzug aus manchen dieser Positionen hat schon begonnen, und entweder wird er andauern, oder es wird keine Kirche geben. Das wird sich gewiß nicht innerhalb eines Jahrhunderts vollziehen, aber ganz bestimmt innerhalb eines Jahrtausends.

Wir sind also der Meinung, daß die Autoevolution, der Akt, mit dem der Mensch die Steuerung der eigenen Biologie selber in die Hand nimmt, die heftigsten Konflikte zwischen Glauben und Empirie hervorrufen muß, die je in der Geschichte ausgetragen wurden. Sind doch biotechnische Lösungen in breiter Ausstrahlung möglich; einerseits kann durch technische Manipulation der Gene ein körperliches Substrat in einen Stoff umgewandelt werden, aus dem sich neue Arten von Organen, Geweben, von Sinnen und deren Trägern usw. ergeben; das wäre ein noch »naturalistischer«, »somatogener« Trend. Andererseits ist auch eine »Denaturalisierung«, »Enthomogenisierung« des Organismus durch Kopplungen zwischen »leblosem« Aggregat und lebendiger Materie möglich; das ist der »bionisch-physikotechnische« Trend. Ob das so entstandene System eine »Menschmaschine«, ein »Maschinenmensch« sein wird, oder einen ganz anderen Namen erhält – ehe man sich um eine solche Klassifikation bemüht, sollte man bedenken, daß alle diese Definitionen auf Übereinkunft beruhenden Charakter haben. Die Unterscheidung zwischen »Mensch« und »Maschine« scheint solange möglich, als der Gradient, der sich vom »Natürlichen« auf das »Künstliche« hinbewegt, dem ersteren Überlegenheit in Form größerer Leistungsfähigkeit beschert. Kehrt sich der Gradient um, dann wird sich, zusammen mit ihm, die bisher geltende Hierarchie dieser einander gegenüberstehenden Begriffe umkehren.

Angesichts solcher Perspektiven erweist sich die Rettung

gewisser Glaubensdogmen als offenkundig zweitrangig. Man wird sie eine Zeitlang retten können; ohnedies haben die Wundererscheinungen der heiligen Schrift zwei Aspekte: außerirdisch sind in ihnen sowohl die »technische Ausführung«, als auch deren Endeffekt (d. h. sowohl die *Methode*, mit der der Tote wiederbelebt wird, als auch die Tatsache, daß der Tote aus dem Grabe aufersteht). In Zukunft wird die Leiche wieder lebendig werden, weil die Technik es möglich machen wird; sie wird also dasselbe tun, was nach der Heiligen Schrift ein Wunder getan hat, aber nur in bezug auf die materiellen Folgen, nicht jedoch auf den operativen Weg, der zu diesen Folgen führt. Man kann also die Dogmen retten, indem man die Beschaffenheit der Operation von der Beschaffenheit ihrer Resultate trennt. Doch ist das eine temporäre Rettung – später kommen die Probleme an die Reihe, die mit dem Überschreiten der von der Natur gegebenen Formen und biophysischen Eigenschaften des Menschen verbunden sind.

Mit diesen Problemen befaßt sich die Literatur, die dazu berufen wäre, überhaupt nicht, entweder aus konformistischer Ängstlichkeit oder aus intellektueller Schwäche. Aber da die Anmaßung von Dummköpfen kein Problem ist, das für die Kultur Bedeutung hat, sollte man eher fragen, warum sich die Ethologie auch nicht mit diesen Dingen befaßt, ebensowenig die Axiologie, noch irgendein anderer Zweig der zeitgenössischen Philosophie. Sie schweigen gewiß nicht, weil es ihnen an intellektuellem Mut fehlt. Diese Situation ist durch die historische Entwicklung der Philosophie bedingt. Sie betrachtet den Menschen als grundsätzlich invariables Subjekt der Erkenntnis und Objekt der Forschung. Überlegungen, wie der Mensch sich körperlich und geistig umgestalten *sollte*, falls er die dazu nötigen instrumentalen Fähigkeiten erwirbt, standen nie im Gesichtskreis der philosophischen oder anthropologischen Forschung. Ein solcher Gedanke wurde und wird noch immer als phantastisch angesehen, wohl nach der Maxime »contra spem spero«.

Um zur Futurologie der Glaubensbekenntnisse zurückzukehren: die Laizisierung des Denkens, selbst des theologischen, ist heute eine Tatsache – als Symptom der »Flucht des Absoluten« aus allen ortsgebundenen Hüllen der Diesseitigkeit –, nur daß man sich darüber nicht volle Klarheit verschafft. Dieses Phänomen der oben erwähnten Flucht wird durch den Vergleich selbst zwischen den Enzykliken des letzten Jahrhunderts deutlich. Wie Herman Kahn boshaft bemerkte, haben alle päpstlichen Enzykliken des 20. Jahrhunderts, sieht man von ihrer Stilistik, ihrer verbalen Ornamentik ab, inhaltlich den Charakter von gesellschaftpolitischen und ökonomisch-moralischen Dokumenten (Appellen), die allesamt, ausnahmslos (nur in etwas anderer Sprache) aus dem Munde humanitär gesinnter Atheisten kommen könnten.

Versucht man, gedanklich in die Zukunft so tief wie nur möglich einzudringen, so stellt man fest, daß eine ziemlich wahrscheinliche Chance für die Rettung der Dogmatiken darin besteht, daß ihnen spezielle semantische Eigenschaften verliehen werden. Sie können nämlich der Aushöhlung nur dann standhalten, wenn man sie weitgehend »mystifiziert«, beziehungsweise müßten sie – in einem Vorgang, der ihnen Bedeutungsinhalt gibt – einem Prinzip unterworfen werden, das wir am liebsten »die generalisierte Hiobsregel« nennen würden. Es wird dann nicht einfach lauten: »Nichts von dem, was hier vor sich geht, berührt unser Verhältnis zu dem, was dort ist« – sondern darüber hinaus noch: »Nichts von dem, was sich *hier* artikuliert, kann dem adäquat sein, was *dort* ist.« Geht man so vor, dann ist die Bibel nicht nur keine buchstäbliche Beschreibung der Erschaffung der Welt, sie ist auch nicht als Beschreibung der Erschaffung des Menschen wörtlich zu nehmen; »geschaffen nach Gottes Ebenbild« – auch das ist nicht mehr wörtlich gemeint. Denn die Interpretation nach dem Buchstaben des Wortes wird durch die autoevolutive Tätigkeit zerstört. Damit umreißen wir nur sinnfällig den Beginn der Prozedur, die sich weiter entwickeln muß, als ein Prozeß, der alle im System des Glaubens artikulierten Aussagen aus der Dichotomie von Wahrheit und Lüge hinausführen, und der erreichen wird, daß alle dogmatischen Sinngebungen aus ihrer Buchstäblichkeit gelöst werden. Möglich, das heißt denkbar, sind auch andere Arten der Anpassung des Glaubens an die vor sich gehenden Wandlungen, aber alle sind viel absonderlicher als die hier skizzierte. Ein rein sachliches Faktum ist die soziologische Feststellung – auf dem Gebiet der Religionswissenschaft –, daß die allgemeine Entwicklung des theologischen Denkens im letzten halben Jahrhundert für die »Homöostase« der Religionen der Zukunft nicht von Vorteil war. Hatte doch Teilhard de Chardin – als derjenige, der die Religion mit Empirie und zugleich Empirie mit Religion erfüllte – Vorgänger. Wir halten diese Angelegenheit nicht nur für die Religionswissenschaft, sondern auch für die Kultur für wichtig, und deshalb wollen wir sie ausführlicher erklären. Wären die aufeinanderfolgenden Weltbilder, die uns die Wissenschaft anbietet, in Wahrheit nur so etwas wie eine Fotoserie von demselben Objekt, das nacheinander von immer schärfer aufzeichnenden Objektiven erfaßt wurde, d. h. verhielte sich jede neue Theorie, die einen großen Bereich von Erscheinungen umfaßt, zur vorangegangenen, die sie durch ihre Entstehung aufhob, wie ein schärferes Foto zu einem leicht verwischten, würde also ein beständiger Homöomorphismus der Strukturen im ganzen Verlauf der in der Geschichte der Wissenschaft einander ablösenden und einander verdrängenden theoretischen Gebäude herrschen – dann hätte die Tätigkeit Teilhard de Chardins dem Glauben gar nicht gefährlich werden müssen. Aber die Vorstellung, die wissenschaftliche Approximation der objektiven Wahrheit über die Realität beruhe nur auf verschärfender Korrektur und auf der Retusche im Prinzip gleichbleibender Strukturen, diese Vorstellung ist total falsch.

Denn Einsteins Theorie ist *nicht* die strukturell vervollkommnete Theorie Newtons, sondern hat eine topologisch und parametrisch andere Struktur als ihre Newtonsche Vorgängerin. Die Quantentheorie ist *nicht* identisch oder auch nur strukturell homöomorph mit der klassischen Theorie, an deren Stelle sie getreten ist, usw. Wer also unter Aufbietung aller Kräfte die Doktrin einer bestimmten Metaphysik so interpretiert, damit sie wie angegossen auf die bestehenden Strukturen der theoretischen Physik, der theoretischen Kosmologie, Biologie usw. paßt, sucht in einen Boden Wurzeln zu versenken, der morgen schon vielleicht so gründlich umgepflügt wird, daß alles von unterst zu oberst gekehrt ist. Eine neue Theorie, z. B. als neues Bild des Kosmos, von der nächsten Umwälzung unseres gesamten Wissens uns beschert, wird nämlich nicht, wie man schon heute vermuten kann, einfach die bisherigen Theorien präzisieren und um neue Einzelheiten bereichern. Sie wird etwas ganz anderes sein als ihre Vorläuferinnen. (Unter anderem wird sie die dem Theologen liebwerte Konzeption von der Entstehung des Universums aus einem einzigen Elementarteilchen, das explosiv, also quasi in einem einzigen Schöpfungsakt, das Weltall hervorbrachte, zunichte machen.)

Ich lege mir natürlich Rechenschaft darüber ab, daß manche Leser es als komisch empfinden werden, wenn ein Mensch, der das Bestehen von Transzendenz leugnet, wie der Autor dieser Zeilen, es auf einmal fertigbringt, das Denken Teilhards auf eine Art zu untergraben, die stellenweise eine sonderbare Ähnlichkeit zu der Methode aufweist, mit der die kirchliche Orthodoxie dieses Werk abwertet. Doch sieht jene Orthodoxie in dem Eingriff, der die Empirie und die Religion »aufeinander abstimmen« soll, nur eingeschränkte Bedrohungen mancher Glaubensdogmen. Ich hingegen lege größtes Augenmerk darauf, was bei einem solchen Unterfangen mit der wissenschaftlichen Methode geschieht, und auch mit dem ganzen begrifflichen und kategoriell-strukturellen Apparat, die den großen Systemen, als den höchsten Generalisierungen der Wissenschaft, spezifisch sind. Suggestiv, d. h. quasi glaubwürdig und sinnvoll, können Teilhards Folgerungen nur solange sein, als man die darin verwendete wissenschaftliche Terminologie und die Hinweise auf wissenschaftliche Feststellungen mit gewisser Nachsicht behandelt; d. h., unter der Bedingung, daß man die Unschärfe der Namen, die Verwischung des operativen Sinns der Bedeutungen, mit einem Wort – eine vom besten Willen getragene Naivität billigt, die davon ausgeht, daß in der diskursiven Methode selbst dann noch viel vom »wissenschaftlichen« Element zurückbleibt, wenn sie sich verwässerter, aus dem Zusammenhang gerissener Begriffe bedient, um daraus möglicherweise auch faszinierende, aber prinzipiell *unscharfe* ganzheitliche Analogien aufzustellen. Es ist dies, um es grob, aber deutlich zu sagen, ein Versuch, Feuer und Wasser durch das Abkühlen des Feuers und Erwärmen des Wassers miteinander zu verbinden. Ein dreifach riskantes Vorgehen, und zwar:

1) Wie schon weiter oben erwähnt, haben die Formulierungen der modernen Wissenschaft es an sich, daß sie rasch veralten; was also heute als ein korrektes Aufeinander-Abstimmen oder als Kompromiß zwischen Wissenschaft und Glauben erscheint, kann morgen den Glauben in eine Gefahr versetzen, die dadurch noch größer wird, daß sich der Glaube als an falsifizierte, überholte Begriffskonstruktionen angestückelt erweist. Dann müßte man die Arbeit von neuem anfangen.

2) Kein einzelner Mensch ist heute dem gewachsen, woran sich Teilhard heranwagte, sofern es sich nicht darum handelt, systematisch Gemeinplätze aneinanderzureihen, sondern man es dazu bringen will, daß der Glaube genau der Gesamtheit dessen entspricht, was die Wissenschaft in allen ihren Hauptdisziplinen zu sagen hat. Das ist einfach unmöglich; diese Sammlung idiographischer und nomotetischer Feststellungen wird kein einzelner in seinen Kopf aufzunehmen und dort zu bewahren vermögen. »Abweichungen«, sei es in Richtung biologischer (Teilhard selbst war Biologe), sei es physikalischer, anthropologischer oder schließlich kosmologischer Konzeptionen, müssen denn auch in dem aufgebauten Gesamtsystem in Erscheinung treten und sich auf seine Struktureigenschaften auswirken.

Doch so, wie vom methodologischen Gesichtspunkt die in Physik übersetzte Religion oder die in Religion übersetzte Physik unverdaulich ist, so ist auch jene Mischung ganz unerträglich, die entsteht, wenn man astrophysische oder kosmogonische Begriffsstrukturen entsprechend denen der theoretischen Biologie zurechtzubiegen versucht; weder für die Biologie, noch für die Kosmologie schaut dabei etwas Gutes heraus, und zwar deshalb, weil die Wissenschaft vom Universum und die Wissenschaft vom Leben sich auf ganz verschiedenen Etappen der Systemreife befinden. In struktureller Hinsicht ist jede wissenschaftliche Disziplin wesentlich durch den Typ der mathematischen Apparaturen determiniert, deren sie sich hauptsächlich bedient; in dieser Beziehung sind sich Kosmologie, Astrophysik und Physik, eventuell mit der Kernchemie und der physikalischen Chemie, ziemlich nahe, hingegen verhält sich die Biologie zur Astrophysik ungefähr so, wie die deskriptive Semantik zur mathematischen Linguistik. Disziplinen, die entsprechend ihren spezifischen mathematischen Strukturen, gleichsam auf unterschiedlichem Niveau ihren Platz haben, kann man nicht sinnvoll zusammenführen.

Uns sind einfach keine wirklich scharfen Strukturen biologischer Evolutionsprozesse bekannt, wenn man von den allgemeinsten Generalisierungen absieht; sie der Kosmologie oder Kosmogonie aufzudrängen, kann also als wissenschaftliche Phantastik interessant sein, nicht aber als ernste systemschaffende Tätigkeit.

3) Die soeben erwähnte nur unvollkommene Vereinbarkeit der Resultate der Einzelwissenschaften miteinander bewirkt, daß eine interdisziplinäre Synthese als möglich erscheint, aber sie wird hauptsächlich durch den unklaren Charakter der Ergebnisse der verschiedenen Disziplinen ermöglicht. Denn wenn es keine einheitliche, exakte Methode der Übersetzung z. B. physikalischer Begriffe in biologische und vice versa gibt, so kann man daraus, daß sie sich gegenseitig nicht eindeutig zuordnen lassen, vorübergehenden Nutzen ziehen. Dank dem semantischen Indeterminismus, der in den Hiati zwischen den einzelnen Wissensgebieten herrscht, kann man eine allgemeine Kohäsion und eine unscharfe Konvergenz der Bedeutung gewinnen, aber das ist ein Gleichgewicht, das sich verschiebt, sich auflöst und schließlich aufgehoben wird, sobald in den einzelnen Wissenschaften weitere Präzisierungen erfolgen. Der Theologe macht sich die Unbestimmtheit der Bedeutung zunutze; sie sind für ihn so etwas wie ein Gummiband, das, in einen Gürtel oder in Hosenträger eingenäht, erlaubt, daß dasselbe Stück von Personen getragen wird, die sich in bezug auf ihre Größe erheblich voneinander unterscheiden. Wenn aber die Übersetzbarkeit von einer Disziplin zur anderen effektive Fortschritte machen wird, wenn die Gesetzmäßigkeiten der Isomorphismen die interdisziplinären Nahtstellen in großem Umfang erfassen werden, wird der willkürliche Charakter des vormaligen Gebrauchs »des Gummibands des sprachlichen Indeterminismus«, d. h. der Elastizität der Begriffe, denen ihrer Herkunft aus der ethnischen Sprache wegen die typisch mathematische und logische

Schärfe fehlt, in seiner ganzen Jämmerlichkeit zutage treten.

Es ist daher so, daß ein hinreichend intelligenter und einfallsreicher Theologe mit biologischer Bildung, der etwas ähnliches tun wird wie Teilhard de Chardin, vielleicht willige Zuhörer unter den Biologen finden mag, falls er ihnen den Kosmos in den Begriffen der Evolution erklärt; aber schon Astrophysiker werden ihn nicht als entsprechend kompetent betrachten, und würde es sich wiederum um einen Dominikaner-Physiker handeln, so wäre das eine abwegige Sache in den Augen der Biologen, usw.

Zusammenfassend möchten wir also bemerken, daß die ganze Ebene der Transzendenz sich von der Ebene der Instrumentalismen und gnostischer Überlegungen, die für die Empirie spezifisch sind, radikal trennen muß. Die Brücken zwischen beiden sollten abgerissen werden, statt daß man sie durch eilig unterlegte Faschinen zu retten versucht. Die Hinweise der transzendenten Doktrinen auf die Gegebenheiten der Empirie werden mit den Fortschritten, die letztere macht, dem Glauben immer größeren Schaden zufügen. Natürlich haben wir nur solche Hinweise im Sinn, die von der Doktrin zur Wissenschaft und von der Wissenschaft zur Doktrin führen, die beiden eine authentische Synthese verschaffen, nicht aber Aussagen zu wissenschaftlichen Themen liefern wollen, z. B. über die konkrete Anwendung der Ergebnisse der Empirie, vom Standpunkt einer gewissen metaphysischen beglaubigten Ethik zum Ausdruck gebracht. Als z. B. im Jahre 1948 der hervorragende Pater Dubarle in seinem bereits berühmten, im *Monde* veröffentlichten Artikel einen Kommentar zur Kybernetik von N. Wiener lieferte, in welchem er Betrachtungen über die Möglichkeit der Konstruktion einer Maschine, die den Staat regiert, anstellte, trat er als gelehrter Kommentator Wieners auf, und nicht als Theologe. Je klarer also die Trennung des Glaubens von der Wissenschaft, desto besser für beide. Es gibt viele Leute, die sich zu einer derartigen Trennung, d. h. zu ihrer Billigung, nicht aufraffen können.

Wenn wir der Science Fiction die opportunistische, feige Ignorierung der metaphysischen, insbesondere der religiösen

Problematik vorwarfen, so hatten wir vor allem ihre moderne amerikanische Version im Sinn. Es ist interessant, daß der Phantastik vor mehr als vor fünfzig Jahren, zur Zeit von H. G. Wells, die Abneigung gegen solche Thesen fremd war. Diese Tradition ist nicht restlos abhanden gekommen, wovon die schon erwähnte Erzählung von A.Clarke, *Der Stern*, zeugt, übrigens Nebenwerk für diesen Autor. So bleibt eigentlich der einzige Schriftsteller, der einen beträchtlichen Teil seines Werks der Zukunft der Weltreligion widmet, bis heute der Landsmann von Wells, Olaf Stapledon, als Autor (außer dem *Starmaker*) einer phantastischen Epopöe über das Schicksal unseres Menschengeschlechts im Laufe von Milliarden Jahren. Als einziger hat er, in einem Buch, das gewöhnlich der Phantastik zugerechnet wird, die unausweichliche Vergänglichkeit der Symbolik historisch entstehender und vergehender Religionen ins Bewußtsein gerückt; in *Last and First Men* befindet sich das Christentum nur »einige Umkreisungen lang« an der Spitze der Kulturentwicklung – und verschwindet dann unwiederbringlich nach »bloß« einigen zehntausend Jahren, an seiner Stelle treten ganz andere Formen der Metaphysik. Der Trend, der in den einander ablösenden Religionen der künftigen Menschheit, wie der Soziologe Stapledon sie sich vorgestellt hat, nachweisbar ist, besteht eben in der Hebung des Plafonds der Symbolik im Glauben – durch Begriffssublimierung und -generalisierung zugleich. Je höher das Zivilisationsniveau bei Stapledon, um so mehr erweist sich der Glaube (sofern er überhaupt intensiv praktiziert wird) als ein gewisses im ganzen Kosmos und im Jenseits angesiedeltes Geheimnis, zugleich unterliegt er immer weniger der Doktrinarisierung. Die sich undeutlich abzeichnende Grenze dieser Entwicklungslinie sollte gleichsam ein »kosmisches Bewußtsein« sein, zu dem das Universum zu tendieren scheint (was übrigens ein wenig an die Züge der Teilhardschen Konzeption erinnert).

Stapledon verdanken wir also die einzige Einstellung, die sich bemüht, die »futurologische« Problematik des religiösen Glaubens zu erfassen. Vor diesem Hintergrund tritt der konformistische Antiintellektualismus der Amerikaner besonders kraß zutage. Stapledon zeigt nämlich gleichsam nebenbei, denn dieses Problem steht gar nicht im Mittelpunkt seiner Aufmerksamkeit (er hält sie für eine solche Selbstverständlichkeit!), daß bei sehr starken Schwankungen der Zivilisationszyklen, die, wie von einer Naturkatastrophe vernichtet, jäh abbrechen, die Wiedergeburt des Glaubens in derselben Form wie vor der Katastrophe praktisch nicht zu erwarten ist – somit verneint er die These des Romans von W. Miller (bei dieser bleibt doch *nichts*, außer dem Christentum, von der Atomvernichtung verschont, und eigentlich ermöglicht nur die Rettung des Christentums die Neuentstehung der wissenschaftlichen Zivilisation: damit, daß sie in aller Unschuld die von ihnen umgeschriebenen Reste der wissenschaftlichen Werke illuminierten, waren die Mönche Glieder in der Kette der Überlieferung, und diese ermöglichte eine Wiedergeburt, die von der nächsten Atomhölle vernichtet wurde; wird diese Kausalkette von Ursachen und Wirkungen so betrachtet, dann wird die Sprache der Tatsachen zweideutig, und zwar deshalb, weil die Menschheit, bliebe sie jahrtausendelang im Griff einer primitiven Halbbarbarei, doch wenigstens – so könnte man meinen – überleben würde . . .)

Um noch weiter Stapledon zu zitieren – er ist der Auffassung, daß das metaphysische Bedürfnis im Menschen dauerhaft verwurzelt sei, aber die konkreten Formen, in denen jener Imperativ seinen Ausdruck findet, werden vom historischen Augenblick geschaffen, und sie verschwinden zusammen mit der gegebenen historischen Formation. Unveränderlich bleibt nur dieses Bedürfnis als eine Art metaphysischen »Strebens«, und darüber hinaus: das Bedürfnis nach symbolischem Ausdruck, nach der Transzendenz. Dieser Imperativ ist eine Invariante; alles andere, das unveräußerlich im Strom der Zeit haftet, der die Merkmale früherer Religionen und die mit ihnen verbundenen Hoffnungen unterspült und zerstört, stirbt früher oder später ab, wird von der vorwärts schreitenden Menschheit fallen gelassen, bis diese ausgehöhlten Formen zu einem toten Symbol mit einer amputierten Semantik werden.

Am Rande unserer futurologischen Exkursionen scheint es interessant, Betrachtungen darüber anzustellen, worin sich eigentlich die nicht *assertorische Phantastik* von der mit dem

Zeichen der Assertion versehenen unterscheidet. Auf den ersten Blick könnte man meinen, daß eine nicht assertorische Behauptung daran erkannt wird, wie unernst sie ist; daran z. B., was in der *Fabrik des Absoluten* humoristisch ist, erkennen wir, daß Čapek nicht im Ernst die Hypothese aufgestellt hat, daß aus den gespaltenen Atomen das Absolute dampfe wie der Dampf aus einem zerschlagenen Kessel. Es gibt jedoch nicht assertorische Werke, die im ernsten Tonfall gehalten sind; gerne schreibt Borges solche Werke. Man kann als gewiß annehmen, daß er, im Unterschied zu dem von ihm erfundenen Theologen, nicht der Meinung ist, man solle den Sinn der Evangelien so umkehren, daß sich als der wahre Erlöser nicht Jesus, sondern Judas erweist. Dagegen sind die kosmoevolutiven Behauptungen Teilhards assertorisch gemeint. Ebenso hat Arthur Schopenhauer die These von der Welt als Wille und Vorstellung assertorisch gemeint. Aber vom empirischen Standpunkt aus gibt es keinen Unterschied zwischen der Phantasie Borges' und der Phantasie Schopenhauers, denn in beiden Fällen geht es um Behauptungen, die experimentell nicht beweisbar sind. Gleichzeitig sind wir uns jedoch klar darüber, daß die Behauptung, Borges und Schopenhauer seien gleicherweise phantastische Schriftsteller, ein krasser Unsinn wäre. Die Lösung des Dilemmas ist einfach: keine Untersuchung eines isolierten Textes wird uns die Gewißheit geben, ob es sich um eine nicht assertorisch geäußerte Phantasie handelt, oder um eine assertorische doktrinäre Aussage, z. B. eine Neuinterpretation der Evangelien.

Einerseits wissen wir gewöhnlich, ob ein Autor die betreffenden Sätze assertorisch oder nicht assertorisch geäußert hat. Daß man sein Fach kennt, genügt hier nicht, denn z. B. schreiben viele Wissenschaftler heute phantastische Werke, Schopenhauer selbst verfaßte Texte (z. B. Gedichte), denen er nicht das Merkmal der Assertion verlieh, man muß also unbedingt Bescheid wissen, ob dieses Merkmal für eine konkrete Aussage Geltung hat, und nicht für das Gesamtwerk eines Autors.

Andererseits – setzen wir den Fall, daß ein bestimmter Autor etwas zum Ausdruck bringt, was seiner Meinung nach reinste Phantasie ist, doch diese Aussage würde als nicht phantastisch angesehen werden, so würde sie, aufgrund dessen, daß sich diese kulturelle Entscheidung stabilisiert, nicht mehr als Phantasie gelten, sondern als metaphysisches System, als philosophische Konzeption, als neue Interpretation der Wahrheiten einer bestimmten Religion, usw.

In dieser Dichotomie, die »ernste Phantasien« als metaphysische Behauptung, und unernste Phantasien – als eine Unterhaltungsform, z. B. eine literarische bezeichnet, kommt auch die Differenzierung zwischen dem religiösen Glauben, zu dem man sich gegenwärtig bekennt, und einem Glauben zum Ausdruck, der keine Anhänger hat – gewöhnlich schon seit langem. Denn die griechische Mythologie halten wir für eine gewisse Phantasie, nur daß sie von ihrer ehrwürdigen Herkunft und der langen Zeit, in der sie von einer Generation auf die andere überliefert wurde, geadelt ist. Dagegen wird selbst der extreme Materialist nicht der Meinung sein, daß das Christentum eine ebensolche Phantasie ist wie die Geschichte vom Minotaurus. Vom rein empirischen Standpunkt aus ist es eine ebensolche Phantasie, aber zugleich kann der rein empirische Standpunkt nicht mit dem Kulturstandpunkt gleichgesetzt werden. Was in einer Kultur dauerhaft funktioniert, was auch nur von einem Teil ihrer Angehörigen mit dem Zeichen des Assertion versehen ist, pflegt nicht als Phantasie klassifiziert zu werden. Und darin liegt der ganze Unterschied zwischen einer Häresie, die echte Bekenner hatte, und einer von Borges in bezug auf Jesus und Judas ausgedachten »Ketzerei«.

Die Behauptung, der Erlöser sei Judas, ist deswegen pure Phantasie, weil die Geschichte der religiösen Häresien des Christentums keine Sekte, keinen Theologen, keinen Denker kennt, der eine solche These im Ernst verkündet hätte. Hätte es aber einen solchen gegeben, dann hätten wir es selbstverständlich nicht mehr mit einer literarischen Phantasie zu tun, sondern mit einer ernsten metaphysischen These. Und umgekehrt: hätte Schopenhauer nicht existiert, und hätte sich Borges die Konzeption der »Welt als Wille und Vorstellung« ausgedacht und sie in den Mund eines von ihm ausgedachten Philosophen gelegt, dann würden wir dieses System nicht als Beitrag zum philosophischen Denken ansehen, sondern als

Werk der literarischen, spielerischen, phantastischen Invention.

Dank bestimmten gesellschaftlichen Prozessen der kategoriellen Eingliederung und Klassifizierung erlangen also die einen Aussagen den Status assertorischer Metaphysiken, und die anderen – den »unseriöser« Phantastereien. Wobei über diesen oder jenen Modus der Eingliederung und Klassifizierung der »Zeitgeist« mitbestimmt – als Zusammenspiel der herrschenden literarischen Formen mit für sie charakteristischen Poetiken, sowie als Koordinierung der philosophischen Hauptströmungen mit den ihnen eigenen hypothesenbildenden Methoden.

Biblische Motive, wie die schon zitierte Erzählung Asimovs (über Mutlivac, der die Welt aufs neue schafft) bezeugt, tauchen zuweilen in der SF auf, aber die geistige Unfähigkeit der Autoren führt manchmal zu fatalen Schnitzern. Z. B. in *Second Genesis* von Erik F. Russell schläfert jemand nach dem vom Atomkrieg herbeigeführten Ende der Welt den letzten lebenden Menschen (einen Piloten) ein und entnimmt ihm im Schlaf eine Rippe – natürlich damit alles noch einmal von vorne beginnen kann. Dem Autor kommt es überhaupt nicht in den Sinn, welcher Hohn in der Aussage dieser Erzählung liegt, in der der liebe Gott, wie ein Kind, dem jemand unbesonnen die Bauklötze umgeworfen hat, mit tödlichem Ernst noch einmal alles vom Anfang an beginnt. In einer kurzen Erzählung von F. Brown bringt ein gigantischer Computer, der, kaum gebaut, gefragt wird, ob es einen Gott gibt, mit einem Blitz seinen eigenen Schalter zum Schmelzen und antwortet mit Donnerstimme: »Jetzt gibt es ihn.« Gewiß, viele solcher Werke sind eher als Spaß gemeint, und das »metaphysische« Motiv dient als purer Vorwand.

Mein Beitrag zu dieser Thematik ist ziemlich bescheiden; außer dem *Tagebuch*, das ich als Geschichte zitierte, die die typisch göttlichen Probleme der Antinomie von Allmacht und Allwissenheit aufdeckt, habe ich eine Erzählung geschrieben, die in den Band *Aus den Erinnerungen des Ijon Tichy* aufgenommen wurde; darin konstruiert ein Kybernetiker, Prof. Corcoran, eine geschlossene Welt elektronischer Schächtelchen, die sich für menschliche Wesen halten und an ein

Reservoir von Impulsen als synthetische Umwelt angeschlossen sind; das ist die intellektronische Version der alten metaphysischen Frage nach der Realität des Seins; sie leitet sich sowohl noch von Tschuang-tsi her (der sagt, er sei im Traum ein Schmetterling gewesen, und jetzt wisse er nicht, ob er Tschuang-tsi sei, der träumt, er sei ein Schmetterling, oder ob er ein Schmetterling sei, der jetzt träumt, er sei Tschuang-tsi). Diese Erzählung erhält eine zusätzliche »Ebene der Reflexion«, denn sie suggeriert, daß eine unendliche Hierarchie ineinander geschachtelter »Phantom«welten möglich ist. Die Situation erfährt eine vervielfachte Widerspiegelung, wie in parallel aufgestellten Spiegeln. So aufgefaßt, rückt das Problem in die Nähe der Frage des Solipsismus.

Obschon das vielleicht überflüssig ist, verweise ich darauf, daß – im Unterschied zu den beiden erwähnten Texten – *Solaris* nichts mit der metaphysischen Problematik zu tun hat, ganz im Gegenteil: dieser Roman geht von der Unmöglichkeit der Metaphysik im Sinne der Transzendenz aus. Die »Wunder«, die der Ozean auf der Solaris-Station vollbringt, sind nur extrem unwahrscheinliche, aber grundsätzlich mögliche Phänomene materieller Natur; eben deshalb erweist sich die Station als ein für ihre menschlichen Bewohner lebensgefährlicher Ort, weil das, was einmal geschehen ist, nicht mehr ungeschehen gemacht werden kann. Nur von der Position des Glaubens ist eine vollkommene Sündenvergebung möglich, und selbst ein Wunder, das die konkrete Ordnung des Vergangenen zunichte machen kann (nur ein Wunder könnte bewirken, daß der Held von *Solaris* sich seiner Schuld am Selbstmord der Frau, die er auf der Erde geliebt hatte, nicht bewußt ist, und zwar, wenn das Wunder dieses ganze Ereignis »rückgängig« machte, so als hätte es überhaupt nicht stattgefunden). Aber ein solches Wunder würde, wenn es möglich wäre, die ganze Konstruktion des Romans ruinieren: sie baut eben darauf auf, daß nicht alles machbar ist, und insbesondere, daß nichts von dem, was *nach* einem gewissen Faktum vor sich geht, dieses Faktum vollständig aufzuheben vermag. In diesem Sinne baut die religiöse Moral dem menschlichen Gewissen eine »Sicherheitsklappe« und ein »Ablaßventil« ein (die vergebene Sünde wird unwichtig), sie liefert also einen gewissen Behelf zur Umkehrung der Ereignisse, hingegen ist die laizistische Moral, die keine solchen Ventile kennt, völlig hilflos gegenüber dem Geschehen.

Im Kellergeschoß der metaphysischen Thematik der Science Fiction begegnen wir Werken, die als phantastisch im Sinne der Fantasy oder Horror Story bezeichnet werden können, aber mit Hilfe gewisser Requisiten und Techniken die Zugehörigkeit zur wissenschaftlichen Phantastik vortäuschen. Nur als »Muster ohne Wert« führe ich hier R. Sheckleys *Time Killer* an. Blaine, ein Jachtdesigner, der bei einem Autounfall umgekommen ist, tritt 158 Jahre später im Körper eines andern Menschen wieder ins Leben. Ein reicher Mann hat seine Seele irrtümlich geraubt, er hatte es eigentlich auf einen anderen abgesehen. Es gibt eine Hereafter Corporation, eine Firma, die für einen Haufen Geld ein Leben nach dem Tode garantiert, weil die Technologie des »Umsteigens der Seelen« erfunden wurde. Eine neue Art des Kidnapping wird praktiziert: für reiche Greise kidnappt man kräftige junge Leute, die Seelen der letzteren »vertreibt« man aus ihrem Körper, die dann der ekelhafte Krösus als bequeme neue Wohnstätte erhält. Auch wurde entdeckt, daß »The Threshold« existiert – die »Schwelle«, eine geisterhafte Gegend zwischen der Erde und dem »Nachher«, eine Art großer Bahnhofswartesaal für verstorbene Seelen: nach dem Tod halten sie sich dort eine Zeitlang auf und wandern dann weiter, wohin weiß man nicht. Mit den Personen, die noch in »The Threshold« sitzen, kann man dank einer entsprechenden Fernsprechzelle Kontakt aufnehmen, aber ohne Garantie, daß die Verbindung zustande kommt. Ein schwunghafter Handel mit Körpern, Seelen, Reinkarnationen usw. besteht hier, es gibt Gangs, die sich gewerbsmäßig mit diesen Praktiken befassen. Dieses Buch erfreute sich eines großen Leserpublikums und einer freundlichen Kritik. Man kann es eventuell unter die metaphysischen Werke einreihen, aber ganz zuunterst.

V.
Erotik und Sex

Alle stabilen Eigenschaften, mit denen der Mensch ausgestattet ist, sind ihm biologisch auf gleicher Ebene gegeben: Vom biologischen Standpunkt aus sind sie nämlich Bestandteile eines Ganzen, das homöostatische Funktionen erfüllt, und ihre Werte werden davon bestimmt, inwiefern die Tätigkeit jedes von ihnen zum obersten Prinzip der Homöostase beiträgt – nämlich, sich im Bereich von Störungen zu behaupten. Auf diese Ordnung der rein sachlich durch die Anatomie und Physiologie der Gattungsnorm determinierten Werte legen die verschiedenen Kulturen ihre eigenen normativen Wertungen auf, die zu den biologisch gegebenen in Widerspruch stehen können. In diesem Sinne entspricht das Ensemble der individuellen Merkmale gleichsam einem Spiel Karten; und die verschiedenen Kulturen sind Kombinationen von Regeln, die unterschiedliche Kartenspiele, jedoch mit ein und denselben Karten, ermöglichen. Und so wie in dem einen Kartenspiel eine Farbe den höchsten Wert darstellt, in dem anderen eine andere Farbe Trumpf ist, so können in einer Kultur die einen organischen Eigenschaften in der Werthierarchie den höchsten Platz einnehmen, in einer anderen Hierarchie aber wieder andere. Keine Kultur kann lebensnotwendige Tätigkeiten wirksam verhindern; dagegen kann sie sie das eine Mal zu einer öffentlichen, das andere Mal zu einer Privatsache machen; sie kann ihnen einmal den Nimbus der Erhabenheit verleihen, ein andermal sie abwerten und nur widerwillig zulassen, daß sie stillschweigend praktiziert werden. Wobei die Tiefe und Stärke, mit der das Kulturverbot in den Bereich der organischen Funktionen eingreift, mit dem Verhältnis der gegebenen Lebensfunktion zur Ganzheit der homöostatischen Aufgabe korreliert ist. Je *unvermittelter*, also plötzlicher, die Folgen der Eindämmung einer gegebenen biologischen Funktion sind, in um so schwächerem Grade kann die Kultur normativ in ihre Sphäre einschreiten. Deswegen gab und gibt es keine Kultur, die z. B. in Atmungsprozesse eingreifen würde, einfach deshalb, weil der Mensch genau so atmen muß, wie dies in seinem Organismus physiologisch programmiert ist; jede ernstere Verletzung dieser Norm muß ja zum baldigen Tod führen. Je länger hingegen die Kausalkette ist, welche die Funktion mit dem ihr spezifischen biologischen Ziel verbindet, desto empfänglicher ist sie für die Formgestaltung durch die Kultur. Z. B. ist bei der Wahl eines Getränks, das den Verlust von organischem Wasser ausgleichen soll, der Bereich der Abweichungen (von der animalischen Norm, d. h. dem Trinken reinen Wassers) kleiner als bei der Wahl der Nahrung. Denn wenn man das Wasser auch mit verschiedenen anderen Flüssigkeiten mischen kann, muß es in durststillenden Getränken unbedingt und zwar in beträchtlicher Menge vorhanden sein. Dagegen läßt der Ausgleich kalorischer Defizite des Organismus schon mehr Variationen zu, d. h. in kulinarischer Hinsicht sind solche Zusammenstellungen von Speisen möglich, die als Nahrung vollwertig und zugleich sehr differenziert sind. Deshalb kann die Kultur über die Diät ihrer Angehörigen entscheiden, sie kann aber nicht darüber entscheiden, daß sie aufhören, Wasser zu trinken.

So gesehen, ist die Entfernung zwischen den sexuellen Tätigkeiten und ihrem biologischen Ziel die größte, weil hier zwischen Ursache und Folge ein ganz anderes Verhältnis besteht als bei allen anderen biologischen Befriedigungen. In der Atmung oder in kulinarischer Hinsicht kann man sich keine allzu großen Abwechslungen erlauben, z. B. kann man Atemwege und -rhythmus nicht radikal verändern, denn das kann zum Tod führen; der Unterschied zwischen der Befriedigung des Bedarfs an Sauerstoff und jenem an Kalorien besteht nur darin, daß man unbedingt Luft atmen muß, dagegen kann man verschiedene Speisen zu sich nehmen. Aber diese Speisen müssen sowohl verdaulich als auch kalorisch sein. Man kann den Hunger nicht mit Produkten stillen, die in biologischer Hinsicht wertlos sind. Dagegen kann man Sex auch so betreiben, daß man ihn mehr oder weniger dauerhaft von seinem natürlichen, dem Fortpflanzungsziel trennt, was für den, der dergestalt vorgeht, keinerlei schädliche Folgen haben muß. Die Technik der Schwangerschaftsverhütung verhindert doch nur die Zeugung von Nachkommen, die sie anwenden, werden durch sie biologisch nicht gefährdet.

Das ist die erste Unterscheidung, die auf physiologischer

Ebene den Sex von den anderen organischen Tätigkeiten heraushebt. Die zweite bezieht sich auf die Sphäre der durch das Sexualleben hervorgerufenen Empfindungen. Denn das Muß, das die Evolution in die Organismen eingebaut hat, damit sie Lust haben, das Leben durch Atmen oder Trinken von Wasser aufrechtzuhalten, hat einen anderen Mechanismus als das Muß, das in das Programm der sexuellen Betätigungen eingebaut ist. Das Atmen – ebenso das Wassertrinken – verschafft normalerweise keine wollüstigen Empfindungen; eher ist es umgekehrt: Atemnot und Durst werden als Qualen empfunden. In dem Sinne wirkt die von der Evolution geschaffene Kontrolle der Schmerzempfindung, die den Atmungsapparat lenkt, hauptsächlich in ihrem negativen Aspekt (d. h. den *Mangel* von Luft empfindet man sofort als fatal und verhängnisvoll, wenn hingegen der Organismus normal atmet, empfindet er dies nicht sofort angenehm). Mit dem Sex verhält es sich dagegen so, daß sein Nichtbetreiben Qualen verursachen kann, die nicht viel geringer sind als die Wonne, die sein Betreiben verschafft. D. h., daß in dieser Sphäre beide Pole des Kontrollapparats gleichsam mit maximaler Drehzahl zusammenarbeiten. Eine Qual ist der sexuelle Hunger, und eine Wonne seine Befriedigung. Dies ist die Ausgangssituation, die ihre guten, rein sachlichen, rein instrumentalen, strukturellen Gründe hat. Es geht darum, daß – etwas metaphorisch gesprochen – das persönliche, individuelle Interesse im Bereich aller physiologischer Tätigkeiten, mit Ausnahme der geschlechtlichen, ideal mit dem Evolutions- und Gattungsinteresse zusammenfällt. Denn »für sich« und nur »für sich« atmet, trinkt, ernährt sich jeder Organismus, dagegen kopuliert er »nicht für sich«. Aber eben »damit es ihm scheine«, daß er auch diese Funktion »für sich« erfüllt, muß sie mit der höchsten Belohnung im Bereich der Empfindungen einhergehen, die strukturell im Körper zu verwirklichen war. Wir sagen nicht, daß die Evolution dies »bewußt geplant« hat, denn sie ist ja kein Baumeister personaliter; wir bemühen uns nur, die Überlegungen und Berechnungen zu rekonstruieren, die ein Baumeister wohl anstellen würde, der etwas möglichst Ähnliches zum Reich der Tiere und Menschen konstruieren wollte.

Je größer die Kluft zwischen den Lebensfunktionen und ihrem teleologischen Sinn, desto leichter ist es, in diese Funktionen einzugreifen; und so haben sich Kulturen denn auch immer verhalten. Deswegen ist das Atmen für die Kultur ein totales Neutrum, schon in die Kochkunst mischt sie sich kräftig ein, und in die Sphäre des Sex – maximal. Deswegen wurde das Atmen niemals von der Kultur einer Wertung unterzogen, besonders im Gesamtkomplex der menschlichen Funktionen; man weiß, daß man unbedingt atmen muß, und zugleich gibt es keine einzige Kultur, die der Atmung eine besondere Stelle in ihrer Werthierarchie zugewiesen hätte, indem sie feststellte, daß Atmen eine sehr schöne und würdige oder umgekehrt eine ekelhafte und fatale Tätigkeit sei. Der Sex hingegen wurde gerade auf diese Weise im Wertsystem der Kulturen von einer Ecke in die andere geschoben. Und im Bereich unserer, unter der Sonne des Christentums erblühten Kultur hat er, mehr als in irgendeiner anderen, Verdammungen eingeheimst.

Kultur und Sex

Diese einleitende Diagnose mag als Einführung in die erotisch-sexuelle Thematik der phantastischen Literatur Verwunderung erregen. Aber uns interessiert doch am meisten die aus der Wirklichkeit ableitbare, in ihr verwurzelte und kognitiv an sie gerichtete Phantastik. Um also die Produkte des Phantasierens über dieses Thema vor uns auszubreiten und zu analysieren, muß man zuerst über ihre sachliche Immanenz Bescheid wissen. Was am allgemeinsten als Kulturkombinatorik der einzelnen Eigenschaften des Menschen möglich ist, das haben wir eigentlich schon gesagt. Jetzt wollen wir das begriffliche Gerüst aufbauen, in welchem der Sex jenen Platz finden wird, den ihm unsere Kulturformation zugewiesen hat. Ich schlage folgendes Schema vor:

Es gibt Verhaltensbereiche, die sozusagen vertikal verlaufen – vom Gipfel der Erhabenheit bis zur absoluten Vulgarität. Zu solchen mit einem Gradienten ausgestatteten Bereichen gehört die Sphäre der Geschlechtsbeziehungen sowie der »Beziehungen zur Transzendenz«. Nach diesem Schema sind die erotische Liebe und der religiöse Glaube ganz oben angesiedelt; wobei im Kulminationspunkt der Glaube und die Erotik die Tendenz haben, zusammenzuwachsen, d. h. ineinander zu verfließen oder in einem kaum differenzierten Amalgam zusammenzufließen. Wie den Religionswissenschaflern bekannt ist, sind Verzückungszustände, die für die religiöse Mystik typisch sind, von Zuständen der stark sublimierten erotischen Liebe nicht unterscheidbar. Fangen wir an, von diesem Gipfel auf den Stufen beider Hierarchien hinabzusteigen, dann entdecken wir eine prinzipielle Kontinuität der Übergänge, kompliziert durch den vieldimensionalen Charakter jedes der beiden »Räume« – des erotischen und des religiösen. Die »Abwärts«richtung ist nämlich weder im ersten noch im zweiten eingleisig. In beiden Räumen kann man einen zentralen Streifen der Normalität entdecken, d. h. Verhaltensweisen, die als normal gelten, daneben verschiedene seitliche Abzweigungen.

In der Sphäre der Geschlechtlichkeit ist der »Abstieg« gleichbedeutend mit der fortschreitenden Entpersönlichung des erotischen Partners, der aus einer Person immer mehr zu einem Objekt wird, das fähig ist, den sexuellen Hunger zu stillen. Der Gradient verläuft dabei so, daß an der Spitze das sexuelle Verhältnis den Geschmack der Einzigartigkeit hat, d. h. die Partner zeichnen sich dadurch aus, daß sie nicht gegen andere austauschbar sind; ein solches Ideal statuiert unsere Kultur. Je tiefer wir jedoch hinabsteigen, um so leichter läßt sich der Partner des Geschlechtsaktes gegen einen anderen desselben Geschlechts austauschen; schließlich zählen nur mehr seine physischen Eigenschaften, die geistigen sind gleich Null.

Die Überlegenheit der Geschlechtsattribute über die Eigenschaften der Persönlichkeit wird nicht sofort als pathologische Erscheinung eingestuft, sie bedeutet lediglich, daß solche Beziehungen von kulturell geringerem Wert sind. Bei weiterem »Abstieg« gelangen wir in eine Sphäre, wo die schon im Aussehen ihrer psychischen Merkmale beraubte Körperlichkeit des Partners selbst wiederum eine weitere Segmentierung erfährt: nicht mehr er selbst als somatische Einheit, sondern ausschließlich seine Geschlechtsattribute spielen die entscheidende Rolle. Bei hinreichender Intensität wird eine solche Konzentration auf den genitalen Aspekt des Partners als Pathologie, genauer – fetischistische Perversion bezeichnet. (Übrigens müssen nicht unbedingt die Genitalien der Fetisch sein; die symbolische Art, in der die menschliche Psyche funktioniert, erlaubt nämlich eine so weitgehende Vermischung der Symbolik, daß jeder Gegenstand den Charakter eines sexuellen Objekts annehmen kann: vom Zopf über die Schuhe bis zu den Augengläsern und dem Regenmantel.) Was den zweiten, den religiösen Aspekt des von uns aufgestellten Schemas betrifft, so entspricht der Entpersönlichung und Zerstückelung des Objekts der Libido die »Verdinglichung« der Kultgegenstände, die aus Symbolen, die die Transzendenz bloß *repräsentieren*, sich gleichsam in deren materialisierte Teile verwandeln. Es handelt sich nicht so sehr darum, daß man dank der kultischen Objekte mit der Transzendenz Umgang haben kann, als darum, daß der Kontakt mit ihnen selbstgenügsam wird; sie sind nicht mehr ein Zeichen des metaphysischen Gegenstands, sondern dieser ersehnte Gegenstand selbst. Auf der Talsohle dieses Raums befindet sich die Magie mit dem ihr eigenen Repertoire magischer Gegenstände.

Unterhalb dieser Talsohle, dieses »Null«-Niveaus, entdekken wir: auf der einen Seite sexuelle Perversionen, auf der anderen – jegliche Art von Vorurteilen, Aberglauben, den Glauben an Gespenster, an den bösen Blick, an die Rache aus dem Grab, Phantome und Hexerei. Wir unterscheiden das Null- von einem »negativen« Niveau deshalb, weil dies unsere Kultur beschlossen hat, denn unter ihrer Schutzherrschaft ist die doppelte Wertpyramide entstanden, von der oben die Rede war. In diesem Vergleich ist die Darbietung des Totentanzes sozusagen die Pornographie der religiösen Metaphysik, so wie die Darbietung der Kopulation sexuelle Pornographie ist. Wir betonen, daß die Parallelität beider Hierarchien keineswegs ihre wechselseitige Reduzierbarkeit bedeutet; in den topologischen Ähnlichkeiten spiegeln sich sicherlich die Hauptmechanismen der menschlichen Psyche wider, deren integrierende Wirkung höher bewertet wird als ihre atomisierende Wirkung.

Wenn wir sagen, daß Druden und Dämonen entartete Formen der metaphysischen Interpretation der Welt, und sexuelle Obszönitäten entartete Formen der Interpretation erotischer Beziehungen sind, so ist diese Analogie keine Invariante: sie verpflichtet nur im Bereich unserer Kultur.

Der Sex ist Explosionsmaterial für die Literatur, weil er sie leicht sprengt und ihr den Charakter eines Kunstwerks nimmt, er macht aus ihr ein Surrogat, einen Ersatz, für – nichts. Für einen Erotomanen ist nämlich ein Handbuch der Sexualkunde dasselbe, wie für den Hungerleider ein Kochbuch; ebenso wie der Hungrige den literarischen Werten auch eines literarischen Textes gegenüber blind sein wird, und ihm nur bei Schilderungen eines Gelages das Wasser im Mund zusammenläuft, wo wird auch der Erotomane das literarische Werk nur zerstückeln, das heißt für beide wird der entsprechende Text bloß die Funktion eines Surrogats erfüllen – und nichts anderes. Am leichtesten ließen sich solche Verirrungen dadurch verhindern, daß man den Sex aus der Literatur verbannt, das aber würde einer gründlichen Verkrüppelung gleichkommen, denn das Bild eines geschlechtlich sterilisierten Menschen kann nur fragmentarisch und falsch sein. Geschichtlich entstandene Normen der gesellschaftlichen Zensur haben bis heute ein tabuistisches Verhältnis zum Sex bewahrt, das in verschiedenen Ländern in unterschiedlichem Grad gelockert wurde; insgesamt aber geht die Tendenz dahin, die Verbote ins Wanken und zu Fall zu bringen. Eine derartige Toleranz erreicht nie solche Ausmaße, wie in der Sphäre irgendeiner nichterotischen Missetat (Verbrechen, Mord). Darüber empören sich viele, dennoch ist das bislang eine unzweifelhafte und irgendwie fest verwurzelte Tatsache. Ich denke, daß die Beschreibung eines Mordes allgemein nicht als so lasziv empfunden wird wie die Beschreibung der Kopulation, weil die ethischen Vorschriften, die uns seit Tausenden Jahren prägen, eben so und nicht anders entschieden haben. Diese Meinungsbildung greift sogar nach der Vergangenheit: Informationen über antike Kulturen aus dem kleinasiatischen oder Mittelmeerraum, aus denen unsere Kultur sich ableitet, werden in der Schule am radikalsten entstellt – überall dort, wo die damalige Andersartigkeit von Axiologien der

Erotik geformt wurde, die das Christentum als sündig ansieht.

Das Sexualverhalten ist biologisch gegeben, und zugleich stellt es in dem Sinne ein Atom der gesellschaftlichen Tätigkeit dar, als der Mensch, wenn er Sex für sich allein ausübt, damit, als Onanist, anormal wird. So ist er ein soziales Atom deshalb, weil am Akt zwei Menschen beteiligt sein müssen, und Kultur dort entsteht, wo es kein Alleinsein gibt. Viele Kulturen haben die Sphäre der Geschlechtlichkeit sehr gründlich absorbiert und ihr einen positiven, profanen oder sakralen Wert verliehen, so etwa manche Kulturen des Orients. In unserer Kultur war dies jedoch nie der Fall; Kinseys sexuelle Beratung und seine Untersuchungen sind ein Produkt der Empirie, nicht aber ein säkular stabilisierter, kulturell ritualisierter Kodex der sexuellen Erfüllungen (als dessen Beispiel das *Kamasutra* der Hindus gelten kann). Empirische Beratung belehrt uns darüber, was man im Sex, ohne Schaden für sich und den Partner, machen kann, um Lustgewinn zu erzielen. Aber diese Belehrungen haben rein instrumentalen Charakter, und in dieser Beziehung ist ein Eheberater eine Anleitung zur Wartung des Körpers, so wie die technische Instruktion eine Anleitung zur Wartung von Autos ist. Denn die Vernunftssanktion, die aus den Daten der Physiologie und Pathologie abgeleitet wird, ist nicht gleichbedeutend mit der von der Kultur erteilten Sanktion, und nur diese Instanz ist auch die letzte Instanz, die sich aus sich selbst erklärt. Man muß sich auf nichts berufen, um zu erklären, warum man bei der Begrüßung die rechte und nicht die linke Hand reicht und warum man beim Essen am Tisch sitzt und nicht auf dem Fußboden kniet, usw.

In unserer Kultur war, entsprechend der generellen Einteilung der Erscheinungen, die das Christentum getroffen hat, Sex ohne eheliche Sanktion Sünde.

Aber auch innerhalb der ehelichen Erlaubnis verpflichtete ein »sexuelles Minimum«, denn metaphysische Direktiven verlangten, daß Sex nur »zweckdienlich« betrieben werde, d. h. zwecks Fortpflanzung, daß der Lustgewinn sich nicht verselbständige, sondern allenfalls unvermeidliche Begleiterscheinung des Aktes bleibe. Kamen doch daher die Abweichungen von der biologischen Norm, die sich unter dem Druck der Kulturnormen entwickelt haben. Denn beide Normen *können* in Konflikt zueinander geraten: bekanntlich haben die Sitten den menschlichen Körper in verschiedenen Kulturkreisen auf unzählige Arten verunstaltet, und noch im 19. Jahrhundert galt die Frigidität der Frau als der ihr angemessene Zustand, dagegen wurde der von ihr erlebte Orgasmus (viktorianische Epoche, Puritanismus) als etwas angesehen, was sich für eine anständige Frau nicht schickt. Ich bin überzeugt, wenn die Theologen kraft ihres Urteilsspruchs den Geschlechtsakt des Orgasmus hätten berauben können, sie hätten es ganz bestimmt getan. Denn sie sahen in ihm eine Verlockung des Teufels. Eine progressive Theologie bestreitet heute, daß es eine solche Einstellung zum Sex gab, aber die vorgenommenen Korrekturen sind nur oberflächlicher Natur. Ein dionysisches Verhältnis zum Leben ist dem Christentum fremd und muß es sein. Wenn hinter einem aufgezwungenen Kodex wirksame Sanktionen stehen und er zugleich mit der biologischen Triebhaftigkeit auf breiter Front kollidiert, wird das, was biologisch gegeben und zugleich verboten ist, zum Zentrum verschiedentlich manifestierten Widerstandes, der innerhalb der gegebenen Kultur einen gegen diese Kultur gerichteten Gegner schafft, nicht jedoch in Form der »nackten Biologie«, die ihre animalischen Ziele anstrebt. Die hier als solche bezeichnete »Gegenkultur« – als subkulturelle Enklave innerhalb der übergeordneten Formation – übernimmt von dieser die Muster zu dem Zweck, sie radikal umzukrempeln. Denn nichts anderes als eine elementare Umkehrung der Messe ist die »schwarze Messe«, bei der der Körper einer nackten Frau deshalb als Altar dienen sollte, weil er nach den höchsten Dogmen der unziemlichste, also strengstens verbotene Gegenstand war. Indessen hatte anderswo, z. B. in Asien, der Geschlechtsakt oft gerade sakralen Charakter, das heißt er war in der betreffenden Gesellschaft die Entsprechung zum Gottesdienst, und nicht zur Gotteslästerung. Die Kirche muß also eine Art »Doppeldenken« sogar in bezug auf die Ehe betreiben, wenn die Abstinenz in ihr weiterhin ein autonomer Wert ist (das gilt besonders für den Katholizismus).

Die generelle Tendenz ging im Christentum immer dahin, den Sex, sogar den unsündigen, weil ehelichen, möglichst auf ein Minimum zu beschränken, ihn in eine einzige, schmale, eingedämmte Strömung zu zwingen.

Und in diesem Raum siedelt sich nun die technische Zivilisation an. Die Empirie stößt mit der Tradition zusammen, die vor allem dank der Autorität des Glaubens ihre Lebenskraft bewahrt hat. Seit der Kolumbustat von Kinsey und seinen Mitarbeitern sind die Untersuchungen weiter vorgeschritten; mit Hilfe von Elektroenzephalographen, Elektroden, künstlichen, beleuchteten Glasgenitalien und speziellen Filmkameras wurde jedes Fragment des Geschlechtsaktes festgehalten und analysiert. Das ist an sich nicht schlimm, schlimmer, daß keiner der Forscher weiß, was man mit diesem Ding, das heißt, mit dem Sex, anfangen soll. Die Vermutung, daß die Analyse aller möglichen Kopulationsarten uns irgend etwas darüber sagen könnte, was in dieser Sphäre *sein sollte,* ist ein kompletter Unsinn. Die Empirie kann aufzeigen, wann es zur Befruchtung kommt und wann nicht; wann gewisse Praktiken psychophysisch schädlich sind und wann nicht; sie kann aber nicht von dem, was Tatsache ist, zu dem übergehen, was Tatsache sein *sollte* – über das hinaus, was allgemein schädlich ist. Zumindest wird das nicht von einer Empirie entdeckt werden, die den Sex isoliert behandelt. Könnte uns jedoch die vom Standpunkt des heutigen Wissens phänomenale Kulturologie in bezug auf den hier behandelten Gegenstand auch im Bereich des Sein-Sollenden aufklären? Wir kennen die Antwort auf diese Frage nicht. Es gab Kulturen, in denen die Norm der zwischenmenschlichen Beziehungen zeitweise suspendiert wurde, und in solchen Zeiten kam es zu kollektiven orgiastischen, mehr oder weniger klar ritualisierten Praktiken, bei denen der Sex eine wesentliche Rolle spielte. Wäre es angebracht, eine Entsprechung dieses Zustandes irgendwann und irgendwo einzuführen? Nehmen wir an, empirische Untersuchungen entdecken die Nützlichkeit, den psychosozialen Vorteil einer solchen Vorgangsweise. Es handelt sich nicht darum, ob man sie als schicklich betrachten *darf.* Es handelt sich darum, daß es sich um die von einer konkreten Kultur hervorgebrachten Sitten handelt, diese aber unterliegen keiner administrativen Reglementierung. Administrativ erzwungene Verhaltensweisen und kulturimmanente Verhaltensweisen – das sind zwei ganz verschiedene Sphären, die man nicht durcheinanderbringen darf. Man kann doch nicht erwirken, daß durch eine veränderte Regie Striptease-Darbietungen einen erhabenen, würdevollen, geradezu sakralen Charakter annehmen. D. h., daß man den Sex nicht isoliert betrachten darf; wer daran denkt, ihn in sozialem Maßstab zu manipulieren, unterfängt sich, ob er es will oder nicht, die Kultur in ihrer Totalität zu reorganisieren – auch wenn er glaubt, seine Handlungen seien lokal begrenzt. Aber Fragen nach der Möglichkeit einer wirksamen Transformation der Kultur sind gegenüber der sexuellen Problematik Fragen höherer Ordnung; die zwischengeschlechtlichen Beziehungen sind nur eines der umgestalteten Objekte.

Es mag scheinen, daß wir auf diesem schon generalisierten Problemfeld prinzipiell frei sind. D. h., wir können entweder darangehen, die Kultur zu steuern, sie zu gestalten, oder wir können Abstand davon nehmen. Und da die Geschichte uns lehrt, daß es, wenn man nicht über das notwendige Wissen verfügt, stets besser ist, sich des Handelns zu enthalten, als zu handeln, denn auf ungenügende Information gestützte Handlungen führen gewöhnlich zu unerwünschten Folgen (da passiert es meistens, daß man die Szylla umschifft, um unmittelbar – und unversehens – auf die Felsen der Charybdis geworfen zu werden), also lassen wir lieber die Finger von der Kultur. Möge sie auf so natürliche Weise wachsen, möge sie den gleichen Gesetzmäßigkeiten spontaner Organisation unterworfen sein, wie eh und je. Gewahren wir denn nicht die großartigen Resultate jener vollendeten Spontaneität, jener Eigenwilligkeit, jenes »freien Spiels« der Kristallisationsprozesse der Kulturepochen, namentlich in der Schatzkammer der ästhetischen Werte? Hat die spontane Geschichte nicht die Gotik, die Renaissance, das Barock hervorgebracht? Warten wir ruhig, ohne uns auf irgendeine Weise einzumischen, bis neue komplexe Einheiten selbst entstehen, sich ordnen und organisch zusammenwachsen. *Wir* wissen vielleicht selber nicht recht, was wir mit diesem heiklen sexuellen Problem machen sollen, aber die Kultur, die sich autonom entwickelt, wird damit fertig werden, sie wird es auf irgendeine adäquate Weise in die durch Selbstumwandlung geschaffene Gesamteinheit integrieren.

Ein schöner utopischer Gedanke! Aber die Kultur ist kein Gegenstand, den wir, wie ein Stück Holz, in die Erde stecken können, und nur beobachten, in der stillen Hoffnung, daß es eines Tages zu grünen beginnt. Planmäßig und bewußt, von Axiologie oder Empirie inspiriert, machen wir selbst mit der Kultur gar nichts; aber das heißt nicht, daß hunterttausend Nebenprodukte der zivilisatorischen Akzeleration sie nicht Tag und Nacht bombardieren. Nichts zu tun – im Sinne der planmäßigen Aktivität –, d. h., einem auf der Eisscholle Treibenden weder zu helfen noch ihn zu behindern; vielleicht bringt ihn die reißende Strömung ans rettende Ufer, vielleicht auch nicht; vielleicht wird die Eisscholle von dieser Strömung auseinandergebrochen, vielleicht auch nicht; vielleicht wird er ertrinken, vielleicht aber überleben. So sehen heute die Folgen einer absoluten Neutralität als angeblich vernünftige Tatenlosigkeit aus.

Pornographie und Phantastik

Der Sex erscheint in der Literatur entweder als reales menschliches Problem, oder als Surrogat der Wirklichkeit. Aber die Funktion der Literatur ist nicht die eines Surrogats.

Spannen wir die Literatur in einen solchen Dienst ein, dann prostituieren wir sie nicht im erotischen, sondern im moralischen Sinne. Das ist, als würden wir Beschreibungen tödlicher Krankheiten dazu lesen, um uns an dem Gedanken zu erfreuen, daß nicht wir, sondern andere Menschen davon befallen wurden. Bei der Pornographie ist es dasselbe, bloß in entgegengesetztem Sinne: schade, daß der Pirat die Jungfrau vergewaltigt hat und nicht der Leser. Es gibt jedoch in der Weltliteratur Meisterwerke der Pornographie, und mit einem solchen Meisterwerk wollen wir beginnen, weil de Sades Werke – von ihnen ist hier die Rede – nicht so sehr eine Summa der Pornographie sind, als vielmehr phantastische Pornographie. Der Mechanismus dieser Phantastik ist jedoch ein besonderer.

Die Sprache kann nicht wirklich Substitut der Realität sein, so liefert sie denn auch als rein ersatzmäßiger, semantisch entthronter Anreiz eine solche *delectatio morosa*, die den Gesetzen der gewöhnlichen physiologischen Refraktion unterliegt. Bei einem solchen Schaffen geht man in der Regel von der buchstäblichen Glaubwürdigkeit ab. Da man mit dem Wort wirklich *nichts* tun kann, muß man zum Ausgleich *alles* sagen. Und eben ein derartig wirkender Mechanismus, der zu einer Inflation des Wortes führt, ist in den Werken des berühmt berüchtigten Marquis klar auszunehmen. Zunächst muß ein *Surrogat* aller Barrieren, Dämme, Hindernisse, die die Kultur der sexuellen Befriedigung in den Weg stellt, geschaffen werden. Es wird ein Ersatz für den realen menschlichen Widerstand sein, den die Objekte der Begierde leisten. Das ist der Grund, warum im Boudoirroman eine reine, züchtige, unschuldige, in ihrer Engelhaftigkeit gleichsam vollkommene Jungfrau zum Opfer erkoren wird. Dazu soll sie noch aus der höheren Gesellschaft kommen, denn ein solches Mädchen zu schänden ist im Leben doch schwieriger als eine einfache Bettlerin. Und gerade an Bettlerinnen machte sich der göttliche Marquis heran, bevor er in der Bastille landete.

Als nächstes folgen Vorführungen der sexuellen Praktiken. Aber alle aus den Katalogen von Sodom und Gomorra entnommenen Praktiken zusammen geben keine Spur einer wirklichen Erfüllung, wie könnte es anders sein?

So beginnt denn eine Inflation der Worte und Bilder, und wenn das Fräulein schon nach allen Seiten hin- und hergewendet wurde und jenseits der sprachlichen Ebene nichts dabei herausgekommen ist – beginnt der Autor, einfach auf Touren gekommen, zu faseln: nicht genug damit, möge auch noch die Mutter des Mädchens hinzukommen und die Tochter möge ihr mit Nadel und Zwirn die Genitalien zunähen; eine Idee, die an den vergeblichen Versuch eines Kannibalen erinnert, einen gemalten Menschen zu fressen; wenn er in das Bild hineinbeißt, durchstößt er es und sein Kopf wird auf der anderen Seite der Leinwand herauskommen. Dieses drastische Beispiel zeigt, daß auf dem Felde schriftstellerischer Unternehmungen, die ihre Inspiration aus einer solchen Quelle schöpfen, die Begierde immer unbefriedigt bleibt; und wenn schon alles ausgesprochen wurde, woran sich der nach immer wieder sich entziehender Befriedigung gierende Gedanke klammert, beginnt dieser Gedanke jenseits der Grenze physischer Wahrscheinlichkeiten auszuschweifen, wobei seine *Phantastik* nicht das Resultat kreativer Überlegung ist (um eine gewisse autonome Welt zu schaffen), sondern nur das *Fehlen von Widerstand* bezeugt – im Material, auf das die sexuelle Intention gerichtet war. Dieses Material läßt sich ja wirklich nicht vergegenständlichen; der mit Worten beschworene Körper will sich nicht verwirklichen; die ihm zugefügten Qualen werden nicht real; da der Autor nicht aus der Beschreibung zu ihren Designaten hinausgelangen kann, versucht er jene unüberwindbare Kluft gleichsam zu umgehen, sie quasi zuzuschütten – indem er das Unzugängliche mit Details ausschmückt, potenziert, grenzenlos verstärkt. Wir sprechen von de Sade, weil es unmöglich ist, in dieser Richtung noch weiter zu gehen, als er gegangen ist; die von seinen Werken implizierte Metaphysik des Bösen als des zügellosen Sadismus ist auch ein gewisses Nebenprodukt – der Anstrengung, die Intentioniertes in Reales verwandeln sollte. Wir haben hier nämlich die reinste Antinomie der Sprache und des realen Handelns vor uns, deren genaue, nur anderswo angesiedelte Entsprechung die poetische Metaphysik des polnischen Dichters Leśmian ist. Dieser Dichter glaubte nicht im mindesten an die Transzendenz und zugleich sehnte er sich ununterbrochen nach ihr; das Nichts, von dessen rein negativer Existenz nach dem Tode er überzeugt war, versuchte er immer wieder mit imaginären Welten auszufüllen, die aus quasi negativer Substanz konstruiert waren, denn dichtend wußte er, daß er das Unmögliche schafft. Und so wie Leśmian fiktiv das Nichtsein mit aus dem Nichts gebauten Konstruktionen ausfüllte, auf denen er der nichtexistenten Transzendenz zustrebte, wie er über sprachliche Brücken seine Träume in einen Raum jenseits der Realität führte, d. h. einen Widerspruch verwirklichte, der schließlich immer wieder auseinanderfiel, so versuchte de Sade zwischen anderen Elementen eines Gegensatzes, und zwar zwischen Sprache und Ding (d. h. den Opfern der verbrecherischen Orgien) auf ebenso unmögliche Art Brücken zu schlagen. Und so wie dem polnischen Dichter aus diesen antinomischen Bemühungen eine Metaphysik des Nichts entstand, so entstand in den Händen des französischen Marquis gleichsam autonom die Metaphysik des antikulturellen Bösen. Aber Leśmians Metaphysik ist ontologisch, wenn auch von einem inneren Widerspruch zerrissen: es soll dort *etwas* geschaffen werden, wo nur für das *Nichts* Raum ist – immer; und zwischen dem Beginn des Werkes als einem so geplanten Bau und seinem Sturz in das endgültige triumphierende Nichts spielt sich das ganze Drama dieser Poesie ab. Die Metaphysik de Sades dagegen ist nur epistemisch: denn er hat sich zum Gegner nicht die ontischen, das heißt die letztendlichen Attribute des Seins selbst erwählt, sondern bloß Attribute der Kultur. Den Widerstand, den der Körper eines wirklichen Opfers dem Henker entgegenstellen würde, findet er auf literarischer Ebene in der Gestalt von Kulturwerten und -verboten; da er den wirklichen Körper nicht in den Griff bekommen kann, vergewaltigt er die Kultur, weil dieser unerreichbare Körper sich unter ihrem universellen Schutz befindet.

Scheinbar ist nur die Kultur für ihn eine Mauer, eine Barriere, ein Hindernis, gegen das er anrennt, gegen das er haßerfüllte flammende Diatriben schleudert; würde sie in Wirklichkeit zerfallen, dann wäre sein eigenes Schaffensprinzip paralysiert, und in diesem Sinn ist de Sade ein Parasit, der die Existenz der Kultur für sich ausschlachtet. Sie ist ihm unentbehrlich für die Realisierung seines Werks. Dagegen sind die ontischen Attribute der Metaphysik Leśmians Attribute jeglicher Kultur; denn das Verbot, gegen das er kämpft, gilt für jedes Sein, nicht bloß für ein von einer bestimmten Kultur konkret bedingtes Sein. Die Poesie Leśmians entspringt somit der Reflexion über die Attribute des Seins, die außerhalb der Sprache erfahren, und in den Gedichten bloß artikuliert werden: sie stellt diese Attribute rebellisch in Frage, stets sich der Vergeblichkeit eines solchen Aktes bewußt. Hingegen ist das Schaffen de Sades zunächst ein Versuch, auf dem Weg über die Sprache zum Objekt rein körperlicher Begierde hinauszuschreiten, nach den für die Perversion geltenden Gesetzen; und da die Sprache niemanden zu den

Objekten der Begierde »durchlassen« will und man dieses Hindernis nicht im Sturmangriff nehmen kann, tritt er das breit, wohin man nicht tief eindringen kann; mit der Technik der Literatur schlägt er, wie mit einer Ramme, auf die Kultur ein. Ist das genügend klar? Die Tendenz der Gewalt, der Zerstörung, der Notzucht ist hier primär; sie ist ein Drang, der nicht in die gewünschte, körperliche Richtung gehen kann; also muß man sich mit Ersatzbildern begnügen, aber deren gibt es nicht viele, und der Zustand der Ungesättigtheit ist quälend; deshalb wird ein Teil der zerstörerischen Energien auf die Ebene intellektueller Duelle und Kämpfe mit der Axiologie der Kultur gerichtet, weil nur dort die Literatur wirklich autonom und wirksam ist; de Sade ist also ein solcher Philosoph, dessen Metaphysik das Ergebnis der Vergeblichkeit ist, die begehrten Handlungen zu realisieren. Da er nicht wirklich tun konnte, was er wollte, schuf er ein ungeheuer aufgebauschtes Programm, das theoretisch jene unerreichbaren Handlungen untermauert, und verschmolz es mit seinen Ersatzverwirklichungen.

Das Geschlechtsleben des Kosmos

Vor etwa zwanzig – dreißig Jahren war eine fast totale Abwesenheit der sexuellen und erotischen Problematik in der Science Fiction festzustellen. Da ich mit der Eigenart dieser Gattung damals noch nicht vertraut war, drückte ich meine Verwunderung über diese Tatsache aus; es ist amüsant, daß bei einem anderen Idiographen, Amis Kingsley, der Puritanismus der Science Fiction ebensowenig Anerkennung fand (s. das Büchlein *New Maps of Hell*, eine Übersicht der angelsächsischen Phantastik der fünfziger Jahre). Inzwischen hat sich einiges in dieser Literatur verändert. Zwar weiß ein Idiograph heute nicht recht, ob er sich über diese Änderung freuen oder ob sie ihn traurig stimmen soll. Gewiß, jener unerotische, ganz teenagerhafte Charakter, in dem die Frauen als Teilnehmerinnen vom Raumfahrten in der etwas älteren phantastischen Literatur aufgetreten sind, war nichts als konventionelle Heuchelei. Aber diese Heuchelei war schließlich und endlich recht bieder. Heute hingegen, von (wie oft muß man das doch wiederholen!) seltenen Ausnahmen abgesehen, wurde der Sex in die Phantastik als Würze, Gaumenkitzel, nicht aber als Problem eingeführt; und der als Vorwand dienende Pseudo-Szientismus, mit dem er demonstriert wird, kann einen vernünftigen Menschen, der auf die Schamlosigkeit der Fälschung normal reagiert, zur Weißglut bringen. Im Grunde bewirken aber das aufdringliche Breittreten alter Motive vom Typ »La belle et la bête«, die Technisierung von allerlei Aphrodisiaka, wie auch die Geschichten, in denen die ganze, im Kosmos angesiedelte Handlung darin besteht, daß die Partner nach Überwindung zahlreicher Hindernisse endlich im Bett landen, eher Gähnkrämpfe als Tobsuchtsanfälle. Anders verhält es sich mit einem Roman, bei dem wir etwas länger verweilen wollen; er ist es, als Symptom, wert. Dieses Buch, geschrieben von Naomi Mitchinson, *Memoirs of a Space Woman*, war für mich ekelerregend. Es ist ein in Ich-Form geschriebenes Tagebuch einer jungen »Gelehrten«, Forschungsreisenden, die als Ethnologin der Zukunft sukzessiv verschiedene planetare Welten besucht. Ihre Aufgabe besteht meist darin, Kontakt mit den vernunftbegabten Bewohnern jener Welten anzuknüpfen. Solcher Wesen zählt der Roman viele auf: es sind dies z. B. radiale, seesternähnliche Formen, deren nicht-monosymmetrischer Bau, anders als beim Menschen, und das ebenso konstruierte Gehirn andere Formen der Logik und Mathematik hervorbringen als die unseren. Gerne würde man etwas über diese anderen Formen der Logik und Mathematik erfahren, da ja die Nachricht, daß die Monosymmetrik unseres Gehirns einen gewissen Typ der mathematisch-logischen Struktur vorherbestimmt, eine wahre Sensation ist (interessant, daß die Computer, die diese Symmetrie nicht aufweisen, keine neuen Logiken produzieren!). Leider! Wir erfahren nur, daß die seesternartigen Gebilde das Prinzip des ausgeschlossenen Dritten und des kontradiktorischen Gegensatzes nicht kennen. All das wird sehr »damenhaft« gesagt, aber vielleicht sollte man nicht zu anspruchsvoll sein. Später willigt die Erzählerin darin ein, daß ihr Teilchen eines Organismus von einem anderen Planeten in den Schenkel eingepflanzt werden; im Wachsen ruft das Transplantat

Symptome der Schwangerschaft hervor (die Periode setzt aus, die Brüste schwellen an; das wird nicht mehr so lakonisch abgehandelt wie die Mathematik der »Anderen«). Jenes Gebilde erhält, sobald es sich vom Körper der Erzählerin ablöst, den Namen Ariel, und sie liebt es wie einen Sohn. Es ist eine formlose Masse mit quasi-Beinchen; diese Masse kann rechnen, ist für Musik empfänglich, kommt aber bald auf unbegreifliche Weise um. Das sind nur Vorspiele zu ernsteren Dingen. Die Marsbewohner, erfahren wir, sind menschenähnlich, können sogar die Sprache erlernen, diese ist für sie aber ein sehr primitives und grobes Verständigungsmittel, ihre Entwicklung ist unterirdisch, im Dunkel, vor sich gegangen, dadurch ist ihr Informationsorgan der Tastsinn (Finger, Zunge, besonders aber die Geschlechtsorgane). Und so sind wir glücklich bei der Hauptsache angelangt. Die Marsbewohner sind zweigeschlechtlich, ihr Geschlecht wird erst in Perioden der Fortpflanzung bestimmt. Die für die Autorin typische Kühle wissenschaftlicher Objektivität gibt am besten ein Zitat wieder:

»Ich sah, wie Olgas (eine noch unerfahrene Forscherin – S. L.) Gesicht sich mit einer zarten nordischen Röte überzog, als sie zum ersten Mal zwei Marsbewohner beobachtete, die miteinander kommunizierten.

›Nicht doch!‹ sagte sie, ›was tun sie?‹

›Sie sprechen miteinander‹, antwortete ich. ›Ja, mit Hilfe der Geschlechtsorgane, natürlich. Vergiß nicht, daß sie zweigeschlechtlich sind. Eine eingeschlechtliche Charakteristik nehmen sie nur in bestimmten Augenblicken und für einen guten Zweck an, Olga.‹

›Das muß ernst sein‹, sagte sie unsicher.

›Gewiß‹, antwortete ich ohne besonderen Nachdruck, denn das war ihre erste Expedition, und ich begann ihr zu erklären, daß die beweglichen und entblößten Geschlechtsorgane, denen sie nicht recht Beachtung schenken wollte, eine ungewöhnliche Sensitivität besitzen und die subtilsten gedanklichen Nuancen ausdrücken können. Ich selbst benutze diese Organe, um feine Nuancen auszudrücken. Nein, ich spürte keinen Widerwillen: das wäre unethisch.

›Am Anfang hielten sie unser Verhalten für höchst schokkierend, weißt du‹, sagte ich zu Olga. ›An unsere Sitte, Dinge, die unverhüllt bleiben sollten, zu verhüllen, konnten sie sich nie gewöhnen. Sie glaubten, wir besäßen irgendein schreckliches Tabu, das uns verbietet, uns zu verständigen. Kaum hatten wir mit ihnen freundschaftliche Beziehungen angeknüpft, und das kam sehr schnell, noch vor den systematischen galaktischen Expeditionen, begannen sie uns ihre Moral zu erklären. Den ersten Forschern zogen sie die Hosen herunter und fragten sie, ob sie sich nun nicht glücklicher fühlten.‹«

Bald kommt es zur Katastrophe, bei der ein Teil der Expeditionsteilnehmer umkommt; die Marsbewohner retten die anderen, und einer, ein gewisser Vly, nimmt sich der Erzählerin an. Die Arme, mit gebrochenen Knochen, ist hilflos, um sich also besser mit ihr verständigen zu können (interessant wäre bloß, worüber? davon hören wir kein Wort!), zieht Vly sie aus und redet sie selbstverständlich mit den Marsmethoden, mittels der von den Marsbewohnern bevorzugten Stelle an. Die tugendhafte Olga, die die Erzählerin nackt sieht, deckt sie, so oft sie vorbeikommt, bis über die Schultern zu, die aber protestiert:

»›Bemühe dich nicht, sie wollen, daß die taktil empfindlichsten Stellen entblößt bleiben, das ermöglicht die Kommunikation.‹

›Mir wäre lieber, es gäbe sie nicht‹, antwortet sie.

›Natürlich, du bist ja auch keine Spezialistin für Kommunikation.‹«

Wenn doch wenigstens dieser eigenartige Kommunikationskanal irgendwelche übermittelnswerte Informationen liefern würde! Aber wir erfahren nur, wie und wo, in keiner Weise jedoch, wovon »dabei« die Rede war.

Diese genitalen Plaudereien nehmen die junge Gelehrte und wohl auch die Autorin so sehr gefangen, daß kein Platz und keine Zeit mehr übrigbleiben, um zu klären, was die schreckliche Katastrophe verursacht, unter welchen Umständen sie stattgefunden hatte, usw.

Infolge der Gespräche mit Vly wird die Autorin schwanger (Vly sagt höflich: »Hoffentlich habe ich in den einleitenden Gesprächen nicht eines deiner Eier befruchtet?«). So wird ein irdisch-marsianischer Mischling geboren, Viola. Ich glaube, diese Kostprobe genügt. Den Widerwillen, von dem ich sprach, weckt in mir nicht die drastische Beschreibung; sie ist schließlich ziemlich harmlos. Was mich erzürnt, ist die Prostituierung der Wissenschaft; die junge Gelehrte, der in den Kontakten mit den »Anderen« auf einem Planeten »unwillkürlich« ein Kind gemacht wird und auf einem anderen ein Bein befruchtet wird, ist ein als Vorwand – als angebliche Phantastik – benutzter Unsinn, eine Beleidigung des guten Geschmacks, der biologischen Wissenschaft, schließlich der Vernunft. Um das Maß vollzumachen – der unverwüstlichen jungen Gelehrten bleibt noch soviel Kraft, um im Epilog ein Kind mit einem gewöhnlichen Sterblichen zu zeugen. Der Loyalität halber füge ich hinzu, daß *nicht alle* Lebewesen dieses Romans kopulativ miteinander reden. Es gibt solche, die den Menschen in die Finger stechen, es gibt fleischfressende Pflanzenformen, es gibt Wesen, die Tausendfüßlern ähneln; die Erzählerin – als hervorragende Gelehrte – entdeckt auf jedem Planeten die richtige Art der Verständigung mit den Eingeborenen; so entsteht ein Katalog tödlich langweiliger, steriler, sprachlich farbloser Beschreibungen, die uns vom Formenreichtum des kosmischen Lebens überzeugen sollen.

Die Erzählerin und ihre Kolleginnen verhalten sich so, als wollten sie den ganzen Körper in ein Geschlechtsorgan verwandeln. Man nimmt an dieser oder jener Stelle Transplantationen vor, man hat Kinder mit Tausendfüßlern, mit Marsbewohnern, mit Menschen usw. Wenn das wenigstens wirklich einfallsreich wäre! Würden wir nämlich ein so altes Werk, die solide deutsche Monographie von Johannes Meissenheimer *Geschlecht und Geschlechter* aus dem Jahre 1921 in die Hand nehmen, dann fänden wir auf 898 Seiten im Quartformat Tausende Kopulationseinrichtungen und -organe, über die nicht stellare Ungetümer, sondern irdische Gattungen verfügen, von einfachen Tieren bis zum Menschen. Wie gewöhnlich in der Science Fiction geht hier Unverfrorenheit Hand in Hand mit Ignoranz; denn die Vielfalt der genitalen Formen und Fortpflanzungstechniken, die von der Evolution verwirklicht wird, schlägt die Erfindungsgabe der gelehrten Kosmonautinnen um Längen. Wenn sich jemand dafür interessiert, kann er erfahren, welche Unzahl an Gonopoda, unechte (und echte) Fortpflanzungsorgane es gibt; wie der Titillator der Insekten funktioniert, wie sich der Penis bei den Epistobranchiata herausgestaltete, welche Greif-, Klammer-, Haftapparate verschiedene Gattungen für Kopulationszwecke entwikkelten, was für Saugnäpfe man dort antrifft, was für Behelfsorgane Reptilien und Amphibien haben, welches die Organe des mechanischen Reizens beim Frosch und beim Menschen sind usw. Dieser nicht ausgedachte, sondern echte verschwenderische Reichtum, der für die Fortpflanzung der Arten sorgt, ist fürwahr erstaunlich. Hingegen ist es schade um jeden mit Büchern von der Art von Mrs. Naomi Mitchinsons Roman verbrachten Augenblick. Sinn hat die reale Gelehrsamkeit des Fachmanns; in der Literatur hat eine ausgedachte Gelehrsamkeit dann Sinn, wenn sie ein Mittel ist, das zu einem semantischen Zweck führt; zylindrische Tiere, Strahlentiere von anderen Planeten und der ganze den Leser einschläfernde Rest dienen bloß als Vorwand, um ein bißchen genital geführte Diskussionen vorzuführen.

Meinem Ruf aus dem Jahre 1956 nach einem »Pandämonium des mechanisierten Sex« scheint hingegen das schon erwähnte Buch *The Silver Eggheads* von Fritz Leiber Genüge zu tun. Der Autor ist der Ausbildung nach Mediziner, und das merkt man an manchen Texten; im übrigen schrieb er Romane, bei denen es mir nie gelungen ist, über die fünfte oder zehnte Seite hinauszukommen. *The Silver Eggheads* sind vielleicht sein bestes Buch, mitnichten ein Meisterwerk, aber stellenweise recht unterhaltsam. Wir lernen eine Zukunft kennen, in der Literaten eigene Computer haben, die für sie Romane schreiben, sowie Gespielinnen, die ihnen vom Herausgeber zugeteilt wurden; in der sympathische Roboter Liebesaffären für andere Roboter arrangieren, und wo der Herausgeber eine »Robix«, Miss Blushes, als Zensorin einstellt, die unschickliche Texte nicht passieren läßt; es gibt hier auch viel Phantasie zum Thema Sex, übrigens relativ harmlos.

»›Das Etablissement der Madame Pneumo‹, begann Cullingham, ›ist ein ungemein vornehmes Freudenhaus, ausschließlich im Besitz von Robotern und von diesen geführt.

Siehst du, vor fünfzig Jahren war da dieser verrückte Roboter Harry Chernik, der den Ehrgeiz hatte, Roboter zu bauen, die in anatomischer Hinsicht in jedem Zoll dem Menschen gleichen sollten. Seine Hauptidee bestand darin, daß, wenn Menschen und Roboter einander ähnlich würden, nie etwas Feindliches ihre Beziehungen gefährden könnte. Verstehst du, Chernik wirkte zur Zeit des Ersten Antiroboteraufstandes und war ein erklärter Antirassist. Sein Projekt landete natürlich in der Sackgasse. Die Mehrzahl der Roboter wollte nicht wie Menschen aussehen, und außerdem war das Innere des Roboters so sehr mit Maschinerie ausgefüllt, die es gestattete, den Menschen im Bett und in der Gesellschaft nachzuahmen (subtile Muskelkontrolle, Kontrolle der Temperatur, des Drucks usw.), daß für nichts anderes mehr Platz blieb ... Chernik war am Boden zerstört. Er bereitete seine eigene elektrische Hinrichtung vor, indem er, wie ein indischer Radscha, seine verführerischsten Schöpfungen um sich versammelte und die Purpurvorhänge in Brand steckte. Nun, siehst du, er war eben verrückt. Aber die Roboter, die ihn finanzierten, waren es nicht ... sie dachten nur an die Rentabilität der Dienstleistung ... also erstickten sie den Brand, retteten die Automaten und setzten sie in Bewegung ... Es war ein streng geheimes kleines Syndikat, aber seine *Femmequins,* wie man sie nennt, hatten einen Bombenerfolg. Natürlich, ihre Gedankenlosigkeit war ihre besondere Attraktion – und stellte nicht das geringste Hindernis dafür dar, daß man ihnen zeitweilig unterhaltsame Tonbänder einbaute, so daß sie nach Belieben jede Sache machen und ausplaudern konnten, die nur der Kunde verlangte. Das Beste war das Fehlen jeglicher Bindungen, menschlicher Konflikte, Reibungen ...‹

Cunningham wurde fast lebhaft. Auf seinen blassen Wangen traten rote Flecken hervor.

›Kannst du dir das vorstellen, Flaxy – du treibst es mit einem Mädchen, das ganz aus Samt oder Plüsch gemacht ist, oder das wirklich einmal heiß, dann wieder kalt wird, oder dir eine Symphonie mit einer Stimme von voller Orchesterstärke vorsingt, während du *das* tust, oder nur Ravels Bolero summt, oder das ein bißchen – ohne Übertreibung! – bewegliche Greifbrüste hat, oder – nicht allzusehr! – an eine Katze oder einen Vampir oder an einen Kraken erinnert, oder Haare hat wie Medusa, die leben und einander liebkosen, oder die vier Hände hat wie Shiva, oder einen beweglichen, acht Zoll langen Schwanz ... und zugleich völlig ungefährlich ist, dir nicht schaden, dich nicht anstecken und dich nicht beherrschen kann ... ich möchte nicht wie eine Werbebroschüre klingen, Flaxy, aber glaube mir, das ist Spitze!‹«

Die *Silver Eggheads* enthalten noch mehr »sexuelle Automatik«, in demselben scherzhaften Ton gehalten, mit dem boshafterweise vor allem Verleger bedacht werden (der Held, Gaspard de la Nuit z. B., beobachtet heimlich seinen Verleger, als dieser, sich wie ein kleiner Junge benehmend, in seinem Arbeitszimmer eine üppige automatische Blondine empfängt, die Madame Pneumo ihm geschickt hat, um an ihren prachtvollen Brüsten zu saugen: aus der einen – eine Schokolade –, aus der anderen einen Vanilletrank). Doch ist diese Groteske weder wirklich boshaft noch makaber. Auch kann man nicht von einer kognitiven Seite dieses Buchs sprechen.

In den historischen Kulturformationen wurde der Sex entweder als etwas geradezu Sakrales aufs Piedestal gehoben, oder als sündhaft erniedrigt und verheimlicht; auf diese seine wechselnde Polarität haben wir schon aufmerksam gemacht. Aus dem polaren Zusammenstoß scheint die Neutralisierung sowohl der positiven wie der negativen Hervorhebungen zu resultieren; viele Medien in der USA (mit dem *Playboy* an der Spitze) lancieren die Parole »Sex is fun« – Sex ist einfach Spaß. Eine sonderbare Widerspiegelung findet diese Maxime in der SF-Produktion der jüngsten Autoren. Als sogenannte »New Wavers«, Autoren der neuen Welle, um die englische Monatsschrift »New Worlds« geschart, huldigen sie einer ziemlich prätenziösen Mode. Ob sich die Handlung der SF zwischen Ruinen der postatomaren Zivilisation abspielt, oder unter Reisenden in der Zeit, die sich spaßeshalber mitsamt ihren kleinen Motorrädern in die Kreideformation begeben (etwa in *An Age* von Brian Aldiss), betreiben diese von Zeit zu Zeit Geschlechtsverkehr, immer sachlich und ziemlich kühl, was auch mit entsprechender Kühle und Sachlichkeit beschrieben wird.

Die Partner sind einander gewöhnlich vollkommen fremd, empfinden auch, selbst rein physiologisch, nicht viel; sie gehen an den Beischlaf gelangweilt oder ungeduldig heran, als sollten sie in der Küche Geschirr spülen oder eine Zeitung lesen; so spielt sich der Akt bei Ballard, bei Aldiss und bei anderen Phantasten der jüngsten Generation ab. Nach den traditionellen Kriterien sind das drastische Szenen, da sowohl die Genitalien als auch ihre Tätigkeiten beim Namen genannt werden, aber die Schilderung hat nichts Aufregendes an sich, schafft eben durch die teilnahmslose Kühle eine Aura existentieller Sterilität und Langeweile. Dem Beischläfer schießen verschiedene Gedanken über geometrische Themen durch den Kopf, wenn bei Ballard der Gegenstand der Reflexion z. B. die weibliche Brust ist, und dann geht das Paar ebenso leicht, wie es sich vereinigt hat, auseinander und nimmt seine nur für kurze Zeit durch den Geschlechtsverkehr unterbrochene Tätigkeit wieder auf. Diese Praktiken haben den Geschmack gegenseitiger Dienstleistungen, die absolut nichtssagend sind, ohne weitere Konsequenz, also auch völlig bedeutungslos. Der aus der traditionellen Moral kommende Abwehrreflex stößt ins Leere, da aus dem Verhalten der handelnden Personen folgt, daß sie nicht das Gefühl haben, an einer Orgie oder Sünde teilzuhaben, das, was sie tun, ist für sie nicht wichtiger als etwa das Trinken einer Tasse Kakao. Die Befreiung aus den Fesseln der Prüderie ist also auf rein mechanische Weise erfolgt und hat eher klägliche Resultate erbracht. Dieser Sex ist ganz und gar nicht amüsant; er ist nur gänzlich entwertet, sowohl in der Art, wie er gezeigt, als auch, wie er erlebt wird. Er kennt weder Zeichen von Scham noch von Begierde, noch von Leidenschaft, in, offen gesagt, recht amüsantem Gegensatz zur Haltung der traditionellen Science Fiction. Ein Ph. S. Farmer z. B., dessen evolutiv-sexuelle Obsessionen wir schon im ersten Band dieses Buches besprochen haben, schaltet in den Organisationsplan der von ihm ausgedachten Fortpflanzungstätigkeiten immer den Orgasmus ein – als Erlebnis, das eine unveräußerliche Bedingung der Befruchtung ist. Während Farmer wenigstens das *evolutionäre*, d. h. anpassungsrationale Gewicht des Wollusterlebnisses unterstreicht, nehmen ihm die Neuerer der SF sogar sein *kulturelles* Gewicht. Der

Sex führt zu nichts Faszinierendem, und eben deshalb ist er wohl so unwichtig. Die Promiskuität hat gesiegt und damit verspielt. Ich glaube nicht, daß dieses Verhältnis der Autoren zum Sex bevorstehende Wandlungen ausdrücken sollte, d. h. daß solche Werke als Vorhersage gelten können. In ihnen steckt viel Manierismus, sie geben sich alle Mühe, »moderne« Kompromißlosigkeit vorzugeben. Darüber hinaus verbirgt sich unter der Maske der Kälte, der unerschütterlichen Gleichgültigkeit, die Dürftigkeit des Erlebens, die daher kommt, daß kein Abstand mehr da ist zwischen der »ausgestreckten Hand und der Frucht auf dem Zweig«. Es ist nur Unreife, die die Welt anders einrichten möchte, als frühere Generationen es taten, doch nichts anderes auszudenken vermag als die Routine einer hastigen Promiskuität. Von irgendeiner Perversion kann hier nicht die Rede sein; nach dem Zerschlagen aller tabuistischen Verbote, die den Zugang zum Sex verwehrten, erweist er sich als Feld so unwichtig gewordener Betätigung, daß sie wie etwas Sinnloses anmutet. Daß diese Betätigung so absolut leicht gemacht wird, das ist eine Form von axiologischem Nihilismus, die nicht unter dem Einfluß durchdachter Programme entstanden ist, sondern mit den Gradienten der technischen Zivilisation konvergiert, für die jegliche Erfüllung leicht zu machen das oberste Ziel ist.

Interessant wäre die Frage, was mit einem ideal leicht gemachten und entwerteten Sex geschehen könnte. Man findet die sonderbarsten Hypothesen, wenn auch nicht in der Science Fiction – z. B. über die »karitative Prostitution«. Der Gedankengang ist folgender: Prostitution wurde von den Moralisten stets verpönt; ihre unentgeltlichen Formen existieren nicht (Entgeltlichkeit muß sich nicht auf die Geldform beschränken); fiele der Faktor der ökonomischen Motivation weg, dann würde die Prostitution zumindest teilweise ihrer »Rekrutierungsbasis« verlustig gehen. Aber sie hat doch auch eine gute Seite: sie erlaubt die Befriedigung des Triebes jenen Menschen, die infolge psychophysischer Gebrechen keine andere Chance haben. Dann würde (in der »postindustriellen Gesellschaft«) die Verabreichung eines geschlechtlichen Almosens vielleicht eine moralisch schöne Aufgabe für idealistische Freiwillige beider Geschlechter sein. Ich lobe dieses

Konzept nicht, noch tadle ich es, ich führe es bloß an. Hier liegt aber der Hund begraben: daß »alles möglich ist«, wenn man die kulturelle Axiomatik auf irgendeinem Gebiet vernichtet; und wenn die gefühlsmäßigen Folgen der Impulse schwächer werden, ist die erste Antwort der Technik die Ansetzung von Amplifikatoren: in diesem Sinn könnte sich der Sex einmal »Eskalation« verdienen. Dann könnten im Bereich des Koitus Wettbewerbe, Darbietungen, Revuen, Wettkämpfe, Erfindungen, Preisausschreiben, Apparate auftauchen. Am Ende dieses Weges steht ein prachtvoller, hundertgeschossiger phantomatischer Tempel, in dem die orgasmischen Schreie des endlich gesättigten Publikums die Mauern zum Zittern und die Fensterscheiben zum Klirren bringen.

Denn die Infragestellung jeder sukzessiven Verbesserung auf diesem Wege muß im Lichte der Ratschläge und Programme, die uns auf diesen Weg gedrängt haben, ein absurdes, irrationales, unsinniges Vorurteil sein.

Die defensiven Argumente der Empiriker lauten für gewöhnlich: Die Familie ist das Atom der Gesellschaft, die durch die Akzeptierung der Promiskuität nicht zerschlagen werden darf. Denn auf diese Weise werden wir vielleicht die ganze soziale Struktur zum Einsturz bringen, d. h. mit eigenen Händen unsere Soziostase ruinieren. Es ist dieselbe Art der Überlegung, die auf einem anderen Gebiet besagt: Man braucht keine Angst vor Computern als den intellektuellen Konkurrenten des Menschen zu haben, weil ein Computer nicht alles kann, z. B. wird er nie den Menschen in seiner kreativen Rolle ersetzen. Dieses Argument setzt stillschweigend voraus, daß die Welt als System materiell mit einer solchen speziell planenden Fürsorglichkeit vorbereitet wurde, damit wir uns nicht unter Umständen an ihren Kanten wundschlagen. Daß wir also immer etwas zu tun haben werden, weil die materielle Struktur der Welt allein bereits keine Automatisierung aller Formen der Arbeit und der Produktion zulassen wird. Da Promiskuität die Familie zerschlagen muß, und da das Fundament der Soziostase die Familienzelle ist – werden wir gezwungen sein, die Promiskuität abzulehnen, und sollten wir noch so sehr danach lechzen, usw.

Natürlich ist ein solches »empirisches« Denken reinste Magie. Niemand hat die Welt für uns eingerichtet; die Parameter materieller Erscheinungen wurden nicht so miteinander verbunden und gekoppelt, daß sie unsere selbstzerstörerischen Handlungen verhindern würden; wir können daher die Verantwortung für das Schicksal des Menschen weder auf den lieben Herrgott und die Vorsehung noch auf die »objektiven Naturgesetze« überwälzen; wie sehr wir auch mit dieser Freiheit manövrieren, es gibt vor ihr keine Flucht, hat man sie einmal im Schweiße seines Angesichts und in der Mühsal seines Geistes erkämpft. Diese Bürde muß man tragen, d. h., man muß sich entscheiden.

Aber sich entscheiden heißt nichts anderes als zwischen verschiedenen möglichen Formen der Steuerung von Kulturprozessen wählen. Leider ist die einzige Form, die wir bisher kennen, Propaganda und Zwang. Doch ein bewußt gemachtes Verbot wird immer so empfunden, als würde eine Türe zugeschlagen. In einem solchen Fall kann es als zentraler Wert angesehen werden, diese Türe gewaltsam aus den Angeln zu heben. Das ist nicht die beste Art, menschliche Energien in eine adäquate Richtung zu lenken. Propagandistische Formen – z. B. kryptokratische, die sublimierende Beeinflussung (durch das Fernsehnetz z. B.) und ähnliche, also psychotrope Formen, sind auch moralisch suspekt. Natürlich, Sakralisierung oder eine andere Form der Verklärung zur Aufwertung des Sex wäre vielleicht an einem bestimmten historischen Punkt wünschenswert. Aber wie kann »im Rückwärtsgang« etwas erschwert werden, was bereits so außerordentlich leicht gemacht wurde, es sei denn durch Sanktionen? Die Sache scheint nicht hoffnungslos, aber sehr kompliziert und schwierig zu sein. Eines ist jedenfalls sicher: Die Kultur mit all ihren normativen und das Sein normalisierenden Erscheinungen generell als kompliziertes System von Drahtverhauen, Umzäunungen und Mauern zu behandeln, gegen das man am einfachsten und am bequemsten mit dem technologischen Panzer anrennt, das ist nicht mehr bloßer Raubbau im axiologischen Garten – das bedeutet, den Ast abzusägen, auf dem unsere *Essenz* und *Existenz* sitzen. Weder Panmaschinismus noch Panurbanismus noch Pankopulationismus können Losungen sein, die man über dem Tor des »postindustriellen« Paradieses anbringt. Nichts ist leichter als Werte durch technische Vollendung zu zerstören, aber ihre Wiederherstellung dann, wenn sie schon in Trümmern liegen, kann sich für wer weiß wie lange Zeit als unerfüllbare Aufgabe erweisen.

Wäre denn ein Roman, der warnend eine Welt zeigt, die sich schließlich im Sex keinen Zwang mehr auferlegt, nicht wertvoll? Solche Romane gibt es aber in der Science Fiction nicht. Es ist merkwürdig, wie leicht es den Schriftstellern fällt, sich von alten moralischen Verpflichtungen der Literatur zu lösen, um sie gegen reine Unterhaltung einzutauschen. Besonders merkwürdigen Charakter nimmt ein solches Verhalten in der Sphäre der sexuellen Perversionen an.

Nach anthropologischen Theorien, die gegen die Psychoanalyse Front machen, manifestiert sich die Perversion im Sex als Akt der vorsätzlichen Diffamierung unveräußerlicher Werte. Daraus folgt unter anderem, daß das Kind nicht, wie die Freudianer behaupten, allseitig pervertiert ist, es offenbart also nicht Sadismus, wenn es Spielzeug zerstört, statt konstruktiv damit zu spielen. Denn der Organismus »weist sich aus«, indem er sich in den ihm zugänglichen Formen des Handelns verwirklicht, und es gibt eine Entwicklungsphase, in der das Kind bereits Dinge zerstören oder kaputtmachen kann, aber nichts zu reparieren oder zu bauen imstande ist. Diesem Handeln liegt jedoch keine zerstörerische Absicht zugrunde, sie ist nicht vorhanden, weil Absicht eine vorangegangene *Wahl* voraussetzt. Wenn ich durch vieles Gehen meine Schuhe verschleiße, so nicht deshalb, weil ich ein Sadist bin, der Schuhen gegenüber destruktiv eingestellt ist, sondern weil ich nicht fliegen kann.

Wo ein Ziel auf einem alternativlosen Weg erreicht werden kann, dort besteht keine – als Wahl verstandene – Intention. Ungeschicklichkeit, Hilflosigkeit, Unbeholfenheit bedeuten, daß einfach höherrangige psychische Einstellungen fehlen, die erst in späteren Entwicklungsphasen in Erscheinung treten.

Wie die Beobachtung erweist (vgl. H. Giese, *Abnormes und Perverses Verhalten*, in *Psychopathologie der Sexualität*, Stuttgart 1966), stellt man bei Perversen fest:

1) sinkenden Lustgewinn bei verwirklichten Kontakten, wobei die unbefriedigte und unmöglich zu befriedigende Vorstellung weiterhin funktioniert;

2) dadurch – eine Tendenz zur Vermehrung solcher Kontakte, mit dem Korrelat einer weiteren Schwächung des Lustgewinns;

3) verschiedene Formen der Frustration. Denn es ist durchaus nicht so, daß der Perverse lediglich durch das Bestehen gesellschaftlicher Verbote frustriert wird und, gäbe es diese nicht, ein herrliches und glückliches Leben führen könnte. Das Syndrom seiner Symptome ist prinzipiell dasselbe wie bei jeder Sucht mit den ihr eigentlichen Stadien – unvermeidliche Erhöhung der Dosis, verminderte Satisfaktion, Verflachung der Amplitude der Empfindungen, und das alles sind Komplexe von Störungen und der Zersetzung der wichtigsten Persönlichkeitsstrukturen. Mit einem Wort, ein vom Sex total dominierter Mensch kann kein glücklicher Mensch sein, wenn er sich dieser Macht hörig unterwirft. Niemand glaubt doch, daß die Tragödie der Morphinisten daher kommt, daß man es ihnen erschwert, immer größere Dosen zu erhalten.

In der Sphäre sexueller Perversionen sind die Dinge jedoch um so komplizierter, als man hier zwischen dem triebhaft oder kulturell motivierten perversen Menschen unterscheiden kann. Ersterer betrachtet die bestehenden Normen als Hindernisse auf dem Wege zur Erfüllung, aber er muß gar nicht danach streben, daß sie entsprechend der Orientierung seines Triebs aufgehoben werden. Letzterer hingegen wünscht, daß es gerade zu solchen Veränderungen kommt. Dann würde sein anormales Verhalten zu einem normalen werden. Eine solche Differenzierung ist in der Praxis allerdings schwer zu treffen. Es gibt nämlich innerlich widersprüchliche Haltungen: ihr klassischer Vertreter ist der schon genannte de Sade. Er brauchte die Kultur, wie gesagt, als Strohmatte zum Beschmutzen. Der Widerspruch steckt aber darin, daß de Sade, wenn die Werte der Keuschheit und Jungfräulichkeit, ihr Schutz und ihre Beschützer verschwänden, zu einem Schwimmer ohne Wasser würde. Er ist also zugleich Gegner und Anhänger der Kultur, denn er zerstört ihre Werte, wagt aber nicht, sie restlos zu zerstören (wenn dies möglich wäre), er erweist sich also als eine Sorte Parasit, der bei voller Wirksamkeit seiner Handlungsweise seinen Ernährer so abnagt, bis er zusammen mit ihm zugrunde geht.

Darüber hinaus gibt die Beobachtung des »Behaviors« nicht immer Auskunft über seine Motivierung. Für den einen Zerstörer von Werten ist der Akt der Zerstörung schon der eigentliche Zweck; für den anderen ist er bloß Mittel zum Zweck. In diesem Sinne setzt der Pyromane ein Haus nicht aus den gleichen Gründen in Brand, aus denen es ein Feuerwehrmann demoliert, wenn dieses Haus beim Brandherd steht und das Feuer auf andere Gebäude übergreifen könnte. In diesem Sinne sind auch die Anarchisten bereit, zusammen mit den Kommunisten die Staatsmaschine zu zertrümmern, aber gleich danach trennen sich ihre Wege, weil die Anarchisten keine neue Ordnung aufbauen wollen. Es ist also, per analogiam, möglich, daß der ein Päderast ist, weil sexuelle Kontakte mit Minderjährigen besonders streng verboten sind (der Wert solcher Kontakte ergibt sich also aus der Übertretung eines Tabus), der andere dagegen macht sich nichts aus Verboten; nicht sie haben ihn zur Päderastie gebracht, sondern unbekannte Züge seiner Persönlichkeit, seines Lebenslaufs usw. So sind denn auch generelle Klassifizierungen aller perversen Verhaltensweisen, die diese auf eine einzige Quelle zurückführen wollen, ein vergebliches Unterfangen. Die Quelle von Perversionen ist unvermeidlich heterogener Natur; das trifft auf sie alle zu, von der Homosexualität bis zu makabersten Formen fetischistischer Praktiken. Wir berühren dieses Thema, weil die Frage wesentlich erscheint, wie die Zukunft mit Abweichungen der genannten Art fertig werden wird. Anthony Burgess schildert in dem Roman *Wanting Seed* das übervölkerte England der Zukunft, in dem die Regierung sich kräftig bemüht, den männlichen Teil der Bevölkerung zur Homosexualität zu bewegen; diese staatliche Direktive wird von der Gesetzgebung, die die Geburtenrate regelt, unterstützt (man darf ohne Erlaubnis keine Kinder haben, die ungesetzliche Zeugung eines Kindes wird verfolgt und bestraft, usw.) Der Roman hat satirische Aspekte (in England war zu der Zeit, als er geschrieben wurde, Homosexualität noch strafbar; Burgess gibt zu verstehen, daß notfalls alle moralischen Argumente, die man zur Begründung dieses Gesetzes anführt, um 180 Grad gegenteilig benutzt werden könnten).

Mit einem anderen Versuch, Änderungen im sexuellen Verhalten des Menschen zu zeigen, befaßt sich der Roman von B. Wolfe, *Limbo 90*. Es handelt sich um folgendes: Nach dem Atomkrieg kam als weltweite Reaktion ein Drang zur Selbstverstümmelung auf, der sich junge Männer freiwillig unterwerfen; sie lassen sich Arme und Beine amputieren, die durch leistungsfähigere kybernetische Prothesen ersetzt werden. Die Propagandisten dieser Bewegung wollen alle bewaffneten Konflikte für immer unmöglich machen. Die Idee an sich erscheint bereits absurd, nicht so sehr wegen der Grausamkeit des Eingriffs (schließlich sind aus der Geschichte sektiererische Bewegungen bekannt, die auf Selbstverstümmelung basieren), als wegen der rein instrumentalen Unwirksamkeit, da doch der Roman voraussetzt, daß die Prothesen die Verstümmelten leistungsfähiger machen als normale Menschen (sie sind schneller, stärker, können ungewöhnliche Arten der Akrobatik betreiben usw.). Warum sollte also eine Handprothese nicht schießen oder eine Raketenabschußrampe bedienen können? Diese Frage wird im Roman nicht gestellt, also auch nicht beantwortet. Was das von uns behandelte Thema betrifft, so zeichnet er folgendes Bild; im Sex taugen die Prothesen nichts; die Männer, die sich der Operation unterzogen haben, werden allgemein verehrt; die Beziehung zwischen den Geschlechtern hat sich insofern verändert, als jetzt die Frauen um die Gunst der Männer werben; verändert hat sich sogar die Position, in der der Akt vollzogen wird, weil der Mann im Bett ein hilfloser Torso ist. Mit einer jungen Frau, die schon unter dem Einfluß dieser Normen herangewachsen ist, erlebt ein älterer Mann, der von entlegenen Inseln zurückgekehrt ist und viele Jahre lang von der Zivilisation abgeschnitten war, eine Liebesszene; dieser Mann, ein Arzt, muß das Mädchen, um den Akt nach anachronistischer Tradition zu vollziehen, fast vergewaltigen; er versetzt sie in Erstaunen, das beinahe an einen Schock grenzt. Das wird, notabene, beschrieben, ohne daß der Autor in allzu anschauliche Einzelheiten eingeht; auf die physischen Zustände der Helden weisen indirekt die geistigen Zustände hin. Dieser in der Science Fiction vereinzelt dastehende Versuch ist gewiß originell; aber die Grundprämissen – das Programm der pazifistischen Amputation als *ultimum remedium* gegen den Krieg, das übrigens im Buch endgültig diskreditiert wird –, nehmen dem Ganzen die Glaubwürdigkeit von »Realität«.

Alle denkbaren Varianten der Evolution des Sex können wir nicht einmal in einigen Worten streifen, aber eine bisher unerwähnte verdient Aufmerksamkeit. Wirtschaftliche Faktoren, z. B. Herstellungskosten, könnten die gesamte Produktion der Androiden stark segmentieren: ähnlich wie dies jetzt in der Autoindustrie geschieht, in der man Kategorien von billigen Kleinautos, Sportwagen, von teuren wie auch in kleinen Serien gefertigten Luxusmodellen unterscheiden kann. Gewiß könnten Roboter für einfache Arbeiten vor solchen aufkommen, die mit einer gewissen intellektuellen Potenz ausgestattet sind, außerdem wird es sich als wirtschaftlich verschwenderisch und instrumental überflüssig erweisen, alle Androiden in bezug auf die geistige Leistungsfähigkeit über einen Kamm zu scheren. Das könnte Folgen haben, die in mancher Beziehung die Welt an die feudale angleichen könnten. Jeder Mensch, der heute eine Waschmaschine, einen Kühlschrank, einen Radio- und Fernsehapparat besitzt, könnte ebenso einen »Hof« von Androiden besitzen, die geistig relativ primitiv sind; in physischer Hinsicht könnten sie jedoch stark an Menschen erinnern (sie könnten aber auch zwecks Vermeidung von Irrtümern ein deutliches Mal, ein unauslöschliches Stigma besitzen). Und es könnte sich auch wohl eine Kulturnorm einbürgern, derzufolge ein Mensch, der sich zu solchen künstlichen Menschen hingezogen fühlt, pervers ist, ungefähr so, wie heute ein Sodomit als pervers gilt. Das ist eine der vorstellbaren Varianten der Evolution.

Es könnte aber auch anders kommen: Z. B. setzt die Norm fest, daß eine flüchtige Beziehung mit einem Androiden nicht von Bedeutung ist, oder auch – daß dies eine kleine und verzeihliche Sünde ist, wie heute etwa die Masturbation; erst ein Mensch, der Puppen lebendigen Menschen vorzieht, gilt als anormal. Und dabei – und das scheint interessant, weil es verhältnismäßig leicht ist, die körperliche Schönheit eines Menschen in Teflon oder Nylon zu kopieren, ungleich leichter als seine geistige Struktur in einem synthetischen Substrat zu kopieren – könnten sich die Werte, die als die höchsten gelten, in die rein menschliche Sphäre verlagern: dominieren würden geistige Vorzüge, denn es wäre leicht, eine »tolle Puppe« zu bekommen, als großer Erfolg würde hingegen die Eroberung einer schönen und klugen Frau gelten (und auch umgekehrt, denn auf das zweite Geschlecht trifft dies genauso zu).

In der Groteske *Short in the Chest* zeigt Idris Seabright eine Konsultation in der Ordination von »Huxley«, einem Roboter-Psychologen. Die Erzählung gehört zu den Werken, die für den absoluten Laien nicht sehr verständlich sein werden; in solchen Werken fehlt der Kommentar des Autors, und der Sinn der zunächst unbekannten Dinge und Verhältnisse wird uns erst durch die Handlung vermittelt; ich gebe also den Inhalt dieser Erzählung nicht wieder, sondern beschreibe in meiner Rekonstruktion die Welt der imaginären Zukunft, oder vielmehr ihrer Karikatur. Die ganze amerikanische Bevölkerung ist in Militäruniformen gekleidet; es herrschen antagonistische Spannungen zwischen den einzelnen Waffengattungen, die durch bürokratisch verwaltete sexuelle Kontakte gemildert werden.

Dieser wissenschaftliche Plan, Gruppenharmonie auf dem Weg über den Geschlechtsverkehr herzustellen, ist den Köpfen von Psychologen entsprungen; die sexuellen Kontakte haben amtlich-dienstlichen Charakter und eine feststehende Prozedur (die Partner stimulieren einander durch die Injizierung eines Gemischs aus Hormonen und Verhütungsmitteln usw). Die Erzählung zeigt vor dem Hintergrund dieser »Norm« deren Entgleisung: Major Sonya Bright soll von ihrem dienstlich-sexuellen Partner Daten über ein Nährpräparat für die Schweinezucht erhalten, die von ihr betreut wird und im argen liegt; die erwähnten Injektionen haben aber nicht geholfen und die Spannung zwischen den Militärdiensten nicht abgebaut; Frau Major hat, nachdem sie wieder einmal ihren »dighting slip«, nennen wir das »Kopulationseinweisung«, bekommen hat, einen »Watson« (eine zusätzliche aufputschende Spritze) gestohlen, und die Spannung zwischen der Marine und der Luftwaffe konnte reduziert werden, aber weitere Spritzen kann sie nicht mehr stehlen. »Huxley«, der Asthma hat, rät ihr, den nächsten Partner, falls dieser sich als impotent erweist, zu erschießen; der Roboter ist nämlich infolge seiner Atembeschwerden verrückt; das Mädchen ist mit seinem Rat einverstanden. Wir haben hier im Vergleich zu den uns bekannten Normen sozusagen zwei Grade von Verrücktheit: zunächst der ganze »wissenschaftliche Plan«, und dann die Begegnung des verrückten Roboters mit der verrückten Situation. Dabei wird die Unterhaltung »Huxleys« mit dem Mädchen über seinen Plan in dem für die moderne Gruppenpsychologie typischen, nur leicht verzerrt wiedergegebenen Vokabular gehalten.

In dieser Geschichte sind einige giftige Pfeile verborgen: zum einen geht es darum, daß das Verteidigungsministerium seine Hauptbemühungen auf die Reduktion der Feindschaften und Spannungen zwischen den einzelnen Waffengattungen richtet – bekanntlich ist dies ein reales Phänomen in den Vereinigten Staaten (die Marine und das Heer haben lange separat, in gegenseitiger Rivalität, an der Entwicklung von Raketen gearbeitet; Tendenzen zu einer solchen Rivalität zwischen den Institutionen treten auf vielen Gebieten auf, auch das Raumfahrtprogramm ist nicht frei davon); weiters – der Spott richtet sich gegen die »wissenschaftliche Methode des Abbaus von Spannungen«, weil sie die optimistische Willfährigkeit der Amerikaner gegenüber allem, was ihnen unter dem Etikett eines »wissenschaftlichen Rats« dargeboten wird, karikiert; es geht um die noch nicht allgemeine, aber deutliche Hilflosigkeit, in die die Kulturwerte versetzt werden, die leicht jedem neuen Druck oder jeder technischen Erfindung zum Opfer fallen. Es ist also der Triumph des Pragmatismus über den gesunden Menschenverstand. Die Ratschläge »Huxleys« sieht sogar das Mädchen als irrsinnig an, aber sie kommen von jemand, der mit wissenschaftlich-dienstlicher Autorität ausgestattet ist, also muß man sie befolgen (an die Stelle des gegenwärtigen anachronistischen Militärdrills tritt die Erpressung durch »Wissenschaftlichkeit«: gegen die Wissenschaft gibt es keine Auflehnung). Indem sie sich auf den Trend zur Instrumentalisierung aller möglichen Werte bezieht, konkret – indem sie die Geschlechtsbeziehungen zum Instrument der »militärischen Homöostase« macht, ist die Erzählung zwar im buchstäblichen Sinne phantastisch, zugleich aber in der grotesken Vergrößerung wahrnehmbarer Tendenzen realistisch. Sie stellt eine Welt dar, in der es keine individuellen autonomen Werte mehr gibt, in der »nichts vergeudet wird«. Sexuelle Anziehung kann tatsächlich die Menschen vorübergehend zusammenkitten, also wird sie dazu verwendet, die Risse in der militärischen Struktur zusammenzukitten. So entsteht eine makaber-humoristische Vision der verstaatlichten und bürokratisch militarisierten Prostitution unter der Leitung von Fachpsychologen, und mit dieser Situation geht eine entsprechende Sprache Hand in Hand – voller patriotischer und vaterländischer Phrasen (alles für den Dienst!).

Diese Tendenz manifestiert sich nicht unbedingt auf dem Gebiet des Sex, sondern schockiert hier durch den Zusammenstoß mit unserem Empfinden ganz besonders. Die sofortige Instrumentalisierung aller Fähigkeiten kommt nicht nur auf diese Art und Weise zum Ausdruck; in der Erzählung von Frank Herbert *A-W-F-Unlimited* soll ein mächtiges Werbekonsortium (das sich mit der Werbung für das befaßt, was seine Kunden verkaufen) eine große, wiederum vom Verteidigungsministerium finanzierte Kampagne starten, um den Dienst von Frauen im Weltraum attraktiver zu machen. Auch in dieser Geschichte muß zwischen der erdachten Welt, in der sich die Handlung abspielt, und der Handlung selbst unterschieden werden; diese beschränkt sich nicht darauf, die Werbekampagne zu zeigen, sondern geht auch auf die persönlichen Verhältnisse in dem Werbeunternehmen ein. Die Anpreisung des Dienstes in WOMS (Women in Space) ist ebenfalls »wissenschaftlich-psychologisch«. Die Mädchen wollten diesen Dienst nicht ausüben, weil die Astronautenanzüge häßlich sind und ihre Reize verhüllen; von nun an wird der Oberteil ihrer Dienstkleidung durchsichtig sein, und die Kosmonauten und Kosmonautinnen werden Schlüssel zum Öffnen dieser Raumanzüge haben, die zugleich Symbole der Weiblichkeit und Männlichkeit sind; der Austausch eines

Schlüsselpaares im Vakuum kann auf der Erde, nach der Rückkehr vom Dienst, auf Wunsch verlängert werden.

Herbert ist, wie wir sehen, zumindest in der Hauptproblematik der Erzählung nicht so einfallsreich wie Idris Seabright (aber sehr lustig sind die im Text angeführten Werbeslogans, über denen die Mitarbeiter der Agentur brüten; z. B. Werbetexte der »Metaphysiken«: »Religionen des Monatsklubs«, Annoncen wie: »Bestelle ein Abonnement, um diese Religionen ganz GRATIS zu bekommen! Voller Text der Schwarzen Messe plus Gekürzten Mystizismus!« »Halbe Sicherheit genügt nicht! GLAUBE AN ALLES!!! Woher kannst du wissen, ob die Afrikanische Bantu-Magie nicht der WEG ZUR WAHRHEIT ist?!« – usw.) Übrigens ist der Alptraum der wild gewordenen Reklame das Thema einer nicht geringen Zahl von Werken (zu ihnen gehört auch *Tunnel Under the World* von F. Pohl). Wie wir sehen, kann in einer Zivilisation, die nicht nur auf Maschinen basiert, aber sich selbst als Maschine sieht, jeder Kultur-, also auch jeder erotische Wert den Status eines Schmieröls für die ineinander verzahnten Triebräder des Ganzen gewinnen. So zerstückeln die institutionell gezeugten Strukturbande den Menschen endgültig; alle ihm eigenen körperlichen und geistigen Funktionen werden, entsprechend zusammengekoppelt, in den Dienst des Mechanismus gespannt, der immer leistungsfähiger werden soll. Diese Richtung der gesellschaftlichen Entwicklung exemplifiziert sich nur besonders kraß in Sachen Sex. In der Erzählung von Idris Seabright ist das Verbindungsglied zwischen Marine und Luftwaffe der Orgasmus, und in der Erzählung Herberts – lediglich die symbolisch-romantische Anspielung auf ihn. Aber das operative Prinzip ist dasselbe.

Die Verwendung des Sex als Werbemittel ist längst nicht mehr pure Phantasie; phantastisch ist bei Herbert nur die Verlegung der Werbekampagnen in den Bereich der militarisierten Kosmonautik. Idris Seabright macht einen weiteren Schritt in dieselbe Richtung. Wir haben also den Trend der Instrumentalisierung des Sex, der, aus der Kultur herausgenommen und in den Kreis technisch-zivilisatorischer Tätigkeiten einbezogen, deren Struktur stabilisieren soll. Dieser Richtung widersetzt sich die spontane Reaktion, die dem institutionell versklavten Sex den »rein spielerischen« Sex entgegenstellt; in diesem zweiten Extrem löst man ihn von allen Verpflichtungen, sowohl biologischer (wenn er nicht mehr der Fortpflanzung dient) als auch sozialer Natur (da er von den Fesseln der Ehe, Treue, Beständigkeit usw. befreit ist). Wie es scheint, sind beide zur Wahl stehenden Arten der Opposition gleich schlecht; die eine als Ausdruck der Tendenz zur Entindividualisierung des Menschen, die die Sphäre intimsten Kontakts als Kupplung antiindividueller Gesamtheiten behandelt, und das zweite als rein negativer Ausdruck des Protests gegen jenes Vorgehen. Diese Situation ist das Resultat eines typisch pragmatischen Manipulierens mit den einzelnen »Stückchen« der Biologie des Menschen; es ist beachtenswert, daß beide erwähnten und entgegengesetzten Trends sich der Resultate der »wissenschaftlichen Aufklärung« bedienen; die biologische Pragmatik belehrt uns darüber, was man mit dem Sex machen kann, so wie die Physik uns darüber belehrt, was man mit einer bestimmten Form der Energie machen kann; rekognoziert wird somit ein Mechanismus, der dann nur mehr als Mechanismus behandelt werden kann. Einmal wird er für dieses, ein andermal für jenes Ziel eingespannt; und da der »Aufgeklärte« erfahren hat, daß der Sex nichts anderes als ein Mechanismus ist, kann er sich rational solchen Enthüllungen nicht entgegenstellen: sie sind ja durch die wissenschaftliche Wahrheit gesichert! Aber ein solches Vorgehen bedeutet die Zerstörung der Kultur. Das schreckliche Mißverständnis besteht darin, daß vom rein physikalischen Standpunkt aus der Sex tatsächlich bloß ein evolutionär in uns eingebauter Mechanismus ist, und von demselben Standpunkt aus ist die Kultur genauso ein komplizierter Strukturmechanismus.

Untersucht man die Kultur empirisch, dann tritt vor allem zutage, daß die Normen und Verhaltensweisen, die sie ihren Mitgliedern vorschreibt, keine unumgängliche Notwendigkeit waren. Denn im Grunde könnten wir einander ganz anders begrüßen, uns anders verabschieden, in anderer Form Anerkennung oder Tadel ausdrücken, anders unsere Mahlzeiten einnehmen, anders die Kinder behandeln, als wir es jetzt tun, weil unsere Form der Kultur gar keine Notwendigkeit in dem

Sinne ist, in dem das Fallen eines Körpers im Gravitationsfeld eine Notwendigkeit ist. Aus einer solchen Erkenntnis scheint sich zu ergeben, daß eine gegebene Kulturform, wenn sie nicht notwendig ist, offensichtlich durch eine beliebige andere ersetzt werden kann. Diese Behauptung klingt ziemlich absurd, also hat niemand sie geäußert, nichtdestoweniger werden die daraus ableitbaren Schlußfolgerungen stillschweigend realisiert, indem man mit den einzelnen Bruchstücken der Kultur willkürlich manipuliert, indem man den Sex disloziert, ihn aus seiner uralten biokulturellen Geborgenheit reißt. In der Tat, die Entwurzelung, Dislozierung von Teilen des Kulturverhaltens ist erstaunlich leicht zu bewerkstelligen. Auf diese Weise beginnt, was, weil in seiner Gesamtheit nicht in Frage gestellt, eine gewisse Einheit, ein Grundstein des Lebens, das axiologische Fundament aller Motivationen und Entscheidungen war, sich zu lockern und schließlich zu zerbröckeln. Es gibt keine Entscheidungsprobleme dort, wo wir keine Macht besitzen; die Proportion der Geburten beider Geschlechter, die Beziehung der Kopulation und Fortpflanzung, konkrete Arten der von diesen Sphären induzierten Gefühle – alles das ist dann unanfechtbar und bildet das Fundament für den Sinn des Lebens bis zum Einbruch der Empirie. Danach müssen wir schon selbst entscheiden, ob mehr Jungen oder Mädchen zur Welt kommen sollen, ob man die Endogenese oder die Ektogenese realisieren soll, ob der Sex das Instrument der gesteuerten Sozialisierung werden kann oder sich selbst überlassen werden soll usw. Die Gesamtheit der zu treffenden Entscheidungen sollte dem axiologischen Kern der Kultur unterworfen sein, auf diesem Feld ist also eine Strategie, die ein Maximum an Kausalzusammenhängen und Auswirkungen jeder einzelnen Handlung wahrzunehmen vermag, unentbehrlich. Aber in der Praxis geschieht etwas ganz anderes: das nach neuen Werbemitteln suchende Kapital, politische und militärische oder paramilitärische *pressure groups* fangen geschickt die empirischen Daten auf, und die erste Reaktion auf den kommerzialisierten und institutionalisierten Sex kann in einem solchen Fall der verquer und anarchistisch betriebene Sex sein. Von den wissenschaftlichen Daten machen, wie schon gesagt, beide Seiten Gebrauch, aber beide einen schlechten, denn die Resultante ihrer Bemühungen ist, daß sie auf verschiedene Weise das schädigen, was von Wert, weil autonom war. Der Sex der »Rebellen« ist keineswegs autonom, denn er wird *gegen* etwas betrieben – gegen die gesellschaftlichen Institutionen, gegen den Zivilisationstrend.

Wie gewöhnlich, ist gegen ein unzureichendes und dazu noch schlecht genutztes Wissen nur ein Kraut gewachsen – ein besseres Wissen, das aber ist nicht leicht zu erreichen, denn es müßte aus einem bisher unterentwickelten Gebiet der Wissenschaft kommen. Weder die überdimensional entwickelte Psychopharmakologie, noch die Biologie des Sex, noch eine andere, mit den körperlichen Phänomenen befaßte Disziplin kann uns etwas über die großen Lösungen als Rekonstruktion von Systemen kultureller Normen sagen. Die Biotechniken behandeln in der Praxis den Körper wie ein Mosaik; angesichts des geschwächten Wertes der Geschlechtsbeziehungen wird noch am ehesten der Chemiker, wenn er es vermag, ein Mittel zur Erhöhung der Sinneslust präparieren; dann wird die Promiskuität zunehmen, der Sex wieder leichter werden, der Chemiker wird sich die nächste Tablette ausdenken oder einen Amplifikator des Orgasmus, den sich die Partner wie einen mit Elektroden versehenen Helm auf den Kopf stülpen – usw. Diese Eskalation ist die schlechteste von allen möglichen Richtungen; aus anthropologischen Forschungen, aus der Soziologie und der Psychosoziologie müssen sich die notwendigen Informationen über die Proportionen der kulturimmanente Werte optimierenden Zusammensetzung ergeben. Vorläufig gibt es solche Informationen nicht, und wann sie da sein werden, ist unbekannt; der Zustand eines solchen Ungleichgewichts im Fluß der empirischen Information übt seit langem fatale Wirkungen aus.

Die Literatur legt auf ihre Art Rechenschaft über diesen Zustand ab: die nichtphantastische – indem sie zeigt, wie die vertriebene Romantik der Gefühle verheimlicht werden (vgl. die Mikroromane von J. Cabanis) oder sich in Perversionen verwandeln muß (bei Nabokov); die phantastische – indem sie bei uns mit Darbietungen des »totalitär reglementierten Sex« Entsetzen oder Lachreiz hervorruft. Das ist übrigens schlicht und einfach die Pflicht der Literatur; schade nur, daß in der Science Fiction so selten realistische Erkenntnis zu entdecken ist. In ihr dominiert nämlich – besonders in ihrer Klassik – ein futurologischer Viktorianismus, der die veralteten Feigenblätter durch Transistor-»cache-sexe« ersetzt. Als Kenner der Liebensangelegenheiten, als ihr phantastischer Barde gilt Theodore Sturgeon, ein Autor der älteren Generation, der den Ruf genießt, eine von zehn oder zwölf der bedeutendsten Praktiker, eigentlich schon Klassiker der Gattung zu sein. Wenn so das Urteil der Liebhaber und Kritiker der SF lautet, dann werden wir uns seine Werke ansehen müssen. Sturgeon hat vor etwa dreißig Jahren zu schreiben begonnen, wobei seine ersten Werke erotische, nicht aber phantastische Themen behandelten. Er konnte sie aber nirgends veröffentlichen, also arbeitete er seine Erzählung *Hurricane Trio* in eine phantastische um, und sie wurde in einem SF-Magazin abgedruckt. Das war der Anfang seines schriftstellerischen Weges. Peinlich genau hat der Amateur-Kritiker Peter Ripota aus allen Texten von Sturgeon (es gibt ihrer Hunderte) die erotischen Konstellationen zerlegt und ihr Skelett bloßgelegt. Die Aussage der so gewonnenen Übersicht ist eindeutig. Ripota hat das Schema herausgeschält, dessen Gefangener Sturgeon war und ist. Dieses Schema besteht aus folgenden Komponenten:

1) Ein puritanisches Verhältnis zum Körper, das sich in der Angst vor jedem Kontakt, sogar jeder Berührung, selbst wenn diese in einer gesellschaftlichen Situation zustande käme, manifestiert; Ausdruck dieses Verhältnisses ist die Angst vor der Nacktheit, die für Sturgeon nie den sündhaften Charakter verlieren kann; in einer der kühnsten Szenen aus seiner Feder beobachtet ein Mann in einer *Utopie* von weitem eine badende nackte Frau und denkt sich dabei *nichts Schlechtes*. Das ist der Gipfelpunkt dieses eigenartigen Weges.

2) Ein ahistorisches Verhältnis zum Sex: die Monogamie ist für den Autor nicht nur irdische, sondern *kosmische* Invariante; er hat sich eine Zivilisation von Zwittern, Hermaphroditen ausgedacht, die aber auch normale Zwei-Personen-Familien gründen, heiraten, wie es sich gehört, ihre Sprößlinge am Familienherd aufziehen usw. Auf allen Himmelskörpern ist

ein außereheliches Verhältnis eine Sünde; wenn, wie Ripota sagt, in irgendeinem von Sturgeons Werken Personen verschiedenen Geschlechts im Bett liegen, kann man ganz sicher sein, daß es sich um ein Ehepaar handelt.

3) Ein pharisäisches Verhältnis zu Perversionen: denn bei allem, was hier gesagt wurde, unterstreicht Sturgeon verbal bei jeder Gelegenheit seinen Libertinismus, sein Prinzip der vollständigen erotischen Gleichberechtigung aller, also auch der Homosexuellen, aber wenn er solche Fragen berührt, tut er alles, um es zu keinem geschlechtlichen Kontakt, nicht einmal zu einer solchen Möglichkeit kommen zu lassen.

4) Die unverheirateten Frauen sind bei Sturgeon immer passiv, hilflos, zart, brauchen männlichen Schutz, sind schamhaft und tugendhaft; die Ehefrauen sind still, gehorsam, treu und bemühen sich eifrig, ihrem Herrn und Gebieter zu dienen.

5) In der Folge werden die ihnen von Sturgeon auferlegten tabuistischen Verbote nicht nur von Menschen beiderlei Geschlechts, sondern auch von Ankömmlingen aus dem Kosmos, Angehörigen anderer planetarischer Zivilisationen und sogar Übermenschen strikt eingehalten; sein Superman, der an hormonalen Störungen leidet, an denen er übrigens später zugrunde geht, hat Lust auf eine junge Frau, eine Psychologin, die ihn behandelt, aber dieser Mensch, der als Homo Superior sich nichts aus Ethik und Moral des Homo Sapiens macht, der seine eigenen Gesetze aufstellt, unterdrückt auf die Nachricht hin, daß das Mädchen eine Jungfrau ist, sofort den schändlichen Gedanken, sie ihrer Unschuld zu berauben.

So also bildet die Sphäre des erotischen Kontakts, mit einer dicken Schicht von rosa Zuckerguß überzogen, den Boden der kühnen futurologischen und kosmischen Streifzüge des Autors. Seine subtil skizzierten ehelichen Drei- und Vielecke zeichnet Sturgeon in zwei besonders von ihm geliebte Themenfelder ein: das erste ist das der Psychoanalyse, das zweite das der Biologie: Das heißt nicht, daß er anderen Themen aus dem Weg geht; aber zwischen fliegenden Untertassen, Gästen von anderen Planeten, Übermenschen und Überkindern bleibt bei Sturgeon ein ewiges viktorianisches Zeitalter bestehen. In seinen Utopien herrscht ein von jeglichen Verboten gänzlich freier Sex – das ist wahr, aber alle darin Vorkommenden gehen ausnahmslos sofort, wenn der richtige Moment gekommen ist, eheliche Verbindungen ein. Etwas anderes ist im ganzen Weltall einfach nicht möglich.

Muß noch hinzugefügt werden, daß die verdrehten psychoanalytischen Konstruktionen Sturgeons eine einzige psychologische Fälschung sind? Aus der Sprache oder vielmehr aus dem Jargon der Psychoanalyse sowie aus der biologischen Fachterminologie hat er sich Feigenblätter gemacht; der in der SF hochgepriesene Stilist bedient sich einer oberflächlich eleganten, hochgestochenen, mit versteckten Anspielungen operierenden, um einfache und primitive Dinge herumtrippelnden Sprache; die Lektüre seiner Texte erinnert an ein Blindekuhspiel zwischen üppig herumhängenden und reich gefalteten Draperien, hinter denen nichts oder fast nichts da ist; die einzige Sünde, die dieser Autor mit Vorliebe begeht, ist, daß er gegen den guten Geschmack und den richtigen Sinn der wissenschaftlichen Methode verstößt. Er verspürt überhaupt keine Skrupel, wenn sich Gelegenheit zum Mißbrauch von Fachausdrücken bietet; so ist in einer Erzählung z. B. die Vereinigung der Liebenden (die matrimoniell dazu berechtigt sind!) nicht eine Kopulation, sondern eine *Konjugation*. In Konjugation können sich jedoch nur Einzeller verbinden (sie beruht auf dem Austausch von Elementen der Erbsubstanz von Zellkernen zwischen Einzelwesen), also ist die Konjugation bei solchen Organismen wie der menschliche ungefähr so etwas, wie die Geometrie von quadratischen Kreisen, aber das stört Sturgeon nicht im geringsten. Wir würden ihm das Vergnügen lassen, wenn aus dieser ungewöhnlichen Innovation des Geschlechtsakts irgend etwas resultieren würde, das tut es aber nicht: das einzige Resultat ist der neue *Name*. In *Never Underestimate* führt ein gewisser Dr. Lefferts in den Korpus einer soeben getesteten Wasserstoffbombe eine Substanz ein, die, von den Winden über die ganze Welt verstreut, bewirken soll, was jener gelehrte Mann beabsichtigte: sie wird solche Veränderungen im weiblichen Organismus herbeiführen, daß die Frau wie das tierische Weibchen funktioniert; nur einmal im Monat wird sie läufig sein, zu jeder anderen Zeit wird sie nicht befruchtet werden können. Dr. Lefferts sagt flammende Diatriben auf, die seine Idee anpreisen, und richtet sie an die eigene Frau; von nun an, predigt er, wird der Mann von der sexuellen Knechtschaft befreit sein, die Frau wird ihre ewige Macht über ihn verlieren; alle Verschönerungsmittel, wie Make-up, Kosmetika, aufreizende Kleidung werden endgültig ihre Macht verlieren; bei all dieser Eloquenz erfahren wir aber überhaupt nicht, warum man eigentlich außer den Stunden der weiblichen Brunft keinen Geschlechtsverkehr wird treiben können – ob die Frau zeugungsfähig ist, hat doch für den Mann nicht die geringste Bedeutung, gerade daß sie, umgekehrt, unfruchtbar ist, sollte einen Faktor zusätzlicher Anziehung, und nicht des Widerwillens bilden; aber mit solchen Kleinigkeiten gibt sich Sturgeon nicht ab. Dr. Lefferts hat übrigens einen fatalen Irrtum begangen: nach der Explosion sind die Frauen die gleichen geblieben, dagegen erwiesen sich die Männer als impotent, mit Ausnahme von einigen Stunden alle zwei Wochen; eine psychoanalytische Untersuchung dieser Geschichte wird Sturgeons Haltung an den Tag bringen; einer zeugungsunfähigen Frau *darf* man sich zu einem sexuellen Zweck nicht nähern; der Mann, der dem weiblichen Geschlecht eins auswischen wollte, hat sich selbst und seinem Geschlechtsgenossen geschadet! Ripota hat recht: Sturgeon tritt für die Gleichberechtigung der Geschlechter ein, weil er schwere Komplexe und im Grunde Angst vor der Frau hat. Der Casus Sturgeon hat mehr als individuelle Geltung: er beweist die grundlegende geistige Unreife des ganzen SF-Milieus, dessen Kritik noch immer nichts anderes kennt als Lob und Worte der Ehrerbietung für ein solches Schaffen, und er zeigt, daß die Phantastik oft eine Orangerie für Schriftsteller ist, die außerhalb dieser Treibhausatmosphäre nie den Ruf von Erstklassigkeit erworben hätten. Denn Sturgeon, nimmt man ihm seine szientistische Nomenklatur und die phantastische Verkleidung, ist ein Tagelöhner, der mit seinem lyrischen Süßholzraspeln die Spalten von amerikanischen Frauenillustrierten füllt. Verbleibt mir noch zu erklären, in welchem Verhältnis Urteile wie das von Ripota zu den im SF-Milieu üblichen Einschätzungen stehen. Diese Urteile kann man in Publikationen wie »Fanzine« finden, in vervielfältigten Zeitschriften mit winzigen Auflagen, die zwischen 30 (sic!) und 500 Exemplaren schwanken; sie üben keinerlei Einfluß auf die Verlagspolitik, auf die jeweiligen »Börsenkurse« einzelner Autoren, noch auf die Meinung der Berufskritiker der Science Fiction aus, die, da sie gleichzeitig als Redakteure von Anthologien, von Illustrierten mit viel stärkeren Auflagen, als Vermittler zwischen SF und Buchklubs fungieren, faktisch den gesamten Bücherumsatz dieser Sparte kontrollieren. Solche Urteile werden jedoch von jungen und begabten Autoren, wie etwa Ballard, nicht geäußert, weil diese, wie ich glaube, sich nicht ihre Karriere torpedieren wollen; und es ist kein Zufall, daß die originelleren Texte von Amerikanern (z. B. *Bug Jack Barron* von Spinrad) nicht in den USA, sondern in England erscheinen.

Wenn wir nach diesem klärenden Abstecher zum eigentlichen Thema zurückkehren, wissen wir schon, daß der Sex eine Nadel am Seismographen ist, die die Erschütterungen aufzeichnet, die von Zusammenstößen zwischen Zivilisation und Kultur, d. h. zwischen dem pragmatischen Technokratismus und den sich ihm spontan entgegenstellenden Kräften hervorgerufen werden. Aber dieser Manipulationscharakter der Eingriffe in den Sex, den die Science Fiction von Zeit zu Zeit aufweist, muß nicht die letzte mögliche Etappe der empirischen Invasion sein. Man kann ja mehr tun, als bloß den biologisch gegebenen Sex der Manipulation unterwerfen: man kann ihn durch tiefgreifende Operationen verändern, die sowohl die biologische, als auch die psychische Sphäre des menschlichen Organismus umgestalten. Die Techniken der Schwangerschaftsverhütung oder die Ektogenese können Ansatz zu verschiedenen weiteren, viel kühneren autoevolutionären Unterfangen sein. Die phantastische Literatur schweigt darüber; aber schon vor langer Zeit hat einer der ersten Sexualforscher, Havelock Ellis, wenn ich nicht irre, gesagt, daß der Sex vielleicht seinen Charakter ändern könnte, würde er eine anatomische Translokation erfahren. Der Gedankengang war folgender: einfach um Mittel einzusparen, hat die Evolution die Geschlechtsorgane mit den Endabschnitten der Ausscheidungssysteme verbunden, und die Tatsache, daß *inter faeces et urinam nascimur*, und daß die Erfüllung der erotischen Anziehung dort loziert ist, war oft ein Stein des Anstoßes für typisch sublimierende, verklärende Arbeiten, an die sich die Kultur in Hinblick auf den menschlichen Körper macht.

Vielleicht könnte er von diesem Makel befreit werden, wenn die Geschlechtsorgane so loziert wären, daß sie sich, sagen wir, zwischen den Schulterblättern befänden. Das klingt hirnverbrannt und dumm zugleich; wir können auch gar nicht voraussehen, ob und welche psychologischen Folgen eine solche Translokation zeitigen würde. Vielleicht wären sie gar nicht so umwerfend; das Enfant terrible der englischen Literatur, Colin Wilson, meint in seinem Buch *Origins of the Sexual Impulse,* wesentlich für den Sex sei das Eindringen in die intimste Privatsphäre des anderen Menschen; der praktizierte Sex sei also gleichsam ein zeitweiliger Verzicht auf die sonst bestehende Abgeschlossenheit dieser Privatsphäre; in der Norm verbindet das Verlangen die Partner im gemeinsam erlangten Einverständnis mit dieser Sachlage, die Perversion bedeutet aber, in eine von zwei möglichen Richtungen abzuweichen: entweder tut man im Sex dem Partner Gewalt an – und das ist schon Sadismus, oder dem Opfer entspricht eben die ihm angetane Gewalt – und das ist ein Ausdruck des Masochismus. Diese ganze Auslegung scheint mir jedoch durchaus keine für alle Kulturen geltende Unveränderlichkeit zu sein. Der Begriff der Privatsphäre als entscheidender Wert des Individuums ist sekundär gegenüber dem konkreten Weg zur Weiterentwicklung der Kultur; erst muß man nämlich akzeptieren, daß alle Menschen frei geboren werden und daher die gleichen Rechte haben, ehe man eine solche Privatsphäre zum obersten Wert erhebt. Hätte hingegen der Geschlechtsverkehr geringe Bedeutung im Verhältnis zu den Kulturnormen, dann würde es schwer fallen, ihn als die drastischeste Form des Eindringens in eine fremde Körperlichkeit zu bezeichnen. Das Problem besteht aber darin, daß wir nicht wissen, wie weit die Elastizität der menschlichen Natur – als Modifizierbarkeit der wertenden und wertschaffenden Einstellungen – reicht und wo der Zwang beginnt, der durch die anatomische und funktionale Struktur des Organismus gegeben ist. Ich will damit sagen, daß wir keine empirisch sinnvolle Hypothese über die »Translokation« des Sex und den eventuellen Entwurf »neuer Prototypen« des Geschlechtsapparats zu artikulieren imstande sind. Es geht nicht darum, sich in »Was-wäre-wenn«-Spekulationen über unmögliche Eingriffe zu ergehen (weil sie irgend einmal zu realisieren wären), sondern darum, daß wir über die Folgen solcher Eingriffe rein gar nichts wissen können. Was ist das doch für ein weites Feld für phantastische Träumereien! Aber, und das ist interessant, wenn diese sich überhaupt je dieser Frage genähert haben, so nur in märchenhaft-platonischer Form als eine Vorstellung von Welten, in denen der Kuß die Vermählung der Jungfrauen ist, wo man von einem glühenden Liebesblick, von Mondstrahlen, vom goldenen Regen, der auf Danae fällt, usw. befruchtet werden kann.

Ein Programm anthropologischer Ingenieurkunst zur »Neuplanung« der Anatomie und Physiologie des Menschen stößt solange nicht auf besonders starken Widerstand, als von der Verbreitung kultureller Ideale der Gesundheit und Schönheit die Rede ist, also von einer körperlichen und geistigen »Hebung« des ganzen Menschengeschlechts mit Blickrichtung auf ein Paradigma, z. B. das apollinische oder aphrodisische; höchstens wird dagegen eingewendet werden, daß, wenn alle schön wären, niemand schön wäre, etc. Aber darauf kann man immer antworten, daß wenn alle wohlhabend wären, niemand wohlhabend wäre, aber nur nach dem Prinzip vom Gegensatz »Armut-Reichtum«. Weil stark, schön und gesund zu sein, jedem besser erscheint als schwach, häßlich und krank zu sein, kann ein solches Programm zur Verwirklichung gelangen, ohne daß sich ein Proteststurm dagegen erhebt. Ich glaube, auch eine Optimierung der Funktion der organischen Subsysteme ließe sich leicht schlucken; ein Organ, das in sich die Funktionen der Lunge und der Flossen verbände, wäre besser als eines, das, wie die Lunge, den Menschen an eine einzige Umwelt kettet; ein Organ, welches das Herz ersetzen, den Kreislauf leistungsfähiger machen und die Möglichkeit nur allzugut bekannter Erkrankungen und Beschwerden beseitigen könnte, verdient ebenfalls wohlwollende Zustimmung. Hingegen schafft die (sagen wir) verwirklichte Ektogenese, also die Verlegung der Fortpflanzung außerhalb des Körpers, sofort ein ungemein schwieriges Dilemma. Von der Endogenese *kann* man sich trennen: was immer zu ihrer Verteidigung gesagt werden kann – es sind keine Argumente von zwingender Logik. Diese Argumentation stützt sich wohl auf das Gefühl, daß eine grauenhafte Umwälzung des ganzen menschlichen Seins auf uns zukommt; doch ist die Unantastbarkeit des bioevolutionären Erbes als Prinzip schon längst aufgehoben. Im Namen dieser Unantastbarkeit bekämpfte man vor Zeiten die Anästhesie, die Techniken zur Erleichterung der Geburt, die Untersuchung der Beschaffenheit des menschlichen Körpers, und alle diese Positionen sind von ihren ehemaligen Verteidigern längst aufgegeben worden. Recht überzeugend klingt auch heute noch die Argumentation, die uns aus A. Huxleys *Schöne neue Welt* bekannt ist. Aber Huxley hat nicht mehr getan als aufgezeigt, wie gewisse Techniken der Ektogenese schrecklich mißbraucht werden können: auf Grund ähnlicher Überlegungen dürfte man sich nicht rasieren, weil man mit einem Rasiermesser jemandem die Kehle durchschneiden kann. Es gibt keinen notwendigen Zusammenhang, kein Junktim zwischen der Embryogenese in einer künstlichen Gebärmutter und einer so vorgenommenen Selektion der in ihr ausgebrüteten Embryos, die sie in Alphas, Betas und Gammas, als eine Elite und die ihr unterworfenen Sklaven, aufteilt. Würde man sich sagen, man züchtete lauter Alphas heran und die Rolle anderer in Retorten konditionierter Huxleyscher Wesen wird von Automaten oder anderen Maschinen übernommen, so würde der Widerstand gegen ein solches Programm gleich schwächer werden. (Die Frage, *wessen* Spermien und Eier in die synthetische Gebärmutter gelegt werden, berühre ich hier nicht, denn das ist ein ganz anderes Problem.) Bei einer Polemik gegen die Biotechnologie, wie sie das Werk Huxleys darstellt, haben wir es mit einer ebensolchen Kontamination verschiedener Begriffe zu tun wie bei dem eugenischen Programm, das vom Hitlerfaschismus ins Grauenhafte verzerrt und durch den Völkermord diskreditiert wurde. Aber das eugenische Programm des Hitlerfaschismus war eine gewöhnliche Fälschung, die sich – übrigens stümperhaft – pseudowissenschaftlicher Termini bediente, um die Doktrin des Sozialdarwinismus zu verwirklichen; so ist es auch verständlich, daß heute jene diskret und vorsichtig vorgehen müssen, die das durch jenen schrecklichen Mißbrauch entehrte Prinzip der Eugenik als Optimierung der Genenzusammensetzung der Bevölkerung gründlich rehabilitieren möchten. Denn durch die historischen Umstände sind assoziative Zusammenballungen von Begriffen entstanden, so in der *Schönen neuen Welt* mit ihrer Ektogenese, so im Dritten Reich mit seiner »Eugenik« der Ermordung von Geisteskranken und »rassisch« Minderwertigen. Aber, ich wiederhole, mit den Attributen rein empirischer Feststellungen haben weder die Mißbräuche, die Huxley als Zukunftsphantasie voraussagte, noch die Mißbräuche, die Hitler nicht nur in der Phantasie realisierte, irgend etwas zu tun.[1]

Nun, da wir das Problem auf seinen eigentlichen Inhalt zurückgeführt haben, stehen wir von neuem vor einem Dilemma: sagen wir, wir haben, so wie wir viele unserer Tätigkeiten und auch Funktionen unseres Körpers einer vollendeten Technik überließen, dieser auch die Entstehung menschlicher Wesen überantwortet. Nach einer solchen Reduktion bleibt uns gleichsam der »nackte«, jeder biologischen Nützlichkeit entfremdete Sex; was sollen wir nun mit ihm anfangen? Man könnte ihn, zum einen, liquidieren – seine peripheren Organe, ohne seine Zentren im Gehirn anzutasten; dann besitzen wir, sagen wir, keine spezialisierten Genitalien mehr, doch verfügen wir über ein Gehirnregulativ, und zu seinen peripheren Realisatoren (»Fühlern«) kann das werden, was wir dazu machen wollen. Wir können derartige neurale Umstellungen und Umschaltungen vornehmen, daß die erogenen Zonen an beliebigen Körperstellen untergebracht werden und sogar, durch einen geistigen Willensakt, eine beliebige Körpergegend zu einer erogenen würde. So wie wir den Arm heben und senken können, so könnten wir dann, nach einem entsprechenden Eingriff, eine beliebige Körperstelle »erogenisieren« oder »enterogenisieren«, sie zu einer peripheren »zeitweiligen Expositur«, d. h. zum »Fühler« sexueller Empfindungen machen, wie es nach der gegenwärtigen Norm nur das äußere Geschlechtsorgan ist. Vorstellbar ist aber auch eine Operation, die die Wege im zentralen Nervensystem so umleitet, daß die Aura typisch sexueller Empfindungen stets mit gewissen Tätigkeiten einhergeht, und zwar mit solchen, die sich der »Baumeister, der die Weichen für die Gehirnwege stellt« an die Zentren der Sinneslust anzuschließen entscheidet. Dann würde eine Welt entstehen, in der jeder Mensch in seine Arbeit, in seinen Arbeitsplatz, in die Objekte der Produktion verliebt ist, ungefähr so, wie man jetzt nur erotisch verliebt sein kann, ja, eine Welt würde entstehen, in der Lohn für den Fleiß eine Art von Orgasmus wäre. Gewiß erscheint uns das grauenhaft, weil es um eine besondere Art der Versklavung geht – durch Sinneslust; aber diese Versklavung unterscheidet sich nur durch ihre Lozierung von der natürlichen, durch die Evolution gegebenen Versklavung. Im allgemeinen ist man nämlich nicht der Ansicht, daß wir durch die sexuelle Vorprogrammiertheit, die in unserem Körper eingebaut ist, versklavt wären. (Es gibt Ausnahmen von dieser Regel, drastische sogar, wie etwa die Skopzen, eine Sekte, die der Selbstkastration anhängt, und wie gesagt, auch die Kirchenlehre impliziert den Zustand einer gewissen sexuellen Versklavung, da sie die Abstinenz als Tugend ansieht.)

Jedenfalls ist es klar, daß die Realisierung der Ektogenese uns eines bisher stabilen Kriteriums beraubt, das zwischen Norm und Verirrung des sexuellen Verhaltens zu unterscheiden erlaubt. Denn wenn Kinder von automatischen Apparaturen betreut zur Welt kommen (was ideal sein kann vom Standpunkt der Beseitigung von Kindbettkomplikationen), dann kann man unmöglich daran festhalten, daß Homosexualität die Abweichung und Heterosexualität die Norm ist. In dieser Lage hätten doch keinerlei sexuelle Beziehungen, weder hetero- noch homosexuelle, Fortpflanzungsfolgen.

Die Vernunft sagt uns, daß es am besten wäre, die sexuelle Sphäre von radikalen Umgestaltungen zu verschonen. Das scheint für Jahrzehnte, vielleicht sogar für Jahrhunderte, plausibel – aber ob das immer so sein wird? Herz, Lunge, Leber, Gedärme werden vielleicht im Verlauf der Autoevolution optimierend umgewandelt werden, und nur den genitalen Bereich soll man unberührt lassen – warum eigentlich?

Jene sukzessiven Operationen würden, sollten sie die erwünschten Wirkungen zeitigen und zu einer qualitativ neuen Kultur beitragen, die letzten Reste tabuistischer Hemmungen hinwegfegen. Zumindest ist das möglich. Aber so, wie wir uns nicht kognitiv über unsere Psyche hinauszuschwingen vermögen, um die Welt in ihrer Beschaffenheit »unmittelbar« zu erforschen, so sind wir auch außerstande, uns mittels unserer Vorstellungskraft in den Bereich einer Psyche zu versetzen, die aufgrund totaler Rekonstruktionen von der unseren ganz abweicht. Deshalb glaube ich, daß wir die Beschreibung der Welt aus dem Jahre 4969, die durch die Autoevolution nach den hier nebelhaft skizzierten Projekten umgestaltet wäre, nicht ernsthaft akzeptieren könnten. Diese Vision würde uns, auch wenn sie Merkmale prognostischer Glaubwürdigkeit besäße, einmal unwiderstehlich komisch, dann wieder grotesk erscheinen. Solche Visionen sehen also nicht nach einem Programm möglicher Erfüllungen für eine nicht groteske und nicht sardonische Phantastik aus. Im übrigen spreche ich hier nur eine Vermutung aus, eine ungesicherte Hypothese; doch widerlegt könnte sie nur durch ein konkretes literarisches Werk werden.

Zu einem Ereignis in der SF wurde der Roman von Ursula LeGuin *The Left Hand of Darkness.* Die Autorin ist die Tochter des bekannten amerikanischen Anthropologen Kroeber. Der Roman ist die in Ich-Form erzählte Geschichte eines Menschen, der auf dem Planeten Winter als einsamer offizieller Abgesandter weilt, und die Bewohner des Planeten zum Eintritt in die Planetarische Gemeinschaft überreden soll. Er ist auf sich allein gestellt, was dem politischen Usus der Gemeinschaft entspricht, denn die Entscheidung, die von den Bewohnern des Planeten Winter getroffen wird, soll eine freiwillige sein; ähnliche Motive – Botschafter bei fremden kosmischen Gemeinschaften – kann man in der SF finden.

Ein origineller Wert des Buches ist die anthropologische Hypothese über die Sexualität der Winterer (oder Gethener, wie sie selbst sich nennen). Die Gethener sind ein zeitlich und räumlich entfernter Nachwuchs der Gattung Homo Sapiens, die einst – so scheint es – nach den Plänen der biologischen Ingenieurkunst des Körpers umgebaut wurde (sie sind sich dessen aber nicht bewußt). Der ganze körperliche Unterschied zwischen den Menschen und den Gethenern beruht auf der Biologie des Geschlechts. Die Gethener machen ähnlich wie viele irdische Säugetiere eine periodische Brunft durch (einmal monatlich), in der restlichen Zeit sind sie geschlechtlich passiv. Anders jedoch als alle anderen Säugetiere haben sie kein bleibendes bestimmtes Geschlecht, sondern offenbaren entsprechend nicht voraussehbarer, zufälliger Tätigkeit der endokrinen Drüsen Merkmale der Männlichkeit oder der Weiblichkeit. So ist also jeder Gethener ein latenter Hermaphrodit, und in der Brunftzeit kann er zu einem Mann oder zu einer Frau werden. Außerhalb der (*kemmer* genannten) Brunftzeit ist er ein Zwitter mit stark reduzierten Geschlechtsorganen. Nur wenn er in seiner »weiblichen Verkörperung« befruchtet wird, stabilisiert sich dieses Geschlecht für die Zeit der Schwangerschaft und der Geburt bis zum Ende der Laktation. So kann also jeder Gethener im Verlauf seines Lebens sowohl Vater als auch Mutter sein. In der zwischengeschlechtlichen Zeit (genannt *somer*) weist er keine sexuelle Potenz auf und ist auch in psychischer Hinsicht nicht geschlechtlich bestimmt. Wenn die Brunft beginnt, kann sich der Gethener ins *Kemmerhouse* begeben, das allen zugänglich ist und in dem es zur Entstehung von Geschlechtspaaren kommt, oder er kann mit dem von ihm gewählten Partner in einem stabilen Verhältnis verbleiben, das dem monogamen gleicht: Diese Monogamie ist deshalb möglich, weil das Individuum, bei dem die Geschlechtsmerkmale am Beginn der Brunft *früher* hervortreten, bei seinem Partner während des »einleitenden sexuellen Spiels« das Entstehen des entgegengesetzten Geschlechts induziert (wenn also ein Hermaphrodit als erster ein Männchen wird, dann wird sein Partner ein Weibchen, und umgekehrt: obgleich das im Roman nicht deutlich gesagt wird, ist es bei unzureichender Synchronisierung der *»kemmer«*- und *»somer«*-Perioden, wenn einmal der eine, ein andermal der andere Partner als erster eine geschlechtlich determinierte Aktivität an den Tag legt, möglich, daß in ein und derselben monogamen Verbindung die männliche und weibliche Rolle nacheinander abwechseln; das wäre eine sehr ungewöhnliche Form der Monogamie, wenn die

Identität der *Personen* in dieser Form der »Ehe« gewahrt bleibt, nicht aber die Identität der *Geschlechter*.)

Diese eigenartige sexuelle Dynamik der Gethener bildet nur den Hintergrund der eigentlichen Handlung, die sich um eine politische Intrige dreht, und zwar um den Kampf für die Einführung der Gethener in die Planetare Gemeinschaft, und die, nach vielen Abenteuern, mit einem Happy end ausgeht. Der Roman ist mit literarischer Geschicklichkeit und anthropologischer Kompetenz geschrieben, wie man sie in der SF selten antrifft; er bietet reichlich Details der gethenischen Kultur, präsentiert Einzelheiten der örtlichen Geschichte, der Sitten und Bräuche, führt die dortigen Sagen, Legenden, viele lokale Namen an, erwähnt die Glaubensbekenntnisse usw. Gethen ist ein der Erde ähnlicher Planet, der sich gerade in der Epoche der Eiszeit befindet, er beherbergt zwei große Staaten, eine konstitutionelle Monarchie mit feudalen Zügen trotz ziemlich hoch entwickelter Technologie (elektrische Fahrzeuge, Radio) sowie eine bürokratisch zentralisierte Autokratie; der Erzähler besucht nacheinander beide Staaten und erlebt in beiden zahlreiche Abenteuer.

Das Werk, das ansonsten Anerkennung verdient, beschränkt sich leider darauf, die »andere Sexualität« der Gethener eher als exotisches denn als ontologisches Phänomen zu behandeln. Indessen steht die Tragweite der dargestellten »planetarisch-politischen« Handlung in keinem Verhältnis zur Bedeutung des »anderen Sex«; nach einiger Überlegung sehen wir, daß für das Leben der Gethener ihre Entscheidung über den Beitritt oder Nichtbeitritt zur Planetaren Gemeinschaft im Grunde nicht sehr wesentlich ist. Dieser oder jener Ausweg in diesem Punkt berührt nicht die frappierende Problematik ihrer Existenz, die sich aus ihrer andersartigen biologischen Konstitution ergibt. Die Beteiligung der Gethener an der Gemeinschaft stellt sicherlich einen Sieg der Konzeption der friedlichen Koexistenz und der harmonischen Zusammenarbeit über die Idee des Isolationismus dar, aber diese positive Lösung des Dilemmas ist, wenn auch moralisch ehrenwert, so doch kognitiv banal.

Viel interessanter wäre die Verfolgung aller Konsequenzen psychologischer, sittenmäßig-kultureller, sozialer und schließlich metaphysischer Natur, hervorgerufen durch eine sich von der menschlichen unterscheidende Geschlechtlichkeit: diese Aufgabe erfüllt aber der Roman unzureichend. Der Sex der Gethener hätte, statt eine frappierende Randerscheinung zu bleiben, zum Kern der Problematik gemacht werden müssen, denn erst eine solche Verlagerung des Schwerpunkts hätte die politische Handlung in den Hintergrund gedrängt und der Sache ontologische Dimensionen gegeben – als Philosophie des Menschen. Denn das, was als Hypothese einer unterschiedlichen Sexualität ausschließlich biologische Reichweite zu haben scheint, muß in Wirklichkeit Grundlage eines unterschiedlichen Schicksals sein; der ganze Wert dieser Hypothese steckt in der Chance, eine naturwissenschaftlich (empirisch) glaubwürdige Variante des Homo Sapiens zu schaffen, also eine spezifische Parallele zur *Conditio humana* aufzeigen. Gethen ist ein potentielles Bezugssystem; im Vergleich mit ihm können wir unser eigenes Schicksal, die Kultursysteme, Weltanschauungen und metaphysischen Glaubensvorstellungen auf unserer Erde einschätzen. Die »andere Menschheit« von Gethen könnte also zum Prüfstein, zum existentiellen Maßstab für die reale Menschheit werden. Die Autorin vermochte nicht so weit zu gehen oder wollte es nicht. So bleibt schließlich der ganze Reichtum der kulturellanthropologischen Exegetik in einem Vakuum hängen.

Bei dem hier skizzierten Typus von Sexualität erfahren die Grundlagen der Herausgestaltung von Persönlichkeitsstrukturen, die fundamentalen Begriffe der sozialen Rolle, die aus der somatischen Selbsterkenntnis deduzierbaren transzendentalen Paradigmen usw. drastische Veränderungen. So müßte z. B. die Liebe mitsamt ihren höchst sublimierten Formen (Mystizismus) auf Gethen ganz anders beschaffen sein als auf der Erde; und wäre es unbegründet, Gott (der überwiegend, schon rein grammatikalisch, männlichen Geschlechts ist) Attribute der Männlichkeit zuzuschreiben; auch die Projektionen der Elemente von Männlichkeit und Weiblichkeit auf die Außenwelt würden eigenartig verlaufen. Mit einem Wort, die Änderung der Biologie als partielle Erscheinung bewirkt eine totale Transformation der kulturellen Sinngebungen und eine andersartige existentielle Perspektive. Ontologische Elemente der nichtberührten Dimension der Schöpfung sehe ich besonders im individuellen Indeterminismus des menschlichen Schicksals, der – im Vergleich zur irdischen Norm – um die Unbestimmtheit des Geschlechts vergrößert wurde. Zu den Fragen, die wir gewöhnlich an die unbekannte Zukunft richten, kommt auf Gethen eine Reihe uns unbekannter Fragen hinzu, z. B. »*Was* werde ich im nächsten Monat sein – ein Mann oder eine Frau? *Wer* von meinen Bekannten und Freunden wird mich dank meiner sexuellen Inkarnation dann erotisch anziehen?« usw. Diese Fragen lassen sich natürlich nicht auf triviale Antworten rein biologischer Art reduzieren (im Rahmen der Alternative »entweder werde ich befruchten oder befruchtet werden«), weil die Grenzen der sexuellen Rolle in keiner Kultur rein biologisch sind. Wenn das Diktat a priori unberechenbarer Geschlechtsdrüsen im Laufe des individuellen Lebens wechselnde Oszillationen zwischen Männlichkeit und Weiblichkeit bewirkt, muß sich die Botmäßigkeit unter körperliche Mechanismen, die über die erotische Rolle entscheiden, als Form der Versklavung viel stärker manifestieren als auf der Erde.

Die Gethener sind in der geschlechtlichen Dimension quasi »freier« und zugleich stärker in ihr gefangen (frei, da sie im Verhältnis zum Menschen über ein zusätzliches Maß an Freiheit verfügen, wenn sie das Geschlecht ändern können; gefangen, weil diese Metamorphosen ihnen von der sich konkretisierenden, unberechenbaren Laune des Körpers aufgezwungen werden). Dieses Spiel ergibt eine besonders in psychischer Hinsicht faszinierende Dialektik; es genügt, sich den Kampf vorzustellen, den ein gethenischer Geistesschaffender – Philosoph, Künstler, Denker – um die Integration seines Lebenswerks führen müßte, das ununterbrochen von der sexuellen Oszillation unterminiert wird. Auch die Rolle des Sex in den metaphysischen Systemen und in ihrer Dogmatik müßte sich anders gestalten als in unserer Geschichte; mit einem Wort, das Schicksal der Gethener erscheint mir *schwerer* als das menschliche, und eben deswegen ist es eine gewaltige *Herausforderung* für die normativ-interpretatorische Kulturarbeit. Die Unsicherheit des künftigen Schicksals vergrößert sich um die geschlechtliche Beschaffenheit, somit unterliegt sie leichter einer ambivalenten Interpretation; um eine solche Art von Sex ranken sich dann wohl die verschiedensten widersprechenden Erklärungen, solche, die ihn aufwerten (ist das doch die Inkarnation des Proteus-Mythos), und andere, abwertende (Veränderlichkeit der Geschlechtsrolle als eine Art »Strafe«, als Form des »Niedergangs« usw., daher die Schlußfolgerung, daß selbst die kosmogonischen Mythen auf Gethen anders aussehen würden als die unsrigen). Leider, diese Dimension erreicht der Roman überhaupt nicht, er begnügt sich mit einer rein handlungsmäßigen Auswertung der Hypothese und verzichtet fast absolut auf weitere anthropologische Konsequenzen.

Der Roman von Ursula LeGuin ist somit eine Ankündigung von Möglichkeiten, die nicht genutzt werden, aber er ist ungemein instruktiv: er zeigt die Chance, ein Universum »paramenschlicher« Kultur zu schaffen, das Maß unseres Zustands und gleichzeitig ein Vergleich mit ihm wäre. Er beweist mit diesem konkreten Beispiel die Existenz einer bisher ungenutzten kognitiven und intellektuell-konstruktivistischen Heurese in der SF, zeigt, wie eine scheinbar lokale Veränderung der Körperlichkeit die Voraussetzung zu andersartiger Beschaffenheit des ganzen Schicksals sein könnte; er zeigt (wenngleich unvollständig) die Errichtung einer Bedeutungsstruktur, die die somatischen Wurzeln der geistigen Welt des Menschen ans Licht bringt; zugleich ist er Literatur, also eine der Problematik des *Menschen* gewidmete Tätigkeit, denn über die Exotik von Gethen *kehren* wir zum Homo Sapiens zurück, bereichert um das Wissen, daß unsere eigene körperliche Konstitution nicht die einzige und nicht die *einzig notwendige* ist – und dasselbe für unsere Denkweise und unsere Kultur gilt. Der fluktuierende Charakter der »Männlichkeit« der Gethener bewirkte, so die Aussage des Romans, den Wegfall des aggressiven Elements und damit – auch der Kriege auf dem Planeten; indem die Gethener gegenüber dem Menschen eines gewinnen, haben sie etwas anderes verloren.

Gerade in solchen Modellen, die uns per genus proximum nahe sind (die Gethener haben genügend Ähnlichkeit mit uns, damit wir uns in ihre Lebenslage einfühlen und sie verstandesmäßig erleben können), und zugleich per differentiam specificam weit genug von uns entfernt (von einer vollen Identifizierung mit ihnen kann ja bei uns nicht die Rede sein!), enthüllt die Science Fiction ihre Stärke als kreative Macht, wie sie die realistische Literatur nicht kennt. Der Vergleich des fiktiven Getheners mit dem realen Erdbewohner ist nicht bloß eine Lektion der kosmischen Veränderlichkeit und der somatischen Relativierung des Schicksals, sondern ein Beitrag zur empirischen Philosophie des Menschen, der in einer anderen biologischen und geistigen Verkörperung sich selbst erkennt.

VI.
Mensch und Übermensch

Obwohl man das Gegenteil annehmen würde, trifft man das Thema des Übermenschen, des Superman, in der Science Fiction sehr selten an, wenn man von der Comics-Version absieht. In dieser letzteren ist er einfach ein allmächtiger Held, der aus jeder schwierigen Lage ungeschoren davonkommt; in den verschiedenen Perioden hat der Übermensch jeweils andere Namen, jene, die ihm gerne eine respektable Genealogie unterjubeln möchten, leiten ihn gar von Gilgamesch ab. In der Science Fiction bedeutet dieser Ausdruck jedoch nicht ex definitione ein allmächtiges Wesen, sondern nur den nächsten Schritt, den die Evolution, ausgehend von der Form Homo Sapiens, setzt. Es gibt viele Werke, die dieses Thema anpakken, aber nur dazu, um es gleich wieder geschickt fallenzulassen (z. B. die Erzählung von Margaret St. Clair, in der ein Chirurg gesteht, eigenhändig »einen Superman« getötet zu haben; er hat nämlich im Gehirn eines operierten Menschen statt des erwarteten Tumors ein anderes, viel großartigeres Hirn gefunden, das sich im Schädel entwickelt hatte; um den Menschen zu retten, hat er diesen geistigen Ansatz zum Übermenschen herausgeschnitten). Übermenschen treten zuweilen auch als Wunderkinder auf, so etwa im Roman von Wilmar H. Shiras, *Children of the Atom:* Ein vernünftiger Psychologe stößt einmal zufällig auf einen Jungen, der die in seinem kindlichen Körper vorhandenen Fähigkeiten eines reifen schöpferischen Geistes selbst vor seinen Nächsten verbergen muß. Der Junge ist nach einer Explosion in einem Atomzentrum zur Welt gekommen; jene Explosion war der Anfang einer ganzen Reihe ähnlicher Mutationen; dank der Bemühungen des Psychologen und einer in seinen Plan eingeweihten Gruppe von Sympathisanten entsteht eine Sonderschule für kleine Supermänner. Der Roman von Shiras ist geschickt geschrieben, endet aber, wie das bei diesem Thema so ist, eben dort, wo er beginnen sollte. Denn einem einjährigen Kind den Verstand eines Vierjährigen beizulegen, einen Kindergarten-Knirps mit der Fähigkeit auszustatten, mit Mathematikern über Probleme der höheren Algebra zu diskutieren, aus einem kleinen Gymnasiasten den Autor von Romanen zu machen, die unter einem Pseudonym erscheinen, und von Erfindungen, die ebenfalls anonym patentiert werden – das ist noch der leichteste Teil der Aufgabe. Ein solches Genie muß doch älter werden und seine Genialität müßte man uns, wenn er das Jünglingsalter erreicht, präsentieren – aber wie soll das ein Verfasser tun, der selbst kein Genie ist? So ist denn auch der Wert von Büchern, die die Kindheit und Jugend von Übermenschen darstellen, sehr gering, und das einzige Buch, das wirklich das ganze Thema ausschöpft und gestaltet, ist *Odd John* von Olaf Stapledon (verkürzte deutsche Ausgabe: *Die Insel der Mutanten*). Niemand hat je ein besseres Buch über dieses Thema geschrieben und nichts weist darauf hin, daß es jemanden gibt, der Stapledon darin übertreffen könnte. Hier der Inhalt des 1935 erschienenen Buches: Odd John ist das Kind ganz durchschnittlicher Eltern, wohl das Resultat einer biologischen Mutation. Er entwickelt sich mit geistiger und körperlicher »Beschleunigung«; schon als Knabe steht er intellektuell höher als die erwachsenen Personen in seiner Umgebung, manchmal sucht er Kontakte zu hervorragenden Menschen (einmal wird das ein bekannter Dichter sein, ein anderes Mal ein Großindustrieller), aber zu seinem Vertrauten macht er einfach eine »ehrliche und gute« Haut (bei Stapledon ist das der Erzähler, der in seinem gütigen Stoizismus ein wenig an Thomas Manns Serenius Zeitblom erinnert; den Kunstgriff, Informationen über ein Genie durch den Geist eines Durchschnittsmenschen – als Porte Parole des Autors – zu filtrieren, scheint die Konstruktion aufzuzwingen; wohl nicht zufällig hat Thomas Mann sie im Doktor Faustus angewendet). Übrigens nennt Odd John seinen Vertrauten »Fido, old thing«, ein Name, den man gewöhnlich Hunden gibt.

Der Halbwüchsige erweist sich als exzentrisch, genial, draufgängerisch, unstet, manchmal aggressiv; relativ schnell zur Selbsterkenntnis gelangt, begreift er, daß er ein vereinzeltes Exemplar des Homo Superior ist, im Zusammenhang damit macht er verschiedene geistige Krisen durch, z. B. eine Phase des Widerwillens, der Verachtung und sogar des Hasses gegen die »gedankenlose Herde« Homo Sapiens; dann wieder eine Phase des Mitgefühls und Verständnisses, des Wohlwollens, in der er beschließt, dem Menschen aus seinen psychosozialen Nöten herauszuhelfen; eine Phase der »Flucht nach innen«, im Verlauf von Bergwanderungen, einsamen Meditationen, der Erforschung der eigenen Möglichkeiten; und schließlich eine Phase konkreter Entscheidungen, als er sich entschließt, in der ganzen Welt nach ihm ähnlichen Wesen zu suchen und auf einer entlegenen ozeanischen Insel eine Gesellschaft der Auserwählten zu gründen.

Der Plan gelingt. Dank seiner telepathischen Fähigkeiten erkennt John die Auserwählten aus der Entfernung, aber nicht alle Übermenschen sind mit seinen Plänen einverstanden; auf der Insel entsteht die Kolonie, übrigens auf mörderisch grausame Weise (die jungen Übermenschen bringen die Eingeborenen mittels Hypnose zum kollektiven Selbstmord, weil *sie* die Insel brauchen), aber der Zustand der Isolation läßt sich nicht lange aufrechterhalten. Neugierige tauchen auf, dann Kriegsschiffe verschiedener Staaten, es kommt zu immer schärferen Konflikten, und der letzte Versuch einer bewaffneten Invasion endet mit der völligen Vernichtung der Insel mitsamt ihren Bewohnern.

Dieses Handlungsgerüst hat die SF in Bruchstücken übernommen und in wenig origineller Weise wiederholt.

Über den Wert des Buches sagt es nichts aus; was seinen Wert ausmacht, ist die Gestalt des Odd John als gelungenes Portrait des »Übermenschen« in seiner jugendlichen Sturm- und Drangperiode. Eine schillernde Gestalt; in dem Buch wimmelt es von Johns Gedanken und Kommentaren, boshaften, düsteren, ironischen, am häufigsten an die Zivilisation des Menschen, an seine existentiellen Bemühungen, seine Vergangenheit und Zukunft adressiert. Mit einem Wort, das Buch enthält das Credo des Superman, aber auch das durch diese intellektuelle Konstruktion durchschimmernde Bild seiner Persönlichkeit, die man kaum als *angenehm* bezeichnen kann; das ist natürlich gewollt. Das erwähnte Buch von Shiras ist im Vergleich mit Odd John ein typisches »Jugendbuch« mit einer Galerie manierlicher kleiner Genies; wenn auch der große Einsatz, den Shiras für die Konstruktion der Superkinder aufgewendet hat, nicht restlos vergeudet ist, so gibt es doch viele Probleme, an die die Autorin sich nicht herangewagt hat (z. B. die Frage des Heranreifens, auch des sexuellen; Stapledon hat das bewältigt). Das Credo des Stapledonschen Superman deckt sich wohl großteils mit den Überzeugungen des Verfassers, wovon seine weitgehende Konvergenz mit dem ganzen ideell-ideologischen Inhalt von Stapledons bedeutendstem Buch, *First and Last Men*, zeugt. Gewiß, es ist die Skizze einer Weltanschauung, die alle durch die Belletrisierung entstandenen Deformationen durchgemacht hat; es handelt sich um eine Art »vergrößertes« Credo, denn die Gedanken sind überspitzt, übertrieben oder absichtlich nur angedeutet, um auf den Leser einen stärkeren Eindruck zu machen, als er sich aus ihrem diskursiven Inhalt ergeben würde; aber das ist doch das gute Recht des Autors: licentia poetica verpflichtet auch in der intellektuellen Dimension des Werkes. Ich glaube, einige »Kostproben« werden zumindest eine gewisse Vorstellung von der Atmosphäre in diesem Buch vermitteln. Nach einer Messe in der Kathedrale hat John soviel zu sagen:

»Wie herrlich könnte es sein, wenn sie sich nur enthalten könnten, ihren Gott vermenschlichen zu wollen! Natürlich sehe ich, daß fast alles Quatsch ist. Dieser Priester! Man braucht bloß zu sehen, wie er sich vor dem Altar verneigt, um zu wissen, was für einer er ist. Das ganze Ding ist schief, intellektuell und emotionell; aber fühlst du nicht auch dieses schwache Echo von etwas, das nicht falsch war, von einer Erfahrung, die vor Zeitaltern gemacht wurde und richtig und großartig war? Ich glaube, daß sie Jesus und seinen Freunden zuteil wurde . . .«

Nach der Rückkehr aus der »Wüste«, d. h. von den Meditationen in den Bergen:

»Immer vermochte ich mich über die Realität und ›Anständigkeit‹ meiner eigenen Leiden und Sorgen zu freuen, selbst wenn ich sie verachtete. Jetzt aber sehe ich mich vor eine andere Art von Abscheulichkeit gestellt, eine, in die ich keine Ordnung bringen konnte. Meine Dilemmas waren bisher vereinzelte, zeitweilige Frustrationen, jetzt aber war in meinen Augen meine ganze Zukunft etwas viel Lebendigeres und viel mehr Qual als alle anderen. Ich begann mich zu begreifen und in mir mancherlei neue, sonderbare Fähigkeiten zu entdecken, und zugleich sah ich deutlich, daß ich vor einer wilden Gattung stehe, die mich nie dulden und früher oder später mit ihrer brutalen Masse allein zerschmettern wird.

Und als ich mir sagte, daß das schließlich belanglos sei und daß ich nur eine kleine aufgeblasene Mikrobe bin, die über nichts und wieder nichts jammert, schrie etwas in mir, daß, selbst wenn ich nicht zähle – die Dinge, die ich machen könnte, die Schönheit, die ich schaffen könnte, und diese Hingabe, die ich zu verstehen begann, daß all das doch sehr viel zählt und zum Ausreifen gebracht werden muß. Und ich wußte, daß es diese Reife nicht geben wird, daß diese herrlichen Dinge, die zu mir gehören, nie gemacht werden, und das war eine Art von Agonie anders als alles andere, was mein unreifes Gehirn bis dahin gekannt hat.«

Über die intellektuelle Elite:

»Dabei sind sie in einem Sinne die geistigen Schrittmacher, die Schöpfer einer modischen Norm. Was sie heute denken und sagen, denken und sagen in einem Jahr alle anderen. Und einige unter ihnen sind, gemessen am durchschnittlichen Homo Sapiens, wirklich erstklassige Köpfe, oder wären es unter anderen Umständen. Die meisten sind natürlich bloße Mitläufer, und sie zählen nicht. Nun, die Situation dieser literarischen und künstlerischen Avantgarde ist sehr einfach – und sehr verzweifelt. Es gibt die großen weltstädtischen Zentren, von denen die Begabtesten und Sensibelsten und Intelligentesten des Kontinents sich angezogen fühlen, in der Erwartung, ihresgleichen zu begegnen und ihre Erfahrung zu bereichern; aber was geschieht? Die armen kleinen Fliegen finden sich in einem Netz gefangen, einem feinen Gewebe aus Konventionen, so fein tatsächlich, daß die meisten sich seiner gar nicht bewußt werden. Sie summen und summen und bilden sich ein, sie flögen frei herum, während in Wirklichkeit jede an ihrem Faden klebt. Gewiß, sie haben den Ruf, die unkonventionellsten Leute von allen zu sein. Das weltstädtische Zentrum erlegt ihnen eine Konvention des Unkonventionellen auf, von verwegenem Denken und Benehmen. Aber sie können nur innerhalb der Grenzen ihrer Konvention ›verwegen‹ sein. Sie haben eine Gleichartigkeit des intellektuellen und moralischen Geschmacks, die sie trotz ihrer oberflächlichen Unterschiede fundamental alle gleichmacht . . . Wenn diese Konvention gesund wäre, könnte trotzdem alles gut sein, aber sie ist es nicht . . . Der Einfluß der alles durchdringenden Konvention verwandelt Brillanz in Gescheitheit, Originalität in Perversität, und tötet den Geist für alle bis auf die gröberen Formen der Erfahrung.«

Das sind beliebig herausgegriffene Zitate. Ihr Wert besteht darin, daß sie gewöhnlich »zwei Enden« haben: sie weisen auf die Gegenstände hin, von denen Odd John spricht, und auf ihn selbst. Infolgedessen wird aus den großen Partien aus den »Vorträgen«, die der Erzähler in extenso zitiert, kein Referat, sondern sie schaffen eine Atmosphäre, die in der Pubertätsphase des Jungen vor allem eine Atmosphäre des über den Zustand, den er um sich herum entdeckt, verzweifelten Geistes ist. Nie ist es selbstzufriedene Klugrederei, die gewisse, zuweilen tragische Note der Authentizität wird nicht von der eher zu bezweifelnden hohen literarischen Qualität, sondern einfach von der Offenheit des Autors bestimmt; denn Stapledon hat, wie schon bemerkt, stellenweise gewiß ähnlich gedacht – er selbst, auf ganz private und gänzlich unliterarische Weise. Dadurch, daß er die Gedanken eines erwachsenen Gelehrten einem Jungen in den Mund legt, der manchmal extravagant und in seiner Extravaganz komisch ist, entsteht ein zusätzlicher Effekt; geschickt wird dem Jungen etwas beigegeben, was ein Erwachsener nicht haben kann: jene gigantische, berauschende Perspektive des weiteren Größer- und Mächtigerwerdens, die sich nicht erfüllen wird, weil sie sich unter diesen Bedingungen nicht erfüllen kann; und der kleine Übermensch wird vom Glauben an sich selbst nicht so weitgehend geblendet, daß er sich darüber nicht im klaren wäre; daher die in seiner Existenz tief verborgene Angst und Verzweiflung, die übrigens manchmal zu verschwinden scheinen; dann aber muß er entdecken, daß dem nicht so ist. Stapledon ist es gelungen, auch die intellektuelle Qualität der reifen Reflexion mit der naiven Frische des unmittelbaren Erfassens von Dingen zu verbinden, die so oft Kindern eigen ist; das sind, gewiß, Feinheiten, die kein Plagiator ihm abgukken wird, höchstens kann er sie mechanisch und unreflektiert abschreiben. Gerade darum steht *Odd John* in der ganzen Science Fiction einzig da. Der Roman forderte dem Autor unabweisbar ab, die konkreten Talente Johns zu zeigen; es sind dies u. a.: die Fähigkeit, blitzschnell Sprachen zu erlernen, in ihnen sogar »von hinten nach vorne« zu reden, wenn es darum geht, daß ein Gespräch nicht belauscht werden soll, ein offenbar phänomenales Orientierungsvermögen, ein schwindelerregendes Tempo bei der Aneignung neuer Kenntnisse, souveräne Meisterschaft im Umgang mit wissenschaftlichen Daten, und darüber hinaus – ganz besondere Talente, wie z. B. die telepathische Fähigkeit, die den Kontakt mit anderen Exemplaren der Gattung Homo Superior aus der Entfernung und sogar *in der Zeit* ermöglicht – denn manche dieser Betroffenen leben nicht mehr, und John kann sich gedanklich in die Zeit zurückversetzen, in der sie noch gelebt hatten, um sich »dort« mit ihnen zu verständigen.

John hat auch die Gabe, konkrete Erinnerungsspuren im Geiste gewöhnlicher Menschen zu löschen, er kann, aber nur bis zu einem gewissen Grad, ihren Willensapparat kontrollieren, und schließlich, was das Ungewöhnlichste ist, er kann materielle Elementarteilchen an irgendeinem Platz vernichten – durch bloße entsprechend konzentrierte geistige Anstrengung. Denn Materie soll nicht ein rein materielles, sondern ein »psychophysisches« Substrat sein, und wer die Macht dazu hat, kann quasi sie selbst »hypnotisieren«, indem er die Barrieren zwischen ihren diametralen Ladungen niederreißt, was eben die Reaktion der Annullierung herbeiführt.

Der Roman zerfällt, grob gesprochen, in drei Teile: im ersten, der besonders reich ist an Kommentaren und Reflexionen der zitierten Art, ist John ein heranwachsender Junge; im zweiten macht er sich mit einer Jacht, die er mit dem durch seine Findigkeit gewonnenen Geld erworben hat, auf den Weg, auf die Suche nach seinesgleichen; der dritte Teil schließlich ist der Inselkolonie und ihrem katastrophalen Ende gewidmet. Der Erzähler verfolgt die Ereignisse nur in den beiden ersten Teilen aus der Nähe; auf der Insel war er ein einziges Mal und nur kurze Zeit, so sind denn auch seine Informationen darüber, wie das Leben der jungen Übermenschen endete, lakonisch und bestehen aus Bruchstücken, die nicht alle von gleicher Genauigkeit sind. Der zweite Teil hat einen leicht novellistischen Charakter, er besteht eigentlich aus einer Reihe von Begegnungen Johns mit verschiedenen anderen Übermenschen, die eine Galerie sehr seltsamer Typen bilden; man muß zugeben, daß zwischen diesen Gestalten unerhört große Unterschiede bestehen. Stapledon hat sehr richtig die intellektuelle Überlegenheit nicht zum einzigen Unterscheidungsmerkmal des Superman gemacht; so ist zum Beispiel einer der vom Helden entdeckten »Schicksalsgenossen« ein Halbwüchsiger, der das tragische Los eines gelähmten Stummen führt; die ganze Macht seines übermenschlichen Geistes ist in einem allumfassenden Haß konzentriert, doch soll, wie der Autor interessanterweise über die Person von John zu verstehen gibt, dieser Haß keine Vergeltung an der ganzen Welt sein, ist also nicht Kompensation, sondern ergibt sich aus der bewußten Wahl einer *Rolle:* da er erkannt hat, daß es nichts gibt, was er besser zu verwirklichen vermag, entschließt sich der in ewiger Abgeschlossenheit lebende unglückliche Krüppel gleichsam im kosmischen Werk die Rolle eines mit extrem negativen Vorzeichen versehenen Elements zu spielen, nach dem Prinzip »jeder dient, wie er kann«, und es wird stillschweigend angenommen, daß in diesem Werk selbst eine teuflische Investition ein unabdingbarer Bestandteil ist.

Suggestiv stellt der Autor die Begegnung Johns mit dem Krüppel dar, der ersterem eine Art geistige Falle gestellt hat; es findet ein telepathisches Duell statt; jener versucht John in seinen geistigen Abgrund aufzusaugen, der von jenem finsteren Haß auf alles, was existiert, erfüllt ist; zunächst ist der Krüppel verschlossen wie eine Auster – und plötzlich, als John mit seiner Geisteskraft auf ihn eindringt, nimmt er ihn in sich auf; John gewinnt später den Eindruck, daß es ihm mit knapper Not gelungen ist, einer unbekannten Form der Vernichtung zu entgehen.

Eine andere Gestalt, auf die er stößt, ist eine scheinbar junge Frau, die in Wirklichkeit aber mehr als hundert Jahre alt ist und deren Leben eine Wanderung über Tief- und Hochland war, denn weder Paläste noch die Gosse sind ihr fremd: stets war sie zum Beruf einer Prostituierten zurückgekehrt, den sie als eine Art weltlichen »Priestertums« behandelte; diese Form der »Tröstung der Einsamen« erwies sich als die noch dauerhafteste Anpassung an die Zivilisation des Homo Sapiens. Ihr Gespräch mit John gehört zu den interessantesten

Abschnitten des Buchs; die Figur der Frau ist knapp, aber überzeugend skizziert; mit ihrem Leben scheint diese Frau noch einmal die These des Autors zu beweisen, daß eine echte Anpassung des Homo Superior an die Zivilisation des Homo Sapiens eine Unmöglichkeit ist; der Homo Superior kann nur überleben, indem er vor dem Homo Sapiens seine wirklichen Eigenschaften verbirgt – um einen Preis ähnlich jenem, den die hundertjährige Kurtisane zahlt; andernfalls ist der tödliche Konflikt unvermeidbar.

Die übernatürlichen Fähigkeiten seines Helden mußte Stapledon so beschneiden, daß sie ihn trotz allem nicht vor der schließlichen Tragödie bewahren; so kann denn auch John die Zukunft nur nebelhaft, oberflächlich ausloten und man kann sie, bis zur Mitte des Buches angelangt, nur auf Grund der Andeutungen jener, die sich dem Projekt der Kolonie nicht anschließen wollten, erahnen.

Inwiefern ist das Buch unbefriedigend? Am interessantesten scheinen mir der erste und Fragmente des zweiten Teils zu sein. Die Idee der Gründung dieser Kolonie ist eigentlich ein früher Anfang vom Ende. Wie sich die schöpferische Kraft einer Gruppe von Übermenschen verwirklichen sollte – darüber weiß man absolut nichts. Die frühzeitig, noch in England abgegebenen Erklärungen des Odd John – sein Wunsch, sich aktiv an den Werken des Homo Sapiens zu beteiligen – finden im Grunde keine Deckung, weder in Taten, noch auch in den konkreten Projekten. Die Gründung der Kolonie ist somit ein Akt der Isolierung einer Gruppe von Übermenschen – und der zeitweisen Abkehr von der Welt, eigentlich der Flucht vor dieser Welt. Die begonnene Partie wird von Stapledon auch auf der Insel in taktischer Hinsicht geschickt ausgetragen: seltsam, faszinierend und stellenweise irgendwie glaubwürdig ist der Charakter der Gruppe, die sich auf dieser Insel niedergelassen hat. Aber bei allen taktischen Erfolgen bricht die Strategie zusammen; es ist einfach unmöglich, daß Wesen, die, jedes für sich, und erst recht alle zusammen, ein solches geistiges Potential besitzen, sich eine so krasse Fehleinschätzung des Gangs der weltlichen Dinge zuschulden kommen lassen. Es bedurfte keiner Hellseherei, um zu verstehen, daß eine vollständige Isolation auf einer Insel, vor hundert Jahren noch möglich, im zwanzigsten Jahrhundert irreal ist; und dennoch ist die Kolonie auf Eindringlinge von außen nicht vorbereitet; sie ist mit einer Art fatalistischer Blindheit geschlagen, und der Leser, der doch vom Scharfsinn der Supermen sehr weit entfernt ist, sieht die Unvernunft ihres Unterfangens auf rein praxeologischer Ebene, d. h. er bemerkt die Naivität der Stümperarbeit, die jedoch keiner der Übermenschen auch nur zu vermuten scheint. Darüber helfen die Ausweichmanöver des Autors, so geschickt sie auch sein mögen, nicht hinweg; bleibt anzunehmen – entweder, daß es irgendeine prästabilierte Harmonie der fatalistischen Tragödie gibt, die sich bis zu einem von vornherein feststehenden Ende abspielen muß, oder, was leider wahrscheinlich ist, daß der Autor klein beigegeben, daß er die sich gestellte Aufgabe nicht erfüllt hat, weil ihm das Material in den Händen zerfiel; jenen Gedanken, der dramaturgisch die Fortschritte des in Bewegung gesetzten Schicksals hätte steuern sollen, ersetzt er einfach durch das Fatum als vernichtender Schlag. Und zwar deswegen, weil die Konzeption der tragisch prästabilierten Harmonie einfach der Weltanschauung Stapledons widerspricht – von der Welt als Universum nicht determinierter *Möglichkeiten*, und nicht als Universum, das wie eine Uhr funktioniert, denn in einem solchen erweisen sich doch alle Bestrebungen und ausgefochtenen Schlachten, deren Ende vorausbestimmt ist, stets als scheinbare, und das Denken und Leiden der Protagonisten solcher Kämpfe ist ihre subjektive, rein epiphänomenale Illusion, die nicht zum Wesen der Dinge vordringt. So hat also die totale Niederlage der Konzeption ontischen, und nicht nur literarischen, d. h. erzählerisch-dramaturgischen Charakter.

Das Feld behauptet noch, wie gesagt, der erste Teil des Romans. In der Literatur haben wir genügend Werke, die als Ganzes verkorkst sind, so daß wir selbst bloße Teile, wenn sie gelungen sind, zu schätzen und richtig zu bewerten lernen. So würden wir denn auch folgende Bemerkung, die wir für vernünftig halten, an den Rand von *Odd John* schreiben: Dieser Roman ist das Scheitern eines ungemein ambitiösen Unterfangens; und nicht entsprechend dem Ausmaß seines Mißerfolgs, sondern entsprechend dem Ausmaß dieses Unterfangens, das teilweise dennoch seinem Anspruch gerecht wurde, geht er in die Konzeption einer universalen Literatur ein, d. h. in jene Literatur, die wir als den Versuch werten, schon erreichte Grenzen zu überschreiten. Von der Vorstellung einer solchen *universalen* Literatur haben wir uns allmählich abgewendet; in einer Welt, in der nur mehr Spezialfächer existieren, scheint sich die Literatur damit abzufinden, daß auch sie nur eine von vielen Spezialisierungen ist; für ein solches Sich-Zurückziehen auf schon bereitgehaltene Positionen werden symptomatisch: eine thematische Selbstbeschränkung, der Roman, der die »Unmöglichkeit, Romane zu schreiben«, verkündet, die Suche des »inneren Raums des Menschen« als ein *Asyl*, das der Literatur von jenen Zweigen der Psychologie und Anthropologie geboten wird, deren empirischer Status der *zweifelhafteste* ist: eben aufgrund ihrer engen Verwandtschaft mit dem *mythischen* Denken (die Psychoanalyse, die Jungsche Theorie der »Archetypen« usw.). Die Entwicklung bewegt sich also von den Positionen des Universalismus, als ein *Transzendieren* des bereits Erfahrenen und begrifflich-kategorial Erfaßten – zu Positionen der *Spezialisierung* der erzählerischen Techniken, die die Aussage *einkapseln* und sie damit aus der Front kognitiver, metaphysischer, ontischer und sogar ethischer Schlachten zurückziehen. Davon, daß man der Welt Gerechtigkeit widerfahren läßt, kann nämlich nicht die Rede sein; es kann doch nicht jemand die Funktion des Richters erfüllen, der weder den zur Verhandlung stehenden Fall noch die Motive der am Prozeß Beteiligten *versteht*. Diese innerhalb der Entwicklungsströme der Literatur teilweise vorgenommene Aufwertung der Aufgaben und Umstellung der wichtigsten Regeln jedes schöpferischen Plans wären nur halb so schlimm, würde die vernünftige Einsicht, wie heterogen der Einsatz zur Schaffung von Kulturwerten sein *muß*, zumindest – potentiell – dem schöpferischen Einsatz gleichgestellt sein, der auf alte Weise (aber ob wirklich auf alte Weise – das bleibt noch dahingestellt) als »universales Überschreiten der vom Menschen erreichten Grenzen behandelt wird«. Und die Tatsache, daß *Odd John* überhaupt nicht der Literatur zugerechnet wird, daß er, ebenso wie *First and Last Men*, nicht einmal in Bibliographien erwähnt wird, zeugt meines Erachtens von einer betrüblichen Krise der Literatur. Diese Tatsache ist das Resultat einer sektiererischen Einengung; dadurch wird die Qualität der Poetik so hoch über die Qualitäten der Semantik gestellt, daß dies einer Desertion mit langfristig unberechenbaren Folgen gleichkommt. Das Gebiet des *sprachlichen* Schaffens, in dem der Gedanke zu einem zweifelhaften, generell in Frage gestellten Wert wurde, ist als Ganzes beklagenswert.

Wie gesagt, scheinen in der Komposition von Stapledons Roman Risse auf; aber das Bildnis des Helden ist davon nicht berührt. Denn in John koexistieren glaubwürdige, wenn auch sonderbare Eigenschaften – eine fast greisenhafte Distanz zur eigenen Person, eine Erregbarkeit, die ihn in Handgemenge und Raufereien hineinzieht, Egozentrik, die doch als solche qualifiziert wird (übrigens einer der abscheulichen Züge). Während der Fahrt zur Insel auf der Jacht, auf der schon andere junge Übermenschen versammelt sind, stößt John auf ein sinkendes Schiff und rettet dessen Mannschaft zuerst, um sie dann zu ermorden; die Hilfeleistung war der erste Reflex, und die Vernichtung – das Ergebnis der Reflexion, da die Geretteten an Deck der Jacht sich allzu lebhaft für die ungewöhnlichen Passagiere zu interessieren begannen; John rechnet sich aus, daß das Geheimnis seines Plans nicht gewahrt werden kann, wenn die Geretteten in die Welt zurückkehren, und beschließt sie zu töten. Diese Rücksichtslosigkeit ist übrigens nicht nur für John charakteristisch; schon auf der Insel, als eine junge »Superfrau« dem unheilbaren Wahnsinn verfällt, schläfert ihr Partner sie ein und tötet sie, und unmittelbar darauf nimmt er seine normale Lebensweise mitten unter seinen Kameraden wieder auf. Wie wir sehen, ist der ethische Kodex des Übermenschen recht eigenartig; auf jeden Fall ist er kohärent; der Zweck heiligt die Mittel nicht nur für den Homo Sapiens, sondern auch für den Homo Superior. (Nebenbei bemerkt, Stapledons Grundsätze in bezug auf die Genese des Übermenschen sind durch und durch materialistisch: die Gattungsvariante ist durch ein zufälliges Zusammenspiel von Erbfaktoren zustande gekommen und deshalb tauchen neben lebensfähigen Formen Mutanten auf, die mit monströsen Zügen behaftet sind, wie der erwähnte gelähmte

Stumme, oder auch solche, die vom Niveau eines »überhöhten Bewußtseins« plötzlich in kompletten und irreversiblen Irrsinn abgleiten, wie das Mädchen von der Insel).

Das belletrisierte Schicksal des Übermenschen kann man nach verschiedenen Strukturmustern behandeln; so etwa als Allegorie, hintergründig auf die Gestalt Christi oder eines anderen Religionsstifters bezogen, als vergrößertes Modell der Verhältnisse auf der Achse »Genialer Mensch – Gesellschaft«, oder schließlich als weitmöglichst generalisierte Relation »Subjekt-Objekt«, d. h. in der vollen und reinen ontisch-axioliogischen Dimension: so gelangen wir zur Problematik des Seins, der Erkenntnis und des Sein-Sollenden.

Was das erste Paradigma betrifft, so kann man stellenweise Ähnlichkeiten zwischen Johns Schicksal und der Fabel in den Texten des Evangeliums erkennen: John wirkte Wunder, wann immer er wollte, obgleich er bald einsah, daß das nicht »das Richtige« war, geht es doch einfach um eine »Demonstration« von Fertigkeiten, die der Umwelt völlig abgehen, und der Sinn der »Wundertätigkeit« kann sich nicht auf die bloße Bestätigung, Legitimierung der eigenen Überlegenheit beschränken; denn wenn es etwas gibt, woran John nicht im mindesten liegt, so ist es, daß man ihn verehrt oder anbetet: er sehnt sich eher danach, verkannt zu werden, sehnt sich nach Isolation und Ruhe, weil für ihn (zumindest eine Zeitlang) gar nicht feststeht, was er eigentlich mit sich anfangen soll. Johns »Aufbruch in die Wüste« hat quasi allegorische Bedeutung, doch wiederum – kein Rufer, weder ein persönlicher noch ein unpersönlicher, hat ihn dorthin gelockt.

Die Übereinstimmung zwischen dem Schicksal Johns und dem Jesu ist, glaube ich, ziemlich oberflächlicher, teilweise auch zufälliger Natur: ich kann nicht recht glauben, daß Stapledon diese Allegorie *geplant* hat. Um so mehr steht einer solchen Interpretation das entgegen, was John selber über die Religion zu sagen hat. Ihm zufolge ist die rationale Wissenschaft, die Grundlage der Zivilisation, nicht das einzige und nicht das wichtigste Instrument der Erkenntnis, es gibt Phänomene und ihre Sphären, die für das Sein ungeheuer wesentlich, vielleicht sogar kosmisch universal, aber für die Wissenschaft entweder für alle Zeiten oder für ungewisse Zeit (aber eher doch für alle Zeiten!) unzugänglich sind. Was die Religion betrifft, so ist sie in allen Formen ein grob anthropozentrisches Bild, eine Annäherung, sind es unsichere und chaotische Schritte – aber die Richtung, in der diese sich bewegen, führt nicht ins *Leere* nicht ins *Nirgendwo.* Doch das, was das »Eigentliche« darin ausmacht, trennen unerforschte, aber gewiß gigantische Entfernungen von dem, was die doktrinären Religionen aufs Korn nehmen. Mit einem Wort, es gibt keinen persönlichen Gott, dennoch gibt es etwas, vielleicht ist es Sphärenmusik oder sphärische Harmonie, oder ein kosmisches Superbewußtsein, das sich in Angelegenheiten der Welt, insbesondere als persönliches Schicksal verstanden, jedoch nicht einmischt, und das nicht nur, weil es »nicht will«, sondern vielleicht eher, weil niemand da ist, der sich einmischen würde: – »Jenes« und wir, zusammen mit den Atomen, Sonnen und Bäumen – das sind einfach prinzipiell nicht zusammenführbare Existenzen. Woher also wissen wir überhaupt etwas über »Jenes?« Das ist eines der Rätsel, die Odd John nicht einmal an der Oberfläche ritzen kann, und das gibt er deutlich zu erkennen. Solche Textstellen deuten darauf hin, daß Probleme des Glaubens mit vielen anderen zum Teil schlechthin unbenennbaren Fragen verflochten sind, und alle zusammen bilden einen Plafond, der nicht starr gegeben ist, sondern um soviel mehr gehoben werden kann, als der Geist ihn im Zuge des Begreifens stärker zu berühren bemüht ist. Oder, was auf dasselbe herauskommt, daß es ein Horizont ist, jenseits dessen sich unaussprechbare Inhalte und Phänomene verbergen: jeder Glaube erweist sich antinomisch darin, daß er etwas artikulieren will, was im Grunde nicht artikulierbar ist; und je besser es ihm geht, desto größer die Entfernung oder die Abweichung der »Tranzendenz *an sich*« von ihrer sprachlichen Abbildung.

Man kann auch, wie gesagt, in der Relation Homo Sapiens – Homo Superior die Interpretation des Verhältnisses des Genies zur Gesellschaft sehen, noch dazu in »Vergrößerung« vorliegend. Das Problem der Genialität, gewiß ein Diskussionsthema, werden wir hier nicht breiter erörtern. Es scheint jedenfalls, daß die ziemlich paradoxen Behauptungen, die zu diesem Thema in den letzten Jahren, z. B. von Ross Ashby, aufgestellt wurden, unhaltbar sind und eine Art nachträglicher Rationalisierung des Wunschdenkens waren. Er sagte nämlich, daß es so etwas wie Genialität, im Sinne außergewöhnlicher schöpferischer Fähigkeiten, nicht gibt, falls dies eine von der normalen und durchschnittlichen abweichende Struktur des Gehirns zur Voraussetzung haben soll; Genie – besteht zu 99 Prozent aus Arbeit und zu einem Prozent aus glücklichem Zufall (diesen Teil seiner Äußerung hat Ashby im Bemühen um die »Entmystifizierung der Genialität« von seinen Vorläufern übernommen). Oder, anders ausgedrückt: ein Genie ist, d. h. zum Genie wird, wer es mit ungeheurer Hartnäckigkeit werden *will* – so reduziert sich also alles, wenn es um die »Erzeugung von Genies« geht, auf die gehörige Verstärkung der entsprechend ausgerichteten *Motivation*. Das ist eine himmelschreiende Unwahrheit; daß sie ausgesprochen wird, erklärt sich aus dem recht trivialen Wunsch, die Chancen für die Konstruktion von Intelligenzverstärkern zu erhöhen. Ein solcher Amplifikator soll – nach Ashby – zugleich Schöpfer sein; denn Intelligenz besteht, will man dem hervorragenden Kybernetiker glauben, in der großen Fertigkeit bei der Selektion von Informationen im Hinblick auf ein angestrebtes Ziel, und Kreativität ist angeblich dasselbe. Ich denke, mit solchen »reduzierenden« Erklärungen kann man die Aufstellung kybernetischer Programme ziemlich wirksam kompromittieren, aber darüber hinaus erreicht man gar nichts. Im Rahmen des Buches sei mir im Zusammenhang mit dieser Feststellung gestattet, eine phantastische Erzählung zu zitieren, die amüsanterweise an den Standpunkt von Ashby erinnert. Einer großen Gruppe Gelehrter präsentiert man Teile eines Films und die unerhörte Geschichte von einem Kauz, der sich unlängst gemeldet und behauptet hatte, er hätte das Antischwerkraftgesetz entdeckt; vor den Augen einer einschlägigen Kommission hatte er sein Experiment durchgeführt, und zwar hatte er sich mit Hilfe eines kleinen »Antischwerkraftapparats« in die Lüfte geschwungen, von wo er aber gleich herabstürzte; er kam um, der Apparat wurde durch die Explosion völlig zerstört. Die Aufgabe, die man den Gelehrten jetzt stellte, bestand in der Rekonstruktion der durch den tragischen Unfall vernichteten Erfindung. Nach vieler Müh und Not ist das gelungen; zwar ist die Antischwerkraftmaschine jetzt nicht ein kleiner Apparat, sondern ein wahrer Moloch. Aber der Epilog bringt den Knalleffekt; der angeblich beim Unfall umgekommene Erfinder erscheint gesund und munter vor den Gelehrten, um ihnen zu enthüllen, daß sie einem Betrug, der einem edlen Zweck diente, zum Opfer gefallen sind. Es hat keinen Antischwerkraftapparat gegeben; auch der verfilmte Unfall war durch Tricks vorgetäuscht – alles das, um die Physiker an die Möglichkeit der Konstruktion von Antischwerkraft glauben zu lassen. Da sie nun daran glaubten, ließen sie nicht mehr locker, und im Vertrauen auf die falsche Information brachten sie es zu einer echten Erfindung.

Gewiß, Ashby will niemanden bewußt irreführen; doch auf Irreführung läuft die Sache hinaus. Denn wenn man glaubt, das Problem der genialen Kreativität sei dem Problem der intensiven Motivation gleichzusetzen, dann stellt man sich eine Aufgabe, die konstruktionsmäßig viel einfacher ist als jene, die in dem von jeder Motivation unabhängigen »Geheimnis des schöpferischen Genies« inbegriffen ist. Daß Genialität nicht einfach an Motivation gebunden ist, d. h. daß es nicht genügt, zu wollen und entsprechend dem Willen zu handeln (indem man lernt, denkt), um wertvolle Geistesprodukte zu liefern, das läßt sich nicht im Bereich wissenschaftlichen und künstlerischen Schaffens beweisen. Hingegen kann man empirisch beweisen, daß es viel stärkere Differenzen zwischen den einzelnen menschlichen Gehirnen gibt, als z. B. durch Intelligenz-Tests entdeckt werden. So kennt man etwa das Phänomen außergewöhnlicher Meister der Rechenkunst: vor einigen Jahren weilte in Europa eine nicht mehr ganz junge indische Dame, die in Sekundenschnelle Quadrat- und Kubikwurzeln aus zwanzigstelligen Zahlen zu ziehen imstande war; ihr Arbeitstempo stand nur wenig dem einer auf einem Podium stehenden Rechenmaschine nach, die ihre Resultate kontrollierte. Die Inderin bekennt, daß sie »keine Methode hat« und daß sie ihr Talent nicht durch irgendwelche Übungen und Bemühungen entwickelt hat: es ist ihr einfach angeboren. Das ist in der Skala der Kreativität gewiß eine untergeordnete Genialität, weil eine damit ausgestattete Person nichts Schöpferisches hervorbringt, aber zugleich sind doch Hirnmechanismen, die imstande sind, im Durchführungstempo und was die Zuverlässigkeit der Rechenergebnisse betrifft mit Rechenmaschinen zu konkurrieren, eine einzige Herausforderung an die Neurophysiologie. Offenbar ist es so, daß das Gehirn, wenn eine besondere Art der Verbindung zwischen den Elementen zustande kommt, sogar eine vollkommene »Rechenmaschine« sein kann! Weil dieses Talent eine seltene Ausnahme ist, und man es sich nicht aneignen, es nicht erwerben kann, wenn man nicht damit zur Welt gekommen ist, so werden auch kreative Fähigkeiten wohl nicht aus einer bloßen Motivationseinstellung hervortreten.

Eher aus Verzweiflung denn aus Kenntnis hat man in neuester Zeit die sonderbarsten Hypothesen über die Arbeit des menschlichen Gehirns aufgestellt (z. B. daß Eiweißpartikel bei Zimmertemperatur mit Eigenschaften der Superleitfähigkeit ausgestattet sein können, und sogar daß Partikel von Neutronenart an physischen Prozessen teilhaben). Die weniger phantastische Wirklichkeit ist die, daß wir immer noch weit davon entfernt sind, die Prinzipien der Hirnarbeit zu kennen und sie nicht immer besser begreifen, sondern umgekehrt, uns wird zunehmend klarer, wie gering unser Wissen im Verhältnis zur Unermeßlichkeit des Problems ist. Man kann deshalb sicher sein, daß, ebenso wie eine Antischwerkraftmaschine nicht innerhalb von einigen Jahren zu erfinden ist, und wenn die ganze heutige Physik kopfstehen würde, auch dann, wenn alle Kybernetiker nichts anderes täten als Projekte einer »gehirnähnlichen Maschine« als Intelligenzverstärker zu entwerfen, in zehn Jahren kein synthetisches Genie vor uns stehen wird. Aber kehren wir zum Thema zurück. Das Schicksal des Superman kann insofern dem Schicksal des genialen Menschen gleichen, als er sich kreativ nur im Rahmen der Abweichungen von der Norm, die vom sozialen Standort und vom geschichtlichen Augenblick bestimmt wird, zu manifestieren vermag. Denn jemand, der das Zeug zu einem Newton hat, wird weder in einer paläolithischen Höhle noch im afrikanischen Busch ein Newton werden. Und da der weite Raum für die Tätigkeiten und ihre Begrenzungen vieldimensional ist und zudem in seiner Gestaltung sehr stark dem historischen Moment unterworfen, müssen die Chancen der Verwirklichung des persönlichen Talents und der Verbreitung der geschaffenen Inhalte sowohl für die begabten Individuen als auch für die Gesellschaften, in denen diese entstehen, sehr unterschiedlich sein. Anders und einfacher gesagt: Auch wenn der zufällige Erzeuger von Erbanlagen mit derselben Häufigkeit und derselben Streuung besonders talentierte Individuen hervorbrächte, so würden ihre Talente, wenn sie nicht mit den »Rahmenbedingungen« der Epoche zusammenfallen, »ausgelöscht« oder sogar »weggeblasen« werden. Denn ein genial prädisponiertes Individuum ist nie ein abgerundetes, allseitig vollkommenes Talent, und deshalb müßte der steinzeitliche Vorgänger Poincarés oder Cantors, d. h. ein ebenso begabter Mensch wie diese Mathematiker, da er im Paläolithikum nicht zum hervorragenden Mathematiker werden könnte, nicht unbedingt z. B. ein genialer Büffeljäger oder Feuersteinbehauer werden. Talente müssen auf entsprechende gesellschaftliche Bedingungen und den entsprechenden Wissensstand treffen, damit es zu ihrer fruchtbaren Realisierung kommt. Daher die immer gegenwärtige Möglichkeit des menschlichen Schicksals eines »verkannten Genies«. Dadurch soll sich eben der Übermensch vom Menschen unterscheiden, daß der erstere ein »Universalgenie« ist, da er doch über eine allseitige schöpferische Veranlagung verfügt.

Im Prinzip ist es so, als eröffne sich somit dem Übermenschen eine optimistische Chance, wenn er der Epoche die Produkte seiner Arbeit liefern kann, die sie am meisten begehrt. Aber sofort stellt sich die Frage, ob dem Übermenschen eine solche Anpassung an die Bedingungen sinnvoll und angemessen erscheint. In der Regel erfolgt auf diese Frage eine negative Antwort: Alles, was die Epoche ihm als Aufgabe vorschlagen mag, ist für ihn zu klein, zu eng, oder geradezu trivial. Der Übermensch braucht für seine Selbstverwirklichung – das ist die stillschweigende Implikation – eine gleichsam aus Übermenschen bestehende Gesellschaft. Aber es ist eine Sache, solche Behauptungen aufzustellen, und eine ganz andere – sie durch Umsetzung in ein Werk, das der Biographie des Superman gewidmet ist, zu beweisen. Ein solcher künstlerischer Beweis – als ideal glaubwürdig gemachte Phantasie – ist noch niemandem gelungen. In die gesellschaftlichen Arbeiten schaltet sich der Superman – sowohl bei Stapledon, wie auch bei Shiras – mehr als einmal ein, aber er tut es »kaltblütig«, aus Berechnung, um die materiellen Mittel zu gewinnen, die er für seine eigenen Zwecke braucht. Er hütet sich in solchen Fällen, besonders wenn er mit literarischer Produktion beschäftigt ist, vor der Schaffung neuer Werte: diese nämlich, weil sie am leichtesten verkannt werden, bieten keinen leichten Verdienst. Für Shiras ist die Alternative des Handelns, die dem Superman offen steht, nicht so erkennbar wie für Stapledon. Letzterer unterstreicht, daß die Übermenschen sich der Identifizierung entziehen können, weil es ihnen bequemer ist, in der Anonymität zu leben. Es geht um eine in der Science Fiction noch ungenutzte Chance, die ich gerne patentieren möchte. Man kann nämlich das Problem des Übermenschen überhaupt umgehen und behaupten, daß es zwei Arten genialer Schöpfer gebe: solche, die sofort oder mit einer gewissen, nicht immer der gleichen Verspätung anerkannt werden, und solche, die, weil sie in überdimensionaler Weise die Grenzen aller kreativen Normen überschritten, historisch und gesellschaftlich nie richtig erkannt, d. h. identifiziert wurden. Es wäre also Aufgabe speziell geplanter Arbeiten (in einem phantastischen Werk), die Spuren der Tätigkeit solcher Genies der weltweiten »Extraklasse« zu suchen.

Zur höchsten Dimension der Dinge übergehend – sowohl die Motive des Superman als auch der Utopie reichen potentiell in Regionen, wo die letzten und deshalb wesentlichsten Fragen nach Sinn und Wert, also auch nach den *Zielen*, denen das Leben des Menschen gewidmet sein sollte, konzentriert sind; sie alle ließen sich auf die eine Frage zurückführen, *was* tun, wenn doch feststeht, daß »alles« zu tun unmöglich ist. Viele Autoren haben überhaupt nicht bemerkt, daß das Problem des Superman doch nur diesen, wenn überhaupt einen Sinn haben kann; die Darbietung irgendwelcher Talente und selbst der ungewöhnlichsten Eigenschaften tippt dieses Problem nicht einmal an. Ein Autor, der sich darüber nicht im klaren ist, präsentiert den Übermenschen wie ein Schaustück aus einem Raritätenkabinett, so wie Eltern ihr Wunderkind herzeigen; baut man aber einem solchen Helden kreative oder expansive Zwänge ein (»Tu was!« – »Zeig, was du kannst!«), ohne daß sie einem übergeordneten Programm als durchdachte Selektion der Ziele unterworfen sind, so wird daraus eine Serie von Zirkusnummern und Kunststücken, wobei keine dabei bekundete Geschicklichkeit die Leere der Motivation zu verdecken vermag. Die Antinomie der existenziellen Inhalte als Problematik des menschlichen oder übermenschlichen (egal!) Lebens tritt erst dann zutage, wenn man sich klar macht, daß nicht »alles« auf einmal durchgeführt werden kann; denn wenn jemand ein bestimmtes Talent besitzt, dann steht er nicht vor der Qual der Wahl, was er zu tun hat; aber wenn jemand über massenhafte Talente verfügt, dann tritt die Entsprechung desselben Dilemmas ein, das sich einer ganzen Zivilisation stellt, wenn ihrer Handlungsfreiheit breiter Raum gegeben ist. Sobald sie nicht mehr unter dem Druck der elementaren Bedürfnisse handeln muß, weil Ernährung, Schulbildung, Gesundheitsschutz usw. für sie bereits gelöste Aufgaben sind, dann taucht die Freiheit als Frage auf: »Was nun?« Und mit dem Äquivalent dieser Frage muß eben der Superman als Individuum konfrontiert werden, der, auch wenn er »alles kann«, doch nicht alles auf einmal, nicht einmal alles nacheinander machen kann. Da hilft nichts, es muß mit offenen Karten gespielt werden. Der Held muß nichts sagen, wird er doch mit Taten zeigen, was für ihn die höchsten Werte darstellt, wie sein Verhältnis zu sich selbst, zur Menschheit, zur Welt ist – und damit erreicht die Sache ontologische Dimension. Und da die Schriftsteller diese fürchten wie der Teufel das Weihwasser, flüchten sie sich in die »Kindheit der Supermen«, in deren Dramen, die durch sehr frühe Zusammenstöße mit der Umwelt stumpfer Eltern und noch ärgerer Erzieher usw. herbeigeführt werden. So ist denn auch außer Stapledon niemand in die genannte Dimension wirklich eingedrungen; denn, ist man ihr einmal so nahe gekommen, dann erfährt die ganze »Ungewöhnlichkeit«, »Andersartigkeit« des Homo Superior de facto eine Dämpfung, ja sie wird völlig zerstört. Dann haben wir es mit einem zu tun, »dem viel gegeben ist« und von dem daher »viel verlangt wird«; Vorschläge von der Art: »Dann soll er möglichst viele Werte produzieren« sind unsinnig, weil eine Vielzahl von Werten eben nicht auf einmal zu realisieren ist. Natürlich, man kann immer davon ausgehen (der Schriftsteller kreiert doch eine fiktive Gestalt), daß der Superman nicht mit einem »Superverstand« ausgestattet ist, sondern bloß z. B. charakterologisch, emotional und, sagen wir noch – somatisch eine neue Variante oder gar eine neue Gattung darstellt. Aber offenkundig ist es den Autoren jedoch zu schade um diesen »Superverstand«, und von dieser Eigenschaft des Superman wollen sie sich nicht trennen. Daraus erwachsen aber unvermeidliche Verpflichtungen; wenn der Superman soviel Verstand hat, kann er sich nicht wie ein Idiot aufführen. Und jede »Auflehnung« gegen die »menschliche Herde« ist vor allem deshalb eine Idiotie, weil sie irrational ist.

Je großzügiger also der Schriftsteller seinen Übermenschen mit ungewöhnlichen Talenten und Fähigkeiten bedacht hat, desto schärfer stellt sich das Problem, was der Held mit diesem »embarras de richesse« anfangen soll. Dieses Problem läßt sich nicht damit »hinwegerklären«, daß man etwa sagt, der Superman stützt sich bei seiner Wahl auf solche Axiome, solche Gedankengänge und eine solche Methode, in die wir unmöglich Einblick gewinnen können. Schön und gut, wir haben diesen Einblick nicht, aber trotzdem sehen wir, was der Übermensch, nachdem er seine Entscheidung getroffen hat, tut. Aus Taten lassen sich deren Voraussetzungen folgern; gerade auf dieser Ebene lassen sich die schwächsten Kettenglieder der belletristischen Konstruktion entdecken, auch im *Odd John*, wie wir schon gesagt haben. Die unvermeidbare Wirklichkeit sieht so aus: in eine Situation axiologischer Zusammenstöße wird der Übermensch viel stärker und vehementer verwickelt sein als der durchschnittliche Homo Sapiens. Sich auf seine »Superethik« zu berufen, die ihm z. B. erlaubt, Verbrechen zu begehen, ist kein guter Kunstgriff, denn eine enge Moral – die vor den Grenzen der Gattungsnorm halt macht – ist als antiuniversalistische Einstellung das Kennzeichen eines primitiven Kulturstands, und wenn es dem Homo Sapiens peinlich ist, daß er Tieren den Garaus macht, dann sollte für den Homo Superior die Vernichtung seines Vorgängers, des Homo Sapiens, noch viel peinlicher sein.

Natürlich gibt es einen Ausweg aus dieser Zwickmühle: man akzeptiert, daß der Mensch in vieler Beziehung ein Monstrum ist, ergo wird der Superman ein Supermonstrum sein. So erhält man die Chance, »vom Übermenschen her« eine gegen den Menschen gerichtete Karikatur zu schaffen, aber dann muß die Aufgabe genau definiert und entsprechend dieser Definition ausgeführt werden. Andernfalls kommt es zu dumpfen, unangenehmen und nicht erklärten Mißtönen, wie sie die Geschichte von Stapledon enthält. Die Ermordung der aus Seenot geretteten Matrosen ist ein ernster Fehler, der das Konto des Autors in einer Weise belastet, für die es keine moralische Begründung gibt. Erstens ist es im Aufbau des Buches inkohärent; an anderen Stellen zeigt es sich doch, daß die Übermenschen Gedächtnisspuren aus den Gehirnen der Menschen zu tilgen vermögen. Zweitens wollte Stapledon zeigen – und das ist klar –, daß die Moral des Homo Superior quantitativ eine andere ist als jene des Homo Sapiens. Aber über Dostojewskis Feststellung von der einen Träne der Waise kann man sich mit keiner Methode hinwegsetzen, man kann ihr auf keine Weise ausweichen und sie mit keinem Gerüst verbauen. Wer nicht weitergeben kann, was er nimmt, hat kein Recht zu nehmen; und der Verstand ist eine Instanz, die, je höher sie entwickelt ist, dies desto klarer zu sehen erlaubt. An der erwähnten Stelle erzählt das Buch von einer gewöhnlichen Gangsterbande, die sich aufmacht, ihre Siedlung zu gründen, nicht jedoch von Übermenschen; dasselbe gilt für die Eingeborenen, die vernichtet werden, um die Insel für die neuen Bewohner freizumachen. Später weiß man wirklich nicht, warum die Übermenschen kein bißchen dieser rücksichtslosen Grausamkeit gegen die sie bedrohenden Kräfte einsetzen wollen. Keiner von ihnen erklärt, warum ihrem Kodex gemäß sechzehn oder auch zweitausend Personen noch getötet werden dürfen und z. B. eine hunderttausend Mann starke Armee nicht mehr getötet werden darf. Wo verläuft die Grenze des Zulässigen? Bei mehr als 54 678 Menschen? Wie wir sehen, hat Stapledon hier ein Fangnetz geknüpft, in das er sich selbst verstrickt. Daraus folgt, daß er ein Kind seiner Zeit, der Epoche vor dem Zweiten Weltkrieg war: der moderne Science Fiction-Autor würde, schriebe er heute diesen Roman, ohne mit der Wimper zu zucken ganze Armeen und eine ganze Kriegsflotte auf Geheiß seiner Supermänner in die Atomhölle schicken. Denn der Verstand ist – in erster Linie – Konsequenz und Antizipation: Wenn man also ein Ziel festsetzt und ein gezieltes Spiel beginnt, muß man es bis zu Ende spielen.

Ereignissen, wie den beschriebenen, Gewalt anzutun, das bekommt keinem Werk gut, und je ernster die Intention, die dem zugrunde liegt, desto stärker zertrümmern derartige rechtlose Handlungen seine Aussage. Stapledon bemühte sich offensichtlich unter Einsatz seiner ganzen Schreibkunst, aber nicht kraft der Logik der Ereignisse, um einen tragischen Schluß. John erläutert dem Erzähler, daß es sehr schwer ist, die Angreifenden zu vernichten, weil man die in einem lebenden Körper befindlichen Atome nicht so zerstören kann wie die Atome in einer leblosen Substanz. Also hätte man den Boden unter den Füßen der Angreifenden zerstören müssen: aber auf diesen Gedanken konnte der Übermensch nicht kommen, weil der Romanschreiber das nicht haben wollte. So platzt denn die Vision und zerfällt in inkohärente Stücke. Schade, daß Stapledon einen pathetischen und geheimnisvollen Schluß einem besser durchdachten vorzog, schade um so mehr, als von der modernen Science Fiction die Auseinandersetzung mit Problemen aus diesem Bereich nicht zu erwarten ist. Die Tragödie des Übermenschen kann, ja muß sogar die Monumentalisierung des Zwiespalts sein, in den der Mensch in seinen Handlungen einfach hineingestellt ist; seine Quelle sind nicht Hekatomben von Menschenopfern, sondern die Notwendigkeit, auf die einen Güter zugunsten anderer zu verzichten. Der Superman ist einfach nur ein Knoten, nur eine Verdichtung der Antinomie der befreiten Vernunft, und so steht denn auch die Gesamtheit letztendlicher Fragen vor ihm, wie vom Feuer seiner gewaltigen Einsamkeit erleuchtet. Aber hier ist selbst der Beste, Stapledon, verstummt. Er wagte weder, seinem Übermenschen die Orthodoxie eines konkreten Glaubens aufzudrängen, noch ihn radikal vom Glauben zu trennen; da er aber nicht jegliche Tätigkeit des Odd John hemmen konnte, zeigte er den Typus der Wahl, die dieser zwischen den Werten trifft. Das ergibt belletristische Augenblickseffekte (die kalte Rücksichtslosigkeit des Mordes als Mittel, das den Zweck heiligt), d. h. taktische Erfolge, die jedoch strategisch in den Abgrund führen. Die Vernichtung als Schlußstein ist eine Form der Flucht vor den Problemen, andernfalls hätte man nämlich die Geheimnisse der phänomenalen Arbeiten, die angeblich, wir wissen nicht was, aber etwas Grandioses vorbereiten, nur daß die widerwärtigen militärischen Interventionen die Realisierung dieser großen Vorhaben vereitelten. Aber nicht alles wurde vernichtet: wir sehen bei Stapledon ein deutliches Schwanken zwischen den Polen der Alternative »Handeln und Nicht-Handeln«, die schon in der Einteilung der Übermenschen Ausdruck findet: die einen, wie der alte Ägypter Adlan, sind für Passivität und widersetzen sich den »Aktivisten der Genialität« in der Art von John.

Adlan als »passives Subjekt der Genialität«, der sich als Fährmann sein Brot verdient, sagt deutlich, es sei seine Aufgabe, das Werk der Schöpfung zu beobachten, es zu verstehen und zu lobpreisen. So kehren wir also zu den traditionellen Positionen zurück: *Odd John* ist zwar ein Übermensch, aber im abendländischen, eher aktivistischen Kulturkreis aufgewachsen: Adlan hingegen repräsentiert quasi den Orient – mit seiner Abkehr von der Welt, seiner Verachtung des Handelns. Also haben wir auch unter Übermenschen die uns gut bekannte Oszillation. Führt doch die Überschreitung der Positionen eines diskursiven und rationalen Empirismus unweigerlich zu mystischen Haltungen; am Ende gelangt der Mensch immer zu jener Gabelung, zu jener Alternative am Scheidewege, die durch keinerlei Manöver aus der Welt zu schaffen ist. Er kann entweder auf dem Boden der Reflexion bleiben, die das Sein rationalisiert, die es auf die gesetzmäßige Unvermeidbarkeit von Zufälligkeiten zurückführt, zu erklären – ja zu begreifen durch die Feststellung, daß der Mensch der Welt die Sinngehalte *verleiht,* nicht aber sie in ihr entdeckt, daß der Mensch Werte schafft und diese so lange bestehen, als er existiert – oder er kann auf dem Boden externalisierter Sinn- und Wertvorstellungen verharren, die schon festgelegt sind, bevor der Mensch erscheint, und bestehen bleiben, wenn der Mensch nicht mehr da sein wird – und das ist die Position der existentiell beglaubigten und außerempirischen Transzendenz.

Alle Manöver, die diese Dichotomie zunichte machen, ihrer Umklammerung entgehen sollen, haben Scheincharakter. Außer Monotheismen und Pantheismen ist noch ein sich verschwommen äußernder Manichäismus möglich (es gibt irgendeine Polarität, wir wissen aber nicht, wo der Teufel, wo Gott ist, wir wissen nicht einmal, ob es zwischen ihnen einen irgendwie einschätzbaren Unterschied gibt). Was noch? Meine persönliche Konzeption – von der Theologie bresthafter Gottheiten und deren eventueller Hierarchie – ist eigentlich auch nur eine Ausflucht, denn Götter mit solchen Eigenschaften sind hypostatische Projektionen ausgesuchter und nur zum Teil idealisierter menschlicher Eigenschaften, einer nicht universell voraussehenden und deshalb fehlbaren Aktivität.

Wie weit haben wir uns aber, anhand eines Romans über einen durch biologische Mutation entstandenen Übermenschen, von der üblichen Thematik der Science Fiction entfernt! Im Zusammenhang mit dieser Flucht in die Abschweifung drängt sich mir die Überlegung auf, daß im Gegensatz zur allgemeinen Literatur, die sich heute bemüht, beliebige Dinge ungewöhnlich zu beschreiben, die wissenschaftliche Phantastik ungewöhnliche Dinge x-beliebig beschreibt.

Sind nicht also beide auf Irrwege geraten? Was ist das für ein Unterschied – ob man alles über fast nichts erfährt, oder fast nichts über fast alles?

Das Thema des Superman ist gewiß ein gesamtkulturelles, und gar kein »biologisches« – denn eine Verankerung bloß im Biologischen ist ebensowenig wesentlich, wie die Natur der biologischen Entstehung jedes normalen Gattungsexemplars, das auf die Seiten eines Romans gelangen kann. Auch dieses Thema kann aber nichttraditionelle Sinngehalte bekommen, wenn wir es im Rahmen der neuentstehenden Techniken untersuchen; niemandem erscheint in Wahrheit das Gespenst der auf die Menschheit zukommenden Biotechnologien allzu bedrohlich, weil uns der gesunde Menschenverstand einflüstert, daß die instrumentale Invasion in unsere Körper doch keine Invasion im buchstäblichen Sinne dieses Wortes ist – in der Art etwa eines Einfalls von Marsbewohnern mit Fangarmen. Aber gerade hier versagt der gesunde Menschenverstand. In der Tat: eine Katastrophe wie der Überfall von Marsbewohnern, der aus heiterem Himmel über die Erde hereinbricht, wird es nicht geben. Dahingegen werden die rationalisierenden Techniken mit derselben Entwicklung, die schon begonnen hat, uns immer näher zu Leibe rücken; sie werden uns da und dort durch Erleichterungen, Vervollkommnungen faszinieren, uns Gesundheit bescheren, vielleicht sogar unsere Geisteskräfte potenzieren; und so werden sie uns langsam, Millimeter für Millimeter, an ihre beschützerische Anwesenheit gewöhnen, bis die Optimierung sich unmerklich in Umgestaltung verwandeln wird, denn je mehr wir zu tun imstande sein werden, desto größer wird der Druck des ungenutzten, aber einsatzbereiten Wissens sein. Welch unermeßliche Zahl von Problemen und welche Verantwortung, sie einzuordnen, zu benennen, ihre Rationalität, Stichhaltigkeit in Frage zu stellen; soll die Kultur zum Erbe der vergangenen Epochen werden, das in den Strahlen der technologischen Kräfte schmilzt – wie eine Eisscholle im Feuer der Sonne? Sollen wir, können wir das zulassen? Aber was müßte getan werden, um diese Fortschritte einzudämmen, wenn wir kein volles Vertrauen zu ihnen haben! Viele Fragen! Viele mögliche Antworten! Aber auch in dieser Beziehung, leider auch in dieser, können wir nicht auf die Hilfe der phantastischen Literatur bauen, die ihre Aufgaben verkannt hat, die – ohne es zu wissen, sogar ohne es zu ahnen – das ehrwürdige und redliche, in all seiner Naivität noch im vorigen Jahrhundert konzipierte Programm von Wells faktisch verraten hat. Aber anders konnte es nicht sein; denn wenn eine Literatur ohne Wissen, d. h. eine nicht auf Wissen gestützte Literatur, überhaupt möglich ist, so ist eine wissenschaftliche Phantastik unmöglich, die aus Ignoranz der Wissenschaft den Rücken kehrt.

VII.
Bestandsaufnahme

Wir haben noch die zwei letzten Kapitel vor uns – ein längeres, das sich mit dem erzählerischen Experiment in der Science Fiction befaßt, und ein molochartiges zum Thema Utopie. Doch wir wagen nicht, vom Supermann sogleich zu den letzten Problemen überzugehen, denn ohnehin wurden schon zu viele phantastische Dinge links liegengelassen. Im Kampf gegen die Flut des Materials, welches das Buch auf die Ausmaße einer Enzyklopädie auszudehnen droht, müssen wir widersprüchliche Tendenzen miteinander vereinigen. Wir wollen weder ausschließlich analysieren, noch die Dinge bloß isoliert betrachten, denn ersteres würde eine kosmisch aufgeschwemmte Chrestomatie ergeben, letzteres – »nackte«, durch keinerlei konkrete Analysen bestätigte Generalisierung. Ein gemäßigter Kurs muß sich an die Taktik des Kompromisses halten, dabei geht es aber nicht ohne Verluste ab; immer mehr Material müssen wir also auf das Konto der Auslassungen buchen. Wir haben nichts über die Phantastik vom Typ Horror Story gesagt und gedenken es auch nicht zu tun; denn die da und dort im Text verstreuten Erwähnungen schöpfen ihre Erörterung nicht aus. Wir werden der Poetik der Space Opera, die mit dem separaten und interessanten Problem des *Kitsches* zusammenhängt, keine Aufmerksamkeit schenken, denn vorerst müßte man den Kitsch in der Literatur untersuchen, will man seine Strukturen in der »kosmischen Oper« entdecken und erkennen. Auch haben wir, was das eine Mal wohl, das andere Mal nicht gerechtfertigt ist, die innere Klassifikation der wissenschaftlichen Phantastik vergewaltigt. Wir haben nicht alle Arten der von ihr betriebenen leeren Spiele in das Blickfeld gerückt; so wurde z. B. der beliebteste Typ des Spiels, bekannt unter dem Schlagwort »we are property«, übergangen (es geht um Werke, die auf der Prämisse aufbauen, daß die Menschheit »jemandes Eigentum« ist, daß Jemand oder Etwas sie insgeheim manipuliert). Diese Weglassungen ergeben sich aus praktischen Erwägungen, die – wie wir jetzt sehen – im Hinblick auf den regulären Grundstock der phantastischen Literatur recht abseitig sind; denn sie kümmert sich wirklich nicht sehr um die Wirklichkeit. Also ist unsere Monographie polemisch und schon aus diesem Grunde läßt sich ihr Prinzip in Frage stellen. Nicht um uns

Rückendeckung zu schaffen, sondern aus einem Rest von Anständigkeit heraus wollen wir jetzt bei einer Bestandsaufnahme halt machen und eine Gruppe von Motiven überprüfen, die insbesondere aus der »biologischen« SF stammen. Zwar werden wir wieder sündigen, denn die von der Tradition der Gattung abseits liegenden Themen – z. B. »Kinder-Monstren«, »Ökologien anderer Planeten«. »Mutanten« – werden wir pauschal und flüchtig Revue passieren lassen. Der kognitive Gehalt solcher Texte ist gering, aber das wundert uns nicht mehr; der Phantast, der sich auf die Jagd nach Einfällen begibt, ist eher »spielerisch« als »gnostisch« eingestellt. Er sucht das, was als Konzept schockierend, bizarr, unheimlich ist, aber ob man einem solchen Einfall selbst bei höchster Beanspruchung der empirischen Hypothesen einen Wahrheitswert zuschreiben kann, darüber macht er sich gar keine Sorgen[2]. Daher die Geschichten von den kindlichen Ungeheuern als unglückseligen, in außerirdischem Milieu aufgezogenen Monstren – für experimentell undurchsichtige Ziele (hier nämlich fristet das verborgene Motiv der »verrückten Gelehrten« sein Dasein, das ziemlich repräsentativ ist für die Hintertreppensensation der Comics und der phantastischen Schundliteratur aus den Zeiten vor dem großen, von der atomar-kybernetischen »Explosion« hervorgerufenen gesellschaftlichen Aufstieg der Wissenschaft). Der Wahnsinn erfüllt nämlich herkömmlicherweise die für die Autoren sehr bequeme und nützliche Rolle einer universellen Watte oder auch einer Erklärung, die alles, was die Erzählung nicht sinnvoll zu ordnen vermag, harmonisch ausgleicht. Im Kriminalroman mordet die vornehme alte Dame jeden, der ihr unter die Hände kommt, weil sie »übergeschnappt« ist, der grauhaarige Gelehrte dreht den lieben Kleinen, wo es nur geht, Schrauben ein, weil er ein »Wahnsinniger« ist, der geniale Erfinder versteift sich darauf, den Planeten in die Luft zu jagen, weil er »verrückt geworden ist« usw. Die SF legt keinen Nachdruck mehr auf solche »Erklärungen« der Motivation wissenschaftlicher Praktiken, sondern beschreibt schockauslösende Dinge, und kümmert sich nicht um irgendwelche Erklärungen, höchstens um Vorwände. Man kann übrigens die monströsen Experimentatoren immer von Schuld freisprechen, indem man gelten läßt, daß nicht sie verrückt geworden sind, sondern die Zivilisation, der sie angehören. Daher die Geschichten über Kinder, denen das Gehirn ausgeschlagen und die man mit den Nerven an die Steuerungen von Raketen »angenäht« hat, von telepathischen Kindern (Sturgeon hat eine Erzählung *Baby is Three* geschrieben, deren Titel schon zweideutig ist, denn man kann ihn so verstehen, daß das Kind drei Jahre alt ist, oder so, daß es aus drei Personen besteht: in der Tat hat das Kind in der Erzählung andere Personen als seine Verlängerungen, da es ein Computer ist, der jene telepathisch fernsteuert.) Eine Gruppe für sich sind jene Werke, die die fatalen Folgen der Radioaktivität zeigen (in der Mehrzahl wurden sie vor dem Abbruch der Kernversuche in der Atmosphäre geschrieben). Glaubt man diesen Autoren, dann gibt es keine Geißel, die die postradialen Mutationen nicht bewerkstelligen könnten. z. B.: die Entstehung von neuen Pflanzenarten, die der Menschheit Verderben bringen werden, die Regression des Menschen (den Neugeborenen wachsen Schwänze, ein Affenfell bedeckt ihre Körper), bei den Frauen hört die Ovulation und bei den Männern die Spermatogenese auf, das heißt die unfruchtbar gewordene Gattung stirbt aus (Dutzende Male belletrisiert), es erscheinen Mutanten von Tieren, die die Zivilisation angreifen (z. B. die riesigen weißen aggressiven Vögel von Ballard, die übrigens ebenso unglücklich sind wie die von ihnen attackierten Menschen, sogar noch schuldloser als diese, worin der gute moralische Sinn der Erzählung Ballards steckt); es können schreckliche Geschöpfe sein, gigantische Insekten, ein monströses Meerschweinchen, größer als ein Elefant, das der Arzt und Phantast M. J. Breuer in der Erzählung *The Hungry Guinea Pig* beschreibt, oder auch nur skurrile (in *The Voices of Time* von Ballard sind das Tiere, die sich an ein Milieu mit konzentrierter Strahlung anpassen, indem sie aus sich heraus Schutzschilder aus bleischwerem Metall produzieren). Oder die Strahlung bringt neue Menschengattungen hervor: Homo Superior, der ein logisches, aber nicht emotionales Wesen ist, oder Varianten, die mit telepathischen Fähigkeiten ausgestattet sind – oder schließlich solche, die eine solche Macht über ihren Körper haben, wie wir sie nur über Gedanken haben, d. h. ein derartiges Wesen kann eine beliebige somatische Gestalt, ganz nach Laune, annehmen.

Diese Erzählungen sind von jedem biologischen Standpunkt aus im allgemeinen ein Unsinn. Dabei sind wir gar nicht der Meinung, daß das Kriterium der Sinnhaftigkeit in der Science Fiction strikt angewendet werden muß; es handelt sich aber darum, daß die Rhetorik nicht die Argumentation ersetzen kann. Eine Hypothese wird wohl kaum die Triebkraft eines empirischen Werkes sein, dennoch sollte sie das Datenmaterial überzeugend organisieren, wie dies z. B. in der amüsanten Geschichte von Alan E. Nourse (ebenfalls ein Arzt) *Family Resemblance* geschieht. Ein vielversprechender Gelehrter vertritt die Meinung, der Mensch stamme nicht von den Primaten, sondern vom Stamm Suidae (einfacher gesagt, vom gewöhnlichen Schwein) ab. Hier seine Worte:

»Wir studieren die Embryos von Schweinen, und nicht von Menschen, weil die von Schweinen leichter zu bekommen und auch weil sie im Prinzip gleich sind! Sie beginnen sich von den menschlichen erst in den letzten Wochen der Schwangerschaft, im Mutterleib, zu unterscheiden. Und überdies – welche anatomische Ähnlichkeit! Die inneren Organe, ihre Anordnung, sind beim Schwein praktisch dieselben wie beim Menschen! Dieselbe Gestalt, Funktion, dieselbe Position aller Organe. Die Affen liefern ein ganz anderes anatomisches Bild. Menschen und Schweine haben einen Blinddarm, nicht aber die Affen. Die Zähne des Menschen haben eine oder zwei Wurzeln in den Molares und Praemolares, aber bei den Affen haben diese Zähne drei Wurzeln. Bei den Schweinen sind sie genauso wie bei den Menschen . . . Schweine und Menschen haben Knorpelnasen . . .«

Der in Eifer geratene Theoretiker zählt eine Reihe weiterer anatomischer Ähnlichkeiten zwischen Mensch und Schwein auf (die nicht ausgedacht sind), um seine Rede mit den Worten zu schließen:

»Und welches andere Tier, Doktor Hogan, außer dem Menschen, ist so hartnäckig faul, schmutzig, selbstsüchtig, verräterisch und aggressiv?«

Ich denke, dies ist erlaubt als geschickte und lustige Umgruppierung von Tatsachenmaterial – zwecks Aufstellung einer boshaften Hypothese; zwar stammt der Mensch nicht vom Schwein ab, doch ist es eine Tatsache, daß das Schweineherz sich besser zur Transplantation zwischen den Spezies eignet (wenn diese möglich wird) als das eines Affen. Es ist gut, wenn eine phantastische Konstruktion aus dem Humus realer Daten erwächst. Und selbst wenn man manchmal solchen Daten Gewalt antut, sollte man sie zumindest kennen, damit man auch weiß, was man tut. Aber die Phantastik traktiert gewöhnlich die Wissenschaft mit ihren Daten so wie die Homöopathie die Arzneimittel traktiert. Sie nimmt eine Prise Wahrheit, verwässert sie, einen Tropfen dieser Lösung verdünnt sie mit der nächsten Portion von Willkür, und nachdem sie das einige Male getan hat, gewinnt sie eine Lösung, in der sich entweder noch ein einsames Atom des ursprünglichen Sinns herumtreibt oder nicht einmal dieses mehr vorhanden ist. So kann ich also – um in meiner Besprechung fortzufahren – von der großen Anthologie G. Conklins *Adventures in Mutation* nicht Gebrauch machen, weil das »Verrücktwerden« eines Roboters unter dem Einfluß der Atomstrahlung keine biologische Mutation ist; Mutanten sind auch nicht – in welchem Sinne dieses Wortes immer – die strahlenden Geister der Urmenschen aus der Erzählung Sturgeons *The Love of Heaven;* davon, daß man ihnen wissenschaftliche Termini anheftet, werden die Spukgestalten und Phantome um nichts weniger »gespenstisch« als in der Horror Story. Hier handelt es sich nicht um eine pedantische Klassifikation – ich wäre der letzte, der sie verteidigen würde. Es handelt sich um die für die Science Fiction typische Methode, gleich am Anfang eine Handvoll Namen und Begriffe eines bestimmten Wissensgebiets einzufangen, und sofort über alle seine Grenzen hinauszuschreiten. An jenen Grenzen – den Fronten, die zwischen dem Bekannten und dem Rätselhaften verlaufen – verdichten sich die interessantesten Probleme. In vielen Wissenszweigen kann man auf sie hinweisen; so steht z. B. in der modernen Astrophysik zum erstenmal in der Geschichte die entsetzenerregende Frage auf der Tagesordnung: wie kann man zwischen stellar bzw. galaktisch natürlichen Phänomenen und künstlichen Erscheinungen Jemandes Astro-Ingenieurstätigkeit unterscheiden?

Von einem solchen realen Problem führen Ausweitungen zu schon phantastischen Hypothesen, die es wert sind, den Rahmen einer belletristischen Arbeit abzugeben. Z. B. erklären wir Unterschiede im Bau und in der Gestalt der Galaxien mit unterschiedlichen Formen der astro-technischen, nicht aber der stellaren Evolution. In spiralförmigen Galaxien, wie unsere Milchstraße, ist das Leben eine seltene Erscheinung, seltener, sagen wir, als in Galaxien mit sphärischem Bau. Oder aber wir entwerfen einen ganzen fiktiven Atlas des Himmels, der ihn nach den Nebelformen katalogisiert, die verschiedenen Arten der vernünftigen Tätigkeit zugeschrieben werden. Auf diese Weise gelangen wir zur totalen Inversion des Problems. Denn heute ist der Astrophysiker der Meinung, daß alles oder fast alles, was er im Raum beobachtet, eine Erscheinungsform des Wirkens der Natur sei, und wenn er nach Spuren der vernünftigen Tätigkeit sucht, sieht er sie als ungemein seltene, nebensächliche Ausnahme aus dieser eisernen Regel an. Die Umkehrung der Sache wird zeigen, daß alle oder fast alle Phänomene im Kosmos Artefakten sind, Spätzustände gigantischer Arbeiten, die schon vor Milliarden Jahren aufgehört haben, die unterbrochen wurden, weil die Astrotechnik hoher Zivilisationen, nachdem sie teilweise das »Erz« und den »Rohstoff« der Sterne ausgenutzt hat, das Interesse an ihnen verloren hat, so wie man an große Schlackehalden bei Hüttenwerken das Interesse verliert; der ganze Kosmos ist somit ein einziges riesiges Trümmerfeld auf das tote Gleis abgestellter stellarer Technologien, und die Schwierigkeiten der Interpretation uns ungewöhnlich erscheinender kosmischer Phänomene sind eine Folge davon, daß die Wissenschaft diese Sachlage systematisch verkennt. Natürlich – das ist nur eine allgemeine Skizzierung des Weges, den die konkretisierende Phantasie beschreiten kann.

Im Bereich der Biologie wiederum ist der Übergang von Mutationserscheinungen zur Entstehung von Phantomen, Telepathen, grauenerregenden Ungeheuern, allerlei Schreckgespenstern nur scheinbar ein Weg zur hypothesenschaffenden Manipulation, denn wer von Gespenstern, Scheusalen, Monstren spricht, befindet sich nicht mehr auf dem Terrain der phantastischen Biologie: er hat sich insgeheim in die Rumpelkammer mythologischer Symbole und Schemata davongeschlichen. Nicht die übermäßige Kühnheit der Phantasie also ist hier abzulehnen, denn in einem solchen Vorgehen ist keine Spur von ihr vorhanden, sondern, umgekehrt, ihre Tendenz zum Banalen, der Wunsch, sich unter dessen Fittiche zu begeben, d. h. die träge Bequemlichkeit des Denkens, das auf fertige Lösungen aus ist.

So wie bei jedem anderen, ist auch beim biologischen Thema das reine (formelle) Spiel gestattet. Hier ein Beispiel: die Erzählung von Jack Sharkey *Three Time Arcturus*. Die kosmischen Zoologen bedienen sich einer Kontaktapparatur, die es dem Menschen gestattet, sich an das Bewußtsein, d. h. an die Psyche der auf den Planeten erforschten Tiere »anzuschließen«.

»Der Mensch im Kontakt war kein Mensch mehr: er war die Kreatur, in deren Gehirn er sich festgesetzt hatte. In ihm war nur mehr ein winziger Rest seiner persönlichen Identität geblieben« (nb., die Idee erinnert an die schon erwähnte Erzählung von Anderson *Call me Joe*). Und weiters: »Die unantastbare Dauerhaftigkeit des Kontakts bildete sein Hauptrisiko. Als die Kontakthaube erfunden wurde, entdeckte man, daß man 40 Minuten und 4 Sekunden im Innern des Tieres wird leben müssen. Das konnte nicht geändert werden. Der Zoologe konnte im Inneren des untersuchten Tieres weder länger noch kürzer verweilen.«

Wenn also das Tier, an das der Kosmozoologe angeschlossen ist, aus irgendwelchen Gründen umkommt, muß auch der vorübergehend in seinem Gehirn »Angesiedelte« – der Mensch – umkommen.

So umreißt die Erzählung das, was ich als »Ausgangsprämisse« und als »Grenzbedingungen« bezeichnen möchte. Die Prämisse ist hier die Technik der »Kontakt«-Untersuchung der Formen der kosmischen Fauna; die »Grenzbedingungen« sind die Umstände, die das erwähnte Risiko schaffen. Die Ausgangsprämisse und die Grenzbedingungen bestimmen die Handlung noch nicht; in Sharkeys Erzählung könnte sich der Zoologe – immer noch von denselben ersten Daten ausgehend – in einer unvorstellbaren großen Zahl von Situationen finden, die so unterschiedlich wären, daß ihre Zusammenführung unmöglich ist. Bei Sharkey haben wir eine Reihe von »Umsteigstationen«, und auf jeder erlebt er ein anderes Abenteuer: alle verbindet der gemeinsame Nenner der Bedrohung, mitunter einer tödlichen Bedrohung. Wäre die Erzählung von der uns schon bekannten Frau Naomi Mitchinson geschrieben worden, so hätte sich wohl der Zoologe oder vielmehr die Zoologin in den Genitalien eines riesigen Weibchens gefunden. Ich ziehe aber die Erzählung Sharkeys den *Memoirs of a Space Woman* vor, einer Geschichte, die scheinbar von den kühnsten biologischen Einfällen nur so strotzt, weil *Three Time Arcturus* relativ bescheiden konzipiert ist; es geht um eine Reihe sonderbarer und gefährlicher Abenteuer, ohne Anspruch auf höhere Philosophie, auf die Darstellung der »Ethik des Kosmozoologen« (als Menschen, der Frau Naomi zufolge, niemals protestiert, wenn ihm die Marsbewohner zu Zwecken der Diskussion die Hosen herunterziehen).

Zu den am häufigsten herangezogenen biotechnologischen Motiven gehören: a) die »Einfrierung«, die das Leben verlängert, 2) die Ausstattung des Menschen mit Langlebigkeit oder gar Unsterblichkeit, und schließlich 3) die Modifizierbarkeit unserer Körper, wobei man aus der Sicht der modernen Wissenschaft im Prinzip der Meinung sein kann, daß in irgendwelchen Varianten derartige Techniken durchaus realisierbar sind. Die Hibernation – durch die der Tod technisch zu einer umkehrbaren Erscheinung gemacht wird – scheint jetzt die einzig mögliche Form des Reisens in die Zukunft zu sein (sieht man von Fragen der Relativierung des Zeitablaufs bei kosmischen Reisen ab). Aber soziale Probleme, die sich aus der Verbreitung von »Einfrierungstechniken« ergeben, werden im allgemeinen von der Science Fiction nicht behandelt; eine rühmliche Ausnahme bildet hier die Erzählung von Leo Szilard, der das Problem ziemlich realistisch anpackt. Denn im Grunde könnte jede ernstere historische, zivilisatorische Disharmonie, jede Krise, die heute bewirkt, daß sich lange Menschenschlangen vor den Bankschaltern bilden, bei solchen Techniken dazu führen, daß eine »Massenflucht in Tiefkühltruhen« erfolgt, in deren eisiger Umarmung man ruhig und bequem den Anbruch »besserer Zeiten« abwarten könnte. Und auch die Frage, welche Schichten der Bevölkerung am liebsten von jenen Kühlschränken Gebrauch machen würden, hätte wesentlichen Einfluß auf politische Bewegungen und auf das Gleichgewicht des gerade herrschenden Systems. Man kann sich auch vorstellen, wie verschiedene Einstellungen in der »Einfrierung« zum Ausdruck kommen würden, zum Beispiel der Protest (ein hervorragender Gelehrter oder Philosoph »wendet seiner Epoche den Rücken« und verläßt sie durch die Türe der Tiefkühltruhe) oder auch der Wille, sich an jemandem zu rächen (z. B. ein betrogener Ehemann, den seine junge Frau mißachtet, beschließt die Suspendierung seiner Lebensprozesse für dreißig Jahre: wenn er den Kühlschrank verlassen wird, wird er noch ziemlich rüstig sein im Vergleich zu der Greisin, zu der seine Frau inzwischen geworden ist) – usw. Die Vision von alten, reichen Erbonkeln, die, statt ihre Gebeine zu Grabe zu tragen, diese sorgfältig in verfestigtem Stickstoff verpackt in einem Luxusbehälter deponieren, würde der Familie, der bei dem Gedanken an die Erbschaft das Wasser im Munde zusammenläuft, schlaflose Nächte bereiten; es würde ein neuer Typ von Verbrechen entstehen – z. B. Beschädigung der Tiefkühltruhe, in der ein solcher Millionärsonkel der Familie zum Trotz in Erwartung der Ära perfekter Verjüngungstechniken liegt. Wie wir sehen, geht es nur um einen einzigen Parameter des technischen Wandels, wobei es sicher nicht richtig wäre, die ganze Zukunftsvision auf einer solche Erfindung aufzubauen: in demselben Text müßten mehrere solcher Erfindungen gebündelt werden. So ist denn auch die Art der Ausnutzung der genannten Technik – z. B. im Text von Sheckley – nur ein nebensächlicher Ulk (wackere Emporkömmlinge, die auf einsamen Planetoiden arbeiten, erhalten per Post tiefgekühlte Bräute nach dem Katalog des Versandhauses Roebuck-Ward, so in *Human Mans Burden*). Das Motiv der meist durch chemische Mittel erreichten Langlebigkeit dient nur als Vorwand für abenteuerliche Intrigen; der Kampf geht nämlich um das Geheimnis jenes verewigenden Präparats, das man ebensogut durch jede andere Kostbarkeit ersetzen könnte. Dieses Motiv hat seine lange Tradition, denn für Jugend und Langlebigkeit hat man dem Teufel doch die eigene Seele verkauft: es gibt auch einen polnischen Roman zu diesem Thema, *Das Elixier des Professors Bohusz.*

In seinen Travestien hat dieses Thema in der Science Fiction ein neues Aussehen z. B. dank folgender Einfälle erlangt: ein ungemein langlebiger Mensch hat in seinem Gehirn nicht genug Platz für alle Erlebnisse und Erinnerungen, er lebt also »angeschlossen« an Reservoirs eines synthetischen Gedächtnisses; ein andermal wieder – und dieser Aspekt scheint originell – kann Langlebigkeit sogar zur grausamen Last werden, besonders wenn sie das entwertet, was in unserer Kondition eben deshalb von Wert ist, weil es flüchtig und unbeständig ist; aus dem erfüllten Traum ganzer Generationen taucht also das *taedium vitae* hervor. Eine extrem phantastische Variante der Verlängerung des Lebens ist das Motiv des »Diebstahls einer fremden Jugend« durch Umsteigen in eine fremde Persönlichkeit, das noch H. G. Wells ausgenutzt hat. Wenn aber nur ein Teil der Gesellschaft über das Geheimnis der Langlebigkeit verfügt, ist dieser Zustand die Quelle aller möglichen Konflikte (so etwa bei Heinlein).

Stellen wir uns nun einen solchen Romanbeginn vor:

»Valerian kam als schlanke Blondine, die er bisher nie gewesen war, zum Abendessen. Ich wußte, daß er Frauen nicht leiden kann, also konnte ich mir sein Vorgehen nur damit erklären, daß er Alice des Vergnügens, zu tanzen, berauben wollte. Er hatte nur seinen Bariton beibehalten, aber auch ohne ihn erkannte ihn jeder an seiner Art.«

Es geht um eine Welt, in der man sich aus dem Schrank einen Körper herausnehmen kann, wie man einen Anzug herausnimmt. Das klingt für uns humoristisch und vor allem unwahrscheinlich. Aber es kann sich doch herausstellen, daß die Erhaltung der Vitalität des Organismus eine viel schwierigere Sache ist als die Verwandlung des Gehirns in eine Art Patrone, die man aus dem Schädel, wie aus einer Schublade, herausnimmt und in einen anderen Kopf hineinlegt, als würde man eine Flinte laden. Die Unwahrscheinlichkeit eines solchen Modus der Autoevolution hat zwar ihre sachlichen Grundlagen. Von der natürlichen Evolution der Tiere haben wir einen Organismus geerbt, dessen oberstes Prinzip die vollkommene Souveränität der Funktionen ist. Ist doch jeder lebendige Organismus ein komplettes Aggregat, zusammengesetzt aus Untergruppen, die der Assimilation, der Ausscheidung usw. dienen – man kann doch nicht, auch nur für einen Augenblick, vom Körper dessen »momentan überflüssige« Organe abtrennen, z. B. wenn man zum Konzert oder ins Theater geht, die »Verdauungs- und Kanalisations«-Teile der eigenen Person zu Hause lassen. Und wenn sich dank biotechnischer Verbesserungen z. B. die Gedärme als überflüssig erweisen sollten, müßte dies einen generellen Umbau der körperlichen Formen mit sich bringen, sonst müßte man die Körperhöhlen mit irgendwelchen neutralen Substanzen ausstopfen. Aber solche rationale Überlegungen zur Architektonik somatischer Umgestaltungen kann man beiseite lassen, wenn man eine phantastische Erzählung über eine Welt der auswechselbaren Körper schreibt, denn die Errichtung einer solchen Welt hätte interessante kognitive Konsequenzen, besonders im psychologischen Bereich.

Das Ideal der körperlichen Schönheit hat sich in verschiedenen Epochen und Kulturen gewandelt, wobei das Muster der Vollkommenheit des weiblichen Körpers größeren Schwankungen unterlag als das des männlichen Geschlechts. Die Gegenüberstellung von Abbildungen, die das körperliche Ideal der Schönheit in der Gotik und im Barock veranschaulichen, erweckt den falschen Eindruck, als habe in einer ungewöhnlich kurzen Zeitspanne eine veritable Evolution der Phänotypen stattgefunden. Bestehen doch riesige Unterschiede zwischen den hermaphroditisch schlanken Akten der Gotik und den üppigen Frauen eines Rubens. Es gab Zeiten, z. B. in den zwanziger Jahren unseres Jahrhunderts, in denen Flachbrüstigkeit als besonders schön galt. Natürlich war es allein die Mode, die die Wahl traf, die in der Hierarchie der Schönheit auf den ersten Platz immer wieder eine Formenharmonie stellte, aus dem breiten Reservoir der Bevölkerungsvariabilität schöpfend.

Diese Selektion war kulturell bedingt, und ihre Sinngehalte entsprechen der Gesamtheit der sozialen Normen der Epoche. Der Auswahl der somatischen Typen kam die Mode auf dem Gebiet von Kleidung und Kosmetik zu Hilfe, wobei der Haupttrend dieser beiden gleichlaufenden Tätigkeiten – Selektion und Mode – in erotischer Hinsicht nicht immer positiv war (d. h. nicht immer diente die Auswahl der Ideale der physischen Schönheit und der künstlichen Mittel, die dieses Ideal umrahmten, zugleich als Verstärker sexueller Attribute).

Die Methoden, zu denen seit Jahrhunderten die Frauen griffen, um ihr Äußeres abwechslungsreich zu machen und zu unterstreichen, sind unzählige Male beschrieben worden. Hingegen bin ich nie dem Versuch einer Informationsanalyse dieser ganzen Veränderlichkeit begegnet. Die Lexikographie dieser (körperlichen und Kostüm-) Semantik ist sowohl vieldimensional als auch widerspruchsvoll. In ein und derselben Zeit vermochte die Frau mit derselben Gestalt, mit denselben Kleidern, Sinnlichkeit und deren schamhaftes Verbergen zu manifestieren, ihre sekundären Geschlechtsmerkmale im Sinne der »Anpreisung« und im Sinne der »Verleugnung« zur Schau zu stellen – letzteres entweder »sublimierend« oder nur »antisomatisch« (die Form des Busens kann man entweder in Spitzen »versenken«, oder durch Plattdrücken unkenntlich machen). Diese Feststellung zeigt eine Skala von Signalen an, die sich auf einer Linie zwischen der Kenntlichmachung des Elements der körperlichen Erotik bis zur sublimierten Vergeistigung erstrecken. Auf eine andere Skala hingegen gehörten die Grade der direkten oder, umgekehrt, der indirekten Signalisierung körperlicher Attribute übertragen. Denn es ist nicht dasselbe, ob man die Brust entblößt, oder sie z. B. durch spezielle BH bei gleichzeitiger Verhüllung größer erscheinen läßt. Diese Semiometrie würde besonders das Verhältnis zwischen zu entblößenden und zu verhüllenden Körperpartien berücksichtigen. Untersuchungen ähnlicher Art wurden durchgeführt (z. B. von Kroeber), und man deckte sogar zyklische Gesetze auf, die bestimmend sind für das Länger- und Kürzerwerden der Kleider, für das Betonen oder Unterspielen der von der Kleidung bedeckten Körperpartien, aber diese Untersuchungen lieferten keine Informations-Analyse, derzufolge das Aussehen der Frau eine *Botschaft*, eine Mitteilung wäre.

Der Informationscharakter der Entscheidungen der Paradigmatik von Mode und Kosmetik tritt besonders darin zutage, daß es für den konkreten historischen Augenblick ein

Repertoire von Zuständen gibt, allgemein gültig wie ein Lexikon, aus dessen Stichworten der Mensch einzelne Elemente wählen kann, das aber seine Aussagen auf außerlexikalische Art nicht zu artikulieren imstande ist. Den Regeln der pragmatischen Zuordnung sprachlicher Bezeichnungen entspricht in der Kostümologie die Regel der Situationsbedeutung: denn für ein ungeübtes Auge mag es keinen Unterschied geben zwischen dem Aussehen eines seidenen Pyjamas und eines ganz ähnlichen Anzugs, in dem heute die Frauen auf den Straßen spazieren; es ist aber kein Pyjama, sondern eben ein Straßenanzug. Nun geht es aber darum, daß ebensowenig wie jemand es wagen würde, einem Namen von allgemein anerkannter Bedeutung willkürlich eine ganz andere Bedeutung zu verleihen, auch niemand den Mut aufbringen würde, in Zeiten, die eine solche Regel nicht bestätigt haben, z. B. im Pyjama auf der Straße einherzustolzieren, weil der so Gekleidete eigenmächtig beschlossen hat, dieses Kleidungsstück in einen Straßenanzug umzubenennen. Das Aussehen der Frau ist eine semantisch vielschichtige Mitteilung: man könnte eine »Schicht« isolieren, die die gespielte Rolle anzeigt (des Teenagers, der Mutter, der Matrone), eine »Schicht«, die die »berufstätige Frau«, »die Partnerin des Mannes« oder auch die »Rivalin auf sozialer Ebene« kennzeichnet, eine in jenen anderen verwurzelte und durch Zeichen der ästhetisch-erotischen Signalisierung sich abhebende »Schicht« usw. Das ist die Synchronie der Aussagen im Bereich der Kleidung und Schönheitspflege; sie haben auch ihre Diachronie, die in der Evolution der Paradigmen von Schönheit und Kleidung sichtbar wird. Jeder jeweilige Zustand ist vorübergehend und wechselt in einen anderen hinüber, den man nicht mit Sicherheit voraussehen kann, es kann nur probabilistische Prognosen geben. Diachronisch bestimmt sind solche Modalitäten der Aussage, die mit der gegebenen Kulturformation entstehen und vergehen. Jede Frau bemüht sich, zugleich sie selbst und die Repräsentantin des idealen Paradigmas zu sein (der »femme fatale«, der »garçonne« etc.). Die universalen Charakteristiken solcher Sinngehalte, die vom gängigen Paradigma gegeben werden, kann man noch am leichtesten aus kitschigen Nachbildungen ablesen, denn dort kommen sie überdeutlich zum Ausdruck. Gewisse Paradigmen, deren Sinn aufgrund ihrer Verbindung mit dem Gegensatz »Masochismus-Sadismus« vielleicht im vorhinein gegeben ist, lassen sich in den synchronischen sukzessiven Querschnitten der Diachronie erkennen. So wurde z. B. einst die aggressive Frau als »Venus im Pelz« lanciert; heute ist es die in den Comicstrips propagierte »Pravda«, die sich wie ein Mann kleidet, in Hosen das Motorrad besteigt, einen breiten Ledergürtel umgeschnallt hat, der an einen Soldatenriemen erinnert, Gegenstück zur Peitsche der »femme fatale«; den Platz der Jungfrau mit langem wallendem Haar, die im Mondschein Klavier spielte (*Das Gebet der Jungfrau* selbstverständlich) hat Barbarella übernommen, die sich viel augenscheinlicher als ihr Urbild dazu eignet, gefoltert, sadistisch mißhandelt zu werden, denn ihre Zerbrechlichkeit, subtile Schlankheit, ihre »Engelhaftigkeit« scheint, als Ergänzung, zu gewalttätigen und entsetzenerregenden Handlungen herauszufordern. Wie sich zeigt, ziehen einander in dieser Semantik die Elemente der Sinngehalte nach dem Prinzip des typischen Gegensatzes an. Wir sehen also: a) Kerne von Sinngehalten unveränderlichen Typs, b) sich verändernde Regeln der (körperlich-kostümmäßigen) *Syntax*, c) Beziehungen denotativer und konnotativer Art zwischen den »somatischen Aussagen« und der Gesamtheit der jeweils herrschenden Werte und Bedingungen.

Zu den Invarianten gehört in diesem Bedeutungssystem die Schönheit; hauptsächlich dank ihr wird der Körper zu einem *intentionalen* Objekt. Diese Intentionalität kann kulturell verschieden interpretiert werden und wird es auch. Z. B. als Verlockung zur Sünde – das war der Sinn der körperlichen Schönheit nach dem puritanischen Vokabular. Oder als Prämisse, die »logisch« Schönheit der Seele impliziert. Denn wie nach den Gesetzen des Denkens das Höchste Wesen – weil es vollkommen ist – eben deshalb existieren sollte, weil das Prädikat der Vollkommenheit angeblich das Prädikat der Existenz impliziert (was ein logischer Fehler ist, aber nichtsdestoweniger hartnäckig verkündet wurde), so schien auch der ideale Körper eine ideale Seele als »notwendige« Ergänzung zu erfordern. Oder auch – als Akt der heimtückischen

Perfidie, auf das Verderben des Menschengeschlechts gerichtet. Die Schönheit ist nach dieser Auffassung nicht das Werk des Satans, denn kein persönlicher und transzendenter Dämon bedient sich ihrer, sondern der unpersönliche Dämon des Geschlechts als »Wille der Natur«, verkörpert in der biologischen Blüte (so bei Schopenhauer).

In allen derartigen Symbolsystemen hat der Körper wohl die Bedeutung des Sex, dieser steht aber nicht am Ende des denotativen Weges; erweist er sich doch selbst als Instrument – einmal der Hölle, ein andermal der Natur, dann wieder gleichsam des platonischen Ideals. Da ein Minimum an biologisch gegebenen Bedingungen existiert, die der Körper erfüllen muß, damit die Gattung nicht ausstirbt, nahm seine Verdammung nie die Form totaler Verbote des Sex an: solche Entscheidungen würden das Menschengeschlecht vernichten. Aber wie man den Satz: »Der Mensch ist ein Wesen, das für den blutigen Kampf geschaffen ist«, mit Begeisterung oder mit Bedauern aussprechen kann, so kann man sich auch mit dem Sex enthusiastisch oder höchst unwillig einverstanden erklären; und solche unterschiedliche Standpunkte hatten ihre Konsequenzen auf dem Gebiet der »Grammatik« und »Lexikographie« der Körper- und Kleidungs-»Aussagen«.

Es gab Kulturen, die die Problematik des Körpers als intentionales Objekt stark reduzierten, indem sie z. B. bestimmten, daß die Frau ein Werkzeug der Lust und nichts mehr sei. Wenn die Frau eine solche »Instrumentalisierung« erfährt, werden alle ihre Reize von der Transzendenz, also auch von den dazugehörenden Bedeutungen, radikal losgelöst. Wie jedes andere Werkzeug symbolisiert der Körper in diesem Fall nichts, bedeutet er nichts, kommt er nur zu etwas zustatten, dient er nur als Mittel zum Zweck. Eine derartige Reduktion hat sich im Rahmen der Mittelmeerkultur nie durchgesetzt, denn mit der Negierung der Intentionalität des Körpers verdrängt sie auch die Aspekte der Persönlichkeit. Wenn körperliche Versklavung – so wie eine Kultur, die einer Frau die Attribute ihrer Persönlichkeit abspricht – gar kein moralisches Problem sein kann, so gibt es in einer Kultur, die solche Werte bejaht, stets das Dilemma der Person, die zugleich Information ist. Die Information verleitet nämlich zu dem, was die personalistische Direktive verbreitet. Natürlich schlug der Oszillationspendel dieses dialektischen Verhältnisses des Körpers als »Behälter« persönlicher Werte und des Körpers als Objekt der Sinnenlust breit aus, so daß, je mehr Hindernisse sittlich – tabuistischer und sozial – stratifizierender Art man zwischen beiden Geschlechtern aufhäufte (und somit die sexuellen Kontakte erschwerte), um so energischer stieg die Tendenz zu gleichzeitiger Erhöhung und Erniedrigung der Frau an. Je mehr sie nämlich ein »unberührbarer Engel« war, um so begehrenswerter wurde sie – und dieser Zustand war alles andere denn engelhaft; jener Zustand der Doppelsinnigkeit kam in verstärkter Informations-»Intentionalisierung« ihres Körpers zum Ausdruck. Also kurz und bündig: die Frau wurde durch den kulturellen Gradienten in eine antinomische Position gedrängt – denn je offensichtlicher sie auf diese Position gedrängt wurde, desto mehr wurde sie eben dafür verantwortlich gemacht. In seiner extremen Form äußerte sich dieser Trend in absurden Postulaten an die Frau: sie soll ein Engel sein, also hat sie »kein Recht« zu essen, zu trinken, auszuscheiden – besonders die Ausscheidungsfunktionen »geziemen ihr nicht«! Und da sie diese Bedingungen nicht erfüllte, ist sie schuldig: ihre Schönheit ist, als falsche Anmaßung, ein einziger perfider Betrug.

Diese antinomischen Interpretationen blieben solange im Zustand einer dramatischen Spannung bestehen, solange die Barriere der zwischengeschlechtlichen Hindernisse bestehen blieb. Ihr Einstürzen bedeutete, daß aus dem übermäßig aufgeblasenen Informationsballon der Sinn entwich; denn ein erleichterter Sex wird immer bedeutungsloser und verliert seinen metaphorischen Sinn, anders jedoch als in den Kulturen des Orients: dort war der Mann eine Person, die Frau aber ein Gegenstand, die moderne Promiskuität hingegen nivelliert beide Geschlechter, liquidiert die Problematik der Herrschaft des einen und der Unterwerfung des anderen Geschlechts. Der intime Kontakt wird zu einer Angelegenheit von beiderseitigem Einverständnis. Diese Egalisierung kommt zunächst darin zum Ausdruck, daß körperliche Schönheit den Charakter eines in transzendenter Beziehung neutralen Werts gewinnt; weiters, daß das gerade aktuelle Paradigma der Schönheit demokratisch normativ wird; aufgrund der Werbekampagnen der Schönheitspflege gewinnt die optimistische Meinung Verbreitung, daß im Prinzip jede Frau eine Brigitte Bardot werden könne (oder ein anderer Filmstar, der gerade das somatische Muster der Schönheit bestimmt), wenn sie sich nur gehörig bemüht. Gab es doch eine Zeit, da tummelten sich in den Straßen ganze Haufen kleiner Brigittes mit Pferdeschwanzfrisur.

Nun, wenn die Menschen sich tatsächlich die Körper so aussuchen könnten, wie man vor einem Ball sein Kleid aussucht, dann würde sich der Radius der informativ zugänglichen Handlungen sprungartig vergrößern. Denn dann würde der Wunsch nach »somatischer Mitteilung der eigenen Person« nicht nur im Randbereich, also im Hinblick auf Makeup, Kleiderschnitt, Haarfarbe Ausdruck finden, sondern sich »im innersten Kern« der Frau oder des Mannes befinden. Und wie man es heute »mit Blumen sagen kann« oder durch Schmuck, Schuhe, Wäsche, so könnte man dann durch die *Wahl* eines konkret gestalteten Körpers Informationen über den Typus des Ausdrucks der Persönlichkeit in die Welt schicken.

In einem kleinen Ausmaß kann man das auch heute tun. Vorführdamen mit gewaltigen Busen sind »künstliche Produkte«, denn solche Busen erzeugt man mit Hilfe (manchmal übrigens lebensgefährlicher, weil sich Embolien bilden) Spritzen einer dicken, gerinnenden Flüssigkeit in den Milchdrüsenansatz. Doch das sind eher ungewöhnliche Eingriffe, zu denen Frauen Zuflucht nehmen, die ihren Körper als Ware behandeln – z. B. Striptease-Tänzerinnen, gewisse Modelle, Filmschauspielerinnen usw.

Die Leichtigkeit des Umsteigens in einen anderen Körper würde neuen Kulturspielen ein Feld eröffnen. Man könnte z. B. buchstäblich nur mit dem Körper dem sexuellen Partner untreu werden, das Alter, das Geschlecht, das Aussehen ändern, auf diese Weise die Sphäre der Erlebnisse bis zu den Grenzen der Veränderlichkeit, die dem ganzen Menschengeschlecht gesetzt sind, verändern. Übrigens ist es nicht leicht, Innovationen zu erfinden, die noch von niemand antizipiert wurden. Stapledon beschreibt in seinem Roman *The Starmaker* (im Jahre 1937) die auf einen bestimmten Planeten angewendeten Techniken – die Fernsendung der sexuellen Information (im Studio erlebt ein Musterpaar Wonnen, die durch Radiowellen transmittiert werden und an denen man dank der entsprechenden Empfängeranlage teilhaben kann). Es ist dies zwar keine Technik des vollständigen »Umsteigens«, sondern nur des informationsmäßig-sinnlichen »Anschlusses« an etwas, was andere Menschen erleben und empfinden. (In meiner Erzählung *Altruisi* habe ich unbewußt Stapledons Idee wiederholt, indem ich – übrigens in humoristischer Absicht – die Existenz eines »Psychotransmissions-Präparats« postulierte.)

Der Sex müßte nicht das einzige Feld der neuen Kombinatorik bleiben. So wie ein Staat bei drohender Kriegsgefahr die schwersten Panzerkreuzer in den Häfen konzentriert, so würde sich ein Mensch, der sich zur Begegnung mit dem Feind vorbereitet, aus der somatischen Garderobe die athletischste körperliche Ausrüstung wählen. Auch könnte man einen anderen Körper für den Morgen, einen anderen für den Abend haben, einen Körper zum Bergsteigen, für Unterseeexpeditionen, für Raumfahrten, und im Rahmen dieser neuen Prinzipien würde das Sprichwort »Kleider machen Leute« buchstäbliche Wahrheit werden.

Soviel in bezug auf Unterhaltsames. Aber es würde auch zu Veränderungen im Bereich der Werte und Motivationen von Handlungen kommen. Das könnte etwas Licht werfen auf die ewig und beharrlich diskutierten Fragen, z. B. des Geschlechtstriebs, des Verhältnisses zwischen ästhetischen und erotischen Idealen usw. Darüber hinaus würden vielleicht dort, wo jeder so schön sein könnte, wie er will, derartige Rivalitäten bald erlöschen und einer neuen Platz machen – zwischen geistigen Qualitäten.

Es geht darum, daß Schönheit kein persönliches Verdienst ist; zwar ist auch die Intelligenz keines, wenn sie angeboren ist – die aber springt nie so buchstäblich in die Augen und pflegt nicht Gegenstand der Vergötterung oder so starker Begierde zu sein. Wir versuchen hier nicht, diesem schwierigen Problem auf den Grund zu gehen; denn jeder Versuch, das, was »ästhetisch rein« ist im Ideal der körperlichen Schönheit, von dem abzugrenzen, was, frei nach Schopenhauer, von männlicher Begierde besudelt oder einfach das Resultat nachhaltiger Wirkungen der adaptiven Gattungsselektion ist, dürfte vergeblich sein, wenn er ein empirisch verifizierbares Resultat bringen soll. Nicht weniger verwickelt ist die Sache, wenn wir daran gehen, beim Anblick perfekter Schönheit die »rein kontemplative« Komponente von der »erotischen« zu trennen; in dieser Beziehung sind wir nur zu gewissen von der Kultur fixierten konventionellen Urteilen fähig, denn auch hier gibt es keine objektiveren Maßstäbe. Jedenfalls kommt es faktisch vor, daß ein vollkommen schöner Körper gleichsam als das Werk des Dämons des Geschlechts erscheinen mag – also einer hypostatisch hervorgerufenen geheimnisvollen Macht, die sich lüsterne Männchen als Opfer auserkoren hat. Die Chance, sich mit verschiedenen Körpern zu schmücken, die auf einen Schlag den Umfang der möglichen Spiele, die die Frau auf erotischem Terrain austragen könnte, erweitert, beschenkt sie mit einer nicht mehr eingebildeten Verantwortung für das körperliche Aussehen. Denn danach, was für einen Körper sich jemand gewählt hat und »trägt«, könnten wir seinen Charakter beurteilen. Für den phantastischen Roman ist es, wie gewöhnlich, nicht das Wichtigste, ob der Mensch wirklich irgend einmal in der Lage sein wird, sich Körper auszusuchen wie Birnen aus einem Korb, wesentlich ist die Aufstellung neuer Spielregeln auf der Basis der angenommenen Biotechnik. Es gibt jedoch keine solchen Werke. Warum? Ich glaube, die Antwort klingt trivial. Um ein solches Buch zu schreiben, braucht es psychologischen Forschungseifer, und das ist nicht die starke Seite der Phantasten. Sie suchen nach Einfällen als thematisch »geschlossenen« Rahmen mit einer eindeutigen Automatik des Ausgangs von Handlungsabläufen; es ist viel leichter, eine auf einem biotechnischen Motiv aufbauende originelle makabre Erzählung zu schreiben als eine psychologische Studie. (Eine solche Erzählung ist z. B. *Child's Play* von William Tenn.)

Die Instruktion für die Produktion solcher Werke lautet: »Baue einen solchen Text, der von allen am leichtesten zu verfertigenden der schockierendste sein wird.« So kann man denn auch in jedem Themenkreis auf den Sektor der leichten Werke hinweisen, und dort werden wir eine kolossale Verdichtung der schriftstellerischen Versuche entdecken, und außerhalb dieses Sektors gähnen große Räume einer fast vollständigen Leere, wenn das Aufgreifen eines Themas dort einen größeren Einsatz an Invention, an deren Fähigkeit, glaubhafte Gestalten aufzustellen, an dramaturgischer Präzision, an soziologisch oder ontisch ausgerichteter Reflexion erfordert. In der Erzählung *Unter Toten* (ebenfalls von Tenn) produziert man für den Bedarf eines langjährigen Krieges nacheinander Reihen von Soldaten aus den Leichen der Getöteten; das ist gruselig, reicht aber als handlungsgestaltender Einfall noch nicht aus; also sind die aus den Leichenresten geformten Soldaten nicht vollwertig, weil sie sich nicht vermehren können; das macht die Entstehung eines Konflikts zwischen einem gewöhnlichen und einem aus Kriegsabfall verfertigten Menschen möglich. Nicht darin besteht die Misere der Science Fiction, daß sie solche Geschichten produziert, sondern darin, daß sie uns keine besseren vorsetzt.

Mit dem Thema der Biologie der »Anderen« werden wir uns, das sage ich gleich, erbarmungslos auseinandersetzen. Es stellt gewiß eine der schwierigsten Aufgaben der ganzen Phantastik dar; noch höhere Ansprüche stellt wohl nur die Absicht, eine qualitativ abweichende kosmische Kultur zu konstruieren. Gäbe es in der Science Fiction kühne, doch zumindest in großen Zügen durchdachte Stammbäume der Evolution, die auf Weltkugeln im Himmelsnebel angepflanzt wurden, so würde sich die Mühe, eine entsprechende Linné'sche Tafel oder einen kosmischen Brehm zu verfertigen, sicherlich lohnen. Doch ist die Dürftigkeit der Konzepte in diesem Bereich nur Anlaß zu Betrübnis. Also: Ungeheuer mit Tentakeln, vernunftbegabte Echsen (wie etwa in *A Case of Conscience* bei Blish), verschiedene Formen von Humanoiden, intelligente bären- oder gorillaähnliche Wesen, clevere kleine Parasiten, die sich im Inneren großer Wirte verbergen und sich telepathisch oder elektromagnetisch miteinander verständigen, Riesenvögel mit schlauen kleinen Reitern, komplizierte Vielfüßler – das ist ungefähr alles, worüber die Science Fiction verfügt; den Anschein einer größeren Mannigfaltigkeit schaffen nur mehr Neukombinationen oder jene Operationen, die, wie die Ausstattung eines Menschenähnlichen mit einem sechsten Finger an jeder Hand, nicht von Einfallsreichtum, sondern von dessen Gegenteil zeugen. Und dabei würde es doch genügen, setzt man überhaupt voraus, daß es die Mühe lohnt –, sich ein Lehrbuch der Evolutionstheorie und einige solidere Werke aus dem Bereich der Zoologie und Ökologie vorzunehmen, um unerhörte Dinge zu konstruieren. Man kann sich, sagen wir, die Evolution von Insekten oder anderer, kleiner insektenähnlicher Meerestieren vorstellen; im Zuge der Evolution bilden sie unterseeische Ameisenhaufen oder Bienenstöcke, die einmal auf dem Meeresboden festsitzen, ein andermal mit dem Strom schwimmen, wie Unterseeboote; nach weiteren Millionen Jahren, nachdem sich die Meeresböden und Schelfs gehoben haben, machen diese Organismen eine Epoche des »Anlandgehens« durch, bis sie in eine Dürrezeit geraten; sie verfügen über bewegliche »Bienenstöcke«, die die Adaptation an die Bedingungen des neuen Milieus – z. B. die Notwendigkeit, die Gelüste eines lästigen Raubtiers abzuwehren – allmählich in eine Art Panzerkreuzer an Land oder Panzer mit millionenfacher Belegschaft umwandeln wird. Auf diese Weise taucht statt des »stationären« Superorganismus, wie es auf der Erde jeder Ameisenhaufen oder Bienenschwarm ist, auf dem »anderen« Planeten ein Organismus ähnlich einer bizarren Karikatur des Golem auf, dem aus allen Öffnungen unzählige Schwärme der in ihm wohnenden und, wenn es zu kämpfen gilt, ihn fortbewegenden Insekten hinein- und herausströmen. Übrigens könnten einzelne Teile dieses »wandelnden Ameisenhaufens« sich zeitweise loslösen, um den Feind wirksamer zu treffen. Und um wiederum ein vernunftbegabtes Wesen zu konstruieren, das nicht von den Primaten abstammt, könnte man von den großen nicht fliegenden Vögeln, wie z. B. dem Strauß ausgehen (der Strauß ist ungewöhnlich dumm, aber die Evolution könnte damit fertigwerden). Daraus könnte man auch als Nebenprodukt folgendes Thema ableiten: So wie wir heute nur die biologische Evolution lernen, würde man einst, um den Magister- oder Doktortitel zu erlangen, theoretische Kenntnisse beweisen müssen, indem man einen noch nicht existierenden Organismus entwirft, und diesen Organismus sogar synthetisch, im Labor, baut; danach könnten die Peripetien eines solchen Doktoranden, der, mangels eigener

Ideen, skrupellos und einfach drauflos »abzuschreiben« beginnt, indem er plagiierte Merkmale von existierenden Tieren, Pflanzen und Menschen durcheinandermischt, den Rahmen einer Humoreske bilden.

Die Darstellung erfundener Ökologien, ganzer Pyramiden biologischen Zusammenlebens, taxonomischer Verhältnisse an verschiedenen Stellen des Kosmos könnte den Anlaß zu einer typisch anthropologischen Reflexion bieten, und zwar indem sie zeigt, wie sehr das zufällige Zusammentreffen einmaliger Umstände den Körper des Menschen so und nicht anders gestaltet hat, oder auch, wie eine besondere Verschlingung, Verknotung der Bedingungen gerade diese Konfiguration verschiedener Elemente in unseren Schädeln stationiert und eingeschlossen hat, deren buntscheckige Legierung der menschliche Geist darstellt; möglich ist hier, je nach Geschmack und Überzeugung, die Bejahung oder die boshafte Kritik des »Modells Homo Sapiens«. Die Groteske paßt vielleicht am besten zu diesem Thema; deshalb habe ich sie in sehr harmloser Form versucht (im Pamphlet des Ijon Tichy *Retten wir den Kosmos*), und ein andermal – in einem hämischeren (die Erzählung des Ijon Tichy darüber, wie es sich herausgestellt hat, daß der Mensch nicht »Homo Sapiens«, sondern ein »artefactum curiosum« ist – ein entarteter Sproß der »planetarischen Anarchie«).

Die von uns sehr flüchtig besprochene Konzeption der Umwandelbarkeit des Körpers (das Projekt des »Schranks mit verschiedenen Körpern« ist nur die primitivste, anschaulichste Version) zielt gleichsam darauf ab, dem hochorganisierten Vielzeller die funktionelle Plastizität und Universalität des Einzellers von der Art der Amöbe wiederzugeben. Denn der Amöbe, der wir ein quasi-Füßchen abschneiden, wird gleich ein anderes nachwachsen, und auch ihr »Maul« befindet sich potentiell an jeder beliebigen Körperstelle, denn mit jeder kann sie einen Bissen Nahrung verschlingen. Mit phantastischen evolutionären Vorgängen lassen sich Wesen herstellen, die den Zustand der Selbstmodifizierbarkeit ohne Anwendung technischer Verfahren erlangt haben. Diese Vorgänge müssen aber in dem Sinne phantastisch sein, als sie von der Evolution höchstwahrscheinlich nie realisiert werden. Denn das Ausmaß an Wissen, das notwendig ist, um die Freiheit der Umgestaltung des Körpers in bezug auf Aussehen und Funktionen ausnutzen zu können – vorausgesetzt, es gibt diese Freiheit –, muß gewaltig sein – wohl vielhundert, vielleicht sogar vieltausendmal größer als das Wissen, das die Evolution in die somatische Struktur des irdischen Tieres oder Menschen investiert hat. Die dieser Sache gewidmete Reflexion jedoch erklärt, daß der Entwicklungsprozeß uns eigentlich sehr kärglich mit Fähigkeiten der beliebigen Verfügung über den Körper ausgestattet hat. Mehr als neunzig Prozent aller lebenswichtigen Abläufe, beginnend von denen der Zellen über die der Gewebe, ferner: der Regelung der Korrelation der Organe und zwischen den Organen – vollzieht sich automatisch, und noch dazu jenseits der bewußten Kontrolle; sind doch die neuralen und humoralen Prozesse des Kreislaufs, des Blutes und der Lymphflüssigkeit, der Absorption und Ausscheidung (mit Ausnahme des letzten Teils der Ausscheidungsorgane), der Zusammenarbeit der Muskelgruppen usw. von unserem Willen unabhängig. Die Selbstumgestaltbarkeit würde erfordern, daß eine Unmenge von Phänomenen, die automatisch synchronisiert und außerhalb des Bewußtseins in den Zustand eines optimalen homöostatischen Gleichgewichts versetzt sind, der Kontrolle unseres Willens unterworfen werden. Ein der somatischen Selbstverwandlung fähiges Individuum müßte in dem Sinne ein »Genie des eigenen Soma« sein, um die Gesamtheit der sich in ihm abspielenden Prozesse perfekt beherrschen zu können. Diese Aufgabe erfordert ein so kolossales Ausmaß an gut beherrschtem Wissen, das vom einzelnen Leben, auch wenn es noch so lange dauert, unmöglich geliefert werden kann (die Chance einer Langlebigkeit von Hunderten Jahren ziehe ich als unwahrscheinlich nicht in Betracht: die Evolution kann viel einfacher und bequemer arbeiten, wenn sie in das Ensemble der Adaptationsregler den Faktor der physiologischen Sterblichkeit der Organismen einschließt). So also *kann* die Idee der Selbstverwandlung irgendwann teilweise technisch zu bewältigen sein, aber als natürliches Talent in einer natürlichen Entwicklung wird sie sich nie verwirklichen. Das ist gewiß kein Hindernis für die Schriftsteller, zumal hier der Weg querfeldein führt – allerlei Ungeheuer und Monster in die Welt zu setzen, die im Nu ihre Formen ändern (und in der Science Fiction vermögen sie nicht nur beliebige tierische Formen nachzuahmen, sondern sich sogar in jeden Gegenstand – eine Bombe, einen Feuersteinbrocken, einen Holzscheit usw. zu verwandeln). Aber die »Wissenschaftlichkeit« solcher herrlicher Wundertiere ist purer Schein.

VIII.
Das Experiment in der Science Fiction

Bisher haben wir Bücher schonungslos wie Heringe aufgeschnitten, um die Gräten des Konzepts herauszuziehen. Das Ausmaß an Vandalismus, dessen man sich dabei schuldig macht, hängt von der Qualität des Werks ab. Ist es auf solche Weise entstanden, daß man die Spirale des Einfalls in eine gleichmäßig ausgewalkte belletristische Substanz verpackt hat, dann ist dieser Eingriff keine Operation, sondern eine Sektion; denn wir reißen mechanisch ab, was mechanisch aufgeschichtet wurde; das Gewebe der Erzählung läßt sich leicht ablösen, und enthüllt ein Skelett, das in dieser Form unsere Neugier noch besser zu befriedigen vermag als in literarischer Verkleidung, denn häufig ist deren Wert rein diskursiv, und die Lektüre, durch die man zum Kern der Sache vordringen soll, wird als überflüssige Mühe empfunden, wenn ein Gedanke und eine wo immer ausgeborgte Charakteristik marionettenartiger Figuren in einen unbeholfenen Dialog verpackt wurden. Aber bei Werken, die keine solchen Wirbeltiere sind und im Zuge der Extraktion zerrinnen, als würde das Leben aus ihnen weichen, wenn wir die Essenz des diskursiven Gehalts aus ihnen herauspressen, die, der sprachlichen Oberfläche beraubt, geradezu verschwinden und sich in nichts auflösen – bei solchen Werken mutet dieser Eingriff an, als wollte man den Zerfall herbeiführen, und deshalb scheint er ein schändlicher Akt, wie ein Mord, zu sein. Und wenn man moralisches Widerstreben mit einem Achselzucken abtun kann, denn Texte, die man auf diese Art behandelt, zerstört man ja nicht wirklich, so kann man sich doch nicht des Eindrucks erwehren, daß die Schnitte umsonst waren, weil das, was dann zurückbleibt, wie ein formloser dichter Bodensatz im Kessel ist, in dem der Organismus zerkocht wurde, und dieser Extrakt erinnert an das ursprüngliche Werk so, wie ein nasser Fleck auf dem Boden an eine Seifenblase erinnert.

Solche Sorgen haben mir bei den bisherigen Sektionen selten zugesetzt; meine Aufgabe wurde dadurch erleichtert, daß die Science Fiction künstlerisch miserabel ist. Aber doch nicht die gesamte. Der einzige Schriftsteller, der sich, wie

Hermes zwischen den zwei Welten, relativ frei zwischen der gewöhnlichen und der phantastischen Literatur bewegte, in beiden gleich gut bekannt, und schon mit seinem Namen die Funktion eines Botschafters der SF in partibus infidelium erfüllte, ist wohl Ray Bradbury. Die Erörterung mancher Probleme der sogenannten neuen Welle in der Science Fiction beginnen wir mit Bradbury, keineswegs deshalb, weil sie von ihm ausgelöst wurde; das stimmt gar nicht.

Meine Absicht ist anders zu erklären. Die neue Welle ist als Bewegung junger Autoren entstanden, insbesondere der englischen (Ballard, Aldiss), aber auch der amerikanischen (N. Spinrad), die gegen den Brei farbiger Scheußlichkeiten rebellierten, wie sie seit Jahrzehnten die »Klassiker«, d. h. alte Phantasten produzieren, ohne das Rezept auch nur um ein Haar zu ändern. Sie entstand als Protest gegen die Gettosituation der Science Fiction und verschrieb sich nicht weniger verwegenen Programmen als es jene waren, die vor einem halben Jahrhundert der Futurismus oder Surrealismus verkündet hat. Aber während diese oft talentierten jungen Leute sehr wohl wußten, was sie *nicht* tun wollten, war ihnen viel weniger klar, was sie zu tun hatten. Deshalb scheint es interessant, den Rückblick auf sie mit der Untersuchung zu beginnen, wie eigentlich das Werk des Menschen aussieht, dem es gelungen ist, das Getto der SF zu verlassen, welchen Qualitäten seiner Prosa Bradbury diese Chance verdankte. Es hat keine Bedeutung, daß die Schriftsteller der neuen Welle sich weder auf ihn berufen, noch an ihn erinnern wollen; nicht von ihnen, d. h. nicht von ihren Intentionen und Programmen hängt es ab, ob das Lesepublikum, das außerhalb der SF-Literatur steht, ihre Bücher in die Hand zu nehmen wünschen wird. Und da es das – wenn auch kurz und ohne spezielle Ehrerbietung – schon einmal in bezug auf Bradbury getan hat, sehen wir unsere Konzeption als gerechtfertigt an. Bradbury kann wohl nicht als erster der angelsächsischen Phantasten bezeichnet werden. Sein Werk ist äußerst ungleich, in konzeptueller mehr noch als in ästhetischer Hinsicht. Er ist ein Schriftsteller der Imagination, nicht des Gedankens, der visuellen, nicht der begrifflichen Reflexion. Darin ist natürlich nichts Arges. Wo, wenn nicht in der Phantastik, sollte das

Visionäre sich lohnen? Der rationalistische Kritiker, in der SF so rar wie die Rose in der Wüste, findet an Bradbury kein besonderes Gefallen; F. Rottensteiner – an ihn denke ich – hat Bradbury ein »oberflächlich elegisches Klageweib« genannt. In der Tat, ein Titan des prognostischen Denkens ist Bradbury nicht; aber sein Werk besitzt in seinen schwachen und seinen starken Seiten eine besondere stoffliche Dichte und Einheitlichkeit, der man anmerkt, daß sie nicht vom SF-Fließband kommt. Bradburys Stil erkennt man vom ersten Satz an. Dort, wo totale Entpersönlichung der Erzählweise herrscht, muß man Individualität schätzen, selbst wenn sie etwas dubiose Werte besitzt.

Bradburys Prosa legt den Gedanken nahe, daß dieser Schriftsteller ein Gefangener von Bildern ist, die er nicht gesucht hat; ich sage nicht, daß dem so ist – woher sollte ich das wissen? –, ich sage nur, daß es so aussieht, als wäre Bradbury ebensowenig Herr seiner Einfälle und Themen, wie man Herr der Qualität, der Sinngehalte und Aufeinanderfolge seiner Träume ist. Und so wie es Träume gibt, die in künstlerischer Hinsicht hervorragend oder wertlos sind, so ist es auch um sein Schriftstellermetier bestellt. Der Motor der Imagination ist ausgezeichnet, aber von selektierenden Filtern der Selbstkritik – keine Spur. Die Amplitude schlägt also von der Null der Durchschnittlichkeit extrem nach oben und nach unten aus. Sein vielleicht bekanntestes und verfilmtes Buch, *Fahrenheit 451*, halte ich für schwach. Gefühlsduselei und Phantasie reichen für die solide Konstruktion eines Romans nicht aus. Dieser ziemlich traditionelle Roman ist ein blasser Schatten des Modells der schwarzen Utopie; das Motiv der Zivilisation, die die Schönheit der Phantasie zur Verbannung verurteilt und Bücher verfolgt und verbrennt, kommt bei Bradbury nicht nur in *Fahrenheit 451* vor; z. B. begegnen wir ihm in der Geschichte der Rache, die die Romanfiguren an ihrem administrativen Verfolger nehmen, in einer anderen Erzählung über die Verurteilung eines solchen Menschen zur Einmauerung in einem Verlies, die mit absichtlicher Genauigkeit *Das Faß Amontillado* von E. A. Poe wiederholt (der Folterknecht zwingt den Eingemauerten, die flehentlichen Bitten aus Poes Erzählung Wort für Wort zu wiederholen).

Aber ein Zensurverbot für die Produktion literarischer, vom Standpunkt der politischen Ideologie des Staates suspekter Werke, scheint mir nicht so entsetzenerregend, daß es für eine eschatologische Vision ausreichen würde. Nach dem Zweiten Weltkrieg schien Bradbury mit diesem Buch an die literarischen Arbeiten anzuschließen, die von Ressentiments gegen den Krieg erfüllt waren, denn die brennenden Bücher in *Fahrenheit 451* wecken sofort die Erinnerung an die nazistischen Autodafés, und dieser allegorische Charakter erleichtert allen Lesern, denen die Phantastik fremd ist und die an ihrer Poetik nicht interessiert sind, die Rezeption dieses Buches. Mir öffnet es, ebenso wie die Erzählung *To The Chicago Abyss,* auf die ich etwas später zurückkommen werde, vor allem die Augen dafür, welch ein herrliches Leben die Amerikaner während des Krieges hatten, da doch das, was sich Bradbury als geradezu ungeheuerliche Möglichkeit ausmalt, für uns, die Bürger des Generalgouvernements, ein idyllisches Arkadien gewesen wäre. In der Tat, in diesem besetzten Land gab es keine Massenverbrennungen von Büchern, weil überhaupt keine polnischen Bücher in ihm erscheinen konnten. Und dieser Schaden, verglichen mit Städten, die samt ihren Einwohnern eingeäschert wurden, mit Strafexpeditionen, mit aufgrund der kollektiven Verantwortung hingerichteten Geiseln, mit Öfen, die von Menschenfleisch qualmten – war wirklich einer der allergeringsten. Ich glaube nicht, daß Menschen, die nur zufällig nicht von Tigern aufgefressen wurden, das Gruseln vor Mäusen lernen könnten, selbst wenn es tollwütige Mäuse wären. Die Eschatologie von *Fahrenheit 451* ist vor allem infantil, obwohl das Buch seine Reize hat; ihnen, ebenso wie dem verwässerten Grauen, verdankte es seinen Publikumserfolg im Westen. Denn es entstand in einer Zeit, in der der Westen die Enthüllungen über den Genozid im Dritten Reich noch nicht verdaut hatte. Dieser Prozeß, ein Prozeß des Eindringens makabrer Inhalte in die dem Zweiten Weltkrieg und Hitlerdeutschland gewidmeten Literatur – den wir hier natürlich nicht erörtern – setzte später ein, so als erlaubte die Ohnmacht des Unglaubens dem Westen lange Zeit nicht, den Tatsachen in die Augen zu blicken.

Sentimentalität gibt es nicht allzuviel in diesem Roman

Bradburys. Aber schon *The Martian Chronicles* (Die Mars-Chroniken) triefen davon. Die seltenen ausgezeichneten Passagen in diesem Werk sind reine Phantasie. So z. B. die Geschichte der Landung der zweiten Expedition auf dem Mars. Sie entdeckt in der Wüste eine freundliche Stadt, wie leibhaftig von der Erde übertragen, aus der, um die verblüfften Kosmonauten zu begrüßen, deren Verwandte, Freunde und Bekannte kommen. Der eine trifft den Vater, der andere den Bruder; die Ankömmlinge, die das Ganze nicht begreifen, legen sich, betäubt von der Herzlichkeit und Wärme der Begrüßung, nach einem Tag voller idyllischer Eindrücke in kleinen Häusern schlafen; im Dunkel schießen dem Anführer nüchternere Gedanken durch den Kopf, und Böses ahnend – eine unbegreifliche, perfide Falle, die Etwas (ein Phantom? eine Halluzination) gestellt hat – verläßt er das Bett, und da erklingt im Dunkel eine Stimme: *»Wohin?« Hauptmann Black stürzte schreiend durchs Zimmer. Er schrie zweimal auf, aber die Türe erreichte er nicht mehr.*

Und als kurzes, ergreifendes Finale – das Begräbnis der sechzehn Kosmonauten am nächsten Morgen, von den untröstlichen Verwandten zur letzten Ruhe auf dem Mars begleitet; dann beginnt alles – der Begräbniszug, die Häuser, ihre Fenster und Dächer – langsam zu wanken und sich in Nichts aufzulösen.

Gewiß, das ist keine wissenschaftliche Phantastik. Aber es ist exzellent geschrieben; aus der Idylle lugt das Grauen hervor, wonach die Idylle, als wäre nichts geschehen, wieder das Grauen in sich aufsaugt, bis schließlich alles in einem ruhigen Akkord erlischt.

Vortrefflich ist die Erzählung *There Will Come Soft Rains*, originell dadurch, daß in ihr überhaupt keine Menschen vorkommen: die Geschichte eines Hauses, in dem alle automatischen Haushaltsgeräte, die den Frühstückskaffee brauen, die Toasts rösten, die putzen, die Betten machen, die Kindern Wiegenlieder summen – in einer Leere arbeiten, da doch an der Außenwand des Hauses die in sie eingebrannten menschlichen Schatten zu sehen sind, das einzige Zeichen, das die Atomexplosion hinterlassen hat, und dann langsam, von den Flammen ergriffen, zu zerfallen beginnen, und wieder ist derselbe Kontrast wirksam, den Bradbury so gerne ausspielt: das Idyll wird vom Grauen verschlungen, die auf dem Tonband abgespielten zärtlichen Worte sind noch aus dem Feuer zu vernehmen, zum letzten Mal. Die Hölle verschlingt die süße Sorglosigkeit, das mechanische Arkadien brennt, und das ist, alles in allem, der Sinn der Geschichte – die man so leicht nicht vergessen kann. Denn der Zusammenprall von Idyll und Grauen setzt der Zivilisation einen höhnischen Grabstein; ist doch jene unveränderte Dienstfertigkeit der schon vom Feuer erstickten Tonbandstimmen in kompositorischer Hinsicht ausgezeichnet: das ist in gewissem Sinne Musik – als Dissonanz, als schrecklicher Mißklang, als würde ein unsichtbarer Strick Engelsgesang in das Röcheln eines Gehenkten verwandeln. Unwillkürlich kommen einem die höllischen Glissandi aus Leverkühns Kantate im *Doktor Faustus* in den Sinn (Dr. Fausti Weheklag). Originell ist bei Bradbury auch die nächtliche Begegnung des Menschen mit dem Marsbewohner: beide sind füreinander Gespenster, können einander nicht berühren, jeder ist für den anderen ein Phantom; buchstäblich – ein Märchen mit allegorischem Hintergrund – die Fremdheit zweier Welten, die nicht zusammenkommen, die nur füreinander unbemerkt einander durchdringen können.

Hingegen mißfällt mir die Erzählung über eine andere Expedition auf den Mars, in der einer ihrer Teilnehmer seine Gefährten aus edlen Motiven zu morden beginnt: denn der Mensch, so glaubt er, wird den Mars beherrschen, kolonisieren und kanalisieren, zerstören, zertreten – wie alles, woran er Hand anlegen konnte. Vielleicht, aber diese Gefahr mit brudermörderischen Schüssen abzuwehren, scheint mir schon allzu irrsinnig; zugleich ist der Verteidiger der Unberührtheit des Mars *nicht* irrsinnig; wieder wollte Bradbury eine Dissonanz, aber diesmal kam nur ein Kicks zustande.

Noch schlechter ist die Erzählung über die erste Expedition: keiner der Marsbewohner glaubt den Ankömmlingen, daß sie wirklich von der Erde gekommen sind. Am Anfang wollen sie mit ihnen nicht reden, dann schicken sie sie von Pontius zu Pilatus, schließlich dirigieren sie sie zu einem Psychiater; der guckt sich, nachdem er alle Menschen erschlagen hat, mit freudiger, ungläubiger Bewunderung ihre Rakete an – daß diese Halluzination so überaus beständig ist; die Menschen hat er ebenfalls für Phantome gehalten und deshalb getötet. Das Qui pro quo (daß Ankömmlinge für Irre gehalten werden) reicht für eine kleine Anekdote, nicht aber für eine umfangreiche Erzählung, die langweilig darüber berichtet, was die Marsbewohner in ihren Häusern machen, wo sie doch eigentlich nichts Interessantes machen.

Nicht sehr gelungen ist auch die Geschichte über den mittels Raketen unternommenen Exodus aller Neger aus den USA auf den Mars. Eine edle Absicht, alle Achtung; ein echter Exodus, wie in der Bibel: die weißen Herren bleiben ohne Dienerschaft, ohne Ausgebeutete, schnauben in ohnmächtiger Wut – aber das ist doch nur ein farbiges Bildchen aus dem Kinderzimmer. Und der zuckersüße Ton der Erzählung ist ungenießbar.

Naiv, penetrant und melodramatisch ist auch die Aussicht vom Mars – auf die von den Flammen des atomaren Untergangs erfaßte Erde; die Kolonisten von der Erde beobachten das Schauspiel mit gerecktem Hals; als Miniatur wäre das vielleicht nicht schlecht, nicht aber als eine sich langsam, wie ein Begräbniszug dahinschleppende Erzählung, wobei die Gespräche, die bei der Betrachtung des Brands der alten Heimat geführt werden, durch ihren pseudofamiliären Ton unerträglich sind. Und so ist es immer mit Bradbury: auf einen ausgezeichneten Text, der durch Visionskraft oder Bündigkeit der Pointe Entzücken oder Grauen erweckt (*There was a Sound of Thunder* – der letzte Satz in dieser Erzählung ist eine sprachliche Klammer, massiv, als wäre sie aus Metall) folgt eine Reihe zerredeter Geschichten, die auf der Stelle treten und so ihre Lyrik zertrampeln, die nicht wissen, wo sie hingehören, die, weil sie für die SF nicht genug realistisch und für Märchen zu real sind (z. B. der Transport von Holz aus Kentucky mit Raketen auf den Mars, um dort Häuschen zu bauen; das wäre noch halb so schlimm, aber dann erscheinen auch Holzfäller und Schreiner; zuviel des Guten).

Man kann aber nicht einfach die schwächeren Texte verwerfen, denn sie bilden zusammen mit den guten ein Ganzes, und zwar nicht nur im Rahmen eines thematischen Zyklus, wie in *The Martian Chronicles*. So ungern wir das tun, müssen wir hier doch den Inhalt einiger Erzählungen wiedergeben; anders ließe sich die Eigenartigkeit ihres Verhältnisses zueinander nicht explizieren.

1) *The One Who Waits.* In einem Brunnen auf den Mars wartet jemand. Menschen kommen, soeben sind sie gelandet, haben die Rakete verlassen. Jemand nähert sich unsichtbar, betritt nacheinander ihre Körper, übernimmt die Macht über sie. Einer nach dem anderen kommen sie um. Jemand verläßt die sterbliche Hülle des letzten und kehrt in seinen Unterstand zurück, um weiter zu warten. Das Ende ist identisch mit dem Anfang:

Ich lebe im Brunnen. Ich lebe im Brunnen wie Rauch. Wie der Lufthauch im Hals des Steins. Hoch oben sehe ich kalte Sterne der Nacht und des Morgens, ich sehe auch die Sonne und singe zuweilen die alten Lieder dieser Welt aus der Zeit ihrer Jugend. Wie könnte ich sagen, wer ich bin, wenn ich es selber nicht weiß? Ich warte. Das ist alles.

Diese Erzählung, mit ihrer Lyrik und dem »stillen« Grauen, bildet zusammen mit anderen jene Schriftzüge, die Bradburys Obsessionen in Worte setzen: die Wissenschaft ist böse, die Maschine ist böse, die menschliche Expansivität ist noch mehr böse, wir tun Böses, aber das wird uns einmal heimgezahlt. Der Wartende ist also gleichsam der Geist, der den Mars vor den Menschen beschützt. Auf rationaler Ebene kann man mit einer solchen Obsession diskutieren. Aber auf künstlerischer Ebene ist alles in Ordnung: die innere, tiefe Überzeugung bleibt nicht im Autor verborgen – sie überträgt sich auf die Artikulation, auch wenn sie gar nicht unmittelbar darin auftritt. Ich will sagen, daß aus dieser einzelnen Erzählung *nicht* logische Schlüsse auf ihre These gezogen werden können (der Geist hütet Mars; gut, daß es so ist; indem er die Menschen tötet, verfährt er gerecht, obgleich diese Menschen nicht schuldig sind; aber wenn die ganze Gattung so handelt, wie sie handelt, sind alle schuldig). Diese Schlußfolgerung wird erst durch die Kenntnis mehrerer Texte ermöglicht, das nämlich, was für sich allein nicht einmal eine Anspielung ist, sondern nur der fast unmerkliche Schatten einer solchen, wird sich bei einer Zusammenstellung verschiedener Erzählungen nach dem Prinzip der stochastischen Summierung semantischer Effekte verdeutlichen. Aber schon in der einzelnen Erzählung springt sofort das starke Engagement des Autors in die Augen, als eine Art tiefen Glaubens daran, daß er sich aus ernsthafter Notwendigkeit heraus artikuliert; mit einer strukturellen Analyse rührt man nicht an die Attribute eines Textes, die gerade einen solchen kumulativen Eindruck machen, wie ihn die Lektüre hinterläßt. Dafür ist das Instrumentarium der Strukturalistik nicht scharf genug; die Charakteristika jener »starken emotionalen Aussage« sind in die gesamte Artikulation eingegangen, haben die Auswahl aller Worte geregelt; die strukturelle Analyse ist machtlos, so wie jemand machtlos wäre, der den Nebel strukturalisieren wollte. Man kann also, leider, den semantischen Effekt beim Namen nennen, wie wir es tun, man kann ihn aber nicht genau fixieren und innerhalb eines Textes analysieren.

2) *The Vacation.* Vater, Mutter und ein siebenjähriger Sohn fahren inmitten einer heiteren Landschaft in einer Draisine auf verrostenden Schienen. Stille und Leere. Aus einem flüchtigen Gespräch erfahren wir, daß sie sich eines Tages, so beiläufig, vorgestellt hatten, was wäre, wenn plötzlich auf unerklärliche Weise alle Menschen aus der Welt verschwänden. Jetzt ist gerade das eingetreten. Sie haben diese Tatsache gelassen hingenommen und bereisen auf verödeten Bahnstrecken den ganzen Kontinent. Nach einer kurzen Rast am Meer fahren sie weiter.

Hier haben wir eine »offene Struktur«: in der Geschichte selbst tut sich nichts, das irgendwie phantastisch wäre, und wäre es nicht um einige lose hingeworfene Worte, so hätten wir nicht erfahren, daß dies die letzten lebenden Menschen in der Welt sind; schließlich gibt es doch menschenleere Gleisabschnitte und menschenleere Meeresstrände. Diesmal ist das ein quasi zwiespältiges Denken: gewiß – der Untergang aller ist eine schreckliche Sache, aber diese Massen, dieses Gedränge! Wenn sie sich verflüchtigten wie Wasser in der Sonne, still und ohne viel Getue? Etwas vom Märchen, etwas vom Wunschdenken.

3) *And The Sailor, Home from the Sea.* Ein Schiffskapitän befährt mit seiner Geliebten die Ozeane. Er erzählt ihr die Legende von einer Frau, die ewig jung war, solange sie auf den

Wellen segelte. Einmal ging sie an Land, und am Morgen nach einer Liebesnacht verwandelte sie sich in eine Greisin. Als schenkte sie der Legende Glauben, will das Mädchen die Insel nicht betreten, an die das Schiff anlegt. Doch trinkt sie Süßwasser von dieser Insel und stirbt an einem heftigen Fieber (»heftiges Fieber« ist literarischer Schund, den man eher vermeiden sollte – S. L.). Die Verstorbene hat man im Ozean versenkt. Der Kapitän verläßt die See, wird Farmer, und will, wie sie, im Meer begraben werden. So kommt es auch, obwohl sein Diener ihn mitten im Wind wogender Getreidefelder begräbt. Auch das ist ein namenloses Grab – wie das Grab in der Tiefe des Ozeans.

4) *A Miracle of Rare Device.* Während einer Autofahrt durch öde Landschaften sehen die Reisenden die herrliche Luftspiegelung von einer fernen Stadt. Sie stellen Reklametafeln auf und kassieren von vorbeifahrenden Touristen eine Gebühr für den Genuß dieses Anblicks. Sie streiten und kämpfen um das Recht auf Erhebung dieser Gebühr. Touristen, die schon bezahlt haben, kommen erbost vom Gipfel des Hügels herunter: es gibt gar keine Luftspiegelung! Als wäre sie dadurch, daß man eine Ware aus ihr gemacht hat, zerstört worden. Nur Nebel ist dort jetzt zu sehen. Aber als man nach Einbruch der Dämmerung bei den letzten Touristen kein Geld mehr kassiert, beginnen diese wieder das Trugbild zu sehen. Ist es zurückgekehrt? Die Sentenz, daß Schönheit keine Kommerzialisierung erfahren soll, wird glücklicherweise gegen Ende nicht mehr so deutlich ausgedrückt, sonst wäre die Pointe wie aus einem Märchen für brave Kinder. Verwischt wird sie dadurch, daß man nicht recht weiß, ob die Touristen das Trugbild nur deshalb sehen, weil die Dämmerung eingebrochen ist und sie es unbedingt sehen wollen, oder weil es wirklich zurückgekehrt ist. So oder so ist das Ganze naiv.

5) *And so Died Riabouchinska.* In einer Gruppe von Zirkuskünstlern, Taschenspielern, wurde ein Mord verübt. Getötet hat der Bauchredner Fabian, Eigentümer einer wunderschönen Puppe namens Riabouchinska. Er spricht für sie und für sich nicht nur auf der Bühne, sondern im normalen Leben, als könnte er nicht mehr anders. Der Detektiv, der der Reihe nach die Artisten verhört, gebietet Fabian, mit dem Unfug

aufzuhören. Aber plötzlich klagt die Puppe mit ihrer eigenen Stimme Fabian an. Er ist der Mörder. Fabian hat sich also selbst angeklagt; die »zweite Hälfte« seines Geistes hat es getan, die für die Puppe handelt und spricht. Nachdem das geschehen ist, verliert die Puppe ihre Stimme und wird zur ganz gewöhnlichen Marionette; er, der außer sich ist vor Verzweiflung, wird verhaftet.

6) *The Beggar on O'Connell Bridge.* Ein Touristenpaar; es wird ununterbrochen von Bettlern geprellt, die ihm verlogene und mitleiderregende Komödien vorspielen (eine Mutter mit einem kranken Kind, ein Armer, der verreisen muß, aber das Geld für die Fahrkarte nicht hat etc.). Er hört auf, an die Echtheit dieser Bitten zu glauben, gibt dem Bettler auf der O'Connell Bridge kein Geld, und eben der hätte es dringend gebraucht: er begeht Selbstmord. Der Tourist, von Beutelabschneidern betrogen, hat sein Almosen dem einzigen verweigert, dessen Leben davon abhing. Albern und schrecklich rührselig.

7) *A Flight of Ravens.* Ein soeben in New York Angekommener besucht dort Freunde, die er lange nicht gesehen hat. Er hatte sich auf diesen Besuch gefreut. Und nun entsteht die Atmosphäre von völliger Fremdheit, hölzerner Unterhaltung, Inhaltsleere, Konventionen, die Gastgeber (Mann und Frau) sind unausstehlich.

8) *The Best of All Possible Worlds.* Zwei Leute unterhalten sich miteinander; im Laufe des Gesprächs wird die Anekdote von dem Mann erzählt, der eine unendliche Anzahl von Frauen besessen hat dank seiner Ehefrau, einer ehemals hervorragenden Schauspielerin; ihm zuliebe personifiziert sie immer wieder neue Frauen. Der Mann muß sie, die sich wie ein Chamäleon ändert, jedes Mal aufs neue erobern, körperlich und geistig.

9) *The Lifework of Juan Diaz.* Ein im Elend lebender Mexikaner, Juan Diaz, hat, bevor er starb, seiner Frau versprochen, nach seinem Tode für die Familie zu sorgen. Er werde als Toter für sie arbeiten; als Lebender konnte er es nicht. Da die Friedhofsgebühr nicht bezahlt ist, schaufelt der Totengräber den Toten aus und bringt den mumifizierten Leichnam in den Katakomben unter, die von reichen Touri-

sten aus den USA besucht werden. In der Nacht stehlen Frau und Kinder die Mumie und stellen sie in ihrer Wohnung auf. Der Totengräber will sie zurückhaben. Die Witwe behauptet zuerst, es sei nur eine von ihr verfertigte Marionette, dann gibt sie ihm zu verstehen, daß, auch wenn es ihr Mann wäre, er zu ihr gehöre; der Totengräber hat ihn aus dem Grab herausgeworfen, hat also kein Recht mehr auf ihn. Der Totengräber gibt schließlich klein bei, und da die Hütte am Straßenrand steht, leichter zugänglich als die Katakomben, kommen, von einer entsprechenden Aufschrift auf der Mauer angelockt, die Touristen hin. Sie zahlen Eintritt und so hält Juan Diaz nach dem Tod seine Frau aus.

10) *To The Chicago Abyss.* Nach dem Atomkrieg herrscht allgemein Mangel, Armut, vom früheren Komfort, glänzenden Konservendosen, Zigaretten, Schokolade, ist keine Spur geblieben. Ein Greis, der sich im Park zu einsamen Menschen auf die Bank setzt, beginnt unaufgefordert zu erzählen, wie Zigaretten ausgesehen haben, wie Kaffee gerochen hat, usw. Das erweckt zuerst Verwunderung, dann Wut. Der Alte flieht vor der herbeigerufenen Polizei; als er später in einem überfüllten Zug fährt, dehnt sich am Horizont, irgendwo weit weg, ein viele Meilen großes Loch in der Erdkruste: der Krater einer Stadt, die wie ein Auge »ausgeschlagen« wurde.

Diese zehn Erzählungen stammen aus dem Band *The Machineries of Joy,* der insgesamt 21 Texte enthält; ich habe die besten und repräsentativsten ausgewählt. Wie wir sehen, haben wir da von allem ein wenig – Science Fiction, phantastische Literatur, und einfach lyrische, sensationelle Erzählungen (über die Riabouchinska) oder schließlich Bilder aus dem Leben (A Flight of Ravens). Was alle zusammenhält, ist eine bestimmte Aura. Woher kommt sie?

Um das, was diese Erzählungen verbindet, zu veranschaulichen, wollen wir uns eines Beispiels bedienen. Nehmen wir an, ein Band von Erzählungen wird von einer Geschichte über die Landung einer riesigen Forschungsrakete auf einen unbekannten Planeten eingeleitet; zunächst lernen wir nur einige wenige Menschen kennen. Die zweite Erzählung kann ein Fragment der Forschungsarbeiten in einem Winkel des Planeten zeigen; es muß nicht expressis verbis gesagt werden, ob es

Mitglieder derselben Mannschaft sind, ob es dieselbe Expedition, ja ob es derselbe Planet ist; wenn im Text nichts dieser Hypothese widerspricht, gelangen wir eher zur Überzeugung, daß es sich um eine Fortsetzung der ersten Erzählung handelt. In der dritten Geschichte unterhalten sich in einem geschlossenen Raum zwei Menschen: der eine rasiert sich z. B., der andere vergleicht irgendwelche Notizen, und dabei werfen sie einzelne Sätze hin, die sich auf alte Zeiten, sagen wir auf ihre Schuljahre beziehen. Wenn das auch mit keinem einzigen Wort erwähnt wird, so wird die Vermutung, daß sich diese Szene innerhalb der großen Rakete abspielt, die auf dem zu untersuchenden Planeten gelandet ist, sich dem Leser beinahe mit Selbstverständlichkeit aufdrängen. Er muß sich nicht einmal bewußt sein, daß nicht der Text selbst ihn dahingehend informiert hat, sondern das *Nachbarschaftsverhältnis* zu anderen Texten. Denn so wie die Sinngehalte der einen Sätze im Kontext die Sinngehalte anderer Sätze exakt bestimmen, so kann auch die Umgebung der einen Erzählungen die anderen exakt bestimmen. Gewiß kann es so sein, daß in der Erzählung ein Wort oder eine Andeutung fällt, die die Hypothese über die faktische Kontinuität der Geschichte sehr wahrscheinlich macht; dann weiß man schon mit Sicherheit, daß es sich um einen auf Segmente zerteilten Handlungsablauf handelt. Möglich ist aber auch eine spezifische Dissonanz: einerseits ist durch Anspielungen und Bemerkungen eine gegebene Erzählung mit anderen verbunden (d. h. nach wie vor haben wir eine Erzählung vor uns, nur daß sie zerteilt ist) und andererseits – wird gerade diese eine von allen anderen in der Kette der Erzählungen abweichen. Sie wird z. B. lyrisch sein, und die anderen sind sachlicher und auf die Beschreibung der planetaren Forschungen ausgerichtet. Es zeigt sich dann, daß die Verbindung zwischen den Erzählungen nicht von *einem* Parameter hergestellt wird, als Größe, die entlang der Achse »deutliche – undeutliche Koppelung« oszilliert, sondern daß sich eine größere Anzahl verschiedener Parameter in das Spiel einschalten können, wobei die einen die Schlußsteine, die anderen die Gartenscheren des erzählerischen Ganzen sein können.

Sind die Erzählungen nur einfach durch Identität von Raum

und Zeit der Handlung, entweder explizit ausgedrückt oder zu erraten, miteinander verbunden, dann ist die Sache einfach. Im Falle von Bradbury ist sie schwieriger zu erfassen, weil der Charakter der Bindeglieder hier ein anderer, nicht gegenständlicher ist. Es handelt sich darum, daß Bradbury stilistisch sich immer gleich bleibt. Sein stilistisches Spektrum ist, zugegeben, sehr breit; so verfällt er in einem Extrem in lyrischen Singsang (wie im zitierten Auszug aus *The One Who Waits*), im anderen wird er trockener sein (z. B. in *To The Chicago Abyss*). Aber in solchen Fällen handelt es sich nur darum, daß seine Lyrik nur »tiefer hinuntersteigt«. (Man könnte eine genauere Analyse versuchen und zeigen, wie sich die Lyrik einmal in der äußeren Schicht der Sprache niederläßt, ein andermal sich in ihre tiefen semantischen Strukturen begibt, aber wir unterziehen uns hier dieser heiklen Aufgabe nicht.) Das eben ist für die Einheit der emotionellen Aura entscheidend – bei all ihren ansonsten deutlichen Schwankungen. Die »emotionelle Form« der Texte ist, so könnte man das bezeichnen, fast unveränderlich gegenüber den konkret erzählten Geschichten. Die Schwankungen, wohlgemerkt, sind in der Tat beträchtlich; haben wir doch einmal märchenhaft-phantastische Erzählungen *(The One Who Waits)*, dann wieder – gänzlich realistische *(The Flight of Ravens)*, und auch solche, die im Prinzip wahrscheinliche Dinge schon sehr an den Haaren herbeiziehen *(And so Died Riabouchinska)*. Es gibt auch Erzählungen mit stark allegorischem Einschlag (*A Miracle of Rare Device* mit seiner Moral) und andere, deren Allegorie fast bis zur Unkenntlichkeit verwischt ist *(The Vacation)*. Es gibt Erzählungen, deren phantastischer Charakter rein psychologisch ist (die schauspielernde Frau könnte, wenn man durchaus will, vor ihrem Mann die Rolle immer wieder neuer Frauen spielen, aber das ist als Prinzip der Beständigkeit der Ehe nicht veristisch!). Alle diese Texte stammen aus verschiedenen Zeiten und Bänden, denn *The Machineries of Joy* sind eine Auswahl der Erzählungen Bradburys. Und doch passen alle Elemente gut zusammen. Die von mir nicht erwähnten sind von derselben Art, nur schwächer in ihrer emotionalen Aussage oder in der Idee der Handlung, d. h., sie sind nicht sehr prägnant.

Man könnte die Reihenfolge der Erzählungen beliebig ändern, das wird nicht den Eindruck, den diese Lektüre hinterläßt, ändern, solange die Permutation so erfolgt, wie man ein Kartenspiel mischt. Es darf z. B. nicht eine Anordnung von den am meisten zu den am wenigsten realistischen erfolgen, denn in einem solchen Fall würde sich die erste Einstellung, z. B. auf ein Märchen, oder umgekehrt auf eine psychologische Szene aus dem Leben, auf unerwünschte Weise verfestigen. Der springende Punkt ist der, daß eine solche Fixierung der Klassifikation in der Rezeption nicht eintreten kann. Die Wirkung, die die Lektüre der Erzählungen von Bradbury insgesamt ausübt, rührt eben daher, daß zwischen phantastisch-wissenschaftlichen Texten nicht-phantastische oder nicht-»SF-phantastische« eingeschoben sind; der Leser stellt sich auf gewisse Kategorien und Begriffe ein, die er von der gewöhnlichen Science Fiction erwartet, begegnet ihnen, wird in seiner Einstellung bestärkt, und bei der nächsten Erzählung entsteht in ihm ein Zwiespalt, eine sonderbare »Zerrissenheit«; Bradbury bricht nie eine Konvention, weil er in keiner »mit beiden Füßen gleichzeitig« richtig drinnen steht; insgesamt betrachtet läuft der Faden seiner Erzählung kreuz und quer durch jene genau reglementierten Vorschriften, die festhalten, was ein Märchen, was phantastische Literatur, was eine Horror Story und was Science Fiction ist. Bradbury macht sich gar keine Gedanken darüber, ob das, was er gerade schreibt, veristisch sein wird oder nicht, ob und wieviel Prozent empirisch Unmögliches es darin geben wird, wobei die Modalität der Tonart es ihm erlaubt, die Zäune, die die Felder der normativen Ästhetik der Science Fiction voneinander abgrenzen, mit Leichtigkeit zu überspringen; denn Objekte, selbst technische, wenn sie mit Ergriffenheit genannt werden – nach einem konkreten, lyrischen oder dramatisch-lyrischen Schlüssel –, werden immer zu einer Art Metapher und einer Art Symbol. Auf einem Planeten, der schön ist wie eine Frau und in seiner Einsamkeit auf Menschen zu warten scheint, ist die Rakete keineswegs ein riesiges stählernes Massiv, aus dem Feuer qualmt, ihre Klappe öffnet sich nicht wie ein Panzertor, sondern wie die Türe einer Hütte. Wenn von der Zusammensetzung der Atmosphäre auf dem Mars gar nicht die Rede ist, sondern man einfach die dortige Luft atmet, stellt sich überhaupt nicht das Problem der Schutzanzüge, und das ist *vor dem Hintergrund der standardisierten und erstarrten Phantastik* nett, amüsant, schafft eine gewisse Erleichterung und ein Gefühl von legerer Unbeschwertheit; die Unmittelbarkeit, die Schlichtheit einer intimen Plauderei erinnert uns einfach an Literatur, ohne zusätzliche Attribute; von einer solchen Phantastik ist es nicht mehr weit zu realistischen Szenen, denen aber auch ein wenig von ihrer Realität genommen wird. Alle Stilarten werden unter Bradburys Berührung manchmal auf sonderbare, manchmal gerade durch ihre originelle Weise einander ähnlich. Darin besteht das Geheimnis des Zaubers seiner Prosa. Würde man realistische und wissenschaftlich-phantastische Erzählungen eines anderen Autors in einer solchen »Mischung« herausgeben, so würden sie einfach in zwei voneinander völlig unabhängige Gruppen zerfallen. Bei Bradbury ist das nicht der Fall, weil die Aura, die in seinen Raketen herrscht, jener ähnlich ist, die auf seinen normalen Schiffen, in den Häuschen von Kentukky, in den Häuschen auf dem Mars, herrscht, also lesen wir die Geschichten über den Mars ein wenig so wie die Geschichten über Kentucky, und umgekehrt. Außerdem fragen wir dauernd: »Was ist daran phantastisch?« – wenn die Erzählung ganz normal beginnt (z. B. zwei Menschen fahren mit einem Kind in einer Draisine auf Schienen, jemand geht auf Besuch zu Bekannten, ein Greis setzt sich neben einem jungen Mann auf eine Gartenbank). Einmal entdecken wir dieses Phantastische, ein anderes Mal nicht, aber immer befinden wir uns in der Lage eines Menschen, der in ein Haus kommt, in dem es angeblich »spukt«: da wir das Seltsame und Unheimliche entdecken wollen, legen wir schon allein dadurch den harmlosesten Dingen Bedeutung bei. Es entsteht der Eindruck der Seltsamkeit, der oft – auf amüsant paradoxe Weise – dadurch hervorgerufen wird, daß es in dieser Erzählung überhaupt nichts Seltsames gibt. Es war in der früheren da, vielleicht wird es in der nächsten da sein, und daher jener spezifische Effekt.

Dabei bedient sich Bradbury bei der Art, sein Thema einzuführen, verschiedener erzählerischer Techniken. Der

Alte, der die Jüngeren mit seinem Gerede über Kaffee, Zigaretten, Schokolade zu Wut und Verzweiflung treibt, ist zunächst rätselhaft, weil die Situation rätselhaft ist: man weiß nicht, warum es keine dieser ganz gewöhnlichen Dinge gibt. Die Folgen des Atomkrieges werden also an der weit entfernten Peripherie gezeigt: »das Loch«, das Chicago hinterlassen hat, taucht erst am Ende der Erzählung auf. (Nebenbei gesagt, der Dämonismus des Spiels des alten Mannes ist für uns Polen ganz harmlos, in der ganz und gar nicht phantastischen Wirklichkeit unseres Landes während des letzten Kriegs hat es uns an weit mehr gefehlt als an diesen Dingen.) Nun, wenn man uns zuerst mitteilt, daß der Weltuntergang stattgefunden hat, und dann beginnt sich irgend etwas abzuspielen, ist die Wirkung eine ganz andere, als wenn man in einem überfüllten Eisenbahnabteil über Belanglosigkeiten spricht, und nur eine gleichgültige Bemerkung, ein durchs Fenster geworfener Blick zu verstehen geben, daß die Wagen soeben an dem Abgrund vorbeifahren, in den die Stadt versunken ist. Neben peripheren Bildern und Andeutungen wendet Bradbury auch frontale Techniken an (z. B. in *Kaleidoskop*), die Technik der fahrbaren Kamera (erst vergrößerte Nahaufnahme, dann Totale), die Technik der Umkehrung des Stereotyps (derjenige, der auf seine Kameraden-Kosmonauten schießt, ist gut, und nicht böse) – etc. Ähnliche Techniken werden häufig auch von anderen SF-Autoren angewendet. Das Geheimnis Bradburys scheint mir hauptsächlich die erwähnte Wechselhaftigkeit des Stils der in einem Band enthaltenen Texte zu sein (ein Blick auf die Inhaltsangaben aller Bände in Bradburys Erzählwerk bestätigt dieses Urteil: Phantastik, lyrisch-stimmungsvolles Bild, Science Fiction, wie verschieden auch immer in den Proportionen, vermischt dieser Autor regelmäßig und liefert fast immer eben diese Mischung). Das konnte ihm keiner nachmachen. Es scheint sogar, obwohl ich dafür nicht garantieren kann, daß nicht einmal das Prinzip einer solchen Komposition wahrgenommen wurde. Ich wüßte gerne, ob Bradbury dies bewußt getan hat; vielleicht nicht. Jedenfalls ist die Prozedur als Methode semantisch interessant, denn wenn auf eine typische SF-Erzählung, mit einem »szientifischen Wunder«, ein Stimmungsbild folgt, versucht der Leser, dennoch

Elemente der SF darin zu entdecken, und wenn ihm das nicht gelingt, so bringt dieses Unvermögen die Stabilität der Rezeption ins Wanken: es ist so, daß wir zugleich verstehen und gleichsam nicht verstehen, wir mutmaßen nämlich, daß das Werk einen Sinn vom Typus der SF haben »müßte«, wenn es doch, zusammen mit dem ganzen Band, angeblich zur SF gehört, und wenn wir diesen Sinn nicht entdecken, liegt der Gedanke nahe, daß wir unseren Scharfsinn mehr strapazieren müssen; wir verwandeln uns in Jäger, die in einem stockfinsteren Zimmer – bis der Schweiß von der Stirne rinnt – eine schwarze Katze suchen, die vielleicht gar nicht da ist, aber woher die Gewißheit nehmen? Man könnte natürlich sagen, daß der Autor uns täuscht, aber das wäre eine dumme Diagnose: aus solchen Täuschungen bestehen 90 Prozent der Literatur. Die Prosaliteratur, sowohl die beispielshalber zitierte als auch die hier unerwähnt gebliebene, bestimmt die allgemeine Haltung des Autors, die zu nennen leicht ist, doch wenn man sie katologisiert, dann tut man dem Autor Unrecht. Er ist ein Produzent von Werten, die sich nur schwer resümieren lassen. In wie verschiedene Richtungen die Ausflüge von Bradburys Phantasie auch vorstoßen, sind sie doch nicht von schlechten Eltern. Alle kennzeichnet eine starke Sensibilität für die sinnliche Schönheit der Welt, die übrigens, sehr zum Schaden des Werks, oft zur Tendenz wird, visuelle Ähnlichkeiten zu mißbrauchen (die Meereswellen erinnern an das Wogen von Getreide – daraus wird eine ganze Geschichte vom Seemann gesponnen, dem man im Getreide das Grab bereitet; ein zu kümmerlicher Einfall für eine solche Geschichte). Die Lieblingsgestalten Bradburys, die schon an Zwangsvorstellungen grenzen, sind: der Zwerg; der Businessman, der für sein habgierig pragmatisches Verhältnis zu Schönheit, Literatur und anderen autonomen Werten bestraft wird; das Kind, mit der typischen Inkommensurabilität der Situation und mit der Reaktion des Kindes auf diese (eine spezifisch exponierte Inkommensurabilität, die beweist, daß das Kind gegen die Fakten der Welt recht hat); der Visionär, der die Fähigkeit hat, Fakten, die mit der Vision nicht übereinstimmen, umzuwandeln, was übrigens zur endgültigen Katastrophe führen kann, wenn sich die Vision von der harten

Kruste der grausamen Dinge »loslöst«; es kommt jedoch vor, daß die Vision dennoch den Sieg davonträgt.

Es ist, als wäre Mangel an Selbsterkenntnis dafür verantwortlich, daß Bradbury nicht im Boden seiner Möglichkeiten verwurzelt ist, und wenn er seine Grenzen überschreitet, trägt er Niederlagen, zuweilen schmerzliche, davon. Einmal läßt ihn z. B. sein Sinn für Humor im Stich, ein andermal sein Gefühl für die richtigen Maßstäbe, einmal die Tragfähigkeit der Idee im Hinblick auf eine Konfliktsituation, bisweilen übrigens erzählt er nicht nur von Kindern, sondern wird dabei selbst kindisch. Seine besten Erzählungen sind auf beiden Seiten der Demarkationslinie zu finden, die die SF von der Realität trennt, die Fantasy von der Science Fiction, das Märchen von der wirklichen Welt, denn so entstehen polyvalente Geschichten, die man durch Klassifikation nicht definitiv auf die eine oder andere Seite »drängen« kann, und die schlechtesten Dinge schreibt Bradbury, wenn er gewaltsam Elemente zusammenklittern will, die nicht in dieselbe Kategorie gehören, die nicht vereinbar sind, was ihm besonders im Roman passiert. Ein Beispiel dafür ist der Roman *Something Wicked This Way Comes* (Das Böse kommt auf leisen Sohlen). Das ist eine fast unerträglich naive Geschichte, die ziemlich gelobt wurde; sie spielt sich in einer kleinen Stadt ab (Bradbury wählt am liebsten so eine Provinzszene als Ort der Handlung). Es erscheint dort ein monströses Rummelplatz-Raritätenkabinett, Eigentum eines Herrn namens Mr. Dark (keine allzu subtile Anspielung), derselbe, der *Illustrated Man*, ist von Kopf bis Fuß mit Tätowierungen bedeckt, sogar auf jeder Fingerkuppe hat er ein *Auge* tätowiert. Unter der Tarnung einer Jahrmarktsfeier macht Mr. Dark grauenhafte Dinge. Diese Greuel sind völlig infantil (eine erwachsene Dame hat Mr. Dark so lange sich auf dem Karussell drehen lassen, bis sie sich in ein kleines Mädchen zurückentwickelt hat, jetzt kann sie nicht nach Hause, niemand erkennt sie, alle jagen sie als Fremde davon und nur zwei kleine Buben sehen in ihr die verzauberte erwachsene Dame, doch natürlich schenkt ihnen niemand Glauben). Von den Buben »entlarvt«, verfolgt sie Mr. Dark an der Spitze seiner Monstren (darunter eine authentische Hexe). Alles zusammen von direkt unwahrscheinlicher Naivität, obgleich in dieser Kinderei stellenweise Funken erzählerischen Talents aufblitzen, jenes Zaubers, der für eine Weile sogar die schwarzkünstlerische Rumpelkammer beleben kann; z. B. in der Szene, in der bei einer Lunapark-Vorstellung die Leiche eines Greises durch elektrischen Strom wiederbelebt wird; nicht sehr gescheit, aber ziemlich gruselig, weil es geschickt dargestellt wird. Doch ein ganzer Roman ist durch die eine oder andere gut geschriebene Szene nicht zu retten; es handelt sich um einen Alptraum, dessen Dimensionen infantil sind. Gerade diese Infantilität als Verblendung, als völlige Gleichgültigkeit dafür, was die Konvention gebietet, erweist sich manchmal in der Kleinkunst als Stärke. Denn entweder kann man Konventionen aus schöpferischer, völlig bewußter Absicht brechen, oder so, wie es ein kleines Kind tut, das sich verschiedene Dinge gegen die Konvention zusammenreimt, nicht, weil es sich gegen sie empört, sondern weil es nichts von ihnen weiß oder nicht an sie denkt. Deshalb ist ein Kind imstande, Ausdrücke zu erfinden, die uns manchmal als originelle oder spaßige Metaphern erscheinen (der Mond – »die kaputtgegangene Sonne«). Aber das Werk eines reifen Schriftstellers, wenn es hauptsächlich auf derartigen Gefühlen oder Reaktionen aufbaut, ist im weiteren Verlauf stets ernsten Mängeln und dem Fiasko ausgesetzt – und außerdem kann die Handhabe semantischer Objekte, die von derartigen Intuitionen geliefert wird, eine große Konstruktion, d. h. eine Romankonstruktion, nicht halten; es gibt deshalb auch keinen einzigen vollwertigen Roman von Bradbury. Dennoch wäre die Science Fiction ohne Bradbury um vieles ärmer und unkomplett, so als hätte ein unglückliches Schicksal zwei, drei oder vier Dutzende angesehener und auf ihr Ansehen bedachter Phantasten schon in der Wiege ereilt. Ich meine, das bisher Gesagte erklärt die Besonderheiten von Ray Bradburys Prosa zur Genüge, so daß sich eine breitere Erörterung der Mechanismen seines Erfolgs außerhalb des Gettos der SF erübrigt. Er ist aus ihm hervorgegangen, und zugleich ist er anders – und in dieser Andersartigkeit gleicht er einem Lyriker, einem Märchenerzähler, einem Maler stimmungsvoller, anmutiger, sentimentaler Bildchen; obwohl er eine Klasse für sich ist, muß man, um die Wahrheit zu sagen, feststellen, daß er sich außerhalb der Mauern der SF nicht den Ruf der Erstrangigkeit erworben hat und auch innerhalb der SF viele Mißgünstige hatte, besonders unter den Pedanten, die Demarkationslinien zwischen den Gattungen für eine Art direkt von der Offenbarung gesetzter Grenzen halten. Selbstverständlich ist von jeder größeren Perspektive her solche Pedanterie eine engstirnige Absurdität, von keiner ästhetischen Theorie bestätigt, die weniger als siebzig Jahre auf dem Buckel trägt. So entging Bradbury nur teilweise dem Bannfluch, und das gelang ihm – wenn man so sagen darf – sowohl dank seiner Stärke, als auch dank seiner Schwäche: denn der Leser in den USA, besonders der Durchschnittsleser, läßt sich leicht mit lyrischer Banalität abspeisen. Wir sagen nicht, daß die Prosa Bradburys eine einzige derartige Banalität ist, sondern nur, daß man in ihr auch diesen Aspekt feststellen kann, und er war der Zuckerguß, der die wissenschaftliche Pille versüßte; denn bei der geistigen Elite der Vereinigten Staaten erwarb sich dieser Schriftsteller keine Anerkennung.

Vielleicht ist das die einfachste (oder auch: die primitivste) Erklärung für die Gleichgültigkeit der »New Wave of Science Fiction« gegenüber Bradbury. Sie knüpft nämlich in der Phantastik an niemanden an; eventuell an Namen, die über jeden Zweifel erhaben sind, wie, sagen wir, E. A. Poe; am liebsten versichert sie jedoch, daß mit ihr, der neuen Generation der Phantasten, alles erst beginnen werde. Übrigens, gegen ältere Schriftsteller wettern die jüngeren im allgemeinen nicht. In einem Interview, das Ballard der Zeitschrift der »Fanatiker« – *Speculation* (erscheint in England) gegeben hat, sagte er u. a.:

»Ich halte mich nicht für einen Science-Fiction-Autor in dem Sinne, in dem Isaac Asimov oder Arthur C. Clarke solche Autoren sind. Genauer gesagt, halte ich mich für einen Science-Fiction-Autor in dem Sinne, in dem der Surrealismus eine wissenschaftliche Kunst ist (›a scientific art‹). Eigentlich schreiben Asimov, Heinlein und die Meister der amerikanischen SF überhaupt nicht über Wissenschaft. Sie schreiben über ein Sammelsurium fiktiver Ideen, die konventionell ›Wissenschaft‹ genannt werden. Sie schreiben über die Zukunft, schreiben eine Art phantastischer Fiktion über die

Zukunft, die dem Western oder dem Thriller angenähert ist, das hat aber mit Wissenschaft nichts gemein. Ich habe Medizin, Chemie, Physiologie, Physik studiert, war fünf Jahre lang Mitarbeiter einer wissenschaftlichen Zeitschrift. Der Gedanke, daß eine Zeitschrift wie *Astounding* oder *Analog*, wie sie jetzt heißt, irgend etwas mit Wissenschaft zu tun hätte, ist lächerlich (...) Freud hat gesagt, man müsse unterscheiden zwischen analytischer Tätigkeit, die dasselbe sei wie Wissenschaft, und synthetischen Tätigkeiten, die Kunst seien. Der Haken bei der SF von Asimov und Heinlein steckt darin, daß sie synthetisch sind. Freud hat gesagt, synthetische Tätigkeit sei ein Zeichen der Unreife, und ich glaube, eben deshalb versagt die klassische SF.«

Und etwas weiter:

»Nach *The Drowned World* habe ich *The Drought* geschrieben, den zweiten Roman über Wüsteneien. Ich habe bemerkt, daß ich, während ich das schrieb, in die Geometrie einer sehr abstrakten Landschaft und in die sehr abstrakten Beziehungen zwischen den Figuren einzudringen begann ... Dann schrieb ich die Erzählung *The Terminal Beach*, deren Handlung sich auf Eniwetok, der Pazifikinsel, auf der die Wasserstoffbombe getestet wurde, abspielt. Hier wieder begann ich die Charaktere und Ereignisse in der Erzählung so zu betrachten, daß ich die einzelnen Aspekte isolierte, wie ein wissenschaftlicher Forscher, der eine sonderbare Maschine zerlegt, um zu prüfen, wie sie arbeitet. Meine neuen Erzählungen, die ich ›kondensierte Romane‹ nannte, sind aus *The Terminal Beach* hervorgegangen ...

Frage: In den neuen Erzählungen treten reale Personen auf, wie John F. Kennedy und Elisabeth Taylor usw. Warum?

Ballard: Ich bin der Meinung, daß die sechziger Jahre ein Wendepunkt waren. Zum ersten Mal seit Ende des Kalten Krieges wurde die Außenwelt fast zu einer völligen Fiktion. (»Fiction« heißt hier sowohl Fiktion im wörtlichen Sinn, als auch erzählende Literatur – S.L.). Das ist die Landschaft der Massenmedien, wenn Sie wollen. Vollständig beherrscht von Werbung, Fernsehen, Politik, die als Werbekampagne betrieben wird. Sogar das Privatleben der Menschen wird immer stärker von dem kontrolliert, was ich Fiktion nenne. Unter

Fiktion verstehe ich alles, was für imaginäre Zwecke ausgedacht wurde. Z. B. kaufen Sie kein Flugticket, Sie kaufen keine Reise, sagen wir, nach Frankreich oder Spanien. Sie kaufen das Image einer konkreten Luftlinie, einen Minirocktypus, den die Stewardessen tragen, in den USA verkaufen sich so die Luftfahrtunternehmen. (...) Wenn also die Realität heute eine Fiktion ist, muß der Schriftsteller keine Fiktion mehr erfinden. Das Verhältnis des Schriftstellers zur Realität hat sich total gewendet. Der Schriftsteller soll die Wirklichkeit finden, er soll die Wirklichkeit erfinden, und nicht die Fiktion erfinden. Die Fiktion ist schon da. (...) Die Gestalten, deren ich mich bediene, sind keine individuellen Charaktere. Wie ich in einer meiner Erzählungen gesagt habe, ist der Körper einer Schauspielerin wie Elisabeth Taylor, die wir tausend Mal im Tag auf Plakaten sehen, *ist* ihr Körper eine echte Landschaft. So echt, wie jede Landschaft unseres Lebens, wie die Berge, Seen, deshalb benutze ich sie als Stoff für den Roman der sechziger Jahre.«

(Das Interview stammt vom Februar 1969).

In Ballards Worten gibt es einige beunruhigende Dinge. Sie sind erwähnenswert, weil Ballard als Pfeiler der ganzen »neuen Welle« angesehen wird. Ohne ihn gäbe es sie nicht. Also, vor allem stimmen die »methodologischen« Bemerkungen pessimistisch. In der Tat, das, was die Klassik der SF produziert, hat mit Wissenschaft nicht viel gemein. Aber der Surrealismus hat noch weniger mit ihr gemein. Ferner, Freud als Wissenschaftstheoretiker – das ist ungefähr dasselbe wie der Teufel in der Rolle des Theologen. Der Schöpfer der am wenigsten empirischen von allen wissenschaftlichen Theorien ist die letzte Autorität, von der man sinnvolle wissenschaftstheoretische Feststellungen erwarten könnte. Eine ernste Auseinandersetzung mit der Trennung, die Ballard vorschlägt (analytisch-synthetisch) ist nicht möglich. Aber das alles sind Nebensachen. Die Behauptung, daß die Welt (des Westens) einer »Fiktionalisierung« erlegen ist, hat einiges für sich; verantwortlich dafür sind die mitnichten phantastischen Gesetze des Marktangebots (id fecit fictionem eam, cui prodest). Die Soziologen weisen seit Jahren darauf hin, daß die Werbung nicht so sehr Produkte, als die an sie geknüpften

Hoffnungen (Parfums und Wäsche *als* Erfolg in der Liebe, Flugkarten *als* paradiesischer Komfort mitsamt dem darin wartenden Abenteuer, Kosmetika *als* Garantie der Gewinnung von Schönheit, Arzneien *als* Hoffnung auf die Rückkehr der Jugend, den Körper der Schauspielerin *als* Sex usw.) verkauft; und selbst wenn die Reklame keine wirklichkeitsnahe Hoffnung enthält (schließlich ist die Chance eines Abenteuers doch größer, wenn man fliegt, als wenn man zu Hause hockt), dann assoziiert sich das verkaufte Produkt im Kopf des Abnehmers mit einem in Wirklichkeit räumlich entfernten, aber äußerst wirksamen Symbol (darum helfen halbnackte Fotomodelle alles zu verkaufen – vom Traktor bis zum Computer). Aber das »Leben« ist von der Schicht dieser Fiktion nur verhüllt; sie dringt in den Bereich der Kultur ein (z. B. hat sie die Pop-Art geformt!) und füllt die Leere, die die von der Invasion der Technologie zertrümmerten Werte hinterlassen haben. In den Ursachen unerkannt, macht dieser Mechanismus den Schriftsteller zum Mitschöpfer von nicht nur literarischen Fiktionen. Doch lassen wir jetzt auch das beiseite. Ballard ist schriftstellerisch orientierungslos: seinem Talent stehen herrliche Rosse zur Verfügung, nur weiß er nicht, in welches Gefährt er sie einspannen soll. Seine Lieblingsmaler sind Bosch und Salvador Dali. Meine auch. Aber was hat das mit Wissenschaft zu tun? Bosch – das ist eine eschatologische Vision, die Bauklötze, mit denen er beginnt, sind Gegenstände; indem er sie hybridisiert, unheimliche Mischlinge schafft, transzendentalisiert er die Objekte so, daß sie nicht nur sind und nicht nur über sich hinaus auf die Transzendenz hinweisen, sondern zu deren materiellen Verkörperung werden. (Der »Nouveau roman« will uns auch mit Objekten füttern, aber solchen, die von der Transzendenz des Glaubens schon abgeschnitten sind, und so entsteht aus den Knochen irgendwelcher x-beliebiger Gegenstände ein mageres Süppchen.) Bosch glaubte an das, was er machte, und Dali vermag nicht mehr so zu glauben, obgleich er die eigene Person und die eigenen Handlungen auf das, was er malt, abgestimmt und daran angeschlossen hat. Bosch war ein Visionär, der im Bann der übernatürlichen Welt stand, und Dali ist nur ein phänomenaler Akrobat der Exzentrizität, dem es selten gelingt, zur »Metaphysik« der Dinge vorzustoßen; oft kickst er, etwa wenn er Taschenuhren in Omeletten umarbeitet. Man kann ein hervorragender Maler sein, ohne Intellektueller zu sein, aber man kann nicht der Autor wissenschaftlicher Phantastik sein, ohne zu wissen, was Wissenschaft ist. Alle Produkte sowohl der Wissenschaft wie der Kunst, die wir von den vergangenen Jahrhunderten geerbt haben, dienten einem vernünftigen Zweck. Die Erkenntnis hat Nutzwert als gedankliche Arbeit, die uns erlaubt, die Welt zu verstehen und unseren Platz in der Welt zu bestimmen. Und hergestellte Dinge dienten immer einem Zweck: die Pyramiden waren die Materialisierung der staatlich-religiösen Macht der Pharaonen Ägyptens, die Steinpfeiler von Stonehenge regelten die Beziehungen zum Übersinnlichen, Kathedralen sind Gebete aus Stein. Die sie gebaut haben, waren gläubig. Maschinen, Gebäude, Theorien, Kirchen, Paläste, Gärten, Dämme, Obelisken, Straßen, die zu nichts dienten, hat keine einzige Kultur geschaffen. Selbst die reine Mathematik, die »zu nichts« dient, hat ihr Entstehen der Gebrauchskunst zu verdanken: der Bodenvermessung, dem Zählen von Getreidegarben, Krügen und Soldaten. Die Ziele, in deren Dienst Pyramiden, römische Zirkusse, Kathedralen eingespannt wurden, können von der vorwärtsschreitenden Geschichte fortgewischt werden, und dann versenken wir uns in die Schönheit, in den Ausdruck von etwas, das im Moment seines Entstehens weder reine Schönheit war, noch der reinen Kontemplation des Objekts gedient hat. Die Literatur kann sich in den Dienst der realen Probleme der Welt stellen, und sie kann auch Probleme konstruieren, die dieser Welt fremd sind. Das sind Probleme vom Typ der Autothematik, Spiegelungsprobleme, wenn das Werk sich selbst widerspiegelt, des leeren Spiels als formale Meisterschaft. Diese Meisterschaft kann hinreißend sein, hat aber nichts mit Erkenntnis zu tun. Als Ideal erscheint in solchen Fällen die Leere mathematischer Systeme, ihre autarke Präzision, aber sprachliche Kreativität kann nicht jenen Grad der Leere erreichen, wie er für analytische Konstruktionen typisch ist. Die Semantik zieht dann die Autoren dorthin, wo sie gar nicht hin wollen, denn nach ihren syntaktischen Regeln kleben sich die Sinngehalte zusammen, wonach sich herausstellt, daß es dem Autor gar nicht um diese Sinngehalte zu tun war. *Leere Kohäsion* ist sprachlich nicht möglich; und nur sie könnte den »Welten der Mathematik« adäquat sein. Und die einfachste Rettung vor den Verlockungen der Semantik, vor der Tatsache, daß man, artikulierend, nicht vollkommen asemantische Strukturen schaffen kann – ist das erbarmungslose Zerhacken der Sinngehalte, ihre Zersplitterung dank Einführung zufälliger Generatoren der Syntax auf verschiedenen Ebenen der Organisation des Werkes. Was immer dann entsteht, ist der Welt der Politik, Soziologie, Anthropologie, Ethik entfremdet, und dieser Weg kann weder zur Mathematik noch zur Wissenschaft führen, weil er mit rationaler Tätigkeit nichts zu tun hat. Was entsteht also im Denotationshintergrund? Irgendwelche unklaren Symbole. Wovon? Von irrationalen Erscheinungen; aber als Ausweg aus der Alternative setzt der Irrationalismus guten Glauben voraus. Wer nicht glaubt, aber »irrationalisiert«, handelt falsch, weil er es aus den Positionen eines vorgetäuschten Glaubens tut, der doch nicht in ihm lebt. Das schönste, das geistreichste leere Spiel, demgegenüber alle Tüfteleien der berichterstattend-mikrorealistischen Literatur verblassen, wird stets ohnmächtig und absolut gleichgültig gegenüber den Problemen der Welt sein, bedeutet völlige Entfremdung und Isolierung. So entsteht die spezialisierte Kunst. Sie ist eines von vielen Fächern und hat ebensowenig das Recht, sich in irgendwelche Konflikte des Lebens einzumischen, wie der Uhrmacher nicht das Recht hat, sich in die Arbeit des Kochs einzumischen, der Koch in die Arbeit des Schusters, der Mathematiker in die des Friseurs, denn dann hört der Künstler auf, sowohl Priester oder Hofnarr der Moral als auch Richter und auch Zeuge dessen zu sein, was in der Welt vorgeht. Der Schriftsteller wird so zum Produzenten von Dingen, die vielleicht wunderschön sind, aber nichts zu sagen haben, nichts ausdrücken, sich in nichts einmischen, nichts bewerten, von nichts erzählen und vor nichts warnen. Sie sind nur da, diese Dinge, denn sie *dienen zu nichts*. Auf diese Weise verwandelt sich die Literatur aus einer universalistischen Beschäftigung in linguistische Galanterieware.

Ballard gehört zu jenen, die – wie er behauptet – nicht

darauf verzichten wollen, zu verstehen, zu erfassen, zu begreifen; er *muß* aber verzichten, wenn er in der eingeschlagenen Richtung fortfährt. Er begann mit Erzählungen und längeren Prosastücken mit allegorischer Tendenz *(Track 12, The Drowned Giant, The Illuminated Man, Voices of Time, Drowned World).* Die Erzählungen waren eine Art Gestaltung eines ungewöhnlichen Bildes (die ans Ufer geschwemmte Leiche eines apollinischen Riesen), aber die umfangreicheren Werke mußten schon eine deutlichere, nicht bloß bildhafte Aussage haben, und daran krankten sie, denn, wie wir schon sagten, man kann einer unvernünftigen Metaphysik durch keine noch so schöne und noch so erhabene Darstellung Sinn verleihen. Man kann dem Menschen nicht den Untergang schmackhaft machen, ihn nicht damit aussöhnen, indem man diesem Untergang ein ästhetisches Aussehen gibt. Entweder glaubt man an die Transzendenz, und dann ist die ästhetische Qualität des Untergangs bedeutungslos, oder man glaubt nicht an sie, und dann ist sie ebenfalls völlig unwichtig. Die Meinung, es sei angebracht, sich z. B. der Invasion wunderschöner Mikroben zu unterwerfen und nur gegen das Eindringen von ekelhaftem Gewürm anzukämpfen, läßt sich unter keinem normalen Gesichtspunkt rechtfertigen. Ballard scheint zu den Schriftstellern zu gehören, die ausgezeichnet reden können, da sie aber nicht wissen, wovon sie reden sollten, sind sie wie Schlingpflanzen, die sich an einem beliebigen Gegenstand hochranken – als Kontruktion, die ihrer Bewegung die generelle Richtung und Stütze leiht. Deshalb gereicht ihm die Zerschlagung einer allegorischen Aussage, die nur wenig Sinn hat, nur zum Nutzen. Ist es doch besser sonderbare, vielleicht sogar erschütternd schöne Dinge zu zeigen und sich darauf zu beschränken, als mit diesen Wundern Dummheiten vorzutragen. Seine Erzählungen aus dem Jahre 1967, z. B. *The Death Module* oder *The Summer Cannibals* haben die Zone der eindeutigen Aussage schon verlassen. *The Death Module* ist die Kapsel Gemini, in der die amerikanischen Astronauten auf dem Cape Kennedy den Tod gefunden haben. Die Erzählung hat keine Handlung und ist eine Art Prosadichtung, quasi eine Collage, zusammengesetzt aus kurzen, wenige Zeilen langen Absätzen mit Zwischentiteln: *The Polite Wassermann, The University of Death, Indicatiors of Sexual Arousal, The Transition Area, Algebra of the Sky, A Watching Trinity, The Karen Novotny, Experience Pentax Zoom, A Cosmogonic Venus, The Abandoned Motorcasle, The Soft Quasars, The Departure Platform* usw. Visuell-geometrische und abstrakt-erotische Assoziationen ranken sich um einige Motive – der Verbrennungstod der Astronauten, nackte Frauenkörper, die Wiederholung – vor Filmkameras – der Todesfahrt des Präsidenten Kennedy, und zwischendurch paradoxe und aphoristische Sätze wie: *Jungfrau durch eigene Keuschheit autosodomisiert**. Die sukzessiven Fragmente werden feierlich, langsam, sehr ernst und zuweilen ähnlich wie eine abstrakte Trauerrhapsodie exponiert; Eros und Thanatos im Freudschen Verständnis scheinen dem Ganzen Pate zu stehen. Sexuelle Motive sind in den *Summer Cannibals* deutlicher; auch dort haben wir kurze Absätze mit Zwischentiteln wie: *Imaginary Perversion, An Erotic Game, Elements of an Orgasm, Post-coitum Triste, Contours of Desire.* Jemand sagt in einem gewissen Augenblick:

». . . Es ist eine interessante Frage, warum ist das Verhältnis per vagina (sic! – so steht es im zitierten Text) erregender als mit diesem Aschenbecher oder mit diesem Winkel zwischen zwei Wänden? Der Sex ist jetzt ein begrifflicher Akt, es scheint, daß wir nur in Termini der Perversion überhaupt miteinander kommunizieren können. Die Perversionen sind vollkommen neutral, von jeder Suggestion der Psychopathologie abgeschnitten, wirklich. Alle, die ich ausprobiert habe, sind veraltet. Wir müssen uns eine Reihe imaginärer Perversionen ausdenken, um die Aktivität des Lebens zu erhalten.«

Solche Werke sind außerdem illustriert, mit Fotos von Autos, die in experimentellen Zusammenstößen zerschmettert wurden, mit dem Fragment eines Aktbildes, weiblichen Wimpern in Vergrößerung, einer von oben gesehenen Autobahnkreuzung, mit menschlichen Lippen oder dem Lenkrad eines Autos. Das Fehlen jeglicher Handlung – also einer Chronologie – in solchen Texten geht viel weiter als z. B. in den Werken vom Typ des Antiromans, so verdanken sie denn auch ihre

* Titel eines Bildes von Salvador Dali.

Beliebtheit bei den Lesern nur ihrer Kürze. Denn das als Motiv im musikalischen Sinne behandelte Thema des Todes der Astronauten z. B., nicht ausgebaut, in keine Art zusammenhängender und teleologischer Handlungen umgesetzt, kann die Konturen der semantischen Einheitlichkeit des Werkes nur auf kleinem Raum bewahren. Allzu schnell bewirkt die Ermüdung des Lesers, daß die Aufmerksamkeit nachläßt und er gegenüber Anreizen, deren Sinn immer derselbe ist und die nur in verschiedenen, möglichst verblüffenden Orchestrierungen als »Würze« serviert werden, abstumpft.

Diese fortschreitende Atomisierung der Prosa Ballards ist beunruhigend. Könnte er und hätte er das Zeug dazu, die Kontrolle über sein eigenes Schaffen vollkommen zu bewahren, dann müßte er, sofort nachdem er aufgehört hat, irgendeine Klagessche Metaphysik mit katastrophistischen Visionen auszudrücken, halt machen. Aber an einer solchen Wasserscheide ist er eben nicht stehengeblieben; er fuhr fort, die Kohärenz komplexer Sinngehalte zu zerschlagen.

Die Erzählungen, die er selbst kondensierte Romane nannte, wie *You and Me and the Continuum, You: Coma: Marilyn Monroe* und andere, die ungefähr zur selben Zeit erschienen, sind Zusammenstellungen von Szenen, die überwiegend in keinem logischen oder kausalen Verhältnis zueinander stehen, in denen gewisse Figuren immer wieder vorkommen und ähnliche Rollen zu spielen scheinen (die Frau mit dem Körper, der dem Marilyn Monroes gleicht, der Arzt usw.), und wo sich Requisiten, Assoziationen oder Orte wiederholen (ein Planetarium, ein Radioteleskop, die Körperpartien einer sich entkleidenden Frau, die der Beobachter in Gedanken mit dem Kosmos assoziiert; die Beobachtung hat manchmal die Tendenz, in Segmente zu zerfallen usw.) In diesen Romanen-Erzählungen erscheint überdies eine Gestalt, die Christus sein soll; nach Ballard ist der Sinn oder einer der Sinngehalte aller dieser Werke die »deklassierte« oder »degenerierte« Rückkehr Christi auf die Erde.

Die SF leidet nicht an einem Übermaß von aufmerksamen und vernünftigen Kritikern, aber d. h. nicht, daß es darunter nicht verständige und gutwillige Menschen gibt; einer von ihnen, John Foyster, hat sich in der *Australian SF Review* viel

Mühe gegeben, um die Werke jenes Zyklus irgendwie zu ordnen, zu untersuchen, zu resümieren, aber der Effekt dieser mühseligen Arbeit ist eine hilflose Geste: der Kritiker war nicht imstande, etwas Konkretes in ihnen zu finden. Er gibt nur zu, daß Ballard schreiben kann, d. h. ein Meister der Sprache ist, daß kleine Passagen bestimmt gute literarische Arbeit sind – aber das ist auch alles.

Es drängt sich die Frage auf, ob man diese Erzählungen irgendwie semantisch vereinigen kann, ob sie als geschlossenes Ganzes etwas bedeuten, und wenn ja, dann was, ob dies der Weg zur »neuen Science Fiction« ist – auch wenn es dem Leser widerstrebt, wie die »deklassierte Rückkehr Jesu«, die Geometrisierung des Kosmos und die des weiblichen Körpers zu interpretieren sind (in einer anderen, späteren Erzählung beschreibt Ballard den Geschlechtsakt und unterwirft ihn einer »geometrischen Fragmentarisierung«) usw. Aber um überhaupt derartige Fragen zu erwägen, müssen wir die Problematik des Verstehens sprachlicher Texte auf eine außerliterarische Ebene verlegen.

Beginnen wir mit einigen gedanklichen Experimenten. Wir nehmen eine Reihe Papierblätter und zeichnen auf jedem ein menschliches Gesicht auf. Auf dem ersten ist das Gesicht genau mit allen Einzelheiten zu sehen, auf dem zweiten schon bruchstückhafter, auf dem dritten sind nur mehr die Umrisse des Kinns, ein Punkt statt des Auges, die Nase sowie ein Teil des Ohrs geblieben. Auf dem letzten Blatt (nehmen wir an, es waren 50) zeichnen wir nicht einmal einen Punkt. Wenn wir jetzt zwei Gruppen von Leuten nehmen und jeder diese Blätter mit den Zeichnungen zeigen, wobei wir so vorgehen, daß wir der ersten Gruppe die Zeichnungen in der Reihenfolge von der vollständigsten bis zum leeren Blatt zeigen, bei der zweiten hingegen – beim leeren Blatt anfangen und in entgegengesetzter Richtung weitergehen, so wird sich zeigen, daß in der ersten Gruppe die Beobachter viel mehr Zeit brauchen werden, um das Gesicht zu erkennen, als in der zweiten. Denn die Beobachter der ersten Gruppe, denen im Gedächtnis geblieben ist, was sie schon deutlich vor Augen hatten, ergänzen in der Vorstellung die Fragmente des Gesichts mit großer Intensität, sie bemühen sich aktiv, das Ganze dort zu sehen, wo dieses Ganze sogar stark auseinandergefallen ist. In der zweiten Gruppe dagegen wird zunächst niemand etwas erkennen können, und erst wenn die Umrisse des Gesichts auf den Blättern relativ deutlich hervortreten werden, wird ihnen diese Feststellung erlauben, es bei weiteren Versuchen um so leichter wahrzunehmen.

Würden wir jetzt die Frage stellen, ob auf dem Blatt Nr. 27 mit einer so fragmentarischen Skizze, daß die erste Gruppe in ihr das Bild eines Gesichts erkennt, die zweite hingegen überhaupt kein Ganzes erkennen kann, ob auf diesem Blatt das Gesicht »wirklich« sichtbar »ist« oder »nicht sichtbar ist«, dann erkennen wir schnell die Sinnlosigkeit dieser Frage. Für die einen Menschen, die einem entsprechenden Training unterzogen wurden, stellt die Skizze ein Gesicht dar, für die anderen nicht: nichts anderes kann man zu diesem Thema vernünftigerweise sagen.

Wenn wir nun an die Stelle unseres äußerst primitiven Experiments den natürlichen Entwicklungsprozeß einer literarischen Strömung, sagen wir des französischen »Antiromans« setzen, dann begreifen wir, daß es durchaus möglich ist, daß die langsame »Auflösung«, die schleichende Zersetzung der semantischen Konzentration der Texte um einen Brennpunkt, bei parallel vor sich gehendem adäquatem Training der Leser, die zugleich von einer scharfsinnigen Kritik belehrt werden, »was« »wie« in jenen immer undeutlicher werdenden Werken zu verstehen ist, daß dieser semantische Verfall selbst in fortgeschrittenen Stadien für viele Menschen einen kohärenten Sinn haben wird. Die Frage lautet, ob solche diffusen Texte vom aktiven Leser sinnvoll fokussiert werden, oder aber ihren Sinn auf eine vom Leser unabhängige Weise zeigen. Und die Antwort wird ähnlich ausfallen wie beim Experiment mit den Zeichnungen. Das scheint auf den ersten Blick sonderbar. Wenn jemand ein Buch oder eine Erzählung geschrieben hat, so hat er »sich dabei doch etwas gedacht«, »wollte damit etwas sagen«, oder etwa nicht?

Aber natürlich *nicht.* Sieht eine Wolke »wirklich« aus wie ein Löwe oder wie ein in der Sonne schmelzendes, aus Stearin geknetetes Kamel? Erinnern die Konturen Afrikas auf der Landkarte wirklich an eine Niere? In hohem Maße hängen derartige Entscheidungen von uns als Beschauer ab, d. h. sie sind bedingt durch die Kriterien der Schärfe des Blicks auf die von uns visuell, ganz oder halb instinktiv, ausgemachten Formen. Die einen sehen dabei die Formen stets schärfer als die anderen, und für diese schärfer Sehenden scheinen die Kleckse des Rorschachtests einfach unordentliche Flecken, andere sind weniger ordentlich in der Art, wie sie Formen sehen, und denen assoziiert sich auf den Rorschachtafeln visuell alles mit fast allem.

Aber man kann doch eine künstliche Wolke herstellen oder aus Wachs etwas modellieren, was einem Kamel gleicht, man kann eine Art gekrümmten Korpus zeichnen, der ein bißchen an die Konturen Afrikas erinnert. Warum könnte man also nicht sehr undeutliche, verwischte, zerfließende, locker oder gar nicht zusammenhängende, semantische Formen schaffen? Alles das ist zu machen, und man muß nur begreifen, daß die Frage, »was die gegebene Form zu bedeuten hat«, wenn sie eine präzise und unerläßliche Antwort vorsieht, falsch gestellt ist. *Von uns als Lesern wird es in hohem Maße abhängen, ob der gegebene Text etwas bedeutet, und was er bedeutet.* Wir sind nicht völlig frei bei einer solchen Entscheidung, und, was wichtiger ist, diese Entscheidungen können nicht durch einen einfachen Willensakt zustande kommen (»Ich will, daß der gegebene Text mir dies und dies bedeutet!«). Selbst ein Rorschachklecks läßt sich nicht visuell dazu »zwingen«, dem ähnlich zu werden, was uns vorschwebt. Ebenso läßt das Aussehen eines semantischen »Flecks«, erstens, nicht alle Interpretationen zu. Zweitens aber läßt er sich nicht durch einen Willensakt – als einmalige, intentional auf den Text gerichtete Anstrengung – »semantisch abstimmen«. Unerläßlich ist eine Arbeit, die so sehr ans Lernen erinnert, daß sie eigentlich eine Art Unterricht ist. In einem solchen Fall bemühen wir uns gleichsam, ein gewisses System aus dem zu machen, was noch kein System ist, aber eine gewisse Aussicht hat (da in Teilen davon eine gewisse Ordnung zu erkennen ist), dank unserer Fähigkeiten und Bemühungen eventuell zu einem sinnvollen System zu werden. Im ganzen Universum derartiger Vorgangsweisen, der kreativen wie der rezeptiven, führt die Statistik das Regiment. Man kann nämlich die

Schritte, die die einzelnen Phasen der »Auflockerung« eines Textes voneinander trennen, beliebig verkleinern. Denn nur dank der statistischen Schätzung läßt sich beurteilen, ob ein »stark aufgelockerter« Text noch das Objekt einer semantischen Arbeit sein kann, die seine Teile zu einem Ganzen zusammenschweißt, oder ob diese Chance nicht mehr besteht.

Drittens schließlich – die wirklichen Situationen sind, da vieldimensional und vielgestaltig, komplizierter als aus unseren beiden Experimenten folgen würde. Wenn wir auf dem Blatt Papier nach und nach die Linien, die sich zum Bild eines Gesichts zusammenfügen, ausradieren, zerstören wir nur eine bestimmte Ausgangsstruktur. Wenn wir aber die erzählerische Konvention als Methode einer kausal-assoziativen Struktur zerstören, so machen wir dies meistens, da wir Sachwalter des literarischen Experiments sind, nicht aufs Geratewohl. Vielleicht wenden wir eine ausgewählte Strukturform an, die im Verhältnis zur konventionellen bisher heterogen und ihr daher fremd war. Nichts hindert uns auch daran, drei, vier, sogar fünf Konventionen oder Strukturprinzipien zugleich zusammenstoßen zu lassen, und noch dazu auf verschiedenen Ebenen des Werkes. Wir können die Schicht der sprachlichen Deskription verletzen, wir können auch die Schicht der festgesetzten Vergegenständlichungen verletzen. Bestimmte Typen von Störungen bringen den Text in einen Zustand, in dem sich die sprachliche Schicht überhaupt nicht mehr von der Schicht der Vergegenständlichungen lösen läßt. Ich erinnere daran, daß wir in den einleitenden Partien dieses Buches davon gesprochen haben; dort aber haben wir das Problem der Texte, in denen man die beschreibende Sprache nicht vom beschriebenen Gegenstand trennen kann, flüchtig behandelt. Mehr war nämlich für die Analyse von mehr als 90 Prozent aller vorhandenen Science-Fiction-Texte nicht notwendig.

Der Antiroman schafft eine Situation, in der die Sprache von der sprachlich erzeugten Welt nicht gelöst werden kann. Ballard ahmt ihn in der Methode nicht ganz genau nach: bei ihm weiß man für gewöhnlich sehr wohl, was geschieht, d. h. man könnte mit eigenen Worten den Inhalt der Ereignisse in ihrer gegenständlichen Natur wiedergeben. Dagegen attakkiert Ballard die situationsbezogenen Sinngehalte. Der Punkt, an dem das Instrument, das die Kohäsion zerrüttet, angesetzt wird, befindet sich hier anderswo als im Antiroman. Doch hier müssen wir gleich einschränkend sagen, daß nicht alle Autoren des Antiromans ihre Texte auf gleiche Weise organisieren oder, wenn man will, desorganisieren.

Stellen wir fest, daß die semantischen Effekte, die durch Angriffe auf die gegenständlich-situationsbezogene oder sprachlich-deskriptive Kohärenz entstehen, sehr unterschiedlich sind, je nach der Struktur des Angriffs. Man kann z. B., wie schon erwähnt, einzig und allein die Streuung der Wahrscheinlichkeit von gegenständlichen Ereignissen stark verändern. Das erbringt im Resultat unheimliche Koinzidenzen sowie unglaubliche – aber nur dem Sinne nach unglaubliche! – Abweichungen vom großen Durchschnitt (im Autobus sehen wir lauter einbeinige Frauen mit Schmetterlingsnetzen, bei allen, die an einem Straßenauflauf teilnehmen, bluten zwei Finger an der linken Hand usw.). Auf die Frage, »was das bedeutet« und was der Autor sagen wollte, indem er solche statistischen Abweichungen zeigte, kann ich zum Glück antworten, weil ich mir diese Beispiele selbst ausgedacht habe. Sie heißen absolut nichts, und ich wollte nichts damit sagen, ich habe nur die Möglichkeit einer solchen Konstruktion konzipiert, gestützt auf abstrakte Überlegungen über die Varianten des Aufbaus von literarischen Texten, und wenn jemand in solchen Szenen unbedingt geheime, abgrundtiefe Bedeutungen, sadistische, phallische Symbole usw. sehen will, so kann man ihm das nicht verbieten. Ferner kann man z. B., und auch davon haben wir bereits gesprochen, die Fläche des Schnittes, den die Erzählung durch das Situationsgewebe der Ereignisse führt, von den Haupterwartungen und -antizipationen des Lesers entfernen. Der Leser will wissen, ob der Held mit der Heldin schlafen wird, und ich werde ihm sagen, wie die Bügel der Straßenbahnen aussehen, auf die der im Bett liegende Held blickt, während die Heldin auf der Pfanne Koteletts aufwärmt, was sich in seinem Geist mit diesen Bügeln assoziiert, warum er als Kind Angst vor Steigbügeln hatte, und langsam kann ich die Erzählung von der Achse der vom Leser antizipierten Ereignisse so sehr abweichen lassen, daß ich mit den Gedanken des Helden entweder dort lande, wo ich will, oder dort, wo mich die x-beliebig geknüpften Ketten der automatischen Assoziationen hinführen. Wobei dies keineswegs Assoziationen sein müssen, die von meinem oder vom Unterbewußtsein des Helden determiniert sind, ich kann aufs Geratewohl ein Wörterbuch aufmachen und von dem Wort, auf das mein Blick fällt, dem Sinn der aufeinanderfolgenden Sätze folgen, und keiner, auch wenn er ein verschworener Psychoanalytiker ist, wird wohl behaupten, daß das Wörterbuch auch ein unbewußtes Leben hat und nicht zufällig, sondern gemäß seinem Unterbewußtsein mir gewisse Stichworte unterschiebt.

Aber als kreativer Urheber ist das Prinzip des Herumirrens mit dem Finger von einem Wort zum anderen dürftig. Wie also der Pointillist eine gewisse Anzahl chromatisch aufeinander abgestimmter Farben auf die Palette drückt, um sie beim Malen zu benutzen, so können wir gruppenweise gewisse abstrakte Begriffe, gewisse Orte und gewisse Personen vorbereiten. Beschränken wir uns auf Gruppen von Orten, um das Beispiel nicht zu komplizieren. Zur ersten gehören: ein Arrest, eine Leichenhalle, eine Tankstelle, eine große Mülldeponie und ein Juwelierladen. Zur zweiten: ein Radioteleskop, ein großes Aquarium, eine Sternwarte, ein Schreibmaschinensaal und ein Schlachthaus. Selbst wenn ich im Rahmen jeder dieser Gruppe rein zufällig handle, die Helden einmal vom Juwelier in die Leichenhalle, von der Leichenhalle zur Tankstelle, von der Tankstelle zur Müllhalde, das andere Mal – von der Maschinenhalle ins Schlachthaus, vom Schlachthaus zur Sternwarte, von dort zum Radioteleskop schicke – so ist es klar, daß sich selbst dann, wenn die psychologische Motivation und das rationale Ziel solcher Wanderungen völlig dunkel blieben, rund um jede dieser Sequenzen eine andere semantisch-emotionale Aura herausbilden wird. Einmal wird sie mehr »szientifisch« sein, ein andermal – aus dem Alltagsleben genommen. Diese Aura entsteht auf rein stochastische Art; die Impulse, die den Abnehmer in eine gewisse kategoriale Stimmung versetzen, sind Losungen, die das aktuelle Geschehen lokalisieren, und vom Versetzen in gemeinsame Stimmungen kann man sprechen, weil wir rein intuitiv erfassen, daß die Müllhalde, die Leichenhalle, der Arrest, der

Juwelierladen in irgendeinem Verhältnis zueinander stehen, und daß die Art dieses Verhältnisses, d. h. die aus dieser Zusammenstellung entstehende semantische Verwandtschaft, einen undeutlichen, aber dennoch irgendwie bedeutungsmäßig zusammenhängenden »Klecks« bilden, der sich durchaus nicht mit dem von der Konstellation Radioteleskop, Maschinenhalle, Aquarium und Sternwarte gebildeten »Klecks« deckt. Wir erhalten somit eine Art von Verbindungen als undeutlich strukturiertes Feld, jedoch ohne Gradienten: noch tritt hier kein Prozeß in Erscheinung – einer, der in eine bestimmte Richtung drängen würde. Diesen Prozeß kann man wiederum in das Feld einmontieren, indem man die Rollen der einzelnen Personen festlegt, aber nicht unbedingt so, daß es gleich klar wird, warum und in welcher Richtung sie agieren. So kann man, indem man verschiedene Formen sehr unvollständig definierter Anordnungen übereinanderlegt, einen Text herstellen, der ein literarisches Werk sein wird, ohne das übliche Gerüst der Handlung, der normalen Intrige, faßbarer zwischenmenschlicher Beziehungen usw. Bedeutet so ein Werk etwas? Wir verstehen schon die zweideutige Verfänglichkeit, die in einer solchen Frage steckt.

Die Systemcharakteristik der Bedeutungen eines solchen Produkts ist von den Abnehmern stärker determiniert als durch den Text selbst. Nehmen wir einen Auszug aus einem konkreten literarischen Werk (*Das Reich von dieser Welt* von Alejo Carpentier) und machen wir entsprechende Streichungen. Wir fügen kein einziges Wort hinzu und verlegen auch keines auf einen anderen Platz – wir beschränken uns auf Streichungen. Hier dieser Text nach einem solchen Eingriff:

»Der einarmige des Ritus, von Göttern mit außerordentlichen Kräften begabt, war Herr der Vernichtung, Tausende von Sklaven hingen den Lauf des Giftes. Diese Enthüllung entfesselte auf der Farm einen Sturm. Und kaum hatte die Ladung die Eingeweide des Negers zerrissen, wurden alle verfügbaren Männer aufgerufen. Die Ebene, stinkend nach halbverbrannten Klauen, war erfüllt.«

Der Text wirkt surrealistisch; jedenfalls weiß man nicht, worum es darin objektiv geht; und dennoch vermittelt uns seine Lektüre eine gewisse Aura. Es ist aber ein ganz »normaler«, d. h. kausal vollkommen verständlicher Text, wenn wir ihn zur Gänze zitieren:

»Der einarmige Mackandal, zu einem Houngan des Radà-Ritus geworden, und, da er wiederholt von den großen Göttern besessen war, mit außerordentlichen Kräften begabt, war der Herr des Giftes. Und von den im Auftrag dieser Götter Handelnden des Anderen Ufers mit höchster Autorität ausgestattet, hatte er den Kreuzzug der Vernichtung ausgerufen, da er auserwählt war, mit den Weißen ein Ende zu machen und ein großes Reich von freien Negern in Santo Domingo zu errichten. Tausende von Sklaven hingen ihm an. Niemand würde den Lauf des Giftes hemmen können. Diese Enthüllung entfesselte auf der Farm einen Sturm von Auspeitschungen. Und kaum hatte die aus reiner Wut entzündete Ladung die Eingeweide des schwatzhaften Negers zerrissen, als ein Bote nach Cap Français abgeordnet wurde. Am selben Nachmittag wurden alle verfügbaren Männer aufgerufen, nach Mackandal zu jagen. Die Ebene – stinkend nach fauligem Fleisch, nach halbverbrannten Klauen, nach dem Geschäft der Würmer – war erfüllt von Fluchen, Schreien und Hundegebell.«

Wenn wir wissen wollen, was geschehen ist, dann kann der erste Text nicht den zweiten ersetzen. Wenn wir aber dem Leser aktive Freiheit geben wollen – das Recht, sogar die Pflicht, zu erraten –, dann eignet sich der erste besser dazu. Und doch wurde dieser Text nicht speziell als Versuch eines Antiromans oder eines automatischen Produkts von surrealistischem Typ geschrieben. Er ist dadurch entstanden, daß man aus dem Original eine geringe Zahl von Worten entnahm. Welche Möglichkeiten eröffnen sich gar, wenn kein »Original« unser Vorgehen einschränkt. Um noch einmal auf unser Beispiel zurückzukommen, stellen wir fest, daß wir diesen Text bei der Lektüre rein instinktiv vervollständigen, und Sätze, die wir gar nicht imstande sind, mit anderen in einen Bezug zu bringen, übergehen wir einfach, vielleicht mit einer gewissen Verwunderung (ein solcher völlig unverständlicher Satz ist im präparierten Text: *Diese Enthüllung entfesselte auf der Farm einen Sturm,* der nahelegt, daß ein atmosphärisches Phänomen durch irgendeine Nachricht herbeigeführt werden könnte). Aus der Einschiebung einzelner, sogar jeder Konnotation entbehrender und nicht integrierbarer Sätze in einen irgendwie kohärenten Text folgt nicht, daß sein semantischer Bau gleich auseinanderfällt; diskoordinieren, dislozieren, die Kausalverbindungen zerschneiden muß man auf einer größeren Anzahl von Ebenen. Man kann, wie gesagt, die Syntax verletzen; und eine solche Verletzung kann ihrerseits expressiven Charakter annehmen (denn je nach den Zuständen, die man gerade erlebt, verletzt, wie wir wissen, der Artikulierende korrelativ die Syntax seiner Äußerungen; es gibt sogar bereits festgefahrene Muster solcher »Verletzungen«, wie etwa »pfui! pfui! wage nicht! ich werde dich!« – was wir sehr gut verstehen, obwohl wir es nicht mit perfekt gebauten Sätzen zu tun haben). Man kann auch die gegenständliche Schicht verletzen, die innerhalb einer Situation oder zwischen den Situationen oder auf noch höheren Ebenen der Integration gelagerte.

Strukturell auf die veristische Korrektheit untersucht, weist der *Prozeß* von Kafka Verletzungen auf, besonders in bezug auf die Verbindung zwischen den Situationen (innerhalb der Situationen verhalten sich die Menschen in diesem Buch veristisch, d. h. ungefähr so – sagt einem die Intuition –, wie sie sich in einer ähnlichen faktischen Lage verhalten würden; aber die Art, wie die einen Situationen die anderen bedingen und motivieren, ist nicht veristisch). Doch diese Verletzung, die auf der Ebene von komplexen Sinngehalten einem operativen Schlüssel unterworfen ist, hat an sich einen Sinn, denn dank der Verwirklichung dieses Sinnes nimmt das Werk allegorischen Charakter an; Verletzungen, die semantisch ein sinnvolles *System* bilden, sind also nicht wirklich Zerstörungen der Information, sind kein Rauschen, sondern, umgekehrt, Elemente der Signalapparatur einer anderen Größenordnung. Und erst wenn man kein deutliches Prinzip, keinen Schlüssel zu entdecken vermag, aus dem die Verletzungen des Textes resultieren, sind sie als echtes Informationsrauschen anzusehen. Aber auch das *müssen* wir *nicht* tun. Denn die Lektüre eines literarischen Werkes ist keine empirische Beschäftigung, die sich unter der Aufsicht strenger methodologischer Gesetze abspielt, sie ist ein Spiel, das unter der

Obhut von Direktiven der geltenden Konvention vor sich geht.

Wenn wir uns also sagen, daß an einem Maitag weiße Kumuli Zeichen *sind,* die uns andeutungsweise über die Charaktere und Gedanken unserer Bekannten informieren, so können wir, wenn wir gemeinsam diese Wolken betrachten und gemeinsame Bekannte haben, bei entsprechender Anstrengung und Verständigung vereinbaren, um welche Symbole es geht, welches an wen »adressiert« ist, und sobald eine solche Verständigung sich einmal stabilisiert und über mir eine Wolke erscheint, die einer an jenem Maitag gesehenen gleicht, dann werde ich in Lachen ausbrechen und sagen: »Aha! Das erinnert an Paul – weil er rundlich ist und sich durch nebelhaftes Denken auszeichnet!« Denn auch auf diese Weise kann man das Rudiment einer gewissen »Sprache« erarbeiten. So gibt es denn auch keinen Grund, warum wir, Leser und Kritiker des Antiromans, nicht gemeinsam zu dauerhaften Feststellungen über ihn gelangen sollten, um anzuerkennen, daß gewisse Arten von Gummi, die der Held in den Läden sucht, Anspielungen auf den Ödipus-Mythos sind, daß der Ödipus-Mythos hier ein semantischer Code ist, der darüber hinaus noch andere Unverständlichkeiten des Textes entschlüsselt, und je länger wir über dem Buch hocken und je gründlicher wir uns abplagen werden, desto mehr solcher Feststellungen werden wir treffen, die der Text nicht untersagt, die er aber auch gar nicht aufnötigt. Übrigens geht man nicht nur bei der Lektüre unklarer Texte so vor, denn einem ähnlichen Vorgehen verdankt sowohl die ganze Psychoanalyse als auch ein bedeutender Teil der Theologie ihren Ursprung. Wenn nämlich jemand von seinem Onkel im Sarg träumt, sagen wir, daß der Onkel den Vater vertritt und wir es mit dem banalen Motiv des Vatermordes im Rahmen des Ödipuskomplexes zu tun haben (»Wunschtraum«); und wenn er träumt, daß er den Vater aus einer gefährlichen Lage rettet, dann sagen wir, daß eine Inversion stattgefunden hat und der unbewußte Sinn genau der umgekehrte war: auch er will den Vater töten, aber die Zensur hat das Motiv umgekehrt. Einmal stoßen wir also den Hauptinhalt in das Unbewußte – so im zweiten Traum –, ein andermal führen wir nur eine Übertragung im Bewußtsein durch – so im ersten Traum –, und es kann gar keinen Traum geben, der nicht mit der a priori festgesetzten These übereinstimmt. Stirbt jemand jung, dann sagen wir, daß der Herr ihn für seine Verdienste zu seinem Thron gerufen hat, und erreicht er ein hohes Alter, erklären wir, der Herr habe ihn für seine Verdienste mit einem langen Leben belohnt, d. h., die Theorie bestätigt sich immer. Aus ebensolchen unumstößlichen Entscheidungen setzt sich die Interpretation der unklaren Literatur zusammen, die einen peinlichen kritischen Moment erlebt, wenn das Buch, das im Zuge von semantischen Sisyphosarbeiten in einem bestimmten Milieu schon einen eindeutigen Sinn erhalten hat, in ein anderes Milieu gerät, das jene Feststellungen überhaupt nicht kennt und ganz andere Sinngehalte und Versionen in das Buch hineininterpretiert, oder auch, was Gott verhüte, in eines, das befindet, daß es überhaupt nichts bedeutet. Begreifen wir denn nicht, wie gegenstandslos in einem solchen Fall der Streit darüber wäre, welches Milieu recht hat? Wäre dieser Streit nicht dasselbe wie die Frage, wie ein Wirbeltier, das Unpaarhufer ist und Hafer frißt, »wirklich« heißt – »das Pferd«, »le cheval« oder »the horse«? Der Unterschied besteht nur darin, daß die ethnischen Sprachen vor langer Zeit entstanden sind und sich endgültig verfestigt haben, so daß ein System irreversibler Zeichen entstanden ist, dagegen ist die strukturelle Interpretation der Semantik eines Werkes ein weit weniger gefestigtes Phänomen, es ist gleichsam flüchtig, und Veränderungen des gegebenen Milieus oder der Eintritt des Werkes in ein anderes Milieu können das ganze System jener Feststellungen ohne weiteres aufheben. Es genügt, wenn das Werk große, reiche Mannigfaltigkeit präsentiert, ebenso wie die Kleckse des Rorschachtests sehr mannigfaltig sein müssen, denn wenn sie kugelrunde oder ausrufungszeichenähnliche Tintenkleckse wären, könnten die Ähnlichkeiten, die man ihnen zuschreibt, nicht breit gefächert sein. So ist denn auch für die von Ballard angewendete Methode die Tendenz typisch, den komplizierenden Aspekt des Werks zu potenzieren. Es ist instruktiv und amüsant, daß dieselbe Vorgangsweise bei *jedem* thematischen Material möglich ist. Der polnische Schriftsteller Parnicki ist hier Wegbereiter im Rahmen der historischen Thematik, die Franzosen (wer wird sich darüber wundern?) haben sich eher mit Situationsrequisiten aus dem gesellschaftlich-erotischen Milieu beschäftigt (vgl. *La modification, La jalousie, La maison de rendez-vous*), dagegen hat sich Ballard die Requisiten der wissenschaftlichen Phantastik vorgenommen. Wir behaupten nicht, daß alle diese Autoren genau dieselbe Taktik anwenden; so ist es selbstverständlich nicht; selbst die verschiedenen Vertreter des »Nouveau roman« ahmen in operativ-formaler Hinsicht nicht einer den anderen nach. Denn die Einführung von Verbindungen stochastischer Art in die Texte – was ihre normalen, d. h. traditionellen kausalen und logischen Verschleißungen korrodiert – bestimmt noch keineswegs eindeutig die kreative Taktik. Stellen wir uns noch einmal eine Gruppe von Menschen auf einer Maiwiese, über die die Wolken ziehen, vor: wenn sie bestimmt, in welcher Beziehung die Formen der Wolken als »semantische Anspielungen« zur Charakteristik von Bekannten stehen, folgt daraus vielleicht, daß eine andere Gruppe, die vor einer ähnlichen Aufgabe in bezug auf ihre Bekannten und soeben betrachtete Wolken steht, sich genau denselben Interpretationsschlüssel ausdenken wird? Es würde direkt an ein Wunder grenzen, wäre eine ganz unglaubhafte Koinzidenz, würden sich beide semantische Klassifikationen decken. Die einen Menschen können doch meinen, daß die Wolken *nur* die geistigen Merkmale ihrer Bekannten bestimmen sollten, andere, daß dies sowohl die geistigen als auch die körperlichen oder auch nur die körperlichen Merkmale betreffen sollte. Die einen werden vielleicht meinen, daß nicht nur die Gestalt der Wolke, ihre Farbe und ihre Konturen mit der Funktion einer solchen Bestimmung betraut werden sollten, sondern darüber hinaus – das Tempo der Bewegung, die Beständigkeit der Konfiguration (die einen Wolken behalten die gegebene Form länger, andere ändern sie rascher), die Entfernung von der Sonne, die Form des auf die Wiese geworfenen Schattens usw. usf. Dem Schriftsteller steht ein viel größerer Freiheitsraum zur Verfügung. Aber so wie es in der Situation der Menschen auf der Wiese unter den Wolken keine Notwendigkeit, keine semantische Eindeutigkeit gibt, so besteht auch hier keine semantische, vom traditionellen Typ der Kausalstrukturen der

Erzählung diktierte Notwendigkeit, wenn jemand in der Literatur zu »rauschen« beginnt, will sagen, in das Repertoire der kreativen Taktiken »Rausch«instrumente mit dem Generator der Zufälligkeit an der Spitze einführt.

Und es ist wohl auch klar, daß ein solches Schaffen ebenso wie jedes andere von Talent, von Vorstellungskraft unterstützt sein muß. Es scheint mir weder sinnvoll, noch veristisch, noch kognitiv oder ästhetisch interessant, die Beschreibung zweier kopulierender Menschen zu geometrisieren. Aber um überhaupt auf die Idee der Geometrisierung der Kopulation zu kommen, dazu bedarf es schon einiger Erfindungsgabe. Gewiß, diese Erfindungsgabe verstreut je nach ihrer Leistungsfähigkeit und der Kraft, die im Autor steckt, effektvolle Brocken und Scharten im Text, ein andermal, wenn es an ihnen gebricht, verstreut sie nur Staub, Ruß und Asche. Aber obwohl die Katalogisierung, Segmentierung und Analyse einer solchen kreativen Struktur und der Struktur so kreierter Texte umfangreiche, mühevolle, komplexe Arbeiten erfordert, ändert das nichts an der Tatsache, daß eine solche Kreation keine typisch intellektuellen, ästhetischen, kognitiven, ontischen Probleme aufwirft, daß sie in keinem rationell und diskursiv definierbaren Verhältnis zur Welt steht, daß sie also ein leeres Spiel ist, und wir können zwar beliebige ontische, epistemische, moralische usw. Inhalte in sie hineinprojizieren, doch wäre eine solche Projektion nicht vernünftig. Denn wir verhalten uns in einem solchen Fall wie jemand, der, über einen mit seismographischen Aufzeichnungen von Erderschütterungen bedeckten Streifen gebeugt, sagt: »Nun gut – d. h. nichts, das ist nur die Aufzeichnung der Vibrationen der Erdkruste . . . aber vielleicht doch? Vielleicht ist das eine Schrift, mit der der Kern des Planeten uns etwas ungewöhnlich Wichtiges mitteilen will? An die Arbeit also, machen wir uns an die Entschlüsselung des Rätsels!« Die Kurve des Seismographen ist eine Schrift nur in dem Sinne, daß wir aus ihr tatsächlich einiges darüber erfahren können, wie und woraus der Kern des Planeten zusammengesetzt ist. Aber es wäre Wahnsinn, darin eine intentionierte Botschaft zu sehen, zu glauben, daß dies keine Kurve von Vibrationen, sondern wahrhaftig eine bewußt artikulierte Sprache ist.

Und ein Werk, das unter konstitutiver Anwendung von »Rauschen« geschaffen wurde? Seine stochastische Charakteristik determiniert *etwas* – gewiß; sie sagt über die Struktur der Person, die den Text geschaffen hat, ebenso etwas aus, wie der Seismograph etwas über die Struktur des planetaren Zentrums aussagt. Wenn wir analytische und statistische Methoden anwenden, die Häufigkeit des Auftretens bestimmter Symbole, Bilder, den Typus der Situationsverwandlungen, die der Schriftsteller bevorzugt, prüfen, werden wir gewiß seine Obsessionen aufspüren, d. h. die Kontur seiner Persönlichkeitsstruktur kennenlernen. Aber eine solche Untersuchung hat natürlich nichts mit der Lektüre von Belletristik zu tun; und wenn es darum geht, welche Probleme der Text berührt, so muß man antworten, daß er überhaupt keine Probleme berührt; mehr noch, daß er so und dazu produziert wurde, um keine Probleme zu berühren.

Heißt das schließlich, daß ein solcher Text völlig wertlos ist? Aber auch auf diese Frage kann es keine Antwort in der von ihr implizierten Ordnung geben. Wenn wir der Meinung sind, daß es ohne kreatives Engagement für irgendwelche Probleme der Welt keine Literatur gibt, so folgt daraus, daß ein solcher Text überhaupt nicht zum künstlerischen Schaffen gehört. Und wenn wir nicht dieser Meinung sind, wenn wir einem anderen Komplex axiologischer Normen anhängen, die der Literatur Pate stehen sollen, dann wird die Antwort anders lauten.

Was hat ein Werk von Ballardschem Typus ermöglicht? Es klingt ein wenig paradox, aber ermöglicht hat es gerade jener Zustand, gegen den die »neue Welle« der Science Fiction rebellieren möchte: die Verknöcherung des Themas und der Handlung, der Requisiten und der begrifflichen Klischees im phantastischen Universum. Dort ist es nämlich zu einem deutlich wahrnehmbaren Stillstand gekommen, zu einem abgedroschenen und recht langweiligen Zustand, der – obwohl es sich um Existenzen handelt, die es in Wirklichkeit nicht gibt – ebensolche Herkömmlichkeit erlangt hat, wie die Welt des traditionellen Romans, den der Antiroman umgestoßen hat.

Sind wir der Meinung, daß Ballard nicht in gutem Glauben

handelt, d. h. daß er seine sukzessiven Werke absichtlich desintegriert und zersplittert, um den altmodisch allegorischen Charakter der früheren Sinngehalte gegen deren modernere Unverständlichkeit einzutauschen? Natürlich nicht. Wir halten ja auch die Autoren des Nouveau roman nicht für eine betrügerische Bande, die sich mit der Verfälschung literarischer Werke befaßt: Denn so wie die Entdeckung – als empirische Wahrheit – der Relativität von Kulturnormen durchaus nicht bewirkt, daß wir von nun an der Meinung sind, wir könnten die Normen der eigenen Kultur willkürlich und beliebig verändern und mißachten (da sie ja nicht das Resultat einer prästabilierten Notwendigkeit sind), so bewirkt auch die Entdeckung der stochastischen Natur der modernen Kunst, die Einsicht in ihren zufälligen Charakter nichts anderes, als daß wir uns zu Bewußtsein bringen, daß man den Sinn solcher Werke nicht herausangelt wie Karpfen aus einem Teich, sondern daß man ihn teilweise in das Werk hineinprojiziert wie in die Kleckse der Rorschachtafeln. Nicht nur die Kunstgeschichte, sondern die Geschichte schlechthin ist in jedem ihrer Augenblicke weder das Resultat der prästabilierten Harmonie noch starr deterministischer Gesetze: sie ist das Feld wirklicher, nicht scheinbarer Kämpfe, in deren Verlauf sich die Form eines historischen Ereignisses endgültig herausbildet, aber bevor das geschieht, breitet sich vor den Akteuren der historischen Bühne immer ein Universum zahlreicher alternativer Möglichkeiten aus. Das, was erst geschehen kann, kann auf viele, verschiedene Arten geschehen, verkörpert in verschieden aussehenden Ereignissen, das jedoch, was soeben geschieht und später Vergangenheit darstellen wird, geschieht auf nur eine einzige Art und Weise. Das gilt für alle Kulturphänomene, also auch für jene in Kunst und Literatur. Wenn also gewisse kreative Techniken, eben das stochastische Manipulieren mit Sinngehalten, sich endgültig etablieren, wenn eine oder zwei Generationen sich in eine solche Art, Bücher zu schaffen und aufzunehmen, einleben, dann wird das Schwanken und die Unbestimmtheit bei der Interpretation dieser Bücher verschwinden, von der Konservierung gemeinschaftlich eindeutig gemachter Sinngehalte abgelöst werden. Denn der historische Prozeß produziert sowohl die Sinngehalte als auch die Werte und die Symbole der einen und der anderen aus dem, was bis zu seiner Realisierung weder Symbol, noch Sinn noch Wert war; war doch das Kreuz nichts anderes als ein Henkerwerkzeug vor Christi Kreuzigung und verwandelte sich erst dann in das Zeichen des heilbringenden Glaubens. Es stimmt nicht, daß wir sozusagen mit den fertigen Symbolen der Sinngehalte und Werte im Kopf auf die Welt gekommen sind, so wie wir mit fertigen Händen, Nasen und Ohren auf die Welt kamen. Würden also gewisse Produkte des stochastischen Schaffens als Symbole oder als Strukturen mit symbolhaftem Charakter feste Wurzeln schlagen, dann würden sie sich aus einem aufrührerischen Projekt (im Bereich der literarischen Konventionen) in eine erstarrte ehrwürdige Tradition verwandeln und hätten in den Augen der nächsten Generation nicht mehr den labilen und unbestimmten Charakter, der uns *heute* erlaubt, den Leser des Antiromans mit jemandem zu vergleichen, der ein Spiel betreibt, indem er Eigenschaften von Wolken – Menschen zuordnet. Der springende Punkt ist doch, daß man es zu einer solchen irreversiblen Stabilisierung, zu einer so völligen Erstarrung, wie die Assimilierung bestimmter Zeichenkombinationen durch die Gesellschaft, nicht nach jemandes Gutdünken, einfach aufgrund einer *Entscheidung* bringen kann. Man kann nur Projekte machen, und gerade die neuen Werke sind solche Projekte; aber die Natur der stochastischen Rezeptionsprozesse selbst führt entweder zu deren erstarrenden Resorption, bringt sie somit in die Schatzkammer der Kulturwerte ein, oder verdrängt sie im Laufe solcher selektiver Aktivitäten in die Vergessenheit. Mein Widerstreben gegen die literarische Produktion des »Rauschens« stützt sich auf die Überzeugung, daß unsere Zeit sich am allerwenigsten dazu eignet, der Literatur das Recht auf das Spielerische einzuräumen, auf das Spielen mit magisch-mythischen und kombinatorischen, aus Sinngehalten zusammengesetzten Kaleidoskopen, daß es in unserer Zeit außerordentlich, mehr vielleicht als in anderen historischen Epochen, angebracht und notwendig ist, die Erscheinungen zu verstehen, zu bewerten und zu beurteilen. Und von besonders hohnvoller Peinlichkeit scheint mir diese Tendenz in der Science Fiction zu sein. Wenn die Menschen, wie wir schon erwähnten, bisher ihre Zukunft rein spontan schufen, wenn es immer zwei Kategorien von Berufen gegeben hat, der Gegenwart gewidmet oder der Vergangenheit zugewandt, gab es hingegen keine Berufsrichtung, die sich auf das orientierte, was erst im Kommen ist, wenn es schon ganz sicher ist, daß jetzt getroffene Entscheidungen die Zukunft bestimmen und das sogar auf irreversible Art, werden alle Kräfte, die man an die der Zukunft zugewandten Front werfen kann, zur Hauptreserve der Kultur. Dieses Spezialgebiet den oft usurpatorischen Fachleuten, wie es die Futurologen sind, zu überlassen, ist im Lichte dieser Reflexion unzulässig; alles, was dafür in Frage kommt, wer immer die Chancen und Fähigkeiten dazu hat, sollte sich am Werk der Erforschung der Entwicklungsvarianten beteiligen, und die Literatur kann da vieles tun. Wenn sie sich nicht dafür einsetzt, selbst als Science Fiction, muß sie einen doppelten Verlust herbeiführen: ihren eigenen und allgemein-kulturelle oder gar Zivilisationverluste, obwohl es sich um schier unmeßbare Verluste handelt (denn mit welchem Maßstab sollten wir sie messen?). Ich wende mich also nur insofern gegen Stochastik im literarischen Schaffen, als sie, indem sie spezifische Automatismen semantischer Assoziationen in den Mittelpunkt des Schaffensprozesses setzt, die Einbeziehung dieses Prozesses in die Kette axiologischer und epistemologischer Tätigkeiten erschwert oder direkt verhindert. Ich habe nichts gegen die rein ästhetischen Qualitäten eines solchen Vorgehens, denn ich bin nicht der Meinung, daß mein persönlicher Geschmack es verdient, zum Maßstab, zum Prüfstein der idealen Selektion gemacht zu werden; die Tatsache, daß mir so gestaltete Texte ästhetisch nicht zusagen, hat nicht die geringste Bedeutung für die Belange der Kultur am Ende des 20. Jahrhunderts. Aber wenn der herrschende Trend unverändert andauert, wenn dem Konzept des »Rauschens« im Prozeß der stabilisierenden Rezeption seine Unbestimmtheit genommen wird, wenn also dieses Phänomen, in die kulturelle Vergangenheit einbezogen, bereits zu einem unveräußerlichen Teil der Kultur geworden ist, wird zugleich die Loslösung der literarischen Tätigkeit von jenen Arbeiten, die ihr Ernst und Würde – eben historische Würde – verliehen haben, zur

Tatsache geworden sein. Und das droht besonders dann, wenn die Science Fiction nicht wissenschaftliche Phantasie sein wird, sondern oneirische oder surrealistisch-imaginative Mythologie, die Bruchstücke von wissenschaftlichen Termini und Begriffen über sprachliche Konstruktionen verteilt, welche nach beliebigen, nur nicht nach wissenschaftlichen, kognitiven und rationalen Regeln und Prinzipien verbunden, getrennt und modifiziert werden.

Indessen wird die Operation der totalen Ausrottung der kognitiven Funktion in der wissenschaftlichen Phantastik fortgesetzt. Die traditionelle Science Fiction greift keine realen Probleme auf, dazu ist sie zu seicht, zu sehr auf Bilder- und andere Rätsel eingestellt: in *solchen* Strukturen ist kein Platz für die Problemrelationen der wirklichen Welt. Und die Science Fiction der neuen Welle vom Ballardschen Typ befaßt sich mit diesen Problemen nicht, weil sie schon zu »tief« ist. Denn mit Methoden der semantischen Kaleidoskopie kann man entweder unauslotbare Tiefen produzieren, oder gar keine. Denn die Denotationsvektoren des literarischen Textes können sich auf dreifache Art verhalten: Entweder weisen diese Vektoren auf nichts außerhalb des Textes hin – und dann erzählt der Text eine Geschichte, die sich so abspielt wie die Verfolgungsjagd von Polizisten auf Diebe, aber darüber hinaus rein gar nichts bedeutet. Oder richten sich diese Vektoren mit ihren Pfeilen auf einen Aspekt außerhalb des Textes, und dabei blicken alle deutlich in *eine* Richtung, und ihre Verlängerungen laufen gleichsam so zusammen, wie Lichtstrahlen, die eine Linse in einem Brennpunkt fokussiert. In diesem Brennpunkt erscheint dann irgendeine semantische Gestalt, z. B. vom Typ der Allegorie oder vom Typ der empirischen Verallgemeinerung oder der metaphysischen These. Und schließlich, sind diese Vektoren zwar irgendwohin außerhalb des Textes gerichtet, d. h. scheint es uns, als »blickten« sie auf etwas außerhalb des Textes, doch zugleich können wir keinerlei deutliche Fokussierung der Sinngehalte entdecken, so entsteht der Eindruck, daß das Werk etwas bedeutet, aber man weiß nicht was, daß es über irgend etwas spricht, aber so geheimnisvoll, daß wir nicht wissen, worüber. Das ist das Ergebnis davon, daß die Kohärenz jener Vektoren erschüttert wurde, zerfallen ist, ein Ergebnis, zu dem die beispielshalber beschriebenen Manipulationen führen. Ein solches Vorgehen kann für den Schriftsteller bequem sein, der etwas sagen möchte, aber nicht weiß, was eigentlich zu sagen ist. Die Entwicklung Ballards ist hier ungewöhnlich lehrreich. Verallgemeinerungen, die sich aus Texten wie *Illuminated Man* oder *Drowned World* ergeben würden, sind immanent krüppelhafte Metaphysik und schon deshalb wertlos. Die Kritik kann also solche Werke weitgehend bloßstellen, aber man kann nicht in gleicher Weise die Roman-Erzählung mit Marilyn Monroe und Jesus Christus bloßstellen, weil sie keinen deutlichen Sinn, weder auf allegorischer noch auf metaphysischer Ebene, impliziert. In diesem Sinne macht sich Unklarheit immer bezahlt. Wir wollen feststellen, daß zwischen Unklarheit und Irrationalismus keine feste Korrelation besteht; Irrationalismus kann eine gewaltige Ladung Literatur sein (vgl. meine Ausführungen über *A Canticle for Leibowitz*). Doch ein spielerisch betriebener Irrationalismus ist nur vorgetäuschter Glaube. Die Literatur als Kunst ist gewöhnlich ein unernstes Spiel mit einem ernsten Sinn. Ein unernstes Spiel ist der *Doktor Faustus* insofern, als weder Mann noch wir tatsächlich an Leverkühn und seinen Teufel glauben; ernst sind aber die Sinngehalte dieses Spiels, weil wir zusammen mit dem Autor glauben, daß die faustische Auslegung des Menschenschicksals Gültigkeit hat, daß »alles Vergängliche nur ein Gleichnis« ist. An die kosmischen Piraten von Blish glauben wir nicht, aber er will auch gar nicht, daß wir wirklich an sie glauben; eine solche SF ist ein leeres Spiel, bar jeden ernsten Sinnes. Doch die geheimnisvollen Erzählungen Ballards sind durchaus kein Spiel; zumindest sind sie es in dem einfachen Sinne nicht, daß sie nicht unterhalten – sie *müßten* also etwas Ernstes enthalten, etwas aussagen, und wenn man nicht weiß, was, fühlt man sich betrogen. Jedenfalls fühle ich mich getäuscht. Bislang sucht Ballard Paradigmata nicht in einem konkreten Mythos – und das ist lobenswert. Texte, die durch Rauschen verkompliziert wurden, auf einem mythischen Gerüst aufzuhängen, erscheint mir als Eskapismus, als Weigerung, schwierigere Aufgaben und Arbeiten, die auf der Erkenntnis der Immanenz von Phänomenen beruhen, auf sich zu nehmen. So flüchten wir in den Schutz von Invarianten der Kultur. Die Situation des Ödipus, des Orestes oder Odysseus oder der Kampf mit dem Teufel – das sollen einzelne Beispiele des »Archetypus« sein. Aber im Grunde geht es darum, daß der Mensch als ein Wesen, das seit Jahrtausenden mit einem unveränderlichen Körper ausgestattet ist und sich ebensolang in Sektoren von Verhaltensweisen bewegt, die eine der anderen gleichen, immer zu gewissen Situationen verurteilt war, deren Repertoire begrenzt ist: zur Situation des Ehemanns, des Vaters, des Sohnes, der Mutter, und zugleich – des Beschützers, des Feindes, des Verratenen, des Betrogenen, des Rächers usw. Ja, das waren intrakulturelle Invarianten. Ja, das sind noch immer intrakulturelle Invarianten. Aber unmerklich nähert sich die Biotechnologie, die den Sex von der Fortpflanzung trennt, den Geist vom Körper, vielleicht sogar den Tod vom Leben, die also imstande ist, jene archetypischen Heiligtümer zu annullieren, bis wir eines Tages mit den Archetypen dastehen wie mit Schlüsseln, die keine Schlösser mehr öffnen, weil diese Schlösser zusammen mit den Türen, in denen sie steckten, inzwischen vom Fortschritt der Technologie und der Zivilisation aus den Angeln gehoben und auf den Müllhaufen der Geschichte geworfen wurden. Was dann? Soll die Literatur zum »Klageweib« werden und in ihrem Arkadien das Schicksal verfluchen oder beweinen? Das ist Blindheit, die noch entschuldbar ist, wenn wir sie bei Künstlern *tout court* wahrnehmen, aber bei einem Vertreter der »wissenschaftlichen Phantastik« erschrecken muß.

Ein Werk, das sich auf dem Paradigma des Mythos stützt, kann man gegen ein Werk auswechseln, das sich auf Willkürlichkeit stützt (Ballard wendet verschiedene Konstruktionstricks an, z. B. »Geometrisierung«, »Segmentierung« von situationsbezogenen Ganzheiten usw.). Die dadurch gewonnenen schöpferischen Freiheiten können ihre Entsprechung auf dem Boden der kritischen Tätigkeit finden – warum eigentlich nicht? Wenn der Autor »willkürlich« schreiben kann, warum soll dann nicht der Kritiker diese Werke »willkürlich« deuten (d. h. die Werke so kommentieren, daß die Interpretation *den Sinn nicht aufdeckt,* sondern *nur projiziert?).* Aber so öffnet sich der Weg ins Leere als regressus ad infinitum.

Neben Ballard wird Brian Aldiss als Vertreter der neuen Welle erwähnt, es fallen auch Namen wie Moorcock, Delany, Disch. Die zwei letzteren können einfach gut schreiben und ihre Invention richtet sich auf die Auffindung von Problemen, die entweder noch nie jemand berührt hat, oder die von der Science Fiction traditionell verflacht wurden. Disch hat z. B. das Thema der gewaltigen Potenzierung des Geistes durch psychotrope Mittel aufgegriffen (im Roman *Camp Concentration* – das ist ein Wortspiel, denn der Titel kann »Truppenkonzentration« im militärischen Sinn heißen, und assoziiert sich zugleich mit *concentration camp* – Konzentrationslager); es handelt sich um ein Motiv, das zum erstenmal von Daniel Keys in *Blumen für Algernon* eingeführt wurde. Aber Delany und Disch bedienen sich grundsätzlich der herkömmlichen Erzähltechnik; der einzige Experimentator im Hinblick auf die Form bleibt also, neben Ballard, Brian Aldiss. Die Ungleichmäßigkeit seiner Bücher hat ihren Ursprung eben darin, daß er versucht, aus verknöcherten Stereotypen auszubrechen; so hat er denn bizarre und eigentlich sterile Ideen verwendet (z. B. hat er die Zeit umgedreht, indem er – durch den Mund des Helden eines seiner Werke – behauptet, die Zukunft sei eigentlich die Vergangenheit und die Vergangenheit die Zukunft, aber eine solche These glaubwürdig zu machen, liegt wohl außerhalb der Grenzen jeglicher Möglichkeiten, soll sie sich auf eine reale und nicht eine fiktive Welt beziehen). Er schrieb sonderbare Sachen über die Hierarchie der nur mit Buchstaben des Alphabets bezeichneten Beobachter, die sich mit der Registrierung einer Reihe von weder speziell phantastischen, noch – um so weniger – wissenschaftlichen Phänomenen befassen, wobei unbekannt bleibt, zu welchem Zweck wer wen von wo aus beobachtet. Angeblich nennt er sich nicht mehr einen Science Fiction-Autor und will »einfach ein Literat« sein. Der Hauptunterschied zwischen Ballard und Aldiss liegt in den zwei Ausführungsarten ihrer Prosa: Ballard folgt seinen visionären Bildern, ist mit ihnen emotionell verbunden, Aldiss dagegen scheint mehr mit dem »Verstand« zu arbeiten; seine Werke machen den Eindruck, als wären sie im Zuge von Kreuzungsversuchen entstanden – wobei eine intellektuell diskursiv ausgeklügelte Vorstellung in den Nährboden von Situationen gesenkt wird, die absichtlich so aufgebaut werden, daß sie »seltsam«, nämlich für den Leser schwer zu begreifen sind. Er befaßte sich z. B. mit dem Problem von Kommunikationsmißverständnissen bei der Begegnung von Menschen mit anderen Wesen; diese anderen Wesen sind scheinbar vernunftbegabt, zugleich aber besitzen sie Eigenschaften, die Vernunft ausschließen (sie leben in den eigenen Exkrementen). Dieses Beispiel erklärt, wie ich glaube, das »zerebrale« Vorgehen von Aldiss; er wollte die Eigenschaften der »Anderen« aufzählen, die ein System bilden, das mit unseren Begriffen von Vernunft unvereinbar ist; es sollte sich also um Erscheinungen – in Gestalt der »Anderen« – handeln, die der Mensch in seinen Kategorien nicht erfassen kann. Das Prinzip, nach dem Aldiss vorging, ist strukturell richtig; die erkundeten Eigenschaften der »Anderen« sollten im Grunde eine solche Sammlung von Elementen bilden, daß wir nur einen Teil von ihnen in den Rahmen einer Klassifizierung hineintun können, und wenn wir versuchen, alle darin unterzubringen, kann der Rahmen das nicht aushalten und zerbricht; die Eigenschaften zerfallen in Einzelteile, und es muß ein neuer Versuch gemacht werden, zum Verständnis zu gelangen. Das Prinzip der Inkohärenz der Eigenschaften des kosmischen Phänomens, das ich in *Solaris* angewendet habe, als ich den quasi vernünftigen Ozean beschrieb, ist dasselbe, aber mein »Anderer« – der Ozean Solaris – ist schon eingangs monumentalisiert und zugleich monstrualisiert – selbst in seinen physischen Ausmaßen: die Rückführarbeit von Phänomenen, die Glieder seiner »normalen Aktivität« sind (die Schaffung von »Symmetriaden«, »Asymmetriaden«, »Mimoiden«, »blutbeschmierten Engelsflügeln« usw.) auf einen einzigen Begriff, der in der Kategorie der »Vernunftbegabtheit« enthalten ist, erweist sich als unmöglich, weil uns jegliche kulturellen Sinngehalte abgehen, die man den genannten Phänomenen zuordnen könnte, und zugleich scheint die Eigenart jeder dieser Phänomene dennoch den Gedanken zu suggerieren, daß es sich um Formen einer Tätigkeit handelt, die irgendeinen Sinn hat, nur daß dieser dem Menschen unzugänglich bleiben muß. Das nächste Glied des Syllogismus, das der These von der »Vernunftbegabtheit« gegen die Antithese von den »rein natürlichen, d. h. physischen Phänomenen« Glaubwürdigkeit verleiht, ist alles, was der Ozean innerhalb der Solarisstation bewirkt. Die »Mimoiden« oder »Symmetriaden« kann man, wenn man durchaus will, als besondere »örtliche Geysire« ansehen, aber das Auftauchen der vom Ozean synthetisierten menschlichen Wesen innerhalb der Solarisstation kann man nicht als Aktivität derselben Kategorie gelten lassen. Jene Wesen bestätigen also schon durch ihr bloßes Erscheinen indirekt, aber überzeugend, die These vom intentionalen Charakter jeglicher Akte des Ozeans, auch solcher, die mit der Anwesenheit von Menschen auf dem Planeten nichts zu tun haben. Das Fiasko von Aldiss ist nicht nur der Tatsache zuzuschreiben, daß er die Eigenschaften, die zum Begriff der »Vernunftbegabtheit« beitragen, auflöst, indem er in ihre Zusammensetzung eine drastische Angewohnheit der »Anderen« (das Leben in Exkrementen) einführt, sondern vielmehr, daß es zu *wenige* dieser Eigenschaften gibt, daß sie keine *Organisiertheit* zu erkennen geben. Mir scheint, ein aus Aldiss und Ballard zusammengeklitterter Schriftsteller könnte jener Messias sein, auf den die Science Fiction wartet.

Manchmal wird als amerikanischer Vertreter der neuen Welle Norman Spinrad erwähnt, der durch seinen Roman *Bug Jack Barron* berühmt geworden ist. Dieser Roman beschreibt das Amerika der achtziger Jahre in einer Sprache, die reich an Slangausdrücken ist – wie Spinrad sagt, aus dem Slang der sechziger Jahre »extrapoliert«. Das Buch erfuhr kontroversielle Beurteilungen; es schildert die politisch-ökonomischen Kämpfe um die Verbreitung der Hibernationstechnik, als ein vor allem *soziales* Problem; außerdem ist es, wie die Kritik behauptete (ich kenne das Buch nicht)* sehr brutal, sadomasochistisch, der Autor scheut vor Vulgarität nicht zurück und damit gemahnt er an eine schwarze Version der Hauptströmung – »mainstream« – der modernen amerikanischen Prosa. So ist es denn auch nicht verwunderlich, daß die

* Inzwischen habe ich es gelesen: es ist schlecht (Nachtrag aus dem Jahre 1972).

sechzigjährigen Pfadfinder, die in den Verlagen und Zeitschriftenredaktionen der USA die Herrschaft über die Science Fiction ausüben, Spinrads Roman nicht veröffentlichen wollten; der Autor fand erst in England einen Verleger. Was immer man den genannten Autoren zugute halten kann, eines ist klar: wer in der Phantastik reale Probleme aufgreift, wird gleichsam automatisch zu traditionellen oder wenigstens halbtraditionellen Erzähltechniken gedrängt, und mit der vollkommenen Befreiung von diesen Techniken verschwindet gleichzeitig die reale Problematik, die sich wie Kampfer aus jeglicher experimenteller Konstruktion verflüchtigt.

Wir sollten dieses Kapitel nicht abschließen, ohne die Frage berührt zu haben, ob dieses umgekehrte Verhältnis zwischen Innovation der Probleme und Innovation der Erzählform eine Gesetzmäßigkeit bildet, der man nicht entgehen kann, oder ob das eine unüberwindbare Erscheinung ist. Diese Frage führt uns erneut zu technischen Problemen der Entwicklung der modernen Prosa zurück.

Es gibt eine von Psychologen verwendete Einrichtung, die aus einer großen Kiste mit einem Guckloch und gewissen in der Kiste aufgehängten Elementen besteht. Wer durch das Guckloch schaut, sieht in der Kiste einen normalen, ganz gewöhnlichen Stuhl, der frei in der Luft schwebt. In Wirklichkeit enthält die Kiste Teile, die nicht zu einem Stuhl zusammengefügt werden könnten, denn die einen sind ganz klein, die anderen groß (z. B. hat jedes Stuhlbein eine andere Größe). Diese Teile hängen an dünnen Fäden in einer solchen Anordnung, daß sich die größeren weiter, die kleineren näher zum Betrachter befinden, daß die Stuhllehne, die in Wirklichkeit zu keinem menschlichen Rücken passen würde, in einem entsprechenden Winkel placiert, mit allen anderen Teilen – in dem vom Auge empfangenen Bild – zusammenzugehören scheint, so daß man durch das Loch einen ganz gewöhnlichen Stuhl wahrnimmt, der von der Decke der Kiste herunterhängt. Natürlich verschwindet diese optische Täuschung sofort, wenn man in die Seitenwand der Kiste ein Loch bohrt – denn von diesem Blickwinkel aus werden wir anstatt des Stuhls seine lose herunterhängenden Stücke sehen. Sie wurden so verfertigt, daß sie in der gegebenen Konfiguration für den einzigen Beobachtungspunkt, das Loch, durch das der Psychologe die untersuchten Personen blicken läßt, das stereometrische Bild eines gewöhnlichen Stuhls ergeben. Also wird jeder Proband die Beschreibung eines Gegenstandes liefern, den es in Wirklichkeit in der Schachtel nicht gibt (es gibt darin nicht einmal einen in Teile zerlegten Stuhl, weil diese doch nicht zusammenpassen).

Diese Beschreibung ist das Gegenstück zu der Erzählweise im »Nouveau roman«. Derjenige, den wir über die Beschaffenheit der durch die Position des Beobachters und den Inhalt der Kiste gegebenen Situation unterrichten, weiß schon, daß das, was er sieht, dieser Situation nicht immanent, sondern eine Eigenheit des Blickwinkels ist. Das ändert aber nicht das Geringste an der Tatsache, daß er, wenn er abermals einen Blick hineintut (solche Versuche wurden gemacht), nach wie vor einen ganz gewöhnlichen an Fäden hängenden Stuhl sehen und nicht imstande sein wird, wahrzunehmen, was sich »*wirklich* in der Kiste befindet«. Der Autor des Nouveau roman ist wie ein Psychologe, der es gestattet, in die Kiste hineinzuschauen, aber nicht mehr. Man darf in die Kiste nicht von einer anderen Seite hineinschauen, d. h. Beobachtungslöcher in den übrigen Wänden bohren, viel weniger noch darf man hineingehen, um den Inhalt zu berühren. Ein solcher Schriftsteller spricht überhaupt nicht davon, »was die Kiste (d. h. der Text) *wirklich* enthält«; alles, was er tut, ist, den Leser an den Beobachtungsschlitz heranzuführen und in die Kiste blicken zu lassen. Und so wie der Beobachter vor der Kiste nicht zur Immanenz der in ihr enthaltenen »Stuhl«-Vergegenständlichung vordringen kann, so kann der Leser des Nouveau roman – durch die sprachliche Schicht hindurch – nicht zur Vergegenständlichung vordringen, die das Werk bestimmt. Die Ausmaße der Objektvarianz hängen dabei vom Gesichtsfeld ab, das sich von einem Autor zum anderen, ja sogar von einem zum anderen Buch desselben Autors ändert (diese Varianz hat in *Die blaue Villa in Hongkong* von Robbe-Grillet eine viel breitere Amplitude als in der *Eifersucht* desselben Autors). Das, was eine objektive Eigenschaft der Situation ist, läßt sich im Nouveau roman nicht von dem trennen, was die Eigenheit des singulären Gesichtspunktes ist, und dabei ist weder die Charakteristik der Begrenzungen des Gesichtsfeldes, noch die Charakteristik der Deformationen des gegenständlichen Inhalts dieses Feldes *gegenüber einem persönlichen, psychologisch verstandenen Subjekt relativiert.* Sie ist nämlich gegenüber dem *Erzähler* relativiert, der weder eine Person als eine an der Handlung teilnehmende Gestalt sein muß, noch eine Person, aus deren Erinnerungen die Handlung besteht, noch auch der unsichtbare, aber dennoch implizit personale Porte parole des Autors. Der Erzähler ist also eine rein sprachliche *Konstruktion* als eine gewisse *Stelle,* von der aus Aussagen formuliert werden, und das ist alles. Diese Stelle läßt sich nicht personal rekonstruieren: denn keine psychischen Eigenschaften, d. h. Züge, die man einem beliebigen Menschen als psychophysischem Einzelwesen zuschreiben könnte, erklären uns dieses System der Deformierungen der gegenständlichen Immanenz der Ereignisse, die wir z. B. in der *Blauen Villa in Hongkong* sehen. Man kann also weder die »normale« – veristisch aufgefaßte – Kausallinie der bloßen Ereignisse rekonstruieren, noch – in »umgekehrter« Richtung, d. h. zum Erzähler zu – jene seiner Eigenschaften als menschliche Person erraten, die uns *verstehen* ließen (auf charakterologischer, personaler Ebene), *warum »er«* die Dinge gerade so und nicht anders gesehen hat und sie so berichtet. Man kann also nicht zur Immanenz der Geschehnisse vordringen, und das nicht nur in Analogie zu der ähnlichen Möglichkeit, die eintritt, wenn z. B. zwei Zeugen einer und derselben Szene sie verschieden und widersprüchlich beschreiben. Denn in einer solchen, im Leben doch möglichen Situation könnte man prinzipiell das psychologisch verständliche Gesetz entdecken, aufgrund dessen die Beschreibungen sich unterscheiden, folglich könnte man zumindest verstehen, warum Menschen in ihrer Eigenschaft als Zeugen widersprüchliche Meinungen aussprechen, wenngleich man nicht mit Sicherheit feststellen könnte, wer die Wahrheit gesagt und wer gelogen hat (oder auch, daß beide Seiten gelogen haben). Nun, der Nouveau roman ist schon darin völlig unveristisch, daß nicht nur, wie das manchmal im Leben vorkommt, die Beschreibungen von Tatsachen widersprüchlich sind, es sind auch die gegenständlichen Antinomien des Textes psychologisch nicht erklärbar (mit jemandes persönlichem Gesichtpunkt, mit jemandes menschlichem Gutdünken). Weder die Intention der Lüge also, die z. B. durch das Interesse des Beobachters motiviert ist, noch seine unbeabsichtigte Dummheit oder Ignoranz, noch der Wunsch, die Ereignisse zu verklären, ihnen den Anstrich der Vollkommenheit zu geben (im Sinne der für den Beobachter spezifischen Ideale) können Hypothesen sein, die uns darüber aufklären, woher die Ereignisse im Antiroman kommen und warum sie so aussehen. Der Erzähler ist somit weder ein wahrheitsliebender Mensch noch ein Lügner, weder ein Genie noch ein Idiot, weder Partei noch Zeuge, noch Gott, denn der Erzähler ist überhaupt keine Person. Sein Verhältnis zum Erzählten paßt nicht in das Feld einer pathologischen oder normalen Relation hinein; es ist also keines der »möglichen menschlichen« Beziehungen zu einer Reihe von Ereignissen. Das klingt ziemlich geheimnisvoll, und man könnte meinen, dieser Erzähler sei irgendein rätselhaftes, geradezu magisch-wundertätiges Geschöpf, aber das ist er ganz und gar nicht: er entsteht dank der Systematik gruppenweise vor sich gehender Transformationen ganz normaler Verhaltensweisen des Menschen als Beobachter, der normalen Motive und Blickwinkel dieses Menschen. Diese Transformationen erzeugen ein »Rauschen«, das eine Rekonstruktion der persönlichen Gestalt des Erzählers durch den Leser verhindert. Anders ausgedrückt, ein so konstruierter Erzähler lähmt den natürlichen »semantischen Rekonstruktionsapparat«, der in unserem Kopf eingebaut ist. Dieser Rekonstruktionsapparat vermag aufgrund einer Erzählung objektiv nicht nur sie selbst nicht eindeutig zu identifizieren, sondern auch denjenigen nicht, der eigentlich imstande wäre, ebenso zu erzählen. Aber, wie wir nicht müde werden zu wiederholen, die so entstehende Zufälligkeit muß kein endgültiger Zustand sein: denn jede Zufälligkeit läßt sich durch semantische Anstrengung in Nichtzufälligkeit, d. h. in eine gewisse Ordnung überführen. Man muß nur, was den Antiroman betrifft, den eigenen »semantischen Rekonstruktionsapparat« dazu zwingen, nicht gewohnheitsmäßig zu funktionieren. Man muß also diese neue Poetik erlernen. Der Erzähler präsentiert z. B. eine Reihe von Ereignissen, bricht abrupt ab, schaltet auf das Berichten über eine andere Reihe von Ereignissen um, und wir sind nicht imstande, an die abgebrochene Sequenz anzuknüpfen, weder aufgrund der sachlichen Struktur, noch der vermutlichen Struktur der psychologischen Prozesse beim Erzähler. Also bleiben wir im Unklaren darüber, *wer spricht*, warum er *so spricht*, ob er erzählt, indem er *auf unmögliche Art* verdreht, was wirklich geschehen ist, oder ob er getreulich erzählt, was *auf unmögliche Art* geschehen ist – usw.

Der Erzähler ist nämlich so aufgebaut, daß wir, nachdem wir schon endgültig festgestellt haben, daß wir die Handlung nicht in ein kausal-logisches Schema einpassen werden, auch nicht imstande sein sollen – eine Kohäsion zu erzielen, indem wir uns mit unseren Mutmaßungen der Person des Erzählers zuwenden. Wir sind dazu verurteilt, über die sprachliche Sphäre nicht hinauszugehen – nach *keiner* Seite hin (weder nach jener, von der die Information spricht, noch nach jener, welche die Information als Quelle aussendet). Der Erzähler kann nicht geortet werden, weil der Autor so vorgegangen ist, daß sich das als unmöglich erweist. Die Struktur der Deformation, die der Erzähler in einem solchen Text erfährt, läßt sich nicht so weitgehend generalisieren, daß ein bestimmter einziger Algorithmus zu gewinnen wäre, der nun zu jedem Werk des Typus Nouveau roman paßt, weil die Zahl der möglichen Deformationen, die notwendig sind, damit der Autor das Ziel des »Rauschens« erreicht, das er sich gesetzt hat, ungeheuer groß ist. Ein und derselbe Autor kann eine bestimmte Form der Verzerrung des Erzählers nur ein einziges Mal anwenden.

Wir sagen die Wahrheit, wenn wir erklären, daß die Klasse der Verfahren, die den Antiroman erzählerisch umgestalten, stochastischen Charakter hat. Aber einen gewissen Typus der Prozesse stochastisch zu nennen, ist nichts anderes als zu sagen, daß der Elefant und die Amöbe Lebewesen sind. Die Zahl der möglichen Organisationen stochastischen Typs ist unendlich; so müßte denn auch jedes konkrete Werk vom Typ des Nouveau roman aufs neue und separat untersucht werden, wollte man entdecken, welcher Typus der stochastischen Transformation dabei angewendet wurde. Ein wesentliches Attribut der Sinngehalte besteht darin, daß ihre Deformation nicht ihre sofortige Aufhebung bedeutet; so schafft denn auch die stochastische Methode der Umwandlung von Sinngehalten nicht sofort eine semantische Leere, sondern ergibt Resultate, die bei entsprechenden Einstellungen und in gewissen Formen dennoch zu einem Ganzen integriert werden können. Eben im Hinblick auf diesen kontinuierlichen Charakter der semantischen Phänomene ist der auf sie angewandte Begriff der Zufälligkeit keineswegs eindeutig, denn Eindeutigkeit gewinnt dieser Begriff dank axiomatischer Feststellungen innerhalb eines typisch deduktiven Systems. Dagegen wird die Zufälligkeit einer sprachlichen Aussage meist in bezug auf den Empfänger relativiert; was für den einen gänzlich zufällig ist, ist für einen anderen einigermaßen regulär. Wir wollen uns hier mit einer solchen Analyse nicht weiter befassen, wir behaupten nämlich, daß derartige kreative Praktiken, obwohl sie in der »normalen« Literatur ästhetisch von Nutzen sein können, der wissenschaftlichen Phantastik nichts bringen. Denn die Welten der phantastischen Literatur deformieren mit ihrer Immanenz in einem solchen Maße alle unsere Kenntnisse, unsere Antizipationen, unsere Gewohnheiten und am meisten als Selbstverständlichkeiten erscheinenden Überzeugungen (d. h. sie sollten es zumindest tun) – daß der Feinanzeiger für die Auslotung solcher Welten unbedingt der Mensch sein müßte, als das Wesen, mit dem wir uns zumindest bis zu einem gewissen Grad identifizieren können. Je ungewöhnlicher und unbekannter die Phänomene sind, vor die uns der Text stellt, desto bekannter und gewöhnlicher sollten die Methoden ihrer Beschreibung sein. Ein Problem, von dessen Existenz wir überhaupt keine Ahnung hatten, dessen Eigenschaften wir nicht einmal vermutet haben, sollte doch als existent erkannt werden, bevor wir uns darin vertiefen; und wenn man es mit einer Technik beschreibt, die den Methoden des Nouveau roman verwandt ist, wird die Sphäre des Unbekannten sowohl das Meritum der Sinngehalte überfluten und verdunkeln, wie auch den Weg, der zu ihnen führt. Die Originalität der Science Fiction sollte kreativ einfach *anderswo* angesiedelt sein – also viel mehr gegenständlich als sprachlich offenkundig –, als sie es in nichtphantastischen

Prosaexperimenten ist. Nebenbei wollen wir feststellen, daß die Bezeichnung »phantastisch«, nach den Kulturregeln der Semantik, sich vor allem auf die Welt der Erscheinungen, nicht auf die sprachliche, bezieht, und wir darum nicht der Meinung sind, daß jedes lyrische Gedicht im buchstäblichen Sinne »phantastisch« ist. Mehr noch, wir sind z. B. der Meinung, daß die *Totenfeier* von Mickiewicz nicht zur phantastischen Literatur gehört, allein eine solche Idee erscheint uns absurd. Vom Standpunkt der vollkommen ahistorischen strukturellen Analyse, die die genologische Diachronie ignorieren wird, und für die es gleichgültig ist, ob der gegebene Text von der Strömung der Romantik des 19. Jahrhunderts herkommt oder von der modernen amerikanischen Science Fiction bzw. Horror Story, besteht jedoch jener für uns riesige spezifische Unterschied zwischen dem Text der einen und der anderen Art nicht. Vom Standpunkt einer so ahistorisch durchgeführten Sektion ist die *Totenfeier* eben eine Art phantastischer Horror Story (schlüpft der Teufel nicht in einen menschlichen Körper, redet er mit dem Priester nicht in allen Sprachen, spukt es nicht in der Kapelle?), und noch dazu eine schlechte, weil zu weitschweifige. Ein solcher ahistorischer, wenn auch nicht strukturalistischer Standpunkt kennzeichnet übrigens manchmal die Kritik der Science Fiction und führt zu amüsanten Mißverständnissen, z. B. wenn die *Zimtläden* von Bruno Schulz oder *Les Diaboliques* von Barbey d'Aurevilly impulsiv und nach dem Gesetz der Trägheit anhand von Kriterien bewertet werden, deren sich der Kritiker seit langem bei der Beurteilung von Texten der *Fantasy* und Space Fiction bedient. *Les Diaboliques* erweisen sich dann einfach als langweilig, aus der Mottenkiste hervorgeholt, weil darin weder der Sex würzig genug, noch das Grauen grausig genug für den modernen Leser und »fanatischen« Anhänger der Science Fiction, noch das Phantastische so phantastisch ist, wie es die »modernen Rezepte« verlangen. Zugleich sehen wir, daß jemand, der die *Totenfeier*, die *Zimtläden*, *Les Diaboliques* nebeneinander stellt und miteinander vergleichen will, wobei dann noch zum Vergleich eine gestern für das Magazin »des Schauderns und Erschreckens« geschriebene Gruselgeschichte miteinbezogen wird, an einen Menschen erinnert, der Blütenstaub von Löwenzahn, eine Libelle, einen Papierdrachen und ein zweihundert Tonnen schweres Düsenflugzeug miteinander vergleichen wollte, ungeachtet dessen, daß man auf Löwenzahn nicht den Ozean überfliegen kann, daß der Papierdrache kein lebendes Wesen und die Libelle kein Kinderspielzeug ist. Alle diese Gegenstände haben zwar gemeinsam, daß sie sich in die Luft erheben – und alle oben genannten Werke haben gleichsam gemeinsam, daß sie auf ihre Art »phantastisch« sind, aber es sind Merkmale der Phantastik, die absolut unvereinbar miteinander sind, die zu ganz unterschiedlichen Strömungen der literarischen Entwicklung gehören, und so wie man den besten Science-Fiction-Roman der Welt nicht nach dem Muster beurteilen kann, das von der *Totenfeier* gesetzt wurde, so kann man auch die *Totenfeier* nicht nach den Konstruktionsvorzügen beurteilen, die der Autor der Science Fiction beansprucht. Die Tatsache, daß in der *Großen Improvisation* (Teil der *Totenfeier* – Anmerkung d. Übers.) von einer Kanone die Rede ist, die direkt auf Gott zielt, kann man nur in einem Anfall von Paranoia mit einer gewissen »instrumentalen Technik« des Kampfes gegen den Allmächtigen gleichsetzen. Wer nicht die geradezu kosmische Distanz sieht, die zwischen den Codes, die für Mickiewicz Geltung hatten, und den Codes der pragmatischen Phantastik besteht, begreift überhaupt nicht, welche Vielfalt der Formen auf den großen Feldern der Literatur aufgeht und wie unmöglich es ist, die schriftstellerischen Aufgaben einer Epoche auf die Aufgaben einer anderen Epoche zu reduzieren und auf ein gemeinsames Maß zu bringen. Es gibt eine Science-Fiction-Novelle, *For I am a Jealous People* von Lester del Rey, in der die Menschheit, als Gott sich an die Seite der Invasoren der Erde stellt, gegen ihn auftritt; aber anzunehmen, daß es hier »mehr oder weniger um dasselbe geht« wie in der *Großen Improvisation* aus der *Totenfeier*, und daß die Kanone, aus der das Geschoß gegen den Himmel abgefeuert werden soll, eine Apparatur für offensive Handlungen gegen den Herrgott ist, wäre absurd. Der Unterschied zwischen diesen beiden Texten besteht keineswegs nur im Unterschied zwischen dem Genie Mickiewicz' und dem Minitalent del Reys. Er ergibt sich aus der Gesamtheit des anders eingestellten Denkens – des romantischen und des pragmatischen, und daher die prinzipielle Inkommensurabilität, deren Wesen ontologisch und nicht bloß durch die Unterschiedlichkeit der erzählerischen Konventionen bedingt ist.

Denn ebenso wie das Wort »Äther« in der Apotheke etwas anderes bedeutet als in der (schon überholten) Theorie, wonach diese Substanz im Weltraum das Vakuum zwischen den Atomen ausfüllt, so bedeutet das Wort »Phantastik« in der romantischen Literatur etwas anderes als in der Pragmatik. Instinktiv begreifen wir auch: wenn sich heute erweist, daß die Biotechnologie der Hibernation aus unbekannten Gründen als Technologie des reversiblen Todes unrealisierbar ist, wird die Phantastik eines Werkes, das die politischen Kämpfe und Machinationen von Pressure Groups, die sich des Monopols auf diese Technik bemächtigen wollen, darstellt, nicht als unrealisierbare Fiktion »rein märchenhaft«. Phantastisch ist, erstens, das, was nicht geschehen kann, weil es eine Welt mit Eigenschaften voraussetzt, die es in unserer Welt nicht gibt; und zweitens – das, was überaus unwahrscheinlich ist. Aber eigentlich scheinen derzeit sowohl die Technik des Einfrierens von Menschen, wie auch ihre Anwendung weder etwas für alle Ewigkeit Unmögliches, noch auch nur etwas überaus Unwahrscheinliches. Die Frage nach dem Unterschied zwischen der futurologischen Prognose und der futurologischen (oder pseudofuturologischen) Fiktion führt uns an die Methodologie der exakten Wissenschaften heran. Nach den Meinungen, die noch vor gar nicht langer Zeit in der Wissenschaft herrschten, war die Erfüllung der Prognose, daß ein Topf mit Wasser auf dem Feuer gefrieren statt sieden könnte, sehr unwahrscheinlich. Dagegen ist die Mehrheit der Physiker heute überzeugt, daß sie einfach fiktiv ist, d. h., wenn der ganze Kosmos nur aus Herdringen und Wassertöpfen bestünde, die 100, 500, 1 000 000, Trillionen Jahre erhitzt würden, würde das Wasser kein einziges Mal auf dem Feuer gefrieren. Wie wir sehen, sind die Abstufungen zwischen dem Begriff der immanenten und der prognostischen Fiktivität noch immer, selbst auf dem Gebiet der Physik, strittig (wir haben gesagt, was die Mehrheit der Physiker meint, es gibt aber eine Minderheit, die anderer Meinung ist).

Man könnte die Frage stellen, wie die Albedo der Erde wäre, hätte das Chlorophyll nicht eine grüne, sondern eine schwarze Farbe; und diese Frage könnte zugleich von einer für alle Zeiten fiktiven Prämisse ausgehen (der Biochemiker könnte uns vielleicht erklären, warum weder das Chlorophyll, noch irgendein anderer photosynthetischer Katalysator schwarz sein kann). Nichtsdestoweniger wird die Antwort auf diese Frage wissenschaftlichen Charakter haben; eine solche Albedo kann man doch aufgrund entsprechender Theorien der Strahlung, der Koeffizienten der Absorption usw. berechnen. Vom biologischen Standpunkt aus wird das empirischer Unsinn sein: es kann, wird der Biologe sagen, ein solches Chlorophyll nicht geben. Aber vom Standpunkt der Physik ist das kein Unsinn mehr. Der Physiker könnte doch genau die Orbitaldaten der Bewegung eines Planeten berechnen, den es im Sonnensystem nicht gibt, und diese Daten hätten empirisch einen Sinn; man könnte sie ja prüfen, indem man einen entsprechenden Himmelskörper künstlich konstruiert. Und selbst die Albedo der mit schwarzer Vegetation bedeckten Erde könnte man, wenn man unbedingt wollte, experimentell überprüfen – indem man alle Pflanzen der Erde mit Ruß bestreut oder mit schwarzer Farbe bespritzt (das wird man nicht tun, weil das die Pflanzen und damit auch uns töten würde; wichtig ist aber die prinzipielle Möglichkeit, auf einen Eingriff hinzuweisen, der die Hypothese empirisch sinnvoll macht).

Die neue Technologie wiederum, z. B. vom Typ der Hibernation, müßte, im Kontext der Systemdynamik des Kapitalismus, aller empirisch verstandenen Wahrscheinlichkeit nach denselben obersten Entwicklungsgesetzen unterliegen, wie jede real existierende Technologie. So sind denn die Geschichten, denen zufolge Kämpfe um die Monopolisierung dieser Techniken und auch um ihre Anwendungsmethoden, z. B. als Instrument des Kampfes gegen die Arbeitslosigkeit, stattfinden könnten (kann es etwas Billigeres geben als bei den Arbeitslosen für das Einfrieren zu werben?), oder als Mittel des politischen Drucks (was wir schon erwähnt haben) – alle diese Geschichten sind fiktiv, da es heute diese Technik nicht gibt, und haben zugleich den Charakter empirischer Prognosen. Prognosen, die sich auf die menschliche Welt beziehen, sagen nie voraus, was ganz sicher (wie der Sonnenaufgang morgen) eintreten wird, sondern legen nur, gemäß vorausgesetzten Ausgangs- und Grenzbedingungen, gewisse Wahrscheinlichkeiten fest. Wären z. B. die Erdölquellen schon in den zwanziger Jahren unseres Jahrhunderts erschöpft gewesen, so würden heute die Großstädte nicht in der Motorisierung ersticken. Und dennoch hätte eine im Jahre 1920 erstellte Prognose, die eine solche kritische Zunahme der Motorisierung vorausgesagt hätte, empirischen Wert. Empirisch ist nämlich jede Prognose, die so präzis wie nur möglich den Stand des aktuellen Wissens auf dem Gebiet der angestrebten Voraussage berücksichtigt. Deshalb ist die Voraussage, daß sich von heute in einem Jahr eine Wolke kosmischer Herkunft auf die Erde senken wird, die alles Leben auf ihr vernichtet, äußerst unwahrscheinlich und dennoch empirisch sinnvoll; es handelt sich vielleicht um eine Chance auf eine Quadrillion, vielleicht um eine auf hundert Septillionen – das können wir nicht berechnen, aber im Prinzip wäre ein solches Phänomen möglich. Unsere Kenntnisse über die Struktur des Kosmos, über die Bewegungsgesetze der Himmelskörper, über die Verhältnisse im interstellaren Vakuum (Staubwolken existieren, ihre Ballungen existieren, usw.) widersprechen dem nicht. Und deshalb ist die Hypothese absolut phantastisch – weil empirisch falsch –, derzufolge von morgen an allen Menschen auf der Erde Flügel wachsen oder alle Menschen statt älter jünger zu werden beginnen, oder jedes zweite Kind mit einer elektrischen Gitarre in der Hand zur Welt kommen wird – weil derartige Fakten unserem ganzen Wissen kraß widersprechen.

Die Phantastik kann also, einerseits, eine probabilistisch verstandene Prognose sein – bei Aufstellung beliebig unwahrscheinlicher, aber nicht gänzlich fiktiver Prämissen; und sie kann, andererseits, die Artikulierung gewisser sinnvoller Hypothesen sein dank der Anwendung einer konterempirischen Fiktion, die in diesem Fall nicht buchstäblich verstanden, sondern nur als Signalapparatur interpretiert werden soll. Und wenn sie weder auf die eine, noch auf die andere Weise wirkt, so wird sie, wie schon gesagt, zu einem formalen Spiel.

Dann wird sie aus allen Fronten der Erkenntnis, des Verstehens, des Bewertens ausgeschlossen – sowohl des empirisch-rationalen wie des sinnhaft-kulturellen. In diesem Sinne kann man zwischen angewandter, also mit den Dingen dieser Welt befaßter Phantastik, und reiner Phantastik unterscheiden, die eine Form der Flucht, der Desertion oder bloß der vollkommenen schöpferischen Autonomie gemäß entsprechender Festlegungen ist. Denn die Tatsache, daß sich die Literatur in die Angelegenheiten dieser Welt nicht einschaltet, kann von den einen positiv, von den anderen negativ beurteilt werden; aber wenn solche Urteile relativ sind, so ist die Charakteristik dieser Tatsache in ihren Konsequenzen absolut: als reine Phantasie ist die Literatur eine – gleichgültig ob beabsichtigte oder nicht beabsichtigte – Abkehr von der Arena unseres Lebens[3].

IX.
Utopie und Futurologie

Den Menschen ging es überwiegend schlecht in den sozialen Wohnstätten, die ihnen die Geschichte zugewiesen hatte; darum träumten sie jahrhundertelang von einem besseren Ort. Das Bild einer solchen Vollkommenheit schufen sie gemäß dem, was sie im Leben am meisten entbehrten, was ihnen am meisten zusetzte. Daher kommt die Utopie. Wie wir aus dem Griechischen wissen, ist »Utopie« – oder genauer »Outopie« – ein Ort, der sich »nirgends« befindet; korrekterweise sollte man einen guten Ort »Eutopie«, einen schlechten – »Dystopie« nennen. Es ist jedoch gebräuchlich geworden, die Bezeichnung »Utopie« für die Vision der Verwirklichung eines vollkommenen Seins, und »negative« oder »schwarze Utopie« für dieselbe Vision mit umgekehrtem Vorzeichen zu verwenden; wir wollen es daher bei der gängigen Nomenklatur belassen.

Weil es *hier* und *jetzt* nicht gut war, haben die Menschen diesen Ort der erfüllten Träume einmal in der Zukunft, ein anderes Mal in der Vergangenheit, wieder ein anderes Mal – außerhalb des Diesseits angesiedelt. Die rückwärts gewandte Utopie – das ist das Paradies oder das Goldene Zeitalter, das es einst gegeben hat, das aber vergangen ist, weil das Schicksal es so wollte oder weil die Menschen selbst alles verdarben. Der Bibel zufolge hat der Mensch sich selber durch seine Sünde aus dem Paradies vertrieben; es gab auch Glaubensrichtungen, die meinten, die Schuld liege nicht ausschließlich beim Menschen. Eine zeitlich unbestimmte Utopie – das sind die Glücklichen Inseln, ein Eden, das vielleicht existiert, doch der Weg dahin ist unbekannt. Es ist bemerkenswert, daß das utopische Denken gewöhnlich den Gesetzen der Kombinatorik folgte: Man probierte einfach der Reihe nach alle möglichen Varianten von Kombinationen in verschiedenen Kulturtypen aus. Tatsächlich: die Vergangenheit früherer Tage war defekt geworden, weil das Schicksal es so gewollt hat; nein! – weil der Mensch sie kaputtgemacht hat; dieser Zustand wird nie wiederkehren; doch! – er wird wiederkehren, aber in tausend Jahren (das ist die chiliastische Vision); er wird wiederkehren, aber nicht unbedingt in tausend Jahren, sondern wenn der Messias erscheint; usw. usf. Wie ein Kind mit den aus der Schachtel gekippten Bauklötzchen spielt, so setzten die Menschen ihre utopischen Träume zusammen; doch weder die Philosophie des Menschen noch ein anderer Zweig der Humanwissenschaften stellt die Sache so dar. Was wäre das für eine plumpe, legespielartig-mechanistische Betrachtungsweise! So berauscht uns jedes Werk, das es unternimmt, das Thema der Utopie monographisch zu behandeln – insbesondere, wenn es Frucht der Anstrengungen eines ganzen Kollektivs ist! – mit einer Fülle von Hypothesen, von hermeneutischen und esoterischen Interpretationen, liefert uns ein Übermaß an Lehren. Denn auf der Basis der spontanen Kombinatorik, die Mythen, Religionen und Utopien produzierte, etablierte sich die nächste Etage – die humanistische Exegetik mit allen Theorien, die man aus den Grundfakten ableiten kann. Dieses Theoretisieren bringt uns in eine ausgezeichnete und zugleich äußerst gefährliche Position. In der Ethnologie und in der Kulturanthropologie gibt es nämlich eine Unzahl von Theorien sowohl in bezug auf die Natur des Menschen (im Zuge der Fragen: gibt es nur *ein* Gattungsmodell des Menschen? oder waren es bestimmte genetische Bedingtheiten, die gewisse Stämme jahrtausendelang unter dem Niveau des Neolithikums hielten?), als auch in bezug auf genetisch-utopische Probleme (wurzelt die Mythenbildung im logisch-explanativen Denken und ist der Mythos bloß eine Aberration, eine Verrenkung dieses Denkens? Oder ist er Ausdruck eines metaphysischen Bedürfnisses, das im Menschen unabhängig von anderen Faktoren lebt? Besitzt das Getriebe des menschlichen Denkens eine »immanente Doppelschaltung«, und der zivilisatorische Krafteinsatz schaltet nur einen anderen Gang ein, steigt vom »religiösen« auf den »laizistischen« um, usw.?). Wir hören mit der Aufzählung auf, um nicht – über die Grenzen dieses Buches hinweg – in den kosmischen Raum auszuschweifen. Es gibt eine Unzahl solcher irreduktibler und verworrener Theorien; wenn jede einzelne an dem Material der Grundtatsachen – also in unserem Fall an den utopischen Visionen, die sich im Laufe der Geschichte angehäuft haben – gemessen wird, bekommen wir damit imposante Kollektionen verschiedenster Deutungen und zahllose Tabellen mythisch-utopischer Elemente. Und weil man ja vorläufig in diesem Meer widersprüchlicher Klassifizierungsversuche noch nichts empirisch beweisen kann, ist darin die eine Richtung der Exegetik ebenso gut wie die andere; darin besteht der große Vorzug dieser Situation, weil ja niemand niemandem nachweisen kann, daß der Gegner irrt und daß er, statt die Trajektorien utopischen Denkens zu rekonstruieren, einfach Unsinn verzapft. Wenn aber alle Interpretationen gleichwertig sind, so würde es ausreichen, statt ihre Fürsprecher der Reihe nach reden zu lassen, um die »richtige« zu wählen, eine Münze zu werfen oder Zettel mit ihren Namen aus einem Hut zu ziehen.

Der Konfigurationsraum ist hier vieldimensional. Angeblich war es schon in sehr frühen historischen Phasen der Gesellschaft so, daß die Unantastbarkeit des Staates zweifach sanktioniert wurde – durch die weltliche, die irdische Macht, und durch die sakrale, die überirdische Salbung. Diese sakrale Weihe funktionierte als Optimalisator der *Soziostase*, die jegliches utopisches Denken unmöglich machen sollte: Der Bürger wurde ja nicht nur darüber belehrt, was er als Bürger im Rahmen der weltlichen Ordnung zu tun hatte, er erfuhr auch von der Religion, daß alles Gesellschaftliche nach himmlischem Ratschluß vollkommen war. Man kann also für jene Zeit folgenden Syllogismus konstruieren:

Praemissa Major: Alles, was der Glaube verkündet, ist wahr.

Praemissa Minor: Der Glaube verkündet, daß das aktuelle Sein vollkommen ist.

Conclusio: Ergo – es kann nichts Vollkommeneres existieren, ergo – jegliches Denken an einen Ort größerer Vollkommenheit oder jegliches utopische Denken ist unmöglich.

Wäre der Mensch ein logisch funktionierendes Wesen, so würde das Schema dieses Syllogismus tatsächlich aufgehen, es könnte also den Träumen von einem besseren Sein solange niemand nachhängen, als nicht im allgemeinen Bewußtsein der Druck transzendentaler Garantien nachläßt, die das utopische, die gegebene Ordnung in Frage stellende Denken zur Gotteslästerung erklären. Aber nicht nur das primitive, »wilde« Denken war, wie die Ethnologien sagen, mit Widersprüchen behaftet. Auch heute muß das Denken und Handeln jedes Gläubigen antinomisch sein. Denn entweder ist die Krankheit von der Vorsehung bestimmt – wie kann man dann gegen sie ankämpfen? Oder sie ist nicht von der Vorsehung bestimmt – warum ist sie dann eigentlich von der Herrschaft der Vorsehung ausgenommen? Wenn der Kampf gegen die Herrschaft der Vorsehung zulässig ist, heißt dies, daß wir uns ihr nicht gehorsam unterordnen usw. Es *gibt* natürlich Methoden, Gedankenbrücken zu bauen, die sicher über die Abgründe solcher Antinomien führen, aber deren faktisches Bestehen wird dadurch nicht aufgehoben.

In der Lebenspraxis des Menschen können wir drei Typen metaphysischen Tuns unterscheiden: den magischen, den tabuistischen und den religiösen. Sie alle gehen von der generellen Einteilung aller überhaupt möglichen Phänomene in gewöhnliche und außergewöhnliche aus – in das, was augenscheinlich ist, und das, was zu denken gibt, auf unheimliche oder drohende oder erstaunliche Weise. Es ist also eine Dichotomie, die das Vertraute vom Unbegreiflichen trennt. Wenn es auch nicht wahr ist – als Hypothese, die das Problem ausschöpft –, daß die Entstehung des Menschen vom Moment des ersten Erstaunens (also von der Reflexion, die das Sein in Frage stellt – was ja Tiere nicht tun) datiert, so scheint es doch, daß dieser Aphorismus zumindest den Wesenskern der Anthropogenese berührt. Das Unbegreifliche wurde zuerst – benannt. Die verschiedenen Völker gliederten die Phänomene verschieden auf, daher variiert auch von Fall zu Fall die Denotation der Namen, mit denen verschiedene Kulturen das Unbegreifliche bezeichneten. Die Ethnologen führen als typische Bezeichnung des Unbegreiflichen das Wort »mana« an. Gemäß summarisch behandelter Denotate dieses Namens läßt sich nachstehende Hypothese formulieren: geringsten Anlaß zur Reflexion gaben Erscheinungen, die normalerweise so regelmäßig auftraten, daß sie zu etwas Gewohntem wurden; hatte hingegen jemand außergewöhnliches Glück bei der Jagd oder wurde jemand von außergewöhnlichem Pech verfolgt, trat also eine besonders starke Abweichung vom statistischen Durchschnitt auf, dann war die Sache erstaunlich und erforderte eine Erklärung. So wurde allgemein angenommen, daß ein solcher außergewöhnlicher Fall das Werk des »mana« sei. Das »mana« war nirgends genau lokalisiert, weil es ja noch keine Grenze zwischen dem Begriff des Natürlichen und des Übernatürlichen gab; es gab diese Begriffe noch nicht, und nicht existente Begriffe kann man nicht voneinander abgrenzen. Und gerade von diesem Standort, von dieser ersten Feststellung, gingen die zwei Grundlinien einer metaphysischen Systematisierung der Phänomene aus: alles, was über das Gewohnte hinausgeht, kann vor allem *vermieden,* umgangen, verboten, außerhalb der Sphäre jeglicher Kontakte gestellt, es kann sogar verboten werden, daß es beim Namen genannt wird; das ist die Technik der tabuistischen Rettung. Oder das Unheimliche, Bedrohliche, das Unverständliche kann frontal angegriffen werden, mit dem ganzen fürchterlichen Risiko, das solche Vermessenheit begleitet; den ungreifbaren Feind versucht man zu bändigen, zu unterjochen, ihn sich zu unterordnen – und das ist die Technik der Magie.

Wer will, kann der Ansicht sein, daß die tabuistische und die magische Einstellung Verlängerungen – als anthropogenetische Fortsetzung – zweier gegensätzlicher Verhaltensweisen sind, die jedem Lebewesen zur Verfügung stehen: Flucht und Angriff. Der wesentliche, gewaltige Beitrag zu dieser Alternative jedoch, der dank der Menschwerdung geleistet wurde, ist durch die Symbolisierung gegeben, als Fähigkeit, jegliche Darstellungen zu manipulieren; die symbolschaffende Darstellung hat aber die Eigenschaft, daß man Symbole sowohl von dem, was real existiert, als auch von dem, was nur als Gedanke existieren kann, zu produzieren vermag. Für das Denken, das nicht in reales, prüfendes Handeln hinüberwächst, unterscheiden sich die Vorstellungen, die wir in unserem Geiste zu schaffen vermögen, durch nichts voneinander, gleichgültig, ob sie reale oder fiktive Objekte betreffen. Im Denken kann man sich ja den Pegasus – also ein geflügeltes Pferd – genausogut vorstellen wie ein reales Pferd; nichts in diesen beiden Vorstellungen tut uns sofort kund, daß der Pegasus reine Erfindung und das Pferd ein wirkliches Tier ist. Die Tatsache, daß man ein Pferd sehen kann und den Pegasus nicht, tut dem Kriterium der Realität seiner Existenz keinen Abbruch; ich habe z. B. nie einen Wal gesehen und glaube dennoch, daß er real existiert; es ist dies ein *gesellschaftlich* vermitteltes Wissen; sowohl der gesellschaftliche Charakter der menschlichen Existenz, als auch die für sie charakteristische symbolische Kommunikationsweise können das Denken, das fiktive Vorstellungen schafft, mit jenem, das Reales darstellt, gleichstellen. Wir wissen nicht, ob diese Gleichstellung bereits dazu ausreicht, die Genese und das Funktionieren des »metaphysischen Generators« zu erklären. Vielleicht wird es einmal ein intellektronisches Modellexperiment erlauben, diese Frage zu entscheiden. Während also das Tier, vor die Alternative: Angriff oder Flucht gestellt, stets eine reale Wahl trifft, weil man ja nicht angreifen kann, wenn man flieht, macht die Übertragung der Situation des Scheidewegs auf die symbolische Ebene eine gleichzeitige Aktion in beiden Richtungen möglich. Es kann z. B. eine solche »Arbeitsteilung« entstehen, daß etwas, das für das gewöhnliche Stammesindividuum »tabu« ist und das es meiden, d. h. wovor es sich durch Flucht schützen muß, für den »Spezialisten« ein Phänomen ist, das er im Angriff zu bezwingen hat. So entsteht der »Beruf« des Zauberers. Mit einem Wort, daß magische und tabuistische Handlungen einander ausschließen, gilt durchaus nicht allgemein; sie können sich miteinander verflechten.

Worin steckt die erstaunliche, merkwürdige, ich weiß nicht, ob zufällige Ähnlichkeit zwischen den beiden oben besprochenen Vorgangsweisen und der Jahrtausende nach ihnen entstandenen instrumentell-wissenschaftlichen Methode? Darin, daß sowohl die tabuistischen als auch die magischen Manipulationen von ihren Subjekten nicht als eine Art Metapher, nicht als bloß symbolische Akte betrachtet werden; denn derjenige, der die magische Formel ausspricht, sowie derjenige, der das bestehende Tabu beachtet, handeln in der Überzeugung, daß sie reale, auf reale Phänomene gerichtete Handlungen setzen; er meidet die durch das Tabu verbotene Speise, wie der Empiriker eine vergiftete Speise meiden würde, er beschwört den Zauber mit magischen Worten und Gesten, wie etwa ein Empiriker jemanden durch künstliche Beatmung zu retten versucht. Was noch merkwürdiger ist: Der Mensch dieser Kulturphase kennt eigentlich nicht das *Wesen* der Phänomene, die er einmal tabuistisch meidet, ein anderes Mal magisch beherrscht; zunächst weiß er, *wie* sich diese *Kraft* verhält, d. h. er weiß, was geschehen wird, wenn er das Tabu brechen oder die Beschwörungsformel nicht aussprechen würde; er weiß auch, was geschieht, wenn er das Tabu befolgt und die Beschwörungsformel ausspricht; mit anderen Worten, sein Wissen ist von derselben Art wie das Wissen des Empirikers, der weiß, was geschehen wird, weil er die Zusammenhänge zwischen den den Naturgesetzen unterworfenen Phänomenen kennt. Aber was »das Wesen der Gravitation« oder »das Wesen des Lichts« oder »das Wesen der Masse« ist – ausgedrückt in Termini, die nicht die strukturellen Relationen betreffen, das weiß der Physiker nicht; er weiß auch nicht, »warum Plancks Konstante gerade so ist wie sie ist«, oder »was der Spin, was die Besonderheit der Elementarteilchen« wirklich ist usw. Wer das Tabu befolgt, verhält sich wie der Laie, der bloß weiß, daß er bestimmte Phänomene zu meiden, etwa daß er sich von radioaktiven Elementen fernzuhalten hat; wer magisches Wissen erworben hat, ist wie der Physiker, der weiß, wie man mit diesem Element umgeht. Der Laie weiß nur, daß die Nichteinhaltung eines Verbots für ihn gefährlich wäre, er wird sich also fürchten, das Verbot zu übertreten. Dasselbe gilt für das Tabu. Der Physiker weiß, daß er aufmerksam und vorsichtig sein muß, und auch, daß er riskante Dinge unternimmt; und der Zauberer ist derselben Meinung.

Sowohl der Zustand des Meidens wie des Bekämpfens unbegreiflicher Kräfte ist jedoch emotionell äußerst unbefriedigend. Es kommt also langsam dazu, daß man sich diese Kräfte geistig aneignet, und das beginnt mit der Mythenbildung, die das ganze Gebiet der metaphysischen Erfahrungen in ein System einbindet. In der magisch-tabuistischen Phase ist es so, daß sich außerhalb der Wissenssphäre der gewöhnlichen und alltäglichen Erscheinungen so etwas wie ein endloses Dunkel erstreckt, durch keinerlei Benennung segmentiert, nur mit einer einzigen unbestimmten Bezeichnung (etwa »mana«) versehen. Aus dieser Dunkelheit können furchtbare Kräfte hervortreten, die verschiedensten Bedrohungen, welche die Magie angeblich mit einiger Wirksamkeit zu bekämpfen vermag, während das Tabu sie mit »Flucht-« oder »Rückzugs- und Ausweichtaktiken« zu meiden gebietet. Doch man kann nicht umhin, diese rätselhafte Dunkelheit und Endlosigkeit zu fürchten, um so weniger kann man sie liebgewinnen; man kann ihr niemals trauen. Das ist ein sehr unangenehmer Zustand. Das Entstehen der Religion setzt ihm ein Ende. Der Glaube wirft ein klares Licht auf alle bisherige Dunkelheit, er sagt, wer, wann, wozu die Welt, und mit ihr auch den Menschen, erschaffen hat; was dieser Jemand sich wünschte und weiterhin wünscht, was für Anforderungen er an den Menschen stellt, inwiefern er diesem gewogen ist, was man tun soll, um die Wohltaten, mit denen er uns überschüttet, zu maximieren – usw. usf. So zeigt sich die Möglichkeit der Entstehung starker emotionaler Bindungen – Anhänglichkeit, Empfinden von Schutz, der gewährt oder erbeten wurde, Vertrauen, Hoffnung, Liebe u. ä. m.

Das ist, in einer horrenden Abkürzung, der Gang der metaphysischen Dinge. Die Metaphysik der reifen Religionen entfernt sich strukturell vom empirischen Wissen, da sie eine Art Endpunkt der systemschaffenden Arbeit des Denkens ist. Auf alle möglichen Fragen wurden schon alle möglichen Antworten gegeben. Das Geheimnis bleibt, aber es ist ein Geheimnis, das man nicht mehr fürchtet. Außerdem finden sich in jedem Glauben Elemente magischer und tabuistischer Handlungen – nur, daß man sie teilweise umbenannt und auf eine höhere Ebene symbolischer Sublimation gehoben hat. Die religionsschaffende Tätigkeit des Menschen sieht also wie ein evolutionärer, äquifinaler Prozeß aus: der Mensch geht von inkohärenten Elementen aus und schafft am Ende ein bestimmtes, klar strukturiertes Ganzes, er beginnt mit Schutzmaßnahmen, die sozusagen eine Phase metaphysischer Reflexe darstellen, da ja den einzelnen Elementen der magisch-tabuistischen Handlungen meistens jede Basis »theoretischer Erklärungen« fehlt. Man weiß, was man meiden muß, was es zu bannen, zu beschwören gilt, aber man weiß nicht, warum man es gerade so und nicht anders tun soll. Der doktrinär gefestigte Glaube beantwortet bereits auch solche Fragen. Aus den ursprünglichen Partikularismen baut er ein System auf, das eine komplexe, für den Menschen bestimmte Emotionsstruktur, das einen zusammenhängenden Sinn hat, das genau die Hierarchie des Übernatürlichen bestimmt und so dieses Übernatürliche in seiner Gesamtheit klassifiziert.

Auch ein nicht ganz klares, noch nicht gefestigtes, ein daher sich auch mannigfaltig gestaltendes Verhältnis der unbegreiflichen Dunkelheiten zur Tatsache des gesellschaftlichen Seins des Menschen gewinnt im Glauben eine bestimmte Qualifikation und Benennung. Man weiß bereits, daß der Staat die irdische Vollkommenheit ist, und auch, daß er die Sanktion der Genehmigung, ja der Billigung des Himmels hat. Ist aber von der grauen Vorzeit die Rede, so kann die Dualität des Instrumentalen und des Magischen weiter bestehen: die Mauern der Stadt schützen sie vor wirklichen Feinden, und zugleich vor solchen Feinden wie etwa böse Mächte. Der Kreis ist z. B. die magisch vollkommene Form, daher sollte auch die Mauer die Stadt kreisförmig umringen usw. Jener evolutionäre Prozeß, der die Religion begründet, nimmt gewissermaßen bestimmte Elemente der Wirklichkeit in sich auf, assimiliert sie, verleiht ihnen einen sakralen Status. Es kann sich dabei natürlich bei verschiedenen Religionen um verschiedene Erscheinungen handeln: so tauchen in der einen Religion mit Flügeln ausgestattete menschenähnliche Wesen auf, in einer anderen z. B. heilige Kühe. Aber weil jeder systematisierte Glaube stark zwischen Gut und Böse polarisiert ist, entsprechen den heiligen und guten Elementen schon von der Symmetrie her anti-heilige und böse Elemente. Weil z. B. Gott den Menschen erschaffen hat, muß derjenige, der diesen Akt wiederholen und einen Homunkulus schaffen will, von Satan inspiriert sein. Es gibt also gewisse Handlungen von instrumentalem oder pseudoinstrumentalem Typus, zu denen der Glaube eine positiv oder negativ determinierte Haltung einnimmt (einfach deshalb, weil er sich über sie bereits in doktrinär-dogmatischem Sinne geäußert hat); und es gibt andere, zu denen der Glaube sich neutral verhält, weil er sie bisher weder in dem einen noch im anderen Sinne erwähnt hat. Einen Menschen künstlich zu schaffen ist also ein sündiges Vorhaben, aber einen Webstuhl oder eine Schreibmaschine zu konstruieren – daran ist nichts Böses, wenn es auch vielleicht nichts Gutes ist. Die Absicht, zu fliegen, kann jedoch etwas Zweifelhaftes sein, da ja die Engel fliegen. Aber durch eine entsprechende Interpretation der Dogmen lassen sich vom Standpunkt der religiösen Doktrin auch solche Vorhaben neutralisieren. Solange es also in der Gesellschaft einen einzigen oder zumindest einen vorherrschenden Glauben gibt, sind das Paradies, das Goldene Zeitalter, der Garten Eden usw., über die dieser Glaube spricht, von seinem Standpunkt aus nicht Bezeichnungen für utopische Orte, denn utopisch ist ein Ort, der sich in einem *Nirgendwo* befindet, d. h., einfach ein nicht seiendes Sein. Zu einer Erkenntnis der komplexen historischen Sachverhalte kann man erst dann kommen, wenn man gedanklich über die partikulären kulturschaffenden Prozesse hinausgeht und sie von außen betrachtet. Wir sehen dann folgendes Bild: Der Mensch hat immer verschiedene Dinge für sich erträumt, gemäß dem, was er nicht zu erreichen oder nicht zu verwirklichen vermochte. Der Prozeß der religiösen Mythenbildung hingegen hatte in jeder Doktrin den Charakter der Einbeziehung mehrerer Elemente und ihrer Zusammenfügung zu einem einheitlichen Ganzen. Die wichtigsten Elemente pflegten stets bestimmte höchste Wesen zu sein, denen wir hier keine Beachtung schenken wollen. Uns interessieren nur jene Elemente, die von der sich entwickelnden Doktrin aufgenommen wurden, ehe sich diese in dogmatisch übermittelter Form stabilisierte. Zu diesen Elementen gehören z. B. die Ergebnisse der Träume über ein Wesen, das fliegen kann und doch menschliche Gestalt besitzt (das also zu einem Vermittler zwischen dem Diesseits und dem Jenseits werden könnte); so ist in der »religiösen Evolution« der Engel entstanden. Und ein solches Element konnte auch ein Ort der Vollkommenheit sein, wo als Schicksal des Menschen »alles angefangen hat«. Für den, der die Entwicklung des Glaubens von außen betrachtet, gibt es einen solchen – ausgedachten – Ort nicht und hat ihn auch niemals gegeben, der Begriff hat also für ihn utopischen Charakter, doch der Gläubige, etwa der Christ, wird hier eine andere Unterscheidung machen: Für ihn kann das Goldene Zeitalter der griechischen Antike utopisch sein, weil er ihren Glauben für einen falschen hält. Dagegen wird das Paradies der Ureltern für ihn kein utopischer Ort sein – die Doktrin seines Glaubens weist ihn zumindest an, so zu denken. Da wir außerhalb aller religiösen

Entwicklungen stehen, sehen wir, daß die Mythenbegründer die konkreten Systeme ihrer religiösen Dogmen gewissermaßen aufs Geratewohl aufbauen. Als Dogmensystem ist das möglich, was als Ergebnis des Wirkens einfacher Regeln der Kombinatorik möglich ist. Der statistische Zufall entschied darüber, ob ein konkreter Glaube bestimmt hat, daß es einmal eine Utopie gab und sie durch menschliches Verschulden unwiederbringlich verlorengegangen ist, oder ob der Mensch alleinige Schuld dafür trägt, daß dieser Zustand der Vollkommenheit verdorben wurde; ob dieser Zustand für immer verloren ist oder vielleicht doch noch einmal wiederkehren könnte; ob genau derselbe Zustand oder ein anderer wiederkehren wird, dessen Perfektion mit einer neuen Modalität ausgestattet sein wird, usw. Denn das Paradies, das nach Ansicht des Christentums die erlösten Seelen erwartet, ist nicht genau dasselbe, aus dem einst Adam und Eva vertrieben wurden. Wenn also die konkrete Konfiguration solcher Elemente, aus dem semantischen Kaleidoskop auf den Boden der Geschichte projiziert, sich definitiv stabilisiert, d. h. zur Offenbarung wird, entsteht das religiöse Paradigma der gegebenen Kultur. Die Wirklichkeit war komplizierter, als wir es hier darstellen, weil es in ihr zu einer evolutionären Hybridisierung der Glaubenssysteme kam; denn es wirkten assyrische, babylonische, ägyptische Elemente mit und vermischten sich um das Zentrum herum, in dem der Judaismus entstand, er wurde durch sie befruchtet und vermischte sich mit ihnen, bis aus weiteren Kreuzungen, als Sproß des judaistischen Stammes, das Christentum entstand.

Der zufalls-statistische Charakter der Kombinatorik von Elementen, aus denen eine religiöse Doktrin entsteht, ist für uns deshalb wichtig, weil das Bild der geheiligten Utopie, das auf diese Weise entsteht, nicht Denkprodukt eines einzelnen Menschen ist. In diesem Sinne haben die Religionen keinen persönlichen Begründer; sie haben mehr oder minder mächtige Reformatoren, aber kein Buddha und kein Christus schuf seine Glaubensregeln ex nihilo; d. h. sie sind in Wirklichkeit Ergebnis eines spontanen, durch gesellschaftliche Anstrengungen konstituierten Entstehungsprozesses, oft natürlich durch die Gedanken eines einzelnen artikuliert und kodifiziert. Das Verhältnis also zwischen dem großen Religionsstifter und dem Material mythischer Überlieferung, aus dem er schöpfte und das er kreativ verwertete, gleicht dem Verhältnis zwischen Shakespeare und all den Motiven wie Hamlet oder Romeo und Julia – Motive, die der Engländer schon vorfand, bevor er sich an seine literarische Arbeit machte. Im Laufe der Jahrhunderte kam es zur Formulierung von Utopien durch einzelne Individuen – sagen wir durch jemanden wie Thomas Morus. Auf diese Weise trat an die Stelle der spontanen Massenurheberschaft sakralen – also des ersten – Typus die Urheberschaft des weltlichen Denkens. Wobei wir es bei der Sammlung aller Utopiebilder, die das weltliche Denken hervorgebracht hat, mit denselben Schwierigkeiten zu tun haben, wie bei einem bestimmten überlieferten Text, von dem wir nicht wissen, welchen Absichten er entsprang. Wir wissen also nicht – ist es ein assertorisch geschriebenes Tagebuch oder eine nicht assertorisch produzierte Belletristik; hat der Verfasser, als er den Text schrieb, sich einer Spielerei hingegeben oder war es ihm Ernst dabei. Ebenso ist es oft schwer festzustellen, ob jemand eine Utopie beschrieb in der Überzeugung, er präsentiere eine in aller Ewigkeit unerfüllbare Fiktion, oder ob er, im Gegenteil, glaubte, es handle sich um ein Ideal, das einmal verwirklicht werden könnte. Wahrscheinlich gab es das eine und das andere; einmal handelte es sich um Träume, die von vornherein auf jede Chance der Verwirklichung verzichteten, ein anderes Mal – vielleicht chronologisch etwas später – um solche, bei denen dem Gedanken insgeheim die Hoffnung auf Realisierung anhaftete. Wir haben das alles nicht gesagt, um der Phantastik oder der Futurologie eine adelige Herkunft – die irgendwo in Weihrauchschwaden beginnt – anzudichten. Im Gegenteil: wir sagen es, um damit die Sache abzuschließen und uns nun durchaus unmetaphysischen und unmythischen Dingen zuzuwenden: Wir wollen jetzt das Thema der positiven und der negativen Utopie in der Science Fiction behandeln.

Von der phantastischen Philosophie zur geschichtsphilosophischen Phantastik

Borges und Stapledon

Beginnen wir unseren Überblick mit einem Werk, das ontische Voraussetzungen zu haben scheint. In zahlreichen Texten von Jorge L. Borges begegnen wir gerade einer solchen Utopie als Modell einer bestimmten Ontologie, die durch strukturelle Eigenschaften einer phantastischen Gesellschaft ausgedrückt wird. Die Formung der Utopie ist hier Mittel zum Zweck: denn als Mittel erweist sich die Gesellschaft, die durch ihre spezifische Existenz ein System phantastischer Philosophie verwirklicht.

Eine solche Erzählung ist vor allem die *Parabel vom Palast.* Der Kaiser zeigt dem Dichter seinen herrlichen Palast; nach der feierlichen Besichtigung trägt der Poet ein kurzes Gedicht vor, oder auch – man weiß es nicht genau – nur einen einzigen Vers, oder gar nur ein einziges Wort, und in dieser seiner Aussage »ist im ganzen wie im einzelnen der ungeheure Palast enthalten«. Der Kaiser ruft aus: »Du hast mir meinen Palast entrissen«, und läßt den Dichter auf der Stelle enthaupten. Wie so oft bei Borges, folgt auf diese Version der Ereignisse im Finale eine andere, und zwar:

»In der Welt kann es nicht zwei vollkommen gleiche Dinge geben; es genügte (sagen sie), daß der Dichter das Gedicht aussprach, und alsbald verschwand der Palast wie ausgetilgt und zerschmettert von der letzten Silbe. Solche Legenden sind natürlich nichts weiter als literarische Erfindungen. Der Dichter war Sklave des Kaisers und starb als solcher; sein Gedicht fiel in Vergessenheit, weil es vergessen zu werden verdiente, und seine Nachkommen suchen immer noch – ohne es je zu finden – das Wort des Universums.«

Die Sache erklärt sich folgendermaßen: der Palast ist gewissermaßen »alles, was existiert«, er ist das Universum; der Kaiser ist sein Gott; das Wort, das der Dichter aussprach, war eben das »Gesuchte«, weil nur die Bezeichnung »Universum« tatsächlich alles Existierende umfaßt. Dieses kleine Paradoxon entsteht aus der Gleichsetzung des sachlichen mit dem sprachlichen Sein, der Name der Sache schließt die Sache selbst ein, also schließt der Name des Kosmos den Kosmos ein. Borges aber erzählt uns die Geschichte so, als verstünde er eben dieses Prinzip der Identität von Sein und Benennung nicht, das er gerade statuiert hat.

Interessanter – besonders als Exegese einer phantastischen Ontologie – ist *Die Lotterie in Babylon*. Ihre Ausgangsidee – daß alle gesellschaftlichen Rollen durch Verlosung, die in bestimmten Zeitabständen wiederholt wird, vergeben werden – war auch mir gekommen, denn unabhängig von der Erzählung Borges' entstand *Die dreizehnte Reise des Ijon Tichy*, in der Tichy auf einen Planeten gerät, wo alle persönlichen Rollen in der Gesellschaft auf analoge Weise, über Verlosung, gesteuert werden. Während aber bei mir die Sache damit ihr Bewenden hat, hat Borges ihr – auf ungemein witzige und interessante Weise – ontisches Ausmaß verliehen. Denn das Prinzip, über Dinge, die geschehen sollen, das Los entscheiden zu lassen, erhält immer breitere Anwendung; es geht über die Funktion der Steuerung von Berufsrollen hinaus und beginnt eine immer größere Zahl von Ereignissen zu beherrschen. Schließlich vermag man gar nicht mehr zu unterscheiden zwischen einem Ereignis, das »ohnehin auf natürliche Weise eingetreten wäre«, und einem, über dessen Eintreten das Los entschieden hat. Wir haben es mit einer paradoxen Verbindung von totaler Vorherbestimmtheit und totalem Zufall zu tun; denn in dieser von Borges beschriebenen Welt ist zwar infolge der Stochastik alles ebenso unvorhersehbar wie in unserer, aber diese Stochastik selbst ist das Ergebnis einer vorherbestimmten Verlosung! In diesem utopischen Babylon geschieht nichts »von selbst«, weil über alles das gezogene Los entscheidet. Die objektive Wirklichkeit ist ungefähr ebenso chaotisch wie in der Realität; wie bei uns, so weiß man auch dort nicht von vornherein, wann dieses oder jenes Blatt vom Baum fallen oder wann ein Mensch sterben wird; aber bei uns geschieht das »von selbst«, während dort über das Schicksal des Blattes und des Menschen etwas durch Fügung in Bewegung Gesetztes – in Form einer Lotterie – entscheidet. Es handelt sich also eigentlich um eine ganz gewöhnliche Welt, die lediglich aus einer ungewöhnlichen Perspektive gesehen wird. Eine Anekdote aus der Erzählung macht das klar:

»Ein Sklave stahl ein scharlachrotes Billett, das ihm bei der Ziehung die Anwartschaft darauf gab, daß man ihm die Zunge verbrannte. Eben dies wurde dann als Strafmaß für Losdiebstahl im Gesetz verankert. Es gab Babylonier, die die Ansicht vertraten, er hätte in seiner Eigenschaft als Dieb das glühende Eisen verdient; andere wollten aus großmütiger Gesinnung dem Henker die Vollstreckung überlassen, weil es der Zufall so gefügt hatte.«

Die Ereignisse sind also immer dieselben, unterschiedlich sind jedoch ihre Auslegungen, weil das natürliche Chaos der Welt durch ein Chaos ersetzt wird, das vom natürlichen zwar absolut nicht zu unterscheiden, jedoch künstlich, weil durch Verlosung gesteuert ist. Wie gesagt – eine solche originelle Ausweitung der elementaren Grundsätze des Lotteriespiels als Regel der gesellschaftlichen Existenz ist mir, als ich *Die dreizehnte Reise des Ijon Tichy* schrieb, nicht eingefallen. Aber eine bestimmte Variante von eben diesem Aufbau der Ereignisse zeigt sich in zweien meiner Werke. In der *Elften Reise des Ijon Tichy* tritt ein Roboterstaat in Erscheinung, in dem es keinen einzigen Roboter gibt; mit den Robotern ist in diesem Staat dasselbe passiert, was in Münchhausens Erzählung vom Pferd, das den Schlitten zog, während ein Wolf es verfolgte, passiert ist: Der Wolf biß sich in das Pferd hinein, fraß es auf, fand nun sich selbst ins Geschirr gespannt und zog den Schlitten weiter. Und in jenem Staat bilden die Menschen, die man hierhergeschickt hat, damit sie den Robotern nachspionieren, und die zur Tarnung sich als Roboter verkleidet hatten, am Ende bereits die ganze Gesellschaft, aber da sie nicht wissen, daß es so ist, halten sie sich unterwürfig an die bisherige Ordnung (übrigens hat G. K. Chesterton in seinem Roman *Der Mann, der Donnerstag war,* ein ähnliches Schema angewendet; dort besteht die Anarchisten-Organisation nur aus Polizeispitzeln, aber die Sache erhält dadurch eine metaphysische Dimension, daß der Oberpolizist, der die Agenten anwarb, der Herrgott selbst ist).

Eine solche Lage jedoch – in der die Gesamtstruktur unverändert bleibt, obwohl alle Elemente, aus denen sie sich zusammensetzt, eine radikale und totale Veränderung erfahren haben – ist qualitativ noch nicht ontisch; sie stellt das Ergebnis einer Verkleidung dar, die sachlich aufgeklärt werden kann (in dem Augenblick, wo alle als Roboter verkleideten Menschen ihre Blechkleidung ablegen, wird der wirkliche Sachverhalt klar). Eine solche ontische Dimension – eines philosophischen Paradoxons – hat hingegen die Situation, die in der Erzählung *Memoiren, gefunden in der Badewanne* dargestellt wird. Ein Priester, der Geheimdienstagent ist, redet dem Helden zu, eine Verschwörung anzuzetteln. Das spielt sich in einem »Gebäude« ab, welches gleichzeitig »Geheimdienstzentrale« und »Staat« und gewissermaßen auch Kosmos ist – weil außer ihm nichts existiert. Der Held soll also, indem er eine Verschwörung organisiert, Verrat begehen. Der Priester gibt sich ihm als Provokateur zu erkennen und läßt ihn wissen, daß die Verschwörung den Charakter einer Provokation haben wird. Das macht aber nichts. Wenn nämlich der Held vollkommen aufrichtig und authentisch, aus edlem rebellischen Enthusiasmus heraus, handelt, wird er die provokatorische und ihm aufgezwungene *Form* mit *authentischem* Inhalt ausfüllen, obgleich dies am Lauf der Dinge absolut *nichts ändern wird.* Hier ist die Lage also so wie in Borges' *Die Lotterie in Babylon:* Der objektive Lauf der Geschehnisse bleibt unverändert, doch kann sich ihr Sinn als *Auslegung* ändern.

Die Phänomene sind äußerlich nicht zu unterscheiden – aber ihre Essenz, ihr *Wesen,* d. h. ihre letztendliche Qualität ist anders; deswegen sage ich, daß wir es hier mit dem Eintritt in eine besondere ontologische Ordnung zu tun haben, die mit der gewöhnlichen nicht identisch ist.

Es ist nicht leicht, sich etwas auszudenken, ohne daß andere auf dieselbe Idee kommen; Borges greift das Motiv des von mir hier erwähnten Fragments der *Memoiren, gefunden in der Badewanne* in der Erzählung *Thema vom Verräter und vom Helden stehend.* Der entlarvte Verräter wird gezwungen, die Rolle des Revolutionshelden so genau zu spielen, daß er in sie hineinwächst und die erzwungene Fälschung sich in Echtheit verwandelt. Ich ziehe zwar meine Version dieses dramaturgischen Prinzips – aus den *Memoiren* – vor, und zwar deshalb, weil mein Held nicht unter dem durch seine Entlarvung verursachten Zwang handelt (bei Borges entlarven die Patrioten den Verräter und zwingen ihn, mit ihrem Wissen die Rolle des Anführers des Aufstandes weiterzuspielen; es geht darum, die Bewegung selbst nicht zu kompromittieren), sondern einfach nichts anderes tun kann als das, was er tut. Entweder wird er ein Konformist sein, dann wird er die Ordnung um ihn herum gar nicht in Frage stellen; oder er wird kein Konformist sein, weil er es nicht will – dann muß er sich der gefälschten Verschwörung anschließen, weil es keine andere gibt; und der Roman versucht nachzuweisen, daß in der gegebenen Struktur der zwischenmenschlichen Beziehungen eine andere, authentische Verschwörung überhaupt nicht entstehen kann, und zwar deshalb, weil dort alle schon oftmals zu Abtrünnigen und Verrätern geworden sind, unaufhörlich zwischen beiden Seiten pendeln – so daß jetzt niemand mit Sicherheit weiß, zu wessen Vorteil er bloß zum Schein und heuchlerisch und zu wessen Vorteil er authentisch und redlich agiert; das Ganze hat dennoch Hand und Fuß, weil die *Struktur* der Institution weiter funktioniert. Die *Memoiren* zeigen also die »Welt als institutionelle Struktur«, in der die Form total über den Inhalt dominiert – dieser zählt überhaupt nicht. Nichts, was man tut, kann Ausdruck einer Haltung, Ausdruck persönlicher Entscheidung, Ausdruck eines Willensaktes sein. Da die Struktur der Beziehungen, um gegen Verrat gefeit zu sein, es nicht erlaubt, zwischen Lüge und Wahrheit, Fälschung und Authentizität zu unterscheiden, werden in dieser Struktur solche Begriffe zu Schall und Rauch. Man kann sich eine Authentizität der Tat noch denken – an den Tag legen kann man sie nicht. Alles ist von vornherein von Unglaubwürdigkeit verseucht; das sind die Gesetze, die eine Welt von solcher ontologischer Beschaffenheit regieren.

Die Idee, die phantastischen Vorgänge auf solche Art aufzubauen, kam mir bei der Lektüre der Memoiren von Geheimdienstagenten; ich stellte nämlich fest, daß der Spion, der notorisch für beide gegnerischen Seiten arbeitet, nachdem er diese Tätigkeit eine Zeitlang ausgeübt hat, selbst nicht mehr wissen kann, wen er betrügt und wem er Nutzen einbringt; die Differenz zwischen der patriotischen und der verräterischen Tätigkeit ist dann einfach eine statistische Differenz (sie besteht darin, wem er durch die von ihm übermittelten Nachrichten mehr und wem er entsprechend weniger geschadet beziehungsweise geholfen hat).

Die babylonische Utopie von Borges und die Parabel vom Palast kann man auch als Strukturen analysieren, die aus einer Inversion entstanden sind; die »Lotterie« läßt nämlich das Chaos und die Ordnung die Plätze tauschen; was chaotisch war, erweist sich durch die Determinierung (die Lotterie) gerade als geordnet; die *Parabel vom Palast* läßt die Namen der Dinge an die Stelle der Dinge selbst treten.

Borges hat das Prinzip der »unitas oppositorum« oft gebraucht, ich würde sogar die Behauptung wagen: mißbraucht. In der Erzählung *Die Theologen* zeigt sich, daß Johann von Pannonien und Aurelianus – der extrem Rechtgläubige und der extreme Ketzer – sich in Gottes Sicht als ein und dieselbe Person erweisen, so wie zuvor der Verräter der nationalen Sache und der flammende Patriot ein und dieselbe Person waren. Auch die Darstellung der Rolle des Judas als des eigentlichen »geheimen Heilands« beruht auf einer Gleichsetzung des Gegensätzlichen. In der *Narbe* spricht der Erzähler von der Geschichte des Verrats, als ob er der Verratene gewesen wäre, und der Rollenwechsel – in Wirklichkeit war er der Verräter – tritt erst in den letzten Worten ein. In dem *Unsterblichen* zeigt sich Homer als ein scheinbar vertiertes, fast dem Menschen unähnliches Wesen. *Deutsches Requiem* versucht diese Inversionstechnik auf den Zusammenbruch Hitlerdeutschlands anzuwenden – nach derselben Interpretation, die wir im »Geheimen Heiland« in den *Drei Fassungen von Judas* finden; aber hier ist die Absicht mißlungen, die Argumente sind kraftlos, werden nicht so sehr zu Sophistik, wie zu rhetorischer Leere.

Zu Borges' glänzendsten Werken gehören *Tlön, Uqbar, Orbis Tertius* und die *Bibliothek von Babel.* Beide lassen sich jenen Utopien zurechnen, die als Objektdarstellung einer bestimmten Seinstheorie zu verstehen sind. In der *Bibliothek von Babel* haben wir das Universum – als Bibliothek; Kenner mag an der Erzählung abschrecken, daß Borges hier allzu offen das Modell des mathematischen (probabilistischen) Paradoxons über die Affen verwendet, die, blind auf die Schreibmaschinentasten hämmernd, alle Texte der größten Bibliothek wiederholen könnten, vorausgesetzt, man ließe ihnen genügend Zeit dazu. Denn Borges, der – das ist eine allgemeine Bemerkung – aus einer glänzenden dichterischen Schule kommt und das Gewicht und die Qualität des Wortes so gut kennt, wie sie nur ein Dichter kennen kann, beugt sich nicht unter der Last allzuvieler mannigfaltiger Einfälle. Daher ist es besser, jedes seiner Werke extra zu lesen statt serienweise, denn in diesem Falle würden ihre Ähnlichkeiten auffallen. Es geht manchmal um das gleiche Hauptschema, um den gleichen kompositorischen Grundriß, der *nacheinander* in verschiedenen Varianten ausprobiert wird.

Die Bibliothekare suchen das »totale Buch«, »ein Buch, das Inbegriff und Auszug *aller* ist«, das sie jedoch selbst dann nicht erkennen würden, wenn es ihnen in die Hände fiele; so ist also die Labyrinth-Bibliothek der Kosmos. Auch im Kosmos hätten wir – würden wir seine letzte Wahrheit erkennen, d. h. würde sich unter allen menschlichen Aussagen, die sich in Bergen von Büchern angesammelt haben, auch nur eine befinden, die »das Universum interpretiert«, die »sein Wesen erfaßt« –, keine Möglichkeit, eine solche Offenbarung zu erkennen. Die Bibliothek repräsentiert überdies nicht den Kosmos, sie *ist* der Kosmos – ein »umgekehrter« (invertierter) Kosmos, weil außer ihr nichts existiert; die Bibliothek mit ihren sechseckigen Korridoren, ihren meilenlangen Bücherregalen, zwischen denen die Bibliothekare leben, im Stehen schlafen und sterben, das ist die Unendlichkeit. Die Welt als Labyrinth also mit einer Wahrheit, die praktisch nicht existiert, denn wenn sie sogar darin aufgeschrieben wäre, würde sie ewig unlesbar bleiben. Die seltsame Utopie *Tlön, Uqbar, Orbis Tertius* enthält eine der originellsten Konzeptionen von Borges. Sie endet mit Sätzen, die zum Nachdenken zwingen:

»Der Umstand, daß jede Philosophie von vornherein ein dialektisches Spiel, eine Philosophie des ›Als ob‹ ist, hat zu ihrer Vervielfältigung beigetragen. Es wimmelt von unglaublichen Systemen, deren Aufbau jedoch ansprechend oder aufsehenerregend ist. Die Metaphysiker in Tlön suchen nicht die

Wahrheit, ja nicht einmal die Wahrscheinlichkeit; sie suchen das Erstaunen. Sie sind der Auffassung, daß die Metaphysik ein Zweig der phantastischen Literatur ist.«

In dieser dreiteiligen, raffinierten Erzählung treten anfangs reale Personen auf, u. a. Borges selbst, die in einer Enzyklopädie eine Erwähnung Uqbars und dann ein Buch über Tlön finden. Im zweiten Teil, unter dem Titel *Nachschrift von 1947*, teilt Borges zuerst mit, das Geheimnis Tlöns hätte seine Lösung gefunden: seit 1824 gebe es eine Geheimgesellschaft von Wissenschaftlern, die damit beschäftigt sind, sich sukzessiv eine zivilisierte Welt auf einem fiktiven Planeten auszudenken. Aber gleich danach wird das, was reine Erfindung sein sollte, teilweise zur Realität: Borges beschreibt die Entdeckung eines Kompasses, auf dessen Scheibe Buchstaben des Tlön-Alphabets zu sehen sind. Er sagt ausdrücklich: »Hier brach die phantastische Welt zum ersten Mal in die reale Welt ein.« Aus dem dritten Teil der Erzählung folgt schließlich, daß unsere reale Welt sich in Tlön verwandeln soll.

Die Erzählung enthält bewußte Widersprüche: eine Geheimgesellschaft von (wie Borges sagt) Astronomen, Biologen, Ingenieuren, Metaphysikern, Dichtern, Chemikern, Mathematikern, Moralisten, Malern und Geometern unter der Führung eines anonymen Genies erstellt »die erste Enzyklopädie von Tlön«; zugleich ist diese Enzyklopädie die Zukunft unserer Welt, da diese sich ja allmählich in Tlön verwandelt – Orbis Tertius, die dritte Welt, das ist die Erde als dritter Planet, der die Sonne umkreist. Tlön, die Fiktion, die zur Realität werden soll, wird von anderen Gesetzen regiert als die bisherige irdische Wirklichkeit; Ziel der philosophischen Suche ist dort nicht die Wahrheit, es gibt nur das Erstaunen. In Tlön herrscht ein »ontologischer Egalitarismus« – da ja alle Philosophien aller Autoren gleichberechtigt sind; jeder kann sich jenes Bild von der Welt schaffen, das ihm am besten entspricht. Aber all das geht nicht in der Philosophie vor sich, sondern in der Literatur: Tlön, verwirklicht, vom Himmel der Fiktion in die irdische Realität heruntergeholt, das ist eine totale Inversionsmanipulation, durch die das Literarische, die künstlerische Fiktion, zur *ontischen Qualität* des realen Seins werden soll. Borges sagt übrigens:

»Ich verdanke der Konjunktion eines Spiegels und einer Enzyklopädie die Entdeckung von Uqbar ... Der Vorfall ereignete sich vor etwa fünf Jahren. Bioy Casares (eine authentische Gestalt, ein argentinischer Schriftsteller – S. L.) hatte an diesem Abend mit mir zusammen gespeist und es war zwischen uns zu einem langwierigen Streitgespräch über die Ausarbeitung eines Ich-Romans gekommen, dessen Erzähler Tatsachen auslassen oder entstellen und sich in verschiedenerlei Widersprüche verwickeln sollte, wodurch ein paar wenigen Lesern – ganz wenigen Lesern – die Ahnung einer schrecklichen oder trivialen Wirklichkeit aufgehen sollte. Vom entfernten Ende des Ganges her belauerte uns der Spiegel. Wir entdeckten ..., daß Spiegel etwas Schreckliches an sich haben.«

Tlön, Uqbar, Orbis Tertius verhalten sich zueinander wie Spiegelbilder: Bekanntlich ist die getreue Wiedergabe im Spiegel nur eine scheinbare: der Spiegel gibt das Bild in symmetrischer Inversion wieder, d. h. ein normal rechtshändiger Mensch erscheint im Spiegel als Linkshänder; vielleicht war es gerade dieser Umstand, der Borges auf die Konzeption von »Spiegelbildern« der Ontologien brachte.

Wir haben die phantastische Literatur bereits mannigfaltig klassifiziert; zulässig und wertvoll erscheint auch eine Klassifizierung, die wir bisher noch nicht angewendet haben. Danach sind alle phantastischen Texte aufgrund ihrer Eigenschaften an der entsprechenden Stelle des folgenden Spektrums zu lokalisieren:

agnosis		gnosis
1. fiktionale *Urteile* (ontische, epistemische, ethische usw.)	2. fiktionale *Tatbestände*	3. nicht fiktionale *Retrognosen, Prognosen, Hypothesen*

Diese Klassifizierung ermöglicht die Bestimmung von Assertionszeichen verschiedener Modalität. Wenn also zuerst 1) das Werk mit dem (mutmaßlichen) Zeichen ontologischer Assertion versehen ist, dann ist, wie bei Borges, die darin präsentierte Welt die Artikulation einer These über die Natur des Seins, und die Funktion einer diskursiven Aussage erfüllt die *Vorführung* eines fiktiven Universums, zu dem Zweck errichtet und so ausgebaut, daß es durch sein Wesen eben jene These bestimmt. Das ist natürlich nur in der phantastischen Literatur möglich, denn der Dichter hebt hier sozusagen die Existenz der Realität auf und ersetzt sie durch eine vorgeführte Welt, die nicht irgendein faktischer, fiktiv postulierter Zustand, sondern eine semantische Signalapparatur ist. Alle Objekte und Qualitäten dieser Welt – ihre Sterne, Nebelschleier, Planeten, Bewohner, ihre Physik und Biologie – sind nicht nur einfach da, sondern sie haben eine *Bedeutung* wie Worte in einem Satz. Der realistische Schriftsteller kann aus einer ihm unzweifelhaft gegebenen Realität nur bestimmte Elemente auswählen, bestimmte Zusammenhänge von Tatsachen hervorheben, die gewünschten Koinzidenzen herbeiführen – sofern sie, nach den Gesetzen der Wirklichkeit, zulässig sind (ein solcher Schriftsteller kann bewirken, daß sich die Philosophen mit der Erforschung des Erstaunens statt mit jener der Wahrheit befassen). Die Errichtung einer phantastischen Welt im Roman speziell zu dem Zweck, in ihm Thesen zu artikulieren, die im Diskurs entweder leicht formulierbar oder nicht artikulierbar sind (von diesem Unterschied sprechen wir noch) – das ist bei Borges etwas durchaus Normales, aber in der Science Fiction ist es nicht nur selten, es kommt fast überhaupt nicht vor.

Der scheinbar diskursive Sinn mancher hier erwähnten Erzählungen von Borges ist die These vom labyrinthischen Charakter aller Dinge. Wenn das auch stimmt, liefert der Dichter eine Realisierung dieser Aussage – in Systemen, die unvermeidlich in innere Widersprüche verwickelt sind, d. h. er formuliert – allerdings in nicht-diskursiver Form – komplizierte logische Paradoxe. Ein solches antinomisches Prinzip, welches verhindert, daß ein gegebener Text eindeutig eine einzige und seine Semantik komplett ausschöpfende Interpretation erhält, ist in der Literatur eine ganz normale Erscheinung; in der Science Fiction ist es dagegen so selten wie vierblättriger Klee. Die Science Fiction präsentiert vielmehr mit dem Zeichen der Assertion (2), des »Faktischen«, versehene Texte, d. h. sie will gewöhnlich durch das Dargestellte nichts artikulieren, ausdrücken, keinen Sinn wiedergeben; sie informiert uns einfach über die Vielfalt verschiedener Wunderdinge, Abenteuer und Erscheinungen im kosmischen Raum und in der kosmischen Zeit. Zuvor haben wir diese Art von Kreativität als ein leeres, formales Spiel bezeichnet und dachten dabei an die totale semantische Unergiebigkeit dieser Texte.

Die Science Fiction erhebt jedoch manchmal den Anspruch, Tatbestände der Zukunft zu prognostizieren, und dann beschert sie uns Aussagen, die weder mit dem Zeichen der ontischen Assertion noch mit dem der sachlichen (fiktionalsachlichen) versehen sind, sondern sie belegt solche Werke implicite mit dem Zeichen einer Aussage vom Wert (3) einer *empirischen Hypothese*. Es muß hinzugefügt werden, daß wir uns durch die Lektüre eines Werkes nicht immer mit Sicherheit darüber informieren, welche Art von Assertion ihm tatsächlich zuzuschreiben ist. Denn die präsentierte groteske Welt kann implicite eine *Prognose*, sie kann aber überdies eine moralische Bewertung (sagen wir) dessen sein, was dieser Prognose zufolge wahrscheinlich eintreten wird; wenn wir aber den beabsichtigten prognostischen Charakter oder die Groteske unbeachtet lassen, bleibt uns die dargestellte Welt als »Tatbestand«. Einige der drei assertorischen Modalitäten können also miteinander kombiniert werden.

Was die Werke von Borges betrifft, so können wir sicher sein, daß es hier stets um intentional nichtprognostische Aussagen geht; da jedoch das, was sich aus ihnen in eine diskursive Sprache übersetzen läßt, oft eine fiktive Ontologie (oder Theologie) darstellt, könnten wir annehmen, daß wir es eigentlich auch mit einem semantisch leeren Spiel zu tun haben. Aber die Ontologie bildet hier eine Ausnahme von der Regel, die die Leere formaler Spiele bestimmt – da ja keine Ontologie empirisch nachweisbar ist. Eine Darstellung des Solipsismus behandeln wir, wenn wir ihr in einem literarischen Werk begegnen, noch am ehesten als Scherz; wenn man aber unbedingt will, kann man auch »assertiver«, nicht bloß »spielerischer« Solipsist sein. Die einzigen hier anwendbaren Regeln scheinen die Kriterien logischer Kohärenz zu sein; aber auch sie versagen, weil z. B. als Doktrin kodifizierte Religionen tatsächlich voller Widersprüche *sind*, ihre Anhänger nehmen sie jedoch durchaus ernst. Mit einem Wort – es taucht hier wieder der Faktor der statistischen Verstrickung jeder Entscheidung auf, die der Leser bei der Klassifizierung des Werkes trifft: er kann der Meinung sein, daß das Werk ernsthaft ein ontisches Urteil ausdrückt, er kann auch zur Überzeugung kommen, daß es seine Aussage nur aus Spott, Hohn oder sogar aus bloßer Spielerei heraus formuliert. Der Leser ist jedoch in seiner Wahl nicht ganz frei, da das Werk ihn zu der Auffassung bewegt, daß es mit der *summarischen, ganzheitlichen* Aussage aller seiner Zeichen *eher* zu einer der drei genannten Modalitäten gehört. Erst wenn diese Zeichen einander teilweise widersprechen, wenn wir also nicht sicher sind, ob wir vor uns eine »objektive Zukunftsprognose«, ein »moralisches Urteil, das sich bloß als Prognose verkleidet« oder, schließlich, das Ergebnis eines kombinatorischen Vorgangs haben, in dem es bloß um »Spiel und Kurzweil« geht, erst dann müssen wir auf eine Diagnose verzichten.

Die hohe Klasse literarischer Originalität, über die Borges verfügt, erkennen wir vor allem an seiner ontischen Aktivität; die Science Fiction kennt die Borgesschen »Schauder des Erstaunens«, »metaphysische Bestürzung«, »Faszination durch das Sein« überhaupt nicht, da sie sich auf jedes Rätsel sofort mit pseudoempirischen Instrumenten stürzt; eine allgemeine Seinstheorie ist für sie dasselbe wie die allgemeine Theorie der Physik oder der Kosmogonie. Ihre Welt ist »absolut historisch«, beständige Invarianten, unbegreifliche Rätsel enthält sie nicht und kann sie auch nicht enthalten. Ich würde mehr sagen: Es gibt darin nicht einmal einen Platz für etwas, das, zumindest vorläufig, nicht entschlüsselt werden kann. Wenn jedoch dem Verfasser das Arsenal von empirischen Mitteln, d. h. fiktiven Gesetzen, Erfindungen, Strukturen, über die er dank der Leistung seiner Phantasie verfügt, nicht ausreicht, um eine genügend umfangreiche Hierarchie der Erscheinungen aufzubauen (worüber wir bald sprechen werden), dann nimmt er am besten Zuflucht zum Hinweis auf ein ad hoc, aus einer traditionellen Metaphysik – welcher immer – entliehenes Zeichen. Zum Beispiel sagt so ein Autor, der Herrgott sei eine Art »Supercomputer« oder könnte es sein, oder er beruft sich, wie Blish, auf irgendeine konkrete, schon »fertige« Theologie. Aber auf diese Weise wird natürlich nicht die ontische Ordnung künstlerisch betreten, hier wird bloß ein Loch in der Konstruktion des Textes zugestopft, es ist eine Anleihe oder ein Plagiat, ein eklektisches, weil nicht kreatives Vorgehen. Eine solche Diagnose kann nicht nur eine Art leicht hingeworfener Verleumdung sein. Die ontische Qualität ist eine ganzheitliche Eigenschaft des Werkes, sie folgt nicht daraus, daß an irgendeiner Stelle des Textes spezifische Bezeichnungen, die metaphysische Designate haben, »hineingeschmuggelt« werden. Kriminalromane haben keine ontische Qualität außer dem durch sie implizierten Laplaceschen Mechanizismus; würde sich also in einem solchen Roman herausstellen, daß das Opfer des Verbrechens von einem Meteor getötet wurde, daß es daher das Verbrechen überhaupt nicht gegeben hat, so würden wir uns betrogen fühlen, weil eine Konvention – nämlich die des mechanistischen Verlaufs der Ermittlung – verletzt wurde. *Voraussetzung* bei dieser Art Literatur ist die Entdeckung des Täters, und würde der Verfasser am Schluß erklären, das Opfer sei von Gott getötet worden, weil doch Er den Weg des Meteors bestimmt, so würden wir uns *doppelt* betrogen fühlen – nicht nur wurde die Konvention des Kriminalromans verletzt, sondern der Autor will uns gewaltsam die Konvention einer ganz anderen Gattung aufzwingen. Stellt sich in einem Roman, wie etwa in A. Clarkes *Childhood's End (Die letzte Generation)* heraus, daß Wesen, die den auf Kirchenbildern gemalten Teufeln ähneln, die wohltätigen Beschützer der Erde sind, wobei sie mit den Wohltaten, die sie der Erde erweisen, jemandes Auftrag erfüllen, ohne zu wissen, wer dieser Jemand ist, dann wird die empirische Struktur der Science Fiction gebrochen und durch keine andere Struktur ersetzt, denn diese »theologisch-metaphysischen Anleihen« retten weder die empirische Ordnung, noch setzen sie eine eigene, andere Ordnung. Wir haben hier einfach ein Kalb vor uns, dem man den Schwanz eines Wals und den Kopf eines Salamanders angestückelt hat. Weder die Autoren, noch die Kritiker der Science Fiction legen sich Rechenschaft über die Unschicklichkeit eines Vorgehens ab, für das Clarkes Buch exemplarisch ist (ich spreche natürlich von ihrer überwiegenden

Mehrheit, klügere Ausnahmen kann man selbstverständlich immer finden). Ursprung dieser allgemeinen Verschwommenheit ist das Fehlen von Selbstverständnis in dieser literarischen Gattung: die theoretische Literaturwissenschaft hat, obwohl ein Zweig der humanistischen Wissenschaften, in einer Anwandlung von durchaus antihumanistischer Rücksichtslosigkeit die Science Fiction mit dem Bann vollkommener Ignorierung belegt und niemals versucht, ihr durch Analyse Hilfe zu leisten. Dabei verhält sich der Autor, der unter Zuhilfenahme der Gestalt eines »empirisierten« Satans eine fiktive Geschichte der Menschheit konstruiert und zu alledem noch Wesen, die ihrem Aussehen, aber nicht ihrem Charakter nach quasiteuflisch sind, zu Sendboten Unbekannter Nächte ernennt, wie ein Ingenieur, der beim Zusammensetzen einer Maschine plötzlich erklärt, er werde an die Stelle einer fehlenden sehr wichtigen Schraube einen Engelsflügel oder Belzebubs Hörner einsetzen – oder der ankündigt, er werde als Treibstoff Wasser verwenden, das durch das Wunder der Transsubstantation in Benzin verwandelt wurde. Nun, so kann man aber nicht vorgehen. Da beginnt der *»ontische Inzest«, der mit einem einzigen großen Verbot das ganze literarische Schaffen beherrscht;* denn man kann nicht realistisch anfangen und mit einem Märchen enden; man kann nicht zu verstehen geben, daß man alle Kausalverbindungen entsprechend der obligaten Konvention darlegen und demontieren wird, um dann den Leser zum Teufel, zum lieben Gott oder zu ähnlichen Stellen und Personen zu schicken, denn das ist nicht eine – zulässige und dem literarischen Experiment sogar unentbehrliche – Kreuzung, keine Hybridisierung verschiedener Gattungen. Das heißt etwas versprechen und ankündigen, was man später nicht erfüllt und nicht einhält. Und hier muß ich wieder sagen, daß darüber, ob wir es im gegebenen Fall mit einem eklektischen Flickwerk oder mit dem gelungenen Experiment einer genologischen Kreuzung zu tun haben, nur der Text insgesamt entscheidet: Wenn als Lösung eines Rätsels, das auf der Ebene rationaler Darstellung aufbaut, ein irrationales Rätsel angeboten wird, auf das uns der Verfasser verweist, dann macht er sich dessen schuldig, was wir als »Inzest« bezeichnet haben. Wenn dagegen dieses Geheimnis nur am

Rande aufscheint, nicht zu den Schlußsteinen der Konstruktion gehört, wie dies z. B. in Stapledons *Last and First Men* der Fall ist, dann wird der Vorwurf des »Inzests« gegenstandslos.

Bevor wir uns der Besprechung des soeben genannten Romans zuwenden, möchten wir, in Ergänzung unserer übrigens fragmentarischen Bemerkungen zu den Werken Borges', noch hinzufügen, daß für diesen Autor die Geschichte ein erstarrtes Kulturspiel ist, in dem sich die Distributionen gleichsam zyklisch wiederholen (daher seine *Labyrinthe!*). Jene Bewegung der Geschichte hingegen, die unsere Welt – die da und dort noch dem vorigen Jahrhundert verhaftet ist – in ihren letzten Erscheinungsformen erfaßt hat und ihr eine unbekannte Richtung gibt, die Vergangenheit in zunehmendem Maße unwiederbringlich und, was noch wichtiger ist, immer ohnmächtiger und ratloser macht – als Interpretin der universellen Umwälzungen, die eben jetzt im Gange sind, diese ganze gewaltige Bewegung existiert für den argentinischen Phantasten nicht. Sein Werk ist, wie schon gesagt, ontisch; aber es hat gleichzeitig mythologischen Charakter – er produziert Kreuzungen zwischen Philosophie und Mythen, die er mit den Zeichen einer feierlichen und ewigen, sozusagen zeitlosen Gültigkeit versieht. Alle seine Eutopien und Dystopien sind daher an dem Punkt angesiedelt, wo Systemtheologie oder Religionswissenschaft, Philosophie und Legende zusammentreffen; diese sorgsame Wahl des Standorts hat Borges vor dem fatalen Sog des Strudels gerettet, der Science Fiction heißt. Schon weil er sich von diesem Sog nicht mitreißen ließ, hat er sich die Aufmerksamkeit der Literaturkritik verdient, obwohl er zugleich seine Werke aus der Mitwirkung an den futurologischen Sturmangriffen herausgehalten hat.

Die Beherrschung der Gesetze einer raffiniert vieldeutigen Komposition – wie sie gerade in den besten Texten von Borges zutage tritt – bedeutet, daß er Werte gewählt hat, für die die Science Fiction blind ist. Der Übergang von seinen labyrinthischen Erzählungen zur modernen Phantastik wäre ein äußerst unangenehmer Schock. Aber es fügt sich glücklicherweise so, daß wir an die Kulturthematik einer bereits futurologisch verstandenen Utopie von einem Buch aus herangehen können, das in der gesamten phantastischen Literatur einzigartig dasteht; es handelt sich um das schon erwähnte Buch von Olaf Stapledon. Es ist dies die künftige Geschichte der Menschheit, angefangen von den dreißiger Jahren unseres Jahrhunderts. Nicht irgendein – größerer oder kleinerer – Teil dieser Geschichte, nein, die ganze Geschichte der Menschheit, im Ausmaß von einigen Milliarden Jahren! Das Buch hat nicht weniger als drei Vorworte, sozusagen drei vorgeschobene Verteidigungslinien des verwegenen Unternehmens. Das Bedürfnis nach einer Rechtfertigung, einer Skizzierung des Vorhabens ist angesichts dessen Kalibers verständlich. Aber letzten Endes zählt doch nur der Text selbst. Im großen und ganzen ist diese Vision eine nicht zu bestreitende Errungenschaft, bei allen, selbst den ernstesten Vorbehalten, die sie weckt. Die entsprechend aufgestellten Geschütze werden sehr bald das Feuer der Kritik mit diesen Vorbehalten eröffnen. Aber die Möglichkeit, den Text in Frage zu stellen – so begründet das auch sein mag –, ändert nichts an der Tatsache, daß Stapledon uns genügend Information geliefert hat, um diese als den ersten Versuch einer – nicht nur und nicht so sehr *literarisch* wertvollen – Erforschung anzusehen. Ich würde sogar sagen, daß der künstlerische Wert dieses großen Buches hinter einen anderen Wert zurücktritt, um den es dem Verfasser besonders zu tun war, als er sein Werk im Vorwort als Versuch der Schaffung eines Mythos bezeichnete. Was mich betrifft, würde ich es vorziehen, dieses Wort durch ein anderes zu ersetzen und das Werk als einen Modellversuch zu bezeichnen, bei dem es sich darum handelt, eine unbekannte Menge von Daten durch Approximation von der Position eines im Hinblick auf diese Aufgabe äußerst kümmerlichen Wissens aus zu erfassen. D. h. – und das Vorhaben des Autors deckt sich ziemlich genau mit einer solchen Interpretation –, daß Stapledon sich gar nicht die Aufgabe setzte, eine Prognose – die sich ja über Milliarden Jahre erstrecken soll! – zu erstellen (wie könnte er das überhaupt?). Ein solches Vorhaben wäre gänzlich irreal. Es handelt sich also um ein Werk der Phantastik. Aber eine Phantastik, die alles bereits Bekannte zumindest fakultativ berücksichtigt, die überdies mit ihren

Struktureigenschaften, ihrer Spannweite, ihrer Informationsvielfalt dem unbekannten Original gleichzukommen bemüht ist. Es ist so, als versuchten wir, während wir bloß wissen, daß irgendwo ein Palast steht, der größer, prachtvoller und seltsamer ist als alles, was wir kennen, diesen Palast unter Aufwendung unserer Vorstellungskraft »nachzumachen«. Natürlich gelingt uns das nicht. Eine Ähnlichkeit zwischen unserem Modell und dem unbekannten Palast wäre, falls sie sich offenbaren sollte, ein Wunder. Intuitiv begreifen wir aber, daß Streichholzschachteln, Hunderte Würfel Zucker, ein Baukasten keine ausreichende Ausrüstung für Versuche einer in Gedanken vorgenommenen Nachahmung sein können. Daß wir zuerst die Abbilder aller Meisterwerke der Architektur, alle dem Bauwesen gewidmeten Bücher, alle Kataloge von Baustoffen, die Phantasiebilder der größten Maler, die Himmelsschlösser und paradiesische Paläste zeigen, alle Arten von Metallen, Erzen, alle Farbpaletten, Abbildungen organischer Skelette, Photographien und Querschnitte von Blumen, Stengeln, Bäumen, Felsen, Kristallen auf einem Platz anhäufen müßten, um überhaupt anfangen zu können, darüber nachzudenken, wie wir, nachdem wir all das in unserer Phantasie untergebracht haben, die Sache anpacken. Gewiß werden wir im Vergleich zum Original etwas Armseliges – und ganz bestimmt etwas *anderes!* – zustande bringen, aber wenigstens werden die Ausmaße unseres Unterfangens nicht in einem irgendwie idiotischen, in einem unsinnigen Verhältnis zu den Ausmaßen der unbekannten Unermeßlichkeit stehen.

Wer sich so seine Aufgabe stellt und sie auf diese Weise begrenzt, versucht nicht, die Reihenfolge historischer Epochen, die einander in Jahrtausenden ablösen werden, die wissenschaftlichen Entdeckungen, die konkreten moralisch-ethischen Umwälzungen, die ganze Eigenart der auto-evolutionären Prozesse vorauszusehen, die der Mensch in einer Million Jahren verwirklichen wird. Was man hier bestenfalls erwarten kann, ist die Erstellung einer Skala von genügendem Umfang und genügender Aufnahmefähigkeit, um sich zumindest den Kategorien nach als verkleinerter Maßstab der wirklichen Phänomene zu bewähren. Ein konkretes Beispiel wird uns vielleicht am besten diesen, schon empirisch sinnvollen

Aspekt des Versuchs klarmachen. Nach Millionen Jahren, fast am Kulminationspunkt der Kulturentwicklung, entdeckt Stapledons Dritter Mensch für ihn unverständliche, vom Standpunkt der Wissenschaft unerklärliche Veränderungen der Bahn, die der Mond beschreibt – eine Deformation seiner Umlaufbahn, die in astronomisch kurzer Zeit – in Millionen Jahren – zu einem Sturz des Satelliten auf die Erde führen und damit den endgültigen Untergang allen Lebens auf der Erdkugel verursachen wird. Da der Dritte Mensch über eine mächtige Technik und über genügend Zeit verfügt, emigriert er auf den Planeten Venus. Erst Hunderte Millionen Jahre später entdeckt eine andere Spezies Mensch auf einem anderen Planeten des Sonnensystems dank weiteren großen Fortschritten der Wissenschaft, daß zwischen dem Grad der psychokulturellen Entwicklung der Zivilisation auf dem Planeten und dem Gravitationsfeld ein Kausalzusammenhang besteht. Nun geht es hier nicht darum, ob zwischen Erscheinungen psychozoischer Ordnung und Phänomenen der Gravitation tatsächlich eine Korrelation besteht. Höchstwahrscheinlich gibt es sie gar nicht. Aber diese Feststellung ist unvereinbar mit unserem ganzen bisherigen Wissen. Sie reicht in jeder Beziehung weit über die kühnsten Annahmen der Wissenschaft, auch der Philosophie, hinaus, ruft also Erstaunen hervor, ohne aber komisch, lächerlich zu wirken. Gerade in dieser ihrer überraschenden Ungewöhnlichkeit liegt der Modellwert dieser Idee. In unserer Zeit haben wir die Entstehung einer Brücke als Übergang zwischen zwei bis dahin streng voneinander getrennten Wissensgebieten erlebt: der Thermodynamik und der Logik; diesen Übergang hat die Informationstheorie hergestellt. Nun – so erstaunliche Entdeckungen, wahrscheinlich nicht solche wie ein Zusammenhang zwischen der Gravitation und der Information, aber von diesem Rang, von diesem Ausmaß, kann man in der Zukunft – besonders in der unermeßlich entfernten Zukunft – erwarten. Ein literarisches Werk kann sich doch nicht auf die unbewiesene Behauptung beschränken, es würden in der Zukunft Entdeckungen gemacht werden, die die Fundamente unserer heutigen Wissenschaft erschüttern. Es muß mit Konkreta operieren. Daher ist die fiktive Verbindung zwischen der Umlaufbahn des Mondes und der Gesamtentwicklung der Zivilisation ein bildhaftes Beispiel dafür, was unbekannt ist und nicht antizipiert werden kann. Es ist ein Akt, der den Leser an Rätsel gewöhnt, die uns – das unterliegt sicher keinem Zweifel – in weit entfernten Jahrtausenden erwarten. Es ist sehr schwer, auf derartige Einfälle zu kommen; wie gesagt – sie dürfen nicht lächerlich sein, sie dürfen keine Märchenstruktur besitzen, sondern eben eine kausale Struktur, und eine solche besteht in der Entdekkung von Verbindungen zwischen Phänomenen, die bislang für sich allein auftreten.

Der Einfall Stapledons, von dem hier die Rede ist, mag einem gefallen oder nicht; dem heutigen Physiker wird er vielleicht sinnlos erscheinen. Doch eines muß uns klar sein: Würde irgendein anderer hier dargestellter Einfall uns als Hypothese sinnvoll erscheinen und könnten wir ihn ohne Widerstreben akzeptieren, dann hätte er nicht mehr den Modellwert, um den es dem Verfasser ging. An so einer Stelle des Werkes mußte etwas auftauchen, was vom Standpunkt der heutigen Wissenschaft eben ein Unsinn *ist,* und was notwendigerweise eine formale Entsprechung (als verbindende Struktur) zu dem Unsinn sein wird, als den ein Logiker des 18. Jahrhunderts die Konzeption einer Logik ohne den Grundsatz des ausgeschlossenen Dritten oder ein Vertreter der klassischen Physik die Begriffsfundamente der Quantenmechanik ansehen würde. Der Kern des Problems liegt darin, daß die Zukunft voll eines ganz unglaublichen Reichtums von mannigfaltigen Erscheinungen und Tatsachen sein muß, eines Reichtums, den wir uns nicht widerstandslos aneignen könnten, selbst wenn durch ein Wunder ein Gast aus dem XXX oder LXX Jahrhundert vor uns erschiene und nichts als die reine Wahrheit über das, was einmal sein wird, verkündete.

Wenden wir uns, nach der Darstellung eines der phantastischen Elemente des Werkes, nun seiner Gesamtkonstruktion zu. Es ist ein monumentales Werk, wenngleich, in kleine Teile zerschnitten, entsprechend der Geschichte der einzelnen Kultursysteme und der Menschentypen, die diese Kulturen schufen, isoliert betrachtet keiner dieser Teile eine besonders hohe Bewertung verdient. Wir haben es hier mit dem eigenartigen Phänomen der relativen Aufhebung der Qualität der einzel-

Die Zeitskalen oder die Zukunftskalender aus dem Roman von Olaf Stapledon »First and Last Men«

		Zeitskala 1			*Zeitskala 2*
		Jesus Christus			(Vorige Skala X 100)
	500				Sehr ungenau
		Karl der Große		200 000	Stabilisierung der paläolithischen Kultur
	1 000				Der Heidelberger Mensch
		Entdeckung Amerikas		150 000	
	1 500	Newton		100 000	
		Der Krieg von 1914		50 000	Die letzte Eiszeit
		Der englisch-französische Krieg			Die Le Moustier-Kultur
»Heute«	2 000	Der deutsch-russische Krieg			Der Neandertaler Mensch
		Der euro-amerikanische Krieg	»Heute«	2 000	Untergang des Ersten Weltstaates
	2 500			50 000	
		Der chinesisch-amerikanische Krieg			Untergang des Ersten Menschen
	3 000	Entstehung des Ersten Weltstaates		100 000	
	3 500				Entstehung Patagoniens
	4 000				Untergang Patagoniens
				200 000	Untergang des Ersten Menschen

Zeitskala 3
(Vorige Skala X 100)
Sehr ungenau

	Vor 20 000 000 Jahren	Die ersten Säugetiere
	15 000 000	
	10 000 000	
	5 000 000	Pithecantropus Erectus
»Heute«	2 000	Paläolithikum
		Patagonien
	5 000 000	Untergang des Ersten Menschen
		Entstehung des Zweiten Menschen
	10 000 000	Die Marskriege
		»Der Untergang zweier Welten«
	15 000 000	
		Untergang des Zweiten Menschen
	20 000 000	

Zeitskala 4
(Vorige Skala X 100)
Sehr ungenau

	vor 2 000 000 000	Entstehung der Planeten
	1 500 000 000	
	1 000 000 000	Entstehung des Lebens auf der Erde
	500 000 000	
		Die ersten Reptilien
		Die ersten Säugetiere
»Heute«	2 000	Der Zweite Mensch
		Migration auf den Planeten Venus
		Zeit des Verfalls
	500 000 000	
		Der fliegende Mensch
	1 000 000 000	Migration auf den Neptun
		Periode der Fluktuationen
	1 500 000 000	
		Der Fünfzehnte Mensch
		Der Letzte Mensch
		Der Untergang des Menschen
	2 000 000 000	

nen Bausteine durch den aus ihnen entstandenen Gesamtbau zu tun – vorausgesetzt, daß dieser Gesamtbau riesenhaft genug ist. Jeder, der direkt an die Nordwand des Giewont, eines Gipfels in der Hohen Tatra, herangetreten und im Kalkgeröll zu ihren Füßen gestanden ist, weiß, daß dieses Geröll einen ganz unscheinbaren Eindruck macht; auch das Klettern durch die Kamine der Wand ist kein Vergnügen, der Alpinist trifft dort auf einen stets nassen und brüchigen Kalkstein, der sich, zumindest stellenweise, in Matsch verwandelt; wer länger in dieser Wand verweilt, wird davon ganz dreckig. Das ändert nichts an der Tatsache, daß das Massiv der Wand als Ganzes imposant ist; wir haben hier dieselbe Bedingtheit der Umstände, die uns ein mit schmutzigem Wasser angefülltes Loch eine Pfütze, und einen Abgrund, in dem dieselbe Substanz gluckst, einen vulkanischen Schlammstrom nennen läßt. Daß die einzelnen Fragmente, aus denen das Werk Stapledons besteht, einer kritischen, oft sogar einer abschätzigen Betrachtung bedürfen, daß uns seine Unwahrscheinlichkeiten unangenehm auffallen, merkt man erst, wenn man sie jedes für sich betrachtet. Im kontinuierlichen Ablauf hingegen, der über viele Jahrmillionen führt, vermitteln sie in erster Linie den Eindruck gewaltiger Räume und Zeiträume und geschichtlicher Epochen, des Emporsteigens und Versinkens ganzer riesiger Formationen in diesen Zeiträumen, so daß jedes Detail, das ansonsten recht fragwürdig erscheinen würde, im Zuge der Lektüre gegenüber dem Ganzen, das sich aus diesen Details ergibt, immer mehr an Bedeutung verliert.

Am wenigsten geglückt ist Stapledon vielleicht der Anfang, denn, von den dreißiger Jahren unseres Jahrhunderts ausgehend, läßt er sich hier in die Beschreibung einer Reihe von – zunächst europäischen, dann den ganzen Erdball umfassenden – Kriegen ein, aus denen, dreihundert Jahre nach dem Ersten Weltkrieg, ein vereinigter, d. h. amerikanisierter Planet hervorgeht. Wenn wir schon darüber hinweggehen, daß er als den friedlichsten, kulturell höchststehenden, am stärksten vom Geist des Humanismus durchdrungenen Staat der vierziger Jahre ausgerechnet *Deutschland* gewählt hat, so wirkt doch seine Ignoranz in bezug auf die exakten Wissenschaften besonders störend. Als der Konflikt zwischen Europa und

Amerika heranreift, versammelt sich in Plymouth in England eine Gruppe von Wissenschaftlern. Ein junger Chinese führt ihnen die Wirkung einer Waffe vor, die einer alten Hakenbüchse ähnelt und Atomenergie freisetzt: mit dieser Waffe werden amerikanische Flugzeuge, die Demonstrationsflüge über England ausführen, vernichtet. Das wieder ruft einen Krieg hervor, in dessen Verlauf dann ganz Europa zugrunde geht. Nicht die Tatsache, daß nichts dergleichen passiert ist, werfen wir dem Autor vor; es geht nur darum, daß der chinesische Physiker seine Waffe zerstört, nachdem er so dramatisch ihre Wirkung demonstriert hat, und vor den Augen der Versammelten Selbstmord begeht. Wenn wir selbst dies noch verdauen würden, so ist doch keinesfalls die Behauptung zu rechtfertigen, das Geheimnis seiner Entdeckung hätte nicht enträtselt werden können und sei Dutzende von Jahrtausenden (!!!) hindurch ein Rätsel geblieben. Solche Behauptungen kann nur jemand aufstellen, der einfach keine Ahnung vom Mechanismus moderner wissenschaftlicher Entdeckungen hat: Diese Entdeckungen haben nicht viel mit Lotterieziehungen gemeinsam, und die Verschlüsse, hinter denen sich die Atomenergie befindet, sind keine Zahlenkombinationsschlösser, zu denen man den Schlüssel nur durch einen äußerst unwahrscheinlichen glücklichen Zufall – sagen wir einen unter Milliarden Zufällen – finden kann. Es ist ganz sicher, daß die Beherrschung der Atomenergie heute schon ein gesellschaftliches Faktum wäre, selbst dann, wenn alle Physiker, die sich mit dem Phänomen des radioaktiven Zerfalls des Urans in den dreißiger Jahren beschäftigten, Selbstmord begangen hätten.

Diese Gesetzmäßigkeit bezieht sich nicht nur auf die Nuklearforschung, sie gilt überhaupt für alle Gebiete wissenschaftlicher Forschung. Neue und große Entdeckungen werden möglich, wenn die *Gesamtheit* der Informationsfronten der Wissenschaft ihnen genügend nahekommt. Gewiß – Erstentdecker sind ausnehmend scharfsinnige Leute, aber wenn es sie einige Zeit nicht gibt, so reduziert das die Chance einer Entdeckung nicht auf Null, verschiebt höchstens ihr Kalenderdatum nicht sehr wesentlich – insbesondere, wenn man die Dinge aus der historischen Perspektive betrachtet.

Es gibt noch einige andere auffallende Ungereimtheiten in Form von Anachronismen und Melodramatismen im ersten Teil von *Last and First Men;* so z. B. die Szene, in der die Abgesandten der USA und Chinas während der Geheimverhandlungen, die den Krieg zwischen diesen beiden Staaten beenden sollen, auf einer Pazifikinsel einer schönen Eingeborenen begegnen, die nackt aus dem Wasser steigt, und in blumenreichen Ansprachen ihre plötzlich erwachte Begierde zum Ausdruck bringen; die dunkelhäutige Maid, die sich »Menschentochter« nennt, entschließt sich für den Amerikaner, doch ehe sie an seiner Seite in die Staaten aufbricht, setzt sie als Zeuge ihre Unterschrift – unter das abgeschlossene Geheimabkommen! Wenn wir noch hinzufügen, daß der Chinese (nach dem Jahre 2000!) mit Zopf und in Seide gewandet auftritt, wird das Bild in seiner absoluten Unwahrscheinlichkeit abgerundet.

Eine einzige Kette von Mißverständnissen ist auch die nach dem Jahre 2500 entstandene Kultur der amerikanisierten Erde. Auf unserem Planeten herrscht ein sakraler Kult der Maschine, insbesondere des Flugzeugs; an speziellen Tagen der Heiligen Flüge finden Massen-Kunstflüge und andere aeronautische Darbietungen mit liturgischem Charakter statt. Die Anwendung empfängnisverhütender Techniken ist – da sie eine Verschwendung von Lebensenergie darstellt – verboten, die Methode zur Dezimierung Neugeborener ist also der Akt der Flugtaufe, bei der die Priesterin den Säugling vom Bord ihres Flugzeugs auf das Flugzeug hinüberwirft, in dem der Vater des Kindes fliegt; der Säugling muß sich an der Fallschirmleine festhalten, läßt er sie los, dann stürzt er ab und zerschellt auf der Erde. Wiewohl man jetzt viel vom »Maschinenkult«, vom »Mythos« der Maschine spricht, der traditionellere Glaubensparadigmen ersetzt, so geschieht das doch nicht in dem Sinne, daß irgendein technisches Produkt buchstäblich zu einem Kultobjekt und wahrhaftig als religiöses Heiligtum verehrt werden könnte (wobei gerade Stapledon suggeriert, daß für die Wahl des Flugzeugs als religiöses Kultobjekt die kreuzähnliche Form entscheidend war). Geradezu wie Hohn mutet der Versuch an, Chinas Kultur jener der übrigen Welt entgegenzustellen, weil angeblich für ihre

Axiologie rein *kontemplative* Werte maßgebend sind. Loyalerweise muß man jedoch hinzufügen, daß der Gefahr der Lächerlichkeit einfach jeder Versuch einer Prognose sich aussetzt, der, ausgehend von der Gegenwart, den Gang künftiger Ereignisse präzise, mit Daten und Fakten, voraussagen will; ich glaube, Stapledon hat unnötigerweise das im Detail zu präzisieren versucht, was heute ohne diese Details viel besser aussehen würde. Denn zumindest den generellen Trend, die unifizierenden Tendenzen der planetaren Gesellschaften, hat er richtig erkannt. Das dynamische Gerüst der Menschheitsgeschichte vom Beginn der Anthropogenese bis zur Gegenwart, also gut eine Million Jahre hindurch, präsentiert sich als aufsteigende Kurve, die in mancher Hinsicht der vielfach verästelten Kurve bioevolutionärer Phänomene ähnelt. So wie sich die einzelnen Grundtypen der Tiere herausgestalteten und dann, in einem Zeitraum, der in Dutzenden oder Hunderten Millionen Jahren zu messen ist, eine Evolution durchmachten, um schließlich einer lange andauernden Erstarrung im »Absorptionsschirm« des erreichten Niveaus der Homöostase zu unterliegen, während neben diesen erstarrenden Formen andere weiter in evolutionärer Bewegung blieben, so daß aus ihr die Primaten hervorgingen und aus den Primaten der Mensch – ebenso blieben bestimmte Kulturen in Absorptionsschirmen einer sozioevolutionären Erstarrung stecken, als sie kaum die neolithische Stufe erreichten, andere gelangten bis zum Feudalismus und blieben auf dieser Stufe stehen. Nur das soziologische Gegenstück der Primaten – in Gestalt des europäischen Westens – trat in die nächste, kapitalistische und, wie wir wissen, nicht die letzte Phase der Entwicklungsdynamik ein. Obwohl einzelne Kulturen der niedrigeren Entwicklungsstufen öfters vollkommen zerstört wurden, kam es – im gesamtplanetarischen Ausmaß – niemals zu einem totalen Kulturverlust des Menschen, d. h. zu einer solchen Zertrümmerung aller seiner zivilisatorischen Werke, daß er sozusagen zu seinem biologischen Ausgangspunkt zurückgeworfen wurde. In diesem Sinne kann man also davon sprechen, daß die Kurve des zivilisatorischen Fortschritts insgesamt aufsteigt, obwohl diese Bewegung nicht gleichmäßig war, weil gerade die aufsteigende Kurve zahlreiche säkulare Oszillationen aufweist, verursacht durch eine Vielzahl der verschiedensten Faktoren, unter denen insbesondere die großen Kriege eine bedeutende Rolle spielen.

Soviel kann uns über die Gesamtdynamik der Geschichte ihr Diagramm sagen, das von den realen Geschehnissen aufgezeichnet wurde. Stapledon präsentiert die Ausdehnung dieses Diagramms, das im Schema ziemlich einfach ist. Stapledons zukünftige Geschichte der Menschheit weist keine klaren immanenten Bewegungsgesetze auf, obwohl es ihr nicht an gewissen regelmäßigen Zügen fehlt. Man kann als »Bewegungsgesetz« oder als »geschichtsgestaltendes Gesetz« nicht gut den Typus der viele Jahrmillionen dauernden Schwankungen ansehen, der für Stapledon das Existenzprinzip der Planeten ist. Diese Schwankungen haben keinen periodischen Charakter. In der Tat ist es bei Stapledon so, daß die aufeinanderfolgenden Zivilisationen sich langsam und mit großer Mühe aus dem ursprünglichen Chaos herausarbeiten – dann gelangen sie auf den Gipfel, von dem sie wieder hinabstürzen; es ist auch so, daß diese Aufstiegsphasen von riesigen zeitlichen Lücken, den »dark ages«, Epochen der Finsternis, der Gewalt und des Chaos unterbrochen werden, in denen alle Schichten der schon erreichten Kulturentwicklung des Menschen völlig vernichtet werden und nur der Grundstock, sozusagen der bloße Kern der biologischen Eigenschaften übrigbleibt. Aber eine genauere Untersuchung der Mechanismen sowohl des Aufstiegs als auch des Untergangs zeigt, daß weder Triumphe noch Katastrophen stets die gleichen Ursachen haben. Es ist also bei Stapledon nicht so, daß die einander ablösenden Zivilisationen nach einer Gruppe von einheitlichen Gesetzen entstanden, heranreiften und veralteten, entsprechend etwa den Gesetzen, denen die Ontogenese des lebendigen Organismus unterworfen ist, der ja die Unabwendbarkeit von Vergreisung und Tod schon mit sich auf die Welt bringt. Stapledons Zivilisationen haben die Keime des Untergangs nicht unvermeidlich eingebaut, ihr Untergang ist das Ergebnis rein statistischer, zufälliger Phänomene, konnte also nicht vorherbestimmt sein.

Der amerikanisierte Planet lebt im Wohlstand ungefähr 2000 Jahre; die Krise kommt, weil die Energiequellen erschöpft sind, weil alle Versuche zur Erschließung der Kernenergie vergeblich bleiben. Nebenbei gesagt, auch die Zukunft der institutionalisierten Wissenschaft sieht Stapledon in liturgisch-sakralen Formen. Der Untergang der Weltenergetik zersprengt die bis dahin geeinte Menschheit, Indien und China proklamieren aufs neue ihre Unabhängigkeit, als Antwort darauf greift die Weltregierung (mit Sitz in Amerika) zur bakteriologischen Waffe. In einem blutigen Aufruhr wird die Zivilisation endgültig zerschlagen; *»ganze Populationen verschwanden in den Orgien des Kannibalismus«*, vermerkt mit knappen Worten der Autor. Die Ära der Finsternis dauert 90 000 Jahre; unter veränderten klimatisch-geologischen Verhältnissen, als Patagonien und der seine Ufer umspülende Ozean zu einem für die Lebensexistenz ausnehmend günstigen Platz werden, entsteht dort eine neue Kultur, ähnlich jener, die einst im Mittelmeerraum entstanden war.

Die Patagonier versuchen ihre Energiereserven dadurch zu vergrößern, daß sie mit ihren Bohrungen tief in die Erdkruste eindringen; sie sind die ersten, die eigentlich (nämlich im Maßstab der ganzen Gesellschaft) die Kernenergie freisetzen. Infolge sozialer Wirren kommt es jedoch zu einer durch Unfähigkeit entstandenen Explosion, die in einer Kette von Ausbrüchen die ganze Erdkugel verschlingt. Nur eine kleine, isolierte Gruppe von Forschern, die gerade am Nordpol weilt, kommt mit dem Leben davon (wir haben also eine auf 100 000 Jahre vorausgesagte Nuklearkatastrophe – aber *nicht* als Resultat planmäßiger genozider Handlungen im Zuge eines Krieges). Das ist das Ende der Zweiten Kultur des Ersten Menschen: die Erste Kultur – die frühere, unsere – ging daran zugrunde, daß die Energiereserven ausgingen, die Zweite fiel einer sozusagen umgekehrten Erscheinung zum Opfer, einem im Verlauf sozialer Konflikte entstandenen Fehler in der Handhabung der *im Übermaß* vorhandenen, im Atom entdeckten Energie.

Die Radioaktivität des Planeten, ungeheure Veränderungen seiner äußeren Gestaltung, durch die patagonische Katastrophe hervorgerufene Änderung der Zusammensetzung der Erdatmosphäre verhindern Millionen Jahre hindurch die Wiedergeburt der Zivilisation. (Hier wäre festzustellen, daß man in den vierziger Jahren, als die ersten Atombomben in Produktion gingen, befürchtete, sie könnten eventuell als »nukleare Zünder« eines großen Teils der Grundstoffe unserer Erde wirken – obwohl die Theorie einer solchen Hypothese widersprach; in diesem Sinne ist die Hypothese der patagonischen Katastrophe – einer die ganze Erde umfassenden Kettenreaktion – nicht ganz aus der Luft gegriffen.)

Keime einer Wiedergeburt menschlicher Zivilisation tauchen erst zehn Millionen Jahre nach diesem totalen Ruin auf der Erde auf. Die Strahlung und der bloße Gang der Zeit haben biologische Veränderungen verursacht, die den Zweiten Menschen geformt haben. Er ist anders als wir, wahrscheinlich so wie alle anderen Abarten anders sind, doch gleichzeitig ähnlich genug, daß man von der Kontinuität des Gattungsstammes und auch des Schicksals der menschlichen Zivilisation sprechen kann.

Der Zweite Mensch errichtet eine die ganze Erdkugel umfassende Zivilisation mit spezifischen Kulturformen (Stapledon widmet den aufeinanderfolgenden Kulturformationen viel Aufmerksamkeit und Platz, was wir hier nicht tun können). Diese Zivilisation kommt durch Invasionen der Marsbewohner zunächst zu Schaden und wird später in einen fürchterlichen, tödlichen Konflikt gestürzt. Die Marsbewohner sind vielleicht die originellsten »Anderen« in der ganzen Science Fiction. Es sind riesige Aggregate, gallertartige Wolken, etwa einem sich verdichtenden Nebel ähnlich, die aus mikroskopisch kleinen Tröpfchen bestehen. Sie haben kein individuelles Bewußtsein wie die Menschen, weil die Entwicklung auf dem Mars einen anderen Weg eingeschlagen hat als auf der Erde, aber es sind Wesen mit einem »Gruppenbewußtsein«, auf ihre Weise vernünftig, sie besitzen sogar eine »eigene Metaphysik«. Insbesondere beten sie, als Wesen, die fast so flüchtig sind wie Gas, alles an, was am härtesten und am festesten ist – Diamanten; und alle Diamanten, deren sie auf der Erde habhaft werden können, verschleppen sie gierig und eiligst auf den Mars (dieser Punkt ihres Glaubens erschien mir nie sehr sinnvoll, eher zweifelhaft; als Enthüllung der »Sitten und Mucken« der »Anderen« konnte ich ihn nie recht schlucken, aber vielleicht ist das Geschmackssache).

Die Invasionen der Marsbewohner wiederholen sich viele Male im Laufe der *Jahrtausende*. Sehr viel Zeit vergeht, ehe der zweite Mensch überhaupt erkennt, daß ihn bestimmte Wesen angreifen, daß er es also nicht mit einer zufälligen Geißel der Natur – etwa in Form eines »kosmischen Regens« – zu tun hat. Einmal verdrängen die Marsbewohner die Menschen von einzelnen Kontinenten, ein andermal sind sie selbst zu einem zeitweiligen Rückzug gezwungen. Endlich, nach sehr langen Kämpfen, sieht sich die Erde vor ein Dilemma gestellt: zwar verfügt sie über einen synthetischen Virus, der die Marsbewohner vernichten kann, doch bestimmt auch die Menschen töten wird. Die Stimmung ist aber, wie der Verfasser uns erkennen läßt, bereits eine solche, daß die Menschen sich zu diesem »biplanetaren« Töten entschließen. Die Marsbewohner gehen alle zugrunde (*Millionen* Jahre später werden die Kosmonauten einer anderen irdischen Zivilisation die Ruinen der Marszivilisation entdecken), gleichzeitig aber zerfällt, in der allgemeinen Agonie, auch die ganze Kultur unserer Erde. Auf ihr entsteht jedoch – wieder: nach einem wahren Unmaß von Zeit – der Dritte Mensch; es ist eine besondere, weil aus einer interplanetaren Kreuzung entstandene Rasse – die Überreste des Zweiten Menschen hatten den Rest der Marsbewohner resorbiert, daher besitzt der Dritte Mensch gewisse telepathische Fähigkeiten, da die Marswolken sie besaßen. Heute würden wir sagen, daß Elemente jener mikroskopischen Organismen als eine Art neuer Gene in die Kodekette der menschlichen Erbmasse eingegangen sind.

Wie wir sehen, ist der Untergang des Zweiten Menschen durch einen neuen Faktor bewirkt worden – durch eine kosmische Invasion. Obwohl sich daher der Zyklus von Wachstum und Untergang nochmals wiederholt hat, bedeutet eine solche übersäkulare Regelmäßigkeit bloß, daß für sehr lange Zeiträume das System *weder* vollkommen isoliert, *noch* vollkommen stabilisiert ist. Das stimmt sicher: denn es unterliegt doch keinem Zweifel, daß man in einem Maßstab von Jahr*millionen* globale Veränderungen nicht nur erwarten kann, sondern erwarten muß – im Klima, im Geländerelief der einzelnen Kontinente, in den biosphärischen Oszillationen, in

Störungen der Sonnenstrahlung usw., und all das in einem Ausmaß, das in zehn und mehr Millionen Jahren katastrophalen Charakter haben kann (ungeheure Wandlungen seismischen Typus oder vom Typus einer Vereisung, oder von astrophysischem Charakter, wie etwa die Explosion eines neuen Sterns in der Nähe unseres Sonnensystems etc.). Obwohl daher die »Invasion der Marsbewohner« unwahrscheinlich ist, wird die Idee der Intervention eines für die gegebene Zivilisation äußeren Faktors, der sie jedoch mit dem Untergang bedroht, zu einer immer wahrscheinlicheren Hypothese, wenn man die Zeit der Erwartung eines solchen Geschehens mit einer wachsenden Zahl von Jahrmillionen mißt. Nicht weniger verhängnisvoll als eine Invasion der Marsbewohner könnte doch für die Zivilisation eine schwere Eiszeit werden – ein bipolares Glazial mit einem ihm entsprechenden Pluvial in der Äquatorzone. Dramaturgisch wäre ein solches Ereignis weniger attraktiv als eine Invasion der »Anderen« – ich sehe darin eine Huldigung Stapledons für seinen großen Landsmann, den Verfasser des *Kriegs der Welten*, aber auch eine in dieser Huldigung versteckte Herausforderung: denn in Wahrheit hat Stapledon dem Wellsschen Prototyp des Marsbewohners ein Modell entgegengestellt, das mehr zu denken gibt, weil es von allen bisherigen Vorstellungen am weitesten entfernt ist. Der Dritte Mensch (wir müssen uns kurz fassen) war Erbauer von Großen Gehirnen, mächtigen lebendigen Kephalsystemen, sozusagen riesigen Lappen, ja Mänteln aus Neuronengewebe. Diese Großen Gehirne sind auf Berggipfeln in kugelförmigen Türmen angesiedelt, die an die Kuppeln großer Sternwarten erinnern. Diese künstlichen, lebendigen, aber unbeweglichen Geschöpfe haben die Herrschaft über den Dritten Menschen, ihren Schöpfer, errungen, ihn versklavt; im Verlauf langer Kämpfe haben sie dann den Dritten Menschen ausgerottet und sind dadurch, daß sie nun den ganzen Planeten ihrer Macht unterworfen haben, selbst zum Vierten Menschen geworden. Sie haben ein Wissen erworben, das unvergleichlich größer ist als alles, was die Erdenbürger bisher kannten, aber ihre nicht-evolutionäre Genese wird ihr Verhängnis: das waren riesige Lappen Gehirngewebe, auf mechanischen Gerüsten aufgehängt und mechanisch mit oxydiertem

Blut durchwaschen; die Mehrzahl der Empfindungen, Gefühle, Eindrücke und Beschäftigungen, die für den Menschen typisch sind, war für sie absolut nicht zugänglich. Diese psychisch-körperliche Inkommensurabilität führte schließlich zu dem Beschluß, den Vollkommenen Menschen zu schaffen. Er wird als der Fünfte Mensch gezeugt und nach Plänen der Genen- und Chromosomentechnologie, die den Großen Gehirnen wohlbekannt ist, realisiert. Die Projektanten wollten jedoch ständig seine Schirmherren, ja seine Aufseher sein. Es kam daher zu schweren Kämpfen, in denen alle Großen Gehirne umkamen und der Fünfte Mensch dezimiert wurde. Er baute dann die letzte und von allen irdischen die höchste Zivilisation. Diese Zivilisation wurde nun vom Sturz des Mondes auf die Erde, hervorgerufen durch die schon erwähnte Erscheinung der »Psychogravitation«, bedroht.

Der Fünfte Mensch übersiedelt also auf den Planeten Venus. Da dieser Planet von Ozeanen bedeckt ist, muß der Fünfte Mensch, obwohl er sich der Niedertracht seines Handelns bewußt ist, die vernunftbegabten Wesen, die im Wasser des Planeten leben, vernichten, weil er diesen selber als neuen Lebensraum braucht. In weiteren Jahrmillionen entstehen neue Formen des Menschen – u. a. der Fliegende Mensch, dessen Flügel kein technisches Instrument, sondern natürliche Organe seines Körpers sind. (Das scheint mir wiederum ein kolossales Mißverständnis Stapledons zu sein; aber für eine Futuristik, die in Jahrmilliarden rechnet, gibt es keine probabilistisch sinnvollen Kriterien der Glaubwürdigkeit – man kann sich nur nach seinem Geschmack und der davon beeinflußten Intuition richten.) Ein mächtiges Aufflammen der Sonne, das die inneren Planeten des Systems mit dem Verbrennen bedroht, zwingt die Menschheit wieder, auf den Neptun auszuwandern; die enorme Gravitation und gänzlich abweichende physikalische und chemische Bedingungen bewirken eine tiefe Involution, so daß nach einer Million Jahren auf dem Neptun nur mehr verkümmerte vierfüßige Menschenformen existieren. Aber wieder, nach weiteren Äonen und Millennien, zeigt sich ein aufsteigender Ast der psychozoischen Entwicklung, es beginnen sich neue Spezies der Gattung Homo herauszubilden; es sind ihrer, alles in allem, sechzehn. Der Sechzehnte Mensch als genetischer Ingenieur stellt die letzte Form dar; sie nimmt das ganze Sonnensystem in Besitz, unternimmt Reisen zu den Sternen – allerdings gelingt es ihr nur, die nächsten Sonnen, deren Umgebung absolut tot ist, zu erreichen. Diese Menschenart, die sich materiell und geistig über alle bisherigen hinaushebt, muß jedoch zugrunde gehen, weil ein unbekanntes kosmisches Agens bewirkt, daß die benachbarten Sterne sich in Supernovae verwandeln; es handelt sich um die »violette Seuche«, die sogar ziemlich an die moderne Konzeption von der »Laserzündung« benachbarter Sterne erinnert. Aber noch interessanter ist vielleicht das Bild des Sechzehnten Menschen, eines bisexuellen Wesens, riesengroß, fast bärenhaft, mit einem dritten Auge am Hinterkopf, mit einer harmonisch entstädterten Kultur. Er lebt in zweigeschlechtlichen Gruppen, also gleichsam in Polygamie, ist außerordentlich langlebig, psychisch und körperlich entsprechend ausgeglichen. Als die Sonne unter dem Einfluß der violetten Infektion die nächstbefindlichen Planeten zu verbrennen beginnt, erwägt der Sechzehnte Mensch einen Versuch, den Neptun entlang einer sich aufrollenden Spirale zu entfernen, aber die Katastrophe verläuft zu schnell, als daß ein solcher Plan gelingen könnte; der Sechzehnte Mensch, schon zu sterben bereit, da er sich nicht entschließen kann, auf Raumschiffen in die dunkle Tiefe des Kosmos zu fliehen, vollbringt die letzte Tat seiner Existenz – er produziert Sporen mit einem darin eingeätzten Erblichkeitskode. Er schleudert diese Sporen in den kosmischen Raum; diese Aussaat ist der letzte Akt der bereits einsetzenden Agonie, denn der große Planet, von Elementarkatastrophen erschüttert (diese Katastrophen werden vom Sonnenbrand, der von Tag zu Tag stärker wird, induziert), greift den sozialen Organismus der Menschheit an, so daß der Sechzehnte Mensch, die stabilste, rationellste, widerstandsfähigste Spezies Mensch von allen, die jemals in Milliarden Jahren existiert haben, in gedankenlose Stumpfheit oder in die Raserei aggressiver, brudermörderischer Kriege verfällt, in deren Verlauf er endgültig untergeht. Wie wir sehen, erblickt Stapledon die Ursachen der quasi zyklischen zivilisatorischen Schwingungsweite in einem ungleichartigen Komplex von

Erscheinungen: Da gibt es Interventionen eines planetaren Faktors, den Schwund der unentbehrlichen, total abgebauten Bodenschätze, einen kosmischen Faktor (Invasion der Marsbewohner, das Aufflammen der Sonne zu einer Nova), da gibt es die Auslösung unbewußt selbstmörderischer Handlungen (der Fünfte Mensch hat sozusagen selbst – durch die Entwicklung einer Zivilisation – den Mond zum Sturz auf die Erde gebracht), es gibt Involutionsentartungen, z. B. die biologische Rückbildung nach dem Exodus von der Venus auf den Neptun, und auf der Erde kommt es mindestens einmal zum Kampf des Menschen mit seinem eigenen Werkzeug – das für den Dritten Homo die Großen Gehirne sein sollten. Zu betonen ist, daß es diffamierend für das Werk wäre, es aus einer solchen Perspektive zu betrachten, da es keineswegs aus der Beschreibung einer Reihe von Katastrophen besteht; nur haben wir die kritischen Punkte gesucht, in denen die Oszillationskurve das eine Mal aufsteigt (was gewöhnlich nur langsam vor sich geht) und das andere Mal abfällt (gewöhnlich schroff und rasch). Es sind dies jedoch relativ kurze Epochen im Vergleich zu Wachstumsperioden von vielen Millionen Jahren (obwohl die Perioden des biologischen Verfalls die längsten sind, was insofern verständlich ist, als hier das schnelle Tempo der Sozioevolution vom langsamen Rhythmus bioevolutionärer Schwankungen verdrängt wird).

Kann man Stapledons Geschichtsphilosophie zur »zyklischen Schule« zählen, die so viele Vertreter, von Spengler bis Pitirim Sorokin, hatte und noch hat? Es ist nicht leicht, diese Frage zu beantworten, da hier der *Zeitfaktor* eine Rolle spielt, bei Stapledon Milliarden von Jahren – also mit Phänomenen von astronomischer Größenordnung kommensurabel. Die Geschichtsphilosophen der »zyklischen Schule« hingegen operieren höchstens mit Größenordnungen von Jahrhunderten, wenn sie ihre generalisierenden Theorien im Hinblick auf die reale Geschichte dartun, die ja insgesamt nicht mehr als einige tausend Jahre zählt. Wir würden die Behauptung wagen, daß es im Kosmos keine vollkommen azyklischen Erscheinungen gibt, wenn nur die Beobachtungszeit beliebig verlängert werden kann. So kann man sagen, daß der Charakter der Planetogenese insofern zyklisch ist, als die Stern- und

Planetensysteme ja nicht ewig sind, jedes hat seinen zeitlichen Anfang und sein zeitliches Ende; und zugleich entstehen neue Sterne und Planeten; zyklischen Charakter dieser Art kann man auch bei den Galaxien finden. Auch die Bergmassive entstehen erst einmal, und dann verfallen sie, von der Erosion unterwaschen, und an Stelle der einen entwickeln sich andere in der nächsten Phase des orogenetischen Prozesses. Der Fluß fließt immer von der Quelle zum Meer und niemals umgekehrt, das ist also quasi ein aperiodisches Phänomen; aber auch Flüsse bleiben nicht unbegrenzt lange Zeit bestehen, weil die Veränderungen des Erdreliefs sie am Ende versiegen lassen; dann entstehen infolge der Formierung neuer Berge, neuer Wasserbecken und neuer Gefällegradienten – neue Flüsse. In diesem Sinne also und in diesem Maßstab sind auch die Flüsse bestimmten Zyklen des Entstehens und Vergehens unterworfen.

Doch es ist ja wohlbekannt, daß es den genannten Geschichtsphilosophen gar nicht um ein solches zyklisches Prinzip geht. Sie verbindet eine grundsätzlich unempirische Einstellung. Würden sie eine Hausfrau beobachten, der das eine Mal der Kuchen mißlingt, weil die Eier nicht frisch waren, ein anderes Mal, weil sie zu wenig Hefe genommen hat, dann wieder, weil das Feuer im Backofen erloschen war, ein viertes Mal schließlich – weil gerade alle Hausgenossen einen verdorbenen Magen hatten, so daß niemand den vortrefflichen Kuchen hätte würdigen können – so würden sie erklären, es handle sich um Zyklen, hervorgerufen durch ein Gesetz höherer Unabwendbarkeit, eine Art historischer Notwendigkeit, die das Backen aller möglichen Süßspeisen beherrscht. In Wirklichkeit ist es aber so, daß es zur Stabilisierung sowohl des Kuchenbackens als auch der Zivilisation einer synchronischen Übereinstimmung einer Menge verschiedenster Faktoren bedarf und daß es nicht ein Einziges Historisches Gesetz, sei es bei Backwerk, sei es bei Zivilisationen gibt, das a priori und für ewig die Regulierung und den Erfolg der einen wie der anderen vereiteln würde.

Eine Bestandsaufnahme aller wissenschaftlich-technischen Ideen Stapledons ist wirklich imposant. Wir haben in dem Buch – das doch in den dreißiger Jahren geschrieben wurde

– sowohl die Freisetzung der Atomenergie als auch das Entstehen der Astronautik, eine Variante der Kybernetik in Form der Großen Gehirne, die man bionische Systeme (die Verbindung lebenden Gewebes mit synthetischen Systemen) nennen müßte, dann kommt es zu schwungvollen autoevolutionären Vorgangsweisen – der Fünfte Mensch wird von den Großen Gehirnen schon zur Gänze theoretisch entworfen und später auch von ihnen hergestellt. Wir entdecken darüber hinaus ein Geheimnis, die »Verbindung von Information und Gravitation«, und schließlich die »Reisen in der Zeit«, weil ja das Buch, wie schon im Vorwort gesagt wird, zwei Verfasser hat: der eigentliche Verfasser ist einer der letzten Menschen, der, weil er die Kunst beherrschte, seinen Geist in der Zeit zurückwandern zu lassen, Stapledon zu einem bloßen »Relais« für seine Informationen gemacht hat.

Alle diese Entdeckungen werden jedoch erst in astronomisch langen Zeiten vorausgesehen. Ein Vergleich des Buches mit der Wirklichkeit ergibt eine erstaunliche Bilanz: In Stapledons Werk sind durch ganze Ewigkeiten, durch Milliarden Jahre, Entdeckungen und Techniken voneinander getrennt, die wir in der Mehrzahl entweder *bereits voll verwirklicht* (Atomenergie, Kybernetik, Kosmonautik) oder mit deren Realisierung wir schon begonnen haben (Intelligenzverstärker, Vollautomatisierung, Beherrschung der Sternenenergie). Alles das wurde in einem Zeitraum vollbracht, der gegenüber der in Stapledons Roman verwendeten Zeitskalen geradezu mikroskopisch klein ist. Die Proportion erweist sich als Verhältnis von einigen Jahrzehnten zu zwei Milliarden Jahren! Fügt man dem hinzu, daß wir dank der Errungenschaften der Biophysik und der Entdeckung der Erblichkeitskodes an der Schwelle autoevolutionärer Techniken stehen, die heute niemand mehr als pure Phantasie abzutun vermag, daß reale Prognosen die Anlegung von Stützpunkten auf den Planeten noch für unser Jahrhundert voraussagen – dann sehen wir, wie die letzten fünfzig Jahre den Inhalt einer solchen phantastischen Vision, die Jahrmillionen der Menschheitsentwicklung umfassen sollte, bis zur Neige ausgeschöpft haben. Das aber, was auch das Buch ankündigt und was nicht realisiert wurde, wird allgemein als bleibende Fiktion angesehen: etwa das Reisen in der Zeit. Vor siebenhundert Jahren schrieb Roger Bacon:

»Es ist möglich, Apparaturen zu bauen, dank denen die größten Schiffe, nur von einem Mann gesteuert, schneller fahren werden als Schiffe, die mit Matrosen voll besetzt sind. Es ist möglich, Fahrzeuge zu bauen, die sich mit ungewöhnlicher Flinkheit, ohne die Hilfe von Tieren, fortbewegen werden. Es ist möglich, fliegende Maschinen zu bauen, in denen der Mensch, ruhig dasitzend und an Beliebiges denkend, mit künstlichen Flügeln wie ein Vogel die Luft durchschneiden wird, und auch Maschinen, die es dem Menschen erlauben werden, auf dem Meeresboden zu gehen.«

Das ist wahrlich eine in ihrer Kühnheit erstaunliche Voraussage – zieht man in Betracht, wann sie formuliert wurde, und doch scheint mir, daß die Voraussage möglicher Kulturformationen eine viel schwierigere Aufgabe ist. Der hierzu unentbehrliche Erfindungsgeist hat nicht viel mit technischer Vorstellungskraft zu tun. Ich sehe hier prinzipiell zwei mögliche Arten des konstruktiven Herangehens: ein eher experimentelles – die Errichtung einer Kultur entsprechend einer bestimmten Reihe von historisch-technischen Veränderungen, die den Ausgangszustand in den Endzustand verwandeln, oder lieber ein apriorisches, bei dem man schon beim Start eine sozusagen fertige Konzeption vom Menschen hat, und entsprechend dieser Konzeption die Varianten der axiologisch realisierbaren Kulturen wählt. Beide Methoden schließen übrigens nicht die Existenz einer spezifischen Syntax der Kulturtypen aus – als Kompositionsregel, die immer beachtet werden muß. Die erste Methode erlaubt es jedoch, den Raum für die Konstruktion der Kulturtypen als offen zu behandeln, weil der wissenschaftlich-instrumentale Faktor in die sozialen Systeme immer neue Arten von Veränderungen und Störungen hineinträgt, denen unter allen möglichen gemeinschaftlichen Reaktionen keine einzige genügen kann. Die zweite hingegen führt leichter zu gewissen *zyklischen* Serien, da ja entsprechend ihren Voraussetzungen das »Wesen des Menschen« die generelle Invariante aller sozial möglichen Metamorphosen ist.

Wenn wir von einem solchen Typus phantastischer Konstruktionen sprechen, gehen wir über die gegenwärtig vorhandene Science Fiction hinaus. Diese phantastische Literatur hat dem Stapledonschen Katalog technischer Ideen manche Absonderlichkeit hinzugefügt. Ich kann jedoch nicht Brian Aldiss' Ansicht teilen, die er in seiner Einleitung zur neuen (Penguin)-Ausgabe von Stapledons Werk im Jahre 1969 äußert, nämlich daß die Ideen dieses Buches in den besten Werken moderner Science Fiction ein Echo finden. Denn Kombinatorik im Bereich der Kulturschöpfung hat nach Stapledon niemand mehr gewagt; die Leere auf diesem Gebiet ist komplett, wenn man bedenkt, daß keiner auch nur die Art dieser Aufgabe skizziert hat – als hätte man aufgehört, sich ihrer bewußt zu sein. Da Stapledons Buch die Kurzfassung einer fiktiven Geschichte der Menschheit ist, läßt sich eine Inhaltsangabe, also eine Zusammenfassung der Zusammenfassung, nicht bewerkstelligen. Wir wollen daher, um die Unrichtigkeit von Aldiss' Behauptung aufzuzeigen, nur einige aus dem Zusammenhang gerissene Einzelheiten anführen. Stapledon zeigte, wie sich die Vorzeichen kultureller Werte ins Gegenteil verkehren können (in der Zivilisation des Dritten Menschen ist nicht Jungfräulichkeit, nicht die sexuelle Unberührtheit der erotischen Partner wertvoll, sondern umgekehrt, die Fülle sexueller Erfahrung ist sozusagen die »Mitgift«, die man in die Liebesbeziehung einbringt); wie das technische Schaffen zum künstlerischen werden kann (derselbe Dritte Mensch betreibt eine »Lebenskunst«, die darin besteht, daß man synthetisch-evolutionäre lebendige Organismen herstellt – manchmal werden auf diese Weise vollkommen harmonische und lebensfähige Tierformen geschaffen, ein anderes Mal –; in ihrer Monstrosität geradezu unheimliche –; diese Praktiken sind sowohl Ausdruck von Sadismus, wie der Neugier, zu erfahren, welche Grenzen der Transformationsfähigkeit der Lebensphänomene gesetzt sind); wie tief die Involution einer vernunftbegabten Gattung sinken kann (gewisse Stämme des Ersten Menschen, im Verlauf einer Million von Jahren degeneriert, werden auf dem afrikanischen Kontinent zu einer Art *Vieh*, einer Rasse von verständigen Affen, die Werkzeuge benutzen und Metalle als Schätze sammeln); wie unterschiedlich die Hauptsymbole von Religionen sein können (der »Göttliche Knabe« in der Religion der Patagonier, die »musikalisch-harmonische« Religion einer anderen Menschenart usw.); welche Arten von sozialer, sittenmäßiger, kognitiver und erotischer Initiation zu Stabilisatoren sozialer Strukturen werden können (nacheinander beim Zweiten, Dritten und Fünften Menschen) usw. Eine typische Großtat auf dem Gebiet der Voraussage ist in der phantastischen Literatur das Prophezeien technischer Entdeckungen. Aber wer von diesen Propheten war jemals imstande, im voraus die wahrscheinlichen sozial-zivilisatorischen Implikationen jener Erfindung zu erkennen, die er richtig vorausgesehen hat? Meistens ging mit einer solchen Prophezeiung früher die optimistische, aber grundfalsche Meinung einher, die betreffende Erfindung – ob es nun ein gesteuerter Ballon oder eine kosmische Rakete sein sollte – werde der Menschheit mit einem Schlage den Weg zu einer ungestörten, friedlichen Zusammenarbeit eröffnen. In was für einem Gegensatz steht doch zu so einer zwar edlen, aber jeder Erkenntnis trotzenden Naivität Stapledons Vorgangsweise, der aufzeigt, wie der Dritte Mensch, nachdem er über die »Lebenskunst« zur geschickten Manipulation des Charakters der Vererbung gelangt war, sich dem Problem der Autoevolution gegenübersah, und wie dieses Problem sich als *politisches* Problem erwies. Stapledon hat mindestens einige Antinomien autoevolutionärer Erscheinungen treffend erkannt – als Fragen, ob man den neukonstruierten Menschen »spezialisieren« oder »generalisieren« soll, ob es besser wäre, eine Steigerung menschlichen Geistes, oder eine harmonische Steigerung aller historisch gegebenen Eigenschaften des Menschen anzustreben, ob man im Menschen alles, was er vom Tier geerbt hat, unterdrücken und auslöschen oder, umgekehrt, das animalische Element zum funktionellen Gegengewicht des geistigen erheben solle, usw. Der bloße Gedanke, man könnte derartige Fragen und einen daraus entstehenden Konflikt der Standpunkte in der modernen Science Fiction finden, erscheint jedem, der mit dieser vertraut ist, einfach widersinnig. Weder hat jemals in dieser Literatur irgend jemand solche Fragen gestellt, noch scheint es, als hätte jemand überhaupt die Möglichkeit erkannt, daß solche Fragen gestellt werden können. Wie kann man also von einer Weiterführung der Stapledonschen Traditionen sprechen? Und es geht doch um nichts Geringeres als die *instrumentale* Verlängerung der ehrwürdigsten axiologischen Auseinandersetzungen um die Philosophie des Menschen, die ihre Wurzeln in der ältesten Vergangenheit der Gattung hat. Während man sich früher bloß theoretisch darum stritt, was als der Gipfel menschlicher Werte zu betrachten sei, verschafft die Möglichkeit der Verwirklichung autotransformatorischer Chancen diesen Diskussionen den brennenden Aspekt einer Entscheidung, die getroffen werden muß, da die Unterlassung jeglicher autotransformatorischer Handlungen doch auch ein Akt der Option ist – nämlich das bestehende Modell des Homo als vollkommen und somit nicht modifizierungsbedürftig anzuerkennen. Denn jedes Mal, wenn die Wissenschaft einen großen Schritt vorwärts macht, überwinden wir den bisherigen Zustand der Ratlosigkeit gegenüber gewissen konkreten Erscheinungen, und darüber hinaus sind wir zugleich mit unserer Handlungsfreiheit an einem wichtigen Scheideweg konfrontiert: und die unausweichliche Entscheidung bedeutet eine solche Umstellung der sozialen Weichen, daß die Folgen vielleicht jahrtausendelang fühlbar sein werden.

In ihren kühnsten und besten Versuchen extrapoliert die Science Fiction – grotesk oder ironisch, aber auch ernsthaft – die bestehenden Zivilisationstrends, und dabei läßt sie es bewenden. Wenn sie post-atomare oder post-kataklystische Gesellschaften konstruiert, hält sie sich sklavisch an Vorbilder aus dem Fundus der bisherigen realen Geschichte. So entstehen Bilder, die mittelalterlichen Monarchien gleichen, oder auch soziostatisch erstarrte Technokratien, und alle Errungenschaften der Science Fiction finden Platz zwischen einer Diktatur als Ordnung vom Typus rigor mortis und der Anarchie. Zuweilen stellt die Science Fiction auch horrende oder kuriose Sitten der künftigen Welten dar. Stapledon beschränkt sich nicht darauf, kuriose Erscheinungen bloß zu präsentieren, sie sind ihm für seine Zwecke nötig – wenn bei ihm der letzte Mensch in polygamen Gruppen von je 96 Personen lebt, wenn er außer den zwei Hauptgeschlechtern noch deren »Untergattungen« kennt, dann spielt all das eine bestimmte

Rolle in der Darstellung der zentralen Werte seiner Kultur als Stabilisatoren sowohl der individuellen Motivation als auch des gesamtgesellschaftlichen Gleichgewichts. Die moderne Science Fiction hingegen kennt überhaupt keine ethisch-religiöse oder zivilisatorisch-kulturelle Kombinatorik, die Ausdruck bestimmter ontischer (an den Menschen gerichteter) Sinngehalte wäre; das hängt aufs allerengste mit dem Unterschied zwischen der Einstellung Stapledons und der Einstellung eines mehr oder minder talentierten Science Fiction-Schreibers unserer Tage zusammen. Stapledon hat nämlich eine deutliche eigene Konzeption vom Menschen und von Menschlichkeit. Er formuliert keine prophetische Hypothese, sondern schreibt Pseudogeschichte, so ausgedacht, daß seine Grundidee in mehrfachen Umrissen sichtbar wird: in der Knetmasse der Geschehnisse von Millionen Jahren ist der Abdruck seines Menschen, eben der Mensch ist das Leitmotiv des Werkes, derselbe, obwohl er in jeweils anderer Tonart und in neuer Instrumentation wiederkehrt. Die einzelnen Typen (der Erste, der Zweite, der Dritte Mensch und die folgenden) verhalten sich zueinander in einer Weise, die sich nicht aus dem bloßen Streben nach Verschiedenheit ergibt (»dieses und jenes Abenteuer haben sie schon hinter sich, also muß man ein ganz neues einführen«), sondern der Grundidee untergeordnet ist; diese wird stellenweise ganz besonders klar – z. B. am Ende des Buches, wo der Letzte Mensch sagt, er sei in einem viel höheren Maße als irgendeiner seiner Vorgänger Mensch und Tier zugleich. Das Element der Akkulturation und Sozialisierung des Menschen vernichtet in dieser Konzeption niemals das biologische Element; die Harmonie entsteht als Übergangszustand gerade ihrer antinomischen Ausbalancierung. Der Mensch erlangt, ohne in sich etwas zu unterdrücken, zu verdrängen, zu vergewaltigen, seine existentielle Fülle. Man mag mit dieser Konzeption einverstanden sein oder nicht, das ist eine Sache für sich. Doch wenn wir uns der Science Fiction nach Stapledon zuwenden, dann stellen wir fest, daß sie *überhaupt keine* Konzeption vom Menschen hervorgebracht hat; es gibt hier also nichts, worüber man mit ihr diskutieren könnte. Das wäre ein ebenso dummer Streit, als wenn wir uns mit Agatha Christie anhand der Gestalt des berühmten Detektivs Hercule Poirot über Persönlichkeitsmuster auseinandersetzen wollten.

Die phantastische Literatur der Amerikaner lebt oft von den Krumen, die sie aus dem Werk Stapledons herausgepickt hat. Tatsächlich kann man dort ein solches »Echo«, eine solche Fortführung seines Werks entdecken. Aber wenn die SF den Rahmen dieses Werkes überschreitet, dann niemals in Richtung einer Philosophie des Menschen. Ist es nötig, sich über die Bedeutung einer solchen Enthaltsamkeit zu verbreiten? In jedem Bereich müssen die Schüler ihrer Meister gedenken, um über sie hinauszugehen; gegenüber diesem Werk, das vor mehr als vierzig Jahren geschrieben wurde, ist die ganze Science Fiction ein einziger Rückschritt. Weder hat sie dagegen polemisiert, noch Lobreden darauf gehalten, weder versuchte sie es fortzusetzen, noch es zu überwinden. Dieses Werk, auf das sich Brian Aldiss mit so ruhiger Selbstzufriedenheit beruft, sollte jedermann Gewissensbisse bereiten, der vom Kulturwert der Science Fiction spricht. Meiner Meinung nach ist die Sache ernst genug, um einige Überlegung zu erfordern. Um Millionen Seiten ist die Science Fiction seit Stapledons Zeiten gewachsen, aber sie hat weder das bio-evolutionäre Thema in seinem *axiologischen* Aspekt noch das sozio-evolutionäre Thema auf das Niveau der ontischen Fragen und Lösungen gehoben. Selbst kleine, im Vergleich zu *Last and First Men* kindisch-naive Erzählungen, wie die Geschichte über den »heiligen Roboter«, können auf Veröffentlichung in SF-Zeitschriften nicht zählen, so wie auch der Verfasser eines Romans über politische Kämpfe, die um die »Einfrierungstechnik« geführt werden, vergeblich nach einem Verleger für sein Werk sucht. Wenn man sich über den Zustand der Knebelung des Geistes wenigstens klar wäre, wenn sich die Science Fiction, und sei es mit vergeblicher Entrüstung, diesem Zustand entgegenstellen würde! Aber nichts dergleichen geschieht: die Kleinkariertheit ihres Schicksals entspricht genau der Spannweite ihrer Vorhaben.

Wie schon erwähnt, ist der Homo Stapledonensis eine Einheit von Gegensätzen: der Soziologe sah die wesentlichen Attribute der Gattung in der Polarität der Extreme. Die durch diese Attribute machtvoll in Gang gesetzte Dynamik der historischen Erscheinungen läßt, nach ihrer Filterung, ein monumental *statisches* Profil erkennen, denn so sehr die Bio- und Sozio-Evolution den Menschen auch transformierten, so gewaltsam und rücksichtslos das auch geschah, der Mensch bleibt im Kern derselbe. Der Panhistorismus Stapledons scheint sich also *formal* dem Ahistorismus von Borges zu nähern, nur daß der argentinische Allegorist Parabeln, niemals aber Romane schreibt.

Das Prinzip der Verbindung der Gegensätze, aus denen das Substrat des menschlichen Wesens besteht, tritt bei diesen zwei Schriftstellern in sehr unterschiedlicher Form auf. Bei Borges haben wir die Einheit der Gegensätze aufgrund einer Kombinatorik, die stets innerhalb einer Kultur angesiedelt ist: sein Ketzer und sein Heiliger, seine Bestie und sein Dichter, sein Verräter und sein Held verschmelzen harmonisch in einer Einheit – nur im unerforschlichen Blick Gottes; aber Gott wie die Kultur bedeuten für den Autor die Totalität des Seins, in dessen Inneren man zwar beliebige Operationen durchführen, aus dem man aber nie hinaustreten darf. Die Totalität des Seins ist also für ihn ein Geheimnis im mythischen Sinn, das man nur von außerhalb mit Sentenzen kommentieren, aber niemals zu verstehen vermag, und jede diskursive Methode bewirkt nur, daß wir uns von diesem Geheimnis weiter entfernen. Für Stapledon dagegen *sind* die Wissenschaften Verkünder von Elementen der Wahrheit, wenn auch bloß einer fragmentarischen und approximativen Wahrheit. Sein Erzähler steht *über den Kulturen* – etwas, das bei Borges unmöglich wäre. Darüber hinaus gibt es zwischen den beiden bestimmt große Unterschiede in der Tonart: Borges' Prinzip ist die ironisch-ästhetische, also eher spielerische Kombinatorik, während sie bei Stapledon pathetisch-romantisch und daher eher assertorisch ist. Gewiß, Borges *ist* ein Meister der präzisen Miniatur, er feilt seine Sätze mit Raffinesse, meißelt wie ein Bildhauer ihre Sinngehalte heraus und schachtet aus ihnen abschüssige Ebenen und unvermutete Doppelböden aus. Stapledon, der die Farben mit der Schaufel auf ein riesiges Panorama wirft, ist von einer solchen Beherrschung des lexikalischen Materials weit entfernt; sein ungestümer Monumentalismus wird manchmal klecksig, grenzt an melodramatischen Kitsch. Und doch kann man ihre Ähnlichkeit erkennen – auf einer Ebene, die für die gängige Science Fiction unzugänglich ist. Es ist also ein dummes Mißverständnis, wenn die moderne Kritik Borges hoch schätzt, während sie von Stapledon gar nichts weiß. Die nicht romanhafte, weil essayistische Form machte Stapledons Buch zu einem sozusagen außerhalb der Literatur befindlichen Werk, weil zur Zeit seines Entstehens ein phantastischer Essay keine belletristische Qualität hatte, und als der Roman ihn aufgesaugt hatte, war es zu spät für erneuten Anspruch und Rehabilitierung. Er blieb gleichsam hinter der Türe, die bereits so fest zugeschlagen worden war, daß die angelsächsischen Literaturkritiker diesen Schriftsteller nicht einmal in ihren bibliographischen Anmerkungen erwähnen. Es ist der klare Fall eines Sieges des zufällig statistischen Faktors in der Literaturkritik und -geschichte. Hätte sich Stapledon, so denke ich, mehr mit der Geschichte der Naturwissenschaften und Physik beschäftigt und weniger Spengler gelesen, hätte das seinem Werk nur gutgetan. Aber auch so ist es einsame Klasse, weil es die ungeheuerliche Disproportion erfaßt, die zwischen einem beliebig gesteigerten Einsatz der Menschheit und der maßlosen Gleichgültigkeit des Kosmos besteht, der die Schirmherrschaft über das historische Ringen ausübt, denn Stapledon unterordnet redlich die menschliche Existenz allen realen Mächten der Biologie, des Klimas, der Geologie, und er verleiht – schließlich – der geschichtlichen Genese und Relativität aller Normen, Kodexe, Dogmen und Werte Ausdruck. Dieses Werk, obgleich voller Mißtöne, umgibt ein Schimmer der Wahrheit, der nicht zuläßt, daß man es vergißt oder unter »ferner liefen« zu den Tausenden Titeln der Science Fiction hinzuordnet.

In der Zeit, als er stärker gelesen wurde, erwarb sich Stapledon den Ruf eines Pessimisten, sehr zu Unrecht, da er ja seine Menschheit mit den gefährlichen Früchten der Erkenntnis nur allmählich beschenkte, die Schätze der Pandorabüchse ziemlich gleichmäßig auf Jahrmillionen verteilte; sehr zu Unrecht, sage ich, weil, wie wir jetzt schon sehen, diese Büchse der Pandora sich über dem zwanzigsten Jahrhundert fast bis zum Grund geöffnet hat, und *eine* Generation, ob sie es nun mag oder nicht, Entscheidungen treffen muß, die der Lawine von Danaergeschenken, unter deren Last sich bei Stapledon Tausende von Generationen beugten, standhalten. Das Schicksal gleicht bei Stapledon eher einem statistischen Faktor, dem Herrscher über alle möglichen Entwicklungen, als irgendeinem »immanenten Bösen« der Geschichte oder der menschlichen Natur. Er hat die Zukunft als einen Zug riesiger tausendjähriger Wellen gezeigt, die Kulturen aufbauen, um sie dann in das Dunkel kannibalischer Ruinen zu stürzen; diese Fülle von Katastrophen weckt den größten Widerspruch, aber man muß bedenken, daß sie sich im Grunde genommen ungemein *selten* ereignen. Es besteht auch – was wohl richtig ist – kein eindeutiger Zusammenhang, keine deutliche Wechselbeziehung zwischen der Qualität der einzelnen Kulturen und der Größe des Abgrunds, in den sie stürzten. Manchmal richtete der Mensch sein Leben zugrunde, aber *häufiger* war eine blinde kosmische Fluktuation die Ursache – etwa das Aufflammen eines neuen Sterns, der Sturz des Mondes auf die Erde, die Invasion von Marswolken. Stapledons Mensch ist also weder eine selbstzerstörerische boshafte Bestie, noch ein Titan, der ganze Galaxien mit seinen Füßen tritt; er hat stets übermenschliche Größe, weil er mit Potenzen begabt ist, die jede historische Formation bloß zu einem kleinen Teil zu realisieren vermag. Dieser Mensch hat sich nicht wenig abgemüht, denn er hat alle möglichen Arten von Kultur hervorgebracht – sowohl prometheische als auch apollinische und dionysische –, all diese aufgeblühten Kulturen, so oft zertrümmert, enthüllen den harten Kern der Chromosom-Energie, die blind, unbezwungen in ihrer evolutionären Expansivität, stets aufs Neue denselben Prozeß in die Wege leitet. Stapledons Mensch ist also ein Wesen, das stets nach dem Kosmos strebt und in diesem Streben periodisch vom Kosmos gestoppt wird, was seinen Ausdruck in den Worten findet: *Die Sterne schaffen den Menschen und die Sterne töten ihn.* Ein sehr pathetisches Bild, besonders durch seine Tragik; auf unpathetische Weise wird die Conditio humana durch die Worte Odd Johns über die Spinne, die aus der Wanne herauszukommen versucht, wiedergegeben: je höher sie hinaufkriecht, um so gewaltsamer wird ihr Sturz sein.

Mir persönlich erscheint in dieser bereits so komplex analysierten Konstruktion am zweifelhaftesten, daß der Menschheit »historisch der Todesstoß versetzt wird«, und das auch biologisch, bis in das Mark hinein. Beschränkt sich doch keiner der sukzessiven großen Rückfälle bei Stapledon darauf, nur einen *Teil* der Akkulturationshüllen abzureißen, alle werden zur Gänze vernichtet; daher ist im Buch die Sozioevolution nicht etwas Kontinuierliches, sondern stellt eine Reihe von isolierten Etappen dar, die einzig und allein durch die Kontinuität des Chromosomfadens der Erblichkeit und zugleich der Evolution miteinander verbunden sind. In dieser »Gründlichkeit« der Segmentierung der historischen Peripetie sehe ich den Einfluß, den Spengler auf Stapledon ausgeübt hat. Doch muß man wohl sagen – hätte er ein anderes Prinzip der Kataklysmen gewählt als jenes, das bis zum tiefsten Grund reicht, etwa das Prinzip der Beibehaltung der Kontinuität im Strom der Zivilisationswandlungen, so wäre es überhaupt unmöglich gewesen, dieses Buch zu schreiben, weil ja der Hochflug, der sich exponentiell aus einer solchen Voraussetzung ergibt, einfach alle Möglichkeiten schöpferischer Phantasie übersteigt. D. h.: selbst wenn die Tragödie gar nicht die endgültige Bestimmung des Menschen in einer fernen Zukunft ist, sind wir in unseren Voraussagen gar nicht imstande, eine andere als eine tragische Qualität der menschlichen Existenz glaubhaft zu machen – allerdings, soweit es sich um eine *sehr* entfernte Zukunft handelt. Die Tragödie selbst solcher Wesen, deren kulturelles und zivilisatorisches Niveau noch so weit von unserem entfernt ist, können wir immer *begreifen;* das Leben künftiger Generationen dagegen, gegenüber dem unsrigen bereits total verändert, bliebe für uns, selbst wenn es sich kundtun ließe, eine unentschlüsselbare Geheimschrift.

Ein heute nicht mehr zu übersehendes Gesetz der Zivilisationsdynamik ist das exponentielle Tempo der Zuwächse der instrumentalen Empirie; und nur der Annullierung der Gültigkeit dieses Gesetzes – oder einfach der Tatsache, daß Stapledon es nicht sah – verdankt seine Vision ihre charakteristische Gestalt und ihren Rhythmus; denn bei Stapledon gehen die Uhren der Geschichte immer in gleichem Tempo, und der Abstand zwischen der Befahrung der Meere mit dem

Einbaum und der Dampfschiffahrt ist ungefähr so groß wie der Abstand zwischen den ersten Anfängen der Biotechnologie und ihren späteren autoevolutionären Anwendungsarten. Nun gibt es einfach ein solches Gleichmaß im Gang aller dieser Entdeckungen nicht – es sei denn für alle Zeiten und für alle Welten; die Technoevolution ist vor allem deshalb eine unabhängige Variable, weil ihr Tempo ein Korrelat zur Anzahl bereits erworbener Informationen ist, wobei das Phänomen der exponentiellen Beschleunigung dann eintritt, wenn die Elemente einer Informationsmenge eine »Kreuzung« eingehen. Selbstverständlich – der Ort, wo sich die Informationen auf so fruchtbare Weise kreuzen, ist der menschliche Geist, weil selbst beliebig aufgestapelte Enzyklopädien von selbst nichts zu produzieren vermögen; aber der menschliche Geist wird dann zu so etwas wie einem Ort unausbleiblicher Informationsbegegnungen die um so fruchtbarer werden, als die Menge der an ihnen beteiligten empirischen Informationen zunimmt. Es können also nicht »viele Jahrtausende« verstreichen zwischen der Entdeckung der Chromosomstrukturen und einem solchen Anwachsen der Wissenschaft, das es zum Beispiel möglich macht, die Entwicklung der Gattung zu steuern. Diese Situation hat der Mensch nicht absichtlich herbeigeführt, sie ist eine vollkommen objektive und daher von ihm unabhängige Eigenheit der Welt. Der Mensch wurde in jahrmillionenlangen Kämpfen geformt, die zur Befriedigung seiner Lebensbedürfnisse geführt wurden, in einer Umwelt, die zu unterjochen er noch kaum begonnen hatte. Er kämpfte auf diesem ganzen Weg der Anthropogenese Jahrtausende noch, bevor er sich dieser generellen Eigenschaft seiner Lage so bewußt war, daß er sie zu nennen vermochte; die Notwendigkeit der Arbeit, der Aufwendung von Muskel- und Geisteskraft ist uns bis heute noch verblieben. Doch sobald dank diesen Anstrengungen die automatisierten Technologien, auch nur in den primitivsten Urformen, auftauchen, beginnt die Mühsal des Kampfes gegen die Widrigkeiten der Natur und der Arbeit, die der Umwelt jene für die Erhaltung des individuellen und des kollektiven Lebens unerläßliche Substanz und Ordnung abringt, sich dem denkenden Menschen als eine *Übergangszone* voll der Hindernisse darzustellen, die es zu überwinden gilt, um die Schwelle einer Welt ewigen Sonnenscheins und absoluter Erfüllung zu betreten, einer Welt, die jeglichen Kampf und jegliche Mühsal auf immer hinter sich gelassen hat.

Diese Vision ist attraktiv, solange sie zu wenig real ist, als daß sie sachlich behandelt werden müßte. Erst in unserem Zeitalter sind wohl die Denker aufgetreten, die ihren idealen, paradiesischen Charakter in Zweifel gezogen haben. Früher einmal erschien sie einfach als *Utopie;* heute kann man sie als einen Zustand ansehen, der, sollte er auch im Prinzip erreichbar sein, nicht einer Verwirklichung wert ist.

Wir haben noch nicht erlernt, unter den Bedingungen wirklicher Freiheit zu denken; insgeheim würden wir es daher vorziehen, daß dieses automatische Paradies unerreichbar bliebe – nicht aus freier Entscheidung des Menschen, sondern vielmehr wegen der notwendigen – weil unabänderlichen – Eigenschaften der Welt, ihrer Struktur. Denn da die Menschheit, mit Ausnahme einiger Auserwählter, immer an allen Arten von Unbefriedigung und Hunger gelitten hat, muß deren symmetrisch absoluter Gegensatz, ein Übermaß an Befriedigungen aller Art, die auf Knopfdruck bereitstehen, doch – zumindest dem Naiven – als das Gelobte Land erscheinen. Als etwas bis zur Absurdität Unlogisches erscheint also die Eventualität, daß wir uns nach Jahrhunderten, in denen wir um die (technische) Realisierung von Erleichterungen des Alltagslebens kämpften, in den kommenden Jahrhunderten – vielleicht technisch?! – das erschweren sollten, was schon als Lebenskomfort allzusehr erleichtert wurde. Dieses Bild schreckt uns ganz allgemein, und es wird nicht scharf und vordergründig ins Auge gefaßt, weil das Ausmaß der Ungleichheit auf unserem Planeten noch nicht geringer wird; man kann also immer noch annehmen, daß es sich um eine nicht realisierbare Utopie handelt. Nimmt man jedoch, als vorsichtiger Optimist, an, daß nicht die ganze Geschichte des Menschen im 20. oder 21. Jahrhundert zu Ende gehen wird, dann begreifen wir, daß unweigerlich Akte einer globalen Steuerung von Bereichen gesetzt werden müssen, die bislang durch bloße Spontaneität gesteuert wurden (etwa der Bereich des demographischen Zuwachses, der Bereich der internationalen Kontakte, das Verhältnis zwischen der Wissenschaft als Zulieferer empirischer Information und der Technologie als Verarbeiter dieser Information, d. h. als das Kettenglied, das jede theoretisch entdeckte Information praktisch verwirklicht und verbreitet). Da es ab einem bestimmten Niveau zivilisatorischer Kompliziertheit keine Möglichkeit der Selbstkontrolle spontaner Prozesse mehr gibt, wirkt Spontaneität und elementare Kraft innerhalb einer höchst komplizierten Struktur wie Dynamit, das dem Feuer ausgesetzt wird. Der Mensch als rationales Wesen kann ja sein Paradies nicht gemäß der Instinktreaktion etwa einer Obstfliege aufbauen; dieser Instinkt ist auf maximale Vermehrung gerichtet – wenn es ihm gelänge, die Hindernisse, welche die Effektivität der Vermehrung einschränken, zu überwinden, würden im Verlauf eines Sommers die Abdomina der so vermehrten Fliegenleichen eine Meile hoch den Erdball bedecken, Wolken aus Fliegenleichen würden die Sonne verdunkeln, die Pflanzen vernichten, das Wasser vergiften. Das wäre das Ende dieses »Paradieses der Fliegen«, in welchem sie sich so hätten vermehren können, wie es die in sie eingebaute biologische Potenz ihnen erlaubt. Das Phänomen einer solchen Lawine würde sich aus dem Auseinanderreißen der hemmenden, negativen Rückkoppelungsschlingen ergeben, die regulierend, also ausgleichend, auf die gesamte ökologische Hierarchie in der Biosphäre einwirken. Da man nicht solche in der Biosphäre existierenden regulierenden Rückkoppelungen zerreißen und gleichzeitig die Folgen eines solchen Vorgehens außer acht lassen kann, führt ein solcher Prozeß zu neuen Freiheiten, die unlöslich mit neuen Notwendigkeiten (regulierende Entscheidungen) verbunden sind. Sobald aber eine Situation der Freiheit entsteht, bedeutet sie vor allem Alleinsein; wir können nicht mehr die Natur nach der richtigen Orientierung für unser Handeln und unsere Wahl befragen; wir können uns auch nicht auf die Automatik der techno-evolutionären Gradienten verlassen, weil das bedeuten würde, daß wir uns aus der Sklaverei elementarer Bedürfnisse nur befreit haben, um uns von dem versklaven zu lassen, was lediglich jene Bedürfnisse hätte befriedigen sollen. Eine Technoevolution, der freier Spielraum gegeben wird, ist aggressiv: zunächst entsteht eine Schnupftabakdose, und als nächstes stellt sich heraus, daß zu einer besseren, nämlich automatisierten Schnupftabakdose nicht die menschliche, sondern eine andere, wahrscheinlich auch automatische Nase passen würde. Da wir aber nicht vom Blick der Schlange »hypnotisierte« Küken sind, gibt es keinen Grund, warum die Technoevolution eine »hypnotische« Wirkung auf uns haben sollte und wir zulassen müßten, daß sie uns fest an die Kandare nimmt. Daher die Notwendigkeit der Berufung auf die Immanenz der *Kultur*werte und daher auch die dadurch hervorgerufene Krise, daß die Technoevolution, die Komfort an die Stelle von Werten setzt, ein kulturzerfressender und -erodierender Borkenkäfer ist.

Doch das alles hat Stapledon gar nicht durchschaut. Die unter seiner behutsamen Hand entstehende Erzählung führt niemals zu einer »techno-orgiastischen Eskalation«, und seine Gesellschaftssysteme sind nie von Hedonismus bedroht. Er sah die Antinomien des Seins anderswo, nicht dort, wo sie mancher Denker von heute placieren würde. Nicht im Paradox des Hungers, den übermäßige Befriedigung in *Sehnsucht* nach der Vergangenheit verwandelt. Er durchschaute nicht die perfide Chance des »technisch verwöhnenden Paradieses«, das dem Menschen sein Gehirn raubt – in dem Augenblick, in dem es seine geistige Arbeit übernimmt, nachdem es dies mit seiner manuellen Arbeit bereits getan hat. Nicht so sieht er das: er sieht den Widerspruch zwischen der Expansivität und ihren unausweichlichen Entartungen; je höher der Mensch aufsteigt, desto schrecklicher muß er in die Tiefe stürzen, aus der er sich mit Müh und Not heraufgearbeitet hat. Ihm droht keine Stagnation, denn er ist zum ewigen Kampf verdammt: er währt so lange, solange dieser Kampf währt. Er ist also ein Sisyphus. Und zudem – ein einsamer Sisyphus, der keinen Kontakt mit irgendeinem andersartigen Verstand anzuknüpfen vermag – es ist leicht zu begreifen, warum: ein solcher Kontakt würde die grundlegend tragische Vision stören. Stapledon sieht im Menschen nicht ein Wesen, das sich dauernd die Geschichte zu unterordnen, sie so zu beherrschen vermöchte, daß sie eine Art Modellierton in der Hand eines Künstlers sein könnte. Der Mensch wird mit seiner Geschichte nicht fertig, sie wird ihn am Ende eines beliebig langen

Zyklus schließlich stets unterkriegen und zermalmen, so daß er in die Finsternis zurückgeworfen wird, aus der er erst nach einer Milliarde von Generationen wiederauftaucht, die durch ein Katastrophendasein vertiert worden sind. Was für Antäus die Mutter Erde, das ist für Stapledons Menschen die Rückkehr in den Schoß der Biologie, den er durch seine Kulturklettereien zeitweilig verläßt. Es ist dies eine stark ästhetisierte Vision. Sie erinnert an Rilkes Ideal – das Wesen, dessen Größerwerden darin besteht, »der Tiefbesiegte von immer Größerem zu sein«. Denn die Natur muß tatsächlich zu immer mächtigeren, immer astronomischeren Fluktuationen – als Instrument der Zerstörung – greifen, um des immer höher strebenden Menschen Herr zu bleiben: anfangs genügt sein Unvermögen, mit der neuen Energie umzugehen, dann – die Invasion von Lebewesen, weiters – der Sturz des Mondes auf die Erde, schließlich muß die ganze Sonne sich in eine Supernova verwandeln, damit selbst die letzte Zivilisation den Schlag nicht abzuwehren vermag! Doch wenn wir die intervenierenden Faktoren eben so aneinanderreihen, erkennen wir letzten Endes ihren – in der ganzen von uns zitierten Serie – *nicht zufälligen* Charakter, und zugleich den Aktionsplan, dem der Verfasser die geschichtliche Fiktion unterworfen hat. Einer solchen Prognose könnten wir keine andere, auch keine von unzweifelhaft höherem Erkenntniswert, entgegenstellen. Wir wissen, was bei Stapledon falsch ist, wir haben schon davon gesprochen: er hat den realen Faktor des exponentiellen Wachstums beseitigt, der jede Voraussage auf weite Sicht unmöglich macht. Wir können heute nicht voraussehen, was über den Horizont des 21. Jahrhunderts hinausgehen würde. Wir können darüber nichts sagen, weil im gegenwärtigen Jahrzehnt eine Informationsakkumulation vor sich geht, die größer ist, als dies noch vor kurzem im Laufe eines ganzen Jahrhunderts der Fall war.

Jede Voraussage hört heute innerhalb von weniger als achtzig oder hundert Jahren auf, irgendwelchen Anspruch auf Gültigkeit zu erheben. Danach ist nur Dämmerung, ein undurchdringliches Dunkel kommender Zeit und darüber ein Zeichen einzig deutlich, das für uns ja nicht zu entziffern ist, sich uns aber um so mehr mit der ganzen Tragweite des

Unbegreiflichen – des Silentium Universi – aufzwingt. Denn die Galaxis ist nicht durch die Ausstrahlungen der Zivilisation erobert worden, sie ist nicht erhellt von den Blitzen, die von den Arbeiten der Astroingenieure zeugen würden – und sie sollte es doch sein, wenn irgendein Typus instrumentaler exponentieller Orthoevolution ein Gesetz der Psychozoiker im kosmischen Maßstab wäre. Das ist ganz sicher, daher lohnt es sich, ist es notwendig, daran zu denken.

Es lohnt auch zu verstehen, was es bedeutet, daß der größte Teil der außergewöhnlichen Dinge, die Stapledon über die Abgründe der Zeit verstreut hat, sich bereits verwirklicht, daß Jahrzehnte den Plan Stapledonscher *Jahrmilliarden* erfüllt haben. Das bedeutet, daß eigentlich all das realisiert wird, was man sich vor vierzig Jahren *gerade noch vorstellen konnte* – bei äußerster Strapazierung der Phantasie. Was noch nicht eingetreten ist, betrachten wir als noch nicht verwirklicht, doch es gibt eigentlich nichts mehr, was wir für komplett und von A bis Z phantastisch – also fiktiv – halten. Jeder Autofahrer, der in der Nacht lange und schnell gefahren ist, kennt das Phänomen der scheinbaren Verkürzung des beleuchteten Teils der Straße, der sich vor den Scheinwerfern des Wagens erstreckt; dieses Straßenstück, das einem bei geringerem Tempo eher beträchtlich vorkommt, scheint, wenn das Fahrtempo sich steigert, irgendwie vor dem Auto zu schrumpfen. Etwas Ähnliches geschieht mit der Zivilisation in dem Augenblick, wo sie ein explosives Tempo annimmt, in dem Moment, wo die durch Jahrhunderte angehäuften Informationsvorräte – also eine gewisse Entsprechung zum Treibstoff – sich schließlich entzünden und eine Beschleunigung erzeugen. Einer Prognose bedarf es in einer solchen Situation um so mehr, als immer kleinere Zeitabschnitte die Stellen, in denen es *richtige Entscheidungen* zu treffen gilt, von jenen trennen, in denen sich jede Entscheidung schon als verspätet erweisen könnte – aber gleichzeitig wird die Glaubwürdigkeit der Voraussagen, besonders auf weite Sicht, immer geringer. Stapledon hat die Möglichkeit einer Informationsexplosion, die Möglichkeit, daß sie im Weltmaßstab siegen würde, *millionenfach* unterschätzt, er hat die Probleme der zweiten und dritten industriellen Revolution nicht vorausgesehen; in seiner Vision ist auch nicht die Spur von »Robotern« vorhanden!

Stapledon hat eine bestimmte Version der menschlichen Natur und der Menschheitsgeschichte geschaffen, wobei diese Geschichte dort, wo die Voraussagen nicht entscheidend sind, höchstwahrscheinlich der Wirklichkeit ziemlich entspricht. Vielleicht wird sich ihre Adresse ändern, in dem Sinne etwa: es wird einmal ein Werk sein, das nicht der *Zukunft* des Menschen gewidmet ist, sondern seiner *Vergangenheit*, wobei man, zu Zwecken der Extrapolation, zum Rückblick, nicht aber zum Vorausblick gegriffen hat. Weil ja das Wachsen des Menschen von einem Wachsen aller Gebrechen, an denen er leidet, begleitet ist. Vielleicht werden nur die ästhetischen Werte von Stapledons Werk die Probe der Zeit bestehen. Das wird kein »wissenschaftlich ausgeführtes Porträt« sein, sondern die Übertragung des Menschenbildnisses in die Sprache eines künstlerischen Modells, das in moralische Werte verstrickt ist – also ein Versuch, »der Menschenwelt Gerechtigkeit angedeihen zu lassen«. Stapledon versuchte nicht, dem in seinem Werk dargestellten Menschen irgendeine seiner wirklichen Eigenschaften fortzunehmen, weder amputierte er ihm Fragmente seines »animalischen Erbteils«, noch wollte er ihn zu Höherem erheben. Auch darin sehe ich den Wert dieses einsam dastehenden Buches. Passagiere einer Postkutsche, ja selbst deren Kutscher können sich manchmal den Luxus eines angenehmen Nickerchens erlauben – Äquivalente eines solchen Nickerchens in den Zivilisationen sind utopische Träumereien ohne jeden empirischen Status. Aber wie der Fahrer eines Rennwagens, der wachsam jede Kurve der Straße verfolgen muß, die bei ungenügender Scheinwerferbeleuchtung von den im Eiltempo rollenden Rädern verschluckt wird, sich keinerlei Träumereien, weder süße noch bittere, erlauben darf, so kann sich eine Zivilisation wie die unsere nicht mit phantastischen Visionen begnügen – ob sie nun mit rosarotem Zuckerguß oder mit schwarzem Pech überzogen sind. Eine richtige Prognose ist für die Zivilisation eine Lebensfrage. Die totale Erstarrung der Dynamik eines Organismus, wie ihn die viele Milliarden Köpfe zählende Menschheit darstellt, seine Erstarrung für Dutzende oder gar Hunderte von Jahrhunderten erscheint einfach unglaubhaft. Eine solche Erstarrung, ein so ideales Gleichgewicht der Stasis, ist unglaubhaft, weil wir im ganzen erkennbaren Kosmos keinerlei Prozesse von solcher Stabilität wahrnehmen, wenn sie wirklich sehr kompliziert sind. Die irdische Zivilisation hat als Gesamtheit noch niemals eine einheitliche Stasis erreicht; wahrscheinlich spukt deswegen noch immer die Vorstellung herum, dies wäre ein Gipfel dynamischer Perfektion – im Sinne eines Gleichgewichts, das, einmal erreicht, sozusagen automatisch andauern wird. Aber jede Information, die genügend neu ist, um eine Umstrukturierung des Systems hervorzurufen, kann das bisherige Gleichgewicht stören; vergleicht man also den Informationsgehalt der Wissenschaft mit einer Flüssigkeit, die den Kolben einer Spritze füllt, und die Realisierung der Information (also die praktische Verwertung des theoretisch erworbenen Wissens) mit der Durchführung der Injektion, dann begreift man, daß nicht jede solche Spritze, bloß weil sie *neu* ist, positive oder gar rettende Wirkung haben muß. Die Geschichte der Wissenschaft wie die der Technologie belehrt uns, daß nur die unmittelbarsten Folgen einer »neuen Injektion« sich mehr oder minder voraussehen lassen; die späteren und die weitreichenden Konsequenzen in Gang gesetzter Technologien haben sich, zumindest bis jetzt, jeglicher Prognose entzogen. Man kann daher annehmen, daß die Visionen von der Zukunft als einem Paradies automatischer Wunscherfüllung pure Fata Morgana sind – denn solche Vorstellungen, ein Versinken im Morast hedonistischer Befriedigung, sind bloße Illusion. Hier wird wieder einmal der kognitive Inhalt einer Voraussage durch einen *perspektivischen Effekt* verfälscht – es ist derselbe Effekt, der uns einen Punkt am Horizont sehen läßt, wo die Schienenstränge zusammenlaufen. Und wir befinden uns in der Gewalt eines Trugbilds, wenn wir in zeitweilig bestehenden Entwicklungstrends die Chance einer »Konsumverhätschelung« erblicken, uns die Welt als von der Technik ausgefüllt, zu einem *geschlossenen* System zusammengekoppelt, vorstellen. Aber so wie die Schienenstränge am Horizont in Wirklichkeit gar nicht zusammenlaufen, so sind auch alle Trends neu entstehender Technologien gar nicht ideal konvergent; das Wesen der Welt, so weit wir sie schon kennen, ist einfach ganz anders, nämlich *offen* – mindestens als Unerschöpflichkeit der Chancen, die sich immer wieder zu erneuern vermögen. Deshalb möchten wir einer zyklischen, nicht zum Anfang zurückkehrenden, sich nicht wiederholenden – also einer rationalen – Vision der Zukunft den Vorrang geben. Die Zukunft wird wohl nicht die Vergangenheit wiederholen – weder als genaue Kopie, noch in parodistischer oder auch tragischer Vergrößerung, wenn nur wir selber sie nicht auf ein falsches Geleise führen. Zugleich erweist sich das Voraussagen als immer schwieriger, unter anderem deshalb, weil mit jedem Jahrzehnt das Auffinden fertiger Paradigmata für eine Prognose in alten Geschichtschroniken immer vergeblicher sein wird. Eine analoge Situation würde entstehen, wollten wir in bezug auf einen Teil des bioevolutionären Stammbaums Methoden futurologischer Voraussage anwenden und uns dabei auf unsere Kenntnis der Struktur jener seiner Teile stützen, die schon der Vergangenheit angehören.

Wir könnten einer Entwicklungslinie der Klasse der Primaten entnommene Muster anwenden, um uns wenigstens annähernd über die Grenzen der Veränderbarkeit zu orientieren – in bezug auf eine andere, gerade von uns untersuchte Linie derselben Primaten. Wir können jedoch schon aus der Gruppe der Hominoiden keine Folgerungen mehr für den Menschen extrapolieren: der neue sozio-evolutionäre Faktor, der gleichzeitig mit dem Homo Sapiens auftaucht, *annulliert die ganze biologische Paradigmatik.* Gewiß, das geschieht nicht auf einmal, auf Anhieb; ebenso werden auch bei diesem großen »technoeruptiven Start« in die Zukunft, der dem 20. Jahrhundert beschieden ist, nicht alle Muster und Analogien, die man in der geschichtlichen Vergangenheit eventuell finden kann, sofort ganz und gar wertlos; es geht darum, daß sie sukzessive an Wert verlieren; hat die Menschheit die ganze Sphäre von Vereinigungskrisen, die der Optimist in das kommende Jahrhundert verlegen möchte, einmal durchschritten, dann müßte das Trugbild vom unabwendbar zyklischen Charakter des Geschichtsablaufs – als einer Tretmühle verstanden, in der sich alles hoffnungslos im Kreis bewegt – letztlich verschwinden.

So reich an Werken die Science-Fiction-Bibliotheken auch sein mögen, wir finden nicht allzuviel Material darin, das uns jetzt besonders interessieren würde. Beginnen wir also unseren Überblick über das nach Stapledon vorhandene Angebot an phantastischer Literatur mit dem Roman von Arthur Clarke *Childhood's End.* Es ist »reine Phantasie«, was schon Äußerungen im Vorwort zum Roman deutlich machen; der Verfasser verwahrt sich dagegen, daß die im Werk enthaltenen Anschauungen den seinen entsprechen. Das muß man so verstehen, wie die Erklärung eines loyalen Zauberkünstlers, das Auftauchen und Verschwinden der Kaninchen in seinem Zylinder entspreche nicht seinen Auffassungen über die Physik. Es geht um Tricks, nicht aber darum, die Naturgesetze zu brechen. Auch Clarke erzählt uns eine phantastische Geschichte, die keinerlei prognostische Ansprüche stellt. Kann sie aber dennoch als Allegorie etwas bedeuten? Der Roman beruht auf dem Motiv von den »Anderen«, die auf die Erde kommen, um die Macht über die Menschheit, zu derem Wohl, anzutreten. Die bisherigen Prozesse – Rüstungswettlauf und globale Konflikte – werden plötzlich gestoppt, als am Himmel des Planeten riesige, meilenlange Raumschiffe auftauchen und schweben bleiben. Eine unbekannte Rasse von Overlords kündigt von diesen aus ihr wohlwollendes Protektorat über die Erdbewohner an. Alle Versuche, Widerstand zu leisten, schlagen fehl: ein halbes Jahrhundert lang lebt die zwangsweise befriedete Menschheit in Eintracht und Harmonie. Endlich, an einem von den Overlords vorherbestimmten Tag, enthüllen diese ihr bisher vor den Menschen verheimlichtes Äußere in aller Öffentlichkeit: sie erinnern an Teufel, haben einen behaarten Schwanz, Hörner auf dem Kopf, mit Haut bedeckte Flügel. Aber das ist unwesentlich; mit Teufeln, von denen die Religionen sprechen, haben sie eigentlich nichts gemein. Bald wird jedoch ein viel ernsteres Geheimnis gelüftet: die jetzt lebende Menschengeneration wird die letzte sein. Aus den jetzt geborenen Kindern soll eine ganz neue Gattung entstehen, und zwar eine abiologische. Nicht der Rüstungswettlauf oder die durch ihn hervorgerufene Gefahr der Selbstvernichtung der Menschheit hat die Overlords bewogen, auf der Erde zu erscheinen. Sie sind übrigens nicht aus eigenem Willen hergekommen: Etwas hat sie geschickt, das sie selber nicht kennen und das sie den Supergeist (Overmind) des Kosmos nennen. Die Gefahr bestand nicht in der Atomwaffe, ein Atomkrieg könnte *bloß* die Erde vernichten. Die wirkliche Bedrohung stellten die ersten Forschungen über »Psi« – (übersinnliche) Phänomene dar, weil diese Sphäre Kräfte birgt, die, unbedacht gehandhabt, die Menschen, die sich damit beschäftigten, zu einer Art »geistigem Krebsgeschwür« für die ganze Galaxis machen würden. Jetzt aber geht die Sache ihrem Ende zu. Das Ende der Kindheit bedeutet gleichzeitig das Ende der Menschheit, die Erde zerfällt, und die Neue Rasse – d. h. die Nachkommen der Menschen, die geistig höher stehen als selbst die Overlords – wird im All ganz neue Aufgaben zu erfüllen haben, Aufgaben, deren bloße Formulierung in der Sprache der Menschen gar nicht möglich ist.

Dieses Buch wurde in der internen Kritik oft als Meisterwerk der Science Fiction gerühmt. Es stellt eine Mischung von schriftstellerischer Gewandtheit und Unwahrscheinlichkeiten, die in der Science Fiction nicht zu stören brauchen, mit einer Naivität dar, die überall stören muß. Die in diesem Roman implizierte Konzeption von einer »Hierarchie der Lebensniveaus«, derzufolge die Menschheit gerade erst das »Nullniveau« erreicht hat, kann entweder empirisch (»die Erde befindet sich in der Fruchtphase des Psychozoikums«) oder metaphysisch (»vom Standpunkt der Transzendenz gesehen, sind die Aufgaben der Menschheit mit ihren irdischen Aufgaben unvereinbar«) gedeutet werden. Für etwas muß man sich jedoch entscheiden. Die Ähnlichkeit der Overlords mit den Teufeln ergibt für die Handlung des Romans nichts; die Idee vom »geistigen Krebsgeschwür der Galaxis«, das durch ungeschicktes Umgehen mit dem Psi-Phänomen entstehen könnte, ist ein deus ex machina; die »eigentlichen Aufgaben der veränderten Menschheit« bleiben ein ungelöstes Rätsel; wir haben also weder eine kohärente Welt, noch ein Jenseits vor uns, weder eine Prognose, noch eine allegorische Fabel; nichts außer eklektisch-akzidentellem Flickwerk. Der

Roman fesselt den Leser, weil er nach typischer SF-Manier in seinem Verlauf eine wachsende Zahl von Rätseln aufhäuft; man ist neugierig darauf, wie der Autor im Finale die auf solche Weise eingegangenen Verpflichtungen einlösen wird. Eine kohärent rationale Lösung der angehäuften Absonderlichkeiten übersteigt jedoch Clarkes Kräfte, und mit einer trivialen Parabel nach dem Stereotyp des Glaubens will er auch nicht aufwarten. Was ist aber einfacher, als sich selber zu sagen: die »Teufel« hat »Overmind« bzw. die Vorsehung oder der liebe Gott geschickt; die Aufgaben »abiologischer Art« müssen sich auf das »Jenseits« beziehen; also hat Clarke, wie man sieht, das plagiatorisch-inverse Verhältnis der Gesamtstruktur des Werkes zum religiösen Paradigma – Teufel an Stelle von Engeln – bloß getrübt und vernebelt. Damit jedoch niemand ihm dies vorwerfen kann, hat er in der Einleitung den Vorbehalt gemacht, das Buch sei »nicht Ausdruck seiner Überzeugung«. Die intellektuelle Enttäuschung, die sich nach einer solchen Lektüre einstellt, muß einem diese ganze Literaturgattung verleiden. Zudem macht der Infantilismus der meisten Leser alle ernsteren, an die Verfasser gerichteten Ansprüche sinnlos. So z. B. wird in der Erzählung *Jupiter Fünf* desselben Autors ein kugelförmiges Schiff mit einem dreißig Kilometer langen Durchmesser entdeckt, das den Jupiter umkreist und bis dahin für dessen gewöhnlichen Mond gehalten wurde; in dem Schiff reiste einst eine vernunftbegabte, jetzt schon ausgestorbene Rasse. Eine Expedition trifft auf der Oberfläche dieser Metallkugel ein und steigt in das Innere des leeren Globus hinab. Interessant, was für eine Rasse dieses Schiff wohl geschaffen hatte? Warum ist sie untergegangen? Ist sie überhaupt ausgestorben oder ist sie irgendwohin ausgewandert? Was für wunderbare Exponate sind es – der Autor gibt ihre genaue Anzahl an –, die man im Inneren des Schiffs eingeschlossen fand? Warum wurde diese Riesenarche gerade in die Umlaufbahn des Jupiter geführt? Die Zahl solcher Fragen ließe sich nach Belieben vermehren, die Erzählung beantwortet ohnehin keine von ihnen; ihre ganze Handlung beschränkt sich darauf, zu berichten, wie ein Habgieriger aus dem Schiffs-Museum das wertvollste Exponat zu stehlen versuchte und man sein Vorhaben durch geschickte Manöver vereitelte, so daß er, mit Schande bedeckt, das Diebsgut zurückgeben mußte. Das ist das ganze, mit so viel Aufwand dargestellte »Geheimnis der Anderen Zivilisation«, der »Kosmischen Vernunft«, des »Supergeistes« usw. Fügen wir hinzu, daß Arthur Clarke, seit langem Mitglied der Britischen Astronautischen Gesellschaft und ein vortrefflicher Popularisator, eine Menge SF-Erzählungen und -Romane geschrieben hat, wobei er sich durch beachtliche handwerkliche Geschicklichkeit und originelle Einfälle ausgewiesen hat. (Wir erwähnten z. B. seine »metaphysischen« Erzählungen *Der Stern* und *9 Milliarden Namen Gottes.*) Er hat auch ein halb phantastisches und halb futurologisches Büchlein geschrieben, durch das er sich als ein gewissenhafter und einfallsreicher Informator und Führer durch das Reich der wissenschaftlich-technischen Möglichkeiten ausweist. Aber er ist ein Vertreter der für die SF typischen schriftstellerischen Handwerklerei, die systematisch alle schon bekannten Themenkreise durchstreift, um dort noch nicht verwertete Stellen zu finden, so wie bei einem Gesellschaftsspiel der Spieler auf der Zeichnung eine noch nicht abgestrichene Zelle sucht, welche der Partner nicht bemerkt hat und die er sich mit einem Strich aneignen kann. Bei Clarke sieht man noch deutlicher als bei Asimov, wie der jeweilige Schriftsteller generell sein besseres Wissen für seine belletristische Begabung aufgibt. Denn so wie Asimov, von Beruf Biochemiker, seine Fachkenntnisse bewußt amputiert, wenn er SF-Bücher selbst über biologische Themen schreibt, ist Clarke, Verfasser futurologischer Arbeiten, nur in diesen Werken bemüht, mit voller Stimme, d. h. gestützt auf sein ganzes Wissen, zu sprechen. Diese Art Literatur mit reinem Unterhaltungswert zu produzieren ist der Grund dafür, daß wirklich bedeutungsvolle Werke nur den Bruchteil der Science Fiction ausmachen. Wer nämlich nach attraktiv-sensationellen Situationen sucht, der nimmt im Raum der Begriffe eine solche Selektion vor, daß er nur durch absolut puren Zufall auf eine wirklich problemträchtige Situation zu stoßen vermag; er ist nämlich gar nicht auf reale Probleme aus, er kann also nur zufällig auf solche stoßen. Ein wertvoller Fund muß um so seltener sein, als der Suchende sich von vornherein starke Selbstbeschränkung auferlegt

– eine Beschränkung, deren er sich gar nicht bewußt sein muß, die es ihm aber unmöglich macht, das Feld soziokonstruktiver Aktion zu betreten. Seine soziologische Phantasie ist gewissermaßen durch eine unausgesprochene Absicht gelähmt: alles, was mit religiösen Dogmen verbunden ist oder mit der bestehenden sozialen Ordnung in Konflikt geraten kann, als heikles Thema zu vermeiden. Ist er ein schwarzer Utopist – wie etwa D. Bunch –, dann beschränkt er sich darauf, technologische Miniaturhöllen zu zeichnen; eine solche Hölle ist bei Bunch Moderan, dessen Bürger miteinander »Privatkriege« führen, um ihre aggressiven Impulse zu entladen; wo man Androide konstruiert, um sie zu zerschmettern, wo jegliche Monstrosität im Wesen des Menschen, das ja immanent böse ist, verwurzelt erscheint. Dieses Böse ist vor allem widerlich, es ist eine rasende Willkürherrschaft kleiner, trivialer, gehirnloser Individuen, deren Taten nur deswegen ungeheuerliche Dimensionen annehmen können, weil sie alle an das Instrumentarium einer technisch sehr hoch entwickelten Zivilisation angeschlossen sind. Die Überzeugung, daß es eine positive Korrelation zwischen dem wissenschaftlich-technischen Fortschritt und einem Fortschritt bei der Gestaltung des Intellekts und der Moral – selbst als bloße Möglichkeit – gibt, scheint aus dem aktuellen Bewußtsein der Amerikaner vollkommen verdrängt zu sein. Der Astrophysiker Dyson hat einem solchen Zerreißen dieser Verbindung Ausdruck gegeben, als er auf einer Beratung über die Problematik der kosmischen Zivilisationen erklärte, daß jede Konstruktion, die technisch möglich wäre, ohne Rücksicht auf ihre eventuelle zivilisatorische Sinnlosigkeit ganz gewiß in der Galaxis verwirklicht würde. Um es anders auszudrücken: Nach Dyson kann es keine solche Sinnlosigkeit, keinen solchen Blödsinn, keinen solchen Horror geben, der nicht in einer beliebig entwickelten Kultur des Universums eine Spitzenposition, die über wichtige Probleme entscheidet, einnehmen könnte. Je stärker die Herrschaft über die materielle Umwelt wird, die technisch leistungsfähige Wesen dem Fortschritt der Wissenschaft verdanken, um so schneller kann man am Himmel sternhelle, nämlich zu Astroingenieurausmaßen vergrößerte Idiotismen erwarten. (Ein solcher Idiotismus wäre, konkret, die »Dyson-Sphäre« – eine riesige, dünnwandige Kugel, von *Trillionen* vernunftbegabter Wesen bevölkert – Wesen, die alle ihre früheren Freiheiten, einschließlich der Freiheit, sich von Ort zu Ort zu bewegen, gegen die Freiheit der exponentiellen Vermehrung ausgetauscht haben). Dies könnte ein Aphorismus erklären, nämlich daß Vernunft die Bereitwilligkeit ist, absolut alles zu realisieren, was in der gegebenen Etappe technisch bereits möglich ist, ohne Rücksicht auf Sinn, Wert und spätere, selbst in hohem Maße verderbliche Folgen. Dieser Aphorismus wäre eine mögliche Erklärung, würde er nicht etwas Falsches besagen, denn diese Vernunft soll im Universum stets blind sein gegenüber der Chance der Umwandlung der *sozialen* Strukturen. Sterne kann man auf die linke Seite umdrehen, falls jemand das schon fertigbringt – aber das soziale Gerüst harmonisieren, regulieren, planmäßig eine Kultur gestalten – das kann man angeblich nie. Es scheint klar, daß es sich hier um die Projektion eines historischen Einzelzustandes in das Universum handelt, eines Zustands, der damit, daß man ihm den Charakter einer »universellen Konstanten des Weltalls« verleiht, gleichzeitig jeden Beteiligten an beliebig schändlichen Handlungen auf der Erde von jeglicher Schuld freispricht. Denn wenn es im Kosmos in dieser Beziehung nicht anders zugehen kann, was verlangt man dann von den machtlosen und willenlosen Bürgern einer starken Großmacht? Dieser Staat ist doch mächtig, nicht sie. Sie können da nichts tun, man kann ihnen daraus keinen Vorwurf machen, denn »so ist es im ganzen Kosmos«.

Der Held des Romans von Robert Sheckley *A Ticket to Tranai,* der erfahren hat, daß auf diesem Planeten eine harmonische Utopie herrscht, überwindet alle Hindernisse, um dorthin zu gelangen und sich dort anzusiedeln. Es gibt auf Tranai tatsächlich weder Polizei noch Gerichte, es gibt keine Bettler, keine Verwaltungsorgane, die von den Bürgern Steuern einziehen, nicht einmal Ehestreit gibt es. Man hat es einfach eingerichtet. Die Frauen hält man im Zustand der Suspendierung ihrer Lebensfunktionen in einem speziellen »energetischen Feld«; aus diesem Zustand werden sie von ihren Ehemännern nur manchmal, z. B. wenn jemand auf Besuch kommt oder zwecks Erfüllung der ehelichen Pflichten, zum Leben erweckt. Infolgedessen herrscht Harmonie, die Frauen altern nicht so bald wie ihre Ehemänner und werden nach einer gewissen Zeit zu jungen Witwen. Banditen und Diebe gibt es nur scheinbar auf Tranai nicht; in der Nacht treiben in den Straßen Räuber ihr Unwesen, entweder in schwarzen Masken, dann sind es Staatsbeamte, die mit der Waffe in der Hand Geld für den Fiskus erobern (das ist auch eine Art der »Eintreibung von Steuern«), oder in weißen Masken – dann sind es Bürger, die im Rahmen privater Initiative, auf eigene Rechnung die Passanten berauben. Es gibt keine Mörder, denn als Mörder wird nur bezeichnet, wer mindestens zehn Personen getötet hat; aber gewöhnlich lauert einem, der schon fünf oder sechs umgebracht hat, ein hierfür zuständiger Staatsfunktionär mit einem Gewehr auf und erledigt ihn mit einem Schuß aus dem Hinterhalt, womit nicht nur eine Bedrohung der öffentlichen Ordnung beseitigt wird, sondern es sich auch erübrigt, Gerichte, Ermittlungsbehörden, Gefängnisse zu besitzen. Die Bettler müssen, um »arbeiten« zu können, besondere Lizenzen erwerben. Die Mitglieder der Regierung mit dem Präsidenten an der Spitze tragen um den Hals Ketten mit großen Siegeln, die mit Sprengstoff geladen sind. Wenn ein Bürger ihre Entscheidung nicht billigt, kann er sich in ein Amt begeben, in dem er auf die entsprechende Taste drückt; das auf diese Weise »in Frage gestellte« Regierungsmitglied stirbt auf der Stelle, da es durch die ferngelenkte Explosion des Siegels in Stücke gerissen wird. Daher strebt auf Tranai niemand nach Macht und niemand versucht, sie zu mißbrauchen, usw. Das Ganze ist natürlich ein boshafter und humoristischer Humbug, hat aber dennoch einen tieferen Sinn: Der Held sucht auf allen Sternen der Galaxis nach der Utopie, die angeblich irgendwo zu finden ist, um dann von diesem Ort der Vollkommenheit schleunigst auf die Erde zurückzukehren.

Es ist der Mühe wert, Sheckleys »Utopie« mit dem Moderan von David Bunch zu konfrontieren. Zwar haben wir bei Sheckley das normale technische »Instrumentarium« der Tranai-Gesellschaft, aber dessen Funktionen sind eigentlich neutral oder werden rein humoristisch behandelt (so – das Kräftefeld, um die Lebensfunktionen der Frauen zu suspendieren;

die Roboter werden absichtlich zerbrechlich produziert, damit die Menschen alle ihre Leidenschaften an ihnen austoben können). Bei Bunch haben wir dagegen bereits eine soziotechnische Hölle. Dank der Wissenschaft haben die Menschen faktische Unsterblichkeit erlangt; natürlich werden ihre Organe, wenn sie sich abnützen, durch Prothesen, künstliche Apparate ersetzt, so daß am Ende im Metallkörper als letzter biologischer Rest das Gehirn bleibt; und derjenige, dem man auch das Gehirn gegen eine entsprechende Maschine ausgewechselt hat, ist vor Stolz und Freude geradezu außer sich, als wäre es eine Schande oder zumindest unschicklich, noch ein Fleckchen lebendigen Gewebes zu besitzen. In Tranai herrschen ziemlich verrückte – und daher auch drollige – Sitten, aber eigentlich sind die traditionellen Werte auf vielen Gebieten intakt geblieben; bei Bunch hingegen sind sie unter dem Einfluß technologischer Trends komplett entwürdigt, ja geradezu vernichtet worden. Moderans Bürger leben in befestigten Palästen, beschäftigen sich in freien Stunden damit, über den Kosmos nachzudenken, aber im Alltag tragen sie untereinander Privatkriege aus, in denen möglichst viele Roboter und andere Maschinen zerstört werden. Die Androide nehmen nicht nur den Platz von Erziehern und Lehrern, sondern auch von sexuellen Partnern ein: Die Institution der Ehe hat nur mehr rituellen, platonischen Charakter, die Lebensfunktionen der Frauen befinden sich – wie bei Sheckley – in einem Schwebezustand, übrigens gebären die Frauen keine Kinder, die Technik hat auch diese Sphäre absorbiert, die Befruchtung und die Embryogenese finden unter synthetischer Kontrolle statt, die Männer hegen für ihre metallenen Sexualpartner natürlich keine positiven Gefühle. Ja, es ist schon ein Spaß, auf einer Party mit Bekannten Metallandroiden auf einem Scheiterhaufen aufzuschichten und mit einem Flammenwerfer zu verbrennen. Bunch hat sich übrigens nicht mit der Schaffung von Moderan begnügt; in seinen anderen Dystopien taucht ein Teufel auf, der ein riesiges Vernichtungslager für die Menschheit baut, oder auch die CD-Stätte – Amphitheater der totalen Verzweiflung (Complete Despair), wo man durch Schaustellung sadistischer Foltern die Zuschauer in Raserei versetzt, um ihnen dann mitzuteilen, daß sie alle soeben gesehenen Foltern selbst erdulden werden müssen. Im »College of Acceptable Death« wird die Jugend, als der langwierige Krieg für keinen mehr zu ertragen ist, in entsprechenden Lehranstalten in der Anwendung raffinierter Mordmethoden unterwiesen, indem man ihr ausgeklügelte Gewaltakte an Puppen, Tieren, Embryos vorführt, von einer Stimme begleitet, die auf hypnotische Weise wiederholt, was für eine nette und gute Sache der Tod sei.

Auch Bunchs Herrgott ist seinen Teufel wert: als im Atomkrieg die Erde sich in einen flammenden Stern verwandelt, erschafft Gott schleunigst eine große Sonne, um auf diese Weise sozusagen das Andenken der Menschheit zu ehren. Bei Bunch ist alles vom Bösen befleckt; Ray Bradbury mit seiner Gegnerschaft zu Wissenschaft und Technik ist im Vergleich zu Bunch ein sanfter Melancholiker, dessen Helden im Grunde ihres Herzens Menschen bleiben, die zwischen Gut und Böse zu unterscheiden wissen (so in *Fahrenheit 451*), in soziale Fesseln gezwungen, aber einer richtigen axiologischen Orientierung fähig – zumindest wenn sie mit sich allein sind. Diese Helden rebellieren manchmal auf irrationale Weise (wie Bradburys »Automatenmörder«, der alle mechanischen Einrichtungen, Radioapparate, Sender, sogar Uhren vernichtet; der tiefere, unausgesprochene Sinn der Erzählung ist, er soll der letzte normale Mensch in einer durch die Technik verrückt gewordenen Welt sein und eben deswegen wird er ins Irrenhaus gesperrt); gewöhnlich sind sie aber ratlose, zu keinem Widerstand fähige Kinder in einer schlecht eingerichteten Welt. Zu den melancholischen, utopischen Eskapisten gehört auch Clifford Simak, ein Schriftsteller der älteren Generation, den mit Bradbury die Vorliebe für die stille Provinz verbindet, für kleine Städtchen, in denen man ein patriarchalisches, gemächlicheres, sich nicht veränderndes Leben führt. Das Werk von Bunch, Bradbury, Simak stellt in seinen repräsentativen Teilen eine Anhäufung verschiedenartiger Reaktionen dar, die einer gemeinsamen Grundhaltung entstammen: dem Abscheu und der Angst vor den Entwicklungstrends der Zivilisation, insbesondere ihrer Wissenschaft und Technik. In ihnen, nicht in der politischen Struktur der Welt oder in der inneren Struktur ihrer Gesellschaftsordnungen sehen diese Autoren den Hauptfeind der Menschheit. Wie wir bereits wissen, ist eine solche Haltung auch für Ballard charakteristisch. Er setzt der abscheulichen Zivilisation durch entsprechend ausgeheckte Katastrophen ein Ende, und erweckt in seinen Helden lebhafte Sympathie für diese Katastrophen.

Auf dem Gebiet der Dystopie ist die Produktion der SF so reichhaltig, daß eine noch so knappe Besprechung dieser Literatur ein eigenes Buch erfordern würde. Wir können daher nur beispielshalber einige repräsentative Gruppen dieser Werke erwähnen.

1. Beachtenswert erscheinen die Texte, die von der Prämisse ausgehen, daß das nazistische Deutschland den Krieg gewonnen hat. In Sarbans (wirklicher Name des Verfassers: J. W. Hall) Roman *The Sound of His Horn* haben die faschistischen Bonzen etwa hundert Jahre nach dem Sieg Deutschlands Schlösser mit Ländereien, auf denen Sklaven arbeiten; der Oberjägermeister des Reichs organisiert Treibjagden auf Menschen (Mädchen, als Vögel verkleidet). Zu Spaß und Spiel hält man auf dem Schloß auch andere, blutgierige Mädchen, »Katzen« genannt, denen man die Gehirne herausoperiert hat. Übrigens informiert dieser Roman, mit seiner ziemlich verworrenen Handlung, die sich in der Atmosphäre einer gespenstischen Fabel abspielt, nicht darüber, was außerhalb der Stätten dieser sadistischen Orgien vorgeht, es fallen nur Bemerkungen über den andauernden Widerstand von Überbleibseln der Partisanengruppen, über das Funktionieren einer speziellen »Sklavenzucht« u. ä. m.

Philip K. Dick beschreibt in *The Man in the High Castle* eine nach dem Zweiten Weltkrieg zwischen Deutschland und Japan aufgeteilte Welt. Die Deutschen setzen in ihrer Okkupationszone die Ausrottung der Juden fort, die Japaner, die über Amerika herrschen, sind etwas toleranter. Es finden die ersten deutschen Flüge auf den Mars statt, das Mittelmeer wird ausgetrocknet (Italien hat zwar den Krieg an der Seite der Achsenmächte gewonnen, hat aber keine große Bedeutung in der internationalen Politik), in Afrika werden die Neger massenweise hingeschlachtet. Dick leistet sich einen perfiden Scherz: er flicht in den Text die Erwähnung eines phantastischen Romans ein, dessen Verfasser davon ausgeht, Hitler hätte den Krieg verloren ...

Der Österreicher O. Basil ist Verfasser eines Romans *Wenn das der Führer wüßte*. Die Atombombe haben die Deutschen erfunden und sie auf London abgeworfen, Europa samt England ist bis zum Ural deutsches Protektorat, auch Nord- und Südamerika befinden sich in der deutschen Einflußsphäre, in den USA regiert der Ku-Klux-Klan. Das Buch ist sicherlich von einem Mann geschrieben, der den Nazismus aus eigener Erfahrung, nicht bloß vom Hörensagen kennt. Ganz Europa ist mit Konzentrationslagern übersät, es gibt die Institution verstaatlichter Sklaverei, sowie eine Spezialzucht von Frauen, die zur Fortpflanzung dienen. Nach Hitlers Tod löst sich die bis dahin in Schranken gehaltene Barbarei in Chaos auf: die Bauernorganisation Bundschuh kämpft gemeinsam mit der SA gegen die SS und den Werwolf, dieser Bürgerkrieg geht bald in einen Atomkrieg über, als es zu einem Konflikt zwischen Deutschland und Japan kommt. Die imaginäre Wirklichkeit Basils enthält Elemente der unseren, aber mit umgekehrten Vorzeichen: Es finden Flüge in den Kosmos statt, aber die Kosmonauten sind »Untermenschen«, die auf der Umlaufbahn sterben, weil man die Raumschiffe nicht auf die Erde zurückkehren läßt, ihr Todesröcheln wird im Radio übertragen, wobei solche »seelenstärkende« Sendungen nicht ausgeschaltet werden dürfen; Juden – sorgfältig ausgestopft – findet man lediglich als Ausstellungsstücke in Museen, Slawen und Vertreter anderer Völker sind Diener der Herrenrasse respektive Objekte makabrer Experimente; der Held des Buches begegnet einem Haufen solcher unglücklicher, fast gänzlich vertierter Menschen, man kann seinen Aufenthaltsort nur wechseln, wenn man einen speziellen Parteibefehl hat, jeder Deutsche muß seine Militärdokumente, seinen Ahnenpaß, seinen Marschbefehl usw. ständig mit sich herumtragen. In dieser Welt existiert sogar ein Beauftragter für die Verbreitung des nationalsozialistischen Gedankenguts im Weltall. Der Sinn des Buches bedarf keiner Kommentare.

2. Die Welle von Werken, welche die Welt nach dem Dritten Weltkrieg und die Folgen dieses Weltkriegs darstellen, ist schon abgeebbt. Es gibt davon jedoch zu viele, als daß

wir auf einzelne Titel eingehen könnten. Sie geben verschiedene Varianten des Chaos wieder: lokale Regierungen der »starken Hand«, ein inmitten von Stadtruinen geführter Kampf aller gegen alle, Bilder von Zerstörungen, auch und vielleicht hauptsächlich von psychischen (in einem dieser Bücher, *Ringers,* greifen psychopathische Perverse Mädchen an und zwingen sie, miteinander zu kämpfen, um die Opfer sadistisch zu mißhandeln), es gibt eine Menge von Beschreibungen solcher sittlichen Entartung; wie auch von körperlicher Degeneration, massenhafter, durch Strahlung hervorgerufener Entartungen und Verkrüppelungen. Bei aller Scheußlichkeit sind jedoch diese Werke problemlos; es handelt sich um Varianten des Themas der Katastrophe – in diesem Fall durch einen schon vergangenen oder noch andauernden Krieg entstanden.

3. Eine dritte Gruppe bilden die »Computerokratien« – Gesellschaften, die von Maschinen oder auch nur einer elektronischen Supermaschine regiert werden. Eine solche Maschine unterzieht – z. B. bei van Vogt – periodisch alle Bürger einer Prüfung und bewertet je nach der von ihnen erreichten »Note« ihre soziale Brauchbarkeit. Übrigens wird nicht in allen diesen Werken die »Elektrokratie« als etwas eindeutig Böses hingestellt. Das ist nicht die Konsequenz der konkreten Anschauungen der Autoren über das Gesellschaftssystem, sondern ergibt sich einfach daraus, daß die typische Handlung solcher Werke, ein Duell zwischen dem Helden und der Maschine, gewöhnlich sehr naiv konzipiert ist. Dem Helden gelingt es letzten Endes, irgendwie die Maschine zu überlisten; man kann natürlich, wenn man sich auf diesen Aspekt der »Elektrokratie« konzentriert, diese kaum als ein Problem behandeln, das eine Analyse wert ist. Nicht immer regiert die Maschine allein, manchmal ist sie, oder ist sogar ein Netz von Maschinen, Instrument einer diktatorisch und rücksichtslos von Menschen ausgeübten Herrschaft; solche Werke befinden sich meist unter dem starken Einfluß des seinerzeit berühmten Romans von Orwell, *1984,* und sie kopieren mehr oder weniger geschickt sein Schema. Eine optimistische, aber leider auch infantile Variante ist die »vorübergehende Dystopie«; in Heinleins *Revolt of 2100* wird Amerika von einer Priesterka-

ste, einer Art zutiefst korrumpierter und depravierter Mormonen, regiert, und der Roman erzählt, wie es gelingt, ihre Diktatur zu stürzen. So oft aber auch diese oder jene scheußliche Regierungsform beseitigt wird (in einem anderen Roman werden die USA vom COMUS – Communications US – regiert, einer Organisation, die nominell den Transport leitet, aber de facto, dank allgemeiner Bespitzelung, Denunziantentum, Abhören von Gesprächen, besonderen TV-Sendungen usw. über die Seelen der Menschen herrscht), wir erfahren nichts darüber, wie in der Zukunft, nach der Wiederherstellung der Bürgerrechte, die Struktur der Gesellschaft aussehen wird. Was die Utopien betrifft, so finden wir metaphysische, elegische oder einfach märchenhafte. Die Science Fiction siedelt sie niemals auf der Erde an, vielmehr trifft ein Aufklärungstrupp der Menschheit auf Formen einer vollkommenen gesellschaftlichen Existenz der »Anderen«, die meist als eine Idylle dargestellt wird, verwirklicht dank der Ablehnung der technologischen Entwicklungsphase, oder weil diese schon endgültig überschritten wurde. Aber wiederum – die Handlung dieser Bücher konzentriert sich auf das Aufzeigen von Konflikten zwischen der menschlichen Niedertracht und den »höherstehenden Gesellschaften der Galaxis«, von deren Einrichtungen unmöglich Näheres zu erfahren ist, außer solcher Gemeinplätze, daß es Wesen sind, die die geistige Herrschaft über die Materie errungen haben oder so etwas Ähnliches wie Yoga betreiben; die gesellschaftlichen Bedingungen ihrer Existenz werden auf ebenso pastoral-arkadische wie nichtssagende Weise geschildert, z. B. in A. Clarkes *The City and the Stars.* Wir sehen also, daß sowohl die soziotechnischen Höllen der Science Fiction wie ihre utopischen Paradiese an der intellektuellen Schwäche der Phantasie, von der sie geschaffen wurden, gleichermaßen leiden.

Moralisch kann man all den Autoren von Utopien und Dystopien nichts vorwerfen. Leider kommt ihrer durchaus korrekten ethischen Regung kein rationales Wissen und keine vom notwendigen Elan erfüllte soziologische Vorstellungskraft zu Hilfe. Solche Schriftsteller sind nur imstande, entweder bestehende Trends zu verlängern und sie damit auf höllische Ausmaße zu bringen (gewöhnlich sind es Höllen, die, was die *Logik* betrifft, durchaus solide konstruiert sind), oder sie lehnen mit einer einzigen Geste alles ab, worauf sich die technische Zivilisation gründet, und wovon sie lebt. Bei einem solchen Vorgehen müssen sie konsequenterweise entweder Kassandras sein, die eine schwarze Zukunft künden, oder Klageweiber, die einer unwiederbringlichen, fromm-patriarchalischen Vergangenheit nachtrauern.

An der Bibliothek von Utopien der Science Fiction könnte man also die Aufschrift anbringen: »Es war gut, es ist schlecht, es wird noch schlechter werden.«

Ich glaube, man könnte das Problem der Zukunft der Menschheit eindeutig so formulieren: ein Fortschrittsautomatismus, der garantieren würde, daß die Früchte jeglicher technischer Evolution immer segensreich sein werden, ist eine reine Fiktion. Darüber kann man nicht geteilter Meinung sein. Der Menschheit eröffnen sich zahlreiche beschreitbare Wege. Darunter führen viele, direkt oder auf Umwegen, in Infernos, ähnlich jenen, die in den der Phantasie entsprungenen Dystopien der Science Fiction beschrieben werden. Sagen wir, in einer Anwandlung von Schwarzseherei, daß 95 Prozent der Entwicklungswege, die der Menschheit offenstehen, in die Irre führen. Aber es will mir nicht in den Kopf, daß 100 Prozent dieser Entwicklungswege in einer Hölle landen. Die Welt ist zwar keine materielle Maschine zur Produktion von ungeheuren Mengen Menschenglücks, sie ist aber auch nicht das Werk Satans, in böser Absicht so programmiert, daß die Menschen, andere Menschen quälend, weder als Opfer noch als Henker dem Tretrad der Pein entkommen können. Man soll keinerlei Zensurverbote gegen die literarischen Extreme – die »angelologische Utopie« und die satanische Dystopie« – erlassen. Aber sie sollten doch die zwei entgegengesetzten Enden eines Raumes bilden, der zu einer weniger einseitigen Bauarbeit auffordert. Was soll man dazu sagen, daß die einzige soziale Utopie der letzten Jahre, *A Case of Conscience* von J. Blish, eine Gesellschaft zeigt, die nur deswegen in Harmonie lebt, weil diese Harmonie ein Werk des Satans ist, mit dem er den menschlichen Geist verwirren und von Gott abbringen will? Es ist die im ganzen Universum der Science Fiction einzige technische soziale Utopie – und gerade sie verdient es, nach Ansicht von Blish, aus dem Kosmos exorzisiert zu werden. Offensichtlich ist schon die Einbekennung des Glaubens an eine hypothetische *Möglichkeit*, eine nicht qualvolle Soziostase herzustellen, in der Science Fiction verdächtig; auch nur den Schimmer einer Hoffnung auf eine nicht entsetzliche Entwicklung der Dinge auszusprechen – heißt sich ungehörig zu verhalten. Ich sage nicht, daß derartige Entscheidungen in der Science Fiction tatsächlich schon gefallen sind; ich sage bloß, daß man aufgrund des ganzen Berges bereits gedruckter Werke ihnen diesen Inhalt unterstellen könnte. Wir müssen dabei zwei traditionell zueinander tendierende Probleme deutlich auseinanderhalten, ehe wir darangehen, etwas über die nicht-eschatologische Behandlung des Themas Utopie zu sagen. Und zwar müssen wir den ethischen Aspekt der soziologischen Modellkonstruktion von seinem rein sachlichen, d. h. vom Konstruktionsaspekt trennen. Die intellektuelle Schwäche, die gleichzeitig eine Schwäche der kreativen Phantasie ist, kann nämlich, indem sie sich in die Toga der moralischen Entrüstung über den schnöden Lauf der irdischen Dinge hüllt, am leichtesten vorgeben, sie schöpfe mit Höllenvisionen oder mit idealisierten Darstellungen die ganze Problematik der Prognose der Zivilisationsgeschicke aus. Um diese Art von Verteidigungstaktik zu vereiteln, muß man zuvor – *zeitweilig* – auf jegliche ethische Bewertung der kreativen Arbeit verzichten. Man soll also nicht gleich Fragen stellen und die geistigen Erfahrungen innerhalb einer rein moralischen Kategorie organisieren, sondern man muß Empiriker werden – Welten aufbauen, die sich, aufgrund unseres ganzen besseren Wissens, einfach konstruieren lassen und eine auch nur minimale Chance der Verwirklichung haben. Hier tritt dann die Konzeption der Einführung von Methoden des kybernetischen Modellbaus in die Thematik ein. Man wird die zwischenmenschlichen Beziehungen verschiedenster Art und mannigfaltige Strukturtypen der menschlichen Gemeinschaft einmal analysieren können, indem man die Ausgangspositionen als Programm der modellhaften Sozioevolution bestimmt, und die in der Maschine entstehenden selbstorganisierenden Prozesse, die soziostatischen und soziolithischen Tendenzen beobachten können, um die Qualität der Gleichgewichtszustände zu erkennen, man wird die kritischen Punkte der soziodynamischen Übergänge finden, die eine Formation von der anderen trennen, die Trajektorien solcher Modellgesellschaften unter den verschiedensten Aspekten analysieren, solcherart die pseudogesellschaftlichen Organismen dem Wirken verschiedener Faktoren aussetzen, die ihr Gleichgewicht stören, sich also nicht existierende Erfindungen und Entdeckungen ausdenken, nach den Folgen ihrer allgemeinen Anwendung forschen usw. Es eröffnet sich hier vor uns ein wahrer Ozean von Möglichkeiten, die heute noch pure Phantasie sind, aber nur in dem Sinne, daß wir weder so mächtige Computer, noch entsprechende Soziomodellprogramme für sie bereit haben; keinesfalls jedoch in dem Sinne, daß es sich um für immer und ewig unrealisierbare Forschungen handelt. Über die Chancen solcher Modellkonstruktionen habe ich ausführlicher am Schluß der russischen Ausgabe von *Summa Technologiae* (Moskau, Verlag »Mir«, 1968) geschrieben; ich habe versucht, diese Frage dort nicht als Thema der phantastischen Literatur unter die Lupe zu nehmen, sondern als Kapitel einer experimentellen Soziologie, die vielleicht entstehen könnte und mit typisch kybernetischen Methoden der Nachahmung sehr komplizierter Systemevolutionen arbeiten würde; heute darf man von solchen Arbeiten um so eher sprechen, als wir bereits in ihre gewissermaßen frühe und einfachere Phase eintreten – da bestimmte bioevolutionäre Anfangsprozesse im Modell heute schon maschinell entstehen.

Es ist gerade für die Science Fiction ungemein charakteristisch, daß ihr die phantastische Vorstellung von einem solchen rational-experimentellen Herangehen an soziale Phänomene bislang fremd geblieben ist. Die phantastische Literatur erlaubt sich alle, auch höchst monströse Aberrationen, alle Formen schrecklicher und unheimlicher Experimente – aber Strukturen der von uns beschriebenen Art zu erproben, die der Menschheit als erträgliche planetare Heimstätten dienen könnten, dazu hat sie sich noch nicht aufgerafft. Dies ist um so merkwürdiger, als ein solches generelles Vorgehen eine Menge literarischer Möglichkeiten in sich birgt. Es genügt, sich z. B. zwei parallele Utopien vorzustellen, von denen jede die andere nach den eigenen Normen beurteilt und bewertet; es würden dies nicht zwei Arten einer sozialen Hölle sein, sondern einfach zwei verschiedene soziale Systeme, von denen sich jedes scharf vom anderen unterscheidet, was insofern a priori wahrscheinlich ist, als, wie wir heute aufgrund von vorerst elementaren Ergebnissen aus der *Entscheidungstheorie* (insbesondere gemäß des »Arrow-Paradoxons«) annehmen dürfen, nicht alle Werte, die wir gerne für eine vollendete soziale Heimstätte des Menschen anerkannt sehen möchten, wirklich gleichzeitig realisiert werden können. Man muß auf bestimmte Werte verzichten, um zu anderen vorzustoßen. Durch ein solches Vorgehen, das die Gesellschaftsmodelle in eine Sphäre außerhalb der höllischen und sadistischen Experimente versetzt, machen wir uns zugleich frei von der Klausur eines ebenso extremen wie primitiven Manichäismus. Es ist nicht nur ethischer Abscheu – das soll ausdrücklich festgestellt werden –, was die SF-Schriftsteller zwingt, in jedem ihrer belletristischen Versuche die Zukunft in widerlichster Form darzustellen, nicht nur der Wunsch, uns Kassandra-Warnungen und -Mahnungen zuteil werden zu lassen, was ihre Federn leitet. Auch intellektuelle Trägheit, die Abneigung, sich an kühne Forschungen zu machen, eine Lähmung der soziologisch orientierten Vorstellungskraft sind hier wirksam; alle zusammen ergeben die Mode, die Zukunft als reines Schreckbild zu sehen, bei dem es ohne monströse Beimischungen nicht abgeht.

Die mythenbildende und die soziologische Phantasie

Wohl nirgends verrät ein literarisches Werk die Verschwommenheit seiner Bedeutungen so offenkundig, wie beim Thema Utopie. Es präsentiert eine andere als die gewohnte Form des menschlichen Daseins – mit welcher Absicht? Um die Grenzen der hellen und dunklen Träume zu zeigen? Zu beweisen, daß deren Verwirklichung möglich oder unmöglich ist? Um das gesellschaftlich Böse auf die wesenhafte Bösartigkeit des Menschen zurückzuführen? Ist dieses Werk eine reductio ad absurdum, oder ein Wegweiser? Ein in der Voraussage enthaltenes Urteil, oder eine Warnung? Eine Parabel, aus einer mythischen Inspiration geboren, oder die Belletrisierung eines rationalen Plans? Die Projizierung der Ängste oder Hoffnungen einer konkreten Epoche – oder das Suchen nach dem richtigen Weg im Dschungel der Irrwege? Wie wir sahen, kann das Thema Utopie noch etwas anderes sein – nämlich ein Vorwand zur Darlegung einer bestimmten phantastischen Philosophie (Borges). Das Thema selbst erweist sich also als absolut neutral; man kann, wenn man es aufnimmt, eine beliebige Richtung einschlagen. Das Thema schreibt weder konkrete Lösungen noch die ihnen entsprechenden Sinngehalte vor. Die ganze Literatur steht heute an einem Scheideweg, weil die traditionelle Aufgabe, »der sichtbaren Welt Gerechtigkeit widerfahren zu lassen«, immer schwieriger wird. Die Unerfaßbarkeit, die Unintegrierbarkeit dieser Welt, die an hundert Stellen gleichzeitig in vielen Farben schillert, und weniger neue Gestalt gebiert, als daß sie selbst eine unaufhörliche Geburt ist – denn sie entsteht im Zuge von Metamorphosen, die immer neue Metamorphosen hervorbringen, die Unabhängigkeit dieser Welt des Denkens als Folge der raschen Veränderlichkeit, die das stabile und unbewegliche Sein in einen zunehmend anschwellenden Strom voller Katarakte verwandelt hat – all dies drängt die Kreativität zur Bildung von Mythen, die mit dem Wahrzeichen einer universalen Unwandelbarkeit versehen sind. Aber die Mythen haben ihre Rolle, das Unbegreifliche vertraut zu machen, bereits ausgespielt. Es ist kein Zufall, daß die Literatur, die auf dem Felde künstlerisch noch nicht ausgeloteter Erfahrungen erscheint, zu realistischer Wiedergabe tendiert. Was könnten wir über die Lebensbedingungen der amerikanischen Neger erfahren, wenn die schwarzen Schriftsteller das Schicksal ihrer Brüder auf Mythengerüsten aufspannen, es in Mythen darlegen würden? Die Tatsache, daß Wright und Baldwin Realisten sind, bestätigt die Notwendigkeit einer Literatur, die zuerst die Sache zeigt, ehe sie sie nach den Prinzipien einer Art metaempirischer Poetik zu interpretieren beginnt. Sowohl das eutopische, als auch das dystopische Denken ist das Werk einer Phantasie, die die Stufe des rationalen Denkens entweder (in der Eutopie) noch nicht erreicht hat oder (in der

Dystopie) die Möglichkeit, solches Wissen zu erwerben, dramatisch bzw. ironisch negiert. Nehmen wir für einen Moment an, die Aufgabe, die Menschheit in eine vollendete Ordnung zu versetzen, wäre ein Problem, das instrumental im technischen Sinne dieses Wortes ist, d. h. daß es sich um den Bau – vielmehr um den Umbau übrigens – einer Maschine handelt, die sich historisch selbst aufgebaut hat; was wäre dann angesichts einer solchen Aufgabe die Utopie? Praktisch gesehen, haben fast alle heute verwirklichten Techniken ihre frühen – eben utopischen – Antizedenzien. Utopisch war die Idee der Kosmonautik – als Schiffsreise oder als Ballonflug zum Mond; die Idee der Aeronautik – indem der Mensch sich Vogelflügel anheftete; der »Nuklearchemie« – der Umwandlung der Elemente – als Suche nach dem Stein der Weisen; der medizinischen Behandlung von Geisteskranken mittels Durchlöcherung des Schädels, damit der böse Geist entweichen kann; des menschenähnlichen Automaten als Homunculus aus der Retorte.

Es gibt zwei Gründe, warum die Soziologie, durch literarische Phantasie in ihr höheres Stadium: das der Theorie, wie Gesellschaften aufzubauen und zu regulieren sind, verwandelt, nicht leicht von utopischen Lösungen zu empirischen Arbeiten übergehen kann. Um ein beliebiges Gebiet materieller Erscheinungen zu beherrschen, muß man über folgendes verfügen: erstens, eine Information darüber; zweitens, einen Spezialistenkader; drittens, Investitionsmittel. Das betrifft jedoch nur Tatsachen, die außerhalb der Gesellschaft bestehen. Zur Harmonisierung der Menschheit genügt es nicht, eine Theorie, Fachleute und Instrumente zu haben, man muß auch – Marx hat als erster die Schlußfolgerungen aus dieser Erkenntnis gezogen – eine große Gesellschaftsgruppe finden, effizient und mächtig genug, damit der Plan verwirklicht werden kann, und willig genug, das zu tun. Denn im Prinzip ist die Einmütigkeit aller Axiometer hinsichtlich jeder Technik möglich: sie werden sich schließlich darauf einigen, daß bestimmte ihrer Produkte besser sind als die anderen; es gibt jedoch keine axiologische Einmütigkeit, und kann sie auch nicht geben, in bezug auf Projekte einer Regelung und Rekonstruktion der Gesellschaft. Utopisch ist gerade der Gedanke, man könnte ein Projekt entwerfen, einen Plan aufstellen, der nur Anhänger findet. Der zweite Grund ist eine Schwierigkeit ganz anderer, nämlich kognitiver Natur. Den Unterschied zwischen gewöhnlicher und sozialer Architektur könnte man so formulieren: der Erbauer von Gebäuden macht seine Entwürfe und berücksichtigt dabei die Eigenschaften der Baustoffe, kümmert sich aber nicht darum, ob diese Stoffe sich als Teil der ganzen Konstruktion wohlfühlen werden. Die Eigenschaften des Baumaterials interessieren ihn nur insofern, als sich aus ihnen die Gesamtqualität des Bauwerks ableitet. Aber wir sind nicht der Ansicht, daß man das Schicksal eines Ziegels mit dem Schicksal von Menschen gleichsetzen kann. Zugleich wissen wir aber auch, daß die Zähigkeit des menschlichen Materials groß ist und die Grenzen seiner Formbarkeit – in Abhängigkeiten vom Gesamtbau – viel weiter gesetzt sind als die Grenzen seines subjektiven Wohlbefindens. Denn aus unglücklichen Menschen kann man eine prächtige Großmacht aufbauen. Aber wo ist die Mathematik des Glückes und des Leids, deren Formeln algorithmisch, sozusagen automatisch, alle derartigen Projekte, die den Bedingungen der Moralphysik nicht entsprechen, zunichte machen würden? Selbst wenn es eine solche Mathematik des Glücks gäbe, wo finden wir eine Theorie der dynamischen Steuerung, die eine gegebene Situation in eine erwünschte umwandelt – und zwar durch eine solche Sequenz von Übergängen, daß sie alle nicht nur erträglich wären, sondern selbst jeweils »glückschaffende« Werte enthielten? Und wo gibt es das Baumaterial, mit dem man riskante Versuche und mit Unsicherheit belastete Experimente durchführen könnte? Und ist denn überhaupt eine einzige ultimative Theorie der Sozioregulation und der Soziodynamik möglich – eine, auf die keine anderen mehr folgen werden? Steht es mit ihr nicht so, wie mit der Theorie der Architektur, der Theorie des Flugs, der Theorie der Energetik, und überhaupt mit jeder Instrumentaltheorie – daß nämlich ihre aufeinanderfolgenden diachronischen Phasen Schritte zu Vervollkommnungen sind, die stufenweise vollzogen werden? Die Bemühungen der Forscher müßten jedenfalls darauf abzielen, die sozioarchitektonische Problematik aus dem Reich der Mythen – das ein Reich der Träume als zeitweilige

Flucht vor der Wirklichkeit ist – herauszuführen. Die soziale Utopie ist zwar, ebenso wie die Anti-Utopie, das Produkt realer Bedürfnisse (oder »Anti-Bedürfnisse«, wenn sie eine Dystopie darstellt), aber diese Bedürfnisse werden durch sie in einer Vereinfachung formuliert, die sich um ihre wirkliche Realisierbarkeit nicht kümmert. Elemente mythischen Denkens taugen ebensowenig zum Aufbau besserer Welten, wie Wachs und Vogelfedern zum Fliegen. Und so, wie Dädalus sich mit Ikarus niemals in die Lüfte erhob, so gab es auch niemals ein Goldenes Zeitalter oder das Paradies auf Erden, und auch keine Insel der Glücklichen noch andere Vollkommenheiten, die dann fatalerweise verdarben und verfielen.

Um noch einmal das bereits angeführte Beispiel zu verwenden: Der Traum vom Fliegen, den der Mensch hegte, konzentrierte sich in den Zeiten vor dem Ballon auf jene Form, die man ständig vor Augen hatte. Und weil die nach oben führende Flugrichtung besonderen Wert gewann, war eine Kreuzung zwischen Mensch und Vogel, die den Engel hervorbrachte, das erste Produkt der aeronautisch aufgebotenen Phantasie. Zu verschiedenen Zeiten tauchten, allerdings ziemlich selten, Menschen auf, die auf Flügeln, den Vögeln abgeguckt, schweben wollten – mit gleichermaßen fatalen Ergebnissen, sobald sie auf diesen Flügeln von der Höhe herabzufliegen versuchten. Es gab also dauernd einerseits die prinzipiell unverwirklichbare Vorstellung vom unbeschwert fliegenden Menschen, andererseits die wirklichen Erinnerungen an die tödlichen Stürze, mit denen solche Versuche endeten. Eine Verwirklichung des Fliegens *zwischen* diesen Extremen war unmöglich; bis heute sind selbst die Koleopter, Maschinen, die sich durch Flügelschlag in der Luft halten, nicht über das Versuchsstadium hinausgekommen. Die Utopie entspricht hier auf der soziologischen Ebene den Träumen vom Vogelflug des Menschen, während die Anti-Utopie wieder ein Bild des Sturzes ist, mit dem ein so projektierter Flug enden muß. Solange wir Probleme einer Verbesserung der Sozialstruktur in Kategorien der Utopie und Anti-Utopie erwägen, bleiben wir Gefangene von Begriffen, die in bezug auf diese Aufgabe absolut inadäquat sind. Selbst wenn wir kopfstehen, von der Erforschung von Stearin, Wachs und Vogelflügeln führt kein Weg zur Planung und zum Bau von Flugzeugen. So wie man durch das Erklettern selbst der allerhöchsten Bäume nicht zu kosmischen Flügen gelangt. Man muß auf die Erde hinuntersteigen und sich mit der Theorie des Fliegens befassen. Nicht anders, bloß viele komplizierter, verhält es sich mit der theoretischen und der experimentellen Soziologie. Doch weder die Utopisten noch die Anti-Utopisten sind sich dessen bewußt. Was würden wir über eine Science-Fiction-Literatur sagen, die behauptet, Menschen könnten fliegen, aber nur unter der Bedingung, daß ihr Körper im Maßstab 1:10 verkleinert und über und über mit Federn bedeckt wäre, daß ihre Gliedmaßen sich in Flügel verwandeln und daß aus ihrem Kreuzbein ein Schwanz mit Schwungfedern herauswächst? Aber gerade so geht die Science Fiction in der Soziologie vor, wenn sie pastorale und rustikale Utopien heraufbeschwört. Schriftstellern wie Clifford Simak oder Ray Bradbury erscheint eine Gesellschaft als ideal, die fest in einer rustikalen, offenen, entstädterten, jahrhundertelang unveränderten, träge und langsam dahinvegetierenden Landschaft verwurzelt ist. An Stelle der Vernunft setzen sie ästhetische Empfindsamkeit, malen ihr Pastellarkadien, ohne überhaupt zu überlegen, daß zuerst eine Katastrophe von den Dimensionen eines Atomkriegs neun Zehntel der Menschheit vernichten müßte, bevor diese ländlich-idyllischen Produktionsmethoden zur Lebenserhaltung der Übriggebliebenen ausreichen würden. In den Schäferidyllen von Simak »verlassen die Menschen einfach die Städte«, weil sie die Nase voll haben. Diese Lösung erinnert an einen als Fortschritt ausgegebenen Marsch in den Wald – auf allen Vieren. Auch bei Bradbury handelt es sich bei diesen Träumen um Märchen, die mit wissenschaftlicher phantastischer Literatur nichts zu tun haben.

Anders ist es bei der Anti-Utopie. Hier wird mit genauen Details nicht mehr gespart. Als Anti-Utopien sollte man eigentlich nur Werke von Orwellschem Typ bezeichnen, also die Darstellung von Abwegigkeiten und Entartungen eines sozialen Verbesserungsprogramms, das vom Anfang an schlecht konzipiert oder falsch realisiert war. Hingegen ist es nicht angebracht, Visionen von faschistischen Imperien als Anti-Utopie zu bezeichnen, weil in ihrer Doktrin gewöhnlich auch nicht die Spur von einer Beglückung der Menschheit enthalten ist, sondern, im Gegenteil, die bedingungslose Unterwerfung der Menschheit unter eine Herrenrasse oder eine andere Art von herrschender Elite gepredigt wird. In der Praxis ist jedoch eine solche Differenzierung schwer durchführbar, weil die Verfassser von Dystopien, vom finsteren Reichtum an Höllen, die sie uns auf Erden bereiten, fasziniert, sich am wenigsten mit den – übrigens – zentralen Fragen der Kausalität und Soziologie beschäftigen (d. h. nicht danach fragen und auch keine Antwort auf diesbezügliche Fragen erteilen – wie die gegebene Form der antihumanitären Gesellschaftsstruktur entstanden ist, in wessen Interesse ihre Erhaltung liegt, warum sie, wie sie zu verstehen geben, so außergewöhnlich dauerhaft ist usw.).

In der Science Fiction kann man eine ganze Reihe verschiedenartiger sozialer Höllen unterscheiden. Die scheinbar harmloseste Art – aber nur was die Darstellung betrifft – ist das »komische Inferno« etwa vom Typ der »Utopie von Tranai« und andere humoristische oder groteske Staatsformen, wie in *The Midas Plague* und *The Space Merchants*, beide von F. Pohl und C. Kornbluth geschrieben. Die nicht komische – weil eben dramatische – Dystopie von Bradbury *Fahrenheit 451* ist ziemlich naiv. Bradbury präsentiert eine Gesellschaft, die alle Produkte geistiger Kreativität auszurotten versucht, wenn sie nicht instrumental brauchbar sind. Dieses Werk ist nur ein blasser Schatten des Romans von Orwell; Bradbury versteht nämlich nicht, daß noch viel schlimmer als die Herrschaft böser Menschen eine Regierung ist, die Bücher nicht verbrennt, weil diese Bücher im menschlichen Bewußtsein jeden Wert verloren haben. Solange die Menschen durch rein äußerlichen Zwang unterjocht sind – etwa von der Art, wie ihn das Dritte Reich in den vom ihm besetzten Ländern ausgeübt hat –, wird die Kontinuität der Kulturtraditionen den grausamsten Verfolgungen ausgesetzt, aber sie bleibt doch in den Menschen erhalten (Polen z. B., die sich innerlich mit den Zuständen im Generalgouvernement abfanden, konnte man an den Fingern einer Hand abzählen). Definitiv vernichtet wird eine Kultur erst dann, wenn jede Spur von Erinnerung an sie aus dem gesellschaftlichen Bewußtsein verschwindet, weil die zu diesem Ziel führenden soziotechnischen Methoden lange genug und wirksam genug angewendet worden sind. Die Nazis hatten glücklicherweise nicht genügend Zeit, um ein solches Programm voll zu realisieren; die uns aus der KZ-Literatur bekannten Fälle des moralischen Zusammenbruchs von Häftlingen, die bereit waren, die ihnen untergeordneten Mithäftlinge zu quälen und zu foltern, deuten jedoch auf etwas hin, was schlimmer ist als selbst Ketten, Peitschen und Krematorien. Denn es stimmt: *anima humaniter non est naturaliter bona*, aber ebenso ist es unwahr, daß sie *naturaliter mala* ist, weil eben das konkret geformte Sein das konkrete Bewußtsein gestaltet. Darum sind alle so reich mit sadistischen Darbietungen ausgestatteten Höllen der dystopischen Science Fiction – etwa die von Bunch – von billigster Oberflächlichkeit. Hier, auf dem soziologischen Feld, muß man den Theologen recht geben: Solange der Mensch noch zwischen Gut und Böse zu unterscheiden vermag, ist nicht alles verloren. Die Science Fiction konstruiert auf dem Sektor der Dystopie meistens das, was am leichtesten zu konstruieren ist. Also monströse Imperien, monströse Computer, monströses Herausoperieren von Gehirnen durch die »Gedankenpolizei«, Untersuchung von Menschen unter Zuhilfenahme von »Loyalitätsthermometern« – ihre schwarzen Utopien, selbst die »milderen«, wie z. B. R. Sheckleys *Academy* und *The Status Civilisation* oder Heinleins *Coventry*, strotzen von solchen Accessoires. Es lohnt nicht, bis zum Überdruß zu wiederholen, daß die rein physikalischen Bedingungen des kosmischen Raums alle Kriege galaktischer Großmächte, alle diese nicht enden wollenden Schlachten um Sternensysteme, zu reinem Unsinn stempeln – nicht weil es den Optimisten oder den Weltverbesserern so gefällt, sondern weil der Kosmos so gebaut ist, daß er sich niemals auf diese Weise »militarisieren« ließe, und die ganze in ihm untergebrachte monströse Schlachtenmalerei ist nur die Projektion von Ängsten oder sadistischen Gelüsten.

Etwas realistischer wäre bereits die Erwägung einer Alternative von »zwei Höllen« – der Hölle der Hungersnöte und der Hölle der Befriedigungen, nach der Interpretation, daß man in Gesellschaften, in denen Mangel und Elend herrscht, sich geistigen Edelmut erhalten kann, indem man sich z. B. an die Spitze der Unterdrückten stellt, Visionen eines besseren Daseins zeichnet, während in der Hölle der Befriedigungen im Menschen schon alles gelähmt ist. Totale Befriedigung der Bedürfnisse zermalmt total; Expansivität, ein zuverlässig beschützender Altruismus, Freude an Arbeit und Kreativität – alles das wird durch übermäßige Automatisierung der Befriedigung vollkommen erdrückt. Aber solche Bilder sind schwerer herzustellen, daher findet man sie auch in der Science Fiction selten.

Die Vorwürfe, die in den Dystopien der Science Fiction impliziert sind, richten sich gewöhnlich an die falsche Adresse. Die einen, wie D. Bunch, sehen den Urquell alles Bösen im Menschen. Er ist für sie ein Monstrum, das mit Freude und Wollust Greueltaten begeht, die letzten Endes ihn selbst verschlingen. Andere, wie Ballard, Bradbury, Simak, schieben die Schuld an allem Übel in der Welt der technisch-wissenschaftlichen Zivilisation zu. Sie sehen die Rettung also entweder in einer Katastrophe, die diese Zivilisation vernichten wird, oder in einem generellen Abmarsch in Richtung »Wiesen und Wälder«, möglichst weit weg von den verfluchten Metropolen, oder, schließlich, in der Ankunft der »Anderen«, die, wie in Clarkes *Childhood's End*, die Erdenbewohner beim Genick packen und mit Gewalt beglücken werden. In den vergangenen Jahren war das Modethema die kommunistische Invasion, die die Vereinigten Staaten oder die ganze Welt in eine einzige diktatorische Hölle verwandelt, aber einige tapfere und schlaue Individuen, so etwa bei Heinlein, besiegen die »Roten« mit einer »Wunderwaffe« und vertreiben sie; manchmal bedarf es einer Zeitverschiebung um mehrere Jahrhunderte in die Vergangenheit und entsprechender Retuschen an ihr, damit die kommunistische Invasion mißlingt. Aber keinem der SF-Autoren kommt es auch nur in den Sinn, die Sozialisierung zu erwähnen, sei es auch nur der Schlüsselindustrien, die ja sogar in orthodox kapitalistischen Staaten, wie etwa England, verwirklicht wurde. So etwas kann es nicht geben. Es geht dabei gar nicht darum, daß die Amerikaner als utopisches Ideal den Kommunismus propagieren sollten; man kann nicht allzu viel verlangen, schließlich gibt es verschiedene Auffassungen vom Sozialismus und von den Wegen, die zu ihm führen; doch ist dieser Begriff aus dem Wortschatz der SF gestrichen – außer er bildet die Grundlage von Dystopien post-Orwellschen Typs.

Darum sei beiläufig erwähnt, daß die Science Fiction, was die politischen Überzeugungen der Mehrzahl ihrer Autoren betrifft, sich eindeutig auf der Rechten des politischen Spektrums befindet, und das selbst im Verhältnis zu den aufgeklärten liberalen Kreisen der amerikanischen Intelligenz, also zu den akademischen Kreisen, zur intellektuellen Elite der Schriftsteller und Künstler. Es unterliegt keinem Zweifel, daß der Block des sozialen Rückschritts keinen Monolith darstellt, und sei es auch nur in diesem einfachsten Sinne, daß es intelligente und dumme Konservative gibt. Die ersten begreifen manchmal, daß die Doktrin sich weiterentwickeln muß, da ja die Welt sich auch weiterentwickelt; die anderen verstehen absolut nichts von dem, was auf dem Erdball vor sich geht. Es bedarf wohl keiner weitschweifigen Erklärungen, wenn man feststellt, daß die Hypothese, der Mensch sei ein bösartiges Tier, den stumpfsinnigsten Reaktionären in den Kram paßt, da sie die Anwendung von Gewaltmethoden rechtfertigt. Wie sonst könnte man denn den sadomasochistischen Monstern beikommen, aus denen sich das Menschengeschlecht zusammensetzt? In der SF braucht niemand die Behauptung von der angeblich angeborenen Bösartigkeit des Menschen zu beweisen; sie wird als Axiom vorausgesetzt. Darüber, daß die Analyse soziologischer Erscheinungen in der wissenschaftlichen Phantastik brachliegt, sprechen wir gerade, und darüber, daß die Analyse der Psychologie des menschlichen Individuums niemals zu den starken Seiten dieser Literatur gehört hat, haben wir schon gesprochen. Wir müssen uns vorbehalten, daß wir mit dem oben Gesagten nicht aus hurra-optimistischen Positionen predigen, indem wir im Menschen einen durch Sozialisierung etwas ramponierten Engel sehen; die Literatur hat mit den Experimenten sowohl in bezug auf den Einzelmenschen als auch auf ganze Gesellschaften genügend Arbeit. Nur müssen es eben Arbeiten von der Art des – leider nicht zur phantastischen Literatur gehörenden! – Romans von Richard Hughes *Orkan auf Ja-*

maika sein. Dieses Buch zeigt, wie Kinder, die in anomale Bedingungen geschleudert werden, weil sie, als Persönlichkeiten und Charaktere noch nicht geformt sind, infolge der Desorientierung, die eben dieser Unreife entspringt, einfach der Tatsache, daß sie noch schwankend, noch formbar, noch nicht determiniert sind – daß diese Kinder durch ihr Verhalten leicht die idyllische, süße Vorstellung, die die Erwachsenen gewöhnlich von ihnen haben, erschüttern können. Wir sehen da, daß sie nicht kleine Engelchen sind; weshalb, aus geistiger Trägheit, ein Teil der Leser, wie ich Pressekritiken entnehme, zu glauben bereit ist, daß sie – durch Inversion – kleine Teufel sind (insbesondere soll ein solcher Teufel ein kleines Mädchen sein, das einen wehrlosen, gefesselten Menschen erstochen hat). Das ist unwahr – zumindest in dem Sinne, daß Kinder noch keine Personen, sondern erst Entwürfe zu Personen sind, und daß sie als solche behandelt und beurteilt werden müssen. Der Mensch hat, entwicklungsmäßig gegeben, eine solche Konstitution, daß er das geistig am meisten formbare von allen auf der Erde lebenden Wesen ist. Wer meint, die Natur des Menschen sei einfach opportunistisch, weil sie Formen annimmt, die sich ihr durch Erziehung und Bildung aufzwingen, der bringt unzulässigerweise Kategorien der Entwicklungspsychologie, der Ethologie mit soziologischen und Kulturkategorien durcheinander. Kulturwerte sind nicht angeboren, weil überhaupt nichts davon, was zur Kultur gehört, biologisch vererbt wird; das Kind ist als ein unreifes, kulturell noch nicht vollends geformtes Wesen allen möglichen Abweichungen ausgeliefert, wenn das Schicksal es der Wirkung von Faktoren aussetzt, die den Erziehungsprozeß stören. Das kann man mit Bestimmtheit behaupten; alles andere, etwa die Hypothese über sein angeborenes engelhaftes oder teuflisches Wesen, gehört zur Scheinanthropologie, die – zugegeben – in bestimmten Strömungen der Psychoanalyse eine gewisse Unterstützung gefunden hat; da aber nichtempirische Hypothesen durch die Unterstützung anderer, was sachliche Feststellungen betrifft, ebensowenig empirischer Hypothesen (wie etwa, ob ein Säugling, sobald er auf die Welt kommt, schon in Spuren zumindest »axiologisch« prädeterminiert ist) nicht im geringsten an Glaubwürdigkeit gewinnen, muß man in diesen

Fragen ordentlich verifizierte Erklärungen der Wissenschaft abwarten. Jedenfalls ergibt sich aus der Tatsache, daß man Kinder zu Ungeheuern erziehen kann, nichts für die immanenten Differenzierungen der menschlichen Natur, ebenso wie daraus, daß ein Kind durch eine Rückgratverletzung bucklig geworden ist, nicht folgt, daß Neugeborene eine »verborgene Tendenz zum Buckel« haben. Der generelle Trend der amerikanischen Dystopie verlagert daher, wie wir gesehen haben, die Verantwortung für die schlechte Beschaffenheit des gesellschaftlichen Seins aus der Sphäre der sozialen Strukturen zurück in die Sphäre des menschlichen Charakters – zurück, weil das hundert Jahre nach der Entstehung des wissenschaftlichen Sozialismus geschieht, der geradezu diametral entgegengesetzte Thesen aufgestellt hat. Die Technik spielt dabei wiederum die Rolle eines Verstärkers dieses Bösen; überdies taucht hier manchmal der Gedanke einer »statistischen« Erklärung des Bösen auf. Etwa die folgende: Da die Zahl der konstruierbaren sozialen Höllen unendlich ist, ist die geschichtliche Chance, in eine dieser Höllen zu gelangen, immer weitaus größer als jene, in einer der nicht-höllischen Formationen zu landen. Nach dem extremen Standpunkt gibt es überhaupt keine technogenen Formationen, die nicht höllisch wären. Diese Auffassung sieht die Geschichte als eine betrügerische Lotterie an, weil in ihr Gewinne – verstanden als eine Gesellschaft, in der man anständig und glücklich leben kann – ganz und gar unmöglich sind; die ganze Differenzierung bei den Ziehungen besteht darin, daß die angerichteten Schäden und Verluste größer oder kleiner sein können, man kann also nur zwischen dem kleineren und dem größeren Übel wählen, soweit überhaupt eine Wahl möglich ist.

Die in den Dystopien beliebte Konzeption ist die von der »Stasis« als einem Gleichgewichtszustand, der mit großer Mühe erreicht wurde und den es nun aufrechtzuerhalten gilt, ohne Rücksicht auf die Schäden, die einzelne davontragen mögen; wer die »Stasis« angreift, wer von dem für sie typischen Durchschnitt abweicht, wird der Umerziehung, dem Scherbengericht, der Zwangsexilierung oder auch der Neuroklasis unterworfen – d. h. der Persönlichkeitszerstörung durch eine Operation, die angeblich ein weiteres, vervollkommnetes Stadium der Lobotomie darstellen soll. Das Gleichgewicht ist also immer bedroht und muß mit Gewalt aufrechterhalten werden; der Aphorismus, wonach »die Polizei eine kosmische Konstante« ist, findet in der Science Fiction volle Deckung.

Interessant ist, daß in der Science Fiction, die den Menschen als so böse betrachtet, ihn so negativ beurteilt, das Motiv einer biologischen Änderung, die aus den Menschen ihre aggressiv-sadistischen Tendenzen entfernen würde, fast niemals vorkommt. Und doch wäre das als einfach logische Konsequenz zu erwarten. Die Erklärung, warum es das nicht gibt, ist ziemlich trivial: eine auf solche Weise »besänftigte« Gesellschaft liefert kein Thema für eine sensationell dramatische Handlung; und es bedurfte erst eines Schriftstellers, dem an einer solchen Handlung nichts liegt, damit dieses Motiv – zumindest als Element der Autoevolution – auftauchen konnte, wie es in Stapledons *Last and First Men* geschehen ist.

Daher zeigt die Science Fiction eher eine Vorliebe für die Darstellung äußeren Zwangs, der es den Menschen unmöglich macht, ihre angeborene seelische Scheußlichkeit zu manifestieren. In Sheckleys Erzählung *The Watchbirds* schicken die Gelehrten der USA mit Einwilligung der Regierung eine Unmasse von »Transistor-Vögeln« in die Wolken. Diese »Vögel« sollen Mordtaten im ganzen Land verhindern. Das Gehirn eines Menschen, der mörderische Absichten hegt, schickt nämlich besondere, von den Gelehrten entdeckte Wellen aus, für die der »Feinanzeiger« des Vogels besonders empfindlich ist; hat der Vogel ein solches Signal erhalten, eilt er sofort im Sturzflug zur Stelle des beabsichtigten Mordes und lähmt den intentionellen Täter mit einem elektrischen Stromschlag. Aber die Vögel generalisieren die von ihnen erhaltenen Instruktionen: Sie beginnen auch Jäger zu lähmen, da ja diese auch die Absicht haben, lebende Wesen zu töten, desgleichen Fischer, auch Chirurgen, die sich eine Operation vornehmen, ja sogar einen alten Mann, der mit einer Klappe Fliegen tötet. Eine solche »logische Eskalation« des Gebotes: »Du sollst nicht töten« hat übrigens keinen moralischen Sinn – d. h.: Sheckley hat kein Interesse daran, alle Formen des Tötens, deren sich der Mensch schuldig macht, gleichzusetzen, um zu zeigen, daß wir nicht leben können, ohne zu töten, er schafft vielmehr eine Parabel, die das veranschaulichen soll, was man als »kybernetisches Mißverständnis« bezeichnen könnte – ein Mißverständnis, das entsteht, wenn man logischen Maschinen die volle Herrschaft über einen bestimmten Bereich von Phänomenen überläßt. Diese Art von Diskreditierung durchaus gut gemeinter technischer Vervollkommnungen hat in der Science Fiction schon ihre Tradition. Natürlich, Demonstrationen so einfacher Art, wie die eben angeführte von Sheckley, nutzen den Verlust unseres Orientierungsvermögens aus, d. h. unserer Unterscheidungsfähigkeit zwischen dem, was innerhalb einer bestimmten Technik glaubwürdig, und dem, was unglaubwürdig ist; ein solches Vorgehen ist nur so lange möglich, als die betreffende Technik rein phantastischen Charakter hat. Im Grunde genommen stellt das Ausbrechen der »Vögel« aus dem Rahmen des ihnen erteilten Programms ein Phänomen derselben Ordnung dar, wie es etwa das Ausbrechen einer automatisierten Fabrik von Autokolben aus der menschlichen Kontrolle wäre, wenn diese Fabrik plötzlich aus den Aluminiumblöcken Nachbildungen von Schweizerkäse zu produzieren begänne.

Das alles bedeutet nicht, daß es keine Techniken der Kontrolle über Menschen gibt, die ihm in der Zukunft das Leben verleiden könnten. Eine rationale, wiewohl von unserem gegenwärtigen Standpunkt aus unmoralische Prämisse einer allgemeinen Kontrolle menschlicher Verhaltensweisen ist das Streben nach größerer Sicherheit von Prognosen über zukünftige Zustände. Die Entwicklung verlegt nämlich die Zivilisation dahin, wo sich die *konstanten* Kulturparameter als *variabel* erweisen könnten (ein solcher Parameter ist heute z. B. Senilität und Tod des Menschen; die biotechnische Verlängerung des Lebens gibt dieser Größe den Wert von Variablen). Je größer die Zahl der Variablen in einem System, um so schwerer ist es, dieses System zu stabilisieren. Am einfachsten wirkt man der dadurch entstehenden Störungstendenz entgegen, indem man die Technik der Machtausübung instrumentalisiert. Die Kontrolle dringt dann in solche Verhaltenssphären ein, die in den schlimmsten – jedoch nichttechnischen – Tyranneien der Vergangenheit »Freiheitsraum« des menschlichen Individuums geblieben waren. Es entsteht ein Bild wie aus *1984* – die »Rezeptoren des Staates« stecken überall, sie kontrollieren den Wachzustand, den Traum, das Liebesleben des Menschen. Man pflanzt den Leuten, wie in Vonneguts *The Sirens of Titan*, kleine Antennen ins Gehirn ein, die ihre Bewegungen steuern usw. Die amerikanische Futurologie hält übrigens die Möglichkeit solcher Entwicklungen für durchaus real.

Entdeckungen dieser Art sollte man jedoch cum grano salis aufnehmen. Es muß nämlich unterschieden werden zwischen der probabilistischen Voraussage bestimmter konkreter Erfindungen und Techniken und der Prognose der sozialen, kulturellen und politischen Folgen ihrer Anwendung. Hätte es den Vietnamkrieg nicht gegeben, würden die Vereinigten Staaten, die dann bloß über ein theoretisches Wissen auf militärischem Gebiet verfügten, das sie den Arbeiten der entsprechenden Fachleute verdankten, in der beseligenden Überzeugung leben, sie wären bereits im Besitz der technischen Mittel, mit denen sie jede Art von Partisanenbewegung im Keim erstikken könnten. Elektronische Sperren, automatische Feinanzeiger, Satellitenspione, chemische Mittel zur Entlaubung ganzer Landstriche und Hunderte anderer Neuheiten haben sich jedoch auf dem vietnamesischen Kriegsschauplatz als von geringer Effektivität erwiesen. Was nun die phantastische Literatur betrifft, ließe sich leicht eine Liste aufstellen, die beweisen würde, daß sie seit ihren Anfängen, seit den Werken von Verne, sowohl zuverlässiger Künder zahlreicher Erfindungen als auch zugleich falscher Prophet der sozialen *Bedingungen deren Realisierung* sowie sozial-kulturellen Folgen war. Am häufigsten zählt man die technischen Fehler auf, die Verne begangen hat, z. B. als er in einer Kanonenkugel eingeschlossene Menschen auf die Mondscheibe abschoß (daß sie durch die Beschleunigung zu einem Brei geworden wären, daß keine Kanone einem Geschoß die für den Mondflug notwendige Geschwindigkeit von 11,2 km/Sek. verleihen kann usw.). Aber diese technischen Fehler treten weit zurück gegenüber den Fehlern im sozialen Bereich der Prophezeiung. Die wahren Dimensionen der Unternehmungen von kosmonautischem, und vorher von Motorisierungs- (d. h. Automobil), aeronautischem u. a. Typus wurden in ihren faktischen Ausmaßen, in bezug auf Investitionsmittel sowie die sozialen Folgen *niemals richtig vorhergesehen.*

Wenn wir uns beispielsweise allein auf die Kosmonautik beschränken, werden wir sehen, daß keiner ihrer Vorläufer – von Čiolkowski bis zu Oberth oder Clarke – eine Ahnung von den Bedingungen ihres Anfangs oder von ihrer politischen Rolle hatte. Objekte, von denen in Werken der wissenschaftlich-phantastischen Literatur vor 15 oder 20 Jahren, oder in frühen Schriften der Apologeten der Weltraumfahrt die Rede war, existieren tatsächlich schon und kreisen auf der Erdumlaufbahn. Aber die Abweichung der tatsächlichen Beschaffenheit von der vorausgesagten beschränkt sich nicht auf Aspekte der technischen Charakteristika – also nicht etwa darauf, daß wir, obwohl wir mit unseren Sonden bereits die uns nächsten Planeten erreicht haben, immer noch, in der vierten Generation der Trägerraketen, auf der Stufe des chemischen und nicht des Atomantriebs verbleiben. Nein, diese Abweichung ist von anderer Art: Sie ist aus einer Vielzahl von Umständen entstanden, die äußerst wichtig, in der phantastischen Literatur aber nicht einmal andeutungsweise vorgesehen sind. Z. B. die Tatsache, daß die Kosmonautik zum Gegenstand zwischenstaatlicher Konkurrenz geworden, daß sie das Werk riesiger Kollektive und nicht vereinzelter Gruppen von Enthusiasten ist (wie vor Zeiten das Flugwesen), daß ihre Kosten die Möglichkeiten aller Staaten mit Ausnahme der erstrangigen Großmächte übersteigen, daß ihre Resultate zwar unser theoretisches Wissen auf dem Gebiet der Astronomie befruchtet haben, aber ihre Auswirkungen auf die Astronomie sich als unvergleichlich weniger wichtig erwiesen haben als jene auf durchaus irdische Technologien, daß sie zur Entstehung ganz neuer Arten von Techniken – z. B. der elektronischen Mikrominiaturtechnik, intellektronischer Techniken usw. – beigetragen hat, daß sie als Nebenprodukt militärischer Bestrebungen entstanden ist, sich aber von ihnen schon getrennt hat, daß, um es kurz zu sagen, der staatliche Plan in ihr über dem romantischen Abenteuer dominiert, die systematische, jahrelange Arbeit und Koordination der Unternehmen über jegliche Improvisation, und vor allem – was vielleicht das Entscheidende ist – daß die Welt, in der sich diese Kosmonautik entwickelt, grundverschieden von jener ist, die in den Werken der prognostischen Science Fiction zu finden war. Aus den spezifischen Zügen der modernen Kosmonautik lassen sich nämlich typische Gegensätze herauslesen, die daher kommen, daß sie kein isoliertes Unternehmen ist; da sie einen großen Aderlaß von Mitteln und Kräften verlangt, fordert sie schwere Entscheidungen auf höchster Ebene heraus, in denen die Interessen des Tages den Interessen von Jahren entgegenstehen, in denen sie ein Glied in den Gleichungen ist, während deren andere Glieder ein Programm der Befriedigung durchaus erdnaher, aber brennender Bedürfnisse darstellen, stehen doch diese letzteren in Opposition zur Kosmonautik mit deren die Sterne anvisierenden Großzügigkeit, während auf der Erde noch ganze Kontinente in Elend und Krieg stecken.

Allerdings trifft eine solche Aufhebung der Voraussicht, sobald es sich um den allgemeingesellschaftlichen Bereich handelt, nicht die Werke von Jules Verne. Obwohl in bezug auf die Unterseeboote nichts so eingetreten ist, wie er es in *20 000 Meilen unterm Meer* beschrieben hat, obwohl sich im Flugwesen nichts so entwickelt hat, wie er das im *Robur der Eroberer* präsentierte, so ist die romantische, für das 19. Jahrhundert typische Richtschnur des phantastischen Wirkens von Individuen, die kühn gegen die Welt rebellieren, unberührt geblieben. Daher kann sich das Interesse des Lesers weiterhin auf Gestalten wie Kapitän Nemo oder Robur konzentrieren. Außerdem ist alles, was in diesen Werken anachronistisch anmutet, bereits so sehr anachronistisch, daß es zu einem Wert mit umgekehrtem Vorzeichen, nicht aber zu einem überholten Wert wird. Früher sollte es gewissermaßen um Bilder gehen, die die Zukunft anvisierten, jetzt geht es um solche, die, wie in einer Glaskugel, in einer fiktiven Welt eingeschlossen sind, die unserer Welt in der Entwicklung, ohne jeden Berührungspunkt, ausgewichen sind. Aus den Prognosen wurde so etwas wie ein romantisches Märchen, um ein technisches Motiv gesponnen. Nebenbei bemerkt, befand sich Verne im Irrtum, als er meinte, er sei in der technischen Voraussicht ein Realist, im Gegensatz zu Wells, der sich seinen Worten nach in verantwortungslosen Phantasien erging. Die Glaubhaftigkeit der Reise zum Mond nach Vernes Methode ist nur prima facie größer als die Glaubhaftigkeit des Mondflugs nach der Wellsschen Methode. Zwar hebt Wells durch sein Cavorit die Schwerkraft auf und attackiert damit nichts weniger als die Gesetze der Thermodynamik, die den Bau eines Perpetuum Mobile unmöglich machen. Aber Verne wiederum hebt die tödliche Wirkung der Akzeleration eines Kanonenschusses auf und bejaht damit die erste Unmöglichkeit, der später, wie man sorgfältig nachgerechnet hat, noch etwa fünf weitere folgen.

Märchenhaften Charakter hat heute nicht nur die Technik von Verne – phantastisch ist auch jenes Amerika, in dem die Kolumbiade gebaut wird; hier war Wells und nicht Verne Realist. Wie J. Kagarlizki in seiner Monographie über H. G. Wells (Moskau 1963) richtig bemerkt hat, braucht bei Verne nur jemand auf den Einfall zu kommen, eine auf den Mond gerichtete Geschützbatterie aufzustellen oder sich auf eine Reise rund um die Welt zu begeben, oder Afrika in einem Ballon zu überfliegen, und sogleich eilt ihm die ganze Menschheit mit materiellen Mitteln zu Hilfe. Fügen wir hinzu, daß der Verlauf der Sitzungen der Gesellschaft, die sich mit dem Mondprojekt beschäftigt, eher an die Sitzungen aus den Romanen von Dickens erinnert als an die Arbeitsweise kapitalistischer Unternehmen oder Trusts. Bereitet sich hingegen (wie Kagarlizki feststellt) bei Wells jemand zum Mondflug vor, dann arbeitet er mit ein paar Gehilfen in einem Schuppen; wenn er die Unsichtbarkeit erfindet, wird die Welt erst dann davon erfahren, wenn das Geld aus den Schubladen zu verschwinden beginnt; als die ersten Marsgeschosse auf die Erde zufliegen, schenkt dem – außer irgendeinem Astronomen – keiner auch nur die geringste Beachtung.

In diesem Sinne ist Wells und nicht Verne der Vater der veristischen Konvention in der phantastischen Literatur. In ihrer Reportage-Variante versuchte die Science Fiction die Zukunft mimetisch zu »reproduzieren«, da sie jedoch die politischen, sozialen, psychologischen, ökonomischen Folgen des kosmonautischen Unternehmens nicht vorauszusehen vermochte, da sie, wenngleich sie »realistisch« sein wollte, die

Geburt der Kosmonautik auf der Grundlage von Tatsachen modellierte, die aus der Geschichte (Bau der ersten gesteuerten Ballons oder der ersten Flugzeuge) bekannt sind, lieferte sie uns Pseudo-Reportagen aus der Zukunft, die durch den wirklichen Lauf der Ereignisse allmählich hinfällig gemacht wurden. Das ist z. B. das Schicksal vieler Bücher von Heinlein, die er noch in den vierziger Jahren schrieb – wie *The Green Hills of Earth* oder *The Man Who Sold the Moon* – und Bilder vom kosmonautischen Start zeichnet, der auf die Vereinigten Staaten beschränkt ist. Heinlein interessierte sich einfach nicht für Weltpolitik, deshalb ging er auch davon aus, daß das kosmische Unternehmen zusammen mit der Entstehung von Stützpunkten auf dem Mond eine innere Angelegenheit der amerikanischen Technik und Wirtschaft sein werde. Dieser Schriftsteller erarbeitete sich als einer der ersten eine tabellarische Prognose der Zukunft auf einige Jahrhunderte hinaus, und in diesem fiktiven Geschichtsrahmen brachte er dann nacheinander die Erzählungen und Romane seiner verschiedenen Zyklen unter. Hier ist darauf hinzuweisen, daß Heinlein oft im Vorwort sich vorbehielt, er versuche gar nicht, künftige Ereignisse vorauszusagen, daß er also – wie man seine Worte auffassen darf – nicht solche Ereignisse beschrieb, die ihm am wahrscheinlichsten erschienen, sondern bloß solche, die er noch für möglich hielt. Aber über welche scharfen Kriterien verfügen wir eigentlich, die es uns erlauben würden, zwischen globalen futurologischen Voraussagen mit mehr oder weniger Wahrscheinlichkeit zu unterscheiden? Im Bereich der politischen Ereignisse gibt es keine so scharf differenzierenden Werkzeuge. Übrigens, in den Zeiten, in denen Heinlein die einzelnen Teile seines Zyklus über die Geschichte der Welt – vielmehr über die Geschichte der Vereinigten Staaten – schrieb, existierte weder die Futurologien, noch gab es gar den Begriff des *probabilistischen Raums* als einer *Sammlung* von Prognosen, die denselben Bereich zeitlich-räumlicher Möglichkeiten *alternativ* durchforschen. Man sah es damals rein instinktiv als selbstverständlich an, daß jemand, der es schon unternimmt, die Zukunft vorauszusagen, nur *eine* prognostische Kette produzieren darf, nicht aber ein ganzes Bündel von Voraussagen mit verschiedenen

»Futurologischer« Kalender (nach Robert A. Heinlein)

Datum	Wissenschaftlich-technische Fakten	Soziologische Fakten	Bemerkungen
1965	Transatlantische Raketenflüge	»Die verrückten Jahre« Der Streik von 1966 »Die falsche Morgenröte« 1960–1970	Beachtliche technische Errungenschaften, verbunden mit Sittenverfall und einem Verfall der gesellschaftlichen Institutionen – endet mit den Massenpsychosen der sechziger Jahre und einem »Interregnum«
1975	Raketenverbindung mit den Antipoden	Erste Landung auf dem Mond (1978). Gründung von Luna City. Kosmische Gesetzgebung	Nach dem Interregnum – Wiederaufbau und zeitweilige Stabilisierung der Wirtschaft. Rückkehr zur Ökonomie des 19. Jahrhunderts
2000	Bakteriophagen. Der Reiseverband und der Kampfverband	Der Mondtrust von Harriman. Imperiale Exploitation 1970–2020. Revolution in Klein-Amerika. Exploration und Exploitation der Planeten. Der amerikanisch-australisch-asiatische Anschluß	Drei Revolutionen beenden die kurze Periode des interplanetaren Imperialismus

2025		Kommerzielle Stereooptik. Religiöse Diktatur in den USA	Die Kosmonautik erlahmt bis zum Jahr 2072. Geringer wissenschaftlicher und technischer Fortschritt. Extremer Puritanismus, die Priesterkaste befaßt sich mit Psychometrie, Psychodynamik, Massenpsychologie und gesellschaftlicher Kontrolle
2050	Boostergeschütze Synthetische Nahrung		Wiederherstellung der bürgerlichen Freiheiten. Wiederaufblühen der Wissenschaft. Wiederaufnahme der Kosmonautik. Luna City wiederaufgebaut. Eine auf negativen Grundthesen der Semantik aufgebaute Soziologie. Epistemologische Strenge
2075	Kontrolle des Klimas Wellenmechanik	Von 2075 angefangen – die Erste Menschliche Zivilisation	
2125	Atom-»Schneiderei«. Die Elemente 98–416 Parastatische Ingenieurkunst. Symbiotische Forschungen. Verlängerung des Lebens		Beginn einer Konsolidierung des Sonnensystems. Erster Versuch einer Reise zu den Sternen. Aufruhr, danach Ende des Jugendzeitalters, Beginn der ersten reifen Kultur

Varianten, die um ein einziges Thema oszillieren. Auch Heinlein dürfte nicht anders gedacht haben. Als interessantes Beispiel einer begrifflich-strukturellen Leiter, die als Stütze bei der Produktion von phantastischer Literatur dient, geben wir hier Heinleins Tabelle wieder.

Bei allen Vorbehalten, mit denen die Autoren der SF ihre Texte verschanzen und ihnen jeglichen prognostischen Wert – und damit sich selbst jeglichen Anspruch auf Prophezeiungen – absprechen, erlaubt uns schon das Freudenspektakel, das sich in der Science Fiction erhebt, sooft sich irgend etwas von dem, was die Phantastik erzählt hat, verwirklicht, ihr Bemühen als futurologischen Versuch anzusehen. Um sie anhand einiger ausgewählter Beispiele zu besprechen, werden wir uns zuerst die kurz- und mittelfristige Voraussage vornehmen, und später dann die weiter ausgreifende, die eine phantastische Typologie der *zivilisatorischen* Ausstrahlung bzw. jener möglichen Scheidewege, die heute schon zu erkennen sind, veranschaulicht und in die Zukunft überträgt.

1) Die kurz- und mittelfristige Voraussage der SF

Für die sechziger Jahre sah Heinlein, wie seine Tabelle zeigt, einen beachtlichen technisch-wissenschaftlichen Fortschritt voraus, den Ausbruch von »Massenpsychosen« und einen damit verbundenen sittlichen Verfall. 1966 haben wir »große Streiks«, dann eine wirtschaftliche »falsche Morgenröte«, 1978 die ersten Mondraketen, dann kommt es zu einer »Umorientierung« und einer Rückkehr zur »Ökonomie des 19. Jahrhunderts«. In diesen Jahren entsteht der Mondtrust von Harriman, die Luna City wird gegründet, zu Ende des Jahrhunderts erfolgt der amerikanisch-australisch-asiatische Anschluß. Die Ära des interplanetaren Imperialismus dauert bis 2072 – die Kolonie auf dem Planeten Venus proklamiert ihre Unabhängigkeit und reißt sich vom Mutterplaneten Erde los. In den USA ist eine Welle religiösen Fanatismus im Anstieg, die in der Errichtung einer religiösen Diktatur gipfelt. Es herrscht ein extremer Puritanismus, eine totale Stagnation in Wissenschaft und Technik, die kosmischen Raumflüge hören auf, nur die Priesterkaste entwickelt – als Machtinstrumente – psycho- und soziometrische Techniken. Nachdem die Diktatur im Jahre 2075 gewaltsam gestürzt wurde, entsteht die Erste Menschliche Zivilisation. Aber erst um das Jahr 2600 haben wir das »Ende des Jugendalters« der Menschheit, die ersten Versuche von Reisen zu den Sternen und die Entstehung einer »reifen Kultur«. Dem Nachwort, das Heinlein der *Revolt in 2100* hinzufügte, verdanken wir einige Einzelheiten, welche die in der Tabelle enthaltenen Informationen erhellen.

Heinleins Gründer der Theokratie, Nehemias Scudder, ist ein »Fernseh-Evangelist«, eine »Kreuzung zwischen Kalvin, Savonarola, dem Richter Rutherford und Huey Long«. Nachdem er zur Macht gekommen ist, hebt er die Verfassung auf und ernennt sich zum Ersten Propheten.

Das Anfang des 21. Jahrhunderts entstandene »Dreiecks-Imperium« (Erde-Mars-Venus) zerfällt, als die planetaren Kolonien ihre Unabhängigkeit proklamieren. Das historische Vorbild ist klar; den Grund für diese neuerliche Trennung vom Mutterland sieht Heinlein hauptsächlich in wirtschaftlichen Faktoren: Die Kosmonautik muß anfangs sehr kostspielig sein, und wenn die Erde die Kolonien nicht rentabel exploitieren kann, könnte der Handel, und mit ihm auch die Kommunikation, praktisch zum Stillstand kommen. Heinlein versucht im erwähnten Nachwort die Wahrscheinlichkeit einer religiös-politischen Diktatur als einer möglichen Verirrung der Entwicklung der USA aufzuzeigen. Diese Voraussage wäre vielleicht sinnvoll, würde man die Vereinigten Staaten in eine andere als die reale, d. h. eine nicht geteilte und nicht in eine globale Rivalität verstrickte Welt hineinstellen. Objektiv gesehen, ist es eine Eigenschaft der technoevolutionären Dynamik, daß sie in immer höherem Grad eine in Kasten erstarrende Schichtung der Gesellschaft und eine mit der religiösen oder ideologischen Militarisierung einhergehende konservative Institutionalisierung der Wissenschaft erschwert. Das ist ein Ergebnis in erster Linie des Einflusses der Wissenschaft auf die Entwicklung der Kriegstechnik: Vor hundert Jahren konnte man sich mit einer Kaste von Rüstungsspezialisten, bei allerniedrigstem allgemeinen Bildungsniveau, zufrieden geben. Heute läßt sich weder ein solch enges Feld von Fachleuten isoliert herausbilden, noch vermag man aus ungebildeten Soldaten eine Streitmacht aufzustellen. Die moderne Waffe wurde von fast allen exakten Wissenschaften mitgeschaffen – von der Kunststoff-, der Treibstoff- und der Explosivstoff- bis zur Kernchemie, von der Physik der Festkörper über die Laser-Optik, die Theorien der Ballistik, auch der kosmischen, bis zur Informationstheorie, daher muß man die Reserven der Wissenschaft aus den breitesten Schichten der Gesellschaft rekrutieren – und die Verbreitung empirischer Information in der Gesellschaft untergräbt letzten Endes immer die Prinzipien einer konservativen Autokratie. Gewiß, eine derart produktiv einstellbare Wissenschaft ist kein Faktor einer automatischen Humanisierung der sozialen Verhältnisse, aber die daraus resultierenden Bewegungen wirken jedenfalls jeglicher sozialen Stagnation entgegen: Entsprechend dem aufgenötigten Tempo der Techno-Evolution muß sich alles ändern, nicht nur in den wissenschaftlichen Institutionen, sondern in der ganzen Gesellschaft. Daher ist eine andauernde Diktatur von anti-wissenschaftlich und anti-intellektuell eingestellten Nichtfachleuten vom Typ der Heinleinschen Theokratie nur dann möglich, wenn der ganze Erdball in ein einziges großes Gefängnis verwandelt wird.

Hinzuzufügen wäre jedoch, daß die erste Variante der Tabelle Heinleins aus dem Jahre 1939 stammt, also aus einer Zeit, da die UdSSR noch nicht eine den USA ebenbürtige Macht war, da diese beiden Staaten noch nicht »das große Duo des Planeten« waren, weil ja damals Deutschland die Rolle einer Weltmacht beanspruchte. Die materiellen Voraussetzungen für diese Rolle fehlten ihm, aber er wies in durchaus materieller Weise den Willen aus, seinen Anspruch zu belegen, was die Welt ziemlich teuer zu stehen kam. Eine entsprechend diesen Korrekturen modifizierte Heinleinsche Prognose beginnt interessant zu werden, da es ihm ja gelungen ist, einen der Wahrheit so nahe kommenden kosmonautischen Kalender herzustellen (er sieht die erste Landung auf dem Mond für einige Jahre nach 1970 voraus). Hier überzeugen wir uns wieder, um wieviel leichter eine technologische als eine politisch-soziale Prognose ist. Aber eine technische Voraussage könnte doch, wenn sie nur die gesamte instrumentale Entwicklung beträfe, auch eine Basis für die Konstruktion einer Voraussage des politischen Zustands des Planeten liefern. Es müßte dies jedoch ein insgesamt gelungenes Horoskop sein; hätte jemand im Jahre 1939 die Entwicklung der Kosmonautik, so wie Heinlein, also richtig, vorausgesagt und daraus gar militärische Schlußfolgerungen gezogen (Raketenballistik ist gleich Artillerie von gesamtplanetarer Reichweite), dann hätte er sich trotzdem noch nicht eine durch das »militarisierte Atom« eingefrorene Welt vorstellen können. Denn die Prognose atomarer Entdeckungen müßte *ebenso* effektiv sein: Atom plus Raketensprengkopf – das erst versetzt die Erdkugel in eine solche Dimension, daß es keine entscheidende Verteidigung gegen den zerschmetternden Schlag mehr gibt, und das ist schon, als Resultante, der Zustand, der das entscheidende Charakteristikum der Nachkriegsgeschichte ist. Von dieser Überlegung aber ist es nicht mehr weit zu der, daß es schwer ist, an eine säkulare Stabilität der ballistisch-atomaren Massenvernichtungsmittel zu glauben, denn genauso, wie nach der Kybernetik die Kosmonautik gekommen ist, können nach der Abwehrrakete der Laserstrahl und weitere Neuerungen kommen, die das Gleichgewicht wieder definitiv verändern werden.

F. Pohls *The Midas Plague* ist in der Science Fiction kein so »altertümlicher« Roman wie die eben besprochenen Werke von Heinlein, aber er hat auch schon seine Jahre – ein gutes Dutzend –, und das ist in der phantastischen Literatur oft ziemlich viel. Die künftigen Vereinigten Staaten schwimmen im Überfluß von Gütern. Da die Produktion ungeheuer groß ist, stellt eine entsprechend intensive Konsumtion die erste Bürgerpflicht dar. Man wählt auch – als einen, der sich um die Gesellschaft verdient gemacht hat – den Konsumenten des Jahres, der soviel als nur möglich allerverschiedenste Produkte aufgegessen, ausgetrunken, abgenützt, verbraucht hat. Man muß schlemmen wie Lucullus, gymnastische Automaten benutzen wie ein Olympionike, sich mit Scharen von Roboterdienstboten umgeben; gute Manieren hat, wer im Restaurant andere für sich zahlen läßt, und ein armer Schlucker ist, wer gezwungenermaßen mehr konsumiert als seine Nachbarn. Entsprechende Behörden kontrollieren die Qualität der Konsumtion und lassen nicht zu, daß einer kneift; man muß von allen Annehmlichkeiten der Zivilisation Gebrauch machen

– also wird der Held, als er sich zu einer psychoanalytischen Behandlung begibt, den Bemühungen von »vier Freudianern, zwei Reichschülern, zwei Junganhängern, einem Gestaltpsychologen, einem Spezialisten für Psychoschocks und einem alten, schweigenden Sullivanschüler« ausgesetzt.

Die groteske Übertreibung verwandelt die Handlung des Romans in eine Farce; die Farce hat in der Phantastik die Eigenschaft, daß sie – in der Science Fiction – gewöhnlich keine soziale oder politische Kritik am System bedeutet; denn jedes Aufzeigen solcher Momente geht im Nebeldunst der humoristisch und ungeniert behandelten Absurditäten unter. Übrigens hat Pohl auch im *Tunnel under the World* die Werbung als einen Moloch gezeigt, dem alle Mittel recht sind, wenn sie nur die Nachfrage steigern und einen günstigen Verkauf des Produkts ermöglichen. Dieses Thema – der Werbung, die mit allen möglichen Techniken das Individuum attackiert und einkreist, spielt die Science Fiction in den verschiedensten Tonarten aus – von der grotesken bis zu extrem düsteren. Aber hier operieren die Prognosen dann gewöhnlich nur mit einem Parameter, sie betreffen einen bestimmten Sektor des gesellschaftlichen Lebens und interessieren uns hier weniger.

Ebenfalls mit den Problemen der Werbung, aber einer, die sich schon im Universum breitmacht, befaßt sich der Roman *The Space Merchants* desselben Pohl, den er zusammen mit C. Kornbluth geschrieben hat. Wir haben vor uns ein Amerika, in dem Überfluß und Mangel miteinander koexistieren. Man ißt künstliche Hamburger aus Sojabohnen, trinkt synthetischen Kaffee und andere chemisch hergestellte Nährmittel, wegen Benzinmangels bewegen sich Cadillacs auf Fahrradpedalen fort – aber es gibt Luxusgegenstände, die leichter zu erwerben sind als die Grundnahrungsmittel. Die Menschen hausen eng beisammen, die Stiegenhäuser der Wolkenkratzer werden nachts in winzige Schlafräume verwandelt, indem man provisorische Trennwände herunterläßt, am Morgen zieht man sie wieder hoch, und alle eilen zur Arbeit. Die mächtigen Konzerne tragen richtige blutige Schlachten aus *(bis heute sind auf der Treppe der Zentralverwaltung der Post Blutflecken geblieben)* – ein Andenken an die Schlacht, die die

Western Union dem American Railway Express um das ausschließliche Recht der Verwendung von Kurieren geliefert hat. In diesem Amerika mit seinen 800 Millionen Einwohnern ist der Held des Romans, M. Courtenay, einer der Leiter eines mächtigen Werbekonzerns und soll der Bevölkerung das Projekt einer Kolonisierung der Venus »verkaufen«; dieser Planet besteht zwar in Wahrheit nur aus Sumpf und Wüste, aber die Werbung stattet ihn mit verführerischen Qualitäten aus, um, mit Erfolg, Kandidaten für die Kolonisierung anwerben zu können. Die Rolle der Untergrundopposition, welche das Establishment bekämpft, spielen die *Consies,* gejagte und in Gefängnisse gesperrte Konservative, eine illegale Organisation, die aber ihre Mitglieder sogar in der Polizei hat; sie bedient sich der Technik »geheimer Erkennungszeichen«. In diesem Amerika ist der Präsident ein Strohmann, der keine reale Macht hat. Leute, die ihm wohlgesinnt sind, sagen hinter seinem Rücken: »Wie tief ist er gesunken«, die Mitglieder des Senats werden von den größten Konzernen ausgewählt, die sich nur an das Gewohnheitsrecht halten – als dem »Kodex der kommerziellen Ethik«, wonach Mordanschläge zulässig sind, sofern ihnen entsprechende Vorwarnungen vorausgehen (in der Praxis wird natürlich niemand jemals vorher gewarnt). In diesem mächtigen Amerika, das schon die Venus kolonisieren will, kann sich glücklich schätzen, wer eine Großmutter hat, die auf dem Dach eines Wolkenkratzers in einem Gärtchen echten Kaffee anbaut; die Stadtluft ist so schmutzig und voller Staub, daß man, wenn man auf die Straße hinausgeht, eine entsprechende Maske anlegen muß.

Fügen wir hinzu – uns auf die Pflichten eines literarischen Rezensenten besinnend –, daß dieser Roman entgegen allem Anschein keine politische Satire ist, weil alle hier angeführten Details nur den Hintergrund für eine sensationell-abenteuerliche Handlung abgeben. Mitchell Courtenay, der Werbechef der Fowler Schocken Corporation, wird, nachdem er zum Leiter der erwähnten Werbekampagne ernannt wurde, Ziel von Angriffen der Konkurrenz; einen Unfall vortäuschend, beschießen sie ihn auf dem Flughafen aus einem Hubschrauber, entführen ihn in die Antarktis, bringen ihn in einem Arbeitslager unter, das die »Fabrik« eines Konzerns ist; mit

Hilfe der Consies, deren Organisation er beigetreten ist, gelingt es ihm zu entkommen, aber dann fällt er den Hauptgegnern von Fowler in die Hände. Eine bleichgesichtige Psychopathin, die im Dienst dieser Konkurrenten steht, droht ihm mit Folterungen, wenn er nicht die Geheimnisse seines Unternehmens preisgibt. Courtenay erwürgt sie, flieht auf den Mond, versteckt sich dort, seine Sekretärin wird vergiftet, er selbst wieder verfolgt usw. In die Affäre sind noch andere Personen verwickelt, so der Pilot der ersten kosmischen Rakete, ein Zwerg, den man gewählt hat, um Gewicht von Nahrung und Sauerstoff zu sparen; die Frau von Courtenay, die ihn liebt, aber als überzeugte Consie nicht mit einem Mann leben will, der eine Stütze der herrschenden Ordnung ist usw. Es ist verständlich, daß Personen, die andere verfolgen und von ihnen wieder verfolgt werden, die schießen, wenn man auf sie schießt, die politischen Geheimorganisationen beitreten, wenn sie das Messer an der Gurgel spüren, Leute also, die das alles in größter Eile tun, keine Zeit haben, irgendwelche Überlegungen anzustellen; so wird der Roman jeglichen tieferen Sinns beraubt. Es bleibt nur ein dramaturgisch und dynamisch geschickt aufgebauter Abenteuerroman. Dennoch, wenn er auch an literarischem Wert verloren hat, ist er nicht ohne Wert für eine prognostische Analyse.

Das heutige Amerika sieht in vieler Beziehung anders aus als das der *Space Merchants*. Die Macht des Präsidenten ist nicht nur nicht schwächer geworden – wie es der Verfasser vor mehr als zwanzig Jahren voraussagte –, im Gegenteil, sie ist jetzt stärker, die Einmischung des Staates in die Wirtschaft ist nicht geringer geworden, es ist infolgedessen nicht zu einer anarchischen Entwicklung der Beziehungen zwischen den Konzernen gekommen, im Gegenteil, der Staat hat, gestützt auf die Prinzipien von Keynes, seine Kontrolle über die Wirtschaft erweitert. Auch die Armee, die im Roman überhaupt nicht vorkommt, spielt in Wirklichkeit eine zentrale Rolle sowohl in der Innen- wie in der Außenpolitik der Vereinigten Staaten usw. Dieses Auseinanderklaffen der vorausgesagten und der tatsächlichen Trends kommt daher, daß der Roman aus der Liste der zu berücksichtigenden Parameter a priori einen sehr wichtigen streicht, einen, der sogar entscheidend für den Haupttrend der geschichtlichen Entwicklung ist; der Roman stellt eine amerikanisierte Welt dar, in der es den sozialistischen Staatenblock überhaupt nicht gibt. Es ist klar, daß die Tendenz der USA, die Rolle eines »Weltgendarmen« zu übernehmen, was dem Image der Vereinigten Staaten in den letzten Jahrzehnten so sehr geschadet hat, daß die bewaffneten Interventionen in der Dominikanischen Republik und in Vietnam, die Unterstützung korrupter Kolonialregimes, die Machtkonzentration in den Händen des Präsidenten, die Verheimlichung von Informationen vor den Massenmedien, die Institutionalisierung der Wissenschaft, der Import europäischer Wissenschaftler in die USA, und schließlich der Ausbau des Militärapparats und die teilweise Militarisierung der kosmischen Projekte – daß alles das die Folgen der Teilung der Welt sind, d. h. des Antagonismus, in dem Amerika zur dominierenden Kraft zu werden versucht.

Als Courtenay, der Held des Romans von Pohl und Kornbluth, dem Anschlag der Scharfschützen glücklich entkommt und die Polizei anruft, verweigert diese, nachdem sie erfahren hat, mit wem sie es zu tun hat, jegliches Eingreifen; sie hat nicht mehr den Mut, sich in bewaffnete Konflikte mächtiger Konzerne einzumischen. Eine solche Schwächung der Ordnungs-, Verwaltungs- und politischen Macht – der der Schutz der Verfassung obliegt – könnte sehr weit gehen, wenn die Vereinigten Staaten die einzige und ausschließliche Großmacht auf Erden wären. In diesem Sinne sind soziale Reformprogramme in der Art des Plans der »Great Society« der Johnson-Administration, Versuche, aus der Sackgasse der Rassenprobleme und anderer dramatischer Gegensätze in den USA herauszufinden (ohne Rücksicht darauf, ob diese Pläne nun realisierbar sind oder nicht) – sie alle sind als populäre Konzeptionen, die von jeder neuen Administration aufgegriffen werden, durch die Tatsache einer geteilten Welt mitbedingt, durch die Existenz sozialistischer Staaten, durch die Versuche, in die Dritte Welt das Modell des »american way of life« zu exportieren – ein Modell, das ja irgendwie attraktiv sein muß, da im Blickfeld der Staaten der Dritten Welt eine Alternative – das sozialistische Modell – besteht. Der Existenz eines Gegengewichts auf der internationalen Arena verdanken

die USA die Suprematie des Staatsapparats über große Teile der kapitalistischen Wirtschaft; ohne solchen äußeren Druck könnte diese Wirtschaft tatsächlich jene zentrifugalen Tendenzen aufweisen, von denen in *The Space Merchants* die Rede ist. Aber ebensowenig realisierbar ist die alternative Entwicklungsrichtung, auf die Heinlein in Form der Entstehung einer rückschrittlichen Diktatur anspielt, ein Regime, das wissenschaftliche Forschungen zusammen mit technischem Fortschritt »einfrieren« läßt. Sie ist unrealisierbar aufgrund der außenpolitischen Lage der Vereinigten Staaten, der Umwelt, in der sie leben müssen. Wir haben es hier mit den innenpolitischen Auswirkungen von dem zu tun, was man »politische Ökologie« nennen könnte – im Rahmen einer Welt, die aus stark durch Abhängigkeiten aneinander gekoppelten Staaten besteht; diese Abhängigkeiten bestimmen ihre Position auf eine Art, die sich aus der Situation der Verklammerung ergibt. Denn ähnlich einer »Verklammerung« (im Sinne des »Clinch« beim Boxen, wo beide Gegner zu kämpfen aufhören, weil sie einander umklammert haben) sind diese Beziehungen zwischen den Staaten; und daß sie nicht berücksichtigt wurden, hat zur Falsifizierung der Prognosen beider von uns besprochenen Typen der Voraussage geführt. Wiewohl sie jedoch verglichen mit den realen Bedingungen falsch sind, erscheinen sie insofern nicht so phantastisch, als sie unter anderen Bedingungen realisiert werden könnten.
2) Langfristige Prognosen der SF, oder Verzweigungen und Ausstrahlungen der Zivilisation.

Es ist interessant, wie in der Science Fiction immer wieder das Motiv einer Zukunft auftaucht, in der die menschliche Zivilisation sich in zwei (mindestens in zwei) diametral entgegengesetzte Abzweigungen gabelt. Der ersten skizzenhaften Darstellung dieses Auseinanderstrebens begegnen wir, wie es scheint, in Wells' *Zeitmaschine* – findet ja sein Reisender in der Zeit die Erdbewohner in einer fernen Zukunft in zwei sogar biologisch voneinander verschiedenen Abarten vor: die entarteten Elois, Nachkommen der Bourgeoisie, und die Molocken, die Nachkommenschaft des auf andere Weise degenerierten Proletariats. Natürlich hatte diese orthoevolutionäre Verlängerung der Tendenz zu sozial-klassenmäßiger Stratifizierung offensichtlich karikaturhaften Charakter, während die spätere Science Fiction einem analogen Prinzip der Gabelung einen ganz anderen Sinn verliehen hat. Asimov z. B. hat mehrere Erzählungen und zwei Romane *(The Naked Sun, Caves of Steel)* geschrieben – phantastische Romane mit Kriminalhandlung (die Ermittlung wird von einem Menschen geführt, der einen Roboter zum Gehilfen hat), die uns hier, im Gegensatz zum Hintergrund, vor dem sie sich abspielt, nicht weiter interessiert.

Die Welt schaut dann so aus: Eine Hälfte der Menschheit hat Angst vor der Sonne, vor dem offenen Raum, und bewohnt in das Erdinnere gegrabene Straßen, Bergstollen und Tunnels der Städte, die andere Hälfte hat sich über die Galaxis zerstreut und auf unzähligen Sternen niedergelassen. Beide Wege sind nach Ansicht des Helden falsch: Die Erde ist zu einer Art Superameisenhaufen geworden, vom Weltraum abgeschnitten, sie ist, in sich verkrampft, in einer anti-expansionistischen Haltung erstarrt, während auf den Planeten die Menschen in einer Kultur gegenseitiger Isolation leben: Sie nehmen nie persönlichen Kontakt zueinander auf (eine Ausnahme bilden nur die Ehepaare), umgeben sich mit Scharen von »Positron«-Robotern, und der einzig zulässige Kontakt erfolgt über das Fernsehen. Das hat zu einer solchen Veränderung der Sitten geführt, daß der bloße Gedanke an eine physische Begegnung mit einem anderen Menschen Schock und Übelkeit bereiten kann. Gleichzeitig gestattet die Neutralität des Fernsehens – als Bewußtsein seines Vermittlungscharakters – ihnen, TV-Besuche von fremden Menschen sogar in der Badewanne zu empfangen. Sicherlich kann man dieses Bild nicht ernsthaft als ein futorologisches Projekt behandeln; es ist das Ergebnis des weiteren Auseinandergehens der zwei Seiten eines Gegensatzes, bei Wells durch die Elois und die Molocken versinnbildlicht. Asimov hat seine Idee eindeutig bei Wells entlehnt: Die unterirdischen Erdbewohner – das sind die Morlocken, während die einsamen Menschen, die in *The Naked Sun* auf »automatisierten Bauernhöfen« das Leben von Pseudo-Aristokraten unter Roboter-Hofschranzen – den Elois – führen.

Einen nicht mehr so zufälligen Charakter hat die Gegenüberstellung der Zivilisationstrends im Roman des westdeutschen Autors Herbert W. Franke, *Der Orchideenkäfig*. (Franke, Verfasser einer Reihe von SF-Romanen, wie z. B. *Das Gedankennetz*, ist in Polen eher als schätzenswerter Autor populär-wissenschaftlicher Bücher bekannt.)

Der Orchideenkäfig ist im Konzept ebenso originell, wie er ermüdend geschrieben ist. Die Idee war für einen ausgewachsenen Roman eher ungeeignet. Es handelt sich um eine Gruppe junger Menschen, die auf eine dem Leser zunächst unverständliche Weise auf einen fremden Planeten gelangt sind und die ihnen unbekannte Umwelt zu erforschen beginnen. Mit äußerst einfachen, ausgezeichneten und universellen technischen Mitteln ausgerüstet, entdecken sie bald eine seltsame unbewohnte Stadt und nehmen den Kampf mit Kraftfeldern und anderen automatischen Hindernissen auf, die ihnen den Zugang verwehren. Beschreibungen dieses Kampfes nehmen drei Viertel des Romans ein. Manche der jungen Leute kommen um, und uns, die Leser, verwundert die Reaktion ihrer Kampfgefährten auf diesen Tod – sie nehmen ihn völlig teilnahmslos hin. Erst als die Roboter der Stadt schließlich die Abenteurer gefangennehmen und sie vor ein gleichfalls »menschenleeres«, d. h. von Automaten ausgeübtes Gericht stellen, zeigt sich, daß die Ankömmlinge keine Wesen aus Fleisch und Blut sind, sondern eine Art »Doppelgänger«, deren Körper für die Zeit ihres Besuchs aus dem Material des Planeten geschaffen ist. Die Menschen können nämlich »auf Entfernung«, ohne die Erde zu verlassen, die ganze Galaxis besuchen. Ihre realen Körper bleiben in ihrer irdischen Behausung, bei den Maschinen, die den elektromagnetischen Transfer ermöglichten.

Wenn aber das Gericht die Eindringlinge für die auf den Planeten angerichteten Zerstörungen zum Tode verurteilt und diese in der Todeskammer, unter der Einwirkung von Gas, tot hinfallen, so werden sie doch bald wiederauferstehen, denn sie sind keine lebendigen Organismen, sondern bloß Phantome solcher Organismen, durch Bündel von Radiowellen von der Erde aus ferngesteuert. Die Gründe, warum diese jungen Menschen solche Ausflüge unternehmen und warum sie dort, wohin sie niemand eingeladen hat, so gewalttätig vorgehen, haben reinen Unterhaltungscharakter. Sie sagen vor dem Gericht folgendes aus:

ANKLÄGER (ein Roboter – S.L.): »Angeklagter Alexander Beer-Weddington, erkläre uns, warum du überhaupt auf diesen Planeten gekommen bist!«

AL. »Eigentlich handelt es sich um ein Wettspiel. Wir suchen Planeten auf. Wer einen Planeten untersucht hat, darf ihm seinen Namen geben.«

ANKLÄGER: »Was bedeutet ›untersuchen‹?«

AL.: »Man muß eine dokumentierte Beschreibung des höchstentwickelten Organismus geben.«

ANKLÄGER: »Soll dieser Organismus entführt, getötet oder geschädigt werden?«

AL.: »Nein. Eine solche Regel kann es gar nicht geben, weil wir noch nie intelligente lebende Wesen gefunden haben. Nur Spuren von solchen.«

ANKLÄGER: »Warum übt ihr dieses Spiel aus?«

AL.: »Zum Zeitvertreib.«

ANKLÄGER: »Aber es muß doch einen Sinn haben. Weißt du etwas darüber?«

AL.: »Früher, im Atomzeitalter und auch noch einige Zeit später, haben Wissenschaftler fremde Planeten aufgesucht und sie genau durchforscht – besonders die höher entwickelten Lebewesen. Der Planet erhielt dann den Namen des Expeditionsleiters. Ich glaube, daß das Spiel daraus hervorgegangen ist.« (H. W. Franke, *Der Orchideenkäfig*, München 1963, S. 145-6.)

Diese Informationen werden in gutem Glauben gegeben. Wie wir später erfahren, entsprechen sie der Wahrheit. Die Eindringlinge sind Söhne einer Zivilisation, die mächtig genug ist, um alle Probleme der Menschen automatisch zu lösen und alle ihre Bedürfnisse zu befriedigen; der Kosmos ist daher für sie zu einem »Spielobjekt« geworden. Das Spiel der Weltallerforschung hat seine Regeln, die wir im Verlauf der Handlung kennenlernen; der Spielteilnehmer soll z. B. riskieren, aber er darf sich nicht feige verhalten; Angst ist deswegen möglich, weil zwar keine Gefahr eines wirklichen Todes sie bedroht, der »volle Anschluß« der Sinne an den »Planetenkörper« aber dazu führt, daß man persönlich alles das, was dieser Körper fühlt, mitempfindet: also auch den Schmerz bei einer Verletzung, Atemnot, wenn Giftgas in die Lunge dringt usw. Wer Angst bekommt und »vorzeitig« aus seinem »ferngesteuerten« Körper flieht, sich von ihm trennt, wenn ihm Leiden oder Gefahr drohen, erhält dafür »Strafpunkte«.

Diese leichtfertige Behandlung des Kosmos als Spielplatz ist zumindest absonderlich, vielleicht auch, ethisch betrachtet, tadelnswert, aber die Beschreibung der ganzen »Expedition« dient schließlich dem Zweck, die lebenden Bewohner, bis zu den letzten Seiten vor den Eindringlingen, also auch vor den Lesern, geradezu ideal versteckt, als Besitzer des Planeten vorzuführen. Als die Roboter sich überzeugen, daß das Todesurteil, obwohl es vollstreckt wurde, den Ankömmlingen nicht geschadet hat, entschließen sie sich, ihnen den Herrn zu zeigen.

»Sie standen in einem Korridor. Feuchtigkeitsgetränkter, lauer Brodem schlug ihnen entgegen, violettes Leuchten wogte wie Dampf darin. Die rechte Seite war frei, der glitschige Boden lief geradlinig von ihnen weg und verlor sich in der Ferne ... Das Geräusch ihrer Schritte klang wie Schmatzen.

Die linke Seite erfüllte ein Geflecht aus Leitungen, Drähten, Reflektoren, Fäden, Stäben und Plastikhüllen. Darin, in Abständen von je zwei Metern, saßen rosarote, fleischige, vielfach zerlappte Gebilde, angestrahlt von violetten Lampen, eine unabsehbare Reihe, die sich in der Ferne verlor.

›Der Orchideenkäfig‹, murmelte Al. ...

›Das sind die Menschen‹, sagte der Roboter.

›Die Menschen?‹ fragte Al. ...

›Sie haben sich weiterentwickelt‹, sagte der Verteidiger (ein Roboter – S.L.).

René stotterte:

›Ich weiß nicht ... anders ... nicht so ...‹

›Für uns ist es unfaßbar, wie aus Wesen wie uns solche Pflanzenleiber geworden sind‹, sagte Al.

... Er fragte:

›Wieso liegen diese Organe alle ungeschützt und offen da?‹

›Sie brauchen keinen Schutz‹, sagte der Roboter. ...

›Wo sind ihre Knochen?‹

›Sie brauchen keine Knochen.‹

›Und ihre Arme und Beine?‹

›Sie brauchen weder Arme noch Beine.‹

›Ihre Augen und Ohren?‹

›Sie brauchen keine Sinnesorgane.‹

›Wie nähren sie sich?‹

›Wir führen ihnen alle Stoffe zu, die sie benötigen. In aufbereiteter Form – sie brauchen nicht verdaut zu werden. Es gibt keine Abfallprodukte.‹

›Wie atmen sie?‹

›Wir führen ihr Blut durch eine Pumpe, wo es bewegt, mit Sauerstoff durchtränkt und von Kohlendioxyd befreit wird.‹

René fragte weiter:

›Wo ist das Gehirn?‹

Der Strahl kennzeichnete eine verknäuelte, vielfach verdickte Masse, die von einer Mulde in der oberen Hälfte der Gebilde herabwucherte. Von allen Seiten liefen feine Fäden wie Spinngewebe darauf zu und ins Innere hinein.

›Was sind das für Fäden?‹

›Mit ihnen erzeugen wir angenehme Vorstellungen. Ruhe, Zufriedenheit, Glück – und anderes, wofür ihr keine Worte habt.‹

›Denken sie nicht?‹

›Wozu sollten sie denken. Glück kommt nur durch das Gefühl. Alles andere stört.‹

›Wie vermehren sie sich?‹

›Sie brauchen sich nicht zu vermehren, denn sie sterben doch nicht.‹

›Können sie sich mit uns verständigen?‹

›Sie brauchen sich nicht zu verständigen – mit niemand.‹

Die beiden fragten nicht mehr. Mit schwimmenden Augen starrten sie auf die blütenhaften, schlaffen Organismen in ihren Schutzhüllen aus Metall, Glas und Kunststoff, die auf ihre Weise ihr Ziel erreicht hatten: das Paradies, das Nirwana, das Alles und das Nichts – einen violett durchdampften, feuchten, unterirdischen Korridor.« (a.a.O., S. 169-171)

Ich mußte den Text etwas beschneiden, weil er ziemlich langweilig ist; der Autor hat originelle Ideen, ist aber schriftstellerisch nicht allzu geschickt, er verstand es z. B. nicht, diese makabre Szene mit spezifisch künstlerischen Mitteln zu dynamisieren – aber nicht das ist im Augenblick für uns wichtig. Das Schlußbild des Buchs – die »äußerste Grenze der hedonistischen Einkapselung der Gehirne« unter der Obhut von Automaten – ist die extreme Verlängerung einer Tendenz, die in unserer Kultur zu entdecken ist.

Diese Idee muß irgendwie in der Luft liegen, weil ich eine ähnliche Erscheinung in *Summa technologiae* als »totale Phantomisierung« – Anschluß der Gehirne an eine Maschine, die sie mit erwünschten Visionen ladet – beschrieben habe.

Im Grunde genommen sind beide Entwicklungsrichtungen, die uns Franke präsentiert, ähnlich. Die Unterschiede zwischen der Kultur der irdischen Eindringlinge und der »Menschen-Orchideen« haben eher äußerlichen Charakter; die einen wie die anderen sind Hedonisten, die auf alle, oft mit Konflikten verbundenen Werte verzichtet haben, zugunsten eines einzigen Wertes. Frankes Vision ist als Voraussage sicherlich äußerst unwahrscheinlich, aber als Problem, das es zu überdenken gilt, ist sie interessant, denn sie versetzt den Fürsprecher einer instrumentalisierten Axiologie in Ratlosigkeit – er verfügt in seinem Begriffsarsenal über kein Argument, das den Wert eines solchen Höhepunkts des »zivilisatorischen Fortschritts« in Frage stellen könnte. Das gilt natürlich nur, wenn man sich den Auffassungen des Verfassers anschließt, der alle Kulturleistungen ebenso wie jegliche Produktion und Distribution von Gütern der totalen Automatisierung unterwirft. Vor eine solche »endgültige Vollendung« gestellt, wird der Pragmatiker bestimmt von Schauder ergriffen, aber Widerwillen ist kein rationales Argument. Das letzte Argument, das einem solchen Axiologen bleibt, läßt sich auf die Behauptung reduzieren, eine wirklich totale Automatisierung aller historisch entstandener Arten menschlichen Wirkens, das den Zweck hat, die menschliche Existenz zu sichern, also Wissenschaft, Kunst und Erfindungsgeist zu fördern, sei nicht möglich. Dieses Argument würde jedoch, selbst wenn es richtig wäre, nicht den Kern des Problems treffen. Wir appellieren damit an die ontischen Qualitäten der Welt, in der Hoffnung, daß deren innere Logik die Entstehung des »Orchideenkäfigs« oder des »Kosmos als Spielzeug« verhindern, daß die materielle Welt niemals in die Verwirklichung einer solchen Idee einwilligen wird, weil sie eben anders gebaut ist. Mit anderen Worten, hier spricht die Hoffnung, der Mensch werde bestimmte Dinge nicht deshalb unterlassen, weil er eine andere Wahl trifft, sondern weil die Welt es ihm nicht gestatten wird. Hier wird also wiederum der Versuch gemacht, die Verantwortung für das Schicksal des Menschen auf die Ontologie zu überwälzen. So wird die Summe der Gefahren deutlich, die entstehen, wenn man das Kalkül der Werte ausschließlich instrumentalen Kriterien unterwirft.

Diese Szene zeigt uns das Ende des Hedonismus als eine vollkommene Homöostasis, die für alle Ewigkeit den Menschen zu Tode liebkost. Übrigens ist der Autor nicht ganz konsequent. Wenn die »Orchideen-Menschen« keine Lunge, kein Herz, keine Hände und Beine brauchen, dann sollten sich unter den Schutzhüllen nur ihre Gehirne befinden, und wenn, wie im Text gesagt wird, »das Glück vom Gefühl kommt«, das Denken dagegen »stört«, dann sollte nicht das ganze Gehirn zu einem »glückschaffenden Präparat« gemacht werden, sondern nur jener Teil, der Gefühle empfindet.

Behandelt man die Zivilisation als Dienstleistungsmaschine, die auf die angenehmste aller möglichen Arten die Existenz aufrechterhält, dann verlagert man allmählich die geschichtlich angesammelte Weisheit aus dem Bereich des individuellen Intellekts in den Bereich der Zivilisationsstruktur. Sie ist es, die weise wird – in demselben Sinn, wie unser Körper in jedem seiner Organe, in jeder Zelle, in jeder Gewebeverbindung weise ist; so wie wir, wenn wir leben, den Körper nutzen, ohne daß wir gezwungen wären, uns in seiner Struktur zu orientieren, so können die Einrichtungen der Zivilisation, Ergebnis genialer Entdeckungen und schöpferischer Anstrengungen, für uns unbegreiflich bleiben – Hauptsache, sie funktionieren reibungslos. So entsteht die Situation eines Ameisenhaufens, dessen vernünftige zielsichere Struktur außerhalb der Erkenntnis jeder einzelnen Ameise bleibt. Man muß ausdrücklich feststellen, daß es keine empirische Argumentation gibt, die gegen das Ideal des Ameisenhaufens spräche und zugunsten eines Ideals der Weisheit, die in Individuen angesiedelt ist. D. h., daß die Werte des Begreifens von irgend etwas – sei es unser Körper, sei es die menschliche oder die außermenschliche Welt – nicht bis zu Ende instrumentalisiert werden können; setzt man nämlich Begreifen und Nutzanwendung gleich, so heißt das implicite, den Ameisenhaufen zu akzeptieren, denn der Ameisenhaufen ist der logische Schluß aus einer solcherart bestimmten Prämisse. Und ebenso, wenn man die Sexualbeziehungen, Freundschafts- oder beschützerische Beziehungen, wie überhaupt alle Arten sozialer Kontakte als zweckmäßige Prozesse ansieht und nicht als völlig autonome Handlungen, die man nicht erst durch Berufung auf ein Ziel rechtfertigen muß, werden sie technischen Rationalisierungen unterworfen, die uns auf den Weg allumfassender Rationalisierung führen – mit einem Ende, wie es im Roman gezeigt wird. Daß man solchen Prozessen ständig eine doppelte Wertigkeit unterstellen sollte – eine auf ein Ziel gerichtete, die technische Vervollkommnungen erfahren kann, und eine autonome, deren Vervollkommnung heller Wahnsinn wäre –, das läßt sich mit wissenschaftlichen Methoden nicht mehr nachweisen. Über das Sollen von Handlungen kann die Wissenschaft nur solange etwas aussagen, als diese Handlungen einem außerhalb ihrer selbst gelegenen Ziel dienen.

Die These, die besagt, man solle den Körper des Menschen als eine Maschine behandeln, deren Leistungsparameter unvollkommen sind und die daher perfektioniert werden kann, setzt Handlungen in Gang, die anfangs ethisch, d. h. kulturell unanfechtbar sind. Denn eine Handlungsweise, dank der niemand gebrechlich, wahnsinnig, krank, leidend, durch Vererbung mißgestaltet sein kann, erscheint moralisch richtig. Aber von Verbesserungen, die das evolutionär gegebene Ideal von Gesundheit und Schönheit bloß in der Bevölkerung verbreiten, führt eine ganze Reihe meist kleiner Schritte zu solchen Vervollkommnungen, die die Optimalität immer grundlegenderer Prinzipien unseres Körperbaus in Frage stellen. Müßten wir nicht Luft einatmen, dann könnten wir uns unter Wasser aufhalten oder, ohne zu Weltraumanzügen und Sauerstoff Zuflucht zu nehmen, in der Atmosphäre anderer Planeten leben. So erscheint also eine Verbesserung, die das Atmen unnötig macht, rationell. Würde das Gewebe unseres Körpers aus Teilchen bestehen, die Akkumulatoren einer fast unausschöpflichen Energie darstellten – etwa irgendwelche Isotopen, die den Lebensprozessen einen vollkommenen Antrieb liefern, der sie in Gang hält, dann müßten wir weder essen, noch trinken, noch ausscheiden, und wären dadurch in noch höherem Maße von jeglicher möglichen Umwelt unabhängig. Würden wir uns ektogenetisch vermehren, dann brauchten wir keine Kopulationsorgane. Und würden wir aus der Retorte in die Welt treten – mit dem ganzen fertigen Wissen, das uns im Leben nützlich sein könnte, im Gehirn eingebaut –, dann würden sich Unterricht und persönlichkeitsformende Erziehung etc. als unnötig erweisen. Einwänden, daß Atmen, Essen, Trinken, erotische Beziehungen verschiedene Arten von Befriedigung sind, die man nicht abschaffen sollte, ist leicht zu begegnen; wir werden nicht wirklich atmen, essen, trinken, sexuelle Beziehungen unterhalten, aber die im Gehirn verbleibenden Zentren aller dieser Tätigkeiten würde man künstlich reizen, so daß im Endeffekt die Bilanz für das Gehirn (zentral) unverändert bleibt: Alle früher empfundenen Annehmlichkeiten würden weiter bestehen bleiben, unser Körper aber mächtiger werden und sich wunderbar vereinfachen, er würde so universal funktionieren, daß wir uns von da an unter Wasser, in der Wüste, auf dem Mond, auf anderen Planeten aufhalten könnten – ohne Atemnot, Hunger, Durst oder sexuelles Verlangen zu empfinden.

Wie man sieht, heben Vervollkommnungen dieser Art die Bedeutung sowohl unserer *biologischen* Bindungen an die Umwelt, als auch unserer *sozialen* Kontakte mit unserer Umgebung auf. Der Mensch wird zu einem »ideal autonomen Individuum einer unzerstörbaren Homöostase« – denn das ist die Richtung der Perfektionierungen, die uns das Kalkül der Technik diktiert. Eine solche Orthoevolution läßt sich empirisch noch in Frage stellen: Eine Kritik wäre von diesem Standpunkt nur dann berechtigt, wenn die nacheinander gebauten Prototypen dysfunktionale Abweichungen vom funktionellen Optimum aufweisen würden. Man kann auch nicht, gestützt auf unser logisch-empirisches Wissen, auf jene Stelle in der ganzen Kette aufeinanderfolgender Vervollkommnungen zeigen, bei der man unbedingt stehenbleiben muß und keinen weiteren Schritt mehr tun darf. Wenn man nämlich arbeitet, um Existenzmittel zu besitzen, und für diese Mittel Nahrung erwirbt, die man verbraucht, um seine Kraft für die weitere Arbeit zu erhalten, dann genügt es, aus diesem geschlossenen Kreis die Arbeit – über ihre Automatisierung – auszuschalten, damit sein Radius rapide kürzer wird: Von nun an arbeiten wir nicht mehr für unseren Lebensunterhalt, sondern bekommen Nahrung, die von der Zivilisationsmaschine automatisch hergestellt wurde, wir essen, damit wir, weiter lebend, essen können. Und wenn wir, wie vorhin angenommen, nun auch das Bedürfnis nach Essen ausschalten, dann schrumpft der Kreis fast auf die Größe eines Punkts zusammen: Man wird nur noch köstlich leben, um weiterhin köstlich leben zu können. Es ist eben so, daß eine pantechnisch orientierte Zivilisation, wenn sie die Kultur mit den ihr spezifischen instrumentalen Methoden zu vervollkommnen sucht und sich auf diesem Weg alle von der geschichtlichen Tradition überlieferten Werte unterordnet, diese Werte faktisch vernichtet; wurden sie erst einmal in Bewegung gesetzt, dann läßt sich diesen Vervollkommnungen, weil sie eben rationell sind, keine rationelle Gegenargumentation entgegenstellen; und zwar deshalb, weil die Werte, die wir für die Stütze der Menschheit halten, auf keinerlei wissenschaftliche, logische, rationale, empirische Weise zu beweisen sind. Das Bekenntnis zu ihnen als Akt ihrer Bestätigung ist Ausdruck der Freiheit, und keiner wie immer gearteten – z. B. logischen oder pragmatischen – Notwendigkeit. Menschen also – im geschichtlichen Sinne dieses Wortes, der sich in den Jahrtausenden seit dem anthropogenetischen Beginn bis zum heutigen Tag herausgestaltet hat – können wir nur sein, wenn wir es so beschließen, und nicht deshalb, weil wir durch die Attribute der materiellen Welt gerade zu dieser Gestalt, zu diesem axiologischen Sinn des Menschseins verurteilt sind. Wir können auf diesen Sinn verzichten – zugunsten des Ameisenhaufens oder auch des »technischen Liebkosens zum Tode« oder jeder beliebigen Form von Zivilisationsabkapselung, und niemand wird uns das vorwerfen, niemand wird uns dafür im Jenseits bestrafen, niemand wird es uns verbieten, weil wir frei sind; so haben wir es uns eben eingerichtet. Das bedeutet insbesondere, daß der Fürsprecher der Autoevolution uns in einem bestimmten Moment sagt: »Jetzt gehe ich an eine Vervollkommnung der Energetik des menschlichen Körpers heran; er wird keine Nahrung mehr brauchen, die ihm regelmäßig beschafft werden muß, denn ich werde in jedes seiner Atome einen Mikroakkumulator einsetzen, dessen Energie für 100 000 Jahre ausreicht.« Dann müssen wir, wenn wir auf den traditionellen Werten unserer Kultur bestehen wollen, ihm antworten: »Nein, damit sind wir nicht einverstanden, das darfst du nicht!« Das Wichtigste ist, sich mit dem Anhänger der Autoevolution in keinerlei Streit über Technik und Leistungsfähigkeit einzulassen. Wir müssen stets dessen eingedenk sein, daß er auf dieser Ebene – der Kostenrechnung – immer *mit seiner Argumentation die Oberhand behalten wird,* weil er ja, vom rein technischen Standpunkt, recht hat; *wenn* wir den Körper als eine Maschine betrachten, hat diese Prämisse logische Implikationen typisch technischer Natur, denen wir damit nicht mehr entkommen. Man muß sagen: »Noli me tangere!« und darf um Gottes willen nicht einmal versuchen, die Richtigkeit dieser Ablehnung rational zu begründen, weil die autonomen Werte des Menschentums sich *gerade auf solche Weise* offenbaren. Es sind rationale und absolut logische Überlegungen, die nachweisen, daß man die Euthanasie anwenden, geistig unterentwickelte Wesen töten müßte, daß man nicht hinter jemandem ins Feuer springen soll, wenn die Chance einer Rettung praktisch gleich Null ist, nicht versuchen soll, einen Ertrinkenden aus dem Wasser zu ziehen, wenn man selber nicht schwimmen kann – nicht das eigene Leben opfern, damit ein anderer am Leben bleibt – denn es ist ja wirklich so, daß das Bedürfnis, Mißgeburten das Leben zu verlängern, sich aufzuopfern, um andere zu retten, gegen jedes Wahrscheinlichkeitskalkül ein Risiko auf sich zu nehmen, usw. usf. eigentlich rational nicht zu begründen ist. Die Erklärung, daß eine jenseitige Welt sie statuiert, daß ihre Gültigkeit durch jede beliebige Form von Metaphysik sanktioniert ist – das ist der letzte Versuch, die errungene Freiheit wieder loszuwerden, als eine fürchterliche Last der Verantwortung für alle Entscheidungen, die man nicht fassen möchte, weil man lieber unter Zwang stehen will: Gott will es eben so. Doch das ist Desertion und Flucht – vom Regen in die Traufe: Um eine Instrumentalisierung der Kultur abzuwehren, verschanzen wir sie metaphysisch. Aber diese Freiheit liegt doch auf dem Weg des Menschen; er kann vor ihr weder flüchten, noch sich irgendwo vor ihr verbergen.

Auch die Voraussage, Rationalisierungsaufgaben des von uns besprochenen Typs wären empirisch nicht realisierbar, stellt nur eine Form von Eskapismus, eine Flucht vor der Wirklichkeit dar. Wer behauptet, daß man die schöpferische Arbeit niemals total vom Gehirn trennen kann, oder daß sich eine selbsttätige technische Zivilisation, die der Kontrolle des Menschen nicht bedarf, gar nicht konstruieren läßt, oder auch, daß die Funktionsparameter unseres Körpers schon vollkommen sind und es deshalb zu keiner weiteren Optimierung kommen kann, der drückt im Grunde genommen die Hoffnung aus, die Welt würde dank ihrer spezifischen Struktur, d. h. dank ihrer immanenten Eigenschaften nicht zulassen, daß der Mensch seine Menschlichkeit – kulturell und traditionell verstanden – zugrunde richtet. Auf diese Weise macht er – allerdings unbewußt – für das künftige Schicksal der Menschheit die ontischen Attribute der Welt verantwortlich. D. h., sollte es dem Menschen dennoch gelingen, die Welt in eine Gewächshausmaschinerie und sich selbst in eine Orchidee in so einem Gewächshaus zu verwandeln, so würde das bedeuten, daß die Welt »boshaft« konstruiert, »gegen uns« ist. So könnte man Rasiermesser anklagen, sie seien verantwortlich für das, was Verrückte mit ihnen anstellen mögen. Der Prophet der Unmöglichkeit empirischer »Panrationalisierung« möchte, genauso wie der Metaphysiker, daß uns »Etwas« eine bestimmte Art von Handlungsweisen unmöglich macht: Was sich der Gläubige vom lieben Herrgott oder von der Vorsehung erwartet, das erhofft sich der Verkünder der »Unmöglichkeit« von den Eigenschaften der Materie. Aber die Welt beschützt uns nicht im selben Maße, wie die Zwangsjacke den potentiellen Selbstmörder beschützt: Die Welt gibt uns sowohl die Möglichkeit, die Freiheit zu erringen, als auch, sie zu zertreten und zu zerstören.

Der Orchideenkäfig stellt den Gegensatz – eigentlich den Pseudogegensatz zweier Kulturen vor: der »spielerisch« und der »hedonistisch« orientierten. Das Buch, dem wir uns nun zuwenden, *Le Signe du Chien* des französischen Autors Jean Hougron, zeigt den Zusammenstoß zweier anderer, einander real gegenüberstehender Entwicklungstrends: einer expansiven Zivilisation, für deren Expansionsenergie nur mehr der ganze Kosmos ein genügend starker Dämpfer sein kann, und einer Zivilisation, die sich »metaphysisch einkapselt«.

Le Signe du Chien beginnt mit der Landung eines einsamen Vertreters der Kosmischen Föderation auf dem Planeten Sirkoma. Sirkoma lebt seit Jahrhunderten isoliert von der Föderation, die eine ganze Menge von Planeten umfaßt und hauptsächlich von Erdenbürgern gegründet wurde und verwaltet wird. Der Sendbote des Normalisierungsbüros kommt in einer ganz seltenen und dringenden Angelegenheit: In der Nähe des Planeten ist unter ungeklärten Umständen »Kapa de Senais«, einer der riesigen kosmischen Kreuzer der Föderation, verschollen. Sirkomas Flugplatz verweigert zunächst die Landeerlaubnis und erteilt sie erst unter dem Druck bestimmter Drohungen. Hougron versteht es, einer fiktiven Welt mehrere Dimensionen zu geben; er wendet die für die SF typischen Methoden an, etwa die Einflechtung von Fragmenten einer Chronik, die entweder diskursiv ein Stück phantastischer Geschichte resümieren oder eine sichtbare Spur dieser Geschichte liefern. Wir wollen beides beispielsmäßig zitieren. Der Erzähler im *Signe du Chien* wirft, bevor er auf Sirkoma landet, einen Blick in den »Reiseführer«:

»Sirkoma, Planet des Sebanathor-Systems, kolonisiert im 26. Jahrhundert der Ersten Ära. Unabhängig seit dem Jahre 236 der Zweiten Ära. Kulturzentrum der Achten Galaxis. Aufgeteilt unter 18 Nationalitäten, die allmählich von den zwei zahlreichsten: den Ausiten und den Gonoviten resorbiert wurden. Diese beiden Nationen, die den Planeten seit dem Jahr 540 unter sich teilten, haben im Jahr 603 den Beitritt zur Föderation verweigert. Nahmen am III. und IV. Intergalaktischen Konflikt teil – jede im jeweiligen gegnerischen Lager. Sirkoma war einer der wichtigsten Schauplätze von Konflikten im Zusammenhang mit seiner Zivilisation des II. Stadiums und seiner wissenschaftlichen Entwicklung. Als sich der IV. Konflikt im Jahre 795 seinem Ende näherte, war die Bevölkerung des Planeten von 60 Millionen Einwohnern auf etwa 1 400 000 gesunken. Im Jahre 822 lehnte Sirkoma eine Beteiligung am Programm der Extensiven Provinzen ab. Auf den Appell vom Jahre 903 antwortete Sirkoma mit dem Angebot einer teilweisen Wirtschaftsbeteiligung, hat es aber nicht eingehalten.«

Und hier eine Art »Unterstützung« dieser abstrakten Information durch das Bild, das der Erzähler von seinem Raumschiff aus sieht, als er vor der Landung um den Planeten fliegt:

»Aus geringer Höhe erblickte ich an die zwölf Städte. Zwei von ihnen, die größten, hatten durch den Krieg stark gelitten. Ich wußte, daß die Millionen weißer Steine, keiner größer als eine Faust, die auf Dutzenden von Quadratkilometern verstreut herumlagen, das Werk von Feldpolarisatoren waren, die die Stadt mit ihrem Griff umklammert hatten, um sie plötzlich loszulassen, so daß sie in kleine Stücke zerfiel. Was die schwärzlichen, geschlossenen Massen, Dutzende Meter breit und ebenso hoch, die auf dem Flachland lagen, betrifft, wußte ich, daß dies alles war, was von etwa zwanzig Städten übrigblieb, nachdem die alten Implosivkreuzer aus dem 6. Jahrhundert sie überflogen hatten. Jetzt schlug man nicht mehr Städte in Stücke, sondern ganze Planeten. Den Planeten Kyryllis, den man einst Königin der Dritten Galaxis nannte, hat dieses Schicksal ereilt. Man sah auf Sirkoma auch riesige Hügel, einige zig Meter hoch, die die steinernen Sockel ganzer Straßenfundamente trugen. Hierher waren die Sauger von Breix gekommen, die die Stadt, deren Gebäude und Bewohner unter dem schrecklichen Donner des Saugens verschlangen, bevor sie alles, wie Reiskörner, in den kosmischen Raum bliesen . . .«

Nach der Beschreibung der Zerstörungen, die das Werk der »alten« Kriegstechnik war, erwähnt der Autor auch die neue Technik – ihr Kernstück sind gigantische Nivellierungsinstrumente; ihre meilenlangen Rümpfe werden am Himmel Sirkomas hängen, wenn die Zeit dafür gekommen ist.

Die Gestaltung einer fiktiven Geschichte von dem, was vor Beginn der Romanhandlung vor sich gegangen ist, stützt sich hier auf eine Dokumentation des »militärisch-kosmischen« Typus. Die natürliche Fortsetzung der Welt des üblichen realistischen Romans ist die wirkliche Welt, die außerhalb dieses

Buches existiert; in der Science Fiction hingegen – und *Le Signe du Chien* illustriert dieses Prinzip sehr gut – ist sowohl die Welt des Romans, als auch die ihn umgebende, im Roman nicht unmittelbar gezeigte Welt das Werk des Autors; durch entsprechende Anspielungen, Einschübe, muß man ihre Existenz implizieren, den Leser in diesen Vermutungen bestärken, wobei von der Qualität dieser Leistung, die über das Werk hinausführt, in das Universum der ausgedachten Geschichte, sehr viel abhängt, da sie ja die Grundlage der ganzen Erzählung schafft.

Das Buch Hougrons verfälscht die reale Problematik des Kosmos – schon physisch, durch die bloße Darstellung der »Galaxis-Föderation«, der »Galaxis-Kriege« usw. Wir wissen jedoch, daß man, indem man sich fiktiver, anti-empirischer Prämissen bedient, dennoch Informationen liefern kann, die einen bestimmten Erkenntniswert besitzen. Schließlich hebt die »mephistophelische Prämisse« nicht die kognitiven Werte von Manns *Doktor Faustus* auf. Allerdings, zwischen Leser und Werk entsteht hier ein Dilemma. Die Ausgangsthesen der Erzählung muß man gewöhnlich akzeptieren, und damit dem Verfasser Gehör schenken; aber auf eigene Faust muß man schon unterscheiden zwischen dem, was fiktive Supposition ist, und was den nicht mehr fiktiven Sinn des Werkes, seine Erkenntnisstruktur bildet. Dabei klafft zwischen den strukturell kärglichen Werken und den strukturell ergiebigen durchaus kein Abgrund; im Gegenteil, es besteht ein allmählicher Übergang zwischen ihnen. Der Leser muß – in der Literatur oft, in der Science Fiction praktisch immer – sein besseres Wissen teilweise sozusagen an den Nagel hängen, d. h. bei der Bewertung des Textes auf bestimmte sachliche Argumente verzichten. Man kann z. B. den *Doktor Faustus* nicht a priori deswegen ablehnen, »weil es keine Teufel gibt«, und man kann diesen Roman auch nicht genologisch neu klassifizieren, ihn als Produkt der phantastischen Literatur abtun – nur, weil darin der Teufel vorkommt. Man kann die Mondtrilogie von Zulawski nicht als antirealistisch und antiempirisch bezeichnen, weil »es auf dem Mond keine Luft gibt« usw. Mit anderen Worten: Wenn man die gegenständliche Struktur eines Werkes in ihrer ganzen Komplexität vor sich hat, muß man sich entscheiden, welche Teile davon auf die Realität gerichtet, und welche nur eine Art Gerüst sind, das die anderen, real ausgerichteten, stützen soll. Man muß so vorgehen, weil die Literatur auf eine vom Standpunkt der Logik merkwürdige Weise manchmal wahre Schlüsse aus fiktiven Prämissen zieht (aus der »Teufelsprämisse« von Faust folgt ein Schluß über den Wert der Wahrheit, die sich auf die Conditio humana bezieht). Aber das eine Mal werden die unterstellten Postulate durch das Vorhaben und die literarische Gewandtheit des Verfassers vervielfacht, ein anderes Mal wieder sind sie – als Prämissen, die die Sachverhalte stark vereinfachen und verzerren – Ausdruck seiner Unbeholfenheit, und da können wir uns ihnen während des Lesens entgegenstellen, d. h. aus den Spielregeln, wie sie der Text anbietet, lösen. Eine solche Haltung des Lesers, der die Weiterführung des Spiels, zu dem ihn der Verfasser einlädt, ablehnt, kommt einer negativen Bewertung des Werkes gleich. Und wieder taucht bei solchen Entscheidungen der statistische Faktor auf, da es keine scharfe Grenze gibt, die die Texte, die wir gerade noch vertragen können, von jenen trennt, deren Prämissen uns unzulässig erscheinen.

Um zum *Signe du Chien* zurückzukehren – der Ankömmling, der im Regierungssitz untergebracht ist, wird, noch bevor er dem Koordinator des Planeten begegnet, über das Hauptproblem unterrichtet, das dessen Bewohner quält. Es ist die Plage geheimnisvoller Ungeheuer, einer Art riesiger Molche, die sich so vermehrt haben, daß die Sirkomaner rings um die Stadt Mauern und Festungen errichten mußten. Es ist dies eine Geißel von metaphysischen Ausmaßen. Dem Ankömmling wird der ihm als Führer zugeteilte Professor Alhena, ein höflicher und vernünftiger Mensch, erklären, daß die Rhunqs – wie diese Ungeheuer heißen – keine gewöhnlichen Tiere sind. Sie können nur durch die Praktizierung sozialer Tugenden und asketischer Entsagung wirksam zurückgedrängt werden. Wobei die Gesellschaft so geschichtet ist, daß, je höher einer in der Hierarchie steht, er ein um so asketischeres Leben führen muß. Ein schneller und schrecklicher Angriff der Ungeheuer auf die Stadt, der schwerste Menschenverluste verursacht, weist auf eine ernste Verletzung der Regeln dieser so strengen Sittlichkeit hin. Man kämpft mit der Plage nicht nur durch Askese und Selbstkasteiung, sondern auch mit Waffen; es gibt eine Kaste spezieller Auserwählter, die mit besonderer Geistes- und Sehkraft begabt sind (die Menschen-Kräfte, les Hommes-Forces), und unter der Führung dieser Elite zieht die Jugend Sirkomas ins Feld gegen die Rhunqs, wenn diese Sirkoma schon allzusehr zusetzen.

So zusammengefaßt, erscheint diese »Religion« und die dadurch stabilisierte soziale Struktur ungemein primitiv, aber beim Lesen wirkt sie weniger plump, weil belletristische Manipulationen (die Bewohner sprechen ungern über die Rhunqs, besonders mit einem Fremden, er selbst steht der Rhunq-Metaphysik äußerst mißtrauisch gegenüber usw.) die Sache mit einem Nebel geheimnisvoller Verschwiegenheit umhüllen.

Als der Ankömmling sich zu einer Aussprache mit dem Koordinator begibt, setzt er gewisse technische Vorsichtsmaßnahmen, die sich jedoch als ungenügend erweisen, denn, wie er später erfährt, seine Erinnerungen an das stattgefundene Gespräch wurden verfälscht: alles, was geschah, ist aus seinem Gedächtnis ausgelöscht, und statt dessen wurden Inhalte eingeführt, die ihn in einem für Sirkoma günstigen Sinne beeinflussen sollten, damit er, positiv zu diesem Planeten eingestellt, aber ergebnislos zu seinem Normalisierungsbüro zurückkehren möge. Diesem »mentalen Anschlag«, ausgeführt, wie man wohl annehmen darf, durch Menschen-Kräfte aus der Umgebung des Koordinators, muß sofort mit einer Kur entgegengewirkt werden. Der Ankömmling unterzieht sich dieser Kur, er hat in seinem Handgepäck die hierzu notwendige mikroskopische Apparatur sowie elektronische Wächter und Mikroberater. Als er am nächsten Tag, schon in besserer Verfassung, unter Zuhilfenahme eines anderen Mikroinstruments einen Erkundungsflug über der Umgebung der Stadt unternimmt, wird er Zeuge eines Kampfes der Sirkomajugend mit den Ungeheuern. Die Unglücklichen bedecken mit ihren blutigen Leibern den Boden, der Erzähler jedoch, der ein Ungeheuer verfolgt und mit Geschossen belegt, überzeugt sich schließlich, daß es sich bei den Monstern um Attrappen von riesigen Ausmaßen handelt, die von einem unbekannten Ort aus ferngelenkt sind.

Mit besseren Apparaten und seinem neuen Wissen ausgestattet, begibt er sich zur nächsten Begegnung mit dem Koordinator. Da er mit den Stationen der Föderation ständige Radioverbindung unterhält, erfährt er inzwischen, daß schon seit einiger Zeit unbekannte rätselhafte Wesen, auf die kosmische Patrouillen an den äußersten Grenzen der Megagalaxis gestoßen waren, nun eine seltsame Aktivität zu entfalten beginnen. Es sind dies Les Êtres Doubles – Doppelwesen, Giganten, aus unbekannten Formen von Materie und Energie bestehend, die alles, was ihnen in den Weg kommt, durchdringen, so wie Rauch durch Nebel dringt; sie diffundieren durch Schiffspanzer, durch menschliche Körper, durch ganze Planeten, und ein solcher Durchgang hinterläßt scheinbar keine materiellen Schäden, aber die Menschen, die davon betroffen sind, verfallen in eine Art Wahn. Diese Gefahr muß energisch abgewehrt werden, und die erste dieser Aktionen muß die Schaffung einer militärischen Beobachtungsbasis der Föderation auf Sirkoma – wegen seiner strategisch wichtigen Lage – sein. Der Koordinator des Planeten ist absolut gegen diesen Plan. Er behauptet auch, daß ihm über das angebliche Verschwinden des Kreuzers »Kapa de Semeis« auf Sirkoma nichts bekannt sei. Der Ankömmling geht zum Angriff über: Er enthüllt, daß er das Geheimnis der Rhunqs kenne, die sicher ein Instrument des Regimes sind, denn sie verleihen ihm die metaphysische Salbung – es handelt sich dabei um einen mit Fälschermethoden aufgezwungenen Glauben, der die Gesellschaft unter Zucht nehmen soll.

Die Ereignisse beginnen sich nun zu überstürzen. Beim nächsten Erkundungsflug wird der Ankömmling durch sein eigenes Raumschiff »verraten«, und um nicht zusammen mit ihm an den Felsen zu zerschellen, muß er sich mit einem Sprung retten; eine Zeitlang verbirgt er sich in der Wildnis außerhalb der Stadt, bis eine mächtige Flotte von Nivellierungsmaschinen und Kreuzern der Föderation auftaucht. Unter dem Druck dieser Stärke kapituliert schließlich die Machtelite; entsprechend einem Vertrag, den sie abgeschlossen hatten und wonach ihre Entehrung nicht zulässig ist, brechen die

Menschen-Kräfte allein gegen die Ungeheuer auf und sterben bis zum letzten unter deren Metallkrallen. Auf der anderen Seite werden die Ungeheuer vernichtet. Die Bevölkerung erfährt gar nicht, daß sie betrogen worden war: das würde ihrem Selbstbewußtsein nicht zuträglich sein. Sie wird glauben, daß die Ungeheuer dank der Intervention der Streitkräfte der Föderation ausgerottet wurden; nun tritt Sirkoma – mit einer neuen Regierung und einem anderen sozialen System – der Föderation bei. Es wird also keinen öffentlichen Zusammenbruch des sirkomanischen Glaubens geben, er wird bloß erlöschen.

Den Roman hat ein Meister der SF geschrieben. Die Mehrzahl seiner phantastischen Requisiten hat er wohl amerikanischen Autoren entlehnt, die sie früher erfunden haben, z. B. die schon klassischen Motive: der einsame Sendling einer Riesenmacht, die hinter ihm steht; der falsche Glaube, der einer in Unwissen gehaltenen Gesellschaft zynisch aufgezwungen wird; die Verwendung von technisch präparierten Wundern und pseudo-transzendenten Kräften zwecks besserer Empfehlung eines solchen Glaubens; die Einsamkeit, die durch Rat und Schutz mikroelektronischer Instrumente unterstützt wird; »mentale« Angriffe und Aggressionen usw. Wollten wir eine Liste der Autoren aufstellen, in deren Texten diese Elemente auftreten, sie würde gewiß viele Seiten umfassen, aber Hougron hat aus diesen Elementen ein eigenes Ganzes nach seinen Prinzipien aufgebaut. Er schildert nicht nur die aktuelle Lage, sondern auch die geschichtliche Vergangenheit – und zwar gleich eine doppelte: Im Roman haben wir eine sachlich motivierte Gesprächsreihe, in der der Ankömmling und der Professor Alhena Informationen über den Stand der Dinge auf Sirkoma und in der Galaxis austauschen; auf diese ganz zwanglose Weise also erfahren wir, was Sirkoma von der Föderation trennt. Die Handlung spielt sich mindestens auf zwei Ebenen ab. Ich habe hier schematisch über die Ereignisse, die sich auf der einen Ebene abspielen, berichtet, hingegen nicht über die im Hintergrund, ich habe nur die Doppelwesen erwähnt, die sich in die Handlung einschalten und über Sirkomas Schicksal entscheiden.

Die Gesamtkonzeption des Werkes zeichnet sich klar ab.

Auf der einen Seite haben wir eine mächtige Gemeinschaft, die in expansiver Weise immer größere Gebiete der Galaxis zu erobern trachtet; in dieser Gemeinschaft herrschen recht strenge Gesetze, da angesichts der riesigen räumlichen Entfernungen und der großen Unterschiede zwischen den Kulturen, angesichts der ungeheuren Zahl von oft widerstreitenden Interessen zwischen den einzelnen planetaren Gesellschaften die starke Hand des Normalisierungsbüros unerläßlich erscheint, um ein so kompliziertes Ganzes zusammenzuhalten. In dieser multistellaren Vereinigung gibt es keine vorsichtige, subtile Diplomatie, und planetare Abtrünnige werden nicht mit Glacéhandschuhen angefaßt: Ein Planet, der aus der allgemeinen Ordnung ausbrechen möchte, wird zuerst gewarnt, und wenn das nicht hilft, kann er Gegenstand eines Besuchs von Nivellierungsmaschinen werden, so groß wie ganze Kontinente, die ihn, zusammen mit Millionen Lebewesen, total zerschmettern.

Ein solches Schicksal drohte in einem bestimmten Moment Sirkoma. Also streng, hart, schnell, aber auch sehr verschiedenartig lebt man in der Föderation, die Verhältnisse erliegen raschen Wandlungen, weil nicht nur neu einverleibte Gesellschaften sich in sie einordnen müssen, sondern auch, umgekehrt, die Föderation als Ganzes nach Möglichkeit die Sitten, Normen, persönlichen Eigenschaften sowie auch die rein anatomischen und physiologischen Merkmale ihrer neuen Bürger berücksichtigen muß. Dabei zeigt sich, gerade in der Zeit, in der die Handlung des Romans abrollt, daß die ganze Macht der Föderation, ihr Programm der Eroberung des Kosmos in Frage gestellt werden kann, da die Feldpolarisatoren, die Sauger von Breix oder Nivellierungsmaschinen zwar imstande sind, im Nu einen beliebigen Planeten zu zerschmettern, daß sie sich aber als völlig machtlos gegenüber den rätselhaften Gebilden erweisen, die man Doppelwesen nennt und von denen man nichts weiß, nicht einmal, ob sie lebende Wesen sind oder eine bisher unerforschte Art der Zusammenballung von Energie und Materie. Der Prozeß der Expansion ist mithin alles andere als idyllisch, die riesige Föderation ist nicht nur voller innerer Spannungen, diese tauchen auch auf ihrer Peripherie auf und üben auf Regionen, die noch Niemandsland sind, ihren Druck aus. Dieser Superorganismus hat Schwierigkeiten, die aus dem ungeheuer großen Unterschied zwischen den evolutionären, geschichtlichen, kulturellen, ja selbst biologischen Attributen resultieren, welche ihre »Mitglieds-Planeten« abgrundtief voneinander trennen: und nun lauern ihm noch rätselhafte Phänomene auf, an denen gemessen der ganze Fall Sirkoma eine belanglose lokale Angelegenheit ist, etwas, wofür das Normalisierungsbüro nicht mehr als einen Delegierten, eine lokale Flotte (die Nivellierungsmaschinen sind gar nicht dem Romanhelden zu Hilfe gekommen; es war ein reiner Zufall, ein für ihn glückliches Zusammentreffen der Umstände, durch eine höhere Gefahr verursacht – nämlich durch die Notwendigkeit, einen »Anti-Doppelwesen«-Stützpunkt auf dem Planeten zu errichten) und höchstens eine Stunde Überlegung darüber opfern kann, ob man, um einen Stützpunkt zu gewinnen, die ganze Bevölkerung vernichten muß oder auch nicht.

Doch auch jene nichtexpansive Ordnung, die in Sirkoma geherrscht hat, bietet wenig Anreiz zur Nachahmung oder auch bloß zu Respekt. Die Stabilität ist zwar erreicht, die Gesellschaft muß kaum mühevolle und mit ständigem Risiko verbundene Ausfälle in den Kosmos unternehmen, sie ist tugendhaft, sittlich ausgeglichen, lebt in relativem Wohlstand – aber all dies ist mit Lüge und Blut erkauft. Mit Lüge, denn betrügerisch sind doch die Kämpfe mit den elektrischen Monstern herbeigeführt worden, diese Monster sind die Geißel, die jedes Mal schmerzlich auf die Schultern der Menschen fällt, wenn der Kulturkodex verletzt wird; mit Blut, weil das Opfer, das die Jugend darbrachte, indem sie auf dem Schlachtfeld ihr Leben ließ, ja unnütz und betrügerisch entlockt wurde; so hält sich das ganze soziale Gleichgewicht auf dem Zünglein einer einzigen großen Fälschung. Stellen wir am Rande fest, daß der Autor – wahrscheinlich absichtlich – einen Fehler begangen hat, sowohl einen Konstruktionsfehler als auch einen logischen: Er hat die ganze Manipulation mit den Ungeheuern als einen einzigen Schwindel entlarvt, aber die riesige geistige Potenz, mit der er seine Menschen-Kräfte ausgestattet hat, gehört seiner Auffassung nach nicht zu dem Schwindel. Sie verfügen wahrhaftig über die mentale Waffe, deren Wirksamkeit sich besonders in ihrem Blick konzentriert; der Ankömmling hat diese Wirksamkeit zweimal zu spüren bekommen, einmal auf einem Spaziergang bei einer zufälligen Begegnung, und da verlor er für einen Augenblick das Bewußtsein, und das zweite Mal bei seiner Unterredung mit dem Koordinator, bei der man ihm sein Gedächtnis austauschte. Das ist ein Fehler, denn laut vielfach wiederholten Erklärungen und dem Wortlaut der Doktrin entsprechend braucht es die geistige, im Blick konzentrierte Kraft für den Kampf gegen die Rhunqs; aber wenn doch dieser Kampf rein fiktiv ist, und man mit keinerlei geistiger Anstrengung Attrappen aus Papiermaché, die von Elektromotoren bewegt werden, besiegen kann, sollte auch dieser zu nichts dienende »mächtige böse Blick« sich als Legende, als falsches Gerücht erweisen, und nicht als echte Eigenschaft der Mitglieder der Machtelite.

Der Verfasser versucht, besonders am Ende des Romans, dem religiösen Schwindel seine Eindeutigkeit zu nehmen. Das kommt u. a. in den Worten des Koordinators zum Ausdruck, als er ein »Credo« dieses sonderbaren Glaubens formuliert, der doch durch eine Lüge den Menschen aufgezwungen werden soll, aber dessen eifrige Bekenner sie gleichzeitig sein sollen; das ist doch ein logischer Widerspruch. Denn entweder sind die Ungeheuer wenigstens ein bißchen echt, und dann muß es nicht ein kompletter Betrug sein, oder sind sie vom Anfang bis zum Ende eine Mystifikation – und das besagt der Roman –, und dann ist der Besitz geistiger Kraft für die Handhabung der Requisiten dieser Mystifikation nicht nur überflüssig, sondern jene Kraft scheint *nichtmechanische* Scheusale als Objekte der Staatsreligion zu erfordern. Denn so authentisch ausgestattete Menschen müßten wirklich imstande sein, andere religiöse Symbole zu konstruieren, und brauchten nicht zu geheimer Manipulation mit elektrischen Popanzen Zuflucht zu nehmen. Es sind übrigens komplette Zyniker, wie man aus den Erklärungen ersehen kann, die sie dem Ankömmling darüber geben, warum gerade die Jugend in den Kampf gegen die Ungeheuer geworfen wird. Sie wird den Ungeheuern zum Abschlachten ausgeliefert, weil sie in der ganzen Gesellschaft die ungestümste, opfermutigste und geistig regste Gruppe ist; die Jugend stellt gerne Fragen, die die bestehende Ordnung anfechten. Durch einen Aderlaß, dem das beste Blut zum Opfer fällt, wird also die soziale Struktur stabilisiert. In diesem Kontext ist der »mächtige Blick« nur eine oberflächliche Ausschmückung der Handlung: Auch soll er die Vertreter der Elite mit einer geheimnisvollen Aureole umgeben, damit sie nicht zu gewöhnlichen Betrügern werden. Aber wenn man die Sache logisch betrachtet, sind sie nicht nur gerade solche Betrüger, sie sind dazu noch dumm, denn sie könnten ihre authentischen Kräfte in einem authentischeren, weniger attrappenhaften Unternehmen investieren. Hougrons religiöse Mystifikation ist übrigens noch eine Perle im Vergleich zur Theokratie, die Fritz Leiber in seinem Roman *Gather, Darkness* beschreibt, einem der schlechtesten Werke der Science Fiction, das ich je zu lesen Gelegenheit hatte; zu lesen – wenn auch nicht zu Ende zu lesen (ich habe hier die Pflicht verletzt, die ich mir mit der Absicht, dieses Buch zu schreiben, auferlegt hatte, aber ich habe meine Widerstandskraft überschätzt; dieses Buch *ist* nun mal unleserlich). Leibers Priester sind eine Kaste von Schurken, die sich mannigfaltiger Lampen, Neonröhren, Kraftfelder bedienen, um den ungebildeten Pöbel an der Kandare zu halten (es handelt sich hier um eine entfernte Zukunft der Erde). Sie predigen das Reich Gottes, aber insgeheim, auf ihren »privaten Parties«, verspotten sie es unbeschreiblich, wofür sie natürlich eine schreckliche Strafe trifft. Von diesem Tiefstand, den Leibers Roman bezeugt, muß man sich schleunigst losmachen. Nun also: Fehler gibt es im *Signe du Chien*, an der Oberfläche und in der Konstruktion, mehr als genug. In der falschen Religion ist alles zu primitiv, angefangen von ihrer Mythologie (die Ungeheuer sind angeblich Sprößlinge von *Hunden*, die nach einem Atomkrieg degeneriert sind), bis zum drachenartigen Aussehen der Monstren und ihrer ebensolchen Vorgangsweise. Zu sonderbar, ad hoc erfunden, sind – jedenfalls für meinen Geschmack – die Beschreibungen der Rassen der Galaxis, die der Erzähler aus dem Ärmel schüttelt und mit denen er den biederen Professor Alhena betäubt, dieser gehört nämlich nicht zur Drachenverschwörung. Ziemlich schlampig hat der Autor auch das Geheimnis der Doppelwesen abgefaßt (die Menschen, die mit ihnen in Berührung kamen, sind eigentlich nicht Wahnsinnige, sondern »Zombies« – lebende Leichen, eine Kategorie, die die Science Fiction mit einer mir völlig unverständlichen Vorliebe verwendet). Alles das eilt und jagt dahin, in einem Tempo, das durch die aus Reflexionen und Kulturbetrachtungen bestehenden Einschübe des Erzählers nicht beeinträchtigt wird; diese Einschübe verleihen dem Werk nicht jene Gedankentiefe, die es dringend nötig hätte. Aber all das können wir mit leichter Hand wegschieben, um uns auf die Darstellung seiner Gesamtidee – die allgemeine Gegenüberstellung zweier Modelle der Sozioevolution – zu konzentrieren.

Ich will damit nicht sagen, daß das Buch eine wertvolle futurologische These anbietet, sondern nur, daß es den Gedanken eines bestimmten generellen Plans nahelegt, nach dem man einen »Baum der Zivilisationsausstrahlung« konstruieren könnte. Es entsteht zuerst das Bild zweier einander ausschließender Wege – einer Expansion, die die Gesellschaft explosiv in die Galaxis schleudert, und einer Stabilisierung, entstanden aus der Verstrickung in eine Glaubensart, die »antikosmisch« wirkt, aber nicht unbedingt in zynisch zusammengebraute Lügen verpackt sein muß. Ein solches potentielles Gleichgewicht hat Hougron schon im Ansatz verfehlt, da bei ihm einem riesigen, aber wenigstens dem Text nach *authentischen* Abenteuer – die Doppelwesen sind keine Attrappen – ein anderes Abenteuer gegenübergestellt wird, das auf Fälschung beruht und in dem nichts als Fälschung steckt.

Und dabei hätte man doch nach einem solchen strukturellen Plan den Widerspruch inkommensurabler Werte, die – vielleicht insgesamt miteinander nicht vergleichbaren – Ambivalenzen der heroischen Expansion und der zufriedenen Stagnation zeigen können. Einer aktivistischen Haltung, die ihre Absichten nicht nach den Kräften, sondern ihre Kräfte nach den Absichten mißt, und nur, weil sie den Kosmos zum Gegner hat, niemals zu einem Sieg verurteilt sein kann, der sie durch Sättigung zum Erlahmen bringt, steht dann eine Haltung des alteingesessenen Dahinlebens gegenüber, ausgerichtet auf eine Gruppe dauernder Werte, die eine solche Konstellation bilden, daß sie die menschlichen Energien lähmt und ihnen nur symbolische Ventile offenläßt. Der Expansionismus ist ein Risiko, vor allem weil er die Billigung der universellen Veränderlichkeit des Menschen verlangt; entsprechend den Bedürfnissen, die nicht voraussehbar sind, sondern sich in etappenweisen Einbrüchen in die kosmische Unermeßlichkeit einstellen, muß sich das Spektrum der menschlichen Technologien verändern, und von solchen Umstürzen wird auch die Kultur »durcheinandergeschüttelt« werden, so daß es dann sehr schwer sein wird, ihre axiologischen Zentren zu stabilisieren.

Eine religionsähnliche, intentionale Kultur hingegen kann, bei entsprechender Festlegung ihrer Prämissen, sowohl für die Ausdruckskraft der Persönlichkeit wie für die Entwicklung des Individualismus von Vorteil sein. So treffen wir zwei Fliegen auf einen Schlag, denn wir zeigen am Beispiel von *Signe du Chien*, wie das ideelle Schema einer Gegenüberstellung zweier Kulturen aussehen könnte – und zugleich, aus welchen Gründen das Entstehen dieser Art von Werken in der Science Fiction gewöhnlich unmöglich gemacht wird. Wenn die Literatur einen Konflikt der Ideen darstellt, stattet sie die beiden gegnerischen Wortführer mit möglichst vollkommenen Argumenten aus; da die Science Fiction mit einer anderen Wertskala operiert, zieht sie das Drama der Sensationen dem Drama der Ideen oder der Einstellungen vor. Darum sind so häufig ihre Erfolge zugleich Grabsteine vergeudeter konzeptioneller Chancen. Hougrons Sirkoma kann der Föderation keine authentischen Werte gegenüberstellen, und das wesentliche Hindernis besteht nicht darin, daß soziale Eruption stets besser ist als Soziostasis, sondern darin, daß der Verfasser keines der konträren Modelle wirklich optimiert. Das kleinere Übel einem größeren entgegenzuhalten ist ebensowenig instruktiv und in bezug auf den Informationswert banal wie die Gegenüberstellung von »Utopie« und »Dystopie«. Wertvoll dürfte hingegen der Vergleich zwischen zwei prinzipiell voneinander abweichenden Utopien – oder zwischen zwei futurologischen Visionen von der Gesellschaft – sein, von denen jede ihre gültige innere Daseinsberechtigung hat und – indem sie die andere nach der eigenen Wertskala beurteilt – nachweist, daß man nicht gleichzeitig alle Arten des Guten realisieren kann, die von der Menschheit nur auf verschiedenen Entwicklungswegen, also nur alternativ für die Zukunft erwartet werden können.

Modell der Sozio-Involution

Neben der Prognostizierung von Zivilisations- und Kulturformen kann man bei der Schaffung sozialer Modelle noch andere gedankliche Experimente unternehmen; wir wollen hier eines erwähnen – ein Experiment, das darauf beruht, eine Gruppe von Menschen aus der irdischen Umwelt herauszureißen, sie unter neuen, besonderen Existenzbedingungen anzusiedeln und die in der Gruppe vor sich gehenden Wandlungen zu beobachten – und all dies in einem relativ langen Zeitraum. Goldings *Der Herr der Fliegen* gehört zu diesen Versuchen der Aufstellung anthropologischer Modelle zwecks Dokumentierung der These, wonach die menschliche Natur als solche böse sei, und dieses Böse, das sich sogar schon bei Kindern manifestiert, verwandelt im Handumdrehen eine Gruppe sauberer und braver Jungen auf einer menschenleeren Insel in eine Rotte von Wilden, die Magie und Mord betreiben. Ich habe mich an anderer Stelle – in der *Philosophie des Zufalls* – mit dem Erkenntniswert der so aufgefaßten Grundidee dieses Buches auseinandergesetzt. Zur Verteidigung Goldings läßt sich allerdings anführen, daß seine Jungen auf der Insel zuerst nur die Wilden spielen und daß dieses Spiel sich erst langsam in eine ernste, sogar todernste Beschäftigung verwandelt. In diesem Sinne hat Golding wirklich die Verwandlung von Kindern in Wilde glaubhaft gemacht; aber schon mit Bestimmtheit kann man sagen, daß ein Involutionsprozeß, zu dem es an Bord eines jahrhundertelang zu den Sternen fliegenden Raumschiffs (so daß auf ihm ein Generationswechsel vor sich geht) kommen kann, nicht dadurch entstehen und nicht davon gestaltet würde, daß die Kosmonauten – oder ihre Kinder oder Enkel – auf ähnliche Weise »Wilder Mann« spielten.

Die größten Schäden entstehen in der Science Fiction dort, wo das Werk schon von der Absicht her keine anderen Zwecke verfolgt als bloße Unterhaltung, oder dort, wo die

Konzeption, weil ihr ein banales Strukturmodell zugrunde liegt, in Unsinn abgleitet. Es ist interessant, daß das Motiv der Involution, die in einer Kosmonautengruppe auf einem Raumschiff vor sich geht, oft aufgegriffen wurde – auch von Schriftstellern, die zur Spitze der SF gezählt werden (Brian Aldiss, van Vogt), und immer war es dieselbe Schablone, die die inneren Beziehungen in der Gruppe prägte, sobald sie sich nach der Beendigung des kulturellen Rückbildungsprozesses stabilisierte. Als Beispiel mag *The Starship* von Aldiss dienen: Es stellt eine zunächst rätselhafte, ziemlich große, geschlossene Welt dar, von der wir erst relativ spät erfahren, daß es sich faktisch um das Innere einer Riesenrakete handelt. Die Menschen, geistig und physisch verkrüppelt – Priester, Jäger, primitive Weiber und wilde Kinder – führen ein Herdendasein auf einem der vielen Decks des Raumschiffs, am Fuße einer Ruine, die einst ein ganz außergewöhnlicher Computer gewesen war, jagen das Wild, das zeitweilig aus seinen Höhlen gekrochen kommt (wahrscheinlich ist es die Nachkommenschaft von Schweinen, die man als Fleischvorrat auf die Weltraumreise mitgenommen hat), kämpfen gegen eine Rattenplage (woher die gekommen ist, weiß ich nicht), möglicherweise »Mutanten« von Ratten, zittern aus Angst vor fiktiven Gespenstern oder realen Erscheinungen, die als die Giganten, die Fremden, »die von außen« usw. bezeichnet werden. Nach unzähligen Hinterhalten, Fluchtunternehmungen, Angriffen, Fallen u. ä. Peripetien, die nicht nur 100 oder 200, sondern, mit dem gleichen Nutzen, 2000, 3000 oder 5000 Seiten füllen könnten, zeigt sich schließlich, daß die Giganten oder die »Anderen« gewöhnliche, normale Menschen sind. Das Schiff wurde nämlich bei seiner neuerlichen Annäherung an die Erde längst bemerkt, aber da die Rückkehrer vollkommen verwildert und sogar körperlich degeneriert sind, konnte man sie nicht auf die Erde zurückholen. Aldiss begründet dies auf ebenso komplizierte wie nicht überzeugende Weise.

Einer der normalen Erdenbürger, der sich in die Gesellschaft der Wilden eingeschlichen hat, versucht langsam – aber wirklich sehr langsam – deren magisch getrübter Psyche einige Portionen rationalen Bewußtseins einzuspritzen. Daß er sich also in einem bestimmten Moment als Psychologe, nicht als Wilder erweisen wird, soll eine neue Überraschung sein. Andere Giganten auf dem Schiff, das jetzt ununterbrochen die Erde umkreist, richten Arzneien her und führen nicht näher präzisierte Forschungen durch, aus denen sich eine Rehabilitationstherapie für die rückgebildete Gemeinschaft entwickeln soll. Man muß nämlich aus ihren Gehirnen den »schlechten Glauben«, die »Irreligion«, austreiben, und sie auf die Annahme des richtigen Glaubens, d. h. der »guten Religion«, vorbereiten. Es kommt weder auf die drastische Beschreibung der Schlachten gegen die Ratten an, auf die Darstellung der unheimlich, zu ganzen dunklen Wolkenschwärmen, vermehrten Insekten, auf die »magischen Praktiken« und Hunderte ähnlicher Szenen. Es kommt auch nicht einmal so sehr auf die völlige Unwahrscheinlichkeit des tumultuösen und komplizierten, von Hetzjagden erfüllten Räuber- und Gendarmspiels an, das zwischen den Wissenschaftlern, die sich der Wilden annehmen, und dem Splitter der Menschheit, der auf dem Weg zu den Sternen entartet ist, ausgetragen wird. Was mich am meisten ärgert, sind die vielen vergeudeten Chancen. Läßt man nämlich als Ausgangsprämisse gelten, daß es im Raumschiff zu einem Kulturverfall gekommen ist, zu einem Rückfall in primitiven Irrationalismus und, ganz besonders, zu einem *kollektiven Vergessen* des Sinns und Ziels der Reise, ja selbst der Tatsache, daß hier überhaupt eine Reise stattgefunden hat, daß die »Welt« gar nicht identisch ist mit dem Innenraum des Schiffes – dann könnte ja ein solches Experiment der Isolierung die Demonstration unvermuteter Eigenschaften des Menschen ermöglichen, die unter dem Druck einer so spezifischen Entartung hervortreten. Die Einführung der Stereotype »Jägerschar«, »Nomaden und Zauberer«, »Häuptlinge und ihre Frauen«, »abergläubische Jäger« usw. ist hingegen eine eklektische Anleihe nicht so sehr bei den wirklichen Quellen soliden ethnologischen Wissens – was noch bestimmte Ergebnisse zeitigen könnte –, als vielmehr aus dem Müllhaufen gängiger Begriffe, die sich ein Mensch, der sich nie fachmännisch mit Ethnologie beschäftigt hat, über Magie, urtümliche Gruppen und primitive Gesellschaften macht. Die Hilflosigkeit der Erfindungsgabe des Autors paart sich hier mit seiner Antigelehrsamkeit, und beide zusammen sind eine Last, die die soziologische Phantasie erdrückt. Zudem – als hätte es der Verfasser speziell darauf angelegt, beim Leser Empörung zu wecken, die gewöhnlich dann entsteht, wenn man sich betrogen fühlt –, wird die Veränderung, von der die Menschen infolge der jahrhundertelangen Isolierung am stärksten betroffen sein müssen, von der Ebene soziokultureller Normen auf die bioevolutionäre Ebene verschoben: Die Ankömmlinge können deswegen nicht auf die Erde hinuntersteigen, weil ein mutiertes Gen bei ihnen eine »Beschleunigung des Eiweißmetabolismus« verursacht hat. Sie leben daher vier Mal schneller als normale Menschen und treten um das zwanzigste Lebensjahr in ihr Greisenalter ein. Unsinn über Unsinn!

1) Damit es zu einer totalen Kulturinvolution kommt – im Extremfall der Trennung der Neugeborenen von den Eltern –, genügt etwa ein Jahrzehnt. Die so von den Eltern isolierten Kinder würden nicht einmal sprechen können.

2) Hingegen kann der für eine biologische Involution benötigte Zeitraum nicht in Jahrhunderten, er muß *mindestens* in Jahrtausenden gemessen werden. Sollte die Raumfahrt wirklich viele Millennien dauern?

3) Warum kann man eigentlich die Ankömmlinge, die vier Mal kürzer leben als normale Menschen, nicht in einer netten Erdenkolonie oder in einem schön gelegenen Sanatorium unterbringen?

Es hat keinen Sinn, weitere solche Fragen zu stellen, auf die das Buch die Antwort schuldig bleibt, denn diese Antwort müßte außerhalb der Romansphäre liegen: Der Autor wollte sich eben eine Geschichte ausdenken, wie er sie sich von vornherein zurechtgelegt hat, also hatten für ihn alle ihre Unwahrscheinlichkeiten keinerlei Bedeutung.

So wie nach den Vorstellungen unserer Vorfahren die Natur Angst vor dem Vakuum hatte, so hat ein Verfasser von phantastischer Literatur Angst vor der Behandlung von Kulturproblemen und -werten. Wenn sich Kulturen, die auf verschiedenen Sternen herrschen, untereinander nicht verständigen können, dann nicht deshalb, weil es eben verschiedene Kulturen sind, sondern weil die einen Wesen aus Materie, die anderen aus Antimaterie bestehen, weil die einen unter

Wasser und die anderen auf festem Land leben usw. Die Differenzierung zwischen normalen und kulturell entarteten Menschen auf der Ebene von Eiweißketten ist somit Ausdruck einfacher Abneigung zu selbständigem Denken. Die Zurückführung der Problematik, die in der Kluft zwischen verschiedenartigen Zivilisationen entsteht, auf die Verschiedenartigkeit des *Baustoffs*, aus dem die Evolution ihre vernunftbegabten Produkte hergestellt hat, zeugt wiederum von einer Entartung – nicht der Besatzungen von Photoraumschiffen, sondern der phantastischen Literatur. Die Konzeptlosigkeit, deren Ausdruck das *Starship* ist, ist ein Zeichen von Schematismus: Man schreitet von einem Stereotyp (des heldischen Menschen, der nach den Sternen greift) zum anderen, das auf der Umkehrung der Vorzeichen (des verblödenden Menschen, des Rattenfängers an Bord der Sternrakete) beruht. Statt aufwärts geht es abwärts, statt eines Flugs erleben wir einen Absturz, und würde uns dieser wenigstens, entsprechend beschrieben, irgendeine Eigentümlichkeit des Menschen zeigen (wie es dazu kam, auf welche Weise Gelehrte, ihre Begleiterinnen, Steuermänner, Piloten zu Jägern und Zauberern wurden) – das zu zeigen wäre schon interessant; doch hier schweigt die SF. Wäre dieser Sturz wenigstens fürchterlich, tragisch oder tragikomisch – würde, sagen wir, etwas entstehen, was in der Mitte zwischen Kloster und Zwangsarbeitslager, oder zwischen einem Team von Wissenschaftlern und einer Bande orgiastischer, zügelloser Rohlinge steht –, ein solches Schauspiel, wiewohl sicher entsetzlich, könnte schon echte Information liefern. Aber auf eigene Faust eine kulturelle Matrize zu suchen, die die sozialen Normen des Urgroßvaters entstellt und die aus dem Enkel, sagen wir, eine merkwürdige Kreuzung zwischen Astronavigator und Mönch macht – nein, das kommt gar nicht in Frage. Bei van Vogt findet die verwilderte Masse der Menschen, die eine Involution durchgemacht haben, nach der automatischen Landung der Rakete das Heilige Buch, das sich als Fahrplan und Tagebuch des Raumschiffs herausstellt. Da steigen alle mit dem Heiligen Buch auf das Festland ihres neuen Planeten – und hier bricht die Erzählung ab, gerade dort, wo sie anfangen sollte.

Da hat unser alter, bescheiden und vereinzelt arbeitender Jerzy Żuławski in seiner Mondtrilogie viel mehr zustande gebracht. Der Schlußteil des Buches *Auf dem Silberplaneten* und der ganze zweite Band des Romans *Der Sieger* ist doch auch in einem bestimmten Sinne die Geschichte einer *kulturellen Involution:* eines Splitters der Menschheit, der sich auf dem Mond ansiedelt. Ein Überblick über dieses alte, vor mehr als einem halben Jahrhundert geschriebene Buch mag – wenn uns als Vergleichshintergrund *Starship* von Brian Aldiss dient – sehr lehrreich sein.

Żuławski hat die Geschichte der Mondmenschen auch nicht selber erfunden, denn sein Roman sollte eine Allegorie des messianischen Mythos sein. Ein junger Erdenbürger, Marek, einsamer Kosmonaut (wie wir heute sagen würden), wird, sobald er auf dem Mond landet, für den legendären, lang erwarteten Mondmessias gehalten – den Alten Mann, der der Verfasser (d. h. Erzähler) des ersten Bandes des Werkes war. Marek akzeptiert die ihm von den Heiligen Schriften vorausgesagte Rolle des Siegers; er versucht einen Plan zu realisieren, der die Menschen von dem Schrecken der Schernen, der Mondautochthonen, befreien und die Grundlagen der sozialen Existenz der Menschen auf dem Mond verbessern soll. Marek hat jedoch seine Kräfte überschätzt: seine Expedition gegen die Schernen, obwohl anfangs siegreich, wird in die Flucht geschlagen. Marek muß nun erfahren, daß das Geschoß, das ihn auf die Erde zurückbringen sollte, verschwunden ist. Mit dem Geschoß sind zwei Menschen gestartet, deren weiteres Schicksal im letzten Band der Trilogie geschildert wird. Sie gehörten einer Bruderschaft von Skeptikern an, die behaupteten, die Geschichte von der irdischen Abstammung der Menschen sei eine reine Erfindung, die wirkliche Wiege der Menschheit sei die Kehrseite des Mondes; um dorthin zu gelangen, hatten sie das Geschoß bestiegen. Marek, nun zum Bleiben gezwungen, versucht den zweiten Teil seiner Pläne zu realisieren und stößt dabei auf den zunehmenden Widerstand der Mondbesitzer, weil sein Programm ihren Interessen widerspricht. Den dramatischen Epilog seiner Bemühungen zeigt der Roman in Gestalt von drei aufeinanderfolgenden Chroniken. Die erste, die orthodoxe, nennt Marek einen usurpatorischen Schuft, der den Menschen bloß Niederlagen und Unheil gebracht hat; seine öffentliche Hinrichtung sei eine gerechte Strafe gewesen. Ihezal, die Tochter des Erzpriesters Malahuda (die ihn, fügen wir hinzu, liebte, er aber erwiderte ihre Liebe nicht), erstach Marek, dessen Hände gefesselt waren. Die zweite Version, eine deutliche Karikatur des Berichts eines Berufshistorikers, verfolgt mit bombastischen Satzgefügen das Ideal eines wissenschaftlichen Objektivismus. Die dritte Chronik ist eine Fortführung des religiösen Mythos: sie verhält sich zu seinen Büchern wie das Neue zum Alten Testament. Die bewußt hergestellte Ähnlichkeit findet in den letzten Sätzen ihren Höhepunkt: Das Martyrium des Siegers war nicht umsonst – es war die Erlösung; der aus dem Grab Wiederauferstandene ist in seine irdische Heimat zurückgeflogen.

Am meisten veraltet ist im Roman die Sprache. Nach den für die Zeit der Moderne typischen Wertungen sprach eine schlichte, einfach berichtende Prosa gegen die künstlerische Qualität eines Werkes. Daher die Manierismen, die künstlich gezierten Sätze, das gesucht literarische Vokabular bei Żuławski. All das bezeugt nur, daß der Verfasser dem Einfluß der Mode seiner Zeit unterlag, nicht aber, daß er ihm unterliegen mußte. Man erkennt das z. B. am unterschiedlichen Stil der drei Chroniken, die den Abschluß des Werkes bilden. Hätte Żuławski in einem neutralen, im Vokabular und in der Syntax unaufdringlichen Stil geschrieben, ähnlich wie Wells (sie waren ja Zeitgenossen), dann wäre unter seiner Feder ein Werk entstanden, das einen Stern erster Größe in der phantastischen Literatur darstellen würde. Mir ist nicht bekannt, ob das Werk von Żuławski in Fremdsprachen übersetzt wurde – die Bibliographien der SF erwähnen es jedenfalls nicht (angeblich existiert eine deutsche Übersetzung). Was damals in Europa an wissenschaftlich-phantastischer Literatur erschien, reicht bei weitem nicht an diese Mondtrilogie heran; die Bücher von Kurd Lasswitz z. B. haben überhaupt keinen literarischen Wert.

Bemerkenswert scheint mir die sachliche Erfindungsgabe von Żuławski. Ich kenne in der Science Fiction keine Gestaltung der »Anderen«, die sich mit seinen »Schernen« vergleichen ließe, angefangen vom Namen, der gut klingt, sich irgendwie mit geheimnisvollem Dunkel assoziiert (vielleicht durch die phonetische Ähnlichkeit des Wortes Schern mit dem polnischen Wort »czerń«, Schwärze) über ihren Körperbau und ihre Schlagkraft, konzentriert in ihren Händen, die – verglichen mit ihren pelzbewachsenen Körpern – unheimlich weiß und nackt sind; die Berührung dieser Hände verursacht einen elektrischen Schock – bis zu den Beziehungen, die sich zwischen ihnen und den Menschen herausgebildet haben. Von dem durch die Berührung ihrer Hände verursachten Stoß wurden die Frauen parthogenetisch schwanger; die solcherart auf die Welt kommenden Kinder, Mortsen genannt, tragen Flammenmale dort, wo die Hand des Schernen die Mutter berührt hatte. In Zeiten extremer Unterdrückung mußte die menschliche Gemeinschaft den Schernen einen Tribut in Gestalt von Frauen entrichten – damit diese den Schernen Sklaven gebären –, und sobald diese Frauen alterten, gaben die Schernen sie den Menschen wieder. Als Mütter von Mortsen wurden sie getötet. Es ist eine entsetzliche Geschichte, und doch irgendwie glaubwürdig. Eine ähnliche Verflechtung von Abhängigkeiten zwischen einer Kolonie von Erdbewohnern und planetaren Autochthonen hat in der Science Fiction niemand wiederholt, d. h. nicht zum zweiten Mal erfunden. Die Schernen haben bei Żuławski auch ihre eigene Kultur und Mythologie, in der die Erde als verhaßter Planet den zentralen Platz einnimmt; sie soll die Luft aus der ihr zugewandten Mondhälfte aufgesaugt haben. Alle diese phantastischen Elemente fügen sich zu einem kohärenten System, das deshalb wichtig ist, weil die Konzeption, den Christus-Mythos in eine bestimmte Konstellation hineinzuverarbeiten, soweit Glaubwürdigkeit erhalten konnte, als die Einzelheiten dieser Ereignisse einen faktographischen, quasi-realen und nicht aufdringlich allegorischen Charakter haben.

Sowohl eine in regressiver Entwicklung befindliche Kolonie von Erdenbürgern als auch Gesellschaften, bestehend aus Wesen, die keine Menschen sind, beschreibt die Science Fiction gerne und oft (besonders als Space Opera) in Anlehnung an historische Schemata, die der Antike oder dem Mittelalter entlehnt sind. Wir sehen dann eine Gesellschaft, die aus

Kasten besteht oder quasi-feudal ist, mit Herrschern, Priestern, Magiern usw. Es gibt übrigens keinen historischen Roman, den man nicht in ein Werk der SF umarbeiten könnte, indem man eine Einleitung, nicht länger als eine Seite, hinzuschreibt, in der erklärt wird, all dies gehe auf dem Planeten Alpha des Kleinen Hundes oder Proxima des Walfisches vor sich, eventuell mit dem Zusatz, es handle sich um Abkömmlinge der Erdbewohner, die vor zweihundert Jahren hierher gelangt sind. Die Persiflage des historischen Romans, in der SF massenhaft betrieben, unterscheidet sich nur dadurch von einem durchschnittlichen historischen Roman, daß die SF-Variante in Stil und Konstruktion viel primitiver als die übliche historische Belletristik ist.

Die Darstellung der Andersartigkeit der kosmischen Existenz als aufgewärmte Vergangenheit ist erst recht offensichtliches Ausweichen vor den Aufgaben, die die Science Fiction dem Schriftsteller stellt, wenn nicht geschichtliche Quellen, Arbeiten von Ethnologen und Anthropologen als Unterlage dienen, sondern Stereotype des historischen Romans – Walter Scott, Dumas oder Victor Hugo – verwendet werden. Die Information stammt also nicht aus zweiter, sondern aus dritter Hand; die Tatsache, daß die Handlung auf einen anderen Planeten übertragen wird, dient als Bonus, der zu Nachlässigkeit und Schludrigkeit, zur Produktion von anachronistischem Mischmasch berechtigt, denn da der Autor ja kein wirkliches Thema der irdischen Geschichte behandelt, fühlt er sich im Recht, alle kultur- und soziogenetischen Gesetze zu mißachten.

Wie gesagt, Żuławskis Trilogie ist eine allegorische Darstellung der Entstehung eines religiösen Mythos. In diesem Sinn ist auch hier das Gerüst des Romans der Mythologie entlehnt. Aber wie glaubhaft wurde das gemacht! Im ersten Band ist der letzte der irdischen Ankömmlinge – von den Mondbewohnern Alter Mann genannt – gleichzeitig Objekt der Verehrung wie der Furcht; die Erklärung seiner besonderen Lage hat einen durchaus sachlichen, psychologischen Charakter: Er wacht über Kinder, die nicht seine Kinder sind, weil die Gefühle, die ihn mit der Eva des Mondstammes verbanden, keine Erfüllung gefunden hatten. Der erotische Aspekt dieses

Dramas wird aus verständlichen Gründen von den Anfängen des entstehenden Mythos scharf getrennt, eines Mythos, der auf die erlösende Rückkehr des Alten Mannes als Sieger zu warten befiehlt: In den Heiligen Büchern ist, als ein Geheimnis, aufgezeichnet, daß der Alte Mann (entsprechend seiner rationalistischen Einstellung) der Entstehung des Mythos, die er wahrnahm, entgegenzuwirken suchte, indem er beharrlich versicherte, er sei nicht der »Alte Mann«, sondern ein ganz gewöhnlicher Greis. Besonders originell erscheint mir wiederum Żuławskis Behandlung des Motivs der skeptischen Opposition, die sich gegen den Glauben auflehnt. Roda, der Führer der Skeptiker, lehnt nicht nur die metaphysischen Sinngehalte der Frohen Botschaft ab, sondern stellt in der Absicht, die wirkliche Vergangenheit zu rekonstruieren, die falsche Hypothese auf, daß die Menschen von Mondbewohnern abstammen. Die Argumente, deren er sich zu diesem Zweck bedient, klingen wirklich plausibel. Er vergleicht die von den Urahnen mitgebrachten Landkarten in einem Erdatlas mit selenographischen Karten, und die Landkarten der Erde erscheinen dann tatsächlich wie eine phantastische Erfindung – die Willkürlichkeit der bunten Farben, mit denen die einzelnen Staaten im Atlas bemalt sind, steht in krassem Widerspruch zum sachlichen Charakter der selenographischen Karten, die aufgrund von teleskopischen Photoaufnahmen hergestellt wurden. Darum denkt sich Roda eine ganze »antimetaphysische« Geschichte darüber aus, wie die Menschen in Höhlen unter der Großen Wüste (Mare Imbrium) gelebt haben, wie es ihnen dort zu eng zu werden begann, wie sie Kundschafter auf die andere Seite des Mondes geschickt und diese dann ihrem Schicksal überlassen hätten – und nun käme der angebliche Sieger, nicht im Interesse der derart Benachteiligten und im Stich Gelassenen, sondern im Interesse jener, die an ihrem Ort geblieben waren und jetzt die Chancen einer Fortführung der einst unterbrochenen Expansion erwägen. Falsch ist also, wie dem Leser schon klar ist, sowohl der Mythos vom Alten Mann, der als Sieger zurückkommen wird, wie die »empirische« Hypothese, die diesen Mythos widerlegen will. Der Bloßstellung der Mythenschöpfung steht hier also gleichzeitig die Bloßstellung eines ultrarationellen, seinem Geist nach positivistischen Programms entgegen. Eine Photonenrakete jedem, der einen so intellektuell raffinierten und konstruktiv-kohärenten Text in der ganzen Science Fiction findet!

Die technische und die Kulturvoraussage: Modelle

Literarische Werke haben ihre besonderen semantischen Eigenheiten, die sich in den Vordergrund schieben und besonders in der phantastischen Literatur demjenigen, der sie untersucht, arg mitspielen. Es gibt, wie wir bereits wissen, keine unerläßliche Verbindung zwischen dem literarischen Thema sowie den Objekten und Ereignissen, die durch dieses Thema in das Werk eingebracht werden, und dem Sinn dieses Werkes; ein Buch, dessen Handlung sich ausschließlich unter Heiligen im Himmel abspielt, kann ebenso gut zur hagiographischen wie zur antimetaphysischen Literatur gehören; man kann mit erotischen Beziehungen sowohl das Diesseits wie das Jenseits darstellen, Computer können einer futurologischen Vision dienen – oder auch der Verspottung von Attributen der heutigen Gesellschaft, die weder mit Intellektronik noch mit irgendeiner Zukunft zu tun hat; man kann mit Teufeln sehr sachlich sowohl die Qualität des menschlichen Schicksals veranschaulichen, als auch die manichäische Auffassung vom Sein bestärken, usw. Es kann überdies auch so sein, daß wissenschaftliche Objekte und Begriffe in einem gegebenen Werk weder der Physik noch der Metaphysik dienen, daß ihre Anwendung reine Gaukelei, ein in lustiger oder gespensterhafter Tonart gehaltenes Spiel ist. Und weil das Erkennen ganzheitlicher Sinngehalte eines Werkes die erste Determinante seiner Klasse ist, hängt von der Beurteilung des Lesers in beträchtlichem Maße die endgültige Klassifizierung eines Werkes und damit auch sein kultureller Rang ab. In diesem Schlußteil unserer Betrachtungen werden wir uns nicht mehr mit Varianten beschäftigen, die keine Voraussagen enthalten.

Wir haben phantastisch-wissenschaftliche, allegorische Parabeln schon hinter uns gelassen, ebenso soziale Grotesken,

Pseudogeschichtsphilosophien und Pseudophilosophien, Welten mit einem Kern von Gegenwartsproblemen, außen mit phantastischen Masken verziert; wir wollen uns auch nicht mit der Frage beschäftigen, wie Werke der Science Fiction die Haltung des Verfassers zur Welt ausdrücken – also damit, wie man unter Zuhilfenahme von interstellaren Raketenmaschinen seinen privaten Ängsten, Mythomanien, infantilen oder erotischen Träumen Ausdruck gibt. Dafür ist keine Zeit mehr. Wenn wir jetzt die praktischen Methoden des Aufbaus künftiger Welten zeigen wollen, tun wir es nicht, weil wir eine außerprognostische, nichts assertorisch voraussagende Science Fiction für eine schlechtere oder weniger wichtige Gattung halten. Ganz im Gegenteil – gerade sie muß die Hauptströmung der Science Fiction bilden, weil ein solcher, mit der realen Gegenwartsproblematik verbundener, der Charakter jeglicher literarischer Arbeit ist. Es handelt sich nur darum, daß die Science Fiction, die alles – auf ihre eigene Weise – tun kann, was entsprechend ihren Traditionen und ihrer Berufung die Literatur tut, in diesem einzigen – Hypothesen schaffenden – Sektor über die Grenze der bisherigen Literatur hinausgehen kann. Denn die Literatur hatte ja niemals die Absicht, ernsthaft die Zukunft vorauszusagen. Die Science Fiction, die futurologische Arbeiten anpackt, identifiziert sich dennoch nicht mit der als Wissenschaft verstandenen Futurologie. Ihre permanente Besonderheit kommt nicht von den oberflächlichen Unterschieden her, die sich daraus ergeben, daß ein literarischer Text über ästhetisch ausgewählte Erzähltechniken, über fiktive Gestalten und ihre Abenteuer verfügt. Der Unterschied kann tiefer sein, weil hier die licentia poetica weiter in Kraft bleibt und daher der Autor berechtigt ist, um der Gestaltung willen Prinzipien zu akzeptieren, die vom Standpunkt der Empirie so unwahrscheinlich sind, daß kein Futurologe es wagen würde, ihm darin nachzueifern. Wohl darf die literarische Schöpfung nicht die Merkmale einer extremen, apodiktischen Willkür haben, die nach Belieben aus dem Kosmos und dem Menschen Absonderlichkeiten zusammenbraut, doch gleichzeitig bindet den Schriftsteller nicht die Beschränkung durch die Wahrscheinlichkeit, der sich der Futurologe unterwerfen muß. Letzterer darf ja seine Prämissen nicht aus der Luft greifen. Aber eben die Geschichte – als Weltgeschichte verstanden – greift zuweilen die Wendepunkte großer Ereignisse quasi »aus der Luft«, denn das, was das zwanzigste Jahrhundert gesehen hat, ist nur deshalb »glaubhaft«, weil es wirklich geschehen ist.

Bedenkt man die Unberechenbarkeit zumindest einiger Wege, die die Geschichte auf unserem Planeten gegangen ist, dann sollte man gerade der prognostischen Literatur besondere Rechte und das Privileg der Handlungsfreiheit zubilligen. Welches Kriterium des sinnvollen Charakters selbst tollkühner Hypothesen sollte jedoch verpflichten? Es gibt keine allgemeingültige Antwort auf diese Frage. Einziges Substitut einer solchen Antwort kann die Einsicht sein, daß die Zukunft ein zwar nicht totaler, nicht unbegrenzter, aber jedenfalls ungeheuer weitreichender Freiheitsraum ist; und schon aus dieser Feststellung ergibt sich, daß es nicht ein einziges, bevorzugtes Geleise ist, das den – Mutmaßungen über die Zukunft anstellenden – künstlerischen Arbeiten den Weg eröffnen soll, sondern ein möglichst weites Feld von Vektoren, die auf die weitest von ihnen entfernten Konfigurationen von Ereignissen treffen. Die in der historischen Vergangenheit ausfindig gemachten Schlüssel sind nicht mehr wirksam, wenn es darum geht, die künftigen Schlösser – wie materiell-begriffliche Konflikte und Revolutionen – zu öffnen, doch man vermag einzusehen, daß die Zukunft sich wahrscheinlich einen Platz zwischen den Extremen technologisch realisierter Höllen und harmonisch gebauter Paradiese suchen und finden wird. Und wiederum – nicht in dem Sinne sind der Zukunft jegliche extreme Eigenschaften abzusprechen, daß sie teilweise, in Einzelheiten, nicht zu realisieren wären, d. h. daß man ständig mittelmäßige, lauwarme Kompromißlösungen akzeptieren müßte, sondern einzig in dem Sinne, daß keine Stabilität, die im Verlauf geschichtlicher Wandlungen entstanden ist, ewig existieren kann. Der Handlungsraum der Wissenschaft und der Technik, das Feld sozialer Aktivitäten des Menschen, seiner kulturellen Unternehmungen – sie stellen miteinander verbundene Aggregate dar, die ein Ganzes von solcher Art bilden, daß es einmal die Tendenz hat, sich nach außen abzuschotten, also zu statischer Immobilität neigt, und ein anderes Mal die Tendenz, sich nach außen zu öffnen. Die Wissenschaft erforscht die Welt, die sie bislang noch nicht in allen ihren Attributen erkannt hat. Da sie sie nicht kennt, kann man sie nicht mit Sicherheit voraussagen. Man kann jedoch solche noch unerforschte Qualitäten der Welt voraussetzen und dann darüber nachdenken, welche Folgen ihre Entdeckung hätte. So muß man also die Aufbauarbeit – als Errichtung einer neuen Welt – mit der Akzeptierung von Prämissen fundamentalster, weil ontischer Natur beginnen. Statt viel darüber zu reden, will ich mich konkreter Notizen bedienen, die ich in den Jahren 1963–1965 vorbereitet habe und die der Errichtung einer fiktiv für das Jahr 2642 festgesetzten Welt dienen sollten. Ich werde sie wörtlich zitieren, in der Form solcher knappen Dispositionen, wie man sie in der Kartei von Arbeitsmaterialien findet.

Hier also der Text im Telegrammstil, ohne irgendwelche Veränderungen; nur dort, wo die allzu stark verkürzte Form der Disposition es erforderte, habe ich in Klammern einige erklärende Worte hinzugefügt.

Das Jahr 2642.

Die Erde: künstliches Klima. Aus den Ozeanen 10 Trillionen Tonnen gefrorenes Wasser herausgeschleudert, damit es um die Erde einen Ring bildet, wie jener des Saturn; er schirmt die Äquatorialzone ab, während er den Polen Wärme liefert wie ein Spiegel. Der Meeresspiegel nur unwesentlich niedriger als jetzt, weil die Eisdecke der Antarktis und der Arktis geschmolzen wurde. Die Steuerung der Bewegungen des Ringes stößt noch immer auf beträchtliche Schwierigkeiten, Versuche, durch Polarisierung der Eiskristalle in den Ring veränderliches Albedo einzubauen, sind vorläufig mißlungen. Zwei widersprüchliche Tendenzen: den Meeresspiegel weiter zu senken oder ihn auf dem erreichten Niveau zu stabilisieren. Das Klima wird global geregelt, aber nicht ohne unvorhersehbare lokale Störungen.

Die Wasserstoffenergetik ist unter Kontrolle, die radioaktiven Verbrennungsrückstände werden mit der zweiten kosmischen Geschwindigkeit in den Weltraum geschleudert. Das Projekt der Verlegung der Wasserstoffkraftwerke auf die Satellitenumlaufbahnen (stationären Typs) und der Übertragung ihrer Energie von diesen Umlaufbahnen auf die Erde – mittels Strahlen von der Art des Laserbündels – wurde nicht realisiert, da die Kosten gigantisch gewesen wären; außerdem ist eine neue, die sogenannte siderale Energetik in Sicht. Zunächst als rein theoretische Möglichkeit: die Errichtung einer »Nabelschnur aus Plasma« zwischen Sonne und Erde und das »Saugen« von Sonnenenergie. Problem noch nicht einmal theoretisch gelöst wegen großer Schwierigkeiten (Befürchtungen, die Chromosphäre der Sonne könnte sich auflösen). Man müßte zuerst Experimente mit einem anderen Stern vornehmen. Konservative behaupten, dies wäre überflüssig, weil Wasserstoff der Ozeane genügt, um den Energiebedarf der Erde für eine Million Jahre zu decken. Progressive sind der Ansicht, der Übergang zur Sterntechnik sei notwendig, als nächster Schritt, der durch das schon erreichte Wissensniveau logisch bedingt ist.

Hauptinteresse: die Galaxis – neben der Biotechnologie.

a) Biotechnologie: Arbeiten über die Zelle – ein Mikrohomöostat, imstande, je nach Programmierung verschiedene Apparate, Maschinen, Einrichtungen aus beliebigen zugänglichen Stoffen zu konstruieren. Hauptproblem: Kontrolle der Entwicklung solcher synthespermischer Homöostate.

Die Form des menschlichen Körpers im Prinzip nicht weitgehend verändert. Prothesen lebenswichtiger Organe allgemein in Anwendung. Vollständiger Ersatz durch Prothesen eine Ausnahme und wenn unbedingt notwendig – z. B. bei schwersten Verletzungen infolge von Unfällen. Hypothermische Techniken entwickelt: Entdeckung des Faktors statistischer Fluktuation, der es unmöglich macht, Eingefrorene mit hundertprozentiger Gewißheit wiederzubeleben; über 96–97 Prozent kann man nicht hinaus. Dadurch große Entmutigung; das Risiko bewirkt, daß nicht viele gewillt sind, sich einer hundertjährigen Vitrifikation zu unterziehen. Hauptdilemma: der somatisch optimierte Mensch ist der Höchstgrenze der Leistungsfähigkeit homöostatischer Eiweißsysteme sehr nahe. Man kann das Altern – Ergebnis der unaufhaltsamen Entsynchronisierung einer Vielzahl von ursprünglich kohärenten Prozessen – verzögern, nicht aber aufheben. Daher – das Programm der »totalen Transformation der Gattung«: auf der Basis des Chromosomencodes muß ein Code neuen Typus erarbeitet werden, in dem Sinne universal gemacht, als er nicht kausal auf Plasma-Eiweiß-Substrate beschränkt wäre. Theoretisch bereits realisierbar, aber dem stehen Bedenken nicht-technischer Art entgegen. Das Herz, zusammen mit dem Blutkreislauf, die Verdauungsorgane, die Lunge würden sich als überflüssig erweisen. Es wäre unlogisch, alle überflüssigen Organe zu entfernen, aber gleichzeitig die äußere Gestalt des Körpers, der so ist, daß er eben diese Organe enthalten soll, zu bewahren. Man ist sich nicht einig darüber, wie der Homo Syntheticus aussehen kann und soll. Einstweilen: künstliche Haut; keine Bakterien, mit Ausnahme bestimmter Viren; Planung des Geschlechts, des Aussehens und der Eigenschaften der Neugeborenen; die Ektogenese wird praktiziert, ist aber noch nicht allgemein verbreitet (etwa 75 Prozent der Kinder werden »auf die althergebrachte Weise« geboren), die Umformung der genotypischen Eigenschaften ist nur in einem biologisch gegebenen Bereich möglich (man kann aus dem gegebenen Chromosomenmaterial nicht mehr herausholen, als es faktisch enthält: man kann nur jene Eigenschaften kombinieren, über die Vater und Mutter insgesamt verfügen; um ihren Genen neue hinzuzufügen – was technologisch möglich ist –, muß man eine spezielle Bewilligung des Büros für Populationsgenetik einholen; die Komposition von Eigenschaften wird nämlich von »Moden« beherrscht; ihnen nachzugeben, könnte schädlichen Einfluß auf die Zusammensetzung der Population ausüben).

Das natürliche Skelett kann durch ein künstliches, äußerst widerstandsfähiges ersetzt werden; das ist jedoch eine sehr komplizierte, schwere Operation, die nur außerordentliche Umstände rechtfertigen können. Hingegen wurde synthetisches Blut allgemein eingeführt; es ist biologisch »tot« in der Sauerstoffträgersubstanz – gewöhnlich wird in frühem Alter eine totale Transfusion durchgeführt (man entfernt im Menschen das eigene Blut, aber nur im Rahmen der roten Blutkörperchen; man fügt synthetisches Blutplasma und synthetische Sauerstoffträger hinzu). Die energetisch autarke Herzprothese ist allgemein in Gebrauch, aber das künstliche Herz kann nur chemisch, jedoch nicht neural reguliert werden: das Herzklopfen wird daher nicht durch Emotionen usw. beschleunigt. Für denjenigen, der in sehr jungen Jahren eine solche Herzprothese eingesetzt bekam, sind bestimmte Stellen in alten literarischen und sonstigen Kulturtexten, die Gemütszustände durch Herzzustände ausdrückten, unverständlich.

b) Die Galaxis: Raumfahrten. Hauptprobleme: die Energetik und das Leben in Raumschiffen. Um 1000 Parsek (Parallaxensekunden) in einem Jahr zurückzulegen, muß man eine Kugel von der Größe des Mondes verbrennen. Durchführung: den Brennstoff nicht auf der Rakete mitführen, sondern aus dem sie umgebenden Raum schöpfen. Das ist nur bei sehr hohen Geschwindigkeiten – in der Größenordnung von 0,97–0,98 c – möglich. Ein großer galaktischer Kreuzer, neuestes Modell: Ruhmasse 400 000 Tonnen, Besatzung 100-200 Mann, der Rest – Automaten. Struktur der Besatzung: Astronavigationsstab, wissenschaftlicher Stab, Hauptkoordinator beider Stäbe, sowie Sektionen (Energie, Antrieb, Kommunikation, Ziel, psychischer und physischer Zustand der Besatzung, Vitrifikations- und phantomatische Apparatur).

Theoretische Pläne zur Erforschung des Kosmos: einige Tendenzen: 1) sich auf das Abschießen von automatischen Sonden zu beschränken, 2) kleine Menschengruppen auf sehr großen, unabhängigen Raumschiffen auszuschicken, 3) sich auf astrotechnische Arbeiten in der Nähe von Sternen, z. B. in einer Kugel mit einem Radius von 10 Parsek zu konzentrieren.

Erforschte Evolutionstypen: der irdische Eiweißtypus, bislang der einzige; der Polymer-Silizium-Typus auf schweren, kalten Planeten; Formen des allmählichen Übergangs vom Individuum zum Synzytium, spaltbare Kolonien, niedrige Entwicklungsstufe, wahrscheinlich bloß Spuren von psychischem Leben.

Theorie der Astronavigation; Grundlage ist die Spieltheorie: in irgendeinem nahe befindlichen Sternbild – ein Planet der Kopffüßler; Wesen von metallischer Hautfarbe, bläulich, behend, ihre ungewöhnlichen Augen (Ozellenaugen), ihre Siedlungen, ihre relativ niedrige Entwicklungsstufe. Ihre Symbiose mit einer Art von Insekten. Angeblich wurde dieser Planet von Wesen aus dem Zentrum der Galaxis besucht, das ist aber schon lange her (etwa 150-250 000 Jahre). Diese Wesen können in verschiedener Gestalt erscheinen, vielleicht handelt es sich um ihre Automaten. Angeblich können sie, mit Hilfe von Kraftfeldern, aus der Luft, d. h. aus den Gasen der Atmosphäre im Nu beliebige, für sie notwendige Einrichtungen »pressen« (stanzen). Ihrer Ankunft gehen akustische und Lichtphänomene voraus. All dies ist vorläufig weder sicher, noch genau erforscht. Flugweite der Raumfahrten: etwa tausend Lichtjahre wurden gründlich – mit Post-Radar-Feinanzeigern – untersucht; ein Raum von etwa einer Billion Parsek wurde mehr oder minder genau mit Hilfe von unbemannten Sonden durchforscht; Palmer-Hypothese: die biologische Evolution bewegt sich auf zwei Bahnen: anders in den spiralen Verzweigungen der Galaxis, anders im Zentrum, wo die Strahlungskonzentration sehr stark ist. Meinungsdifferenzen über Erscheinungen der Astrotechnik im Kosmos: Hypothesen, daß bestimmte neue Sterne künstlich, zu unbekannten Zwecken, entzündet wurden. Hypothese von großen Ausbrüchen von Gas und dunkler Materie über den Bereich der transgalaktischen Nebelflecke hinaus, als Zeichen von Ingenieurarbeiten in Supersternmaßstab.

Astrophysik und Kosmologie: Einsteins Theorie ist eine Hälfte; der Raum ist eine Form von Materie-Energie; es gibt den Anti-Raum; die Lichtgeschwindigkeit ist zugleich für materielle Körper Übergangspunkt von Raum zu Anti-Raum, ein makroskopischer Übergang ist grundsätzlich unmöglich. Aber für Mikroobjekte sind aufgrund des Tunnel-Effekts solche Übergänge möglich und um so wahrscheinlicher, je höher die Zündgeschwindigkeit ist. Der Anti-Raum ist keine Spiegelwelt; es gibt dort nichts in bezug auf unseren Kosmos Verkehrtes. Bildlich gesprochen: er ist eine Art Flüssigkeit; der in Bewegung gesetzte Körper, der gewissermaßen immer tiefer in dieser Flüssigkeit versinkt, vergrößert so seine Masse; das ist eine Entsprechung zur hydrostatischen und hydrodynamischen Verdrängung. Die Theorie: Es gibt Hauptpunkte des Kontinuums R – Anti-R; um zu ihnen durchzudringen, bedarf es einer in Zentillionen Graden ausgedrückten Energie; selbst die Kerntemperaturen sind dafür »zu kalt«.

Aber diese Probleme sind noch unklar. Man nimmt an, daß

man irgendwann einmal die Energie der Quantenfluktuationen auf subnuklearer Ebene wird ausnutzen können und daß das 10^{38} Erg pro 1 cm^3 ergeben kann; angeblich sind gewisse kosmische Phänomene Ergebnis eben solcher, künstlich in Bewegung gesetzter Vorgänge. Theoretische Arbeiten über Kavitation der Sterne im Rahmen der subatomaren Physik. Die Zeit ist im Prinzip umkehrbar, aber man müßte einen Stern zerstören, um ihn makroskopisch um einige Minuten zurückzuschieben. Aufhebung der Schwerkraft ist unmöglich, d. h. man kann sie nicht »gratis« erlangen – um die Gravitation zu überwinden, muß man Arbeit verausgaben. Wie früher Gravitationstheorie und Quanten-Mikrophysik, so lassen sich heute die Raum-Anti-Raum-Theorie und die Theorie der Lumen- und temporalen Mikrophänomene nicht zu einem kohärenten Ganzen verbinden. Neue Zweige der Physik: die Spatiologie, die Gravitologie, die Translumen-Theorie (Theorie von imaginären Geschwindigkeiten, die schneller sind als das Licht – sie sind zwar physikalisch nicht möglich, aber die Anwendung solcher Begriffe und die Konstruktion einer Theorie auf der Grundlage derartiger Konzeptionen erlaubt es, Modelle eines Kosmos von neuem Typus zu schaffen).

Theorie der Homöostate. Geschichte des Versuchsgeländes auf dem Mond, Experimente, die dort in bezug auf eine synthetische Evolution von Organismen und Systemen mit der Fähigkeit zur Selbstorganisation durchgeführt wurden. Das Hauptproblem: die Gefahr, daß solche Systeme sich der Kontrolle entziehen. Zwei Typen hergestellter Automaten: Objektoren und Subjektoren. Die Subjektoren haben bestimmte »Persönlichkeits«-Eigenschaften, die in gewisser Beziehung an die psychische Konstruktion des Menschen erinnern. Werden wenig angewendet, aus moralischen Gründen (weil sie keine Maschinen, sondern eine Art Lebewesen sind) und aus technischen (man versuchte sie durch Vorprogrammierung eines Typus, wie sie die Evolution an den Tieren und an uns zuwege brachte, indem sie in unseren Organismus den Sexualtrieb einbaute, in Schranken zu halten; aber so wie man durch einen Willensakt dem Geschlechtstrieb entgegenwirken kann, so kann sich ein Subjektor gegen die ihm eingebauten

Direktiven eines ethisch-restriktiven Typus auflehnen). Die Objektoren, jeglichen Gefühls- und psychischen Lebens bar, sind in der Anwendung bequem. Das ist die Nachkommenschaft der Computer sowie der logischen und der Analogrechner. Bekannt sind auch »Zwitter«, Neurinen, bioorganische Systeme, die aus herangezüchtetem und embryogenetisch gesteuertem Neuralgewebe eines Tierfötus und eines künstlichen (leblosen) Systems bestehen. Es gibt ein Gesetz, wonach man das Neuralgewebe von Menschenembryos für solche Arbeiten nicht verwenden darf, obwohl die Fachleute in der Mehrzahl diese Beschränkung als irrational ansehen.

Man hat die Schwelle der Kompliziertheit, die sogenannte »Boschzone«, erforscht, für verschiedene Stoffe unterschiedlich untergebracht, und in dieser Zone ergibt die Kompliziertheit des homöostatischen Systems Zerfallseffekte (eine Trennung der Prozesse). Eine neue Gefahr: der »Roboterkrebs«, Abweichungen, Entartungserscheinungen in der Entwicklung, mechanische Monstren. Dieser »Krebs« ruft bei den Subjektoren eine Art von »Wahn« hervor, bei den Objektoren hingegen führt er zu Handlungsweisen, die den programmierten nicht entsprechen. Es handelt sich um grundsätzlich irreversible Veränderungen, die darin den aus der traditionellen Biologie bekannten ähnlich sind. Man entdeckte diese Erscheinungen und die »Boschbarriere«, indem man sehr große und sehr komplizierte Homöostate zu Einheiten von noch höherem Typus koppelte. Es gab auch Versuche einer umkehrbaren Verbindung von menschlichen Gehirnen, aber die Resultate waren entmutigend für weitere Arbeiten in dieser Richtung (wahrscheinlich hätte man die Gehirne von Embryos koppeln müssen, weil dann die Gefahr einer Abweichung am geringsten ist – aber die geltenden Gesetze verbieten es). Dagegen ist das »Hineinpumpen von Informationen« in das menschliche Gehirn – indem man es unmittelbar mit den Containern eines synthetischen Maschinengedächtnisses verbindet – zwar möglich, kann aber Erziehung nicht ersetzen.

Im Bereich der Biotechnologie herrschen die größten Meinungsdifferenzen und die größten Spannungen. Die Spezialisten sind allgemein überzeugt, daß nun Entscheidungen autoevolutionärer Art unabwendbar werden. Das Modell des Homo Sapiens ist bereits im Rahmen des durch natürliche Entwicklung gegebenen Typus optimiert worden; ein weiterer Fortschritt würde unbedingt eine Umgestaltung der Grundlagen der Systemorganisation (z. B. den Übergang von chemischer Energetik zu einer anderen – etwa zur kalt-nuklearen, etc.) erfordern. Es werden fließende Übergänge postuliert, denn in entgegengesetztem Fall käme es zur Vernichtung, zum Verlust fast des gesamten Kulturerbes (die Schatzkammer der Kunst, jeglicher Konfessionen, der architektonischen Denkmäler usw. – alles das wird für den »neuen Prototyp Homo« tot, fremd, unverständlich, unnötig). Aber gleichzeitig nennt man solche fließenden Übergänge »Millimeterkannibalismus«, d. h. statt den Organismus mit einem Schlag umzubauen, plant man eine ganze Reihe von Umarbeitungen, die auf viele Generationen verteilt sind – als würde derjenige, der einen Menschen langsam anschneidet, statt ihn auf einmal aufzufressen, aufhören, ein Kannibale zu sein.

Hier breche ich die Übersicht über die futurologischen Prämissen ab, denn die weiteren sind schon rein phantastische Detaillierungen des bereits Gesagten (sie beziehen sich z. B. auf Methoden einer »indirekten Durchdringung« dem Menschen nicht direkt zugänglicher Bereiche – mit Hilfe von Fernautomaten, die von einem stationären Satelliten aus gesteuert werden, auf Kuriosa, die in den Kohlenwasserstoffmeeren des Jupiter entdeckt wurden usw.).

Von der Zeit, als ich diese Dispositionen niederschrieb, habe ich mich bereits genügend weit entfernt, um eine gewisse kritische Distanz zu ihnen gewinnen zu können. Als erstes fällt dabei auf, daß sie den Zustand der wissenschaftlich-technischen Kenntnisse der ersten Hälfte des 27. Jahrhunderts als etwas Dynamisches und Fließendes zeigen – eine beträchtliche Zahl ungelöster Probleme, viele Zweifel, widersprüchliche Tendenzen in der Entwicklung von Theorie und Praxis. Das scheint mir richtig und vernünftig. Schlechter ist es um bestimmte Probleme fundamentaler Natur bestellt, mit denen ich nicht fertig werden konnte: das Problem der kosmischen Zivilisationen wurde hier nämlich nicht gelöst, nicht einmal klar formuliert, sondern vernebelt, und das Problem der

Informationskontakte mit der kosmischen Vernunft ganz übergangen. Das ist schon sträflich; allerdings, in dieser Frage irgendeine konkrete Entscheidung zu treffen, ist unmöglich, da es bis heute keinerlei positive Daten nichtheuristischer Art dazu gibt. Als Ganzes sehe ich diese – übrigens stark fragmentarische – Vision heute, viele Jahre nach ihrer Entstehung, als eher konservativ an; sollte ich heute aufs neue einen solchen Versuch unternehmen, dann würde ich mich gezwungen sehen, weit größere Risiken in bezug auf die »Absonderlichkeit« der Grundhypothesen auf mich zu nehmen. Ich würde allerdings lieber auf ein solches Risiko verzichten und erklären, daß die Prognose nicht das Jahr 2642, sondern z. B. das Jahr 2117 betrifft; dann könnte man sie schließlich fast unberührt lassen.

Viel schwieriger ist eine analoge Prognose in bezug auf die Formen der Gesellschaftsordnung und des politischen Systems dieser entfernten Zukunft sowie der Kulturformation (oder -formationen) einer zeitlich so weit entlegenen Erde. Die Schwierigkeit besteht nicht nur darin, daß Prognosen im Kulturbereich nicht sehr effektiv sind. Sie steckt in den Antinomien des Handelns, die auftauchen, sobald wir die Dinge in der Perspektive einer entfernteren Zukunft betrachten. Ganz kurz ausgedrückt, sieht das Problem so aus: Selbst rein technische und ökonomische Kriterien können, wenn man sie in der Sphäre der Investitionen anwendet, zu Kollisionen zwischen den Gradienten der empfohlenen Vorgangsweise führen. Z. B. wird heute der große Kapitalaufwand für den Bau von riesigen Düsenflugzeugen der nächsten Generation mit ökonomischen Bedürfnissen begründet, denn die Tempozunahme der Produktions- und Distributionsprozesse, zusammen mit der Tempozunahme der Veränderungen in den grundlegenden Technologien, verlangt eine beschleunigte Zirkulation der Personen – der Verwalter, es sind also hauptsächlich die Geschäftsleute, die sich möglichst schnell von Ort zu Ort zu bewegen wünschen. Aber wenn ein Experte aus einem anderen als dem lokomotorischen Bereich, etwa dem Fernsehen, aufzeigen würde, daß nur mit einem Teil des Aufwands, den der Bau überschneller Passagierjets verlangt, ein globales Netz dreidimensionalen Fernsehens aufgebaut werden könnte, so daß alle Treffen, Konferenzen, Beratungen sich sozusagen »aus der Ferne« – ohne daß jemand seinen Aufenthaltsort zu verlassen brauchte – abhalten ließen, dann würde die Konzentration der Anstrengungen auf dem Gebiet der Passagierflugzeuge wenigstens teilweise zweifelhaft erscheinen. Also müssen die Entscheidungen selbst in relativ einfachen Fragen auf komplexe Weise, mit Heranziehung von Fachleuten, gefaßt werden – d. h. es muß zunehmend zu mehrdimensionalen Lösungen aller neuen Aufgaben kommen. Aber da sich das Entwicklungstempo neuer Technologien nicht genau berechnen läßt, kann man auch nicht immer feststellen, was besser ist: bedeutende Mittel für die Optimierung einer bereits in Gebrauch stehenden Technologie aufzuwenden, oder lieber die Grundlagen für eine neue aufzubauen. Irrtümer in der Prognose können ungeheuer kostspielig sein. Und weiter: Wenn an der Suche nach der optimalen Entscheidung zehn oder gar zwanzig Fachleute beteiligt sind, dann können diejenigen, die die Entscheidung zu treffen haben, die Meinung der Experten anhören und sich danach richten – noch ihrer Aufgabe gerecht werden. Wenn das Problem jedoch hierarchisch strukturiert ist, in der Weise, daß es kategorienmäßige Stufen hat, und sich dabei die Experten einer Stufe (Ebene) auf etwas festlegen, das für die Entscheidungssituation der nächsten Ebene bestimmend ist, wenn, nun schon ganz allgemein gesehen, das zu entscheidende Problem sehr komplexer Natur ist, dann verliert nicht nur derjenige, dem die Entscheidung obliegt, ohne daß er die fachlichen Voraussetzungen besitzt, sondern auch der fachlich Geschulte den allseitigen Überblick über die Gesamtheit der Fragen. Wer soll also die Elemente eines so komplizierten Problems zusammenfassen? Wo der menschliche Geist versagt, ruft er Ziffernsysteme zu Hilfe.

Aber diese Systeme können sich, wenn die Dinge so laufen, allmählich der Kontrolle der Menschen entziehen. Das ist die erste Schwierigkeit.

Die zweite Antinomie des Handelns läßt sich auf eine andere Art der Steuerung, nämlich im Kulturbereich, zurückführen. Wie wir schon aufgezeigt haben, verschafft die Instrumentalisierung – also Unterordnung unter den Willen des

Menschen – von all dem, was bislang durch die Spontaneität von Naturprozessen gesteuert wurde, sowohl Freiheit als auch die typisch mit ihr verbundenen axiologischen Dilemmata (wir erwähnten sie im Zusammenhang mit dem Problem der biologischen Autoevolution). Aber auch im Hinblick auf die Dynamik von Kulturerscheinungen kann sich die Lage in der Zukunft ändern. Da die Spontaneität, als Unmöglichkeit der Prognostizierung der Gradienten von Kulturveränderungen, ein das Gleichgewicht der Zivilisation störendes Element ist (zumindest manchmal zu einem solchen Element werden kann), ist es erwünscht, Kenntnisse über die Dynamik von Kulturphänomenen zu haben. Ihr Besitz ermöglicht eine regulierende Arbeit, d. h. die Steuerung der Prozesse kultureller Wandlungen – sowohl was die Stabilisierung als auch was die Lockerung bestimmter Normen und Werte betrifft. Dies bietet die Chance einer möglichst sicheren Optimierung von Gesellschaftszuständen, in denen alle Elemente, aus denen die Kultur besteht, die Bedürfnisse des Individuums mit jenen der ganzen Gesellschaft harmonisch verbinden. Gleichzeitig aber betrachten wir – im Einklang mit der geschichtlichen Tradition – als entscheidenden Wert die Freiheit der Entwicklung kultureller Inhalte und Formen, was klarerweise gleichbedeutend ist mit der Unvoraussehbarkeit ihrer künftigen Gestalt. Denn die Kultur erscheint uns nur insoweit wertvoll und authentisch, als sie nicht im vorhinein geplant, durch direktive Beschlüsse aufgezwungen, noch auch genau in ihrer Gestalt vorausgesagt wurde. Einerseits möchten wir uns also die unangetastete Spontaneität als Garanten einer authentischen Entwicklung der Kultur bewahren, andrerseits sind wir uns darüber im klaren, daß Prozesse, die spontan erfolgen, stets dahin tendieren, unstabil zu sein, also auf abträgliche Weise mit den Gradienten der Gesamtbewegung der Zivilisation in Widerspruch geraten können.

Nicht darum handelt es sich also, daß es nicht leicht ist, ein axiologisches Gerüst der Gesellschaft des Jahres 2642 zu errichten, neue Philosophien des Menschen, neue sittliche Verhaltensmuster, neue Normen der Ethik und Ästhetik zu präsentieren, die das Leben in dieser Zeit gestalten sollen – sondern darum, daß es uns nicht gelingt, einen Ausweg aus dem eben besprochenen Paradoxon zu finden. Es sei unterstrichen, daß dies eine Schwierigkeit von ganz anderer Art ist als der schlechte Ruf, den sich eugenische Praktiken zur Verbesserung der Gattung Homo Sapiens erworben haben – durch den schändlichen pseudowissenschaftlichen Mißbrauch von Termini der Bevölkerungsgenetik, die der deutsche Faschismus in der Mitte unseres Jahrhunderts in ein Werkzeug des Genozids verwandelt hat. Denn in jenem Fall wurden nicht die eigentlichen Prinzipien einer Steuerung des Inhalts des Genenfonds der Bevölkerung kompromittiert, sondern der Mißbrauch dieser Prinzipien in totalem Widerspruch zum wirklichen Sinn der Biologie und der theoretischen Genetik. Es genügte also klarzustellen, wo und auf welche Weise dieser Mißbrauch vorgenommen wurde, um den schlechten Ruf der Eugenik zu liquidieren.

Hingegen ist die Antinomie einer Steuerung der kulturellen Entwicklung durchaus nicht mit eventuellen Mißbräuchen verbunden, die sich die Leiter dieses Prozesses zuschulden kommen lassen könnten. Die Tatsache historischer Mißbräuche – d. h. verschiedener Repressionen, denen kulturschöpferische Prozesse ausgesetzt waren, sowie das Phänomen kultureller Versklavung, die z. B. durch militärische Invasionen und die darauffolgende Besetzung ganzer Länder herbeigeführt wurde, hat nichts mit der Antinomie gemeinsam, von der wir hier sprechen. Diese Antinomie – in ihrer nichttrivialen Gestalt – taucht nämlich gerade dort und erst dann dort auf, wo die Verwaltung des Kulturschaffens sich schon auf einen wirklich besseren, im gegebenen Moment bestmöglichen Wissensschatz zu stützen vermag.

Auf die kürzeste Formel gebracht, stellt sich das Problem folgendermaßen: Die Mitglieder einer Gesellschaft werden in allen möglichen Lebenslagen in zwei Arten von außen gesteuert: die erste Art wollen wir als argumentativ bezeichnen – sie besteht darin, daß man dem Bürger die Gründe darlegt, deretwegen er so und so handeln sollte, wenn er von den Argumenten überzeugt wurde, die andere nennen wir die nicht-argumentative oder fachliche Art. Nichtargumentativ steuert die Mutter das Verhalten des Kindes, wenn es noch sehr klein und daher auch Argumenten unzugänglich ist; auf die gleiche Weise steuert auch der Arzt das Verhalten des Patienten – er greift nicht zu fachlich medizinischen Erklärungen, wenn er will, daß der Patient diese oder jene Arznei einnimmt, nicht-argumentativ geht der Architekt vor, der nicht verpflichtet ist, den Bauherrn, für den er das Haus baut, in die Geheimnisse seines Fachwissens einzuweihen, etwa warum die Zimmerdecken in diesem Haus eine bestimmte Widerstandsfähigkeit – und keine kleinere! – haben sollen usw. In allen diesen Situationen ergibt sich die nicht-argumentative Steuerung aus der Tatsache der gesellschaftlichen Arbeitsteilung, der Tatsache, daß es Spezialisten sind, an die wir uns um Rat wenden und denen wir vertrauen, da es ja eine psychophysische Unmöglichkeit wäre, in allen Fragen, die im menschlichen Leben auftauchen mögen, selbst die fachlich begründeten Informationen zu erwerben. Die Entwicklung der Wissenschaft führt unter anderem auch zu einer solchen Situation, daß bestimmte Verhaltensbereiche, die früher der persönlichen Erkenntnis und persönlichen Entscheidung gehörten, nun Domäne der Untersuchung durch entsprechende Fachleute geworden sind. Wenn nämlich jemand ernstlich erkrankt, wird die Person, die versuchen wird, den Kranken selbst zu behandeln, und nicht den Arzt herbeiruft – auch wenn dies im besten Willen geschieht –, gerichtlich belangt werden, falls der Kranke durch dieses Vorgehen Schaden an seiner Gesundheit erleidet. Früher hingegen wurde eine eventuelle Nichthinzuziehung des Arztes im Falle einer schweren Krankheit nicht als strafbar angesehen. Heute ist man der Ansicht, daß Eheberatung eine Frage des guten Willens und der Bereitschaft der Ehekandidaten ist, aber wahrscheinlich wird sich das ändern, und eine ärztliche Untersuchung vor der Ehe wird einmal ebenso obligat sein, d. h. auf nicht-argumentative Weise durchgeführt werden, wie etwa heute Untersuchungen von Anwärtern auf den Führerschein (früher wurde die Gesundheit von Personen, die den Fuhrmannsberuf ergreifen wollten, nicht untersucht). Früher einmal mußten die Kinder nicht gegen verschiedene Krankheiten geimpft werden, heute ist auch diese Pflicht nicht-argumentativ auferlegt. Gewöhnlich legt sich der Laie Rechenschaft darüber ab, daß es zu seinem Wohl und in seinem Interesse geschieht, wenn die Gesellschaft ihm durch die entsprechenden Spezialisten bestimmte Verhaltensregeln aufzwingt, aber dieses sein Bewußtsein ist eher allgemein, es ist kein Fachwissen. Einer, der den Arbeitsaufwand nicht scheuen würde, könnte, indem er die entsprechenden Lehrbücher studiert, erfahren, warum man Führerscheinkandidaten untersucht, warum man Kinder mit Tbc-Vakzinen impft, was die Eheberatung bezweckt, warum die Bauordnung für freistehende Einfamilienhäuser einen zumindest acht Meter breiten Abstand zwischen ihnen vorsieht, ohne dies näher zu begründen usw. Aber selbst wenn jemand sein ganzes Leben enzyklopädischen Studien widmen würde, könnte er nicht in alle Bereiche einer nicht-argumentativen Steuerung Einblick bekommen. Der Bereich des kulturellen Schaffens war doch von einer solchen fachlichen Kontrolle frei, und ist es bis heute; die Entstehung einer allgemeinen, allumfassenden Theorie der Entwicklung der Kultur – als eventueller Teil eines Systems soziologischer Theorien über das gesellschaftliche Sein des Menschen – impliziert das Vorhandensein eines besseren Wissens, um aus dieser Position heraus die Gesamtheit der Kulturerscheinungen optimieren zu können. Der Kulturologe, der über ein solches Wissen verfügt, befindet sich gegenüber jedem Mitglied der gegebenen Gesellschaft in derselben Lage, wie ein erfahrener Arzt gegenüber jedem kranken Menschen. So wie man nicht gegen das Urteil eines Arztes Berufung einlegt, der zuverlässig über das ausgezeichnetste ärztliche Wissen verfügt, weil kein Fachmann auf irgendeinem anderen Gebiet sich besser als der Arzt auf Krankheiten und deren Behandlung versteht, so kann es auch keine Berufung gegen den Kulturologen – den Steuermann der Prozesse der Kulturevolution – geben, denn hier ist er der Fachmann, der über das beste nur mögliche Wissen verfügt. Doch nicht in diesem Ausgleich nicht-argumentativer Positionen steckt der Kern des oben besprochenen Paradoxons. Der Arzt kann dem Patienten empfehlen, eine bestimmte Arznei einzunehmen, und ein vernünftiger Patient wird dem Arzt gehorchen. Aber der Kulturologe kann nicht empfehlen, daß von einem bestimmten Tag an ein konkreter Brauch durch einen anderen ersetzt wird, z. B. daß man von einem bestimmten Moment an erachtet, daß sexuelle Unberührtheit keinen positiven Wert hat, oder daß außereheliche Geschlechtsbeziehungen beim betrogenen Partner nicht die geringste Spur von Eifersucht hervorrufen dürfen, ja, daß in dem erwähnten Zusammenhang überhaupt nicht der Begriff des »Ehebruchs« anzuwenden oder etwa – daß in der Lyrik die Symbolik der einen Art durch die Symbolik einer anderen Art zu ersetzen sei. Das Wesen der nicht-argumentativen Steuerung besteht ja nicht in der Anwendung nackter Gewalt, sondern im Glauben, im Vertrauen darauf, daß das, was uns die Fachleute empfehlen, für uns gut und auch wirksam ist. Während man sich aber einer ärztlichen Untersuchung unterziehen kann, bevor man vor den Altar tritt, oder Medikamente einnehmen kann, die uns der Arzt nicht-argumentativ verschrieben hat, so kann man sich doch nicht auf einen Rat oder selbst auf einen Befehl hin vom Gefühl der Eifersucht freimachen, wenn der Ehepartner Sexualbeziehungen zu einer dritten Person anknüpft, und auch nicht die Lyrik von einer Symbolik auf eine andere umstellen, wie man etwa eine Eisenbahnweiche umstellt. Weil also bei Prozessen dieser Art eine Steuerung durch Befehle oder Direktiven äußerst unwirksam wäre und als Zwang empfunden würde, weil sie – wenn sie aufgezwungen wird – nur zu verschiedenen Formen von Heuchelei und falschem Glauben führen kann (der Ehemann wäre weiterhin auf seine Frau eifersüchtig und würde höchstens behaupten, daß er es nicht ist, der Dichter würde Verse nach dem neuen Code schreiben, sie wären aber schlecht usw.), müßte der Lenker der Kulturevolution seine regulierende und optimierende Tätigkeit auf Umwegen vornehmen. Er dürfte also nichts in Form von Befehlen aufzwingen, müßte aber so vorgehen, daß die angewandten Mittel das erstrebte Ziel erreichen. Durch entsprechende Formen der Erziehung und der Bildung, durch Schaffung neuer Muster der Sittlichkeit und Ästhetik würde er allmählich die geplanten Ergebnisse erzielen (ich setze jetzt voraus, daß er über eine so vollendete Theorie verfügt, daß er im Leben immer das verwirklichen kann, was diese Theorie als den den Daseinsbedingungen der gegebenen Gesellschaft am besten entsprechenden Zustand betrachtet). Dieser Steuermann der Kultur muß also jene Art von Symbolik, die die

Theorie als unerwünscht ansieht, in den Augen des Dichters abwerten, er muß auch für die Ehepartner der eventuellen Promiskuität positiven Wert verleihen. Das bedeutet durchaus nicht, daß die Erziehung künftiger Generationen in irgendwelchen Kasernen oder unter Druck und Zwang vor sich gehen muß. Relativ am leichtesten können wir das an einem Beispiel zeigen, das heute bereits eine – allerdings nur selten praktizierte – Möglichkeit darstellt, am Beispiel der Ehevermittlung durch Computer. Es ist bekannt, daß solche Ehevermittlungen mit Hilfe von Computern Ehen ergeben, die, statistisch betrachtet, viel stabiler sind als Ehen, die auf dem üblichen, zufälligen Weg zustande kommen, auf dem sich bis jetzt fast in der ganzen Welt Paare vereinigen. Es ist keineswegs so, daß der Computer den Ehekandidaten an eine einzige Person verweist, die er für ihn bestimmt. Er führt die Selektion nach einer viel größeren Zahl von Parametern durch, als dies die in der Gesellschaft herrschenden Sitten erlauben – unter anderem deshalb, weil ja das Material, auf das der Computer seine Erkenntnisse über das psychische Gepräge der Kandidaten stützt, Testergebnisse sind, und wenn man sich einem solchen Test unterzieht, es unmöglich ist, manche Mängel und Gebrechen zu verheimlichen, was man durchaus tun kann, wenn man sich um jemanden auf die hergebrachte Weise bewirbt. Außerdem führt der Computer die Selektion an einem großen Populationsmaterial durch: er kann in kurzer Zeit viele Zehntausende von Personen beider Geschlechter analysieren, um unter ihnen viele Gruppen der am besten zueinander Passenden herauszufinden. Der Ehekandidat erhält also vom Computer z. B. die Anschriften von 100 oder 500 potentiellen Partnern; die Wahl, die er nun zu treffen haben wird, ist viel breiter gefächert, als dies bei »nicht-computerisierter« Ehevermittlung der Fall ist. Trotzdem wirkt der Computer nicht-argumentativ, da er den Paaren, die er verbindet, nicht alle Theorien erklärt, auf denen seine Arbeit der Selektion und Korrelation beruht. Man kann deswegen nicht ausschließen, daß die so vermittelten Personen das Verbot, diejenigen zu heiraten, die ihnen der Computer nicht empfiehlt, als eine Beschränkung ihrer persönlichen Freiheit empfinden. Das Gefühl einer solchen Freiheitsberaubung, der

Unmöglichkeit, sich einer Macht zu entziehen, die besser als wir selbst über unsere allerprivatesten und allerintimsten Angelegenheiten Bescheid weiß, würde nur dann nicht entstehen, wenn wir überhaupt nicht wüßten, daß wir nicht-argumentativ gesteuert werden. Wenn wir uns z. B. keine Rechenschaft darüber ablegen, daß es der Computer ist, der uns unseren künftigen Ehepartner treffen läßt (weil durch geheimgehaltene Methoden ein solches Treffen so arrangiert würde, daß es beiden Partnern als »reiner Zufall« erschiene). Dasselbe wäre der Fall, wenn wir nicht wüßten, daß unser ständig außerordentlich gutes Selbstgefühl einfach daher kommt, daß man dem Wasser in der Leitung eine bestimmte chemische Substanz beigemischt hat, die eine leicht euphorisierende Wirkung auf den Menschen ausübt – wir würden dann nicht glauben, daß wir auf nicht-argumentative – gegebenenfalls chemische – Weise gesteuert werden, damit wir ständig bestens gelaunt sind. Aus Gründen, bei denen wir hier nicht weiter verweilen müssen, würde nur eine solche Kategorie von Dichtern die poetische Symbolik der vorangegangenen Generation widerstandslos gegen eine neue vertauschen, die nichts davon weiß, daß man diese traditionelle Symbolik auf subtile Weise hinausmanövriert und ihrem Blickfeld entzogen hat. In jedem dieser Fälle würde nämlich allein das Bewußtsein, daß wir Objekt einer nicht-argumentativen, durch ein System von Regeln eines bestimmten besseren Wissens bestimmten Manipulation sind, als Offenbarung eines Freiheitsentzugs empfunden werden, eines Aufzwingens von Verhaltensweisen, die schon deswegen unerwünscht sind, weil man sie uns ohne unser Wissen, verborgen, im geheimen aufdrängt. Mit einem Wort – je wirksamer die Steuerung der Evolution von Kulturerscheinungen sein soll, um so mehr muß allein die Tatsache dieser Steuerung vor den Augen jener verborgen bleiben, die entsprechend ihren Anweisungen geformt werden. Wir können eine solche »kryptokratische« Vorgangsweise nicht positiv beurteilen, weil eine derartige Beurteilung im Widerspruch zu den entscheidenden, uns eingeflößten Werten der historisch entstandenen und bis heute gültigen Axiologie des Menschen stünde.

Der aufgezeigten Antinomie kann am leichtesten mit der

Feststellung begegnet werden, daß eine Kulturvoraussage niemals möglich sein wird, daß also das Dilemma, die Kultur aus der Position eines besseren Wissens zu gestalten, gar nicht existiert (da es ein solches Wissen nicht geben kann). Das ist, tatsächlich, durchaus möglich. Aber wir sollten auch auf das Entstehen eines solchen Wissens vorbereitet sein. Es ist ja immer am einfachsten, schwierige Probleme zu »erledigen«, indem man sie beseitigt; es wird keine Kollisionen zwischen dem Menschen und »vernunftbegabten Maschinen« geben, weil es keine vernunftbegabten Maschinen geben wird, es wird zu keinerlei Entscheidungskonflikten in der Frage der Autoevolution kommen, weil die Autoevolution nicht realisierbar ist usw. Solche Erklärungen sind eine typische Vogel-Strauß-Politik, weil die Wissenschaft nicht im geringsten von ihnen abhängig ist, wenn sie also den nächsten Schritt tut, dann trifft uns dieser Schritt ganz unvorbereitet. Wie konnte man sich auf etwas vorbereiten, von dem die Weisen erklärt haben, es könne ganz bestimmt niemals eintreten? Nicht nur die große Wahrscheinlichkeit bestimmter Realisierungen sollte uns also erst intellektuell mobilisieren, jedes Problem, das eine auch nur *denkbare* Instrumentalisierung impliziert, verdient es, aufmerksam untersucht zu werden. Dies betrifft auch die »nicht-argumentative Steuerung der Kultur«; vielleicht läßt sie sich tatsächlich nicht verwirklichen, und dann wirkt sich ihre Eigenart automatisch auf die Bewahrung der geistigen Unabhängigkeit des Menschen aus, aber nur mit einer solchen angenehmen Perspektive darf man nicht rechnen. Man muß für alle Eventualitäten gerüstet sein.

Wir wollen unsere Überlegungen mit der Darstellung einer möglichen Abzweigung kultureller Umwandlungen beschließen, zu deren Schauplatz in etwas näherer oder etwas fernerer Zukunft die Vereinigten Staaten werden könnten. Und wir skizzieren hier ihr Bild zu dem Zweck, um – in diesem Fall anhand von nichtfiktivem Material – zu zeigen, wie sehr sich der Prozeß der Entstehung kultureller Normen von der typisch empirischen Gestaltung des menschlichen Wissens unterscheidet. So verlassen wir nun vollends das Feld der Science Fiction, denn die Phantasie wird jetzt zum Schweigen verurteilt.

Generalisierungen, die das geistige Leben der Gesellschaft, ihre Symbol-, Motivations-, Persönlichkeitsstrukturen betreffen, können, wenn sie der Gesellschaft beharrlich und nachdrücklich aufgedrängt werden, auch dann, wenn sie objektiv falsch sind, nach einer gewissen Zeit zu einer spezifischen Wahrheit werden. Würde ich jemandem von Kindheit auf einreden, daß die Angst seine Natur ist, sein Wesen ganz aus Angst besteht, würde ich jede Gelegenheit, bei der die betreffende Person vor etwas erschrickt, nutzen, um zu betonen, daß sich darin ihr »Wesen« äußert, und würde ich dies lange Jahre hindurch tun – ist es dann nicht wahrscheinlich, daß dieser Mensch letzten Endes zutiefst daran glauben, und mit der Zeit auch lernen wird (denn es geht hier wirklich um unübertragbares Lernen!), so zu träumen, daß in seinen Träumen die Personifizierungen der allerverschiedensten Ängste erscheinen (wer hat schließlich in seinem Leben nicht von Zeit zu Zeit Angst vor irgend etwas!)? Bekanntlich träumen Jungs Patienten so, wie es die Jungsche Schule empfiehlt, die Patienten von Fromm träumen vom weisen Alten Mann, der im System dieses Gelehrten eine zentrale Position einnimmt, während Patienten der orthodoxen Freudianer eifrig alle Objekte zusammenträumen, die die phallisch-vaginale Requisitenkammer der Freudschen Geschlechtssymbolik bilden. Wenn wir manchmal von Dingen und Personen träumen, von denen wir nur gelegentlich in Büchern gelesen oder die wir im Kino gesehen haben – warum sollten die Amerikaner nicht gründlich und hartnäckig das träumen, was ihnen Dutzende psychoanalytischer Schulen seit einem halben Jahrhundert ununterbrochen in den Kopf hämmern? Obwohl die Psychoanalyse als generell – über die Geschichte hinaus – gültige Theorie der Beschaffenheit der menschlichen Psyche nicht allzu viele empirische Argumente für sich hatte und auch heute keine solche universelle Gültigkeit besitzt, so hat doch eine Vielzahl in den USA lebender Menschen sie erlernt, sich ihre Grundaxiome angeeignet, sie als die Wahrheit über die Struktur und Ausstattung der menschlichen Seele akzeptiert, und das hat in Kreisen und Gruppen, die für eine solche Indoktrinierung besonders empfänglich sind – also bei den Schriftsteller-, Künstler- und Intellektuelleneliten –, seinen

Ausdruck gefunden; jetzt kann man bereits die Früchte der so reichlichen Saat ernten. Denn die psychoanalytischen Begriffe, die sich allgemein verbreitet haben, sind in Hunderte künstlerischer Werke, die in ihrem Zeichen entstanden sind, eingegangen; sie haben dem kollektiven Denken Ödipus-, Kastrations-, phallische Zensurbahnen gewiesen, sind zu einem Teil der Kulturstrukturen der Gesellschaft geworden; und man kann bekanntlich über Kulturnormen nicht sinnvoll sagen, sie wären falsch oder wahr, sondern bloß, daß sie in der gegebenen Formation eben als Normen funktionieren oder nicht funktionieren. Nach Ansicht der psychoanalytischen Orthodoxie ist der Mensch im Kern seiner Psyche, in seinem Unterbewußtsein, ein im Prinzip asoziales Wesen – er ist jener, der seinem Vater die Kehle durchschneiden und mit seiner eigenen Mutter schlafen möchte, der Angst hat, daß man ihm sein Glied abschneidet, wenn er ein Mann ist, oder der glaubt, daß man es ihm einst abgeschnitten hat, wenn er eine Frau ist. Die ganze menschliche Authentizität soll im Bereich solcher psychischer Erscheinungen stecken; die Kultur als ein von außen kommender Zwang ist vor allem eine Drangsal; der Mensch verfügt über ein lebenslanges Kapital von Sexualenergie, die er unmittelbar, entsprechend ihrer biologischen, völlig asozialen Bestimmung entladen möchte – woran ihn jedoch die Gesellschaft hindert. Kultur entsteht also aus einem abwegigen Lauf der Ströme dieser Energie, daraus, daß ihr Lauf in eine Richtung gezwungen wird, die nicht ihrem ursprünglichen Ziel entspricht, mit einem Wort – jedes Schaffen, das nicht Kopulationscharakter im buchstäblichen Sinne dieses Wortes hat, ist Ergebnis einer Umdirigierung sexueller Energien auf eine in bezug auf sie heterogene Ebene. Wenn also der Freudianismus sagt, daß jegliches kreative Handeln ein Akt der Sublimierung sei, dann geht es immer um einen Zwang, gegen jenen ausgeübt, der die kreative Handlung vollbracht hat. Hat er sich selbst unter Zwang gestellt, mit Erfolg sein »Id« mit seinem »Superego« unterdrückt, und es ist dabei nichts in ihm kaputtgegangen, dann ist er mehr oder weniger psychisch gesund. Aber wenn die Summe der von außen kommenden, d. h. der gesellschaftlichen oder dem eigenen Willen entspringenden Zwänge die

Dreifaltigkeit verletzt hat, aus der sich die Persönlichkeit zusammensetzt, wenn sie die Teile dieser Dreifaltigkeit auseinandergeschlagen hat, dann haben wir es mit einer Neurose zu tun, die durch psychoanalytische Behandlung eher verheilt als ausheilt, weil ja »das Unbehagen in der Kultur« verbleiben muß; dieses Unbehagen ist nach Freud ein normaler, obgleich sehr unangenehmer Zustand jeglicher menschlichen Existenz, die zur Sozialisierung verdammt ist, aber immer das Haupt (oder einen anderen Körperteil) gegen diese Sozialisierung erhebt. Alles, was der Psychoanalytiker vermag, ist, den Neurotiker zu stützen und ihn in einen (etwas weniger schmerzhaft als im Verlauf der Krankheit empfundenen) Zustand des Einverständnisses mit den Bedingungen der menschlichen Umwelt zu versetzen. Auf radikale Art kann man hier nichts verbessern. In bestimmten sozialen Strukturen fühlt sich der Mensch vielleicht etwas besser als in anderen, aber es ist so eine Differenz, wie zwischen mittelalterlichen aus Eisen bestehenden und einem Paar leichter, kunststoffüberzogener, ästhetischer Handschellen.

Die amerikanischen »Apokalyptiker« – wie sie manchmal genannt werden – sind Denker, denen die von Freud dargestellten Sachverhalte nicht gefallen. Sie fechten die Prinzipien, nach denen Freud die menschliche Seele in drei schwach zusammenhängende Abschnitte gegliedert hat, in keiner Weise an, was sie hingegen drastisch in Frage stellen, ist der Gebrauch, der von dieser psychischen Dreifaltigkeit gemacht werden soll. So verkündet z. B. Norman G. Brown in seinem *Life Against Death* die »Auferstehung des Körpers«. Nach Freud ist das Kind »universell pervers«, und der Prozeß der Sozialisierung besteht darin, daß dabei alle dem Kind angeborenen perversen Neigungen sozusagen innerhalb des »Id«, das der Kontrolle des »Superego« unterworfen ist, hineingepreßt und dort eingemauert werden. Aber doch nicht so – sagt Brown. Genau umgekehrt: jegliche Repression muß mal abgeworfen, das »Id« muß befreit, das »Übermaß an Erotik« freigesetzt werden, und auf diese Weise kommt es zur »Auferstehung des Körpers«, was die Kultur seit Jahrhunderten zu verhindern sucht! Nicht nur darf man den Eros nicht in die Genitalsphäre abdrängen, sondern, im Gegenteil, man muß ihm erlauben, sich über den ganzen Körper hin zu spannen; die Arbeit wird, statt zur Unterdrückung, zum Spiel werden, und Ziel jeglicher Körperfunktion müßte die sättigende Befriedigung aller instinktiven Nöte und Gelüste sein. Bei dieser Gelegenheit wird an das Marxsche Prinzip erinnert: »Jeder nach seinen Fähigkeiten, jedem nach seinen Bedürfnissen«, und zur Vorbedingung des Aufblühens dieser »Religion des Körpers« umfunktioniert. Die »anale« Orientierung – d. h. die Geldorientierung – des Durchschnittsamerikaners sowie die Todesangst werden aufgehoben (»Angst vor dem Tod empfinden nur jene, die in ihrem Körper noch unausgelebte Chancen besitzen«), und die Macht der Zeit über den Menschen wird gebrochen (»weil Vergangenheit und Zukunft nur für den ungesättigten Körper und für die nicht befriedigte Persönlichkeit existieren«). Die Zivilisation ist für Brown eine Maschine, die die natürlichen, angeborenen Eigenschaften des Körpers durch Zwang sublimiert. »Enthumanisierung des Menschen – das ist die Entfremdung von seinem eigenen Körper.«

Dieses religiös-psychoanalytisch-orgiastische Programm – das ist ein etwa auf den Kopf gestellter Freudianismus. Eine technoevolutionär orientierte Gesellschaft als Ganzes vermag es kaum anzuwenden, aber es kann von einzelnen Gruppen praktiziert werden; das ist übrigens gegenwärtig in den USA schon zu beobachten. Stellen wir uns nun vor, daß ein autoevolutionäres Programm bereits an der Schwelle des nächsten Jahrhunderts steht; angesichts einer solchen Bedrohung könnte der traditionelle Körper an Wert gewinnen, und da er zu einer Art Reliquie, zu einem Heiligtum wird, das man bis zum letzten Tropfen (des alten, animalischen) Bluts verteidigen muß, würde er ein Zentrum neuer Art schaffen: einer rein somatischen oder gar »somatisch-genitalen« Religion. Es ist nicht schwer, sich Kreuzzüge vorzustellen, die zur Verteidigung des Körpers ausziehen – in einigen Dutzend Jahren von heute; der dogmatische Kern einer solchen Religion würde eine bestimmte Präzisierung erfordern, um eine ordentlichere Form für ihre Doktrin zu erzielen.

Der Mensch ist nicht ein Tier, das auf die Idee gekommen ist, eine Kultur zu entwickeln. Er ist auch nicht ein Kampf zwischen dem instinktbeherrschten Althirn und dem Mantel der Neugehirnrinde – wie es Arthur Koestler will. Er ist auch nicht »der nackte Affe« mit großem Gehirn (Desmond Morris), weil er eben nicht ein Tier mit irgendeiner Beigabe ist. Ganz im Gegenteil: als Tier ist der Mensch unzulänglich. Das Wesen des Menschen ist die Kultur, nicht, weil es den Schöngeistern so gefällt. Diese Feststellung soll heißen, daß dem Menschen im Ergebnis der Anthropogenese die ererbten, ihm durch die Evolution auferlegten Verhaltensformen abhanden gekommen sind. Die Tiere verfügen über ein System von Reflexen, das die Aggression innerhalb der Gattung in Zügeln hält und auch die Fortpflanzungsfähigkeit automatisch bei Beginn jeder Populationsexplosion hemmt. Die Wanderungen der Vögel oder Heuschrecken werden von hormonal-erblichen Mechanismen gesteuert. Ein Ameisenhaufen, ein Bienenstock, ein Korallenriff – das sind Aggregationen, die in Jahrmillionen auf ein automatisches Gleichgewicht abgestimmt worden sind. Die Sozialisierung der Tiere unterliegt ebenfalls der erblichen Steuerung. Nun, diese Art von Mechanismen gehen dem Menschen einfach ab. Da der Evolutionsprozeß ihm solche innere Handlungszwänge, denen die Tiere unterliegen, entzogen hatte, war der Mensch durch seine biologische Beschaffenheit dazu verurteilt, eine Kultur zu entwickeln.

Der Mensch ist ein unzulängliches Tier; d. h., daß er nicht in den tierischen Zustand zurückzukehren vermag. Kinder, die außerhalb des menschlichen Milieus aufwachsen, sind gerade darum auch in ihren biologischen Attributen zutiefst verkrüppelt: Es bildet sich bei ihnen weder eine der Gattungsnorm entsprechende Intelligenz, noch die Sprache, noch auch ein reicheres Gefühlsleben aus. Sie sind Krüppel, nicht Tiere. Auch der Genozid ist eine Form der Kultur. Es gibt in der Natur keinen »Zoozid« als Entsprechung zum Genozid. Es gibt also in der biologischen Beschaffenheit des Menschen keine Möglichkeiten, aus denen man eindeutig deduzieren könnte, wie er sein soll. Ohne sich über diesen Sachverhalt klar zu sein und rein spontan vorgehend, haben die menschlichen Gesellschaften Kulturinstitutionen hervorgebracht, die durchaus nicht die Verlängerung der biologischen Eigenschaften des Menschen sind – obwohl sie diesen Eigenschaften als Rahmen, als Stütze und zuweilen auch als Prokrustesbett dienen.

Die biologische Beschaffenheit des Menschen reicht nicht dazu aus, seine »richtige« Verhaltensweise zu bestimmen. Diese partielle Undeterminiertheit des Menschen wird von der Kultur durch Werte ergänzt, die sich nicht auf das »nackte Überleben« reduzieren lassen. Der Mensch hat Institutionen, d. h. er hat vergegenständlichte Wert- und Zielstrukturen geschaffen, die über das Individuum und über die Generation hinausreichen.

Das Paradoxon des Menschseins besteht darin, daß die biologische partielle Undeterminiertheit den Menschen *zwingt*, eine Kultur zu schaffen, und daß diese Kultur, sobald sie entstanden ist, sofort durch ihre Bewertungen zwischen den biologischen Eigenschaften des Menschen zu differenzieren beginnt. Die einen Körperteile werden auf dieser Wertskala höher, andere niedriger loziert; den einen menschlichen Funktionen wird Würde zugemessen, den anderen wird sie genommen. Es gibt keine Kultur, die den anthropogenetisch gegebenen Organismus des Menschen »demokratisch«, nach gleichem Recht, ohne die geringsten Vorbehalte gutgeheißen und damit den Menschen in seiner Undeterminiertheit, die ergänzt werden *muß*, zur Kenntnis genommen hätte. Jede Kultur formt und vervollständigt den Menschen, aber nicht entsprechend dem tatsächlichen Zustand, denn sie bekennt sich nicht zu den eigenen Erfindungen und Entscheidungen im Repertoire dieser ihrer Willkürlichkeit; in vollem Ausmaß wird diese Willkürlichkeit erst von der Anthropologie entdeckt, wenn diese alle Kulturen, die in der Geschichte der Menschheit entstanden sind, erforscht. Jede Kultur verkündet, sie wäre die einzige und unerläßliche – und genau auf diese Weise stellt sie ihr Ideal des Menschen auf. Nun, dieses Ideal ist aber nicht in jeder Beziehung für den Menschen bequem. Dieses Phänomen – der »Nichtangepaßtheit« – eindeutig zu machen ist außerordentlich schwierig, denn es hat einen kreisförmig-rückkoppelnden Charakter: Indem der Mensch sich ergänzt, also restlos determiniert, verlagert er gleichzeitig seine eigene Natur in der für diese Kultur charakteristischen Richtung. Dadurch wird er zum Schuldner ihres Ideals, ein nicht genügend zahlungsfähiger Schuldner. Aber indem er sich in die von der Kultur gewiesene Richtung verlagert, betrachtet der Mensch sich von dieser seiner neuen Warte aus; er sieht sich aus der Distanz der Religion, aus der Perspektive der Sitten und Bräuche, also nicht als ein bestimmtes materielles System, nicht als ein unvollständig programmierter Homöostat, der von der Kultur zusammengeflickt wurde, sondern als ein Wesen, das bestimmten axiologischen Gradienten unterworfen ist. Er hat sich diese Gradienten selbst ausgedacht, denn *irgendwelche* mußte er erfinden, und jetzt formen sie ihn, nun schon in Übereinstimmung mit der ihrer Struktur eigenen Logik und nicht mit der Triebstruktur des Menschen. Aber der Widerstand, den nun der Mensch den Anforderungen seiner eigenen Kultur entgegenzusetzen imstande ist, kann auch nur ein Widerstand innerhalb der Kultur sein; so verläßt man die Kultur nur zusammen mit dem Leben. Wie die Spinne ihre Netze, so scheidet der Mensch die Kultur aus; er kann ohne sie nicht leben; aber er verwickelt sich in der Kultur, weil die Kulturmuster immer auf künftigen Zuwachs berechnet sind: Gerade deswegen entstand in vielen vergangenen Formationen die Sitte einer zeitweiligen Suspendierung der Normen, und die Triebenergien, die sich in einem *gegebenen* Muster und Schema nicht vollends zu entladen vermochten, fanden jählings in einem orgiastischen oder bestialischen Kurzschluß ein Ventil (selbstverständlich war dieses »Ventil« auch ein Bestandteil des Kulturstereotyps). Der Vergleich zwischen den Kulturen zeigt uns eine erstaunliche Streuung von Werturteilen, die der Mensch über sich selbst fällte, und das Spektrum der kulturellen Beurteilungen erstreckt sich von solchen, die einen ziemlich beträchtlichen »Liberalismus« offenbarten und gleichsam den »fast natürlichen Menschen« akzeptierten, bis zu solchen, die fast alles am Menschen »verleugneten«, ihn als eine Schande, eine Beleidigung für die Welt, als ein einziges schreckliches Übel bezeichneten, das sich entweder erst im Jenseits dank irgendeiner Transfiguration erfüllen, oder, zur nicht geringen Erleichterung der Welt, sich schließlich in irgendein glanzvolles Nichts auflösen wird. Ich denke mir, daß der Mechanismus dieser unheimlich weiten Spanne von Mustern und Meinungen, die Wertbestimmungen eingeschlossen, diese Zeugnisse von Qualität oder Unzulänglichkeit, die sich der Mensch in der Geschichte selbst ausstellte, eine Grammatik der Handlungen hervorbrachte, die zwei Entsprechungen in zwei anderen Bereichen von Erscheinungen hatte: nämlich in der Syntax der Erblichkeit, d. h. im Code evolutionärer Informationen, und in der ethnischen Sprache. Denn in allen diesen Bereichen wirkten Zufall und Notwendigkeit gemeinsam, miteinander verwachsen; der Zufall war zuerst da, er bestimmte aufs Geratewohl jene erste Silbe der künftigen Sprache, jenen ersten Typus der Gruppenreaktion, jene erste Molekülverbindung, die dann, dank der sich selbst organisierenden, notwendig gegebenen Logik der wachsenden Strukturen, an Zufälligkeit und an Freiheit gleichzeitig verlierend, die artikulierte Sprache, den Stereotyp der Kultur und die Fortpflanzungsgene hervorbrachte. Während jedoch Sprache und Erbcode in einer einzigen Gestalt gegeben sind, besitzen die Kulturmuster immanenten Doppelcharakter. Über jeder Kulturformation schwebte nämlich immer ein ihr eigenes, von ihr hervorgebrachtes Muster, Kriterium, Modell des »vollkommenen Menschen«; das Leben eines jeden Individuums sollte eine – in der Regel unerreichte – Annäherung an dieses Modell darstellen. Es kommen natürlich auch in den Erblichkeitscodes sowie in der Artikulation der Sprache Fehler vor, aber das sind bloß vereinzelte, zufällige Fehltritte; die Norm der Erbinformation wird, ebenso wie die Norm der Aussage, in der Praxis erfolgreich realisiert. Für die Kultur ist dagegen ein Hiatus charakteristisch, der kein Ergebnis fehlerhafter Einschätzungen, Irrtümer oder falscher Berechnungen ihrer Urschöpfer ist. Die Kultur *muß* in den Anforderungen, die sie stellt, ein Übermaß aufweisen, sie muß mit einer gleitenden Skala arbeiten – weil sie ein Normensystem ist, das die grundsätzlich unerreichbare Höchstgrenze der Existenz darstellt. Einen solchen Gradienten zu bestimmen, eine solche Unerreichbarkeit der Ziele zu garantieren, und damit die Beständigkeit der Zielsetzungen des Lebens über den einzelnen und über die Generation hinaus zu sichern, ist am leichtesten, wenn das Muster sich, zumindest teilweise, außerhalb des Diesseits befindet. Dort wurde es daher auch im allgemeinen untergebracht. Gleichzeitig ist jedoch die systematische Rekonstruktion, die Nachbildung dieser vollendeten Schemen, die die menschlichen Gemeinschaften in ihrem Tun anzogen, fast undurchführbar, weil ja diese Ideale voller logischer Widersprüche sind.

Im historischen Maßstab, also von der Steinzeit bis ins letzte Jahrhundert, zeichnete sich die Entwicklung des Menschen durch die zunehmende Kompliziertheit seiner institutionellen Bindungen aus, wobei diese Bindungen eine Hierarchie der Werte mit immateriellem Gipfel darstellen. Die kulturelle Verbundenheit kommt niemals ohne Kommentar aus, der sie begründet; aber der Inhalt dieses Kommentars entspricht in der Regel nicht der Wahrheit, die wir empirisch feststellen können. Die Kultur verkündet nicht allein, daß der Mensch dieses oder jenes sei, daß er sich so und so zu verhalten habe, sie erklärt auch, warum er sich nicht anders verhalten darf – und welchem Ziel die empfohlene Handlungsweise dienen soll. Nun sind diese Interpretationen und Erklärungen im Licht der wissenschaftlichen Forschungen falsch. Deshalb stellten auch zahlreiche Gebote und Verbote, die wir in vielen oder in allen Kulturen finden – z. B. das Verbot von Inzest – ein Rätsel für die Anthropologie und die Ethnologie dar; die Argumente, mit denen man sie innerhalb der Kultur rationalisierte, erwiesen sich stets als konterempirisch. Man kann also sagen, daß die Institutionen der Kultur im allgemeinen nicht jenen realen Zielen dienen, die als reale Ziele innerhalb der betreffenden Kultur vorgegeben werden. In diesem Sinne ist die Kultur fast ausnahmslos eine auf Selbstbetrug basierende Institution. Sie ist eine auf Selbstbetrug basierende Institution, weil sie als allein notwendig und einzig richtig das bezeichnet, was weder so notwendig, noch so alternativlos ist. Sie ist eine selbstbetrügerische Struktur, weil sie voraussagt, daß eine Überschreitung ihrer Verbote Folgen nach sich ziehen muß, die man faktisch gar nicht beobachtet. Es ist z. B. unwahr, daß der Inzest (also die Inzucht von Menschen) deswegen mit einem universellen Verbot belegt ist, weil er eine biologische Bedrohung der Gattung (z. B. als Gefahr im Sinne der Populationsgenetik) darstellt. Kulturinstitutionen dienen gewöhnlich anderen realen Zwecken, als jenen, die von der Kultur diagnostiziert werden. Manchmal dienen sie der Gemeinschaft nur mittelbar, indem sie so etwas wie Träger, Verbindungsstücke, Schlußsteine anderer kultureller Institutionen sind. Wiewohl also die in den Kulturinstitutionen verkörperten Werte empirisch nicht nachweisbar und in irrationalen Motivationen verstrickt sind, so ist ihre Liquidierung doch ein Eingriff, durch den die Menschlichkeit, und nicht bloß ihre örtlich beschränkte apokryphische Version verletzt wird.

Wissenschaft und Technologie sind zu Maschinen geworden, die uns die Kultur ruiniert haben. Die Technologien – das sind die Werkzeuge, die auf enge konkrete Ziele angelegt und deshalb in der Tätigkeit, die wir von ihnen erwarten, weitgehend örtlich beschränkt sind. Gerade dadurch ist es *insgeheim* zu einer Erosion der Kultur gekommen, denn sie ist ein ganzheitliches System, also nicht lokal gebunden, während die Technologien, die örtlich beschränkt und selektiv arbeiten, bei allgemeiner Unkenntnis darüber, das Fundament des Gebäudes der institutionellen Werte zerstörten. Sie brachen aus diesem Fundament sozusagen einen Stein nach dem anderen heraus, bis die Kumulation dieser Vorgänge dazu führte, daß das ganze große Gebäude der autonomen Werte zersplitterte. Doch diese Dinge sind heute schon allgemein bekannt.

Der nachteilige Einfluß der Wissenschaft auf die Kultur bestand darin, daß die Wissenschaft allmählich, Stück für Stück den Selbstbetrug der Kultur entlarvte – indem sie sie der Reihe nach Lügen strafte. Sie stellte die Entscheidungen der Kultur in der Hinsicht und für das in Frage, was in ihnen mit der empirischen Wahrheit nicht übereinstimmte – aber sie setzte in die leeren Stellen, die auf diese Weise entstanden waren, keine neuen Werte ein, sondern bloß Feststellungen – d. h. sie konstatierte die Tatbestände. Wenn die Darstellung, die an die Stelle eines Wertes im System der institutionellen Verbindungen getreten ist, nicht diese Funktionen erfüllen kann, die vom entthronten Wert erfüllt wurden – kann die Wissenschaft uns auch darüber Rechenschaft ablegen, aber mehr zu tun ist sie nicht imstande.

Ein krasses Einzelbeispiel ist hier die Situation, in der sich die Futurologie befindet, die wohl imstande ist, uns darzulegen, wie schädlich es ist, an Werten festzuhalten, die man seit jeher als »das natürliche Recht des Menschen« angesehen hat – wie etwa, sagen wir, das Recht auf ungehinderte Fortpflanzung. Infolgedessen verlangt die Futurologie die Einschränkung dieser Rechte, somit auch die Liquidierung der Werte, die zu ihrer Begründung dienen; aber sie kann nichts an ihre Stelle setzen. Der Ruf nach »futurologischen Werten« ist daher ein Zeichen des mystifizierten Bewußtseins derer, die in diesen Ruf einstimmen; sie meinen, man sollte sich eine Unmenge neuer Ziele ausdenken, die so attraktiv sind, daß die Gesellschaft sich ihnen zuwenden und – dank einer rational warnenden Argumentation – die bisherigen Muster des Kulturverhaltens aufgeben würde. Doch das ist eine Täuschung: Man kann sich kulturelle Werte nicht so auswählen, wie man sich etwa das neue Modell eines Autos oder eines Kühlschranks auswählt. Man kann es nicht – aus demselben Grund, aus dem derjenige, der die außerordentliche psychologische Nützlichkeit des Glaubens begreift, durchaus nicht derjenige sein muß, der am festesten an Gott glaubt. Man kann nicht von einer Kulturformation auf eine andere umsteigen, wie man etwa von einem Fuhrwerk in ein Flugzeug umsteigt. Man kann sich nicht für neue Werte entscheiden, wie man sich für eine neue Technologie entscheidet. Werte werden ja nicht dadurch zutiefst internalisiert, daß man sie aufgrund einer aufmerksamen Beobachtung einer solchen echten Internalisierung für würdig erachtet. Grundwerte – also autonome Werte – kann man überhaupt nicht erfinden, oder, um es genauer auszudrücken: Wenn man sich eine, in unseren Augen »vollkommene« Kultur, eine, die allgemeines Entzücken und sogar Enthusiasmus hervorrufen wird, ausdenken und entwerfen kann, so kann man diese Kultur nicht wie ein Kleid »anlegen«, sie erreichen, sie zustande bringen. Die Entsprechung zu dieser Situation wäre gegeben, wenn sich ein Mensch in jemanden verlieben wollte, weil er begriffen hat, daß diese Person wirklich liebenswert ist. Es ist nur so, daß aus solchen perfekt dokumentierten Erkenntnissen – Liebe im allgemeinen nicht entstehen will.

Die Mechanismen der Aneignung von Werten lassen sich gewöhnlich nicht so manipulieren, daß der Mensch auf den Rat eines Computer-Optimalisators hin das ganze bisherige System seiner Vorlieben und Abneigungen ändern könnte. Unser Rationalismus stützt sich letzten Endes immer auf etwas, das sich nicht hundertprozentig rationalisieren läßt. Es läßt sich nicht rationalisieren, weil autonome Werte eben unbeweisbar, also nicht rationalisierbar sind.

Die Interpretation dieser »Unmöglichkeit« wird oft fälschlich in metaphysischen Fragen impliziert, wodurch der Eindruck entsteht, unserem Rationalismus liege immer irgendein verborgener Irrationalismus zugrunde. Aber hier handelt es sich um ein absolutes Mißverständnis. Die effektive Wirkung eines Glaubens, der von jeglicher Rationalisierung frei ist, der aber sofort paralysiert wird, sobald man ihn gründlich rationalisiert, läßt sich an Modellen zeigen, die mit Metaphysik oder Irrationalismus nichts gemein haben. Eine Person, die von der medizinischen Wissenschaft nicht die geringste Ahnung hat, kann leicht ihre Warzen loswerden – durch entsprechend angewandte Suggestion, die ihr einfach versichert, daß die Warzen bald verschwinden werden. Ein Arzt, der den psychosomatischen Mechanismus einer solchen Suggestion sehr wohl kennt, kann mit dieser Methode nicht geheilt werden.

So wurden denn immer mehr Kulturinstitutionen durch die Wissenschaft in Frage gestellt, weil sie keinerlei empirische Grundlagen besaßen. Diese ihre Eigenschaft wurde tatsächlich bloßgelegt. Man hat jedoch dabei nicht bemerkt, daß das, was auf diese Weise diskreditiert wurde, bestimmte soziale Funktionen erfüllte, die die Wissenschaft durch ihr bloßes Eingreifen nicht ersetzen kann. Wenn die Wissenschaft uns z. B. darüber informiert, daß die traditionelle Bewertung der Sexualität sich auf eine naturwissenschaftlich falsche Axiomatik gründet, sagt sie unzweifelhaft die Wahrheit. Diese Axiome sind eben so. Andererseits weiß man jedoch, daß es eine gefährliche Sache ist, die Tradition zu zerstören und statt dessen eine bloße Beschreibung des Tatbestands zu geben. Die Kultur stützt sich auf autonome, d. h. unbeweisbare Werte. Diese ihre Unbeweisbarkeit zu entwerten, heißt soviel, wie die Kultur zu vernichten.

Die Wissenschaft und die Technologie haben gemeinsam die Menschheit der axiologischen, institutionell über die Individuen und die Generationen hinausreichenden Kategorien und Auffassungen beraubt und sind zu Prothesen der daraus entstandenen Verkrüppelung geworden. Sie haben dem Menschen große Ganzheiten genommen, die sein Leben beherrscht hatten, und ihm stattdessen das Instrumentarium einer Konsumbefriedigung gegeben. Die Technologie, zu eng ausgerichtet und zu einseitig investiert, hat sich als »ökologischer Querschläger« erwiesen, dessen Wirkungen jetzt mit enormem und kostspieligem Aufwand wettgemacht werden müssen. Aber dieses wichtige, geradezu lebenswichtige Problem darf uns nicht andere Seiten dieser Erscheinung verstellen. Technologie und Wissenschaft zusammen haben uns viel weggenommen und im Austausch wenig gegeben. Viel haben sie uns auf der Ebene der Macht und der Expansion des Menschen gegeben, im Ausmaß der Herrschaft des Menschen über seine Umwelt – aber nicht im Bereich jener Werte und Erlebnisse, die instrumental einfach nutzlos sind, die aber unserem Leben Sinn verleihen.

Das ist daran zu erkennen, daß unsere Zivilisation technologisch immer komplizierter wird, und zugleich in kultureller Beziehung immer einfacher. Die Kultur, die immer schwächer wird, ist nicht mehr imstande, die existierenden technologischen Instrumente – und schon gar nicht diejenigen, die in Zukunft hinzukommen werden – in sich aufzunehmen, um sie so zu einem Ganzen zu integrieren und ihnen eine entsprechende Richtung zu geben. Die Technologie hat also die Kultur aus dem Kreis der menschlichen Belange schon so gründlich hinausgeworfen, daß wir sie bereits als *Fatum* betrachten; an die Technologie, nicht an die Kultur wenden wir uns um Rat, was uns weiter zu tun verbleibt.

Wir berufen uns auf die Entscheidungstheorie, auf die Methoden des dynamischen Programmierens, auf die Systemanalyse, auf die Optimierungsrechnung, als ob sie uns die

Kulturinstitutionen ersetzen könnten. Wir begreifen, daß die *Zivilisations*explosion nicht allzu lange dauern kann; aber wenn es gelänge, sie zu zügeln, wüßten wir nicht, wodurch wir sie – als Antriebskraft – ersetzen könnten: In unseren Motivierungen sind wir ja mit dem wissenschaftlich-technischen Element, dem Urquell der modernen Zivilisation, bereits zusammengewachsen. Und zwar, weil das Anwachsen der Technologie aus einem Mittel zum Selbstzweck geworden ist: die siegreiche Technologie ist unser autonomer Wert.

Wir sehen auch ein, daß die Technologie nicht unser Baal sein sollte, daß es keinen Grund gibt, warum wir sie zu einer weiteren Eskalation antreiben sollten, wenn die bösen Folgen einer solchen Eskalation die erwarteten Vorteile überwiegen; aber wir haben ja keine reale Alternative, weil wir die großen Kulturinstitutionen vertrieben, sie als anti-empirisch und irrational bloßgestellt und verhöhnt haben – und nun, da sie so in Verruf gekommen sind, kann sie niemand, so sehr er es auch wollte, wieder in das zivilisatorische Leben einführen.

Was wir hier feststellten, ist entgegen allem Anschein keine Schmähung der Wissenschaft oder der Technologie, denn beide sind schuldlos. Stellen wir diesen äußerst wichtigen Punkt klar. Der Grund für die Projekte einer »Zügelung des Tempos der Zivilisation«, von denen man heute so viel spricht und schreibt, ist der Schutz des Daseins: Es wird zu einer Katastrophe kommen, wenn diesem Tempo nicht Einhalt geboten wird. Doch wenn diese Eindämmung tatsächlich der Rettung unseres Lebens dienen soll, dann ist der vorgeschlagene Eingriff, der, trivial ausgedrückt, einfach unerläßlich erscheint, in seiner Triftigkeit kein ausreichendes Äquivalent eines kulturellen Ziels. Man kann nicht nur dazu das Leben retten, um das Leben zu retten! Nicht zu dem Zweck bemüht man sich, einen Krebskranken zu heilen, daß er einfach nicht mehr krebskrank ist – sondern dazu, daß er in das normale Leben, zu seinem Beruf, zu seiner Familie usw. zurückzukehren vermag. Ebenso kann man die Zivilisation nicht um ihrer Rettung willen retten, ohne ihr irgendwelche Wege für die Zukunft vorzuzeichnen. Aber, wie wir schon gesagt haben, solche Wege erfindet man nicht von einem Tag auf den anderen.

Die Kultur wurde aller ihrer Hüllen und Schleier, aller ihrer

Pseudorationalisierungen beraubt, ihre Verbote wurden zu Hindernissen und unnützen Barrieren erklärt, die dem Menschen einfach die reine Freude am Leben vergällen. Die Verhöhnung und Falsifizierung der Berechtigung jeglicher zimperlicher Verlogenheit, aller Viktorianismen und Puritanismen, jeglicher Mystifikation, Metaphysik und Sublimierungssymbolik war insgesamt ein wissenschaftlich korrektes Vorgehen – aber zugleich in kultureller Hinsicht durchaus nicht gleichgültig, weil man die Lüge genommen und an ihrer Statt eine Wahrheit gegeben hat, die jene Lüge nicht wirksam zu ersetzen vermag.

Warum kann sie es nicht? Am deutlichsten ist das in der Sphäre der außerordentlichen Intimität des Menschen – nämlich in der sexuellen – zu erkennen. Das sexuelle Verhalten des Menschen hat in Kinsey einen Klassiker empirischer Beschreibung gefunden. Dieser Gelehrte hat – so könnte man zumindest meinen – nichts anderes getan, als mit objektivitätsgetreuer wissenschaftlicher Methode »die Wahrheit und nichts als die Wahrheit« darzustellen, d. h. aufzuzeigen, wie sich dieses Verhalten faktisch äußert.

Aber der Kinsey-Report sagt nichts darüber, wie dieses Verhalten sein sollte. Er zeigt bloß, in korrelativen Statistiken, daß die sozialen und Klassenverhältnisse, die erzieherischen und religiösen Traditionen starke Restriktionen der Orgasmusfähigkeit darstellen, daß sie diese hemmen.

Tatsächlich aber klagt dieser Verhaltenskatalog, der den maximalen Bereich von sexuellen Techniken und deren Einengung durch die Normen der Kulturtradition zeigt, diese Tradition – wenn auch stillschweigend – der Schädlichkeit, der finsteren Repressivität in der sexuellen Sphäre an. Zeigt er doch, daß den größten Schaden an sexueller Potenz diejenigen davontragen, die am stärksten dem Bann der genannten Tradition unterliegen. Gerade deshalb erhebt dieser Report Anspruch auf eine normative Rolle, nicht bloß auf die einer Berichterstattung. Er stellt die Kulturentscheidungen an den Pranger – als Verbote, die keine wie immer geartete empirische Begründung haben, weil doch die Mehrzahl der sexuellen Verhaltensweisen, die von der Kultur verdammt werden, durchaus unschädlich ist.

Sie haben tatsächlich keine empirische Begründung – und doch, obwohl seit der Veröffentlichung des Kinsey-Reports mehr als zwanzig Jahre verflossen sind, ist aus der Trendumkehrung bereits eine Lage entstanden, die man erforschen muß, um zu verstehen, wie verderblich der Einfluß »wissenschaftlicher Enthüllungen« auf das Verhalten des Menschen sein kann, selbst wenn eine solche Enthüllung nur den Zweck hatte, die tabuistischen Barrieren niederzureißen, also ihre Gefangenen zu befreien.

Weil der biologische Status idealisiert wurde, ist ein neues Verhaltensmuster entstanden – das der unermüdlichen, vollendeten Kopulationspotenz beider Geschlechter. Das ist natürlich ein für die Mehrheit der Lebenden einfach unerreichbares Ideal. So entstand eine neue, aus der Empirie bezogene Norm, die bei vielen Menschen zu Neurosen und Ängsten geführt hat, diesmal hervorgerufen nicht durch Angst vor der Sünde, sondern durch Angst, den Anforderungen der »Kopulationsoptimierung« nicht zu genügen. Der enttabuisierte Sex ist kommerzialisiert worden, entsprechend den Regeln der Konsumgesellschaft. Da jede Ware sich als ausgezeichnet anpreist, muß auch die sexuelle Potenz, die der eine Partner des erotischen Verhältnisses dem anderen anzubieten hat, eine ausgezeichnete Ware sein.

Wir verstehen also, daß die Kultur zwar eine über das Notwendige hinausgehende Beschränkung, aber gleichzeitig auch ein unentbehrliches Fundament war. Daß sie eine Anhäufung von irrationalen und falsch rationalisierten Geboten und Verboten war, aber gleichzeitig auch die Quelle der Sinngebung für das menschliche Leben. Daß sie nicht optimal und unlogisch, aber in ihren Institutionen reichhaltig und umfänglich war. Daß sie unbequem, aber beständig war – und daß sie jetzt, von einer Generation zur anderen, von einem Menschen zum anderen, immer schwächer wird.

So ist denn der Ruf der Futurologen nach »neuen Ideen« ein Träumen von der Erfindung einer neuen Kultur, wobei nicht die Erfindung an sich unmöglich ist, sondern ihre wirkliche Einführung in das Leben. Denn es geht ja um die Erstellung eines Substituts für einen bestimmten Glauben nach dessen Verlust, eines ganz neuen Wertes, den sich die

Menschheit aneignen soll, weil sie ohne Ziele nicht leben kann. Die Kenntnis der Vorteile, die aus einer Internalisierung dessen, was wertvoll ist, kommen, soll also diese Internalisierung bewirken. Wir zweifeln nicht an den Vorteilen; wir zweifeln nur an der Möglichkeit, diese Werte zu assimilieren, denn auf diese Weise sich die Grundwerte anzueignen – dazu ist der Mensch nicht imstande.

Metaphantastisches Schlußwort

Wir werden jetzt, anhand erfundener Beispiele, drei mögliche Arten wissenschaftlich-phantastischer Literatur zeigen. Mag das erste Werk einem Projekt zur Verhütung von Erdbeben gewidmet sein. Man hat – tatsächlich! – entdeckt, daß das Einspritzen von Wasser unter beträchtlichem Druck in jene geologischen Schichten, die einer riesigen tektonischen Spannung unterworfen sind, eine Reihe ungefährlicher, mikroseismischer Erdbewegungen auslöst. Wie man annimmt, wirkt das Wasser, indem es in die Spalten tiefer Erdschichten eindringt, ungefähr wie Schmieröl: es erleichtert Verschiebungen zwischen den einzelnen Erdschichten. Statt sich also in mächtigen, verheerenden Erdstößen zu entladen, wie sie mit jeder plötzlichen Verschiebung geologischer Formationen einhergehen, kann die seismische Energie sozusagen »in Kleingeld umgewechselt« werden, weil die prophylaktischen Wasserinjektionen eine allmähliche Reduktion der tektonischen Spannungen ermöglichen. Auf der Basis einer solchen – real nachprüfbaren – Hypothese könnte man einen phantastischen Roman darüber schreiben, wie es endlich gelungen ist, den Katastrophen zu begegnen, von denen die Bevölkerung erdbebengefährdeter Gebiete heimgesucht wird. Thema eines solchen Romans wäre das »Spiel des Menschen mit der Natur« – vollkommen eindeutig auch in der Einschätzung, weil man ja keine Umwertung oder Neuorientierung der Kulturnormen durchzuführen braucht, um zum Schluß zu gelangen, daß die Verhütung von Erdbeben eine gute Sache, also gewiß realisierenswert ist. Das zweite Werk soll den Folgen der Verbreitung eines chemischen Mittels unter den Menschen gewidmet sein, das den Geschlechtsakt von Wollustempfindungen löst. Rationale Voraussetzung für die Anwendung eines solchen Präparats könnte z. B. der Wunsch sein, die Bevölkerungsexplosion zu bremsen (es könnte aber auch eine feindselige Absicht bestehen, dann wäre das Präparat eine Geheimwaffe in einer kryptomilitärischen Operation). Es ist nicht schwer, sich die Folgen der Anwendung eines solchen Mittels vorzustellen. Da von nun an niemand aus freien Stücken Sex betreiben will, weil dieser bereits eine Art von physischer Arbeit ist, weder angenehm noch leicht, droht die Menschheit auszusterben. Um einer so unheilvollen Perspektive entgegenzuwirken, sind die Regierungen gezwungen, eine Rettungsaktion zur Erhaltung der Gattung vorzunehmen: Sie versuchen zuerst mittels Propaganda zu wirken, aber es zeigt sich bald, daß Zeichnungen, Bilder, Fotos, Filme, deren Veröffentlichung bis vor kurzem verboten werden mußte, jetzt keinen mehr interessieren, mehr noch, allgemeinen Widerwillen wecken, weil sie für beide Geschlechter ebensoviel Anziehungskraft besitzen wie ein Waschtrog für eine Wäscherin oder das Bild einer Axt für einen abgerackerten Holzfäller. Der Mechanismus des Erlöschens dieser Reize ist sehr einfach – wenn die Hauptsache ihre Anziehungskraft total verliert, dann können weder Anspielungen, Anmerkungen, noch Zweideutigkeiten dazu ermuntern. Da sich zeigt, daß die Propagierung des Sex das Gegenteil des angestrebten Zwecks erreicht, wird es unerläßlich, zu mehr materiellen Aktionen überzugehen: Der Demographie kommen materielle Anreize zu Hilfe – Belohnungen, Prämien, Orden, Auszeichnungen, soziale Privilegien, schönklingende Titel mit Ehrendiplomen. Gleichzeitig geraten zahlreiche Industriezweige in den Ruin – etwa die kosmetische Industrie, gewisse Verlage (wer wird denn jetzt schon erotische Literatur lesen, wenn sich bloß Vorstellungen von Ermüdung mit ihr verbinden?), die Filmindustrie, auch die Werbebranche, soweit sie sich auf den Sex verlegt hatte; das Bekleidungsgewerbe und die Unterwäscheindustrie stecken in einer Krise, wie sie sie in ihrer Geschichte noch nie erlebt haben. Die Brust erinnert jetzt nämlich nur daran, daß der Mensch ein Säugetier ist, das Bein – daß er gehen kann, ein geschminkter Mund erscheint als etwas ebenso Sinnloses wie ein künstliches drittes Ohr, das man an eine Glatze geklebt hat. Man sucht selbstverständlich fieberhaft nach Präparaten, um die Wirkung des Mittels, das die Katastrophe hervorgerufen hat, zu neutralisieren – aber bislang hat man kein heilkräftiges Antidot gefunden. In dem Maße, in dem sich diese neue Sachlage stabilisiert, entstehen neue Muster auf dem Gebiet der Schönheit – solche, die erotische Ungefährlichkeit garantieren (es kommt ja vor, daß jemand bereit ist, die Fortpflanzungsfunktion – um des Ordens oder des Titels willen – auf sich zu nehmen, aber den potentiellen Partner geht das nichts an; sehr viele Leute versuchen auch, sich vor dieser Arbeit zu drücken, indem sie falsche Tatsachen vorspiegeln; es werden also soziale Kontrollkommissionen eingesetzt, die prüfen, ob wirklich alles so vor sich geht, wie es dem allgemeinen Wohl entspricht; die Männer meinen, daß sie besser entlohnt werden müßten, weil ihr Arbeitsaufwand besonders groß ist, die Frauen, umgekehrt, meinen, daß davon nicht die Rede sein kann, usw. usf.). Darum wird zum Garanten absoluter Sicherheit (d. h. ohne den Partner durch eindringliches Zureden zur Vollziehung des Geschlechtsakts zu gefährden) eine Person, die physiologisch dazu ungeeignet ist. Allgemeines Interesse und Sympathie erwecken daher: graue Haare, ein Schmerbauch, ein Rollstuhl (als Symbol einer die betreffende Person erotisch unschädlich machenden Lähmung) und ähnliche »Anti-Sex-Eigenschaften«. Ein solcher Roman würde eine anthropologische Hypothese formulieren, die uns über den faktischen Bereich des Sex im Gesamtverhalten des Menschen informiert.

Das dritte Werk hat einen ganz anderen Charakter. Es ist ein in der Mitte des 21. Jahrhunderts herausgegebenes populärwissenschaftliches Buch, welches die Geschichte der Anschauungen über die Kosmologie und die neuesten einschlägigen Theorien darstellt. Der Verfasser beginnt, wie es sich gehört, mit der Urgeschichte: In der grauen Vorzeit sind die Menschen – als Schlußfolgerung aus dem Verhältnis, das zwischen ihnen und den von ihnen hergestellten beliebigen Objekten bestand – zur Überzeugung gekommen, daß der Kosmos ein intentionales Objekt ist, so wie ein Topf oder ein

Tisch, das heißt, daß es Jemand gab, der den Kosmos planmäßig und bewußt errichtet hat. Nach langen Jahrhunderten ideologischer Kämpfe tauchte auf der Arena der Geschichte die Wissenschaft auf, und sie stellte fest, daß, was immer als Naturphänomen existiert, kein intentionales Objekt ist. Daher wurden Bäume, Steine, Atome, Wolken, Ozeane, Flüsse und auch Planeten, Monde, Sonnen, Sterne und Nebelflecke als Produkte natürlicher Prozesse verschiedenartiger Evolution erforscht, die von niemandem persönlich geplant oder entworfen worden waren. Der Wissenschaft ist es gelungen, in den Naturerscheinungen eine ganze Reihe objektiver Gesetzmäßigkeiten zu entdecken, die man Elementargesetze der Natur nannte; an erster Stelle solcher Entdeckungen stand die Physik und die Astrophysik, später schlossen sich ihnen nach und nach die anderen Wissenschaften an. Aber um die Mitte des 20. Jahrhunderts kam es zu folgendem fatalen Konflikt der theoretischen Auffassungen innerhalb der Wissenschaften: Einerseits verkündeten die Physik, die Planetologie, die Astronomie, die Evolutionsbiologie, daß die Geburt des Lebens, und dann seine Entwicklung, gekrönt von der Entstehung vernunftbegabter Wesen, in kosmischer Skala normale, typische, durchschnittliche und daher zur Ordnung der Dinge gehörende Erscheinungen sind. Andererseits wiederum erbrachten Nachforschungen über Signale kosmischer Zivilisationen – deren Existenz nach der oben zitierten Ansicht keinem Zweifel unterlag – nicht die geringsten Ergebnisse. Man hat auch, trotz beachtlichen Aufwandes in vieljährigen Anstrengungen, keine Spur derartig riesiger, in stellarem Ausmaß geführter Arbeiten entdeckt, aus denen man die Existenz hochentwickelter Zivilisationen in unserer Galaxis oder in irgendwelchen anderen folgern hätte können. Je länger der unerträgliche Zustand dauerte, den die Kollision zwischen der Gesamtheit unserer wissenschaftlichen Antizipationen und den faktisch angehäuften Beobachtungsmaterialien darstellte, desto fühlbarer wurde die andauernde Krise, die Naturwissenschaften – mit der Astronomie und der Biologie an der Spitze – durchzumachen hatten, bis endlich geschah, was geschehen mußte: Die Wissenschaft unternahm den schmerzhaften Versuch, ihr theoretisches Inneres zu reorganisieren.

Weil wir hier sehr lakonisch zusammenfassen, was schon an sich eine kurze Zusammenfassung (in populärwissenschaftlichen Büchern) der Arbeiten einer ganzen Epoche ist, werden wir uns nicht mit den Biographien der Gelehrten aufhalten, die das menschliche Denken – und mit ihm die Kosmogonie und die Kosmologie – auf ein ganz neues Geleise verschoben haben. Die ersten Hypothesen, die einige Gelehrte zu formulieren wagten, wurden vom Areopag der Weltwissenschaft so schlecht wie nur möglich aufgenommen, aber als die Aussage der negativen Tatsachen (das heißt des Mangels an Beobachtungsermittlungen der »Astrotechnik« oder der Signalisierung) unwiderlegbar wurde, trat eine unerhörte Wendung ein. Es entstanden im Zuge gemeinsamer Bemühungen nacheinander immer neue Approximationen neuer Modelle des Kosmos; aus ihnen bildete sich ungefähr folgendes Bild vom Universum heraus: Wie sogar der heutigen Astrophysik bereits bekannt ist, gehört die Sonne mit ihrem Planetensystem zur sogenannten Zweiten Sonnengeneration – das Sonnensystem ist etwa 5 Milliarden Jahre alt, während unsere ganze Galaxis fast 10 Jahrmilliarden zählt. Es ist somit klar, daß vor der Entstehung des Sonnensystems, in der grauen kosmischen Vorzeit schon die ersten Sternengenerationen entstanden sind, mit ihnen auch die Planeten, und auf den Planeten – das Leben. So kam es zur Entstehung der ersten Generation kosmischer Zivilisationen, die, nachdem sie ein ungemein hohes Niveau der wissenschaftlichen Entwicklung erreicht hatten, in immer größerem Maßstab eine stellare Ingenieurkunst anzuwenden begannen. Für Wesen, die sich auf einer niedrigen Entwicklungsstufe befinden, sind die Naturgesetze unverrückbare Eigenschaften des objektiven Seins, aber für jene, die die Höhen wissenschaftlicher Erkennntnis erklommen haben, stellt sich der Charakter der Naturgesetze ganz anders dar. Diese können bestimmten Umwandlungen unterworfen werden – wie z. B. bei den Konstanten der Gravitation, der elektrischen Ladungen der Grenzgeschwindigkeiten, usw. Weil nun die einzelnen höchstentwickelten Zivilisationen durch ungeheure Abstände, *zumindest* in der Größenordnung von Hunderten Millionen Lichtjahren, voneinander entfernt sind, stehen sie in keiner unmittelbaren Verbindung miteinander und können über die Existenz ihrer Nachbarn bloß Schlußfolgerungen aus Tatsachen ziehen, welche sie beobachten, nämlich aus einer gewissen feststellbaren langsamen Umgestaltung der Naturgesetze. Einige solcher Umgestaltungen mögen einer bestimmten Zivilisation gelegen kommen, und andere nicht; sie wird also die einen gutheißen und verstärken und sich den anderen – mit ihren Astrotechniken – widersetzen. Auf diese Weise entsteht das *Kosmogonische Spiel* des Klubs der am höchsten entwickelten Zivilisationen des Weltalls.

Dieses Kosmogoniespiel ist mitnichten ein Kriegsspiel, weil man ja dabei keine Waffen verwendet und sich nicht die Vernichtung des Partners zum Ziel setzt. Es ist eher eine Zusammenarbeit, die nicht von moralischen Motiven diktiert war: Von einer Vernichtung der Partner oder einem Sieg über sie kann nichts Gutes kommen, ein kooperierender Partner dagegen hilft jenen Kurs von Umwandlungen im Kosmos einzuhalten, der für alle zugleich der günstigste ist. Dieses Kosmogonische Spiel ist auch nicht eine Form des interstellaren Gesprächs. Es gibt nichts, worüber so hoch entwickelte Zivilisationen miteinander zu reden hätten, um so mehr, als Unterredungen, bei denen zwischen der gestellten Frage und der darauf erteilten Antwort ein Zeitraum von etwa einer Jahr*milliarde* liegt, völlig gegenstandslos sind. Sinnvolle Gespräche könnten um die Frage kreisen, welche Naturgesetze auf welche Art und Weise umzuwandeln wären; aber die Zeit des *Wartens* auf die Antwort ist länger als jegliche Zeit des effektiven *Handelns*. Man kann die Lage etwa so versinnbildlichen: Ein Schiff, das gegen einen Sturm ankämpft, ist so groß, daß der Maschinenmeister und der Steuermann ihr Vorgehen nicht durch ein Gespräch zu koordinieren vermögen, weil man schneller handeln muß, als man eine Antwort erhalten oder einen Hinweis geben könnte; jede einlaufende Signalisierung muß also in bezug auf die in Gang gesetzte Tätigkeit bereits hoffnungslos verspätet sein. Die Verständigung im Kosmos tritt daher auf dem Boden vollzogener Handlungen, nicht aber auf dem von artikulierter sinnvoller Übereinkunft ein. So kämpfen denn keine Zivilisationen gegeneinander, denn sie hätten ja nichts davon, sie sprechen auch nicht miteinander, denn auch das hätte keinen Sinn. Ihre Zusammenarbeit hat sich in Jahrmillionen allmählich verzahnt und synchronisiert; durch kreativ-urheberische Fehler ist es einst zu jähen Erschütterungen gekommen, deren Spuren die Astronomie noch heute feststellen kann, aber das gehört schon der weit entfernten Vergangenheit an. Jetzt wirken die Hohen Partner in energischem Schweigen und realisieren im Kosmos ihre Stabilisierungs- und Umgestaltungspläne so gut, daß von dem Ur-Universum, wie es vor 7 oder 8 Jahrmilliarden existierte, eigentlich nichts unangetastet geblieben ist. In diesem Zeitraum wurde das *ganze Universum* nach der Strategie der Hohen Zivilisations-Partner umgearbeitet, und alles, was sich darin befindet – die Sterne, die Staubwolken, die Nebelflecken wie auch die sie regierenden Gesetze – ist eine Resultante des Koalitionsspiels. Die Evolution der Materie wird von der Kollektivvernunft regiert, die von der Vereinigung der Höchsten Zivilisationen verkörpert wird.

Diese Neue Kosmogonie fand zuerst eine geharnischte Aufnahme, aber sie gewinnt dennoch immer mehr Anhänger, besonders weil es sich herausstellt, daß sich aus ihren Voraussetzungen Schlußfolgerungen ableiten lassen, die mit den uns aus der Beobachtung des Weltalls bekannten Tatsachen übereinstimmen. So zum Beispiel erklärt diese Theorie das Phänomen des Expandierens des Weltalls: denn nur ein expandierendes Weltall ist der vorteilhafteste Lebensraum für alle führenden Zivilisationen gleichzeitig, die am Spiel teilnehmen. In dem Maße nämlich, wie auf den Planeten der Sterne zweiter Generation Symptome von Leben auftreten und sich aus ihnen Gemeinschaften vernunftbegabter Wesen entwikkeln, ändert sich die psychozoische Dichte des Kosmos: Immer mehr Zivilisationen entfallen auf eine Volumeneinheit. Sollten die benachbarten Zivilisationen sich untereinander verständigen, so könnten sie eine Koalition bilden, deren Tätigkeit den Ablauf der Prozesse im ganzen Universum stören würde. Daher wirken die Alten Zivilisationen, in Sorge darum, daß die psychozoische Dichte eine konstante Größe bleibt, gemeinsam auf eine ständige Expansion des Weltalls hin. Diese ihre Aktion erklärt zugleich, warum es den irdischen Astronomen nicht gelungen ist, in der Nähe der Sonne eine Zivilisation zu entdecken: Die Distanz zwischen den Zivilisationen soll groß bleiben. Die Quellen mächtiger Strahlungspulse – die Pulsare – sind Einrichtungen, die die Arbeit noch größerer, aber nicht unmittelbar observierbarer Systeme in der Phase synchron halten, die die metrischen Eigenschaften des Weltraums kontrollieren. Die Quasare schließlich, von denen jeder ein Sternenbrand ist, dessen Potenz die Strahlungskraft der ganzen Galaxis übertrifft, stellen eine Apparatur dar, die die Strahlung in den Weltraum hineinpumpt; eigentlich eine Apparatur, die vor vielen Jahrmilliarden so arbeitete, weil wir ja durch die Entfernung, die uns von ihnen trennt, von der Erde aus nur sehen, wie sie sich vor Milliarden Jahren verhielten, als die Kooperation der hohen Spielpartner erst begann. Gleichzeitig erklärt die Neue Kosmogonie die Eigenschaften der Mathematik, von denen man schon seit den sechziger Jahren des 20. Jahrhunderts weiß, daß sie mannigfaltige Form annehmen kann, wobei diese Mathematik, die geschichtlich auf der Erde entstand, nur eine von vielen möglichen Varianten ist. Gerade auf der Basis solcher verschiedener Arten der Mathematik konnte der Kosmos von Grund auf transformiert und konstruiert werden; die Vielzahl der Arten der Mathematik – das ist das Bild vieler möglicher Wege kosmogonischer Schöpfung, die am Urbeginn der Geschichte des Universums offenstanden.

Wir werden nicht mit der Darstellung der Neuen Kosmogonie, gebürtig im 21. Jahrhundert, fortfahren, die den Kosmos zu einer Resultante intentionaler Tätigkeiten erklärt hat; noch werden wir hier die neuen philosophischen Synthesen besprechen, die sich auf dieses Modell stützten (es ging dabei um eine dialektische Triade: ihre These war der von Gott erschaffene Kosmos, ihre Antithese – der Kosmos als nicht intentionales Gebilde, die Synthese wiederum – die empirische Verbindung dieser beiden Modelle, welche die Transzendenz zugunsten einer metagalaktisch vielfachen Vernunft hinfällig macht). Wir wollen vielmehr darauf aufmerksam machen, wie sich die drei zuvor besprochenen Varianten der wissenschaftlich-phantastischen Literatur zu den Regeln der Belletristik verhalten. Das erste Werk – über antiseismische

Prophylaxe – verlangt geradezu nach einer Fassung vom Typus des Abenteuerromans und Produktionsromans zugleich. Nichts einfacher, als in seiner Szenerie jene Art von handelnden Personen unterzubringen, deren sich die Literatur gewöhnlich bedient. Der zweite Text kann – als Hypothese über die Natur des Menschen – in verschiedenen Modalitäten realisiert werden: von der pseudorealistischen bis zu einer extrem grotesken, wobei die Tatsache, daß Personen im Vordergrund stehen, deren persönliche Erlebnisse die Auflösung einer Gesamterscheinung in Einzelschicksale sind, wiederum durchaus im Rahmen der belletristischen Regeln bleibt.

Hingegen dürfte das Vorhaben einer analogen Belletrisierung der dritten Konzeption unrealisierbar sein – zumindest solange die traditionellen Strukturen der Erzählung Geltung haben, die von den Gestalten der durch ihre Lage miteinander verbundenen Helden nicht zu subtrahieren sind. Die geistigen Abenteuer von Menschen, die gemeinsam die Neue Kosmogonie geschaffen haben, finden keinen Platz im Rahmen einer Handlung, die mit naturalistischen oder realistischen Approximationen arbeitet. Über die Frauen, die Bekannten oder die Kinder dieser Kosmogonisten brauchen wir ja genausowenig informiert zu sein wie über die gesellschaftlichen oder ehelichen Abenteuer eines Newton oder Planck. Hier kann keine Rede mehr sein von sozial-ideellem *Hintergrund*, vor dem sich rein persönliche Ereignisse abspielen; diese Konzeption schreit geradezu nach einer Chronik der Abenteuer einer *Idee*, und nicht nach einer Leidenschronik aus dem Leben einer kleinen Menschengruppe. Natürlich lassen sich, wenn man sich hartnäckig darauf versteift, auch in diesem Fall die traditionellen Methoden anwenden; doch dann werden sich die Abstraktionen systematisch von all dem loslösen, was die normale Substanz eines Romans bildet – von den kleinen menschlichen Gesten und Reaktionen, also von den Begegnungen der Menschen, ihren Privatkonflikten, Trennungen usw. Denn gerade die Erzählstruktur einer belletristischen Beschreibung ist nicht imstande, eine einheitliche Synthese der »mikroskopischen« Eigenschaften des Lebens (der Kosmogonisten) mit einer universalistischen Hypothese der Neuen Kosmogonie herzustellen. Ein dahin gerichteter Versuch muß zu einem Auseinanderfallen des Werkes in verschiedenartige Teile führen – die einen eher belletristisch, die anderen eher diskursiv (als Zusammenfassung der dargestellten Anschauungen). Man braucht hier also eine ganz andere Erzählstruktur – nach dem Muster eines Geschichtswerkes oder einer Sammlung von Gelehrten*biographien*, eine Collage also, die Fragmente wissenschaftlicher Texte, Zeitungsausschnitte, Ansprachen von Nobelpreisträgern und eine Menge anderer künstlicher Faksimiles zugleich enthält.

Wir wenden uns keineswegs an die Science Fiction mit einer futurologischen Entscheidung, nach der sie in Zukunft auf die traditionellen Beschreibungsstrukturen verzichten sollte – zugunsten solcher, die, wie die oben geschilderten, bis jetzt überhaupt nicht angewendet worden sind. Unser Beispiel soll einem ganz anderen Zweck dienen: Es zeigt, daß nicht jedes Drama der Ideen, nicht jedes Abenteuer des suchenden und erkennenden menschlichen Geistes unter gehorsamer Einhaltung der Regeln eines Romans oder einer epischen Erzählung referiert werden kann. Mit anderen Worten, dieses Beispiel zeigt die Unzulänglichkeit der bis jetzt benutzten Erzählparadigmata der Science Fiction.

Beim Schreiben dieses Buches mußten wir gegen die Versuchung ankämpfen, eine solche Metatheorie des literarischen Werkes aufzustellen, die den zentralen Strukturen der Kreativität gewidmet wäre. Ein solches Unternehmen würde den ohnehin schon übermäßig strapazierten Rahmen einer Monographie sprengen, denn es geht ja dabei nicht um eine Metatheorie der Science Fiction oder selbst der gesamten Literatur, sondern bloß um solche Grenzen des paradigmatischen Feldes, welche die Gesamtheit der Produkte jeglichen möglichen Schaffens umschließen. Eine Metatheorie kreativer Tätigkeit muß alle Arten geistiger Arbeit umfassen, die *artikulierte* (zergliederte) und zugleich systematisierte (organisierte) Werke hervorbringt, wie ein Musikstück, einen Roman, ein Gedicht, ein Bauwerk, eine Plastik oder ein philosophisches System. Vorläufig kann man diese Aufgabe nicht lösen, aber die Zeit ihrer Formulierung ist nicht mehr weit. Ihre Vorboten sind Erscheinungen, die in sehr vielen, durchaus verschiedenen Bereichen auftreten. So z. B. in der Wissenschaft – die

Wissenschaftsphilosophie wirkt auf eine Metabetrachtung der Struktur der wissenschaftlichen Theorien selbst hin. Auf einer analogen Ebene arbeitet die Mathematik – sie sucht nach den Grenzabrissen aller jener Strukturen, die konstruktionelle Invarianten aller Zweige der reinen Mathematik sind. Solche Forschungen sind auch in anderen Wissenschaften (z. B. in der Linguistik und in der Anthropologie) im Gange. Es wäre darum äußerst erwünscht, herauszufinden, was das Zusammenspiel der universellen Invarianten aller Untersuchungen, bei denen man den Begriff »Struktur« anwendet, ausmacht. Dieser Begriff bedeutet jedoch nicht dasselbe für den Sprachwissenschaftler, den Mathematiker, den Anthropologen und den Naturwissenschaftler – wobei die zwei letzteren ihn nicht einmal präzise, auf eindeutige Weise, definieren können. Weil der Strukturalismus eine modische Richtung ist, wimmelt es in seiner Praxis geradezu von Mißbräuchen, die uns jedoch nicht die ferner liegenden, wie schwer auch immer zugänglichen Generalisierungen verdecken sollten, die einer Entdekkung auf diesem Wege harren. Es entsteht nämlich der Verdacht, der sich noch nicht zu einer klaren Hypothese herausgewachsen hat, daß überhaupt jegliche kreative Tätigkeit, die ein Konstruktionsziel hat und von einer bestimmten Verbindung von Elementen sowie den Regeln ihrer Handhabung ausgeht, die Attribute eines Prozesses besitzt, der in einem grundsätzlich geschlossenen Konfigurationsraum stattfindet, wobei die topologischen Eigenschaften dieses Raums gleichzeitig sowohl die Vielfalt der Objekte bestimmen, die konstruiert werden können, wie auch die unüberschreitbaren Grenzen dieser Vielfalt.

Der Strukturalismus existierte noch nicht einmal, weder als Name noch als Methode, als im Jahre 1945 G. Evelyn Hutchinson in der dritten Nummer der Zeitschrift *American Scientist* anläßlich der Besprechung der Arbeit *Configurations of Cultural Growth* des Anthropologen A. L. Kroeber eine Hypothese formulierte, die es verdient, in Erinnerung gebracht zu werden. In dem erwähnten Buch untersucht Kroeber jene Perioden der Weltgeschichte, die sich durch eine besondere Blüte der Philosophie, Wissenschaft, Philologie, der Skulptur, der Malerei, des Schauspiels, der Musik usw.

auszeichnen. In jedem Bereich solcher Kreativität lassen sich Stadien des Aufkeimens feststellen, in denen die Grenzen aller realisierbaren und aus den geltenden Paradigmata der schöpferischen Tätigkeit ableitbaren Konstruktionen bereits (unbewußt) geschlossen wurden. (Die Frage danach, woher denn ein solches neues Muster komme, gehört schon auf ein anderes Blatt. Man muß diese Frage nicht unbedingt beantworten, so wie der Biologe, der sich mit den komplizierten Wegen der Entwicklung von Organismen beschäftigt, nicht unbedingt auf die Frage antworten muß, wie es denn zum Leben auf der Erde gekommen ist.) Das Startmuster zeichnet sich zunächst durch weitgehende Undeterminiertheit des ganzen Repertoires der daraus abzuleitenden Strukturen aus; im Verlauf der schöpferischen Arbeiten *schließen* aufeinanderfolgende Generationen den Raum möglicher Konfigurationen immer fester zu, bis es zu einer völligen Abgrenzung und Ausschöpfung kommt. Über die Existenz solcher Barrieren und Plafonds der kreativen Tätigkeit in jeder historischen Epoche informieren uns indirekt folgende Erscheinungen: Da ganz ungewöhnlich begabte Individuen, die wir als genial bezeichnen, durch seltene Verbindungen von Genotypen entstehen, sozusagen »Gewinne« bei den Ziehungen der »Chromosomenlotterie« darstellen, und da für so außergewöhnliche Zusammentreffen von Genotypen statistische Gesetzmäßigkeiten entscheidend sind, die die Bevölkerungsgenetik steuern, sollte man eine regelmäßige Verteilung von Genies entlang der Zeitachse der Geschichte erwarten können. Indessen sieht die Wirklichkeit anders aus: Geniale Personen kommen eindeutig unregelmäßig vor, die Verteilung ist also nicht schicksalsbedingt. Ausgehend von bestimmten Intuitionen Kroebers, formuliert daher Hutchinson folgende Hypothese: Die Chancen, ein hervorragender kreativer Mensch zu werden, sind nicht in jeder Umwelt von gleicher Art, denn der einzelne kann nur innerhalb eines Feldes konstruktiver Strukturen wirken, das er bei seiner Geburt *vorfindet.* Wer in der Phase einer sehr frühen Nutzbarmachung der gegebenen »Strukturfamilie« geboren wird, hat ungemein schwere, doch zugleich sehr umfangreiche Aufgaben vor sich, weil ja die Einbringung der inneren Möglichkeiten noch kaum begonnen hat; es gibt noch sehr viel zu tun. Wer so geboren wird (ich zitiere frei nach Hutchinson), wird möglicherweise von einem kleinen Kreis hochgebildeter Kenner geschätzt werden, aber niemals einen solchen Ruhm genießen, nicht so leicht eine eigene Schule oder eigene Richtung gründen, wie jemand, der seine Arbeit in einer Periode *maximaler* Entwicklung einer bestimmten kulturellen Tradition aufnimmt. Also: je früher innerhalb einer gegebenen kreativen Phase das Genie zur Welt kommt, um so mehr kann es leisten; wird das Genie jedoch zu früh geboren, dann kann es von den Zeitgenossen ignoriert werden, und wird es nicht von der Gesellschaft bestärkt, wird es ein verkannter Vorläufer bleiben. Wer am Höhepunkt einer bestimmten Tradition auftaucht, produziert viel und kann auf starke »gesellschaftliche Verstärkung« rechnen. Wer auftaucht, wenn das Gros der Möglichkeiten schon erschöpft ist, der kann höchstens zu einem originellen Vertreter der Dekadenz werden. Die Situationen von Anstieg und Abstieg der Produktion, die wir retrospektiv in der Kultur feststellen, sind also Bewegungen – erst zum Maximum einer bestimmten Kurve und dann von diesem Maximum hinab. Insgesamt scheint diese Kurve, die das Tempo der Zuwächse des aus dem »Keim« ableitbaren Originalprodukts ausdrückt, da sie ja additiv ist, nur minimal von individuellen Erfolgen abzuhängen. Deswegen wird sie auch wenig beachtet: Das Jahr 1616 assoziieren wir nicht mit dem Ende des ganzen elisabethanischen Dramas, sondern mit dem Todesdatum Shakespeares.

Hutchinson versucht diesen Prozeß des langsamen Wachstums, des beschleunigten Anstiegs und der spätdekadenten Verzögerung durch eine logistische Kurve wiederzugeben, wie sie gewöhnlich beim Studium der Populationsdynamik in der theoretischen Biologie angewandt wird. Es ist dies eine Kurve, die an den Buchstaben S erinnert: Ihr mittlerer Teil ist exponentiell, Beginn und Ende weisen eine nur geringe Neigung auf (die Verhulst-Pearl-Kurve). Ich führe hier nicht die Mathematik an, mit der Hutchinson seine Hypothese stützt, weil sie für die Erfassung des Phänomens sicher zu einfach ist (worüber sich im übrigen Hutchinson selber Rechenschaft ablegt). Die Einführung zweier Größen – die Zahl der »Freiheitsgrade«, die nutzbar gemacht werden, und die Zahl dieser bereits nutzbar gemachten Grade im Augenblick T, in welchem ein bestimmter kreativer Mensch X auf die Welt kommt, kann nicht ausreichen; der massen-statistische (stochastische) Charakter des Prozesses würde gewiß die Berücksichtigung einer viel größeren Zahl von Variablen verlangen. Die größte Schwierigkeit bei dem Versuch, Erscheinungen aus dem Gebiet der kulturellen Kreativität in mathematische Formeln zu fassen, kommt jedoch daher, daß man ja zur Verifizierung der Effektivität des formalen Forschungsapparats als elementare Fakten – Werke einer bestimmten künstlerischen Epoche und Richtung liefern müßte, die schon eindeutig nach dem Grad ihrer Originalität und damit ihres Wertes klassifiziert sind, was eine fast hoffnungslose Aufgabe darstellt. Gerade in diesem Zusammenhang ist es wert, daran zu erinnern, daß uns ein Bereich kreativer Tätigkeit zur Verfügung steht, bei dem der Forscher keine mit dem subjektiven Charakter seiner Bewertungen der produzierten Werke verbundenen Probleme hat, weil diese Bewertung bereits jemand für ihn vollzogen hat – und zwar auf eine durchaus eindeutige und unanfechtbare Weise. Es handelt sich um die Evolution in der Natur. Die jeweilige Entstehung einer neuen organischen Struktur – also des Prototyps eines »Insekts«, eines »Fisches«, eines »Reptils« oder »Lurchs«, eines »Säugetiers« – entspricht der Entstehung eines solchen strukturellen Paradigmas, aus dem der weitere Verlauf der Evolution »alle möglichen Konstruktionsvorteile« gezogen hat, d. h. das einmal entstandene »Insekt« oder »Reptil« entspricht einer bestimmten stabilisierten »Tradition« der Schöpfung im Feld der Variationen, das durch die gegebene Systemtypologie abgesteckt ist. Der Evolutionsprozeß beginnt nämlich sofort alle Organisationschancen, die im gegebenen Prototyp enthalten sind, auf eine kombinatorische Weise auszunutzen. (Wir brauchen uns über die Qualität der sukzessiven Lösungen nicht weiter den Kopf zu zerbrechen: die Bewertung des Produkts wird »für uns« durch die Evolution erledigt, weil in ihr ja nur das überlebt, was »gut« ist.) Beachtenswert erscheint, daß nicht jeder der genannten Prototypen in der Evolutionsfolge dieselbe oder zumindest eine *ähnliche* Zahl von Varianten hervorbrachte. So erwies sich z. B. das Strukturparadigma der Insekten als von ganz außerordentlich »fruchtbarer Kreativität«: Es entstanden aus ihm mindestens ebenso viele Gattungen wie aus allen anderen Prototypen zusammengenommen! Die Evolution hatte also auch ihre »verschiedenen Schulen und Traditionen«: Zuerst feierte sie Triumphe als Konstrukteurin der Fische, später – der Reptile, der Amphibien, um sich in unseren Zeiten hauptsächlich mit Variationen »über das Thema Säugetier« zu befassen. Und jeder dieser Prototypen machte zuerst ein einleitendes Stadium durch, eine *langsame* generische Verästelung, erreichte die Zeit des *maximalen* Reichtums seiner möglichen Formen (es genügt hier an die Unzahl der evolutionär realisierbaren Modifikationen der Reptile zu erinnern!), um endlich im Absorptionsschirm der »Epigonenperiode«, der Saturationsperiode, steckenzubleiben. Ein so analoger Verlauf der Kurve des Natur- und des Kulturschaffens kann kaum als zufällig bezeichnet werden. Es drängt sich hier geradezu die Hypothese auf, daß wir es mit uns noch unbekannten höheren Gesetzmäßigkeiten zu tun haben, die den Systemraum der konstruierbaren Strukturen abgrenzen, und dies betrifft überhaupt *jeden* Typus materiell-informativer Tätigkeit. Zwei englische Wissenschaftler, M. A. Ede und J. T. Law, haben in einem Computer den Prozeß der embryonalen Herausbildung von Organen modelliert (konkret – von Gliedmaßen). In die Maschine wurden fünf Datenreihen eingeführt: die ersten vier betrafen das Verhalten der Embryozellen, die fünfte entsprach dem Genenmechanismus der Wachstumskontrolle. Der Computer produzierte darauf als Gliedmaßenstrukturen solche – und nur solche! – Modelle, wie sie tatsächlich von der Evolution hervorgebracht worden sind (bei verschiedenen Gattungen von Wirbeltieren, vom Fisch bis zum Menschen). Eine kleine, regressive Veränderung des »Genenprogramms« führte zur Umwandlung des Skeletts eines Fußes in das Skelett einer Flosse. Es gibt heute noch keine solchen Maschinen und auch keine solchen Programme, die es uns gestatten würden, Modelle ganzer Organismen zu produzieren. Aber wie aus diesem Beispiel ersichtlich, ist das Phänomen der »Abgrenzung« des Raumes möglicher Konstruktionen durch das Ausgangsparadigma bereits dem Experiment unterworfen.

Entscheidend für die Kontinuation einer Originalschöpfung ist die Einführung immer neuer Elemente in ihr paradigmatisches Instrumentarium. In der Literatur (und ihre schöpferischen Sorgen beschäftigen uns mehr als die Sorgen der Evolution in deren Rolle als Konstrukteur) herrscht ziemlich allgemein die intuitive Vorstellung, daß alle »großen«, »originellen« Erzählmuster bereits, und zwar vor langer Zeit, erfunden wurden. Das ist eine relative Wahrheit: In bezug auf die geschichtlich bekannten Daseinsbedingungen des Menschen sind die Erzählstrukturen tatsächlich schon erschöpft worden; aber in dem Maße, in dem die Zivilisation neue Probleme auf die Tagesordnung stellt, eröffnet sie, gleichsam nebenbei, der Literatur neue schöpferische Möglichkeiten. So ist z. B. für unsere Zeit der Verfall der traditionellen Strukturen ethischer Bewertung charakteristisch – im Maßstab des ganzen Planeten, weil die Chance, ein »Jüngstes Gericht« durchzuführen, nun zur praktischen Realität geworden ist. Das versteht ein Schriftsteller nicht, der, indem er Eindringlinge aus dem Kosmos auf die ausgestorbene Erde bringt, sie zwischen den Trümmern der Städte darüber nachdenken läßt, »welche Seite in dem Konflikt recht hatte«. Über »Recht« – im Sinne der Verfechtung einer »guten«, d. h. gerechten Sache – kann man aber nur so lange sprechen, als überhaupt jemand existiert, der imstande ist, das, was vor sich geht, einzuschätzen; rückt jedoch die Möglichkeit eines totalen Untergangs heran, dann verliert die Diskussion über die Berechtigung der Argumente beider Seiten jeden Sinn, weil das einzig Berechtigte, über das an der Schwelle der letztendlichen Katastrophe zu diskutieren noch einen Sinn hätte, die Frage wäre, wie man diese Katastrophe verhüten kann. Jedes »Recht« – vom Standpunkt des traditionellen »Guten« oder »Bösen« – wird hier zu einem leeren, gegenstandslosen Wort, wenn es nicht auf das engste mit der Realisierung des einzigen Programms, das seinen Sinn noch nicht verloren hat, mit dem Programm der Selbsterhaltung der Menschheit verbunden ist. Um nun das herkömmliche, noch aus der voratomaren Zeit stammende Wertschema aufrechtzuerhalten, und weil er – in einem pseudorealistischen Werk – nicht den lieben Gott persönlich auf den eingeäscherten Planeten bemühen möchte, schickt dieser

Schriftsteller die »Anderen« hin, damit sie für die Erdenbürger, die es längst nicht mehr gibt, deren Streit, denselben, der die Katastrophe ausgelöst hat, fortführen. Wir haben es hier mit einem klassischen Beispiel der Ohnmacht des Denkens zu tun – als Versklavung durch inadäquate Erzählstrukturen.

Im Rahmen jeder Kultur gibt es »normale« Codes der Beschreibung ihr bekannter Erscheinungen und Codes, die von den ersteren »abweichen« – durch unterschiedliche Kollision mit den regulativen Normen der betreffenden Kultur. Wenn man bei Erscheinungen, die ein stark ausgeprägtes System normaler Beschreibungsstrukturen haben, Strukturen anwendet, die von »ganz woanders« hergenommen werden, ergibt dies oft komische Effekte. Viele humoristische Werke entstehen eben nach dieser Regel der Platzverschiebung, einer bewußt »falschen Adressierung« unpassender Beschreibungsstrukturen an Phänomene, die diesen normalerweise nicht unterliegen: wenn wir z. B. in einer Sprache, die traditionell bei Naturerscheinungen angewendet wird – etwa bei einem Taifun oder einem Vulkanausbruch –, einen Ehestreit beschreiben, oder wenn man umgekehrt vorgeht, indem man diesen Vulkan oder diesen Sturm anthromorphisiert. Der komische Effekt stellt sich in erster Linie dann ein, wenn das Ergebnis der Anwendung einer von anderswo kommenden Beschreibungsstruktur auf eine gegebene Erscheinung nicht der Verletzung irgendwelcher grundsätzlicher Kulturgebote oder -verbote gleichkommt. Dieser Effekt ist um so ausgeprägter, je stärker die Struktur der beschriebenen Erscheinung selber eine Kodifizierung (eine gesellschaftliche Ritualisierung) erfahren hat; daher ist z. B. ein auf einem beschleunigten Film gezeigter Wettlauf nicht besonders lustig, hingegen erscheint uns ein stark beschleunigter Leichenzug sehr komisch. Die simpelste kreative Methode ist, wie wir wissen, die einfache Inversion: Es gibt also nichts Leichteres zur Erzielung neuer Effekte als die diametrale Umkehrung der gegenständlichen Struktur, sofern diese schon durch die Tradition petrifiziert worden ist; auf diese Weise sind z. B. Mark Twains »Antimärchen« entstanden. Würde die beschreibende Sprache nur nicht die im Werk dargestellte Wirklichkeit verletzen, d. h. würde sie sich an diese nur auf unterschiedliche

Art und Weise anpassen, dann wäre es nicht schwer, eine Literaturtheorie aufzustellen. Der Kern der Sache steckt darin, daß dem nicht so ist; die Sprache, das Werkzeug der Beschreibung, ist ja gleichzeitig Schöpfer des Beschriebenen; die Sprache kann auch »auf sich selbst« gelenkt, d. h. zum Objekt gemacht werden (bei einer Selbstbeschreibung, aber natürlich nicht auf rein linguistischer Ebene: weil ja die Sprache, die die Sprache beschreibt, als Deskriptionscode auf einer *anderen* semantischen Ebene agiert als die Sprache, die in diesem Fall beschrieben wird).

Die Abschwächung der Kulturverbote erlaubt der Literatur, sie sogar frontal anzugreifen; was vor einem Jahrhundert nichts als »pure Gotteslästerung« oder ein sittliches Vergehen gewesen wäre, wird nun in den Rang einer künstlerischen Innovation erhoben. Das einfachste, erstbeste Beispiel ist die Beschreibung von etwas in einer emotionslosen Sprache, das herkömmlicherweise nicht »gefühllos« präsentiert werden darf: So entstand Kafkas *Strafkolonie,* so wird oft in der modernen experimentellen Prosa der Geschlechtsakt gezeigt. Im Ergebnis entsteht eine Art Kulturschock, der etwa für viele Werke Henry Millers typisch ist; in diesen Werken *(Wendekreis des Steinbocks, Sexus, Nexus, Plexus)* werden die Liebespaare in actu wie Maschinen beschrieben, mit genau, entsprechend ihrer Funktion, benannten Teilen – mit absichtlicher Rücksichtslosigkeit gegenüber allen gesellschaftlich-erotischen Tabus in dieser Sphäre. Man kann dann aber immer zumindest die Struktur der Beschreibung deutlich von der immanenten Struktur des beschriebenen Objekts unterscheiden, dies wird jedoch nicht der Fall sein, wenn dieses Objekt dem Leser im Prinzip unbekannt ist und wenn dieser keine in der Erinnerung fixierten normativen Hinweise zur Verfügung hat, wie dieses Objekt beschrieben »gehört«. Solche Schwankungen beim Literaturkonsum lassen sich nicht im Rahmen irgendeiner semantischen Theorie einschließen, weil sie nur durch die Praxis zu erfassen sind, die gerade den Informationsempfänger zu einem untrennlichen Teil des Informationssystems macht. Für uns ist heute der »Mann im Mond« schon eine konkrete Person und ein konkretes geschichtliches Ereignis, während er den Menschen, die vor ein paar Jahren lebten, noch als bloßes Phantasiegebilde erschien, das – weil es eben fiktiv war – keine soliden objektiven Eigenschaften aufwies, wie intersubjektiv nachweisbare Fakten sie besitzen.

Die intentionale Anwendung des Prinzips des »Mischens und Verschiebens« bei Objekten wie Beschreibungsstrukturen kann wertvolle Ergebnisse sowohl ästhetischer wie auch kognitiver Art zeitigen. Wenn jedoch dieses »Mischen« bloß eine Folge der Unfähigkeit, des Unvermögens eines Schriftstellers ist, der die Erzählung wie eine schlaffe Ackerwinde an irgendeiner zufälligen Struktur festhält, die sich gerade als erste dargeboten hat, dann muß das Unternehmen scheitern. Eine solche Indolenz reduziert in der Regel anthropologische Probleme zu sensationell-abenteuerlichen Stereotypen, Erscheinungen von gesellschaftlichem Ausmaß – zu psychologischen und vereinzelten Phänomenen (der Konflikt zwischen zwei Kulturen spielt sich ab, als ginge es um eine Auseinandersetzung zwischen zwei Personen), die Wandlungen der Kulturkodices und -normen – zu primitiven Umorientierungen etwa der Art: »Aha! so also muß man handeln!« usw. Zur Regel wird auch die *Flucht* vor den realen Problemen und dadurch ihre *scheinbare* Lösung, z. B. daß man den Konflikt zwischen Sozialismus und Kapitalismus »löst«, indem man auf die Erde eine »hohe kosmische Rasse« herabsteigen läßt, die die Menschen zwingt, in Frieden zu leben usw.

Die Krise der modernen Kunst ist Resultat eines generellen Schwindens der normativen Verhaltensregeln, und dieses Schwinden wiederum – eine Folge der Aushöhlung der sakralen Auffassung von der Kultur als Kodex von Geboten, die unanfechtbar, weil von vornherein gegeben sind. Fragen danach, ob man Kulturgebote etwa mißachten dürfe, wenn ihre Beachtung *unbequem* wird – solche Fragen durfte man früher öffentlich überhaupt nicht stellen. Die Empirie hat sich infolge dieser Sachlage als ein in die Kultur eingeführtes Trojanisches Pferd erwiesen, weil gerade die Nützlichkeitskriterien, das heißt die Fragen nach der *Bequemlichkeit* einer Erscheinung oder einer Handlungsweise die Hauptkriterien der Empirie sind. Die einzig unüberwindbare Grenze stellt für die Empirie doch jenes System von Attributen der Natur dar, das wir die Gesamtheit der physikalischen Gesetze nennen; die

Betrachtung der Menschenwelt aus empirischer Sicht muß daher zu einer völligen Relativierung aller in solchem Umfang bestehenden Kulturnormen führen, in welchem sie eine »überflüssige Restriktion« darstellen, weil sie Handlungsweisen oder deren Unterlassung empfehlen, die vom Standpunkt der Empirie unbegründet sind. Die Kunst aber kann sich nicht mit jenem Grundstock von Verboten begnügen, den die Empirie respektiert, weil sie sie als Naturgesetze nicht verletzen darf. Ein solches Vorgehen würde die Kunst auf ihren Nullpunkt reduzieren; die Beschränkung auf kognitive Ziele, typisch für die Empirie, müßte die Kunst immer mehr an die Empirie angleichen, bis sie schließlich und endlich zu einem Plagiat, einem Schatten der Wissenschaft herabsinken würde.

Die Kunst – konkreter: die Literatur, denn mit ihr beschäftigen wir uns hier vor allem – verfügte über einen Komplex von Konstruktionsstrukturen, die aus einer respektablen Vergangenheit stammten und durch unantastbare Normensysteme religiöser Doktrinen und Mythen verwaltet wurden. Dieser Schatz von Strukturen wurde schließlich weitgehend ausgebeutet, und um neue Muster ist er nicht reicher geworden, weil die Quellen, die einst solche Muster hervorbrachten, versiegt sind. Die Frage, ob sie erst versiegten, als ihre kreative Potenz in kombinatorischer Hinsicht bereits erschöpft war oder ob sie schon früher durch den Einbruch eines technogenen Pragmatismus zugestopft wurden, ist, praktisch genommen, gegenstandslos. Selbst wenn es nämlich prinzipiell vorstellbar wäre, daß man sich irgendwelche durch die Geschichte nicht erprobte Bedeutungsstrukturen »ausdenkt«, die jenen sakralen Legenden oder religiösen Doktrinen entsprächen, zu deren Anwendung die Menschheit in ihrer geschichtlichen Praxis »nicht zurechtgekommen« ist, so könnte aus einer solchen Produktion, wenn sie *heute* erfolgte, weder die Menschheit, noch die Kunst irgendwelchen Nutzen ziehen. Denn ein Bedeutungsparadigma, das niemals vom Lichte sakraler Geltung umstrahlt, niemals Objekt der Verehrung war, der Furcht, der Liebe – aller jener Gefühle, mit denen der Mensch auf das mutmaßliche Vorhandensein eines Transzendenten Geheimnisses reagiert – ein solches Paradigma wäre schöpferisch wertlos.

Der Verfall sämtlicher Tabus als der *alleinigen* Normen hat die Situation einer Freiheit geschaffen, welche die Literatur bald als außerordentlich schwierig zu empfinden begann. Seither ist der einzige Bereich, auf den sie sich noch berufen kann, die Kultur, und zwar eine notwendigerweise nicht sakral aufgefaßte Kultur; mit den aus ihr hervorgehenden Strukturmustern also vermag die Literatur noch zu operieren. Das Gefühl, daß alle *aktuellen* (synchronisch funktionierenden) Strukturen des Kulturbereichs unzulänglich sind, hat zu Hybridisierungsversuchen geführt, d. h. zu einer Aufeinanderschichtung und zum Zusammenschweißen genetisch äußerst weit voneinander entfernter Strukturen. Z. B – einer deterministischen mythischen Struktur und einer indeterministischen Wirklichkeitsstruktur, wie in Manns *Doktor Faustus* oder Joyces *Ulysses* oder in *Homo faber* von Frisch. Das Prinzip solcher Werke ist das der Assoziation. Der Schriftsteller muß die Substanz der Ereignisse, die prinzipiell, in ihrem Äußeren, veristisch, d. h. dem Pool der allgemeinen Erfahrung entnommen sind, so komponieren, daß die Ähnlichkeit der erzielten Komposition der Fakten mit der Struktur irgendeines ehrwürdigen Mythos (Faust, Oedipus oder Odysseus) sich dem Leser als etwas Offensichtliches aufdrängt. Der Mythos kann jedoch nicht bloß zu dem Zweck herbeigeholt werden, daß er Dingen, die aufgrund ihrer Alltäglichkeit x-beliebig wären, seine eigene hohe Sanktion erteilt. Er kann auch parodistisch, »blasphemisch« behandelt oder in einem Frontalangriff gestürzt werden. Den Mythos des engelhaften Kindes, der vollkommenen Reinheit der Backfische hat Nabokov in *Lolita* kompromittiert, denn es ist ja das Mädchen, das im Roman den widerlichen Pädophilen verführt, und nicht er entehrt sie. Und dann wieder, etwa im jüngsten Roman von Nabokov *(Ada or Ardour: a Family Chronicle)* erfährt das dem Kulturarsenal entnommene Inzestverbot eine »spielerische« Nutzbarmachung, d. h. eine Ausweitung auf parodistisch einander abstützende Strukturen von Beziehungen (zwischen nahen Angehörigen derselben Familie, zwischen den Zeichen eines Code, den die inzestuösen Liebespartner sich ausgedacht haben, zwischen der »Aristokratie« und dem »Plebs« – und es kommt auch zum Zusammenstoß der empirischen Wahrheit mit der postulativen Wahrheit des Inzestverbots, denn es stellt sich heraus, daß aus der blutschänderischen Verbindung wegen Zeugungsunfähigkeit »ohnehin nichts hervorgegangen wäre«). Der allgemeine Faktor solcher Handlungsweisen ist, wie wir sehen, die durchgehende Tendenz der Suche – durch kreativen Vorsatz – nach möglichst deutlichem und möglichst starkem *Widerstand*. Das ist, vom kreativen Gesichtspunkt aus, eine Situation, die von der historischen völlig abweicht, da der Künstler, der an die Ausschließlichkeit der Normen glaubte, von denen seine schöpferische Tätigkeit sich leiten ließ, es gar nicht als seine Hauptaufgabe betrachtete, diese anzugreifen; er war auf sie »programmiert«, weil er sie, emotionell und intellektuell, restlos internalisiert hatte, so schenkte er ihnen nachgerade gerne Gehör, und im Endeffekt manifestierte sich die Originalität als persönliche kreative Unwiederholbarkeit vor allem in der Form; was insoweit möglich war, als die obersten Regeln des religiös-kulturellen Glaubens die Gestalt des Kunstwerkes nicht bis in die letzte Einzelheit bestimmten. Das Phänomen der »Suche nach dem Widerstand«, d. h. das zunächst heimliche Aushöhlen der hergebrachten Normen, ist in der Kunst allmählich entstanden und tauchte in der Geschichte noch vor der Entstehung der technischen Evolution auf; schon *Don Quichotte* präsentiert ja einen – übrigens sehr ambivalenten – Zusammenprall des »Rittermythos« mit der prosaischen, weil mythenfreien Wirklichkeit. Je mehr Normen jedoch aus dem Feld der gesellschaftlichen Praxis verschwinden, um so mehr Schwierigkeiten türmen sich vor der Kunst; ihre Lage beginnt an jene eines Kindes zu erinnern, das zur Einsicht gekommen ist, daß es – da es sehr tolerante Eltern hat – ungestraft alle seine Spielzeuge, ja überhaupt alles, was sich in der Wohnung befindet, kurz und klein schlagen darf. Denn der Künstler kann nicht ein bestimmtes Verbot selber schaffen, um es dann mit seinem Werk anzugreifen; dieses Verbot muß real, d. h. von seinem Willen unabhängig sein. Und weil die Relativierung der Kulturnormen bis heute nicht imstande ist, die uns biologisch gegebenen Merkmale des Menschen zu verrücken, sucht man jetzt im Rahmen dieser Charakteristik nach Resten von möglichem

Widerstand. Daher die Zuwendung der Literatur zur sexuellen Thematik. Aber solche Taktiken sind zu sehr schnellem Erlöschen verurteilt, weil hier eine beschleunigte »Eskalation« stattfindet, in deren Ergebnis das »law of diminishing returns« (Gesetz des abnehmenden Ertrags) zu wirken beginnt – das Kulturtabu hat nämlich den Charakter einer im Prinzip unelastischen Barriere, und wenn es einmal gesprengt wird, gleicht es nicht mehr einer Mauer, die durch Rammböcke stückweise zum Abbröckeln gebracht wird. Die Beseitigung einer administrativ, nicht aber kulturell statuierten Zensurbarriere bewirkt eine so blitzartige »Pansexualisierung« der Literatur, daß es zu einer amüsanten Lizitation bei der Beschreibung von Obszönitäten kommt.

Die Literatur braucht jedoch den Widerstand ihres Werkstoffes, wie der Mensch die Luft braucht: Das Einrennen weit offener Türen ist eine ganz und gar sinnlose Beschäftigung. Als die feste Grundlage der Kulturnormen erst einzuknicken und dann einfach zu verschwinden begann, unternahm die Literatur den Versuch, sich eine gewisse Autarkie zu erobern – eine Art Selbstgenügsamkeit, die jedoch niemals eine totale werden kann. Weil die Ästhetik es ihr erlaubt, versucht die Literatur zusammenzuführen, was logisch wie empirisch nicht zusammenführbar ist. So entstehen ihre mehrdeutigen, zwitterhaften Strukturen, die sich verschiedenartig interpretieren lassen. Man kann z. B. Kafkas *Schloß* als eine Karikatur der Transzendenz oder als boshaftes Herunterholen des Himmels auf die Erde – und damit als seine Verhöhnung – auffassen, oder auch, diametral entgegengesetzt, als das einzige für die menschliche Unvollkommenheit erreichbare Bild der Transzendenz. Im ersten Fall wird die Offenbarung kompromittiert, im zweiten – nur ihre irdische Auslegung. Ein solches Werk zeigt nicht seine wichtigsten Nahtstellen, die seinen ontologischen Sinn eindeutig machen würden; und die auf diese Weise hervorgerufene ständige »Labilität« stellt das *strukturelle Äquivalent des existentiellen Geheimnisses* dar; dieses Geheimnis wird weder erklärt noch »hinwegerklärt«, sondern es bleibt – nicht einfach mit seinem rätselhaften Namen benannt, sondern gewissermaßen augenscheinlich demonstriert, in seiner erkennbaren Anwesenheit, die gerade durch diese konkrete endgültige *Undezidiertheit* produziert wird, welche das Werk durch die eigene Struktur statuiert. Eine solche »Ultrastabilität des Geheimnisses«, durch die Perfidie der Aufbaustruktur herbeigeführt – das ist die eine Möglichkeit. Eine andere ist der schon erwähnte Effekt des Aufeinanderschichtens genetisch voneinander entfernter Strukturen, die sich teils synergisch stützen, teils in Dissonanz miteinander kollidieren. In diesem Fall entsteht der Effekt einer eigenartigen *Tiefe*, da man ja nicht feststellen kann, welche Struktur die »Basisstruktur« und welche im Verhältnis zu ihr relativiert ist, oder auch was hier das »absolute Bezugssystem« und was variabel ist, mit Werten, die sich aus den Maßen dieses Systems ablesen lassen. In allen diesen Fällen hat das kreative Prinzip nicht das geringste mit Zufall zu tun. So wie der Züchter, der aus dem Ausgangsprototyp eines Tieres oder einer Pflanze neue nützliche Gattungen abzuleiten versucht, nicht blind, chaotisch vorgeht, sich nicht auf den Zufall verläßt, so handelt auch der Schöpfer, der die Gesamtstrukturen der Erzählung kreuzt und kombiniert, nicht blindlings, er läßt nicht den Zufall seine Handlungsweise bestimmen. Diese Feststellung bedeutet durchaus nicht, daß ein kreativer Künstler, der so vorgeht, seine »Züchtungs«-Absichten bloß auf pragmatische Ziele – im kognitiven Sinn – reduziert; denn dank der Tatsache, daß das Werk ein Sprachsystem ist, kann es gleichzeitig eine kohärente Einheit sein und auch nicht sein. Denn auf bestimmten Ebenen, im Rahmen bestimmter Strukturen, aus denen es besteht, kann es totale Kohärenz offenbaren, während es auf anderen Ebenen, mit anders gearteten Strukturelementen, sogar innerlich widerspruchsvoll sein kann. Außerdem läßt das Werk einen Teil seiner virtuellen Strukturen sozusagen offen, es führt sie potentiell über den eigenen Umfang hinaus, wie wir es am absichtlich elementaren Beispiel der Erzählung *Monkey's Paw* gezeigt haben, die uns folgende Junktimsalternative vorschlägt: Entweder akzeptieren wir die Hypothese der »Geister«, also der Transzendenz – und dann präsentiert sich die Erzählung als Einheit, oder wir lehnen diese Hypothese ab – und dann zerfällt das Werk in eine Reihe von Ereignissen, die durch reinen Zufall zusammentreffen (die Akzeptierung der Transzendenz – das ist der *Preis*, den man für die Geschlossenheit des Werkes zahlt). Ein sehr interessantes Beispiel kreativer Experimente ist die Praxis des französischen Antiromans. Diese Versuche bewegten sich in einer sehr gefährlichen Richtung, denn statt verschiedene Arten der Ordnung zu vermischen, gelangten die Autoren, die diese Literaturgattung pflegten, zu einem Zusammenstoß paradigmatischer Formen von *Ordnung* und *Unordnung*. Diese Vorgangsweise wäre absolut verständlich vom Standpunkt der Haupttendenz kreativen Schaffens – als Streben nach einer Maximierung der semantischen Vielschichtigkeit des Werkes. Denn jede Mitteilung verliert ihre Eindeutigkeit, wenn sie beeinträchtigt wird – sei es durch einen Zusammenstoß mit einer anderen Mitteilung oder durch Infiltration von dieser Seite, sei es durch das Eindringen von »purem Rauschen«. Geht man davon aus, daß es die Aufgabe der Literatur ist, das Dargestellte niemals bis ins letzte zu erklären, also eher die Autonomie bestimmter Rätsel aufzustellen statt sich in explikative Erörterungen einzulassen, dann ist bei einer solchen Annahme das rätselhafteste aller möglichen Geheimnisse eine bloße Reihe von Zufällen. Zu jeder Chiffre, die ja eine Mitteilung mit verkapptem Inhalt darstellt, gibt es doch einen Schlüssel, der sie entziffert, also ihr »das Geheimnis nimmt«; die reine Zufälligkeit dagegen – weil sie nicht eine Maske ist, die es herabzureißen gilt – wird stets allen Versuchen des »endgültigen Verstehens« spotten. Die ungewollte Perfidie besteht darin, daß man jede Zufälligkeit in ein bestimmtes System, das nicht zufällig ist, verwandeln kann, wenn man sich entsprechender zusätzlicher Hypothesen bedient. Man kann z. B. zur Ansicht gelangen, daß die Form der Skandinavischen Halbinsel, die bekanntlich einer Robbe ähnelt, keineswegs das Ergebnis *zufälliger* geologischer Entwicklungen ist, sondern das Resultat *intentionaler* Handlungen (z. B. Gottes selbst, der Himmel und Erde erschaffen hat). Durch solche zusätzlichen Hypothesen läßt sich, wenn man »gegen den Strom« der Ockham-Regel schwimmt, jeder Tatbestand, auch wenn er keine Spur von Intentionalität aufweist, zu einem angeblich intentionalen machen.

Die Arbeiten der französischen Schule des Antiromans

waren somit (wenigstens zu einem großen Teil) die semantisch-kreative Entsprechung zum Märchen über des Kaisers neue Kleider; denn der Zustand einer bestimmten »semantischen Nacktheit« – als nicht beabsichtigt, herbeigeführt durch die Anwendung eines »Generators des Rauschens« – wurde als »neues Kleid«, d. h. als neuer Typus – selbstverständlich auf ihre Weise sinnvoller! – belletristischer Erzählweise rezepiert.

Dieser Generator wurde in verschiedene, also nicht identische Ebenen eingeführt. In Robbe-Grillets *Les Gommes* (deutsch: *Ein Tag zuviel*) wird das Aufeinanderschichten solcher Strukturen, wie a) Oedipus-Mythos, b) »Zeitschlinge«, c) polizeiliche Ermittlung durch nichts erklärt. Mit knapper Not könnte man noch den Mythos mit der Ermittlung oder die Ermittlung mit der Zeitschlinge »verbinden«; aber die Sinngehalte eines so dreigliedrig strukturierten Ganzen nicht kontradiktorisch darzustellen ist nur möglich, wenn man einen ganzen Haufen zusätzlicher Interpretationen zu Hilfe holt, die ebenso halsbrecherisch wie total willkürlich sind. Und darum hatte in diesem Roman das Prinzip der *Verbindung* heterogener Erzählstrukturen Zufallscharakter. Der reine Zufall fungiert hier als Kuppler. Hingegen ist in *La maison de rendezvous* (deutsch: *Die blaue Villa in Hongkong*), gleichfalls von Robbe-Grillet, das Prinzip der *Segmentierung* und des nachfolgenden *Zusammenschweißens* der Handlung zufällig, die auch *auf zufällige Weise* in diese Segmente zerschnitten wurde. In *Ein Tag zuviel* wirkt also der Zufallsgenerator auf »höchster Ebene«, nämlich der der ganzheitlichen Strukturen, während er in der *Blauen Villa* auf niedrigeren Ebenen arbeitet.

Vom Standpunkt des Lesers aus können die semantischen Folgen der Methode Kafkas (der den ganzheitlichen Strukturen des Werkes mehrdimensionale Instabilität verleiht) und der Methoden der Autoren des Antiromans (die Aufhebung der Eindeutigkeit des Werkes durch zufällige Einschübe, die *Unklarheit* bewirken) einander nahekommen. Als Ergebnis der Arbeit des Lesers zur Rekonstruktion des Werkes werden in dieses nämlich Sinngehalte hineininterpretiert, die seine teilweise Zufälligkeit ordnen. Das Problem besteht jedoch darin, daß es für ein solches Werk keine mit voller Gewißheit »richtige« Interpretation gibt – wie es sie z. B. auch bei den Tintenklecksen auf den Tafeln des Rorschach-Testes nicht geben kann. Aber ein solcher Zustand ist günstig für den Schriftsteller, weil jedes Buch sich um so wirksamer gegen seine Wertherabsetzung schützt, je breiter das Feld seiner kulturellen Anknüpfungspunkte ist. Ein Werk, das mit semantischen Hinweisen reich versorgt ist, wird sozusagen zu einem Integral jener Kultur, in deren Bereich es entstanden ist. Die einzige praktische Schwierigkeit besteht in der Frage, wie man die Leser davon »überzeugt«, daß sie die Arbeit der Interpretation auf sich nehmen, die die erwähnten Ergebnisse bringen würde – einer durch die Anspielungen auf die gegebene Kultur bedingten Integrierung dessen, was prima facie nicht integrierbar, weil eben zufällig ist. D. h.: Man muß die Leser von der Notwendigkeit gerade eines solchen Vorgehens überzeugen, bei dem dem Verfasser eifrige und einfallsreiche Kritiker zu Hilfe kommen, die wahrhaft zu Mitschöpfern eines so undeterminierten Textes werden (deswegen finden wohl viele von ihnen Gefallen an solchen Texten). Zwischen einem Werk, das ein Gemisch vieler Strukturen darstellt, und einem, das eine durch »Rauschen« entstellte Mitteilung ist, besteht ein ebensolcher Informationsunterschied wie zwischen einem echten Palimpsest und einem Pseudopalimpsest, das dadurch entstanden ist, daß auf der Arbeit der Mönche, die das Manuskript illuminierten, nachfolgend Fliegen ihre »Korrekturen« anbrachten. Man kann auf keinen Fall sagen, daß die schriftstellerische Methode des »Generators des Rauschens« einfach ein Betrug ist – da, was die Beteiligung des Zufallsfaktors am kreativen Werk betrifft, eine Art Kulturkonsens entstanden ist – er ist ganz offensichtlich in der bildenden Kunst und wird deutlich sichtbar bei extravaganten Maltechniken, etwa durch Bewerfen der Leinwand mit einer Handvoll Farbe nach der anderen, wahlloses Herumtrampeln auf der Leinwand mit farbbekleckerten Füßen usw. Es gehört schon auf ein anderes Blatt, daß auf diese Weise geschaffene Kunstwerke, selbst wenn sie den Eindruck semantischen Reichtums vermitteln, in Wirklichkeit bloß Instrumente zur Erzeugung einer semantischen Fatamorgana sind, weil das

Suchen nach ihrem angeblich »immanenten Sinn« etwa dem Suchen nach einem objektiven Korrelat zu den Wach- und Alpträumen eines Menschen gleicht, der von Halluzinationen befallen ist. Überall dort, wo das Organisationsprinzip des Kunstwerks auf dem Zufall beruht, kann es nicht intentional sein. Die Intentionalität verlegt sich dann auf die nächste, die *höhere* Ebene der Kreativität: denn sehr oft ist die Wahl einer auf dem Zufall beruhenden kreativen Taktik *an sich gar nicht zufällig*. Sie entspricht einer bestimmten Berechnung, das heißt einer bewußten Absicht (Intention) – einer Berechnung, sanktioniert von der Spieltheorie, die besagt und beweist, daß, wenn einer der Spieler eine auf Zufall gestützte Taktik anwendet, es keine andere Taktik – im Sinne einer *Ordnung* der einzelnen Züge – gibt, die dem anderen Spieler eine bessere Gewinnchance böte. Daher muß der Partner eines solchen Spielers ebenfalls die Taktik des Zufalls anwenden. Und das ist genau die Stelle, an der der Antiroman uns besiegt: Als Leser fühlen wir uns nicht berechtigt, bei der Aufnahme des Kunstwerks ebenfalls zur Taktik des Zufalls zu greifen, weil dies ja den gänzlichen Zerfall jeglicher Artikulation bedeuten würde. Wir müssen dann also versuchen, die einzelnen Teile des Werkes zu vereinigen, als wäre es ganz sicher ein geschlossenes Ganzes.

Hier wirkt auch der Umstand mit, daß es in der Literatur allgemein üblich ist, periphere Beschreibungsstrukturen anzuwenden. Das, was sehr gut bekannt, weil in der Kultur fest verankert ist, ist nach einem einzigen Zeichen, einer einzigen Anspielung schon verständlich, d. h. zu erraten, daher kann man dem »kulturell geübten« Leser beliebige, ihm vertraute Tatbestände sozusagen augenscheinlich machen, indem man sie ihm aus einer entfernten Situationsperipherie signalisiert. Eine solche periphere Beschreibung als Regel der mittelbar gemachten Signalisierung ist eine Methode zum Aufbau von Strukturen, durch die die Arbeit der rekonstruierenden Vorstellungskraft des Lesers sozusagen »ferngesteuert« wird – und zwar nicht nur im Raum, sondern auch in der Zeit. Denn jede skizzierte Situation, sobald sie zu den bereits bekannten gehört, besitzt ihre eigenen Lösungsmöglichkeiten, und diese wird der Leser antizipieren, er wird im Rahmen dieser Antizipationen seine Entschlüsse fassen – entsprechend den ihm vom Text gelieferten, selbst geringfügigen oder nur spurenweise darin enthaltenen Hinweisen. Es handelt sich z. B. um erotische Situationen prima facie oder solche, die nur zwischen den Zeilen, nur latent erotisch sind, eine langfristig suspendierte Möglichkeit von Erotik haben. Eine mittelbare, periphere »Fern«-Beschreibung wird hier entweder allein schon von der Kulturnorm diktiert (etwa durch das Verbot, etwas, das in der Kultur als drastisch gilt, direkt zu nennen oder zu demonstrieren), oder auch von der individuellen Überlegung und Entscheidung des Verfassers. Wir haben es dann immer mit Beschreibungsstrukturen zu tun, die lückenhaft, unvollständig, »löcherig« sind, oder gar ungenaue Widerspiegelungen anderer, im Text nicht explizit genannter, nicht artikulierter, also ausschließlich vermuteter Strukturen darstellen. Die Mittelbarkeit der Beschreibung kann also abgestuft werden, und zwar sowohl auf diskrete wie auf kontinuierliche Weise. Aus dieser Peripherie kann man, um eine Änderung in der Beschreibung herbeizuführen, entweder unter Verletzung bisher gültiger Kulturverbote zu dem bis dahin nicht berührten, nicht genannten Zentrum der Situation übergehen (indem man z. B. über das offen zu sprechen beginnt, worüber man bisher nicht reden durfte, indem man z. B. in den verwendeten Wortschatz Obszönitäten aufnimmt), oder, wenn man in eine andere Richtung steuert, kann man, umgekehrt, den schon gewohnten Strukturen der andeutenden Darstellung weitere Beschreibungen eines noch entfernteren Umkreises gegenständlicher Ereignisse anschließen. Wenn sich infolge einer solchen »ungenauen Benennung«, eines solchen systematisch gesteigerten »Nicht-zu-Ende-Sagens« beim Leser Unsicherheit einstellt, d. h. wenn dieser zu zweifeln beginnt, ob er wirklich versteht, wovon im Text konkret die Rede ist, dann stehen wir einer semantischen Oszillation gegenüber, die typisch für die Rezeption moderner Lyrik ist (allerdings nicht jeder; es gibt auch auf dem Zufall aufgebaute Lyrik; aber die »systematisierte periphere Methode« höchsten Grades kann man etwa in den schönsten Gedichten des polnischen Dichters Grochowiak finden). Alle Operationen dieser Art haben die gleiche Resultante: Der Indeterminismus des Lesers verstärkt sich, seine Unentschlossenheit nimmt zu, er wird immer unsicherer, schwankender in seinen Einschätzungen, wobei sich hier in der Praxis oft nicht mehr feststellen läßt, ob die fragliche Erzählstruktur *nur* sehr peripher, lückenhaft, aber im Prinzip dennoch homogen ist, oder ob wir es mit einer Struktur zu tun haben, die absichtlich verletzt wurde – das eine Mal durch »Zufallsrauschen«, das andere Mal mit Hilfe einer *anderen* Struktur angestochen, ausgelaugt, angenagt. Und weil man ja *Vielstrukturen*-Agglomerate herstellen kann und weil sich außerdem die konkrete Qualität der beschriebenen gegenständlichen Lage ändert, weil sie sich, von einem Glied der Artikulation zum anderen, bis zur Unkenntlichkeit umgestalten kann – ist es unmöglich, zu bestimmten klassifizierenden Erkenntnissen zu kommen: ob das Werk eher durch Chaos als durch eine bestimmte Ordnung auf die grundlegende Deskription eingewirkt hat. Daher ist es meistens unmöglich, zwischen den Folgen zufälliger Eingriffe und den Folgen einer *Transformation* des Textes durch einen bestimmten Operations*plan* zu unterscheiden.

Welcher Konnex besteht zwischen solchen Methoden und Ausdrucksmitteln und dem Bereich der phantastischen Literatur?

1) Als das erste der ungelösten Probleme in der Science Fiction erachten wir die theoretische Auswahl der Paradigmatik ihrer Erzählstrukturen. Daß bisher nicht erkannt wurde, daß ein solches Problem überhaupt existiert, hatte zur Folge, daß die weitgehend angewandten Strukturen dem gewählten Thema oft künstlerisch und kognitiv nicht entsprachen. Künstlerisch – wenn z. B. intentional mimetische (pseudorealistische) Werke Erscheinungen vom Typus »Kontakt mit einer anderen Zivilisation« nach der Struktur des Kontakts zwischen Detektiv und Verbrecher gestalteten, oder wenn Beziehungen vom Typus »Invasion aus dem Kosmos« nach der gleichen Schablone herausgearbeitet wurden (in Hal Clements *Needle* verstecken sich zwei »Andere« – der Verbrecher und der Detektiv –, nachdem sie auf der Erde gelandet sind, in den Körpern zweier Menschen, wobei der Detektiv als »Symbiont« des Jungen, der sein »Wirt« ist, den Verbre-

cher sucht, der sich im Körper eines unbekannten Menschen »verbirgt«). Schlimme kognitive Folgen einer solchen Struktur – eines anti-empirischen Charakters der Erzählung – lassen hiebei nicht auf sich warten. In I. Asimovs Erzählung *Der Kanalarbeiter* ist auf einem Planeten, der ein geschlossenes ökologisches System bildet, der Mann, der das Kanalisationssystem verwaltet, unentbehrlich für die ganze Bevölkerung und zugleich wegen dieses seines gesellschaftlichen Status allgemein verachtet. Diese strukturelle Prämisse widerspricht offensichtlich den empirischen Tatsachen, was eine einfache Überlegung beweist. Leute, die durch ihren Beruf früher einmal einen sehr niedrigen gesellschaftlichen Status hatten, wie etwa Diener, Hausgehilfinnen, Köchinnen, sind in der modernen Gesellschaft nicht mit Gold aufzuwiegen, und das Verhältnis der »Herrschaft« zu einer solchen Hausgehilfin hat sich deshalb radikal gewandelt. Diese ist heute fast die erste Person in der Familie, es ist üblich, um sie herumzuscharwenzeln, auf ihre Launen Rücksicht zu nehmen, ihr mit Aufmerksamkeit zu begegnen, also kann – aufgrund der »Verstärkung« solcher Wandlungen in den Beziehungen – der Kanalarbeiter in Asimovs Gesellschaft nicht ein Mann sein, von dem die ganze Existenz der Gesellschaft abhängt, und zugleich wie der letzte Paria behandelt werden. Der Empirie widerspricht manchmal auch die Wahl der Erzählstruktur in Werken, die ansonsten interessante Probleme aufwerfen *(Flowers for Algernon)*. Die Struktur solcher Texte, die an eine normale Kurve oder an den umgekehrten Buchstaben V erinnert, gehört zu einem bestimmten Märchenbereich; in *Flowers for Algernon* haben wir zunächst die ungewöhnliche Entwicklung der Intelligenz eines Debilen, der, kaum daß er den Genuß geistiger Kreativität kennengelernt hat, in schwindelerregendem Tempo wieder in Verblödung zurückzufallen beginnt – so wie im *Elixier des Professor Bohusz* der Greis, durch ein Verjüngungsmittel zum Jüngling geworden, jäh und schnell wieder altert. Das Werk ist psychologisch interessant, weil es das Problem des »Intelligenzverstärkers« der Struktur von »Aufgang und Untergang« – eine wohl ziemlich unwahrscheinliche, weil aus dem Märchenschatz übernommene Struktur – nachbildet und, was noch wichtiger ist, sich auf diese Weise der Aufgabe der sozial-wissenschaftlichen Erforschung einer derartigen Hypothese (einer künstlichen Potenzierung der Intelligenz) entzieht. Der plötzliche Rückfall des Helden in die Idiotie, der schon weise geworden war, ist für den Verfasser eine sowohl dramaturgische wie eine dramatische Notwendigkeit (weil durch die Anwendung einer solchen Trajektorie der Handlung das Drama eines Menschen entsteht, die Tragödie des Sturzes von der Höhe soeben erreichter Weisheit, und gleichzeitig sich eine geschlossene Struktur der Ereignisse herausbildet, die ihren Lauf automatisch bestimmt). Zur Herausarbeitung der Folgen einer solchen »Amplifikationshypothese« auf dem Boden einer ganzen Kultur reicht jedoch eine solche äußerst einfache Struktur nicht mehr aus, und die bloße Überlegung überzeugt schon, daß diese Folgen durchaus darstellenswert sind. Ein Universitätsprofessor genießt gesellschaftliche Achtung und hat einen hohen sozialen Status, weil es erstens schwer ist, Professor zu werden (ganz gewiß kann es nicht jeder werden, nur weil es ihm so beliebt), und weil die kulturelle Funktion eines solchen Fachmanns als kreativer Wissenschaftler und als Erzieher jener Spezialistenkader, auf welche die Zivilisation sich stützt, ganz besonders wichtig ist. Wenn jedoch absolut jeder, dank einer »Erhöhung des Intelligenzquotienten«, Universitätsprofessor werden könnte, ja wenn gerade dies jedem Mitglied der Gesellschaft das am meisten Erwünschte und zugleich Leichteste wäre, dann müßte die Gesellschaft den verheerenden Folgen einer solchen Situation entgegenwirken. Man müßte dann jedem eine hohe Entschädigung zubilligen, der, obgleich imstande, auf dem höchsten Niveau geistiger Arbeit kreativ zu wirken, sich bereit erklärt, Chauffeur, Kanalarbeiter, Bauarbeiter oder Milchmann zu werden. Die letzteren also würden im Glorienschein der Selbstentsagung, der Aufopferung für das Gemeinwohl, des edelmütigen Verzichts auf ihre angeborenen Entwicklungsmöglichkeiten herumstolzieren. In einem solchen – beabsichtigt grotesken – Werk würde eben der Kanalarbeiter als ein sich hochherzig Aufopfernder allgemeine Achtung, Ehrerbietung, Huldigung genießen, während der Professor als erstbester Durchschnittsmensch, wie man ihnen zu Dutzenden auf der Straße begegnet, behandelt würde (natürlich müßte eine solche Revolution in der Entstehung von Genies auch eine Menge Konsequenzen haben, die wir hier nicht berühren wollen; zu diesen Konsequenzen kann man durch logische Schlüsse gelangen, aber ganz gewiß darf man sich zur Lösung einer solchen Aufgabe nicht einer willkürlichen fertigen Struktur von Vorgängen – dem Märchen entnommener Paradigmata – bedienen).

So beweist denn die Science Fiction eine Flucht vor logischen Überlegungen der erwähnten Art in Richtung auf fertige, erstarrte, markante Strukturparadigmata, die von der Märchen- und der Sensationsliteratur herrühren. Infolgedessen ist die Mehrzahl der allgemeinen zur Anwendung kommenden Erzählstrukturen verworren, der »futurologischen« Thematik der phantastischen Literatur nicht adäquat. Im Kalkül, das über die Wahl der ganzheitlichen Strukturen entscheidet, ist das Kriterium der empirischen Korrelation der beschriebenen Objekte und ihrer optimalen Konfiguration überhaupt nicht berücksichtigt. Die Autoren versuchen die »schlechte Herkunft« dieser Strukturen (aus dem Krimi, aus dem Liebesroman, aus dem Märchen) irgendwie zu verwischen; das führt zu einer unbeabsichtigten Groteske – also zu einer typischen Dissonanz.

2) Das zweite ungelöste Problem der SF ist die Frage, wie sich die Erzählung zu solchen Erscheinungen verhält, die, weil sie zum ersten Mal in der Geschichte auftreten, keine von der Gesellschaft ihnen beigegebenen Beschreibungsstrukturen besitzen. Die Begegnung mit einer solchen Unbekannten muß zunächst zu einer semantisch-deskriptiven Lähmung führen. Es treten dann auf Anhieb alle unerhört schwierigen Dilemmata auf, welche die Menschheit sukzessive – weil im Verlauf vieler Jahrhunderte – im Zuge ihrer »natürlichen gnoseologischen Entwicklung« gelöst und überwunden hat. Ich denke dabei an die Probleme der *Klassifizierung* einer neuen Erscheinung, an ihre *Segmentierung* in Form ihrer Einordnung in die bereits vorhandenen Bestände des Identifizierten und Rekogniszierten – wobei alle diese Entscheidungen zusammen eine Antwort auf die Frage geben, *was* eigentlich die neue Erscheinung ist, was sie bedeutet, *wie* das Verhältnis des Menschen zu dieser Erscheinung im deskriptiven Bereich und

im Bereich des Sein-Sollenden ist usw. Davon, daß es solche Probleme zu überlegen und konkret, bewußt, zu entscheiden gilt, weiß die Science Fiction – beurteilt man sie nach ihrer gängigen Praxis – so gut wie gar nichts. Ist die neue Erscheinung von größerem Kaliber, wie etwa die Begegnung mit den »Anderen« im Kosmos, dann ist es fast sicher, daß das bestehende Arsenal fertiger Begriffe dieses Ereignis nicht konfliktfrei *aufnehmen* wird. Eher wird das Bedürfnis nach einer kulturellen, gnostischen, vielleicht sogar sozial-ethischen Revolution aufkommen. Statt also das Neue zu assimilieren, wird es richtiger sein, grundlegende Begriffe umzustimmen, ja geradezu zu zerbrechen, bisher nicht in Frage gestellte Wahrheiten zu revidieren usw. Die Gestaltung solcher Erscheinungen unter Zuhilfenahme geschlossener, völlig eindeutiger Strukturen muß als falsch angesehen werden. Welche Verfahrensstrukturen hier die adäquatesten sind, das kann man am besten von der Geschichte der Wissenschaft lernen, indem man z. B. die Entwicklung der Physik in allen aufeinanderfolgenden revolutionären Umwandlungen ihrer Begriffe und Kategorien verfolgt; in diesem Sinne ist die gänzlich phantastische, hundertprozentig *erfundene* Geschichte der Entstehung der »Neuen Kosmogonie« wenigstens in struktureller Hinsicht wirklichkeitsgetreu, weil geschlossene Begriffsysteme *eben auf diese* oder zumindest auf *ähnliche* Weise im Laufe der Entwicklung einzelner Wissenschaftszweige »umgekehrt« und reorganisiert wurden. Die phantastische Literatur kann also sowohl, wie hier gesagt wurde, bei der Wissenschaft als auch bei der nichtwissenschaftlichen Literatur – z. B. bei der experimentellen Prosa – ihre Lektion lernen. Aber man kann nicht passiv lernen, man kann nicht lernen, indem man bloß etwas nachahmt – und eben bloße passive Nachahmung ist es, was bis jetzt das Vorgehen der englischen »Neuen Welle« in der phantastischen Literatur charakterisiert. Das literarische Experiment führt nämlich, wie wir bereits festgestellt haben, in das Gebiet der kreativen Methode verschiedene Formen des »Rauschens« (also den Generator der Zufälligkeit) ein, und die Kriterien der Auswahl der Strukturen, die hiebei entstehen, sind ausschließlich *ästhetischer* Natur. Die phantastische Literatur müßte hier einen zweiten, eigenen Komplex von Kriterien hinzusetzen – die der kognitiven Adäquatheit. (Eine gewisse Entsprechung zum »Rauschen« entsteht ja stets im Schoß einer konkreten Wissenschaft, wenn sie in die Phase einer vehementen Begriffsumstellung eintritt und auf bisher unbekannte, neue Erscheinungen stößt – als beträchtliche Streuung der Auffassungen, diametraler Gegensatz gleichzeitig entstehender Positionen –, gleichwohl kann keine Rede davon sein, daß dieses »Rauschen« nichts bedeutet, daß die betreffende Wissenschaft sich einfach als durch *Chaos* paralysiert erweist!) Was also die Paradigmatik *transformatorischer* Veränderungen betrifft, so muß die SF gewiß noch viel dazulernen.

3) Die weiterblickende »innere« Kritik nimmt es der SF schon seit Jahren übel, daß sie vom Feld realer Zivilisationsprobleme desertiert ist. Aber für die Literatur gibt es nicht nur ein Dilemma im Hinblick auf solche Beziehungen – d. h. äußere im Verhältnis zu beliebigen Erscheinungen und Vorkommnissen, die sie zu beschreiben hat. Sie hat auch die *inneren* Relationen ihrer Werke zu erwägen, also nicht die Struktur dessen, was beschrieben wird, sondern die Struktur der Beschreibung selbst. Die ersteren entscheiden vor allem über die zu behandelnden Themen, die zweiten hingegen beziehen sich auf die gesamten Regeln der Gestaltung von belletristischem Stoff; diese Regeln werden vom gewählten Thema *nicht automatisch bestimmt.* Die Science Fiction ist dagegen bis heute in ihrem theoretischen Selbstverständnis in einem Stadium erstarrt, das ungefähr jener Periode des aggressiven Ansturms des Neopositivismus entspricht, als dieser einen extremen Reduktionismus predigte. (»Alle Wissenschaften, von der Biologie bis zur Psychologie, muß man auf die Sprache der Physik reduzieren!«) Auf die Frage, ob eine solche Reduktion überhaupt machbar sei, antworteten die Eiferer des Neopositivismus mit einem dröhnenden »Ja«, seine Gegner mit einem ebensolchen »Nein«, und damit war die Diskussion gewöhnlich beendet. Die Folge der erstaunlichen Verblendung war die Außerachtlassung der elementaren Tatsache, daß das reduktionistische Programm falsch formuliert ist. Es sollte sich um eine logische Dichotomie mit ausgeschlossenem Dritten handeln, aber der historische Cha-

rakter der wissenschaftlichen Erkenntnis läßt eine solche Problemstellung nicht zu. Man kann ganz bestimmt die Biologie oder die Psychologie nicht auf die *gegenwärtige* Physik reduzieren; aber man kann auch nicht a priori sicher sein, ob eine künftige Physik, grundsätzlich auf die heutige nicht reduzierbar (wie das Einsteinsche Modell des Universums nicht auf das Newtonsche reduzierbar ist oder der Determinismus von Laplace nicht reduzierbar auf den Quanten-Indeterminismus), nicht (vielleicht durch eine allgemeine Systemtheorie?) solche Abzweigungs-Übergänge produzieren wird, die mit den entsprechenden Abzweigungen der künftigen Biologie oder Psychologie zusammentreffen. Es kann übrigens auch anders, entsprechend den Träumen unserer modernen Kybernetiker, zu einer Vereinigung kommen: Die Synthese würde nicht auf der Ebene konkreter Einzelwissenschaften entstehen, sondern auf der nächstfolgenden, höheren Ebene der Abstraktion, durch Entdeckung – in den Einzelwissenschaften – ihnen gemeinsamer Invarianten. Damit nun erinnert die Science Fiction an die Praktizierung eines aggressiven Reduktionismus durch die Neopositivisten, weil sie so vorgeht, als reichte ihr ärmliches Repertoire an Erzählstrukturen (meistens von der Abenteuer-Sensationsliteratur übernommen) sicherlich zur Gestaltung von Erscheinungen eines x-beliebigen Ortes, einer x-beliebigen Zeit und eines x-beliebigen Grades von Kompliziertheit aus – in der ganzen Unermeßlichkeit des Kosmos und im ganzen Spektrum von Situationen, welche die menschliche Zivilisation jemals zu realisieren vermöchte. Im Ergebnis nennt die Science Fiction zwar ihre Probleme – der Kontakt mit den »Anderen«, der Geist in der Maschine, die Instrumentalisierung usw. – beim Namen, vermag sie aber nicht in die Strukturen der Erzählung einzugliedern.

Faßt man das Gesagte zusammen, dann wird es klar, daß alle Vorwürfe, die man an bestimmte Werke der SF richten kann, weit überragt werden von den Chancen, an denen die phantastische Literatur systematisch vorbeigeht. Als eine der fühlbarsten Schwächen dieser Literaturgattung ist der Mangel an einer postulativen, rationalen, theoretisch auf eigenen Füßen stehenden Kritik zu betrachten – einer Kritik, die weder nihilistisch, noch apologetisch wäre, weil sie sich nicht nur für die Belange der phantastischen Literatur engagiert, sondern auch für die darüber stehenden Beziehungen zwischen Kultur und Literatur, von denen das Schicksal beider abhängt. Meine Absicht war es daher nicht so sehr, eine Monographie der Science Fiction zu schreiben, als den essayistischen Abriß einer solchen Kritik zu geben.[4]

Nachwort

Es war nicht meine Absicht, mit dem Hammer gegen die Science Fiction loszuziehen, und so hat die negative Bilanz des Buches mich selber überrascht. Und das, weil ich die angelsächsische phantastische Literatur nur aus Stichproben kannte und etwa 1960 ihre Lektüre abbrach. Mit der Produktion des letzten Jahrzehnts konnte ich mich erst durch das Entgegenkommen der im Vorwort genannten Personen bekannt machen; die Lektüre ging nicht der Arbeit an diesem Buch voran, sondern begleitete sie – was den Vorteil hatte, daß ich bei der Arbeit frei von apriorischen Meinungen war, und den Nachteil, daß den Plänen, nach futurologisch wertvollen Inhalten zu suchen, ein Fiasko drohte. Denn es ist ja klar, daß keiner im Alleingang das zu leisten vermag, was eine ganze Literaturgattung nicht hergegeben hat. Indem ich andrerseits nach den Ursachen forschte, die zum Bruch zwischen wissenschaftlicher und künstlerischer Inspiration der SF – als deren Ursprungsgebiete – geführt haben, stellte ich meine Diagnose erst in einer inneren (formalen) und dann in der äußeren (soziokulturellen) Ordnung auf. Auf diese Weise geriet ich ungewollt in eine Lage, in der man vor lauter Bäumen den Wald nicht sieht. Oder ihn jedenfalls nicht deutlich sehen kann. Aber die Sache ist einfach: Die Science Fiction ist durch die Zweitrangigkeit von Schund und Kitsch gekennzeichnet. Schund ist die schlechte Lösung einer Aufgabe, die mit anderen Mitteln und einer anderen Methode zu bewältigen wäre; Kitsch ist ein Wechselbalg von Faszination und Banalität; er ist Information, die zum Niveau äußerster Oberflächlichkeit degradiert wurde, obwohl sie in der fraglichen Kultur ursprünglich eine zentrale oder zumindest eine wesentliche Rolle gespielt hatte. Der Stand der SF wird besonders jämmerlich dadurch, daß sie im Widerspruch zu ihrer Absicht steht, die höchsten Gipfel menschlichen Denkens zu erreichen; eben in dieser Diskrepanz zwischen Absicht und Realisierung – die das Produkt zu einer Karikatur des Vorhabens macht –, liegt die differentia specifica der Science Fiction, im Unterschied zu allen anderen Arten der Trivialliteratur, weil diese ja keinesfalls ähnliche Ansprüche erheben. Gerade die in Form von Schund realisierten Pläne sind es, die, weil sie sich ganz unbegründeterweise anspruchsvoll geben, zum

Kitsch werden, der ja immer als etwas behandelt werden möchte, das er nicht ist, nämlich als vollwertige Kunst.

Das Versiegen der Paradigmatik in allen Bereichen des Kunstschaffens ist für unsere Zeit charakteristisch. Das zwanzigste Jahrhundert hat bereits alle von der Vergangenheit ererbten Muster der künstlerischen Syntax verschlungen und eiligst entwertet – angefangen von der prähistorischen, über die Werke der sakralen Kunst bis zu den Regeln des Baus von Düsenflugzeugen und Autobahnen. Zu neuen Lagerstätten von Formen und Inhalten vorzustoßen ist daher für die Kunst eine Existenzfrage; das Schwinden der sakralen Sanktion hat uns der kreativen Wegweiser beraubt; so wurden wir dazu verdammt, zufällig entstehende ästhetische Konzeptionen auszuwerten. Die Science Fiction könnte zu einem Relais werden, welches das verbrauchte semantische Universum der Künste nicht nur durch die Vielfalt der von der Wissenschaft herkommenden Formen, sondern auch durch eine für die Kunst unabdingbare neue Notwendigkeit bereichern könnte. Denn die Kenntnis des absolut willkürlichen Charakters des Kunstschaffens verwandelt dieses zu einem Zufallsspiel; die Wissenschaft dagegen, die gegen einen Gegner ankämpft, der niemals schwächer werden oder verschwinden wird, trifft in ihrer fortschreitenden Bewegung auf jenen Widerstand, der der Kunst heute fehlt. Da in keinem anderen Bereich menschlicher Aktivität das Denken und die Gleichgültigkeit der Welt mit so dramatischer Anspannung und so kontinuierlich miteinander in Konflikt kommen, schien die Hoffnung auf die heilsamen Folgen der Hilfe seitens der Wissenschaft beträchtlich. Es ging zwar um die Zusammenführung einander sehr fremder Gedankenwelten – um die Konfrontation künstlerischer Intentionalität, unter anthropozentrischem Banner, mit dem unpersönlichen Geist der Wissenschaft, der die Situation der menschlichen Erkenntnis ständig zerstört und ständig erneuert – eine Grenzsituation, weil sie ja eine (unerreichbare) Betrachtung der Welt aus einer außermenschlichen Perspektive anstrebt. Diese Synthese ist der phantastischen Literatur – zumindest auf höchster Ebene, d. h. auf der Ebene der Authentizität der Kunst und der Souveränität der Erkenntnis – nicht gelungen. Sie kam auf paradoxe und gleichsam boshafte Weise im untersten Stockwerk des Schaffens zustande, dort, wo gedankliche Banalität – mit dem Anspruch auf Rationalität – den künstlerischen Kitsch befruchtete. Trotz ihres dürftigen Selbstverständnisses fehlte es in der Science Fiction nicht an Versuchen, aus diesem Sperrgebiet auszubrechen, aber sie mißlangen, weil es für diese Art der Kreativität von Anfang an keine Entwicklungsmöglichkeiten gab. Daß es vereinzelt hervorragende Werke der phantastischen Literatur gibt, ändert nichts an dieser Tatsache, denn anders als in der Wissenschaft und in der Kunst sind diese Werke nicht im Hauptstrom der Science Fiction entstanden, sie stellen nicht die höchsten Stauungen dieses Stroms dar; Stapledon wurde für die Science Fiction nicht zu dem, was Raffael für die Raffaeliten war, oder Shakespeare für das elisabethanische Drama. Es sind dies also keine Höhepunkte einer Entwicklungskurve entsprechend der Darstellung von G. D. Hutchinson, von der ich im *Metaphantastischen Schlußwort* gesprochen habe. Es sind isolierte Fälle, zu denen sich die Science Fiction zu Unrecht bekennt. Der Wert dieser Bücher ist relativ, denn sie sollten ein weiteres Wachstum einleiten, das aber nicht stattgefunden hat. Wer die Werke von Wells, Čapek, Stapledon lesen würde, die vom Ende des 19. bis ins erste Jahrzehnt des 20. Jahrhunderts hinein entstanden sind, der hätte, ohne die Werke der Science Fiction zu kennen, erwartet, in ihnen den potenzierten Reichtum jener ursprünglichen Inhalte zu finden. Die normale Kurve der kreativen Entwicklung, die in neue Regionen eindringt, ist logistisch; charakteristisch für sie sind der langsame *Aufstieg* (da die paradigmatische Syntax sich erst herstellt), der Höhepunkt (der den Reichtum bereits erstarrter Formen präsentiert) und der *Abstieg* (mit dem die gegebene Paradigmatik in einer Radiation zentrifugaler Formen gegenüber einem Musterkern zerfließt, dessen Möglichkeiten bereits ausgeschöpft sind). Nun ist für den Erfolg jeder solchen Entwicklungssequenz der langdauernde Zustand der Öffnung der paradigmatischen Syntax für die sie befruchtenden Einflüsse entscheidend. Die Logiker, die sich mit der Konstruktion künstlicher Sprachen abmühen, wissen, daß man an solchen Modellen nur wenige Phänomene, über die die natürliche Sprache verfügt, untersuchen kann, weil jede künstliche Sprache karg ist, so daß man viele Phänomene, die interessantesten in den ethnischen Sprachen, nicht im Modell rekonstruieren kann. Das Abschließen des Repertoires der schöpferischen Paradigmatik bedeutet immer schon den Anfang vom Ende; die Science Fiction hat kein anderes als das quantitative Wachstum durchgemacht, weil sie ihre Syntax vorzeitig – wenn auch ohne es zu wissen – abgeschlossen hat. Außerdem verletzte sie diese Syntax durch die für Schund und Kitsch typischen Substitutionen, die zu Infantilismus bei den angewendeten Begriffen und zu einer senilen Unelastizität führen. Die Geschichte der SF – das ist die Geschichte eines Einbahn-Parasitentums, der Übermittlung von Signalen, die ein bloßes Echo sind, weil der Empfangsapparat der SF über keine genügend reiche Syntax verfügte, um der Kompliziertheit der Strukturen gerecht zu werden, die sowohl aus der Kunst als auch aus der Wissenschaft entstammten.

Die Diachronie der Science Fiction ist also Abbild der Pathologie schöpferischer Tätigkeit, die in einem Raum von vereinfachten Inhalten und Begriffen eingeschlossen und deshalb auch unweigerlich zwerghaft ist. Eben diese Einkerkerung in Strukturen, die so eng sind, daß sie alles, vom Seestern bis zum Himmelsstern, auf einige wenige primitive Relationen reduzieren (und dadurch die Vielfalt der Erscheinungen dieser Welt auf eine falsche Ähnlichkeit zurückführen), ist die Gettomauer der Science Fiction; diese Mauer wird noch verstärkt durch Marktbedingungen, durch die Taubheit der Kritik und die gedankenlose Passivität der Leser. Ein Buch, das ich nicht geschrieben habe, könnte zeigen, welchen Platz die SF im ganzen Lebensbaum des Schaffens dieser Zeit einnimmt; es würde zu einer Monographie der kreativen Entartung werden. In dieser Zusammenfassung müßte man einen großen Überblick über die ganze Epoche geben, mit allen Richtungen der von ihr geschaffenen Phänomene, inklusive ihrer paradigmatischen Quellen und dem System ihres Einzugbereichs. Der Baum der genologischen Evolution würde dann ganz augenscheinlich jene Verbindungen der SF mit den Märchenmustern aufweisen, die als kognitive Abwege die Ontologie der SF verfälscht haben. Er würde auch alle jene

Stellen zeigen, in denen die SF durch falsche Entscheidungen sich selbst als literarische Gattung in eine Sackgasse hineinmanövriert hat. Der erste Fehler bestand hier in der Antinomie zwischen Wollen und Realisierung, weil jedes Werk der SF versucht, einen bestimmten Komplex von Problemen (sogar kosmischen!) *ein für allemal* zu »erledigen«, die Fragen nach dem Wesen des Menschen, nach der Vernunft, dem Kosmos, der Zivilisation zu beantworten, während zugleich die *ganze Fülle* dieser Werke einer solchen realen Problematik *ausweicht.* Sie muß ihr ausweichen, weil ja das Vorhaben, auf Fragen dieses Kalibers *definitive* Antworten zu erteilen, sowohl in der Kunst wie in der Wissenschaft einfach infantil ist. Der zweite Fehler besteht darin, daß eine maßvolle Heuristik durch Extremisierung ersetzt wird, die nur auf die äußersten Grenzen der Skala erfundener Situationen achtet; das ist die Folge der Trägheit eines falsch geradlinigen Denkens, das sprunghaft zwischen den Polen des Paradieses und der Hölle, der Erlösung und des Untergangs, der Utopie und der Antiutopie oszilliert. Der dritte Fehler – teilweise von den beiden ersten herrührend – war das Vortäuschen sowohl von Aufgaben wie ihren Lösungen, weil ja die Bewältigung von etwas, das nur dem Namen, nicht dem Wesen nach, ein Problem ist, stets eine fiktive Handlung sein muß. Die fatale Wirkung solcher Entscheidungen hat allen Themenbereichen der Science Fiction ihren Stempel aufgeprägt. So z. B. beruht das von mir nicht berücksichtigte Thema der Telepathie, dem *Tausende* von Büchern gewidmet sind, auf der falschen Voraussetzung, daß eine übersinnliche Vermittlung von Nachrichten die Sprachbarrieren durchbricht. Wäre die Telepathie sogar Realität, dann könnte sich der Telepath dennoch gedanklich nur mit demjenigen verständigen, mit dem er auch sprachlich zu kommunizieren imstande wäre. Das betrifft die Erde; die Verlagerung der »telepathischen Invarianz der Verständigung« in den Kosmos ist glatter Unsinn; außerdem durchstreicht sie die ungeheure Zahl realer Probleme, die den Kontakt zwischen verschiedenen Kulturen betreffen. Die Berührungspunkte zwischen andersartigen Kulturen zeigen nämlich, wie eigenartig sich im Sinnbereich der einen Kultur das System der Sinngehalte der anderen Kultur niederschlägt;

aus solchen Konfrontationen rührt jene Relativierung der Werte her, die uns heute den Boden unter den Füßen wegzieht. So hat die von der SF getroffene Entscheidung über die Telepathie Chancen liquidiert, die an Reichtum jene Spiele, wie sie die SF mit übersinnlichen Kontakten unermüdlich betreibt, himmelhoch überragen. Man kann also ohne Übertreibung sagen, daß die SF sich durch solche Entscheidungen selbst paralysiert hat. Eine Kritik der SF, die sich derselben Sprache – als Arsenal von Kategorien und Begriffen, die kollektiver Besitz der ganzen Literaturgattung sind – bedient, vermag weder sich, noch den Autoren der SF das Ausmaß irreparabler Schäden zu Bewußtsein zu bringen, die durch die Selektion der erwähnten Art entstanden sind. Zugleich Ort emsiger, unaufhörlicher Arbeiten auf diesem winzigen Areal, dessen Aktionsradius von versteinerten Normen bestimmt wird, kann die Science Fiction *als Ganzes* keine Wiedergeburt erleben, und die in diesem Geiste geäußerten Hoffnungen sind ein vergebliches Warten auf den Messias. Aus diesem Gefängnis kann man fliehen, man kann es aber weder öffnen noch radikal reformieren.

Möglicherweise wird die Entstehung einer Universaltheorie aller nur denkbaren schöpferischen Phänomene die Zukunft vor solchen kostspieligen und fatalen Fehlern bewahren. Eine solche Theorie wird ganz bestimmt auf der Bildfläche erscheinen; George Kublers Büchlein *The Shape of Time* ist ein Beispiel für Arbeiten, die einen neuen, hohen Abstraktionsgrad anstreben. Ich erwähne dieses Buch, obwohl es sich nicht mit Literatur befaßt, weil es von dem von mir angeführten Gedanken G. H. Hutchinsons ausgeht, der nicht, wie ich befürchtete, dem Vergessen anheimgefallen ist. (Solche Befürchtungen waren durch das Schreckensbild der alles überschwemmenden Informationslawine gerechtfertigt.) Die Kunsttheorie, die allen Einzelbereichen des künstlerischen Schaffens übergeordnet wäre, kann gewiß allein keine einzige Domäne der Kunst sanieren: Von einer präzisen Theorie kann sich die SF nur einen präzisen Schlag erhoffen, der sie übrigens nicht umbringen würde, denn das Gesetz des Warenverkehrs und nicht das der künstlerischen Entwicklung erhält sie am Leben. Aber eine solche Theorie kann zum Wegweiser einer weitgreifenden Kulturstrategie werden, die wir viel nötiger haben als die Umwandlung von Sternen in Fabriken und von Maschinen in Klugredner. Was die Science Fiction betrifft, so wird es ihr an Lesern nicht mangeln, da es ja sehr angenehm ist, unter geringen Kosten die Überzeugung zu gewinnen, daß man an den größten Wahrheiten des Seins teilhat.

Anmerkungen

1) Die Einführung einer totalen Ektogenese, entsprechend etwa der Vision der *Schönen neuen Welt*, ist äußerst unwahrscheinlich. Aber der Prozeß der Trennung des Geschlechtslebens von den ihm von der Evolution zugewiesenen Aufgaben der Fortpflanzung wird allmählich fortschreiten. Schon jetzt zeichnet sich z. B. die Perspektive ab, die Mutterschaft in zwei verschiedene Phasen zu teilen. Das Verfahren besteht darin, das befruchtete Ei einer Frau in die Gebärmutter einer anderen Frau zu übertragen; die erste Frau ist Mutter des Kindes im Sinne der Erblichkeit, die zweite ist die Mutter, die das Embryo trägt und das Kind zur Welt bringt. Bei Tieren können solche Eingriffe bereits vorgenommen werden. Als diese Nachricht in der Presse veröffentlicht wurde, erschienen als Antwort darauf (ich glaube, in England) Angebote von Frauen, die bereit waren, für ein entsprechendes Entgelt die Rolle der gebärenden Mutter zu übernehmen. Solche Reaktionen – selbst wenn sie verfrüht wären – geben zu denken. Auf diese Art von Dienstleistungen werden Frauen reflektieren, die durch ihre soziale Position (z. B. Vermögenslage) privilegiert sind. Sie könnten auf diese Weise eigene, »leibliche« Kinder haben, obwohl sie nicht gebären würden. Auch Frauen, die physisch außerstande sind, ein Kind auszutragen oder ohne Eingriff von der Art eines Kaiserschnitts zu gebären, könnten die Chance nutzen. Diese Technik gehört zu den Neuerungen, die eine neue Art sozialer Ungleichheit schaffen. Das evolutionsmäßig gegebene Schicksal der Mutter wird nun nicht mehr alle Frauen, die Kinder haben wollen, auf demokratische Weise gleichstellen. Die Zerteilung der bisher monolithischen Situation der Mutterschaft muß psychologische Auswirkungen haben, weil der Geburtsakt unter anderem ein emotionaler Schock ist; die Frau, welche ein Kind gebiert, das nicht von ihr stammt, kann dennoch für dieses Kind stärkere Gefühle empfinden als die (im Sinne der Erblichkeit) biologische Mutter. Wir wollen jedoch hier nicht die Sphäre der psychologischen Folgen einer solchen Dichotomie betreten. Uns geht es vielmehr um deren Folgen für das Geschlechtsleben: Das Ei, das in den Uterus der gebärenden Mutter implaniert wird, muß in vitro befruchtet werden, weil seine natürliche Befruchtung (im Körper der Frau, die dieses Ei in ihrem Eierstock produziert hat) die Verpflanzung in den Körper einer anderen Frau unmöglich machen würde. Alle Kinder, die dank der Zerteilung der Mutterschaft zur Welt kommen werden, werden also außerhalb des menschlichen Organismus, d. h. ektogenetisch gezeugt sein. Somit muß das Sexualleben einer Frau, die per procura (dank der Dienstleistung der dafür engagierten gebärenden Mutter) die Mutterschaft für sich beansprucht, dauernd steril sein. Das wird bestimmt in einem großen Teil der öffentlichen Meinung auf Widerstand stoßen und von den Kirchen negativ beurteilt werden – aber es wird sich immer mehr verbreiten. Erstens, weil eine

Nachfrage danach bestehen wird; das ist ein Faktor, den man nicht unterschätzen darf. Zweitens muß man damit rechnen, daß in der Zukunft neue Faktoren auftauchen werden, die zu einer solchen zweigeteilten Mutterschaft verleiten. Sie ist eine Form der »biologischen Ausbeutung« nur solange, als die Frau, die davon profitiert, als Lieferantin des Eies selbst schwanger werden und ein Kind gebären könnte – aber es nicht will oder aus einer gewissen Bequemlichkeit heraus agiert. Wenn aber eine Frau ein Kind nicht gebären kann, weil sie physiologisch dazu nicht fähig ist, was heute vorkommt, oder weil sie nicht das Recht dazu haben wird, wozu es in der Zukunft kommen könnte, dann erweist sich die Mutterschaft per procura als eine Chance, die aus humanitären Gründen gegeben werden muß. Das Recht, Kinder zu besitzen, könnte in der Zukunft nur Personen zugestanden werden, die in genetischer Hinsicht vollwertig sind; natürlich, Grundvoraussetzung dafür ist die genaue Kenntnis der Erblichkeit des Menschen und die Erstellung von Chromosomenkarteien oder -urkunden aller Menschen. Es steht zu vermuten, daß dies geschehen wird, und daß diese Lebenssphäre, die bis jetzt völlig den individuellen Entscheidungen überlassen war, reglementiert werden wird – etwa in dem Sinne, wie die Behandlung von Krankheiten (z. B. durch Einführung des Impfzwangs gegen verschiedene Krankheiten) reglementiert wurde. Dann könnte eine Frau, der nicht das Recht zusteht, ein Kind zu besitzen – weil sie Träger von Erbschäden ist –, ein Kind gebären, das aus dem Ei einer anderen, gesunden Frau stammt; dieses Kind könnte in der Familie der gebärenden Mutter verbleiben und als ihr eigenes gelten. Übrigens könnten derartige Situationen auch zu vielen anderen neuen Kombinationen in bezug auf Vaterschaft und Mutterschaft führen. Ihrer aller gemeinsamer Nenner wäre die allmähliche Loslösung der sexuellen von den Fortpflanzungsfunktionen. Statistische Untersuchungen haben ergeben, daß es ein optimales Alter für Männer und Frauen gibt, und Kinder, die außerhalb der Grenzen dieses Alters geboren werden, also vor dessen Erreichung und danach, sind nicht vollwertig (die Differenz hat nur statistischen Charakter). Die Technik der geteilten Mutterschaft erlaubt es, die Vollwertigkeit der Nachkommenschaft zu optimieren, weil man die gebärenden Mütter so auswählen kann, daß sie sich immer in dem als optimal geltenden Alter befinden (auf diese ziemlich komplizierte Frage kann hier kaum näher eingegangen werden). Wenn man schon von einer eugenischen Optimierung der Bevölkerungszusammensetzung spricht, muß man auch Faktoren geopolitischer und wirtschaftlicher Natur berücksichtigen, die gewöhnlich bei solchen Betrachtungen außer acht gelassen werden.

Eine breite Anwendung biotechnischer Verfahren vermag die Bevölkerung eines Landes, das eine solche Politik konsequent betreibt, in beträchtlichem Ausmaß zu optimieren. Optimierung bedeutet in diesem Fall die Garantie, daß keine erblich belasteten Individuen (nicht vollwertige in dem Sinne, daß ihr Leben – genauer gesagt: ihr Dahinvegetieren – zu Lasten der normalen

Menschen ginge) auf die Welt kommen. Sie kann auch die Eröffnung von individuellen Gewebezellendepots für alle Bürger bedeuten. Es handelt sich um einen Zustand, bei dem man jedem Neugeborenen eine geringe Anzahl Körperzellen (z. B. der Schleimhaut der Mundhöhle) entnimmt und diese Zellen in Form einer Gewebekultur aufbewahrt; wenn dann der Mensch nach Jahren von einer organischen Krankheit befallen wird, kann man ihm das zur Transplantation nötige Organ (Niere, Herz, Magen usw.) liefern, indem man eine gesteuerte Entwicklung seiner eigenen somatischen Zellen in die Wege leitet, um auf diese Weise das zum Austausch notwendige Organ zu erhalten. Wiewohl dieser Gedanke heute unrealisierbar ist, stellt er doch eine der Perspektiven einer Weiterentwicklung der biotechnischen Erhaltung menschlichen Lebens dar.

Doch um ein biotechnisches Potential herzustellen, das imstande wäre, menschlicher Gesundheit und menschlichem Leben im gesamtstaatlichen Ausmaß solchen Schutz zu gewähren, bedarf es großer Investitionen. Daher die Gefahr, daß auf die wirtschaftlich-soziale Ungleichheit eine Periode der biologischen Ungleichheit folgt, wenn die Struktur des Erdballs durch längere Zeit prinzipiell so bleibt, wie sie heute ist. Denn es ist klar, daß Länder, die ihren Bewohnern kaum ein Existenzminimum garantieren können, nicht imstande sein werden, ein solches biotechnisches Potential zu entwickeln und es allen Bürgern zugänglich zu machen.

Die Diskussionen, die rund um die Anwendung von Schwangerschaftsverhütungsmitteln geführt werden, und die Kritik am Neomalthusianismus sind daher gegenstandslos, wenn sie nur die gegenwärtig bestehenden Verhütungstechniken berücksichtigen und alle Perspektiven der Entwicklung von neuen Mitteln und Techniken außer acht lassen. Die biologischen Kenntnisse vom Menschen, insbesondere von seinen Erblichkeitsgesetzen und den Möglichkeiten aktiven Eingreifens in das Erbgut werden nämlich in den kommenden Jahren mit jener Beschleunigung anwachsen, die für jeden Erkenntnisbereich charakteristisch ist, in dem eine lange und mühselige Periode anfänglichen Informationszuwachses an das nächste Stadium heranführt – an das der Auswertung der angehäuften Informationen. Daher haben zweifellos diejenigen recht, die das 21. Jahrhundert als Jahrhundert der Biotechnologie bezeichnen; diese Bemerkungen muß man leider mit der sich wie ein langweiliger Kehrreim wiederholenden Feststellung abschließen, daß die Science Fiction sich darüber keine Rechenschaft ablegt.

2) Eine charakteristische Erscheinung in der Science Fiction ist das herdenmäßige Auftreten der thematischen Moden, das man leicht nachprüfen kann, wenn man die Werke nach dem Jahr ihres Entstehens gruppiert. Auf einer entstehende Normen relativiert werden. Ein Kannibale also, der seine eigene derfolgenden monothematischen Wellen steigen und abebben. So löste die Zeit der Kernwaffenversuche in der Atmosphäre eine wahre Lawine von Werken aus, in denen die Radioaktivität Ursache unzähliger Plagen war, die

die Menschheit heimsuchten (eine »Affen-Involution« des Menschengeschlechts, die Entstehung von Menschenmonstren, manchmal auch von Supermännern, von Telepathen, Ungeheuern von der Art des japanischen Godzilla, von Insekten, die mit Aggressivität und Vernunft ausgestattet waren, usw.). Die Periode des Kalten Krieges hat den eschatologischen Trend – den Trend zum atomaren Weltuntergang – verstärkt. Die Jahre des McCarthysmus und der antikommunistischen Hetze förderten eine Menge Texte hervor, die Invasionen der »Roten« und Polizeidiktaturen schilderten; die ersten Meldungen über gelungene Herztransplantationen führten zu einer wahren Überschwemmung des Marktes mit Geschichten über die »Kannibalisierung« des menschlichen Körpers (die von uns besprochene Erzählung von Larry Niven *The Organleggers* ist dafür exemplarisch; der Verfasser hat eine Reihe anderer Werke über ähnliche Themen geschrieben, und er steht damit nicht allein da). Die ansteigende »Sexwelle« hat auch die Ideen der SF-Autoren befruchtet (s. Anm. 3). In der Frühjahrsnummer der *Science Fiction Review* vom Jahre 1970 sah ein Schriftsteller für die kommenden Monate die Entstehung zahlreicher Werke voraus, die der »ökologischen Katastrophe« der Menschheit gewidmet sein würden – im Zusammenhang mit dem stark zunehmenden Interesse an Problemen der Verletzung der Biosphäre unserer Erde durch unsere Zivilisation (der biologische Tod der Meere und Ozeane, der Rückgang des Sauerstoffgehalts der Luft, die Bodenerosion usw.). Für eine solche Art des Engagements für die Wirklichkeit ist intellektuelle Passivität und Unfähigkeit zu komplexen Prognosen kennzeichnend. Die Autoren beuten fieberhaft jede aktuelle Meldung aus und fügen ihr bloß mechanische »Verstärkungen« bei. Gleichsam über die gewundene Kurve der Zivilisationsentwicklung gebeugt, sind sie bereit, aus jeder ihrer Zickzacklinien eine Gerade auszuziehen (darin besteht die einfachste aller möglichen Extrapolationen). Die Verlängerung solcher Linien bis zur Grenze dessen, was sich an Isolierung denken läßt, führt gewöhnlich zu einer reductio ad absurdum (und auch nauseam) jeder Neuheit; eine solche Methode zahlt sich ein oder zwei Jahre lang aus, aber der reale Lauf der Geschichte macht dann alle derart konstruierten Werke zunichte. Die Tatsache, daß gewisse Werke durch die Wirklichkeit *unlesbar* gemacht werden, halte ich für betonenswert. Die Problematik solcher Bücher ist nur eine scheinbare; die Probleme (z. B. moralischer Natur) entstehen dadurch, daß man von Voraussetzungen ausgeht, deren antirealistischer Charakter meist offenkundig ist, selbst wenn man an der Schwelle einer neuen Technik steht. So standen etwa im Mittelpunkt vieler Erzählungen die tragischen Folgen eines Mangels an Raketentreibstoff (eine der ersten war *Cold Equations*, von uns im Text erwähnt). Die Annahme, man könnte eine Technik nutzbar machen, die nicht über ein gewisses Minimum an gesichertem Überschuß verfügt, ist selbstverständlich falsch. Havarien, die durch Versiegen des Vorrats an Raketentreibstoff hervorgerufen werden, kann es nur in der allerfrühesten Forschungsphase geben (ein solcher Mangel machte sich bei der ersten Landung der Menschen auf dem Mond fühlbar), nicht aber bei der Ausbreitung der Raketenflugfahrt. Praktisch sind alle Werke, die vor der Ära der Kosmonautik geschrieben wurden und von den Weltraumflügen des Menschen handeln, heute unlesbar (das ist schon daraus zu ersehen, daß sie keine Neuauflagen erleben). Mit den realen Tatsachen konfrontiert, enthüllen sie ihre unfreiwillige Komik; es ist genau die gleiche Art unfreiwilliger Komik, die Werke über Chirurgen auszeichnen müßte, geschrieben von jemandem, der sein Leben lang weder einen Chirurgen noch eine Operation gesehen hat. Es ist jedoch bemerkenswert, daß es Werke – etwa von Wells – gibt, deren Faktographie von der geschichtlichen Entwicklung überholt wurde und die man dennoch lesen kann (z. B. Wells' *Krieg der Welten* oder *Die ersten Menschen auf dem Mond* vom gleichen Autor). Solche Werke behalten *immer* Problemcharakter, und ihre Problematik ist nicht die einfache Konsequenz erdachter technischer Hypothesen; die tragischen Qualitäten der Katastrophe, die die Menschheit im *Krieg der Welten* erlebt, lassen sich nicht auf die Geheimwaffen beschränken, die im Roman von den Marsbewohnern eingesetzt werden. Auch die Tatsache, daß es auf dem Mond keine Luft gibt – entgegen der Darstellung in *Die ersten Menschen auf dem Mond* oder in der Trilogie von Żuławski –, beeinträchtigt diese Werke nicht, weil ihre Problematik gesellschaftlich-kultureller Natur ist. Die Science Fiction ist also zu Kurzatmigkeit verdammt, und die Lebenszeit ihrer Produkte gleicht dem Dasein einer Eintagsfliege, denn sie ist hinter der Sensation her, und diese ist sie stets zu maximieren bemüht. Deshalb konstruiert sie Gesellschaften, in denen es von Banden wimmelt, die hinter jeder Ecke jedem Passanten auflauern, dessen Herz, wenn es noch schlägt und von Blut trieft, in das unterirdische Spital wandert, wo der Chirurg, ein *Unhold*, eine neue Verkörperung des »wahnsinnigen Gelehrten«, es in die Brust des reichen Schurken einsetzt. In der von einem solchen Werk dargestellten Gesellschaft, in der man einander die Eingeweide herausreißt, geht sonst überhaupt *nichts* vor. Die allgemeine Regel besagt jedoch, daß *jede Komponente* eines komplexen Trends, selbst eine *real* identifizierte, wenn sie in isolierter Darstellung eine Vergrößerung erfährt, Wirkungen unfreiwilliger Komik haben *muß*, die der Fachmann *sofort*, das breite Publikum jedoch erst dann erkennt, wenn der Gang der Geschichte den Unsinn, der sich als Prophezeiung gebärdet, widerlegt hat. Der positive, also konsultative Teil dieser Regel fügt hinzu, daß das hypothetische Faktenmaterial des Werks ganz fiktiv (d. h. empirisch falsch) sein kann, wenn es aber eine logisch zusammenhängende Systemeinheit bildet, vermag es nichtfiktive Problemfolgerungen zu erbringen (so im Roman von J. Żuławski). Stellt man eine fiktive Tatsachengrundlage auf, dann muß man sich souverän einer Heuristik von wissenschaftlichem Typus bedienen, d. h. Hypothesen wagen, die auf Mustern rationaler Erkenntnis aufbauen, und darf nicht der Faszination einzelner, isolierter Fakten erliegen. Autoren, die zu solcher konstruktiver Arbeit nicht fähig sind aus Mangel an Phantasie oder aufgrund von intellektueller Schwäche, plagiieren ständig sich selbst und ihre Kollegen. Einer der Effekte, die dieses Absacken der Ideen besonders deutlich illustrieren, ist das Auswalken von Erzeugnissen, die ursprünglich als Erzählungen veröffentlicht worden waren, zu einem Roman, dem man dann sofort anmerkt, daß er auf solche Art zusammengestückelt wurde. So entstand *A Case of Conscience* von Blish (aus zwei ursprünglich selbständigen Erzählungen); auf ähnliche Weise arbeitet van Vogt (der oft eine ganze Reihe von Erzählungen in einem Roman vereinigt); das hier bereits erwähnte Buch *Flowers for Algernon* erschien auch zunächst als Erzählung; A. Clarke's *Childhood's End* entstand auf folgende Weise: Der Autor veröffentlichte 1950 eine kleine Erzählung, *Guardian Angel*, deren Pointe in der Überraschung am Schluß kam: Der Sekretär der Organisation der Vereinten Nationen entdeckt, während er mit dem Overlord, der die Herrschaft über die Erde ausübt, spricht, den behaarten *Schwanz* dieser Person, die ihre Abstammung vom Teufel entlarvt. Als Clarke die Erzählung zu einem Roman umarbeitete, unterstellte er den Teufeln komplizierte Motive für ihre Tätigkeit – und als auch diese nicht ausreichten, um die Handlung genügend in die Länge zu ziehen, kehrte er mit einem Schlag das »Kindesalter« der Menschen in deren endgültiges Ende um. Die Motive, welche die Autoren zu solchen Manipulationen veranlassen, müssen nicht Gegenstand moralischer Mißbilligung sein, denn es ist nicht wichtig, wie der Schriftsteller agiert, sondern – was das Produkt seiner Arbeit wert ist. Diese Produkte eben verraten ihre zusammengestoppelt-eklektische Herkunft, und darum wurden sie hier als Besonderheiten der Werkstatt der Autoren von phantastischer Literatur erwähnt. Viele Autoren erklären öffentlich (in einschlägigen Zeitschriften z. B.), sie würden ganz andere, nämlich intellektuell und künstlerisch ambitiöse Werke schreiben, wenn sie auf deren Erscheinen rechnen könnten, was in der gegenwärtigen Lage jedoch ausgeschlossen sei. Diese Art der Rechtfertigung ist aber nicht frei von Heuchelei; wer imstande ist, ein schwieriges und originelles Buch zu schreiben, und dies auch will, tut es gewöhnlich auch unter ungünstigen materiellen Umständen – darüber belehrt uns die Literaturgeschichte.

3) Die Belletristik der Science Fiction, die in dem Jahr, das zwischen dem Abschluß dieses Buches und dem Eintreffen der Korrekturfahnen verging, in meine Hände gelangt ist, bestätigt die Fortdauer von Tendenzen, die sich zu der Zeit, als ich das Buch schrieb, erst abzeichneten. Generell bestätigt sich die Regel, daß sich die Science Fiction – sowohl jene, die von literarischem Ehrgeiz beseelt ist, als auch jene, die eher außerliterarischen Moden huldigt – von prognostisch realen Problemen fernhält. Anders ausgedrückt – das, was futurologische Qualität hat, und das, was von literarischem Wert ist, wird nur alternativ realisiert. Die dreibändige Sammlung von Erzählungen *Dangerous Visions* z. B., herausgegeben von Harlan Ellison (der letzte Band erschien in

der zweiten Hälfte des Jahres 1969) erhebt Anspruch auf literarisch-belletristischen Wert. Man sieht, daß die einzelnen Autoren bemüht waren, bis dahin gesteckte Grenzen zu überschreiten: T. Sturgeon präsentiert in der Erzählung *If All Men Were Brothers, Would You Let One Marry Your Sister?* das Schicksal einer herrlichen Zivilisation, die aus der ganzen galaktischen Gemeinschaft vertrieben wurde, weil sie aus dem Inzest ihre Existenzgrundlage gemacht hatte. Wie sich zeigt, hat der Bruch mit diesem Tabu kulturell in jeder Hinsicht ausgezeichnete Ergebnisse gezeitigt; nur daß die ganze Galaxis eben davon nichts wissen will. Die Erzählung baut auf einem Scheinprinzip auf: der Verfasser »sagt nichts in eigenem Namen«, er stellt nur das in seinen Wirkungen glänzende Experiment inzestuöser Promiskuität dessen geradezu kosmischer Verdammung gegenüber. N. Spinrad präsentiert in *Carcinoma Angels* eine Kreuzung zwischen dem Stereotyp »des wissenschaftlichen Kampfes gegen den Krebs« und dem Stereotyp der »Hells Angels« – des orgiastischen Sich-Auslebens Jugendlicher, die ein Motorrad wie ein rasendes Roß besteigen. Ein Millionär, ein Selfmade-Man, an Krebs erkrankt, nimmt, nachdem er ein Vermögen für vergebliche Heilungsversuche ausgegeben hat, eine ungeheure Dosis von Narkotika, Halluzinogenen und Betäubungsmitteln ein; dank dessen »kriecht er im Geiste« in das Innere seines eigenen Körpers hinein; dort, zwischen den Gewebezellen, in den Strömen von Blut und Lymphe, unternimmt er eine wilde Jagd »im Auto« nach den Krebszellen, die er in Fetzen entzweifährt; nachdem er auf diese Weise den Krebs bezwungen hat, ist er aber selbst nicht ganz heil geblieben, denn »er betrat seinen Körper, um gegen die ›Engel des Krebses‹ zu kämpfen, und hat gesiegt, kann aber nicht mehr (aus seinem Körper) heraus«. Weil der Zusammenstoß zwischen nicht zueinander passenden Schemata beabsichtigt ist, entsteht der angestrebte Effekt der absurden Groteske. In *Go, Go, Go, Said the Bird* von Sonya Dorman wird eine vor Kannibalen fliehende Frau von ihrem eigenen Sohn niedergeschlagen, getötet und aufgefressen, am Schmaus beteiligen sich auch ihre Enkel. Die Verfasserin sagt in ihrem Kommentar, so erscheine ihr unsere Welt. Das ist aber ein Mißverständnis: denn die Idee, man könnte mit einem kannibalischen Muttermord die Grausamkeit unserer Epoche symbolisieren, weicht der realen Problematik – eben dieser Grausamkeit – aus. Soweit mir bekannt ist, hat es niemals Kannibalen gegeben, die ihre eigenen Mütter gegessen hätten; sollte jedoch eine solche Kultur irgendwann existiert haben, dann würde ein derartiges Vorgehen in ihr eine Norm darstellen, die, wie alle Normen, keinerlei ethischer Anfechtung unterliegt, weil die Grundnormen der Kultur eben mit der Ethik identisch sind; kannibalische Prozeduren können daher nur in Frage gestellt werden, wenn sie durch andere, neu enststehende Normen relativiert werden. Ein Kannibale also, der seine eigene Mutter verspeisen würde, täte das ohne Schuldgefühle; bekanntlich hat man in gewissen Kulturen Greise als gesellschaftlich nutzlose Leute getötet, und selbst die Opfer dieses Prinzips hielten dies für »natürlich«. Unsere Epoche hingegen ist grausam und hat gleichzeitig das Gefühl, Unrecht zu tun. Daher ihr inneres Zerwürfnis; die angeführte Erzählung ist in bezug auf diese Differenzierung unklar. S. R. Delany zeigt in *Aye and Gomorrah* eine Zukunft, in der die Kosmonauten Kastraten sind (man kastriert die Kandidaten für Weltraumflüge, weil die kosmische Strahlung ihre Erbsubstanz beschädigen könnte). Als das »dritte Geschlecht«, als »ewige Jünglinge« werden diese Kastraten von den »Frels«, von Frauen begehrt, die die Kosmonauten für erotische Kontakte bezahlen (»Frels« – von »free-fall«, es handelt sich um die Verbindung des Kosmonautenberufs mit der Aufhebung der Schwerkraft und dem freien Fallen des Körpers). Die Idee ist mit voller Absicht schockierend – Kosmonauten als Prostituierte; veristisch ist sie nichtssagend, bezeugt nur Interesse für jede Art von Anomalie; hier wird die Science Fiction offenbar von der »normalen« Literatur angesteckt. J. Brunners *Judas* erzählt von einem Menschen, der in einer den Gott-Roboter verehrenden Zivilisation ein Laser-Attentat auf ihn verübt; das Aufsetzen des Schemas der Herrschaft Gottes über die Menschen auf das Schema des Verhältnisses des Roboters zum Menschen ist vom Standpunkt der Religion offenkundig blasphemisch; auch hier ist also die Zensurbarriere gefallen. Die Erzählung ist als Zeichen dafür beachtenswert; sie ist die Fortsetzung eines in der Science Fiction bereits bekannten Motivs – von der Priesterkaste, die mit »synthetischen Wundern« den Plebs in Gehorsam hält. Neu ist nur bei Brunner, daß in seiner Erzählung die Priester wirklich an die Göttlichkeit des Roboters glauben. Schwer zu sagen, welche der beiden Varianten einer so behandelten »Religiologie« primitiver ist. Harlan Ellisons *The Prowler in the City at the Edge of the World* ist eine Phantasie über das Thema Jack the Ripper, der, durch einen Reisenden in der Zeit aus seiner Epoche gerissen, nun in der Stadt der Zukunft einfach wahllos Morde begeht. Man muß zugeben, daß der Versuch einer introspektiven Analyse der Psyche jenes »Lustmörders« gelungen ist, insbesondere gelungen ist die Aufklärung des Motivationsmechanismus seiner Untaten: Der Unhold mordet Frauen und verunstaltet ihre Körper, weil sie ihn erotisch anziehen, er »bestraft« sie also für ihre Sexualität. Leider ist diese langatmige Erzählung voll von unglaublich minutiösen Schilderungen des Gemetzels, wobei der Autor sich zudem ausgiebig anatomischer Termini in Latein bedient. Hier haben wir also jene Art von »Eskalation der Handlung«, die tatsächlich inflationäre Wirkung hat, worüber sich die Science Fiction keine Rechenschaft ablegt; denn die geistige Monstrosität des Lustmörders ist, obwohl als Analogie aufgefaßt, faktisch der monstrualisierte Ausdruck von Tendenzen, die nicht nur in ihm, sondern in der ganzen Kultur stecken (als Gegenposition auf der Achse »Erhabenheit – Sturz«, »Engelhaftigkeit – Geschlechtlichkeit«). Um diese Analogie aufzuzeigen, bedarf es gar nicht der ganzen Schlächterei, noch der Zeitvehikel. Genauso hätte der von uns erwähnte *Schnee* von Dostojewski künstlerisch nichts gewonnen, sondern eher verloren, wenn der Verfasser genaue Beschreibungen davon geliefert hätte, was der Kunde der Prostituierten mit ihrem Körper alles macht, denn wichtig ist nur die Psychologie seines Handelns. Ph. Dick beschreibt in *Faith of Our Fathers* ein kommunistisches China, wo Beimischungen von Halluzinogenen in Wasser und Nahrung den monolithischen Charakter des Staates stärken: Der Große Vorsitzende, der die ganze Zeit im Fernsehen gezeigt wird, sieht nur deshalb wie der »Vater des Volkes« aus, weil die TV-Zuschauer sich unter dem Einfluß dieser Drogen befinden; wer ein Präparat einnimmt, das den Halluzinationen entgegenwirkt, sieht auf dem Bildschirm eine scheußliche Fratze oder ein »fischartiges Geschöpf«. Der Umstand, daß man dabei nicht eine einzige Gestalt sieht, sondern daß fast jeder etwas anderes erblickt, ist jene typische Methode, deren sich Dick mit Vorliebe bedient, um die eine – einzige – Wirklichkeit in nicht zueinander passende Teile zu zerlegen und so Ratlosigkeit und Verwirrung bei den Helden wie bei den Lesern zu stiften. Aus der Erzählung folgt nichts, außer einer sonderbaren Verwirrung, die teilweise unbeabsichtigt ist und daraus resultiert, daß der »chinesischen Wirklichkeit« politische Schemata aufgestülpt werden, die für die USA charakteristisch sind (etwa die TV-Kampagnen der Politiker usw.). Zu den dreiunddreißig Erzählungen der Anthologie hat jeder Autor einen kurzen Kommentar geschrieben.

Aus diesen Kommentaren folgt, daß a) viele dieser Erzählungen von den SF-Zeitschriften abgelehnt wurden und in der Anthologie zum ersten Mal erscheinen, b) die Autoren fast immer dem Leser mit ihrem Werk etwas mitteilen *wollen*, wobei der Inhalt ein Symbol oder eine Allegorie, eine ikonenhafte Raffung oder auch ein travestiertes ehrwürdiges Motiv ist – aber auf keinen Fall intentional den Charakter einer Prognose oder einer veristischen Beschreibung hat, c) die Autoren sich danach sehnen, einfach als Produzenten von Literatur anerkannt zu werden und nicht bloß in deren Phantastik-Enklave angesiedelt werden wollen. Verglichen mit den Werken der fünfziger und sechziger Jahre haben diese Erzählungen tatsächlich, literarisch gesehen, durchschnittlich eine höhere Qualität, auch wenden sie erzählerische Techniken an, welchen man einstmals in der Science Fiction nicht begegnete. Aber wieder müssen wir ein Mißgeschick konstatieren, darauf beruhend, daß etwas, das *bereits* keine wissenschaftliche Utopie mehr ist, *noch* nicht einfach gute Literatur ist. Die Aufgaben, die sich diese Werke stellen, werden nämlich von den Spitzen der Weltliteratur im allgemeinen als anachronistisch angesehen (etwa – moralisierende Allegorien, märchenhafte Parabeln, didaktische Ermahnungen usw.). Gleichzeitig sind die seltenen Texte vom Typus einer »warnenden Prognose« leider nach wie vor sehr naiv. So etwa die Erzählung von John T. Sladek *The Happy Breed*, die vor dem Alptraum eines »biotechnischen Zu-Tode-Verwöhnens« warnen will. In dieser Erzählung sind es die Maschinen, die alles selbst tun und noch dazu über jeden Lebenden wachen, damit er sich ja nicht den geringsten Schaden zufügt; man darf nicht baden, weil man ja Gefahr läuft, zu ertrinken, man darf keine kuhwarme Milch trinken, weil sie nicht steril ist, und wenn jemand eines dieser Verbote zu überschreiten versucht, erhält er einen elektrischen Schlag, wird desinfiziert, ins Bett gelegt, gründlich untersucht, belehrt, usw. Es ist so, als würde man die Schädlichkeit des Sich-Überfressens am Beispiel von zweihundert Kilo schweren Fettwänsten zeigen, die vor den Augen des so »Belehrten« im Sterben liegen. Das ist eine Extrapolation mittels Kraßheit, die so primitiv ist, daß sie nur als Groteske realisiert werden kann, aber Sladek will doch ein realistisches Werk produzieren. Wie wir sehen, bewegt sich die Tendenz der in der Science Fiction vor sich gehenden Wandlungen nicht in die Richtung ihrer zunehmenden intellektuellen Reife, sondern bloß – der Nachahmung literarisch fortgeschrittenerer Techniken: Die Romanerzählung Ph. Farmers *Riders of the Purple Wave* stützt sich zur Gänze auf das Paradigma von *Ulysses*, ist also einfach anachronistisch, zieht man das Entstehungsdatum des *Ulysses* in Betracht. Bestenfalls läßt sich dann sagen, daß die ambitiöseste Science Fiction ihre belletristische Rückständigkeit zu verringern versucht, wodurch sie sich ein bißchen der Literatur annähert, gleichzeitig aber verliert sie viele ihrer eigenen Chancen.

Letzter Modeschrei in der Science Fiction ist die phantastische Pornographie. Manche Amateurzeitschriften der SF haben für deren Besprechungen eine besondere Spalte »Sex-SF« geschaffen. Solche Werke können zwar nicht auf Veröffentlichung in den meisten Science-Fiction-Zeitschriften rechnen, erscheinen jedoch bei Verlegern, die »normale« Pornographie propagieren. In dieser spezifischen»Evolutionsstrahlung« zeigen sich folgende Schattierungen: a) Versuche, die traditionellen Themen auf »sexuelle Aufgaben« hinzulenken, wie etwa in A. Offuts *Fruit of the Loins*, wo der nach zweihundert Jahren auf die Erde zurückkehrende Kosmonaut diese nur von Frauen bevölkert antrifft (die Männer wurden durch den »Atomvirus« ausgerottet), und seine Herkulesarbeit besteht nun darin, alle Erdbewohnerinnen zu schwängern; b) »reine« phantastische Pornographie – wie z. B. in *Kingdom of Fukkian*, wo die geheimnisvollen »Fucks« der Menschheit ein Bildungsprogramm SEX vorlegen (SEX – End of Xenophobic Discrimination); es geht darum, daß alle mit allen kopulieren; ein früherer Emissär der Fucks für irdische Angelegenheiten war, wie wir erfahren, Christus. Die Gotteslästerung ist ein Symptom der typischen Tendenz, Stellen ausfindig zu machen, die noch nicht beschmutzt worden sind und die man daher sofort verdrecken soll. c) »Sich anders im Sex der Kultur orientieren« – hier mag als Beispiel der Roman *Raw Meat* von R. Geis dienen (wir haben ihn im Bd. I besprochen); d) Werke, deren Thema extreme sexuelle Perversitäten sind, gehören gesondert behandelt; im großen und ganzen wurde die gesamte Sexualpathologie belletristisch ausgewertet. Philip Farmer schuf, indem er eine Kreuzung zwischen Jack the Ripper und Tarzan herstellte, einen Helden, der einen Orgasmus erlebt, wenn er einen Feind ermordet. In einem anderen seiner Werke wird ein Mensch in den Abgrund geschleudert, während der Henker die Gedärme des Opfers festhält, was bewirkt, daß sich über dem Stürzenden dessen Eingeweide ausdehnen. Es fehlt auch nicht an Texten über Koprophagie – das neueste Thema der SF sind Probleme der Defäkation. In dieser Flut der Pornographomanie findet die Krise der SF als Literaturgattung ihren Ausdruck: Sie versuchte so lange und erfolglos in die höheren Regionen der Kunst aufzusteigen, jetzt zeigt sie sich bereit, aus dem Getto in jede beliebige Richtung auszubrechen, selbst wenn diese Richtung ins Bordell führt. Was den belletristischen Wert betrifft, gibt es zwischen diesen Produkten beträchtliche Unterschiede, aber die Vorstellungskraft, die sich in den Dienst sexueller Rekompensationen stellt, bleibt blind gegenüber jenen Bedeutungen des Sex, die nicht unmittelbar den Koitus betreffen, weil sie ja eine Form der Ersatzbefriedigung ist, die die Literatur stets ihrer Autonomie beraubt. Das, was wir hier sagen, ist keine moralische Reaktion, sondern die einfache Feststellung des Sachverhalts. Darauf weist schon das Schicksal des Verlags »Essex« hin, der, nachdem er eine Serie pornographischer Phantastik veröffentlicht hatte, seine Tätigkeit einstellte. Die Gründe dafür, daß die Auflagen pornographischer Literatur sanken, hat Michel Legris in zwei Artikeln *American Way of Love* (im Pariser *Le Monde* vom 27. und 28. Juni 1970) dargelegt. Diese Literatur kann der Marktkonkurrenz der visuellen Pornographie – Photos, Alben, Filme – einfach nicht standhalten. So müssen die Autoren, die materiellen Erfolgen nachjagen, eine Enttäuschung erleben – wenn sie nicht eine Zusammenarbeit mit den Verlegern von Comics aufnehmen, deren Bilderserien, auch phantastische, z. B. über die Abenteuer des Superman, in letzter Zeit auch in sexuell orientierten Versionen in Mode gekommen sind. Von den Autoren dagegen, die aufgrund geringer Absatzmöglichkeiten phantastischer Pornographie sich gezwungen sehen, zur »anständigen« Science Fiction zurückzukehren, sind kaum Werke von irgendeinem Wert zu erwarten.

4) Nach Beendigung dieses Buches erhielt ich zwei Bände kritischer Besprechungen der SF, die dem Leser vorzustellen mir insofern zweckmäßig erscheint, als sie erlauben, meine Ansichten und Analysen von Werken der SF mit den Urteilen einer Kritik, die sich innerhalb dieser Literaturgattung bewegt, zu vergleichen. Es handelt sich um Damon Knights *In Search of Wonder* – ein Buch, das vier Jahre zuvor publiziert wurde und 1968 in einer Neuauflage erschienen ist; es bespricht die Science Fiction der fünfziger Jahre – sowie James Blish's *The Issue at Hand*, 1964 erschienen und 1967 neu aufgelegt; es bespricht Werke, die zwischen 1950 und 1963 auf den Markt kamen. Beide Verfasser gehören zu den führenden der Science Fiction, wurden mit den höchsten Auszeichnungen geehrt, den von Hugo und den von Nebula, die von den Lesern und den professionellen SF-Autoren zugesprochen werden. Beide Bücher enthalten eine Sammlung von Rezensionen, die in verschiedenen SF-Zeitschriften erschienen waren; generalisierende Bemerkungen kommen hier nur gelegentlich vor. Blish veröffentlichte seine

Kritiken unter dem Pseudonym William Atheling jun. und lüftete es erst in der Buchausgabe. Der Unterschied zwischen diesen Büchern und meiner Monographie besteht in bezug auf die Auswahl der besprochenen Titel darin, daß ich mich auf die Analyse von Werken konzentriere, die als Spitzenleistungen gelten, und wenn ich ein schwaches Buch erwähne, weise ich ausdrücklich auf diese Tatsache hin. Blish und Knight hingegen rezensierten die laufende SF-Produktion jeder Qualität. Das ist ein sehr großer Unterschied, wenn man bedenkt, daß die Anthologien der »besten SF«, auf die ich Bezug nahm, jeweils zehn bis zwanzig Erzählungen enthalten, die aus *Tausenden* veröffentlichten Texten ausgewählt wurden – man kann bei einer so scharfen Selektion darauf zählen, daß man nur die Creme der einschlägigen Literaturgattung vorgesetzt bekam. Nun, die durchschnittliche Produktion, die von beiden Autoren sehr streng beurteilt wird, präsentiert sich wirklich als ziemlich schaurig. So unterscheidet Knight z. B. eine Gruppe von Arbeiten, die sich durch einen sogenannten *idiot plot* – eine »idiotische Handlung« – auszeichnen; den Ausdruck hat J. Blish geprägt. Es sind Werke, deren Handlung sich nur deswegen entwickeln kann, weil jede daran beteiligte Person sich wie ein Kretin benimmt. Wir haben da z. B. einen Roman, in dem ein Superman Menschen von weitem durch einen bloßen Willensakt töten kann; die Handlung, die sich um die Ausforschung dieses Mörders dreht, vermeidet sorgsam alle wirksamen Ermittlungsmethoden, weil diese ja sofort zur Ausspähung des Superman geführt und damit das Schreiben eines dickleibigen Bandes unnötig gemacht hätten. Knight präsentiert uns die curricula vitae zahlreicher, auch namhafter Autoren, und zeigt immer wieder, wie total negativ ihr Verhältnis zur Wissenschaft ist; diese extreme Wissenschaftsfeindlichkeit und Ignoranz schreibt er unter anderem solchen Berühmtheiten zu wie Ray Bradbury, Alfred Bester, A. E. van Vogt oder Richard Matheson. Sowohl Knight als auch Blish bilden in der Science Fiction eine Ausnahme; beide sind intelligent, es mangelt ihnen nicht an Wissen (Blish hat eine vie romancée über R. Bacon geschrieben, einen historischen Roman, der in England erschienen ist, in den Staaten aber keinen Verleger finden konnte, so daß der Autor ihn dort auf eigene Kosten herausgeben mußte) – und auch nicht an Humor. Deswegen ist auch ihre extrem negative Einschätzung der Mehrzahl der typischen SF-Produktion Ursache zahlreicher Reibungen und Antagonismen gewesen. So konnte Knight erst in dem Buch eine abschätzige Rezension des Romans von Judith Merril – einer bekannten SF-Autorin, Herausgeberin zahlreicher Anthologien – drucken; wie er schreibt, weigerte sich selbst der Redakteur einer Zeitschrift, der sein persönlicher Freund war, diese Kritik zu publizieren; niemand wollte sich mit einer so einflußreichen Person anlegen. Um minderwertige Arbeiten herunterzumachen, bedient sich Knight am liebsten des Spottes; beiden Büchern ist jedoch eine unschlüssige Haltung gemeinsam: Sie greifen jedes auch nur geringste Zeichen der Anerkennung der literarischen Außenwelt für die SF begierig auf – in der

Hoffnung, daß die SF einen Weg findet, der sie aus dem »Getto« herausführt (Blish verwendet systematisch die Bezeichnung »SF-Getto«). D. Knight hält das von uns schon besprochene Buch *Limbo 90* von B. Wolf für ein Werk, das zwar ausgezeichnet ist, aber nicht auf das Massenpublikum rechnen kann. Ich gestehe, daß ich nicht auf die Idee verfallen bin, dieses Buch, das meiner Ansicht nach einfach mit einem gewissen kulturellen Niveau geschrieben ist, sei so »elitär«; Bücher mit ähnlichem Niveau, allerdings nicht SF-Bücher, können bei uns in Polen damit rechnen, im Nu in einer Auflage von dreißig- bis vierzigtausend verkauft zu werden. Da kaum anzunehmen ist, daß alle Leser der Belletristik in den USA im Vergleich zu polnischen Leserkreisen geistesschwach sind, muß man daraus folgern, daß die amerikanischen Fans der phantastischen Literatur, verglichen mit den Lesern der normalen Literatur, geistig minderbemittelt sind. Am Beispiel des einst berühmten Romans *The World of A* von A. E. van Vogt zeigt Knight, mit beträchtlichem Aufwand an analytischer Arbeit und gestützt auf Zitate, die zahlreichen grammatikalischen Fehler, logischen Fehlschlüsse und inneren Widersprüche der phantastischen Handlung auf. Er deckt den kompletten Unsinn der psychologischen Motivierung der Helden auf, zitiert falsch konstruierte Sätze, unfreiwillig komische Szenen und Dialoge, demonstriert die absolute Absurdität von Vogts »wissenschaftlichen Entdeckungen«. Er tut es in polemischer Form, weil der Redakteur des *Analog*, J. Campbell, gerade dieses Buch als »Spitze eines ganzen Jahrzehnts der SF« bezeichnet hat. Aus Knights Besprechungen kommt das Porträt des durchschnittlichen SF-Autors der Jahre 1950-1956 als das Bild eines Mannes zum Vorschein, der nicht einmal imstande ist, seine Sätze in einem korrekten Englisch zu formulieren, der nicht die blasseste Ahnung von der Wissenschaft hat und gegen sie nicht selten den Haß des Dunkelmannes hegt, einen Haß, der seine Rekompensation in der ausgeklügelten Handlung findet, das Bild eines Ignoranten, der weder von den Geisteswissenschaften noch von der Weltliteratur etwas versteht; das ist ein »Aktivist der Feder«, der am Anfang seiner Laufbahn vergeblich versucht hat, sich in einem beliebigen Bereich der Kommerzbelletristik (»pulp« genannt, also alles, was Western, Krimi, Thriller, Geschichten für Frauenmagazine sowie Sportliteratur, den Erfolgen legendärer Boxer, Baseballer usw. gewidmet betrifft) einen Platz zu finden; alle diese Versuche scheiterten, bis sich der Autor endlich auf den Lorbeeren der Science Fiction ausruhen konnte. Um diese für einen – von der führenden Rolle der USA überzeugten – Europäer erstaunliche Erscheinung beurteilen zu können, muß man in Betracht ziehen, daß wir in Europa die Vereinigten Staaten durch solche Errungenschaften kennen wie die Mondlandungen oder die Zahl der Nobelpreise, mit denen amerikanische Gelehrte überhäuft wurden, daß wir ihre industriell-organisatorische Kapazität und ihren materiellen Reichtum bewundern; aber der Büchermarkt der USA saugt nach wie vor jeden gedruckten Kitsch auf, jegliche Hintertreppenliteratur, jegliche Pornographie (letztere – besonders gern), alle Comics, mannigfaltige primitive und brutale Bestseller, weil auf diesem Markt eine ständige Nachfrage nach derartigen Produkten besteht. Das Schicksal hat es so gewollt, daß die Science Fiction ihren Platz in diesen niederen Regionen des amerikanischen Marktes gefunden hat; die von keinem gewollte Ironie liegt darin, daß die zu dieser Existenz verurteilte SF zugleich bestrebt ist, mit ihren Inhalten gerade das wiederzugeben, was, als Denken der Gelehrten und als Produkt der Technik die Welt revolutionierend, seine Ursprünge in der unerreichbaren Sphäre der intellektuellen Spitzen des Landes hat.

Damon Knight ist, es sei hinzugefügt, in seinen Einschätzungen nicht immer zuverlässig; da er unentschiedene Kriterien anwendet, sieht er als wahre Größen solche Autoren an wie Th. Sturgeon und I. Asimov, wenn er auch einige Werke des letzteren negativ bewertet, während er z. B. Ray Bradbury viel mehr vorzuwerfen hat. Aber was rein künstlerische Werte betrifft, ist doch Asimov im Vergleich zu Bradbury eine komplette Null; Asimovs starke Seite ist, daß er in der wissenschaftlichen Problematik bewandert ist (von der er allerdings nicht immer den besten Gebrauch macht). *In Search of Wonder* weist, gerade weil es eine lose Sammlung von Rezensionen ist, Schwankungen in der Position des Verfassers auf, der einmal unverhältnismäßig große Hoffnungen in die weitere Entwicklung der SF setzt, ein anderes Mal, über deren aktuellen Zustand und Niveau in Verzweiflung geratend, sich der Ansicht Arthur Koestlers anschließt, der einmal gesagt hat, Phantastik und Literatur seien unvereinbare Größen: seiner Meinung nach müsse man eben immer auf das eine oder auf das andere verzichten.

James Blish bespricht – unter dem Namen William Atheling – auch seinen eigenen Roman *A Case of Conscience*. Er versucht zu ergründen, dank welchen Eigenschaften sich die phantastischen Werke von G. Orwell, F. Werfel, A. Huxley aus dem »Getto« den Weg in die Freiheit gebahnt haben, das heißt, vom breiten literarischen Publikum wahrgenommen wurden, und kommt zu dem Schluß, daß das immer aufgrund des Probleminhalts des Werkes geschehen ist – aufgrund dessen also, was eine der Literatur gemäße Form des Engagements für brennende Gegenwartsprobleme oder für sogenannte ewige Probleme (Individuum und Staat, das Problem der Macht, der Unsterblichkeit usw.) darstellt. Persönlich glaube ich, daß die Sache sich wirklich so verhält. Blish hat jedoch nicht bemerkt, daß jeder der von ihm erwähnten Autoren in der phantastischen Literatur nur ein *Gast von außerhalb* war: Jeder von ihnen schrieb ansonsten »normale« Prosa und konnte deshalb auch mit der Aufmerksamkeit eines »normalen« Publikums und einer »normalen« Kritik rechnen. Daß die bloße Aufschrift »Science Fiction« auf dem Buchdeckel viele Leser normaler Literatur abstößt, das wissen beide Autoren – Blish ebenso gut wie Knight –, und beide bedauern es. Übrigens haben ihre Bemerkungen, Predigten und Anregungen, das Niveau der SF zu heben, in der Praxis nicht den geringsten Einfluß auf die Marktsituation der

SF. Als die aufgeklärtesten Vertreter der professionellen Science-Fiction-Produzenten zeichnen sie sich durch eine beträchtliche Dosis Objektivität aus. Blish beklagt sich, daß er, obwohl er im Verlauf von zwanzig Jahren Werke mit einer Gesamtauflage von fast fünf Millionen Exemplaren veröffentlicht hat, in derselben Zeit nicht ganz sechzig Leserbriefe erhielt – wobei vier Fünftel Beschimpfungen waren, weil das fragliche Werk die religiösen, politischen oder moralischen Ansichten des Lesers verletzt hatte. Eine vernünftige Kritik, fügt er hinzu, kann man nur von den Engländern erwarten, weil es vernünftige Kritiker in den USA gar nicht gibt. Eine solche Situation ist meiner Meinung nach bei einer Literatur, die bloß als flüchtiges Genußmittel behandelt wird, durchaus normal; die Eigentümer von Rummelplätzen, Autoren von Schundromanen und Produzenten von »Gadgets« können ja ebensowenig auf einen Gedankenaustausch oder auf Bewertung der von ihnen angebotenen Produkte rechnen (es sei denn, diese Gadgets funktionieren schlecht, aber dann ist es »Kritik« eben von jenem Typus, den Blish erwähnt). Wie ich mich beim Lesen von Äußerungen junger SF-Autoren, die in einschlägigen Amateur-Zeitschriften veröffentlicht wurden, überzeugt habe, leisten die professionellen SF-Kreise den Anfängern gerne Hilfe, indem sie ihre Erstlingsarbeiten einer Kritik unterwerfen – aber diese Kritik ist schon in ihrem Ansatz konformistisch. Sie geht freimütig von dem Grundsatz aus, daß die Anordnungen der Verleger befolgt werden müssen – d. h. also von einem Zustand, bei dem die Beziehung zwischen Autor und Verleger etwa jener zwischen Handwerker und Kunden gleicht; das wird in professionellen Kreisen für ganz normal gehalten. Wichtig ist nicht, ob ein bestimmter Text gute oder schlechte Literatur ist; wichtig ist allein, ob man ihn verkaufen kann. Die Spezialisierung ist so weit fortgeschritten, daß man so schreibt, um es einem konkreten Verleger recht zu machen; es gibt z. B. Rezepte, die dem Werk eine Veröffentlichung in der Zeitschrift *Analog* von J. Campbell, dem Vater und Schutzherrn der »technologischen SF«, sichern. Jegliche metaphysische und erotische Thematik ist hier von vornherein ausgeschlossen. Ein anderer langjähriger Zeitschriftenherausgeber, Horace Gold von der Monatsschrift *Galaxy*, hat seinen Autoren eingeschärft, daß er keine Erzählungen drucken könne, die die Gefühle oder Überzeugungen der Käufer beleidigen könnten. »Galaxy«, pflegte er zu sagen, »ist ein Familienblatt.« In der Amateurzeitschrift *Science Fiction Review* vom Frühjahr 1970 beschreibt ein angehender Autor die Abenteuer seines ersten Romans. Das Manuskript wurde von namhaften SF-Autoren als wertlos abgelehnt, dann aber doch von einem englischen Verleger gekauft. Dieselben, die dem Buch jeglichen Wert abgesprochen hatten, erklärten später zu ihrer Rechtfertigung, daß sie nur eine Veröffentlichung in den Staaten erwogen und nirgends einen »konkreten Adressaten«, also einen Redakteur gefunden hatten, der bereit gewesen wäre, das Werk zu kaufen. Wie wir sehen, ist der SF-Autor in den Staaten einfach ein in den Dienstleistungen Tätiger, der auf Bestellung arbeitet; davon, daß er im Werk seinen eigenen Ideen Ausdruck verschaffen könnte, ist überhaupt keine Rede. Das ist in Wirklichkeit ein Zustand restloser Adaptation, der an die ideale Anpassung der Organismen an die Umwelt im Kampf ums Dasein erinnert, aber es ist nicht der Zustand, der einer Entfaltung künstlerischer oder intellektueller Werte förderlich wäre.

Register der Namen und Werke

Vorbemerkung
Das Register umfaßt sämtliche Personennamen und Werke, die Lem in den beiden Bänden der *Phantastik und Futurologie* nennt. Korrigiert wurden von mir:

1. Offensichtliche Schreibfehler von Namen oder Titeln.
2. Bei unvollständigen Namen wurden nach Möglichkeit Vorname oder Initialen ergänzt.
3. Wurde ein Werk ohne Autor genannt, habe ich, soweit es möglich war, diesen ermittelt und das Werk unter dem Verfassernamen eingeordnet. War das nicht möglich, ist der Titel aufgenommen worden.

Zur Benutzung
Grundsätzlich ist das Register nach Namen geordnet. Die Zahlen hinter dem Verfasser geben die Seiten an, auf denen Lem diesen Namen nennt. Dann folgen die Werke des jeweiligen Autors, auf die Lem Bezug nimmt. Da des öfteren sowohl der Originaltitel als auch die deutsche Übersetzung genannt wurde, ist nur der Titel aufgenommen worden, unter dem Lem das Werk erstmals zitiert. Zeitschriften und Magazine sind unter ihrem jeweiligen Titel zu finden.

Ist eine Seitenzahl mit ff gekennzeichnet, dann geht Lem an dieser Stelle näher auf das Werk ein. Die I bzw. II zeigt an, auf welchen Band von *Phantastik und Futurologie* sich die Seitenzahl bezieht. Sind die von Lem benutzten Verfassernamen Pseudonyme, ist hinter dem Pseudonym der richtige Name zu finden, wenn der entsprechende Autor auch unter diesem publiziert hat und bekannt ist.

Florian F. Marzin

Inhalt

Von Stanisław Lem
erschienen im Suhrkamp Verlag
(Stand Herbst 1984)

Robotermärchen. *Bibliothek Suhrkamp* Band 366. 1973
Das Hohe Schloß. Prosa. *Bibliothek Suhrkamp* Band 405. 1974
Solaris. Roman. *suhrkamp taschenbuch* Band 226. 1975
Die Jagd. Neue Geschichten des Piloten Pirx. *suhrkamp taschenbuch* Band 302. 1976
Transfer. Roman. *suhrkamp taschenbuch* Band 324. 1976
Nacht und Schimmel. Erzählungen. *suhrkamp taschenbuch* Band 356. 1976
Der futurologische Kongreß. *Bibliothek Suhrkamp* Band 477. 1975 und *suhrkamp taschenbuch* Band 534. 1979
Die Maske. Herr F. Zwei Erzählungen. *Bibliothek Suhrkamp* Band 561. 1977
Die Untersuchung. Kriminalroman. *suhrkamp taschenbuch* Band 435. 1978
Die Astronauten. *suhrkamp taschenbuch* Band 441. 1978
Sterntagebücher. *suhrkamp taschenbuch* Band 459. 1978
Golem XIV und andere Prosa. *Bibliothek Suhrkamp* Band 603. 1978
Memoiren, gefunden in der Badewanne. *suhrkamp taschenbuch* Band 508. 1979
Der Schnupfen. Kriminalroman. *suhrkamp taschenbuch* Band 570. 1979
Dialoge. *edition suhrkamp* Band 1013. 1980
Mondnacht. Hör- und Fernsehspiele. *suhrkamp taschenbuch* Band 729. 1980
Imaginäre Größe. *suhrkamp taschenbuch* Band 658. 1981
Summa technologiae. *suhrkamp taschenbuch* Band 678. 1981
Die vollkommene Leere. *suhrkamp taschenbuch* Band 707. 1981
Provokation. Besprechung eines ungelesenen Buches. *Bibliothek Suhrkamp* Band 740. 1981
Terminus und andere Geschichten des Piloten Pirx. *suhrkamp taschenbuch* Band 740. 1981
Das Hospital der Verklärung. Roman. *suhrkamp taschenbuch* Band 761. 1982
Die Ratte im Labyrinth. *suhrkamp taschenbuch* Band 806. 1982
Robotermärchen. *suhrkamp taschenbuch* Band 856. 1982
Die Stimme des Herrn. Roman. *suhrkamp taschenbuch* Band 907. 1983
Eine Minute der Menschheit. Eine Momentaufnahme. *suhrkamp taschenbuch* Band 955. 1983

Waffensysteme des 21. Jahrhunderts oder The Upside Down Evolution. *suhrkamp taschenbuch* Band 998. 1983
Das Katastrophenprinzip. Die kreative Vernichtung in der Natur. *suhrkamp taschenbuch* Band 999. 1983
Phantastik und Futurologie I. *suhrkamp taschenbuch* Band 996. 1984
Phantastik und Futurologie II. *suhrkamp taschenbuch* Band 1013. 1984

Über Stanislaw Lem. *suhrkamp taschenbuch* Band 586. 1981

Von Stanisław Lem
erschienen im Insel Verlag
(Stand Herbst 1984)

Sterntagebücher. 1973
Die vollkommene Leere. 15 fiktive Rezensionen. 1973
Die Astronauten. 1974
Der futurologische Kongreß. Aus Ijon Tichys Erinnerungen. 1974
Memoiren, gefunden in der Badewanne. 1974
Die Untersuchung. *Kriminalroman.* 1975
Das Hospital der Verklärung. *Roman.* 1975
Der Unbesiegbare. *Roman.* 1976
Summa technologiae. 1976
Imaginäre Größe. 1976
Der Schnupfen. *Kriminalroman.* 1977
Phantastik und Futurologie I. 1977
Mondnacht. Hör- und Fernsehspiele. 1977
Eden. Roman einer außerirdischen Zivilisation. 1978
Pilot Pirx. 1978
Erzählungen. 1979
Der phantastische Lem. 1980
Phantastik und Futurologie II. 1980
Essays. 1981
Dialoge. 1981
Die Stimme des Herrn. *Roman.* 1981
Mehr phantastische Erzählungen. 1981
Kyberiade. Fabeln zum kybernetischen Zeitalter. 1983
Philosophie des Zufalls. Zu einer empirischen Theorie der Literatur. 1983
Also sprach Golem. 1984
Solaris. *Roman.* 1984
Transfer. *Roman.* 1984
Nacht und Schimmel. 1972 *(in dieser Ausgabe vergriffen)*
Die Jagd. 1973 *(in dieser Ausgabe vergriffen)*

In Anthologien

Die Ratte im Labyrinth. 1971
Polaris 1. *insel taschenbuch* Band 30. 1973
Polaris 5. *suhrkamp taschenbuch* Band 713. 1981
Phaïcon 1. *insel taschenbuch* Band 69. 1974
Phaïcon 2. *insel taschenbuch* Band 154. 1975
Blick vom anderen Ufer. Europäische Science-fiction. *suhrkamp taschenbuch* Band 359. 1977
Pfade ins Unendliche. Insel Almanach auf das Jahr 1972
Stanislaw Lem. Der dialektische Weise aus Kraków. Insel Almanach auf das Jahr 1976
Wie der Teufel den Professor holte. *suhrkamp taschenbuch* Band 629. 1979
›Quarber Merkur‹. Aufsätze zur Science-fiction und Phantastischen Literatur. *suhrkamp taschenbuch* Band 571. 1979
Phantastische Träume. *suhrkamp taschenbuch* Band 954. 1983
Phantastische Welten. *suhrkamp taschenbuch* Band 1068 1984

Phantastische Bibliothek
in den suhrkamp taschenbüchern

Violetter Umschlag kennzeichnet die Bände der
»Phantastischen Bibliothek« innerhalb der *suhrkamp taschenbücher*

Band 1 Stanisław Lem, Nacht und Schimmel. Erzählungen. Aus dem Polnischen von I. Zimmermann-Göllheim. st 356
Band 2 H. P. Lovecraft, Das Ding auf der Schwelle. Unheimliche Geschichten. Deutsch von Rudolf Hermstein. st 357
Band 3 Herbert W. Franke, Ypsilon minus. st 358
Band 4 Blick vom anderen Ufer. Europäische Science-fiction. Herausgegeben von Franz Rottensteiner. st 359
Band 5 Gore Vidal, Messias. Roman. Deutsch von Helga und Peter von Tramin. st 390
Band 6 Ambrose Bierce, Das Spukhaus. Gespenstergeschichten. Deutsch von Gisela Günther, Anneliese Strauß und K. B. Leder. st 365
Band 7 Stanisław Lem, Transfer. Roman. Deutsch von Maria Kurecka. st 324 (vergriffen)
Band 8 H. P. Lovekraft, Der Fall Charles Dexter Ward. Zwei Horrorgeschichten. Aus dem Amerikanischen von Rudolf Hermstein. st. 391
Band 9 Herbert W. Franke, Zarathustra kehrt zurück. st 410
Band 10 Algernon Blackwood, Besuch von Drüben. Gruselgeschichten. Aus dem Englischen von Friedrich Polakovics. st 411
Band 11 Stanisław Lem, Solaris. Roman. Aus dem Polnischen von I. Zimmermann-Göllheim. st 226 (vergriffen)
Band 12 Algernon Blackwood, Das leere Haus. Phantastische Geschichten. Deutsch von Friedrich Polakovics. st 30
Band 13 A. und B. Strugatzki, Die Schnecke am Hang. Aus dem Russischen von H. Földeak. Mit einem Nachwort von Darko Suvin. st. 434
Band 14 Stanisław Lem, Die Untersuchung. Kriminalroman. Aus dem Polnischen von Jens Reuter und Hans Jürgen Mayer. st 435
Band 15 Philip K. Dick, UBIK. Science-fiction-Roman. Aus dem Amerikanischen von Renate Laux. st 440
Band 16 Stanisław Lem, Die Astronauten. Utopischer Roman. Aus dem Polnischen von Rudolf Pabel. st 441
Band 17 Phaïcon 3. Almanach der phantastischen Literatur. Herausgegeben von Rein A. Zondergeld. st 443
Band 18 Stanisław Lem, Die Jagd. Neue Geschichten des Piloten Pirx. Aus dem Polnischen von Roswitha Buschmann, Kurt Kelm, Barbara Sparing. st 302
Band 19 H. P. Lovecraft, Cthulhu. Geistergeschichten. Deutsch von H. C. Artmann. Vorwort von Giorgio Manganelli. st 29

Band 20 Stanisław Lem, Sterntagebücher. Aus dem Polnischen von Caesar Rymarowicz. Mit Zeichnungen des Autors. st 459

Band 21 Polaris 4. Ein Science-fiction-Almanach von Franz Rottensteiner. st 460

Band 22 Das unsichtbare Auge. Eine Sammlung von Phantomen und anderen unheimlichen Erscheinungen. Erzählungen. Herausgegeben von Kalju Kirde. st 477

Band 23 Stefan Grabiński, Das Abstellgleis und andere Erzählungen. Mit einem Nachwort von Stanisław Lem. Aus dem Polnischen von Klaus Staemmler. st 478

Band 24 H. P. Lovecraft, Berge des Wahnsinns. Zwei Horrorgeschichten. Deutsch von Rudolf Hermstein. st 220

Band 25 Stanisław Lem, Memoiren, gefunden in der Badewanne. Aus dem Polnischen von Walter Tiel. Mit einer Einleitung des Autors. st 508

Band 26 Gerd Maximovič, Die Erforschung des Omega-Planeten. Erzählungen. st 509

Band 27 Edgar Allan Poe, Der Fall des Hauses Ascher. Aus dem Amerikanischen von Arno Schmidt und Hans Wollschläger. st 517

Band 28 Algernon Blackwood, Der Griff aus dem Dunkel. Gespenstergeschichten. Deutsch von Friedrich Polakovics. st 518

Band 29 Stanisław Lem, Der futurologische Kongreß. Aus dem Polnischen von I. Zimmermann-Göllheim. st 534

Band 30 Herbert W. Franke, Sirius Transit. Roman. st 535

Band 31 Darko Suvin, Poetik der Science-fiction. Zur Theorie und Geschichte einer literarischen Gattung. Deutsch von Franz Rottensteiner. st 539

Band 32 M. R. James, Der Schatz des Abtes Thomas. Zehn Geistergeschichten. Aus dem Englischen von Friedrich Polakovics. st 540

Band 33 Stanisław Lem, Der Schnupfen. Kriminalroman. Autorisierte Übersetzung aus dem Polnischen von Klaus Staemmler. st 570

Band 34 Franz Rottensteiner (Hrsg.), ›Quarber Merkur‹. Aufsätze zur Science-fiction und Phantastischen Literatur. st 571

Band 35 Herbert W. Franke, Zone Null. Science-fiction-Roman. st 585

Band 36 Über Stanisław Lem. Herausgegeben von Werner Berthel. st 586

Band 37 Wie der Teufel den Professor holte. Science-fiction-Erzählungen aus Polaris 1. st 629

Band 38 Das Mädchen am Abhang. Science-fiction-Erzählungen aus Polaris 2. st 630

Band 39 Der Weltraumfriseur. Science-fiction-Erzählungen aus Polaris 3. st 631

Band 40 Die Büßerinnen aus dem Gnadenkloster. Phantastische Erzählungen aus Phaïcon 2. Herausgegeben und mit einem Vorwort von Rein A. Zondergeld. st 632

Band 60 Philip K. Dick, LSD-Astronauten. Deutsch von Anneliese Strauß. st 732
Band 61 Stanisław Lem, Terminus und andere Geschichten des Piloten Pirx. Aus dem Polnischen von Caesar Rymarowicz. st 740
Band 62 Herbert W. Franke, Keine Spur von Leben. *Hörspiele.* st 741
Band 63 Johanna Braun, Günter Braun, Conviva Ludibundus. Utopischer Roman. st 748
Band 64 William Hope Hodgson, Stimme in der Nacht. Unheimliche Seegeschichten. Deutsch von Wulf Teichmann. st 749
Band 65 Kōbō Abe, Die vierte Zwischeneiszeit. Aus dem Japanischen von S. Schaarschmidt. st 756
Band 66 Die andere Zukunft. Phantastische Erzählungen aus der DDR. Herausgegeben von Franz Rottensteiner. st 757
Band 67 Michael Weisser, SYN-CODE-7. Science-fiction-Roman. st 764
Band 68 C. A. Smith, Saat aus dem Grabe. Phantastische Geschichten. Aus dem Amerikanischen von Friedrich Polakovics. st 765
Band 69 Herbert W. Franke, Tod eines Unsterblichen. Science-fiction-Roman. st 772
Band 70 Philip K. Dick. Mozart für Marsianer. Science-fiction-Roman. Aus dem Amerikanischen von Renate Laux. st 773
Band 71 H. P. Lovecraft, In der Gruft und andere makabre Geschichten. Deutsch von Michael Walter. st 779
Band 72 A. und B. Strugatzki, Montag beginnt am Samstag. Utopisch-phantastischer Roman. Aus dem Russischen von Hermann Buchner. st 780
Band 73 Stanisław Lem, Die Ratte im Labyrinth. Ausgewählt von Franz Rottensteiner. Aus dem Polnischen von Roswitha Buschmann, Caesar Rymarowicz, Jens Reuter und Klaus Staemmler. st 806
Band 74 Johanna Braun, Günter Braun, Der Irrtum des großen Zauberers. Phantastischer Roman. st 807
Band 75 J. G. Ballard, Kristallwelt. Science-fiction-Roman. Deutsch von Margarete Bormann. st 818
Band 76 Peter Schattschneider, Zeitstopp. Science-fiction-Geschichten. st 819
Band 77 Phantasma. Polnische Geschichten aus dieser und jener Welt. Herausgegeben und übersetzt von Klaus Staemmler. st 826
Band 78 Arkadi und Boris Strugatzki, Die gierigen Dinge des Jahrhunderts. Phantastischer Roman. Aus dem Russischen von Heinz Kübart. st 827
Band 79 J. G. Ballard, Die Tausend Träume von Stellavista und andere Vermilion-Sands-Stories. Aus dem Englischen von Alfred Scholz. st 833

Band 80 Brian W. Aldiss, Der unmögliche Stern. Science-fiction-Geschichten. Aus dem Englischen von Rudolf Hermstein. st 834
Band 81 Herbert W. Franke, Transpluto. Science-fiction-Roman. st 841
Band 82 Polaris 6. Ein Science-fiction-Almanach, Herbert W. Franke gewidmet. Herausgegeben von Franz Rottensteiner. st 842
Band 83 Algernon Blackwood, Der Tanz in den Tod. Unheimliche Geschichten. Herausgegeben von Kalju Kirde. Aus dem Englischen von Friedrich Polakovics. st 848
Band 84 L. Sprague de Camp, H. P. Lovecraft. Eine Biographie. Aus dem Amerikanischen von Jörg Krichbaum. st 849 (erscheint nicht)
Band 85 Stanisław Lem, Robotermärchen. Aus dem Polnischen von I. Zimmermann-Göllheim. st 856
Band 86 Phaïcon 5. Almanach der phantastischen Literatur. Herausgegeben von Rein A. Zondergeld. st 857
Band 87 C. A. Smith, Planet der Toten. Phantastische Erzählungen. Aus dem Amerikanischen von Friedrich Polakovics. st 864
Band 88 Jerzy Żuławski, Auf dem Silbermond. Science-fiction-Roman. Aus dem Polnischen von Edda Werfel. st 865
Band 89 Arkadi und Boris Strugatzki, Fluchtversuch. Science-fiction-Roman. Aus dem Russischen von Dieter Pommerenke. st 872
Band 90 Michael Weisser, DIGIT. Science-fiction-Roman. st 873
Band 91 Rein A. Zondergeld, Lexikon der phantastischen Bibliothek. st 880
Band 92 Johanna Braun, Günter Braun, Der Utofant. In der Zukunft aufgefundene Journale aus dem Jahrtausend III. st 881
Band 93 Cordwainer Smith, Herren im All. Science-fiction-Erzählungen. Aus dem Amerikanischen von Rudolf Hermstein. st 888
Band 94 Tod per Zeitungsannonce und andere phantastische Erzählungen aus Rußland. Herausgegeben von Elisabeth Cheauré. Aus dem Russischen von Edda Werfel und anderen. st 889
Band 95 J. G. Ballard, Hallo Amerika! Science-fiction-Roman. Aus dem Englischen von Rudolf Hermstein. st 895
Band 96 J. G. Ballard, Billennium. Science-fiction-Erzählungen. Aus dem Englischen von Alfred Scholz und Michael Walter. st 896
Band 97 Stanisław Lem, Die Stimme des Herrn. Roman. Aus dem Polnischen von Roswitha Buschmann. st 907
Band 98 Thomas Owen, Wohin am Abend? und andere seltsame Geschichten. Deutsch von Rein A. Zondergeld. Mit einem Nachwort des Übersetzers. st 908
Band 99 Martin Roda Becher, An den Grenzen des Staunens. Aufsätze zur phantastischen Literatur. st 915
Band 100 Phantastische Träume. Herausgegeben von Franz Rottensteiner. st 954

Band 101 Jerzy Żuławski, Der Sieger. Ein klassischer Science-fiction-Roman. Aus dem Polnischen von Edda Werfel. st 916

Band 102 Joseph Sheridan Le Fanu, Maler Schalken und andere Geistergeschichten. Deutsch von Friedrich Polakovics. Mit einem Nachwort von Rein A. Zondergeld. st 923

Band 103 J. G. Ballard, Das Katastrophengebiet. Science-fiction-Erzählungen. Aus dem Englischen von Charlotte Franke und Alfred Scholz. st 924

Band 104 Polaris 7. Ein Science-fiction-Almanach. Herausgegeben von Franz Rottensteiner. st 931

Band 105 Lygia Fagundes Telles, Die Struktur der Seifenblase. Unheimliche Erzählungen. Aus dem portugiesischen Brasilianisch von Alfred Opitz. st 932

Band 106 Adolfo Bioy Casares, Morels Erfindung. Phantastischer Roman. Aus dem Spanischen von Karl August Horst. Mit einem Nachwort von J. L. Borges. st 939

Band 107 J. G. Ballard, Der tote Astronaut. Science-fiction-Erzählungen. Aus dem Englischen von Michael Walter. st 940

Band 108 Villiers de l'Isle-Adam, Die Eva der Zukunft. Deutsch von Annette Kolb. Mit einem Nachwort von Peter Gendolla. st 947

Band 109 Johanna Braun, Günter Braun, Das kugeltranszendentale Vorhaben. Phantastischer Roman. st 948

Band 110 Stanisław Lem, Eine Minute der Menschheit. Aus dem Polnischen von Edda Werfel. st 955

Band 111 Arkadi und Boris Strugatzki, Der ferne Regenbogen. Eine utopische Erzählung. Aus dem Russischen von Aljonna Möckel. st 956

Band 112 Josef Nesvadba, Die absolute Maschine. Science-fiction-Erzählungen. Aus dem Tschechischen von Erich Bertleff. st 961

Band 113 Adolfo Bioy Casares, Die fremde Dienerin. Phantastische Erzählungen. Aus dem Spanischen von Joachim A. Frank. st 962

Band 114 Jerzy Żuławski, Die alte Erde. Science-fiction-Roman. Aus dem Polnischen von Edda Werfel. st 968

Band 115 Robert Plank, George Orwells »1984«. Eine psychologische Studie. Deutsch von Leopold Spira. st 969

Band 116 J. G. Ballard, Die Dürre. Science-fiction-Roman. Aus dem Englischen von Maria Gridling. st 975

Band 117 Mihály Babits, Der Storchkalif. Phantastischer Roman. Einzig berechtigte Übertragung aus dem Ungarischen von Stefan J. Klein. st 976

Band 118 Walter de la Mare, Aus der Tiefe. Seltsame Geschichten. Aus dem Englischen von Traude Dienel. st 982

Band 119 Johanna Braun, Günter Braun, Die unhörbaren Töne. Utopisch-phantastische Erzählungen. st 983

Band 120 Erckmann-Chatrian, Das Eulenohr und andere phantastische Erzählungen. Aus dem Französischen von Hilde Linnert. st 989

Band 121 Herbert W. Franke, Die Kälte des Weltraums. Science-fiction-Roman. st 990

Band 122 Stanisław Lem, Phantastik und Futurologie I. Autorisierte Übersetzung aus dem Polnischen von Beate Sorger und Wiktor Szacki. st 996

Band 123 Marianne Gruber, Die gläserne Kugel. Utopischer Roman. st 997

Band 124 Stanisław Lem, Waffensysteme des 21. Jahrhunderts. Aus dem Polnischen von Edda Werfel. st 998

Band 125 Stanisław Lem, Das Katastrophenprinzip. Die kreative Zerstörung in der Natur. Aus dem Polnischen von Friedrich Griese. st 999

Band 126 Stanisław Lem, Phantastik und Futurologie II. Aus dem Polnischen von Edda Werfel. st 1013

Band 127 J. G. Ballard, Der vierdimensionale Alptraum. Science-fiction-Erzählungen. Aus dem Englischen von Wolfgang Eisermann. st 1014

Band 128 Svend Åge Madsen, Dem Tag entgegen. Utopischer Roman. Aus dem Dänischen von Horst Schröder. st 1020

Band 129 Peter Schattschneider, Singularitäten. Ein Episodenroman im Umfeld Schwarzer Löcher. st 1021

Band 130 Über H. P. Lovecraft. Herausgegeben von Franz Rottensteiner. st 1027

Band 131 Antoni Słonimski, Der Zeittorpedo. Phantastischer Roman. Aus dem Polnischen von Klaus Staemmler. st 1028

Band 132 Jean Ray, Die Gasse der Finsternis. Phantastische Erzählungen. Aus dem Französischen von Willy Thaler. st 1034

Band 133 Gerd Maximovič, Das Spinnenloch und andere Science-fiction-Erzählungen. st 1035

Band 134 Guy de Maupassant, Die Totenhand und andere phantastische Erzählungen. Aus dem Französischen von Walter Widmer und anderen. st 1040

Band 135 H. P. Lovecraft und andere, Das Grauen im Museum und andere Erzählungen. Ausgewählt von Kalju Kirde. Aus dem Amerikanischen von Rudolf Hermstein. st 1067

Band 136 Martin Roda Becher, Hinter dem Rücken. Phantastische Erzählungen. st 1041

Band 137 Phantastische Welten. Herausgegeben von Franz Rottensteiner. st 1068

Alphabetisches Gesamtverzeichnis der suhrkamp taschenbücher